规范研究文库

徐梦秋 主编

# 规范演化论

吴 洲 著

商务印书馆
The Commercial Press
2018年·北京

图书在版编目(CIP)数据

规范演化论/吴洲著.—北京:商务印书馆,2018
(规范研究文库)
ISBN 978-7-100-15579-3

Ⅰ.①规… Ⅱ.①吴… Ⅲ.①科学研究工作—规范—研究 Ⅳ.①G31

中国版本图书馆 CIP 数据核字(2017)第 297632 号

**权利保留,侵权必究。**

厦门大学
哲学社会科学繁荣计划资助项目
2011—2021

规范研究文库
**规范演化论**
吴洲 著

商务印书馆出版
(北京王府井大街 36 号 邮政编码 100710)
商务印书馆发行
北京冠中印刷厂印刷
ISBN 978-7-100-15579-3

2018 年 4 月第 1 版　　开本 880×1230 1/32
2018 年 4 月北京第 1 次印刷　印张 25⅛
定价:75.00 元

## 《规范研究文库》

# 总　　序

20世纪90年代以来,关于规范的种种问题,一直在我的心中盘旋,并且渐渐地成为我思考和写作所环绕的中心。

造成这种状况的原因有二。首先是20世纪90年代初学界关于自由的本质所发生的激烈争论。当时,有的观点认为,自由是对必然的认识,是对规律的认识和利用。有的观点则认为,自由有两种,一种是相对必然和规律而言的,另一种是相对规范而言的(如法律自由就是相对法律规范而言的),不可混为一谈。这一争论引起了我的思考:自由真的能分成并列的两类吗?如果能,相对于规律而言的自由与相对于规范而言的自由,有什么区别与联系?规律和规范的关系如何?自由、规范、规律三者的关系如何?这些问题多年来一直萦绕于心,把我引向对规范的思考的深处。[①]

其次,20世纪80年代以来,当代中国的社会转型、转型时期社会规范大系统的激烈变更和巨大调整,也是促使我持续关注规范问题的重要原因,而且使我意识到这一问题的重大的理论意义和现实意义。从历时态的角度来看,在改革开放以来的社会转型过程中,原有的社会规范系统,包括经济体制、政治体制和教科文

---

[①] 关于这些问题的最初的思考和心得记载于《自由的结构性分析》(《厦门大学学报》(哲社版),1992年第2期)、《自由论》(福建人民出版社,1993年)、《伦理学原理》(厦门大学出版社,1994年)等论著中。

卫体制，包括法律、道德、政策、民俗等，都受到了前所未有的冲击，而新的规范系统也在改革的阵痛中萌生、成型，日渐丰满。新旧规范系统和它们所体现的不同阶层或区域的利益及价值的冲突，乃是造成当今中国种种不和谐现象的重要原因之一。妥善解决这些冲突乃是实现社会和谐的前提。从共时态的角度看，邓小平提出了"一国两制"统一中国的构想，"两制"也就是两类不同的社会规范系统。如何调整两岸三地的社会规范系统，使之共生共存于一个中国的框架之中，也是构建和谐社会的题内应有之义。此外，在全球化的浪潮中，不同文明的差异巨大的社会规范系统之间存在着激烈的冲突，意识形态截然不同的国家制度之间也存在着激烈的冲突，该如何去协调和解决这些冲突？这关系到各大文明和不同国家的共存与共荣。这些都使我深深地意识到规范研究的当代意义。

我们知道，规范或规范系统的存、废、立、改，不应该随心所欲，而应该有充分的理由、客观的根据与合理的程序。即使在专制的时代，规范的变更也是有理由和根据的，只不过理由和根据未必充分、合理，有时甚至很奇特，如"奉天承运"。但在民主社会，规范变更的充分理由、客观根据与合理程序则是必不可少的，而且是不可突破的底线。否则就会倒退到专制社会和极权时代。而为了在实践中为社会规范系统的改造、完善或建构，提供充分的理由、客观的根据与合理的程序，就必须在理论上对规范问题展开深入的研究。

而当我们对规范问题做初步的学术调查和研判的时候，却发现，规范领域极其广阔，涉及社会的每一个方面、每一个领域、每一个单位、每一个人。可以说人类社会的每一个领域都有规范和规范问题，而且规范的种类也极其繁多，有道德规范、法律规范、行政规章、组织纪律、技术规范、科学规范、艺术规范、宗教规范，民俗、禁忌、礼仪，等等，不胜枚举。同时我们还发现，关于规范的总体性、统摄性、融贯性研究，在国内学界还是个空白。各个学科的学者关于各种具体规范的研究，如法律规范研究、道德规范研究、宗教规范研究、民俗研究，等等，都处在一种彼此隔绝、互不通气的状态。我们没有找到能够把各种类型的规范整合在一起的综合性、贯通性的研究成果。对于贯穿规范领域的许多具有普遍性的学理问题，如规范和自由的关系问题、规范与规律的关系问题、规范与利益或价值的关系问题、规范的合理性及其判定问题、规范的类型与功能问题、规范形成的条件和程序问题、规范形成与应用中的逻辑问题、规范判断和事实判断的关系问题、规范命题及其价值词的意义分析，等等，几乎无人问津，有些问题甚至还没有提出来。随着国内价值哲学研究的兴起和发展，学者们在阐述价值与规范的关系时，对规范问题有所阐述，但落墨不多，研究尚未深入。这表明，在当时，规范领域是一片几乎未进入国内学界视野的处女地。[①] 只要敢于进入，必定大有可为。

可是，一旦你单枪匹马地闯入这片荒漠，面对如此广阔的一个领域，考虑到可供借鉴的成果少之又少，则难免心生畏惧，忐忑不安。课题的难度很大，个人的力量有限，能做得好吗？不会是不自量力蛇吞象吧？但是，既然已经开始，就只能义无反顾地朝前走。我和自己的同事、学友、学生组成了一个团队，开始了长期的合作与开拓。经过十几年的努力，随着研究的开展和深入，我们逐渐地

---

[①] 后来，我们对国外相关研究的了解逐渐增加。我们发现，除了有对各种规范作分立的研究的各种成果可供学习、借鉴之外，也有一些学者对规范问题进行了综合性的研究，如维特根斯坦、哈贝马斯、凯尔森（Hans Kelsen）、拉兹（Joseph Raz）、威尔（Frederick L. Will）等，他们的研究成果，是西方规范研究的重要成就，我们将在《西方规范学说史》一书中进行阐述。近几年国内已有关于规范问题的一些文献发表。这表明规范研究已成为时代的需要。

阐明了"规范论"这个新的学术方向（或许有一天会被学界承认为一个新的学科）的研究对象、研究方法、学科的性质与特点、学科的基本问题，并且把规范论的一般范式和方法，运用于各类具体规范，如科学规范、技术规范、宗教规范、法律规范的研究。我们坚持逻辑和历史统一的原则，运用发生学的方法，研究个体的规范意识和行为的生成、变化和发展，研究人类社会规范系统的形成、演进与变更，研究中西规范学说的发展史。这些研究有的已获得了相应的成果，有的即将出成果。

我们先后完成了两项国家社会科学基金课题和一项省级社会科学基金课题，分别为《规范论——规范的发生学研究与合理性研究》、《默顿的科学规范论研究和科学规范的当代建构》、《规范的基础与自由的中介》。参加项目成果鉴定的专家给予了高度评价：

复旦大学陈学明教授认为："规范论是一个全新的研究课题。纵观目前国内外学术界，还未见有人对此作过研究。因此该课题是个创新性研究，填补了学术研究的空白。……本课题的理论价值就在于使今后的哲学领域有了一个全新的主题，而且对这一主题的整个理论有了一个较为成熟的框架。"

南京大学唐正东教授认为："该成果的主要建树是：1. 对规范论这一学术方向的基本问题进行了全面的梳理和系统的总结，……这是独创性的，并为此方向的下一步发展奠定了基础。2. 从人类发生学的角度对规范的历史演变进行了探讨，这种梳理与对规范的一般问题的研究相得益彰，为规范的研究提供了一个历史发生学的基础。3. 从个体发生学的角度对规范的演进历程进行了梳理。规范问题的研究要深化，就必须在社会历史性梳理的基础上，加入个体发生学的线索，只有这样才能在正确处理个人与社会的辩证关系的基础上，深化对规范问题的研究。4. 对规范的五大基本类型进行了深化性研究，尤其是对技术规范和科学规范的探讨，特别显示了作者的原创性。该成果的学术价值在于通过交叉性、综合性、总体性的研究，把对规范问题的探讨提升到了一个很高的层次，并为建构规范学这一新的研究方向奠定了重要的学术基础。同时该成果也具有很强的应用价值。面对转型期的中国在历史性维度所凸现出来的新旧规范的冲突和局部失范现象，以及在共时性维度出现的一国两制建设过程中的不同规范的共生问题，本成果都有较强的指导意义。"

中山大学王晓升教授认为："本来，规范主要是哲学中实践哲学研究的课题，这主要包括政治哲学、法哲学和道德哲学。作者对于规范的研究显然突破了传统实践哲学研究的范围，从广泛的宏观的角度来研究规范，作者广泛吸收了价值哲学、语言哲学、社会学、民俗学等多学科的知识来进行研究。应该说这在理论上是有价值的。作者试图从形式合理性和实质合理性的角度来研究规范的合理性。应该说后一个方面的研究涉及当代哲学，特别是道德哲学、法哲学和政治哲学中的一个重大问题。作者从多角度涉及了这一问题，这为进一步广泛地研究这一问题提供了基础。作者还对规范演进的历史脉络进行了梳理，揭示了规范的理性化过程的特征。这也是有一定价值的。该成果的学术价值表现在作者初步建构了规范论的理论体系，给我们进一步深入研究社会规范奠定了理论基础。基于这样一个理论体系，我们可以进一步就制定社会规范、进行社会规范教育等开展更加具体的研究，从而指导我们的具体工作，因而具有重要的实践意义。该研究在国内的同类研究中居于前列。"

对于我们的工作，福建哲学界的关家麟教授和王岗峰教授也多有鼓励和指正。

在上述研究基础上，在商务印书馆的大力支持下，我们推出了

《规范研究文库》。这是一个开放性的文库，以反映和包容关于规范研究的优秀成果为宗旨。现在的计划包括如下 16 部专著（随着研究的进展和变化，可能会有所变化和增减）：

### 规范研究文库（16 部）

第一部　　规范通论

第二部　　人类规范演进论

第三部　　个体规范形成论

第四部　　规范与逻辑

第五部　　规范与语言

第六部　　道德规范论

第七部　　法律规范论

第八部　　技术规范论

第九部　　科学规范论

第十部　　宗教规范论

第十一部　艺术规范论

第十二部　民俗规范论

第十三部　礼仪规范论

第十四部　西方规范学说史

第十五部　中国规范学说史

第十六部　哈贝马斯的规范学说

我们诚挚地欢迎学界的朋友加入我们的团队，为我们的文库提供新的成果，共同推进这个领域的研究。我们也深知自己的研究成果只是初步的，有很多错漏和不足，渴望得到前辈与时贤的批评和指导。

文库主编　徐梦秋

2009 年 3 月 5 日

# 目 录

绪论 ………………………………………………………………… 1
第一章 实践维度与基本规范范畴 …………………………… 36
　第一节 实践的二维三重面相 ……………………………… 38
　第二节 自我与内在自然、外在自然：
　　　　 规范体系的自发前提 ……………………………… 62
　第三节 自由与价值：对自然因果性的扬弃 ……………… 93
　第四节 规范范畴的主体间架构：
　　　　 意志维度上的呈现 ………………………………… 118
　第五节 规范的效力与实效：时空维度、聚焦与联锁 …… 135
第二章 规范形态的类型分化和场域结构 ………………… 163
　第一节 宗教：生死问题与最初的规范 …………………… 164
　第二节 各种理想型分类：基于实践场域或
　　　　 调节方式等原则 …………………………………… 174
　第三节 伦理型规范的家族 ………………………………… 192
　第四节 法律型规范的家族 ………………………………… 214
　第五节 共同体形态与实践的场域结构 …………………… 240
第三章 演化一般性：场域拓展和结构转换 ……………… 266
　第一节 原始社会以来规范形态演化的四种趋势 ………… 268
　第二节 文明社会规范形态演化的三个阶段 ……………… 293

第三节　道德领域里的普遍化原则……………………329
　　第四节　集权政府职能与法治目标……………………344
　　第五节　规范的符号特征与信息机制…………………365
　　第六节　竞争中的比较优势与制度文明的传播………400
　　第七节　规范形态演化乃是社会结构演进的镜像……414

第四章　规范历史形态的不可通约性和整体性…………439
　　第一节　自然环境：规范体系演化的边界条件………446
　　第二节　路径依赖：历史的重要性……………………460
　　第三节　种姓制度、基督教价值观和伊斯兰教法……477
　　第四节　中国传统社会的礼制、宗法和官僚制………498
　　第五节　从古典自然法学说到现代自由主义…………541
　　第六节　微观权力和宏观势能…………………………570
　　第七节　场域结构中的新事象：
　　　　　　规范历史体系的多样性………………………600

第五章　场域拓展和结构转换的若干机制………………625
　　第一节　合理的利己动机及有限理性的概念…………627
　　第二节　规范演化所蕴含之博弈规律…………………641
　　第三节　群体际的选择压力与合作的进化……………669
　　第四节　制度成本与制度绩效的各种概念……………688
　　第五节　有机生成、有意设计与交往理性……………718
　　第六节　公共性和正义问题的视野……………………730

结语…………………………………………………………752

参考文献……………………………………………………766

致谢…………………………………………………………792

# 绪　　论

某人或某些人的行为可能表现出一定的重复性。这类重复性很可能是遵循某项规范的结果，即该项规范的实效之体现。但行为表现出规律性，并不足以让人断言，有关行为就是在遵循规范，因为这也可能是出于无意要遵循什么规范的个人性的惯例，或者是源于面临相似情境时的单纯利益计算上的相似性，或者是受生理、心理或社会性规律支配的结果。但如果一项规范的内涵，即它对人所提出的要求，保持着一定程度的同一性，那么适用这规范的行为就不可能不表现出与这种内涵的同一性相应的、契合其要求的行为方式上的特征，又如果这类行为并非迄今为止仅出现了一次，或者那规范不是像某些特殊的命令一样仅针对一次性情境，那么这类行为就必然具有重复性——而为了讨论某些较特殊的规范存在状态，也可将特定的契合规范内涵性要求的行为方式视为具有某种较弱的规律性。

实际上发生的遵循和适用规范的行为，乃是规范真正置身其间的场域，也是我们谈论规范是否存在以及如何存在的最重要的事实性基础。但规范首先是出现在人们有真实意愿要去遵循它的意向性状况之中，[①] 即它的跟事实无关的单纯存在，对应于围绕它

---

[①] "意向性"是意识体验的基本维度，它表示，"心灵能够以各种形式指向、关于、涉及世界上的物体和事态的一般性名称"（[美]约翰·塞尔著，李步楼译：《心灵、语言

的要求的众人意愿之状况；其次才是遵循和适用规范的行为，这些行为验证了，或者说确立了规范的存在，而它们很可能正是由愿意遵循规范的意愿牵引而至。如果说前者是指规范的效力，那后者就是指可确切验证其存在的规范的实效。

适用规范的行为，至少包含三个环节：（一）动机，即实现可构想的特定行为方式之意愿；（二）现实，即某一行为或一系列行为契合这方式的状况；以及（三）协调，即众人之间的一定的协调方式对于动机的内在作用。履行或适用规范的行为主体，必定有着想达成特定行为方式的意愿，这方式就是规范的内涵性要求，就是作为意向性的意愿之所愿；而如果没有遵循有关要求的意愿，那特定行为表现也就谈不上是对特定规范的适用；但行为的规范性超越其

---

（接上页）和社会》，上海译文出版社，2001年，第81页）。意向体验意识到某个不同于自己的东西，这就是意向对象。但意识体验也可以是纯粹非"前反思自觉知的意识体验"，即"原意识"，一种非对象性的意识（参见倪梁康《自识与反思——近现代西方哲学的基本问题》，商务印书馆，2002年，第390－395页等）。一般的意向性包含意向对象、意向活动与内意识三个难分难解的维度。内意识是意识对自身的意识，是意识的异对象的异己性得以呈现的一种内在的伴随意识。意向性概念的始作俑者，殆为布伦坦诺，他认为，一切意识体验可以划分为"物理现象"和"心理现象"两类。前者并不是外在的自在之物，而是指一种原初的"印象"，后者具有更高级的"伴随意识"或径曰"次级意识"，作为"印象"的"物理现象"容或变动不居，但作为次级意识的"心理现象"则是绝对自明的。譬如我对一朵花的感觉印象可能是幻觉，但是"我意识到我在看一朵花"倒是无误。See Franz Brentano, *Psychology from an Empirical Standpoint*, London: Routlege, 1995, pp.101－102. 所以，任何心理现象都具有"对象意向的内存在"，即次级意识内在地包含"物理现象"作为其对象（同上书，第88页）。

然而一方面，并非所有意识状态都是意向性的，例如某种并无对象的伴随着焦虑或兴奋的意识，或如海德格尔在《存在与时间》里面所说的"烦"、"畏"。另一方面，不是所有意向性的存在都是有意识的，譬如当我的意识专注于另外的事情但仍有要遵循法律的意愿的时候，并这意愿是有意向对象的。然而，意向性和意识之间也有本质性联系："我们只有通过意识才能理解意向性。有许多意向状态不是有意识的，但它们是属于能够潜在地成为意识的那样一种情况"（〔美〕约翰·塞尔：《心灵、语言和社会》，第64页）。本书中强调的是：伴随着实质上的意愿和期待的、关于某种行为方式的意向性。

规律性,或者超越单纯的内涵和事实之间的同一性,还得依靠针对其实效状况的各种调节方式,但这些并不是规范性的本质的一部分。① 规范的实效,即具体适用规范的行为表现,乃是事实,但这事实的本性就在于实现了关于特定行为方式的意向性的那一状态。而"规范的存在"则是指,它是有实效的或至少是有效力的。

实际上,包括规范、制度、机构、货币等在内的各类社会性事物,都在其事实性联系的整体机制中,蕴含一类特殊的自指性,这是指,某种形态的社会性事物,势必以关于该形态事物的理解为其必要之组构环节。就是说,如果没有一个人有关于政府、学校、货币或制度的概念,那作为类型的它们或它们当中的某个类型的具体形态,还能够存在吗?这不是说每个人都有相同的理解,或者这类理解都是固定和僵化的,也不是说围绕这类事物的运作和发展过程不包含任何超出众人所能理解的范围内的因素。但是看起来,对于这类事物,除非基于相关理解的概念已经存在,那些参照或遵循此类概念的行为就不能存在,也就谈不上由这类行为所促成的这类事物。而这类概念/名称又正是对于这类事物的指涉/指称。也许概念起初只是出于对某种可能事态的构想,然后则是预期和意愿。但这就意味着,社会性事物的存在,乃是通过参照关于其自身的概念的环节而以其自身为前提,或者可以说,起初的时候,这类事物恰是以被设想出来的可

---

① 像凯尔森(H. Kelsen)这样的法学家,认为法律规范的实质具有这种形式:如果~X,那么应该 Y;即实质是制裁规定 Y。可是在各类法律中,可能还有设立权利和义务的私法范畴,关于创设规范或设立可创设一定范围内的规范的权威角色的规范等,这些领域就不适用主要是适用于刑法领域的上述观点。而在公共政策或命令这些法律型规范当中,明确的强制制裁方式之付诸阙如是合乎逻辑的,因为重点不在这里。其实,对于伦理型规范的调节也具有某种"如果……那就会……"的形式,只不过这些举措并不被明述出来,甚至是不确定的。

能事态为前提的。

某些行为方式与规范的行为期待即内涵要求相吻合，不会让它们自动成为规范的行为表现。若要判定一件或一系列行为是否确系对于规范的遵循，得参考相关主体的意愿上的意向性。如果没有这方面的意向，那便不能认为与规范的内涵所描述、所规定的相一致的行为方式就是在遵循之，便也无关乎规范的成立；即，意向性是内含于对遵循规范的行为表现的描述当中的，乃是适用规范的行为的必要构件。当然这种意向性并不一定要在每个规范适用的场合都是完全有意识的，关键在于，他得对于遵循某项规范的一贯性有过明确的意愿，而特定的行为表现乃是一种实现相应意向的表现。甚至这样还不够，即除非这个意向是涉及"应该"之类内涵，便是受着某种内在约束的，否则，有关的预期和意向就可能只是基于有关领域的因果性或统计规律，而对自身行动的一种纯策略性的筹划之类，而不是关于规范的。①

关于"规范的存在"，在一种很弱的意义上可以说，不论这规范的要求可行与否——这方面经常得通过它的实际适用来确定——

---

① 所有按照稳定的规范要求所实施的行为，或对禁戒的循守，都属于规范适用之范畴，其含义要超出仅受下意识的习惯或利害关系所制约的行为的规律性。有人认为只有当一种社会行为或者社会关系以可以标明的"准则"为取向而体现一定的规律性，并且以一定的责任感或惩罚手段作为保障时，才能被视为"适用规范的"（参见〔德〕马克斯·韦伯著，林荣远译：《经济与社会》上卷，商务印书馆，1997年，第62页）。

规范的本体论地位不能等同于涉及规范的行为表现这一基本事实，也许才是导致摩尔(G. E. Moore)以来的现代西方伦理学的各种反自然主义论调的根由。按照摩尔的说法，甚至将规范的存在根基于超自然存在的论点，都是自然主义的表现。在历史上，西方古代和近代的自然法学说，中世纪基督教关于上帝存在及其意志的，儒家的道德形上学，都属此种论调。而关于自然主义和反对它的观点的说明，参见〔英〕摩尔著，长河译：《伦理学原理》，商务印书馆，1983年，第44—65页；〔美〕艾伦·格沃斯等著，戴杨毅等译：《伦理学要义》，中国社会科学出版社，1991年，第39—56页、第125—127页、136—140页。

它有效力,它就存在了;因为我们不能否认,人们有遵循之的意愿和没有遵循之的意愿之间的事实性差别。然而,单单人们具有要遵循某项规范的动机,并不一定就会导致更强意义上的规范的实际存在。自然,原来设想得极好,也有真实意愿要去实现的特定行为方式,也许在客观上是不能执行的,这比起适用得不彻底或者适用后果未如人愿来,确有实质性差别:哪怕适用得有缺陷等,实际适用即规范实效的确实表现,恰是对于规范在现实世界中的真实存在的验证。不然,没有实际的适用,单纯曾经被人们愿望着的一项规范,并不一定在规范内涵所要求的采取特定行为的意义上,是实际存在的。所以,"规范的存在"归根到底是指,遵循规范的行为方式的事实。而"遵循规范"就含有"有意向去遵循规范的内涵性要求"的意思。

起初,被愿望着和在期许中的行为表现或方式仅是一种意向内涵,即作为可能的事态而不是作为真正的事实而存在,但期待它由事态转变为事实,却也属于有关规范的规范性内涵的一部分。但是当遵循有关规范的行为表现并不实际存在的时候,单纯的意向还不能确证这还处在意向性当中的规范的实际存在;类似地,在缺乏有关意向之际,行为表现跟规范内涵的事实上的契合,甚至不是断言规范的单纯存在的充分条件;而对其实际存在来说,有关的意向和有关的行为表现,缺一不可——只是还不够。不管怎么样,规范的实际存在,是只有在关于特定行为方式的意向和遵循此种意向的行为表现的相互依赖、相互渗透的关系中,才能得到实现和证实的。有关意向是一种关于行为方式和这一方式应该有实效的意向,而有关行为表现则是遵循此种意向的情况下之效力和实效。此处的"效力"是指,没有出现与遵循规范内涵的意向相违背的情况,而"实效"是指,在规范内涵所指向的适用它的时空上的情境出现之际，恰如其所要求地遵循这种内涵。① 准此而论，规范实效的体现就必然是规范效力的体现，反之则不必然（当然针对"效力"是指人们有遵循它的意愿的意思，也可以说，拥有真实意愿的状况，至少是一种没有违背其内涵性要求的状况）。因此，只有当规范的实效实现之际，关于规范内涵的意向才得到了充分的证实，即相应规范才能实际上存在。

特定的与规范内涵相符的实际的行为方式，只有在它是遵循有关规范内涵的意向的表现的情况下，才是规范的；然而说起来，特定的契合所期待的行为方式的意向，只有在这行为方式具有规范性的情况下，才是规范的。即，对于契合这方式的意愿意向和行为表现上对此意向的契合，虽然对于规范的成立缺一不可，但有了它们还不够；即，主体所愿望的行为方式，并非在其被愿望的意义上就有了规范性。规范不是私人事务，本质上是社会性的。而对有关意向性内涵实现与否的众人间相互协调或牵制的方式，才有可能使人们的意向展现强有力的应该去做的约束力，而这协调方式，不是囿于自我意志的樊篱，而是涉及人们之间的关系的。由自己对自己提出一种要求，及单纯由他人提出要求，都无法使我们找到规范性的起源。即单纯的自律和他律恐怕都不是答案。但是为了他人所施加的一项其起源还是跟我本身对他的影响有关的对我的约束，而愿意进行某种形式的自我约束，情形便大不同了。

那些维系这个井然有序的、有着复杂分工协作和各种角色地位的世界的规范和制度，想必是存在的，否则，这个复杂的世界就

---

① 其实"效力"概念，与上述消极意涵相关，又可分为三种积极意涵：规范的内涵意向即其内涵效力；人们愿意遵循它的意向性；无论是否发生实效，都有可能存在规范之间的适用性的冲突和决选问题。参见本书第1章第5节。

会崩溃。但是规范存在于关于规范的意向、遵循关于规范的意向之行为表现、对于"有所遵循"这一点达成一定形式的人际协调而实现其规范性的态势之紧密结合当中。而一般的规范性则要由一般的协调方式来决定,也就是说,起作用的并不是稍微具体的调节方式的层次,如舆论褒贬、肉体惩罚、具体的利害计较之类,而是指内嵌于各类规范之中的具有相当程度的一般性的协调和约束。能够构想和预期某种行为方式,乃是对这行为方式有所愿望的前提,而这种意愿又是关于这行为方式乃是一项规范的意愿。即,有关的意愿,必须在意识到这行为方式系对它自身具有规范性和约束力的情况下,仍然对此有所意愿,在此情况下,关于这行为方式的意向和契合这方式的行为表现这两个环节密切结合,才能使规范成立,否则,有关的意向和行为表现,就将退化为单纯的期待(预期和有所意愿)和单纯实现期待的行为,即除非规范性存在,有关的意向和行为表现这两个环节,才能成为关于规范的意向和表现。

涉及规范性的核心范畴就是"应该",如果是两个词,就得加上"好"(或者"善"),一为义务性,一为评价性的,即分别跟规范性涵义的核心及调节方式的肇端相匹配。关于某种行为方式是"应该的"那种意向,其约束力不是源自个人的自我约束(因为它只是造成自说自话的"应该"而已),也不是源于他人的单纯强迫——如果某己宁死不屈,别人终归拿他没办法——倒不如说是源于众人意向之间的一种协调状态。这种协调不是一个人或者相关范围内的一部分人说了算,而是在参与者的意愿考虑了别人的考虑和意愿的情况下的一种相互牵制,这种相互牵制造成了某种任何个人都不能完全左右的关于特定行为方式的约束力,即"规范性"。此种意义上的规范性,略相当于众人皆有意向要特定的人们遵循之而使某种行为方式具有效力的意义上的"效力"。

在日常表达中，有时我们说"应该"，实际上是指它是"好的"或"值得的"。谈论一般的、极抽象的规范性起源，不可能诉诸一些特殊的程序步骤，或一些特殊的利益机制。但离不开人们关于"好"的基本直觉。众人关于某些人的行为方式的态度和意愿，及其后续可能产生的针对性行为，对于这些人自然构成一种牵制。所以人们会有一种按照众人的期待和意愿去行为的倾向性，即人们会自发认为，若其他条件相当，这样做要"好于"不这样做，亦即这样做对自己有利的概率更高。

规范的存在，根本上是可能的事态和现实的事实之间的一种辩证关系，一种辩证的过程：在众人意向相互牵制而产生约束力的、关于特定行为方式的意向性之前提下，实现这种意向性所内含着的要求之实际的行为表现，便验证和实现了特定规范的存在。但这种自身绵延着的意向性，并不是某些人的关于特定行为方式的意向性的单纯一致，而是在一定范围内的任意某己与任意他人间有着交互的预期的情况下的、众人共通或一致的意向性，所谓"由交互预期而产生的一致意愿"是指，某己在预期着他者愿望着特定行为方式之际才会有对此方式有其意愿，他者亦复如是。规范性的秘密，大概可以从这个根子上去追究。而关于交互性的更强的意思则是，某己愿望着他者愿望着某己自身愿望着这样的行为（这是产生所谓"集体意向性"的关键）。

本书坚持关于规范存在问题的实在论、主体间性、整体论以及非还原论立场。即，如果的确存在规范这类事物，它们不能直接等同于跟规范内涵所规定的事态相一致的行为方式，也不能等同于指涉有关事态的关于规范内涵的意向性，以及把它们还原为在社会性层面以下或以外的其他事实。规范必须在由众人间的协调所造成的情势中寻找其根源，并在其中发现跟个人意志有关而又为个人意志所无法左右的确定性和客观性。①而规范之存在，本质上是一种涉及意愿意向性的绵延和行为方式间的紧密结合之事实，难以进行时间和空间的定位，并其存在又牵涉可能性映照和引领着现实性、个别性中融入了普泛性的辩证法。②规范存在的整体论还指：各类规范之间总是在语义上和实践上呈现相互印证、相互联锁的现象，而一个或一类规范，如果缺乏其他规范跟它自身之间的印证和联锁关系，就是无意义的或在实践上难以成立的。但是印证和联锁的格局，如同物理上的场效应那样，是可以变动、调整和近似崩解的。

如果一个人推动某一行为的最终意愿，也是另一人在该事务上的同样意愿或不妨碍前者的行为的某种意愿，那就可以视为关于这项行为的"协调"。其实，包括生产性过程在内的各类行为，有很大的概率同时也是一种个人之间或其他主体性资格之间的协调或"交换"，而不论协调是形态表现上同质化程度较高的"协同"，还是己、他各自的行动的差异化配合，也不论交换是纯粹物质性的还

---

① "事实"、"事态"、"实在"这三个本体论或存在论（Ontology）概念所指不同，事实是指曾经或正在具体的时、空当中发生的事件；事态是指作为可能的"事实"发生的各种状态；实在则包括事实，也指向那些使得事实或事态得以被理解的客观情势或意义等。在西方哲学中处在最核心心位置上的本体论，归根到底是一个简单的问题，复杂的是历史上人见人殊的解释。有人说，如以英语三个音节提出这问题，即 What is there（参见〔美〕蒯因著，陈启伟译：《从逻辑的观点看》，上海译文出版社，1987 年，第 1 页）。即"何物存在"。所谓"何物"，或是（一）亚里士多德《范畴篇》里的所说"第一实体"，或是（二）现象背后之元素、始基、共相、规律或原则，这些共相或原则本身不能被认作流变的、易逝的，否则它就跟现象是处在同一层面上了；（三）怀特海（A. Whitehead）所说的"过程性实在"，亦即那些其前后诸阶为绵延、不可分割之过程，并且这过程原本就展现为现象上的交融、摄入。——规范的存在问题，就涉及事实、事态、实在这三种本体论状态，即它是一种受到可能事态的意向性定位的观念之事实性过程。

② 在这两对范畴中，前者主要指向一种很特殊的情况：在规范仅有效力而体现实效的情境尚未出现之际，竟还不能断定这规范是否实际存在；后者指向，在群体性或社会性层面，究竟有多少比例的个人履行某一规范，这规范才算存在的问题。

是牵涉非物质性层面的,是利益方面可度量的还是不可度量的。①
并且,协调和交换,都可能是基于平等自由的意志,也都有可能是
为某些主体意志所主导的,即蕴含"权力"现象的。然而,正如协调
和交换可能出于某种形式的权力,权力也有可能来自协调或交换。
尽管权力现象经常跟暴力机制发生联系的事实是毋庸置疑的,但
纯粹依靠暴力来维系的权力是难以持久的,这是因为个人能力的

---

① 关于人类交往的微观过程中普遍包含"交换"的论述,参见〔美〕彼得·布劳(Peter M. Blau)著,孙非等译:《社会生活中的交换与权力》,华夏出版社,1988年,第104-134页等。

作为整体来看的人类和生物的交换行为,据说至少有三个类型:(一)共生交换,这是指资源和服务跨越物种的互惠性的交换,农业和养殖业就是人与经过驯化的动植物之间的共生交换,授粉行为、生态群落中的氧气和二氧化碳的交换、某些大型生物与微生物之间,都有这类交换,根本上共生是物种的经验而不是个体的经验;(二)亲缘交换,即物种内部——特别是具有近缘关系的个体之间的——对于物种生存和繁衍具有极端重要性的交换;(三)商业交换,这种交换更多取决于交换对象的价值、且不受亲缘关系和生育偶然性的限制,而是对同物种的所有成员、包括匿名者都可开放的。第三种交换可能是进化的独立动因,即有可能是推理和说话能力的起因,且正是它启动了所谓"自激式脑进化的过程"。参见〔美〕哈伊姆·奥菲克著,张敦敏译:《第二天性——人类进化的经济起源》,中国社会科学出版社,2004年。

除了关于私人物品的交易,在人类历史上出现过的交换形式极为多样,譬如某些北美印第安部落中的"夸富宴",就是一种涉及物品和服务极其多样的集体之间的总体性交换。而人类家庭或群体间的婚姻交换,也曾经在历史上广泛和长期存在。据说在原始社会的亲族体系中,就有两种基本的婚姻交换类型,其一是限定交换,简单地说,即根据礼尚往来的惯例,严格地送一个女人,娶一个女人;其二是链状交换,即将一个女人交给一个集团,再从另一个集团娶一个女人,这后一个集团再从其他的集团娶一个女人,如此以往,以致这些集团之间形成似乎是循环式的流转(这两种交换的译名,在谢维扬等所译《结构人类学》中作限定交换、一般交换;《家庭史》则译作局部交换与全局交换)。当然循环圈不能闭合的危险是存在的。为了避免可能出现的损失,常常会伴随婚姻补偿机制,即作为类似"新娘身价"的东西,以劳役、实物或金钱的形式,由男方家庭给予女方家庭。

波兰尼还指有一种普遍的、再分配交换模式",一种辐凑于中心而再次发散的交换,即共同体成员向某个政治性或宗教性权力中心履行支付财物与服务的义务,然后由此权力中心依其目标以公共服务等形式分配给前述成员。See K. Polanyi, *Trade and Market in the Early Empires*, New York: The Free Press of Glencoe, 1957, p. 250.

不稳定性,也是因为一个集团要对另一个集团保持足够的压力,就必须首先解决内部的协调和权力配置问题。权力或来自交换,譬如如果不得已的话,人们更愿意把做出跟自己有关的决定的主动性交付给那些有能力给他带来某些好处的人物。① 权力或来自协调,譬如关于过去人们一致承认某种权威地位的认识会产生一种惯性的约束力。②

在另一些方面:"交换"可以被理解为某种差异化的配合,甚至是围绕交换场合、时间或交换方式的协同等。③ 而协调也极可能是两者之间的某种交换的产物。真正可以独立起作用、即不依赖于其他范畴的效力的范畴就是自愿,即,我们可以纯粹出于自愿来协调和交换。当然,对于大型组织或复杂协调来说,权力运作就显

---

① 如对某甲,"按照乙的愿望行事,这样用献给乙而加诸自身的权力去报答乙,以此种权力作为使乙为他提供他所必需的帮助的诱因"(〔美〕彼得·布劳:《社会生活中的交换与权力》,第24页)。此又相当于韦伯(Max Webber)所说源自魅力即能力的合法性权威。

② 此相当于韦伯所说基于传统的合法性权威。

③ 公元前15世纪迦太基人和利比亚人之间做交易的时候,据说,前者一放下货物,就藏了起来,然后利比亚人在地上放些金子,也马上离开,这时迦太基人过来,瞅了一眼地上的金子,若觉其价值合适,就捡起金子走了,否则便不会去碰地上的金子。这个过程可能会继续而直到双方满意,且双方全程都不会欺骗交易对手,当地人也只是在迦太基人拿走金子以后,才去碰货物(参见〔古希腊〕希罗多德著,王以铸译:《历史》,商务印书馆,1959年,第341页)。类似的情况也出现在14世纪阿拉伯旅行家伊本·巴图塔所描述的伏尔加河沿岸的贸易中。据说,在经常是彼此语言不通的不同共同体成员之间的交易的历史起步形式,就是这类"默商交易"(silent trade),其间常能观察到默契和诚信的现象。

一般地来看,生产或交易活动的顺利展开,都是以一定程度的行动或行为上的协调为前提的。所谓:"如果缺乏对财产的尊重,想要有一个合理的生活水平实际上都不可能做到。甚至最简单的投资——为来年的收获进行的耕作——在人们无法掌控收获时节的收获物时,也不值得去做。如果强制实施某种程度的惩罚,不仅代价过高,而且没有效果,反而容易遭到反击。诚实非常廉价。但我们注意到,他人的诚实是使我安心的必要条件"(〔英〕琼·罗宾逊著,安佳译:《经济哲学》,商务印书馆,2011年,第6页)。

得很有必要了；而交易或交换则更有可能是出于自由的意愿。无论如何，均不应低估各类交换形式在人类行为方式中的重要性；如果权力让渡或者遵从某种规范性要求对于相关人等时常极为不便，那么人们仍然经常这样做的理由，就只有从这样做可换来某些重要利益的增进的方面来解释。

本能、冲动、需要、偏好、倾向、向往和追求等，都是意愿的表现形式或者影响意愿或动机的形成的因素。在主体内部，本来就有针对各层级的意愿而体现其一贯性程度或调节能力的人格性的"意志"现象。即便考虑了意愿形成是否有自然规律的问题，我们仍然会发现，在作为高阶和终阶意愿的意志，以及在实际影响到行为的动机层面，不可能有不自由的意志，因为任何选择屈从于他人胁迫的选择，也必定是"我"的选择。[①] 然而，只是从个人意志角度审视规范性之起源，或许都是对问题的错置。因为，无论个人的意愿机制具有怎样的一致性，以及因此而在行为表现上也呈现一致性，单纯的个人意志，不足以产生对他人也具有约束力的、类似康德所说的普遍规律般的义务。

看起来，仅仅基于实际意愿或意向的单纯协调还不见得产生规范的约束力，当然也不见得展现为有关方面的行为的规律性；此种约束力，如果只是效力意义上的，那就有可能源于"集体意向

---

① 行为或意愿是由自我决定的，而自我是一种不同于各种广义上的物理现象的综合性特征，还是认为行为等是由某种自我作为其中一环的因果链条决定的，这是涉及是否承认自由意志的一种基本分歧。有的认为因果决定论与自由意志现象是相容的，也有人认为二者是不相容的，在此前提下或者承认自由意志，或者不承认（更细致的梳理，参见徐向东：《理解自由意志》，北京大学出版社，2008年，第1、2、3章）。在我看来，对于因果概念有着更广泛深刻理解的"决定论"视角，在融入意向性概念之际，完全可以兼容和承认自由意志现象。即，自我决定所依赖的那些意愿因素的形成，很大程度上是基于它们的各种条件，而意向性又使意愿原来的强度发生了改变，这是一个过滤和/或权衡的过程。

性",一种在个体间意愿的关联性上比一般的"协调一致"要更强的机制。集体意向性乃是各方相互间关于对方的预期和意愿的预期之结合状态,而关于规范的集体意向性,则也是围绕这类相互预期所产生的、关于某些人得要遵循某种行为模式的一致的意愿。即单纯就集体意向性而言,它不仅是指关于某个对象的、集体中任意两方彼此间预期和意愿之间的某种互为前提的形式,若穷其意蕴,它还指向己他的预期和意愿之间的重重无尽的回互关系,特别是,特定范围内的某己还愿望着他者愿望着某己自身愿望着这样的行为,某些他者作为己方,亦复如是;不过,对于某种行为方式单纯具有集体意向性,未必产生作为实效的有关行为;但除非它是关于行为方式或实践模式的,它也不可能内在地具有规范性。故所谓"集体意向性"就是具有内在的交互主体性形式的"我们意图并且相信",此可谓以下形式之简约表述:

在一定的人群中,在任意两个人的己、他之间,存在着这样的意愿和信念:我愿意R并且我愿意R至少是因为我相信"你意愿R并且你愿意R至少是因为你相信'我愿意R并且我愿意R至少是因为我相信……'"。

一般来说,人际互动中的策略性选择,相当于说,我相信别人都这样或那样,所以我就愿意这样;这里,只有按照博弈均衡来决策的问题,而没有规范性。其实,基于"集体意向性"而产生规范性或规范效力,相当于说,我相信别人都愿意这样,所以我也愿意这样,但我相信别人之所以愿意这样,恰是因为他相信包括我在内的他的别人也愿意这样,如此等等。在此类回互关系中,不是我支配别人,也不是别人左右我的意志,我不能单方面决定或撤除对有关行为方式的意愿,因此这种互为前提的状况,对于卷入其中的任意的某己而言,都是有约束力的,可以感受到它作为规范效力的一般性影响。

暴力或其他使他者利益受损的实质性能力的运用，也许并不以权力机制或集体意向性为前提，但在一个集体的层级上系统地运用损害他人的能力，则以集体内的某种权力机制或集体意向性为前提。而一定人群范围内普遍可接受的权力机制（但不稳定的权力也可能只是出于单纯的协调），追根溯源的话，一定是某种集体意向性的产物；反过来却不能说，集体意向性的根源一定可以追溯至权力；因为自愿可以不依赖于不自愿而起作用，但不自愿却不可能不依赖于任何自愿而独立地起作用。基于集体意向性，基于其根本上系基于集体意向性的权力机制，以及纯粹基于损害他人的实质性能力，都可能产生那些具有意志间协调的行为效果的"规范"。

但是在那些具有实效的规范的一般性结构中，"协约"具有核心位置与源始意义。而"协约"是指，在两人或多人场合，彼此间以对于对方行为中所含预期和意愿的预期为自身意愿的前提，以及彼此意向之间的协调一致的同时具备。① 但可以把"一项协约"更精确地理解为：围绕行为规律性 R 的一种协调机制，R 是由若干个人或成员所组成的集合 P 的一个子集合 P' 的成员之行为规律性，P' 的成员是 P 的所有成员或某些成员，且 P' 的成员是特定类型的场合 S 中的行为者，按照一种理想化的叙述方式，可以说，R 成为协约内容的条件，当且仅当作为 P 中的公共认知的以下五项同时成立，即在任意的 S 场合，（一）P' 的每个成员都在遵循

---

① 彼此间以关于对方未来行为的预期为前提而意愿自身的某项行为的现象，在事件或过程中也很常见，但这未必是意愿间的协调。譬如，相向而行的你、我二人在我左边的路上相撞滞留。假设我面前有两条路，左边的路为 A，右边的路为 B，相撞的情形很可能是这样发生的：我预期你预期我会走 B，故我预期你会走 A，故我选择 B；相关的，你预期我预期你会走 B，故你预期我会走 A，故你选择 B。此例亦表明，协调实不必为行动的某种同步化，不必为一致。

R，(二) P 的每个成员都预期，P' 中的每个成员都在遵循 R，并且(三) P' 的成员基于上述预期而愿意遵循 R，(四) P 的成员基于对前两项的预期而愿意 P' 的成员遵循 R，(五) P' 的成员基于上述预期而愿意遵循 R。① 准此，R 就是 P' 中的成员正在被遵循且被预期和意愿着得要遵循的一项规范。甚至可以说，任何一项实际存在的规范不会不内在地包含此种一般性的协约机制。

　　协约很可能是任意的，就像人们常说的"约定俗成"的意思，即：虽然目前人群中源于协约的既定的行为规律性为 R，但有 P' 的成员在 S 场合的另一种可能意义上的行为规律性 R'，没有 P' 的成员可以既遵循 R'，又遵循 R，而如果在两者当中做出选择的 P' 的成员大都遵循 R' 的话，那么基本上 P 的成员都愿意看到 P' 的成员遵循的是 R'，而不是 R，却非 P 中的成员，偏好 P' 中的成员都在遵循 R'，甚于他们都在遵循 R，质言之，P 的成员可能对于 R 或 R' 无所偏好。但如果事实上 P 中的每一个或者大多数出于利益的权衡或其他方面的原因，都更偏好状态 R，甚于状态 R'，那么

---

① 这一界定，参见〔美〕大卫·刘易斯(David Lewis)著，吕捷译：《约定论——一份哲学上的考察》，三联书店，2009 年，第 98 页等。但我并不把任意性视为广义上的"约定"或"协约"的一项必然内容，唯其如此，故下文关于"社会协约"的解释，就采取了不同的论述脉络。而刘易斯关于本质上蕴含任意性的"约定"与"社会契约"的联系和差异的解释，则参见《约定论》，第 111 - 123 页。

　　而安德鲁·肖特(Schotter, A.)关于 social institution 的界定，则在刘易斯的"约定"(convention)定义基础上，增加了一个条件："或者如果任何一个人偏离了 R，人们知道其他人当中的一些或全部将也会偏离，在反复出现的博弈 Γ 中平甲偏离策略的得益对于所有当事人来说都要比与 R 相对应的得益低"。即增加了一个多人协调博弈中的"帕累托条件"。的确，肖特的定义基本上可适用于哈耶克(F. A. Hayek)所说的作为自发秩序(spontaneous order)的制度，但也仅适用于此。当然，在直接的意义上，它并不能涵盖由主权者(the sovereign)设计的制度，也难以涵盖经由多边谈判创生的制度(例如〔美〕布坎南、塔洛克等在《同意的计算》一书中所研究的那种)，但是如果把"权力生成机制"当成一个问题来看待，并倾向于认为它大体亦可适用多人协调博弈的话，那么情况就不一样了。

作为目前协约内容的 R，相对于 R'，就不妨称为"社会协约"。语言中能指和所指间的联系，大量的仪式、习俗、惯例等，都是具有一定范围内的很多另项选择的"协约"（人们在此类选项与既成的规律性之间，并无特殊偏好，或者这种偏好是无足轻重的），而一定历史条件下的权利、义务范畴，部分关于"善"的理解，就更像"社会协约"。① 甚至还可能存在与"社会协约"相反的情况：P 中的成员都偏好 R' 要甚于 R，但只要 P 中的任何成员都预期其他人也是和他一样在预期 R 而不是 R'，则 R 才是他们的协约的内容，R 就是人们常说的"恶俗"或"恶法"之类。

还有两种基本的情况值得注意：其一，若 P' 就是 P，则促成某项规范的集体意向性之集体或人群，就跟遵循着或应当遵循那一规范的成员的集合是一致的。其二，即便不存在众人中的行为规律性 R'，但仍可能存在某种针对行为方式 R' 的道德价值，即，如果 P' 中任意某己都倾向于或者说意愿着，如果自身遵循 R'，那么 P' 中的其他成员也遵循 R'，那么即使事实上不存在 P' 中的这种行为规律性，也不存在关于 P' 中成员关于 P' 中他者行为的这方面预期，R' 依然在众人意愿的可普遍化的意义上是具有道德价值的。②

关于法官或政府官员的某些操守的预期，倘若确实是某种规范，它就是被他们全部或者很多成员确实遵循着的模式，但是这类

---

① 而将某些个人或集体之间的同意之表示，诉诸可供后来确认的文字记录或其他标记的，则是一般所说的契约。

② 实际上我认为，这就是康德所说的"纯粹实践理性的基本法则"，即它心目中的道德规范的效准，就是要诉诸可普遍化的主体间意愿的原则："人们必须能够意愿我们行为的一个准则成为一个普遍法则，即对行为本身做出道德判断的规则"（李秋零主编：《康德著作全集》第 4 卷，中国人民大学出版社，2005 年，第 431 页）；此句的译法，又可参见韩水法译：《实践理性批判》，商务印书馆，1999 年，第 76 页。但是，把这说成是绝对命令，多少是一种误导。

规范的效力不是单纯源于他们自身，而是部分源于他们行为所牵涉的利益攸关者，甚至可以说，是源于他们身处其中的全社会的成员。但对于一些单纯的社区规范，或者对于一些有着普遍意义的伦理规范——如不滥杀无辜——来说，P'与P则是重合的。很可能在某些社会氛围中，诚信并不是人们当中的行为规律性，但这不妨碍它依然具有道德价值，即不管情况怎么样，人们会自发倾向于，如果他自己是诚信的，那别人最好也对他是诚信的；反之，即使撒谎是人群中的常态，这做法也不会具有道德价值，因为即便某人想要对别人撒谎而且确实在这样做，从他内心的真实愿望来说，他也不希望——如果不是预期的话——别人对他撒谎。

实际上，我们经常可以把围绕R的协约看成是其中内在蕴含着某种针对R或R的某一内在关联物的集体意向性的，而且在协约状态下，人们相信R已经是现实中的某些人的行为规律性了，并这种事实上的规律性或者信念所确信的规律性，还进一步巩固和强化了人们的集体意向性。集体意向性赋予了规范以单纯效力意义上的存在：因为任意某已预期着他所属的一定人群范围内的所有他者都愿意他或他们遵循某一行为模式，遂愿意遵循该模式。[1] 可

---

[1] 根据 Christine M. Korsgaard 的解释，对于非强制性义务的权威性基础何在之问题（即所谓"规范性的来源"），道德哲学史上约有四类答案：（一）出于外在的意志主体，如霍布斯等，认为道德法则系有权利向人们发布命令的外在的意志主体（如上帝）或主权者所制订的法则；（二）实在论的，即认为世界上必定已经存在规范性的事实或实体，其权威系不言自明的；（三）反思性认可，例如情感主义道德哲学家，就认为规范性的权威性系出于人们对某些道德情感的反思性认可；（四）出于人类的意志自律，此说是对前三类观点的综合，即认为规范性的权威性是出于自律的意志主体，但其约束自身的行动规则具有可普遍化的法则的实在的、内在属性，并且选择这类规则又是经过其自身的反思性认可这一程序的。参见〔美〕克里斯蒂娜·科尔斯戈德著，杨顺利译：《规范性的来源》，上海译文出版社，2010年，第1—191页。而我认为支持规则权威性的实在属性，恰在于某种交互或集体意向性的形式；自律并不能赋予权威性，它和规则的权威性的关系只在于它是其内化的形式。

是由此效力而导致的规范被履行的实际效果,必然还是一种协约的状态,并其中一定蕴含着集体意向性的机制;而处在或者没有处在实际的协约效果中的行为规律性,则在验证他人意愿之际,往往也是被拿来诱发或巩固某种集体意向性的材料。

要之,关于某一行为方式较诸其他可替代事项更有可能产生的、众人意愿和倾向上的一致,产生围绕该模式的价值取向;但是由彼此间关于对方也会遵循某一方式的预期而产生的事实上的一致意愿(而不论他们的预期和意愿之间是否互为前提),便使那方式有了协调的意义,然而包含交互主体性的集体意向性则赋予了有关方式以规范效力,而当规范性或效力又使这方式成了人群中的行为的事实上的规律性的时候,这规范就有了实效,就成了切实的规范。当然,还有另一方向上的通往具有实效的规范的路径:可能是自发形成的某种行为规律性,诱发了大众彼此间的交互性的预期,以及基于此类预期的广泛而一致的意愿。两条路径的差别,可以被刻画为:其一,从集体意向性到规范的效力,再到其实效;其二,从可以被追溯为规范实效的行为规律性中,不期然间诞生了集体意向性。

跟"规范"密切相关的范畴,还有"制度"与"组织"。一组具有内在相关性的规范可被称为"制度"。而一个"组织"则是:一组关于权威和服从关系的安排,以及这一安排所涉及的劳动或资源投入者的集合。[①] 组织中总是镶嵌着一系列较固定的地位、角色、符号资源,这些又总是联系着某些方面的权利、义务或权威性(它可能

---

[①] 从合约结构的角度界定"组织",参见张五常:《经济解释》,商务印书馆,2000年等。故而与其说"企业"代替了"市场",不如说一种合约代替了另一种合约,即在"企业"这样的组织中,一些明确界定的使用投入的权利被授予另一方,以换取一定的收入;邓宏图认为"制度也是一组合约结构"(参见《组织与制度》,经济科学出版社,2011年,第158页等),但没有对两概念的区别给出令人信服的解释。

只是专业性的权威),而在各类组织现象中,还可以观察到许许多多"制度性事实"。[1] 通常我们不会否认货币、政府、学校、婚姻或官僚角色之类的实在性,否则,谈及这些的法律文书或政策文件岂非空洞无物？社会生活岂非鬼魅一般？在某些情境中和某些阶段上,没有这些制度性事实,我们会怎么采取行动,为了什么而行动？人们要考学校、考政府公务员,要向人求婚,要订定遗嘱或契约,这些做法有什么含义？没有集体意向性中的关注和承认,这些行为中作为焦点的事实性关联项,还会成立吗？这些事实具有社会性层面的特殊性,但它们很显然不是那些承载着它们的物质性关联物,即它们不同于特别印制的纸张、政府大楼或校园本身,但它们却不可能脱离本身就是集体意向性对象的制度或组织而具有其稳定的存在。

在规范体系中,制度性事实的重要性在于:它们是一系列相似或相关活动的身份性焦点或主体性资格(如法人),或符号指示(如证书或合同文本),或手段工具(如货币),或共同体形态意义上的场域(如学校);它们的成立有赖于人们尊重和履行一系列规范,这些规范多半是组织网络或社会生活中的权利、义务之具体化;作为事实,它们不仅指示着具有既定效力的一些规范,它还指示着人们在大体契合这些规范的情况下已经做或正在做的事情,以及有可能做的事情。跟许多社会性规范一样,这类事实内在渗透着作为其基本前提的集体意向性。这种联系的实质在于:存在关于某一制度性事实的名义的、在契合某些规范的前提下遂可以去做某些事情的集体意向性。

而在一社会体系中,正是关于可被推广或假定其可被推广的

---

[1] 此一概念参见〔美〕塞尔(J. Searle)著,李步楼译:《社会实在的建构》,上海人民出版社,2008年,第2章等。

导向或维护利益的模式之集体意向性,产生了该体系中相应的权利、义务。当然,这是一种普泛的、一般化的说法。另一层意思是,由集体意向性所赋予的权利、义务方面的具体内容,是随着社会体系的不同,随着历史进程和文化传统而产生差别的,亦即,这些社会所同意的内容各有不同。

那些被认为"好的"事物或状况就是"利益";也可以说,利益根本上无非是某种冲动、欲望、意愿或要求之得到满足。[①] 一项得到稳定和较高度肯定的利益本身,以及对它给予肯定和权衡的方式就是价值。权利则是"权衡利害"的机制发生作用后、被广泛接受的稳定的行为模式或利益诉求。即,在一系列可供实际选择的行动范围内,无论其他关联方面的特定利益权衡如何,主体都应该主张和维护的某种处境,在一个充满不确定性的世界中,该处境具有种种难以估量的利益。[②] 所以在一般情况下,对于权利实践的主要约束来自:除非有另一项权利的实践与此相冲突,并且后者被认为在权利体系中具有优先次序或更重的分量,或者其重要性至少不亚于前者。[③] 当然利益也可能是受到广泛承认的组织利益或公

---

[①] 这样的理解相当于经济学上所说的"效用"。芝加哥大学的奈特,在其早已成为经典的《风险、不确定性与利润》一书中,把效用界定为"满足自觉欲望的能力,或者被需要的性质"(商务印书馆,2011年,第60页)。

[②] 按,《商君书·算地》云:"夫民之情,朴则生劳而易力,穷则生知而权利。易力则轻死而乐用,权利则畏法而易苦。"其中权利一语,即含有"权衡利益"之义。又,拉兹(J. Raz)曾对权利做如下界定:"当且仅当 X 的利益的某个方面足以构成让他人承担义务的理由时,才能说'X 拥有权利'"(参见〔美〕安靖如著,黄金荣等译:《人权与中国思想》,中国人民大学出版社,2012年,第234页),而据说,当代中国学者多倾向于从调节利益冲突和保护利益的角度来看待"权利"的(同上书,第236-243页)。

[③] 所以就不难理解,道德哲学上的义务论,比起任何效果论都更重视"权利"概念。也许,义务论的失误在于否认权利对于人们的长期利益机制的一般影响,正如作为目的论(一种特殊的效果论)的功利主义的失误恰在其对立面:机械地绑定了权利的利益指向(甚至不惜为此牺牲权利)。

共利益,某些义务——包括某些非强制性义务——所要维护的或许就是这些利益。

在一规范体系中,"非强制性义务"堪称其他规范类型的基石。首先,真正的、受到广泛承认的义务有权利意味,但权利却未必有义务那样的规范意味。一项义务,无疑蕴含着它在较强的意义上是被允许的,即履行这义务自然而然也是一种他人不得有所损害的权利,而如果这义务是针对特定或不特定的他者的,就意味着他者拥有成为义务履行所服务对象的权利主体的地位。而如一行为是单纯被允许的,则行为主体便不一定有要求他者不得阻扰或损害之的权利。但如果被允许的意思贯穿于各种形式的权利或权利的各个侧面,那么仅仅体现这个意思的合乎其权利的行为就不一定是规范性的,即不必含有任何必须去做的意思。就像在弈棋的过程中,己方被允许可以合乎规则地占据某一位置,常常并不意味着己方必须这样,甚至也不意味着他方有义务预先保留这一位置。

其次,对于某一主体而言的他的强制性义务,蕴含着它是可以运用权力的对象的意思,但是和本体论上的意志自由的境况相对应,对于其中的权力地位,仍然是由包含这一主体在内的众人的终阶意愿所认可和赋予的。且对于这一终阶意愿,强制性是低阶现象,己、他双方及众人的自由意志的运用——根本上来说,就像对于一般而言的非强制性义务一样——才是本质性的,即只有己方认可了这义务的"强制性"的时候,这义务对自己而言才是义务的。

再次,权利的产生是源自义务的施设,但却不能说义务定然源自对相关权利的声索。动物权利或婴儿权利颇具争议,因为它们并不像真正的人类行为主体一样具有承担、履行义务的能力,并且不能宣称和声索有关的权利,即它们没有形成关于权利和义务的意向性,其实主要是因为人们自觉地愿意承担对它们的义务,所以我们才能自然地假设这两种权利是存在的。① 而在其他情形中,我们可以发现权利、义务之间以及行为主体之间就这两项所形成的联锁关系,即行为主体的某项权利与相关的他者对该项权利的义务之间,大致具有可以互推的逻辑关系。综合起来看,权利的享有者,即使并未声索有关的权利,却正是因为他者愿意承担保护该项权利的义务,才在实际上享有它们。故大体上可以认为,义务较权利拥有更基础的本体论地位。

复次,义务实现所覆盖之某人或众人所意欲之状态,可能是公共利益、组织利益,也可能是个人权利或集体权利,从另一方面来看就是,某己的权利可能映射到特定或不特定的他者的义务上,但某项义务却未必映射到作为他者的个体或集体的权利上。这至少意味着义务是更广阔的现象,它势必有着不同于权利现象的独立的起源。

每一种规范体系,都包含关于主体间意志如何趋于协调,或者,如果发生意志间的冲突则裁断方式将如何运作的一些构想。当然也有一系列经常有其实际效益的物质生活习俗、技术规范等方面的积累,以及围绕各层级的自我而衍生出来的种种惯例。而通常,遵循特定规范的实践,不只是含有对有关规范的具体理解,它还含有对这规范所从属或必然牵涉的某些概括性特征的理解,

---

① 米尔恩(A. J. M. Milne)在其对权利概念的分析中,做了双重区分:行动的权利和接受的权利,选择性权利和非选择性权利。行动的权利总是选择性的,但接受的权利不必如此。而米氏正是用"非选择性权利"(nonelective rights)来解释婴幼儿或动物权利,即因为孩子不会内在化对权利规范的预期。See A. J. M. Milne, *Human Rights and Human Diversity: An Essay in the Philosophy of Human Rights*, Albany: State University of New York Press, 1986, chapter 6. 所谓"动物权利"或许更应该被看作:由于群体规范授予某种责任而产生的关联者的利益。婴幼儿权利则不同,因为它们有潜在的主体性资格,故应该跟现实的主体性一样受到尊重。参见〔美〕辛格(B. J. Singer)著,邵强进等译:《可操作的权利》,上海人民出版社,2005年,第61—62页。

而这类特征所对应的概念性对象,则是某一"规范范畴"或"实践范畴"。实际上,人类实践总是离不开对相关范畴的理解的。

如果任何规范体系都有一些不可或缺的规范范畴,它们至少包括:各类意愿的满足即"利益"(有时候它们用"价值"的术语来表示);[①]为了维护某种组织利益、公共利益或者个人权利,而"应该"做某事或不做某事的内在牵涉众人意愿的机制,就是"义务";其得到广泛一致同意的、通常是个人性的利益机制,则为"权利",但因其实质可为义务所覆盖,又在历史上常常不被视为不可剥夺的,故"权利"概念——若非其实质的话——并非历史性规范体系所绝对不能缺少的;义务是善的,即体现众人的意志协调的;但是"善"也可能单纯体现众人的意志协调而非义务的,即它没有应该的意涵,而是受到嘉许的,[②]例如某些克己和利他行为;对某己而言,"权力"就是在意志间冲突中实现己意的较强机会,而在大体相反的作用方向上,某己免于受到他者意志强制的机会或权利,就是"自由"。

辩证地来看,对这些实践或规范范畴的基本内涵的理解,可以在以这些理解为环节的历史中得到不断的充实、不断的清晰化和

---

[①] 一般来说,实践活动无法跟一个社会的价值系列脱了干系。价值乃是需要的直接或间接、表层或深层的表达;也经常是推动某些具体规范的形成之内在动力;这主要是因为:价值是实践活动的理解当中,内含的一种有机形式的或目的论的因素。

[②] 受嘉许的行为就是:在它们是否为义务这一点上并没有一定社会内的普遍的共识的行为,即行为的接受方(通常为受惠的)并不能声索与行为主体的义务相联系的某项权利。很多善举,包括很多基于利他主义和基于奉献精神的行为,就属于这一类型。值得一提的是,伊斯兰教在法理上将所有的行为分为五类:义务的、嘉许的、禁止的、可恶的,以及无关紧要的行为。这的确是一个富于启发的说法。参见〔加拿大〕帕特里克·格伦(H. P. Glenn)著,李立红等译:《世界法律传统》,北京大学出版社,2009年,第229页等。其中,被嘉许的行为就是"善举"(supererogation),"一个行为,只有当它是一个我们基于理由的权衡应当去做,然而〔同样〕基于理由的权衡却又被许可不做的行为的时候,才是一个善举"(〔英〕约瑟夫·拉兹:《实践理性与规范》,第101页)。

具体化,以及内涵方面的衍生,然而,即使对其跨越历史阶段和文明差异的抽象内核的共通性——如果不是对于单纯的普遍一致性——的理解,乃是受到它的"当代的"历史条件限制和塑造的现象,但那些共通性依然容易受到众人的强烈肯定,否则各类文明间的差异就会缺乏可以被理解的抽象境遇。①

那些有其实效的规范,可能是达成某个简单博弈的均衡的众人之间的策略组合中的某个策略,②也可能是建构某个复合式博弈的众人间的策略组合中的某些人的策略。只是在后来,对于一些新的博弈,规范和制度才变成了好像是在先固有和外生给定的约束条件。自然,均衡是稳定的,因为没有人愿意率先偏离此种状态。

显然,我们可以把社会协约或约定俗成——甚至可以把某些恶法与恶俗——理解为相对于各人皆不遵循有关规范的情形而言的一种帕累托改进,促成这种至少没有人的利益相比自身之前或另外的机会而言有所减损,却有人的利益有所增进的局面的,就是

---

① 譬如,从某个极端的角度来看,甚至在森严的等级制社会中,也有同一等级或阶级的成员之间的某种形式的平等,以及不同等级之间的等差式权利。于殿利在古巴比伦王国的法典中,读出很多保护个人权利的意涵(参见《巴比伦法的人本观》,三联书店,2011年,第2、5、6章等,其中第2章的标题就是"人"及其权利等差)。这丝毫不奇怪,就像文明社会的所有刑法,毫无例外都得保障基本生命权和基本财产权(但这通常是以义务和制裁的语言来表述的)。问题的关键是,我们如何理解法律中所适用的权利—义务范畴的普遍性和特殊性之间的辩证关系。

即使在奴隶社会中,奴隶主按惯例也不会对奴隶的每一项行动或每一行动领域给予全面的监视和掌控,只是在奴隶身上存在的"自由"事项,与自由民相比显得过于少罢了,且随时面临被剥夺的危险。而且,参与一项自发的、广泛的协约的主体,本质上即享有一种内在自由状态和一种不言而喻的平等地位,所以这两个范畴,即"自由"和"平等",实际上对于规范的世界而言绝不是边缘的,或者仅限于狭隘的政治性含义。反而,如果向可能条件下的更多自由、更多平等状况发展是一种趋势的话,那么其根源和理由就在于上述规律:内在自由或自律的自由是主体活力和创造性的必要源泉。

② See Ken Binmore, *Natural Justice*, New York: Oxford University Press, chapter 4.

合作行为,考虑行动者所面对的策略集的性质和范围,这局面很可能就是博弈论中所谓"协调博弈"中的协调(但比前文所用"协调"的含义为窄),遵循规范就是其中的一旦选择就难以单独偏离的均衡策略。不管现实或潜在的参与者有多少,也不管协调和不协调的状态有多少,对于每个参与者来说,在任何协调中的平均得益都会高于在不协调之中的;如果所有协调状态之间是可以帕累托排序的,这就是一个纯粹的共同利益博弈,[1]倘若不是,人们至少在某些协调之间会有利益冲突。遵循交通规则,运用语法规则和语用惯例,就是这类协调博弈中的均衡策略。

可是在另一类频繁出现的博弈情境——囚徒困境——当中,合作的达成,就没有基于自利理性的绝对理由(然而诉诸无条件利他主义,要么不可持续,因为自身要做出牺牲而损害了进一步帮助别人的能力,要么难以普及,因为至少存在对于他人利益和需求的了解程度的信息局限),何况还有纯粹体现利益冲突的零和博弈呢?遵循规范,并不是囚徒困境中的均衡策略,而是相对于这种均衡的、可以实现帕累托改进的策略,但是,如果说在协调中没有人有动机去违规,去偏离协调而使自身利益无端受损的话,那么针对囚徒困境,违规的诱惑常常起作用。在此困境中,一个人很可能处在一种意愿的循环当中,处在本质性的犹豫和焦虑当中,就是说,

---

[1] 因为,在如此定义的"纯共同利益博弈"中,如果所有策略组合的得益都是可以帕累托排序的(即每个组合的得益都可被表示为帕累托优于或劣于其他组合),那么,任何一个参与者都不会严格偏好一个结果甚于另一个被任何其他参与者所偏好之结果,皆因他者所偏好的结果也不会使得该参与者的得益有所减少,所以不存在利益冲突。相对的,纯冲突博弈是指:所有可能结果都是帕累托最优的,在这种情况下,任何人最大化自身得益的期待,都不会是别人所期待的。参见〔美〕萨缪·鲍尔斯(Samuel Bowles)著,江艇等译:《微观经济学——行为、制度和演化》,中国人民大学出版社,2006年,第26-28页。

当他处在低效率的不合作之际,他想抛弃单纯的自私策略,期望实现帕累托改进,但当他和别人合作而有幸处在改进了的状态的时候,他又很难抵挡让别人循规蹈矩而自己从中渔利的诱惑,如果别人也跟他有一样想法,他们便回到了谁都不愿回去的低效率状态;而这种诱惑,将因为在自己循规蹈矩而别人肆意妄为之际、自身处境比各方共同陷入不合作当中还要糟糕的状况而得到大大强化,也就是说,伴随这样的考虑,选择不合作不光是为了别人可能是傻帽而自己得利最大,也是为了不想让自己变成傻帽而处于最糟的境地。用博弈论的术语来说,在单次或有限的囚徒困境中,不合作是占优策略,即对个人而言,不管别人如何选择,这个选项的得益都要优于他选择合作。

对于协调博弈,如果很多人这样做是理性的共同知识,那么当某人所判断的这样做的人越多,他自己这样做的动机就越强烈,但是对于囚徒困境,情况刚好相反,他所知道的这样做的人越多,他就越有动机去偏离某个规范所要求的。但是惩罚的现实可能性会改变得益状况,也改变人们的选择;有三种基本的惩罚方式:由某些不计个人损失的人们所实施的利他性惩罚;由利益攸关者以外的权威的第三方所实施的;在无限囚徒困境博弈中,由考虑其长期利益的自利者所实施的"一报还一报"等策略中的惩罚。[①]

可是一般来说,个人的利他性惩罚,并非可持续之道,因为惩罚消耗很大,长此以往,难以为继。但是"一报还一报"呢?很遗

---

[①] "一报还一报"(tit-for-tat)是指"以合作对合作,以背叛对背叛",参见〔美〕罗伯特·阿克塞尔罗德(Robert Axelrod)著,吴坚忠译:《合作的进化》,上海人民出版社,2007年。而"利他性惩罚"中的"利他"主要对,对违反合作预期的人的惩罚,对惩罚者自身多所不利,但把惩罚带来的积极氛围给予了整个群体,参见汪丁丁等主编:《走向统一的社会科学》,上海人民出版社,2005年,第72-100页。

憾，人们通常面对的都不是无限次，而是有限次的囚徒困境。这时从理性的公共知识出发运用逆向归纳法，就会得出让人灰心丧气的结论。对一个 n 轮的有限次数囚徒困境，参与者运用逆向思路，就会和蜈蚣博弈一样，从第 1 轮就开始背叛。① 因为，他们会认为，到了 n 轮的时候，就跟单次囚徒困境没有差别，选择不合作才是当下的占优策略，基于此，他们又会往前推想，既然在第 n－1 轮选择合作并不会带来对方在下一轮的投桃报李，不如在此轮就背叛，推想 n－1 轮会背叛，便即推想在 n－2 轮也应选背叛，如此以往得出的结论，仅就逻辑推理而言是无懈可击的，但实验表明，在举行了 100 轮的此类博弈中，参与者通常都会合作到不少于 95 轮。②

然而理性的公共知识，以及逆向归纳法，或许都不是问题。反而要问：为什么先天地认为规范和制度的存续必须有理性上的可靠根据呢？固然，对于"规范是什么"，是能够合理加以说明的，而且作为大体上可以检验和确认的社会性事实，规范——包括那些

---

① 罗森塔尔（Rosenthal）蜈蚣博弈，是一个呈现逆向归纳法的局限性的有趣例子。甲乙每人各有铜钱 2 贯，假设接下来他们博弈 100 次，每个环节上都只有一个人能够采取行动，两个人轮流出招，如果在第一轮中甲选择合作，就好像是自然的赏赐一样，他会得到赢利 1 贯，然后他把行动的主动权交付给乙方，但如他选择背叛，他就从对方那里抢得 2 贯，博弈便戛然而止。随后如果乙方有机会行动，他要么选择合作得到 1 贯，要么剥夺甲方的 2 贯钱，但博弈结束，包括他在内的双方将失去进一步获取赢利的机会。就是说，唯一的行动者都面临两个选择：要么背叛而从对方那里抢到 2 贯，但失去了后面的机会，要么他选择合作，但在这一轮仅得 1 贯。如果双方每次都选择合作，最后双方都将得到 52 贯。但两个人如果都运用逆向归纳法，就会出现这样的结果：到了最后一轮，完全基于自利理性的乙，就会想，反正已经没有未来的赢利可能了，不如临了捞一把，抢得 2 贯。但如果甲在设想对方和他一样具有清晰的自利理性之际，推想乙方会在 100 轮背叛，那么他不如在 99 轮背叛，如果乙推想甲也会这样来推想他，他就会在 98 轮就背叛，依此前推的话，甲在第 1 轮就会背叛。就是说，如果某己推想别人会这样来推想他，这个原则上层层叠套的推理方式就选出一个在每个可能的子博弈中都能适用的策略，那就是背叛。

② 参见〔美〕赫伯特·金迪斯著，董志强译：《理性的边界——博弈论与各门行为科学的统一》，格致出版社等，2011 年，第 78－80 页；and Ken Binmore, *Natural Justice*, p. 71.

针对囚徒困境的规范——的确出现过,存在过,起作用过,但我们为什么要认定所有重要规范的出现是理性上完全可以合乎逻辑地加以说明的呢?就像某些出现在纯粹共同利益博弈中的规范呢?为什么我们不能设想出现这些逻辑上不能完全说得通的实际情况,恰好表明历史的重要性和历史的辩证性呢?表明某些针对囚徒困境之类的重要规范之存续,乃是不可思议的、本质上不稳定的、动态的、活跃的,需要费心管理和灵活运势的呢?

显然,由第三方机构实施公正裁判和公正惩罚,符合各方的共同利益,[①]它的可持续性也是源自它对它所提供的公共服务的合理公开收费。但第三方机构实际上是稀缺资源,它本身还存在围绕其公共任务目标的内部的合作问题,且时常面临着内部的腐败变质威胁,其成员竞争内部的地位资源一般来说是零和博弈,而腐败或寻租问题则类似于一种众人参与的囚徒困境,所以,不能指望把一切重担都压在它的身上,更不能想当然地认为这是一个已经解决了的问题领域。

制度供应是个难题。[②] 面对协调博弈,新规则、新制度的供给问题,较诸囚徒困境要容易得多,因为通常来说,遵循新规则的作用和意义就是实现协调互利的局面,而这样的局面恰好是博弈中的均衡,在均衡状态中,没有人愿意独自改变其策略,所以遵循有关规则的策略是稳定的。但是,第一,某个协调中的均衡并不必然给予每个参与者同等的回报,第二,很可能均衡有几个,而不是只

---

① 参见〔美〕约拉姆·巴泽尔:"国家与第三方强制实施者的多样性",载于《制度、契约与组织——从新制度经济学角度的透视》,经济科学出版社,2011年,第246-269页。

② 参见〔美〕埃莉诺·奥斯特罗姆等著,余逊达等译:《公共事物的治理之道——集体行动制度的演进》,上海三联书店,2000年,第69-75页。

有一个,虽然每个均衡状态都给了大家相对于不协调之际的更大的得益,但某人在一个均衡中的得益,也许超过了他在另一个均衡中的,而另一个人则相反,这就意味着,针对不同的均衡状态,人们之间存在利益冲突。人们在第一种情况下就有可能产生的嫉妒,或许会由于第二种情况而被强化,因为这时他们会想:为什么选择这种协调、这套规则,而不是选择对我更有利的。即在选择哪一个制度或哪一套规则上的根本性分歧,本身就产生了集体行动上的困境。

一般而言,制度总在某个维度或某个意义上会让集体中的所有人受益,所以好的制度相当于一种公益物品,但是,既然制度确立后所溢出的良好效用不是排他性的,而制度的供给,又不可避免涉及谋划、推动、积极参与等方面的成本,牵涉到个人要冒的风险,则理性的自利者如果预期别人会去做,或者发现有人已经在这样做了,那么他从自利理性出发的选项就是搭便车。但如果相当多的人都有这类想法,制度供给就可能因为总体投入不足而失败。

即使规则确立了,那些应该遵循它的人们,会否在以后的每个相关场合都遵循的问题——即显性或隐性承诺是否可靠的问题——却凸显出来。要对于人们的承诺是否可靠、即他们是否守规矩的情况做出判断,就存在监督和惩罚如何实施的问题。假设监督可由利维坦或集权国家等第三方机构做出,并没有从根本上解决这个问题,因为第三方机构本身便是一个规则实践的综合体,如果它不守规矩的话,又由谁来监督?惩罚通常都是高成本的,甚至惩罚者与应受惩罚者之间的斗争,很可能成了一种两败俱伤的斗鸡博弈;然而实施惩罚的积极效益,却不限于惩罚者,也对其他人有一些正面的外溢效应,既然如此,理性的自利者何不选择让别人去惩罚,自己搭便车呢?而作为惩罚前奏的监督过程,同样面临集体行动的难题,因为同样存在基于自利理性的搭便车策略。

制度供应存在二阶或多阶的搭便车问题和激励问题。[1] 即由谁来对监督、排他、惩罚或激励机制中的违规者进行监督和奖惩呢？如果为此需要一些新的制度的话，岂不是陷入了自反的无穷后退境地。譬如自我监督不可能而需要来自另外位置的监督，那么对监督者的监督呢？还是说相互监督原则上可以一劳永逸地解决问题呢？但这种交互性其实是为相互扯皮、内耗和内斗大开方便之门。关于监督、惩罚和激励，似乎没有一锤定音和一劳永逸的解决方案，永恒完美的方案只是镜花水月，认识到这一点，并不意味着我们就不要做事了——因为反正解决不了——反而需要我们与时俱进、不断地调整。

某些规范能够实际上起作用，也许是某种博弈的稳定均衡的结果。很多基于人们之间的默契而不是依靠强制的共同规范都有习俗的一面：在没有人违反或很少有人违反的情况下，遵守它们乃是所有成员的共同最优反应；习俗的内涵要求则是关于这类最优反应的共同预期。或许，一项自发可持续的制度（基本上可被视为习俗），乃是针对有关问题的许多可行的习惯性均衡之一，即，与有关制度主题相关的、这类相互间的最优反应形态并不是唯一的，而决定某些自发制度形态的，与其说是对特定环境或对一些外生趋势、外生条件的最佳适应，还不如说是，受到人们之间的交互影响所制约的那种意义上的最优反应形态。但是在群体间有竞争和冲突的情况下，在可行的相互间的最优反应集之中，那些能对于环境或外生趋势做出更好或最好适应的均衡，肯定处在演化的优势地位。[2]

---

[1] 参见〔美〕乔恩·埃尔斯特著，高鹏程等译：《社会黏合剂》，中国人民大学出版社，2009年，第39页。

[2] 参见〔美〕培顿·扬著，王勇译：《个人策略与社会结构——制度的演化理论》，上海三联书店等，2004年；以及〔美〕萨缪·鲍尔斯：《微观经济学》，第35—39页等。

针对囚徒困境，人们的内心可能在自己也没有捞到什么好处的整体低效率的原初博弈的均衡、对低效率的帕累托改进状态、去占别人便宜的机会或被别人占到便宜的危险性之间苦苦挣扎着——就像很多道德问题一样。但某些博弈不断重复出现而次数难定的前景，为一些权变策略提供了机会，这样的策略或许会把人们引入遵循那一可实现帕累托改进的规范的境遇之中，而在现实中，人们之间的利益牵扯是多维度的，这就为"一报还一报"的实施提供了更广泛的空间、更多样的形式；也许惩罚是很现实的，当事人就要权衡它发生的概率有多大，带来的损失又有多大。而且，由第三方机构实施公正惩罚经常是一个更有效率的机制，因为它有这方面的规模经济（它可以从公正惩罚和其他公共服务中获得收益，且随其服务对象的增加，边际收益是递增的），也有超然于物外的道德优势——但这些优势只有在它按理想模式运行之际才会有所体现。这种第三方机构很可能起源于某些个人所实施的利他性惩罚的机制化，一旦达到稳定的机制化的程度，就有可能来弥补惩罚者的个人损失了。但合作者之间组成这类机构，并没有基于自利理性的绝对理由；即使在无限次的囚徒困境中，人们共同选择占优策略或者在惩罚上搭便车，仍然可能达成博弈的均衡，但合作者群体一旦形成，它带给其成员的高收益，会让这群体在竞争中具有明显的相对优势，这也是让它在进化中存活下来，甚至得到扩展的重大机遇，以至于很可能围绕它形成第三方机构的核心。[①]

根本上，规范的诞生与演化，乃是出于实践的需要。而那种能为主体所领会的实践领域的最基本分化，便是在人与自然、人与人以及人与自身之间呈现的。而任何一项可得到清楚界定的人类行

---

[①] 关于博弈论与合作问题的讨论，参见本书第5章第2、3节。

为或实践之事实性涵义体现于：它必定是某种意义上的自然事件、人文社会事件或心理事件的内在统一。即任何一桩人类行为总是统摄、融合与整合那三个维度的实际过程。① 当然，人文社会事件必定是融合了某些自然事件和心理事件，而以涉及与特定或不特定他者的关系为实质的；类似的，心理事件则大多同时融合了自然和人文事件，而以反身性地面对或牵涉自我的过程为实质；但单纯的自然事件却不是建基于对社会或心理事件的融合，即绝非以此为前提的。任何行动或实践的过程，又往往自在地产生自然、人际和心理三方面的状况，或者它本身就是要生产或再生产可满足某种需要的状况的，而需要之所需要，恰聚焦于人与自然、人与他人、人与自身这三重关系领域的某些方面的事态或状况的。因而可能产生种种耦合性的联系：从实践过程所运用的维度，到该过程所无意间产生或者所有意生产的某些领域里的状况，再到这状况有可能作为维度再度被运用。要之，这三个维度是内在出现于所有实践活动之中的本质性维度（当然他者可能是隐匿而非在场的）。我们可以称呼，那围绕一个个体或者一种主体性资格的实践场域——亦即，从各项活动的本质性维度到活动所产生或者所聚焦的领域，又从这些所产生或者所生产的领域回到活动维度上的，有关的事实和态势之间的耦合性和整体性——为"生活世界"。② 其

---

① 某人的无意识动作等，若有社会实践上的意义，则必然是跟它引起的他者视角中的意向性维度上的意愿、态度和评价有关。

② 这概念约略近于现象学家胡塞尔所说的"生活世界"（Lebenswelt）。据说，"通过现象学的自由权能性的、本质变更的视域阐释，所有相对的、历史性的生活世界都可以被理解为生活世界一般所具有的不变结构之变项，这个生活世界一般本身处在时间—历史流的方式中，由此，所有相对的、历史性的生活世界也都可以被理解为是从属于同一个世界的。"载于倪梁康：《胡塞尔现象学概念通释》，三联书店，1999年，第273页。另可参见〔德〕胡塞尔著，王炳文译：《欧洲科学危机与超越论的现象学》，商务印书

实,对具体实践场域的真切的、深入的理解,必然带出其整体性背景,必然牵涉实践范畴和规范范畴的一般性结构。

然而,在个体或主体性资格之间,生活世界,既是"一",亦是"多"。对于每个个体,这是一个由围绕着需要和价值的种种行动、行动所带出的过去现在和未来(即可能性照进现实而又引领现实)而构成的世界。这也是本真的世界,其中包含了个体通过其具体存在所经历的常识经验的丰富整体性。但是个体的生活世界并非自足的,而是卷入到更广泛的世界的整体性当中。这是因为:其一,每个个体关于生活世界的理解,本质上内含着对他者地位或己、他之间的关联方式的一系列界定,"他者"可能是具体的,也可能是抽象的,甚至指向被当作整体的"社会";其二,个体的生活世界还含有对于行为方式或其所涉对象的普遍性、抽象性或可能性等方面的理解,这样的理解业已大大超出瞬间经验和个体狭隘经历的范畴。

从横向地域和纵向历史的比较来看,不同的规范体系在其所围绕的基本实践范畴和规范范畴的结构上,既有它们的抽象的一致性,也有它们各自与特定环境或特定历史阶段相对应的具体性

---

(接上页)馆,2001年,第125-230页;倪梁康译:《生活世界的现象学》,上海译文出版社,2002年,第150-204页。

但是很可能,一种基于普泛化的个体主体的自身意识的哲学传统,并不足以有效地说明生活世界中的主体间性或交互主体性。固然,生活世界中可在不同主体间达成近似的翻译的主要结构要素,必然也可以呈现在一个理想化主体的先验视域中,但是在主体意向之间的重叠、联锁之中,以及在己、他间互设对方为相关主体性前提而形成的集体意向性的对象中,对所涉事实、事态或意义的认识的同一性,并不是基本的前提。意向性之间的关系或者集体意向性,仍然可能在本质上是开放的差异性得到构造、衍化和演化。就像一定范围内所有人都有关于某某为"总统"的意向,并不要求每个人都清楚该词在宪法、法律、政治以及对自身生活影响方面的全部意涵,而生活形式和言语行为上的差异性暨多样性,也不足以保证可整合所有人的意向内涵,以达到一种内在融贯的认识。

和特殊性。并且略显吊诡的是,对体系间的跨历史的抽象一致性的理解,竟然是一种本身很难绝对自圆其说的历史性现象,是每个时代和每种文明都有的、它们自身关于普遍性真理的想象;但是没有这类关于抽象结构的一致性和普遍性的理解,就不可能去理解另一种与自己相当不同的文明。[①] 规范体系的历史发展时常意味着:有关的场域拓展和结构转换。"场域拓展",也就是可领会的实践范畴在结构上的进一步分化和具体化,以及进一步的整合;"结构转换",则是由于一些新的因素的引入或介入,而对整个场域结构的重新调整。由于规范的内涵性要求及其效力等方面,存在相互印证和联锁的格局,故任何改变本质上就是某种结构性格局的改变,只是这类全局性影响可能到了某些局部环节后已呈衰减之势,看上去就好像没有发生那一波及全局的变化一样。而一个社会的规范体系的演化,当然在很大程度上已是对其先前阶段的规范结构的一种调适或变形了。所以,演化问题在很大程度上得参照结构问题来解释。

自我、他人和非人,意愿、利益和价值,个人或共同体之间的协

---

[①] 那些表现场域结构、并用来标识规范类型或形态的用语,是随着基于不同生活世界的理解的语种差异而产生差异的。而生活世界中的视域即为相应的实践场域奠定部分基础的对世界意义的理解,乃是历史积淀与在特定阶段上得以固化的逻辑分类的结合。另外可以设想,在一个社会可能存在的学术探究中获得更新、更高级的理解,并不一定是与日常语言中的常识世界相隔离的;当条件成熟时,学术性理解可能被整合进生活世界中。

英美法系中,援引前例(Precedent)之原则之所以适用,在我看来,恐怕不是像"旧瓶装新酒"这种实用主义的解释那样简单。诚如所言,"作为一种法律渊源,普通法之遵照先例原则之所以取得成功,主要在于它糅合了确定性与进化力之双重功能"([美]罗斯科·庞德著,唐前宏等译:《普通法的精神》,法律出版社,2001年,第128页)。进化就是确定的结构的某种拓展,而依然笼罩在跟普遍性有关的确定性之下。规范的抽象结构,恐怕跟其他一切必须展现其普遍性的人文领域一样,是实践中必须围绕人们所理解的普遍性状况来构建,而难以用任何完满形式呈现的,甚而本质上就是悖反的。

调、权力和交换,乃是实践中很难回避的基本范畴,它们中的每一个也都是在历史中不断生长和延伸的范畴。但是在范畴体系所面对的种种外部环境方面,在将这些范畴——也可以说是结构框架的要素——适用于哪些具体事项以及如何适用的问题上,在这些范畴不断分化、衍生而形成更具体的子范畴或子子范畴的过程中,在各种基本范畴和衍生范畴的涵义相互指涉而产生的整体性及不确定性上,以及在这些仍对由其衍生出来的范畴具有一定统摄力的基本范畴本身的生长和拓展的过程中,不同的文化和文明之间的分歧就显得很突出了。

# 第一章 实践维度与基本规范范畴

人类是蕴涵其人格属性、社会属性和自然属性的复合体。正如一般来说不可能有没有身体的灵魂、没有个人的集体、没有自然资源的社会、没有社会性的人格一样，人格、社会和自然这三个维度之间的种种状况，又总是内在相关的。但从某一维度到另一维度，其内在关系的性质并非跟方向全然无关。可以这样看：任何人格属性——或者作为总体来看的个人的心理世界——都有其所指向或正在运用的社会属性、自然属性，这些属性得到呈现或运用的方式，往往是相关人格属性的内在不可分割的一部分；此犹如任何社会属性，也总是有其正在运用或内在涉及的人格性的知情意、物质资源或自然条件那样；但自然属性本身之固有存在，却不是以社会性或个人的人格性为前提的，只是它的呈现，它的被意指或者被运用的方式，则一般来说，是以一定的人格性和社会性条件为前提的。有很多迹象表明，个人人格层面与扎根于人与人的关系的社会维度，乃是共生演化的，相对于跟人类有关的各类自然因素，它们无疑是后来涌现的、新颖的、高层次的形态。

经常得契合一些规范和制度的人类活动，不能违背自然规律，且必须在各种自然条件的实际限制下进行，这是理有固然的。而在人格性因素中，意志就是一种可以对各类欲望和意愿进行调节并体现了其间的某种一贯性程度的意愿的机制,并其在相关社会层面上的重要性体现在,意志是涉及或决定行为动机的机制。如果说冲动和欲望的形成,有可能是由自然原因直接造成的,那么意志似乎就具有不受自然因果性完全决定的特点。

个人或人类的价值体系,则是确认或创造各种需要,对之加以分类、安排和调节的体系。人格性、社会性以及它们与自然属性的关系,都是价值体系得以建立的境遇。而我们应该把基本价值、基本价值的特化形态以及核心价值理解为:激发相应规范的创生和演化之解决问题的压力。

对于主体之间的意愿方面的抽象关系,人们都有其自发朴素的理解,这些理解,乃是那些指向未来事态或可能性领域的价值形成或价值运用机制的环节,这些理解在若干名词词谊上的聚集,就是范畴。权力与服从、自我或自由、权利与义务、善与恶等,就是针对主体之间的意愿方面的关系的范畴。而体现和落实人们对这些范畴的具体的理解和态度的实践形态,往往具有规范性,甚至就是相关制度——例如围绕权力的系统化之政治制度——本身,因此不妨称它们为"基本规范范畴"。

围绕规范施行现象的基本范畴为"效力"和"实效",前者是指,行为表现不违反规范的内涵性要求的状况,或者是,"'应该做什么'的要求"实际上被认为是"应该"的有关状况;而后者是指,某种表现切实符合规范的内涵性要求的实际状况,即,"'应该做什么'的要求"在实际做什么的行为当中得到体现的程度。任何具体的人类行为都可以被看作,所有与此相关的规范的效力和实效的正面或负面之体现。进而我们可以把规范之间和制度之间的关联性分析,运用于特定的人群或共同体。

## 第一节　实践的二维三重面相

规范的存在及其有效性问题,归根到底是实践中的问题。而实践有两个维度上的三重面相:其一为横截面上的,即实践主体必然面对其自身、其同类的他者与异类的环境,即面对特定形式的自我、他人与非人;其二为纵向上的,即实践过程在时间向度上的展开,即行动或事件的过去、现在与未来。

### 一、实践的维度:自我、他人与非人

作为物种的人类的出现,乃是自然界长期进化的结果。但自然界的各个物种,都以其特定方式,对环境带来的挑战做出反应,因此,对环境的反应,并非考察包括各类规范和制度在内的人类文化的起源的恰当起点。假如有这样的起点,它应该是:通过个体间相互协作,乃至通过形成社会结构的方式,对环境和自身需要之间的关系的问题做出反应。在此,在进化中处于相对稳定状态的物种性状,是对来自环境方面的挑战和刺激做出反应的生物学基础——它决定了规范世界可加以利用的一些重要条件,但无法决定规范的具体形态。然而,甚至单纯的群居和个体间的协作,也不是人类的特征,这在某些哺乳动物甚至某些昆虫种群当中就有了。但是以社会协作的方式与自然界发生关系,并且借助了工具即某种被系统开发的自然力的装置而改变了与环境接触的方式,则是人类的特征。另一个重要的区分性特征是,对于"人自身的再生产"为不可或缺的"心智",也就是人类的灵活兼复杂的社会化机制以之为基础的意识的意向性。

人类的新陈代谢和涉及个人的物质意义上的改变,并非实践特征的关键;可是,当他只是在脑袋里想些什么,或者睡眠,或者在

## 第一章　实践维度与基本规范范畴

人们通常称为无所事事的时候，他的状况也可能被解读为正在实践，前一类如处于祈祷、遵守禁戒的状态之中，后一类如行政不作为等。这样看来，似乎在人身上每一时段所发生的状况或状况的改变，都有可能被自我或他人解读为具有实践意义的。所以本质上，"实践"不是用来区分主体的一个时段和另一时段，这一事件和另一事件的概念，而是用来表示任何一个时刻或事件的整体性和非整体性之间的区别的视角性概念。亦即，在人类身上，当一桩事件或一种过程，被发现不只有天然的物质世界意义，还有对于他人或社会的意义，又有塑造精神自我的意义，这过程就被视为"实践"。

我们在动物世界也经常可以观察到一些惯例化的，乃至极为刻板的行为模式，但这些不被称为"对于规范的履行"的主要理由在于，它们缺乏跟符号运用有关的自觉意识，即"自我觉察之"的意识。这几乎就是典型意识即清醒意识的一个要件，即当我们清醒地意识到某些事物的时候，也总是包含着对这种意识本身的内意识，进而可以反观内省地指出"这是我的意识的对象"。而且自我是一切情绪、情感与欲求的基轴。在隐喻的意义上——但也跟实质并非无关——内在协调的集体是一个"大我"。对这个集体意志所导向的行为的观察，涉及一定程度上为有意识的人群的协调行动、集体人格的代表或内在一致的集体意志的表达等。

如果围绕"自我"这一中心概念来划分规范从中产生并不断调节着的实践的维度，就可以表述为三重关系：自我与非人、自我与他人、自我与自身。[①] 一方面是所有的实践都要内在地运用这三

---

[①] 类似的划分方式，可在哈贝马斯(J. Habermas)的理论模型中看到。他认为比起韦伯(M. Webber)聚焦于"有目的合理"行为的制度化，并通常体现在经济和管理体制层面。他的"交往合理性"概念更为完整，并包含着三个层面："第一，认识主体与事件的或事实的世界的关系；第二，在一个行为社会世界中，处于互动中的实践主体与其

个维度,另一方面则是,不同的实践形态,对于这三个维度会产生何种影响,或者它对于结果的推动会聚焦在哪些维度的哪些具体问题和具体状态上,有着很大的差别。在实践的影响所及和聚焦所在的意义上,这三个维度有时也可以被说成是不同的实践领域,但"领域"的实质依然是"维度"。还有一点值得注意,即人们经常提到的"社会结构"等,实质上还是扎根于人与人之间的交往互动过程,即被后者不断生产和再生产着;当然另一方面,社会结构又内在渗透于个体性的塑造、成长和演化的微观过程之中。①

---

(接上页)他主体的关系;第三,一个成熟而痛苦的主体(费尔巴哈意义上的)与其自身的内在本质、自身的主体性、他者的主体性的关系"([德]哈贝马斯著,李安东等译:《现代性的地平线》,上海人民出版社,1997年,第57页)。

  卡尔·波普尔(Karl Popper)称:"首先有物理世界——物理实体的宇宙……我称这个世界为'世界1'。第二,有精神状态世界,包括意识状态、心理素质和非意识状态;我称这个世界为'世界2'。但是还有第三世界,思想内容的世界,实际上是人类精神产物的世界;我称这个世界为'世界3'"([英]波普尔著,纪树立编译:《科学知识进化论》,三联书店,1987年,第409-410页)。而在《交往行动理论》一书中,哈贝马斯参照了三个世界划分之概念,把社会科学理论中的行动概念,依行动者与世界之关系,划分为目的论的、规范调节的和戏剧行动三类。分别主要是针对作为客体对象的事态世界、主体间的社会世界、主观世界三者。所谓三个世界或三种行动的划分,皆不过是方便的设定,要之世界只有一个,那就是作为交往行动之境界与背景的"生活世界"(参见[德]哈贝马斯著,洪佩郁等译:《交往行动理论》第1卷,重庆出版社,1994年,第125-128页等)。当然这里的"规范"一词比本书所用涵义为小。此外,在《什么是普遍语用学》一文中,哈贝马斯认为语言的认识式运用、相互作用式运用与表达式运用,分别对应的现实领域是关于外在自然的"那个"世界、关于社会的"我们的"世界,关于内在自然的"我"的世界,此处的划分虽涉不同领域,但思路颇为接近。此可参见[德]哈贝马斯著,张博树译:《交往与社会进化》,重庆出版社,1989年,第67-70页等。

  ① 例如,米德(G. Mead)就认为,存在一个社会过程,各种自身不仅从中产生,还在其中进一步分化、演进和组织起来(参见[美]米德著,赵月瑟译:《心灵、自我与社会》,上海译文出版社,1992年,第145-146页)。饶有意思的还有其"主我"和"客我"概念。一方面,这一时刻的"主我"在下一时刻的"客我"中呈现出来(同上书,第154页);另一方面,"主我"是有机体对其他人的态度做出的反应,而"客我"则是一个人内含的一组有组织的他人态度(同上书,第244页)。

## 第一章　实践维度与基本规范范畴

在人类个体必然置身其中的生态系统中，人类是生态学上所说的"消费者"；绿色植物是"生产者"，它们把土壤中的养分和太阳能转化为可供消费者食用的形态；直接或间接靠植物获食的则是消费者；分解者是细菌和真菌，它们把死掉的有机物质分解成储藏于土壤中的可供植物吸收的营养成分。人类的主要获食模式有五种：狩猎和采集、粗耕农业、畜牧业、精耕农业以及工业化的食物加工，每一种模式内，还有各种受到了环境中的动植物资源状况、农作物的环境适应性等具体因素调节的进一步的选择。可以把获食模式的选择看作是对一个特殊地域的环境问题的反应，这其中就可能涉及资源种类、规模、质量、资源供应的起伏波动、争夺相同资源的其他人类群体的活动，以及技术现状等因素。当然，人类文化所蕴含的生态维度，要比单纯的获食模式方面广泛得多；一般可以认为，人类行为必然包含着对其栖息地的物质循环与能量流动的状况的组织与利用。而在其他因素不变的情况下，人类习俗和文化的多样性，其实在一定程度上，也是对于承载这类文化因素的人群所赖以生存的特殊环境条件的适应之结果。

在规范的大家庭中，一系列要素都跟如何处理好"人与自然"的关系有关。这尤其体现在物质生活民俗、技术标准等方面。观察这层关系时，应该把"自我"的形态当成是"类的存在"。也就是说，一方面在人的生物和社会的类属特征上，个体之间具有共性，而个体"自我"则是与"非人"相区别的类存在界限之具体体现；另一方面人类的个体通常又聚合成为一个共同体，每一自我均需借助这群聚的力量来面对非人的自然界，当这样的共同体运转良好时就如同一个巨人，一个"大我"。而在纯粹认知的领域，若涉及"自我与非人"的关系，其间的"自我"，则是一个其感官和思维的功能被发现具有个体间的普遍性的"自我"。科学就是利用这个特征发展起来,亦即它必须利用相当多的感官与思维对象所具有的可公度性。但在聚焦于自我与非人的关系的时候,又兼容、涵摄其他关系范畴。质言之,科学的事业,除了是设计特定方式的对自然界的拷问,又是一项庞大的社会系统工程,牵涉到诸多人与人的关系,亦即牵涉科学家的道德、科学家的协作、科技人才的培养和奖励、科技成果的产业转化等诸多方面。

然而,人类实践所面对、所牵涉或者所趋向的非人客体,他们以之为前提、条件或基础的客体,以及他们所看重的作为价值目标的客体,可谓林林总总,不一而足;并不局限于纯粹的自然对象,实质上也不可能有不经人为因素中介的纯粹自然。而甚至,在一些对象中,人们看到的其实是他们自己的影子,是他们作为成员融入其中的社会的缩影。但这些对象可能需要一些物质客体,需要它们来指示或象征自身,需要它们来提供意义、活动的节点,提供活动的场所和空间,提供可满足效用的属性、特征和功能。我们可以把一切物质客体以外或以上的对象统称为人文社会性客体。

广义上的"物品"包括了物质客体和人文社会性客体,即它们要么是外在自然的一部分,要么是以不同方式嵌套或指涉着不同的物质客体。而且"物品"一词,既可以是指有形的物品、有外在表现形式的客体,也可能是指物品的属性、特征、功能,或者更进一步,是指那些与物品功能有关的提供服务、创造效用和满足需求的能力的基础。① 物质意义上的、具有宏观世界中的广延的"物品",是可以被分割的,而它的某些属性单纯来看只是作为效用的潜在形态而存在,所以人们在区分那些附着在物品属性上的或公或私

---

① 参见〔美〕F. 弗尔德瓦里著,郑秉文译:《公共物品与私人社区》,经济管理出版社,2011年,第14-15页。

的性质的时候，通常都不是针对物品的物质基底而言。所以，很有必要去区分物品的跟效用相联系的不同层次。首先是作为物质基底的物品 X，也是人们日常生活中使用"物品"一词时，心目中所指的；其次是特定物品的特定属性，即物品 Y，属性等方面之受关注，或者承载这种属性的物品之所以被有计划地生产出来，皆因其会导向特定的效用；最后才是指那些由于人的内在自然、人的精神状态或某种社会组织的介入而在一件或一组物品上产生的综合性状态——物品 Z，常常的，Z 对于不同的人意味着不同的效用向量。

对于物品的使用可能存在两种性质略有不同的竞争："数量竞争"是指可分割的物品的一部分若被某人使用，这部分就不再能被其他人使用，且物品剩下的数量就是原本的总量减去那人的使用量；如果说数量竞争主要适用于物品 X，比如当前储水量一定的水库的灌溉量，那么"质量竞争"就主要适用于 Y，这是指，人们从物品中获得的效用，将在其他人使用之后有所下降。

实际上，对于作为实践客体的广义"物品"的类型，根据人们的使用状态是否具有竞争性，使用中的排他限制是否容易做到，可将其分为四类：

（一）私人物品，它在使用的准入方面是易于排他的，而该物品在一定时间内或在其总的时间跨度内是可耗竭的，在人与人之间则是竞争性的，即某人在某期内或总的时间跨度内的使用，将减少或降低其他人使用该物品之得益；

（二）俱乐部物品，即其资源性质虽非竞争性的，但却很容易排斥一些使用者的物品，比如政党、俱乐部、电视频道、社区设施，极端情况则像被占山为王的盗匪标示为"须留下买路柴"的荒野的必经之路；

（三）公共资源，就是那些很难排拒其他人的使用、但使用状态却为竞争性的物品,其中包括了很多自然资源的形态,如渔场、牧场、森林、湿地,再者像是司法服务和安全体系,或是风景名胜、公园、博物馆,在使用这些物品的个人之间,即使不存在线性的数量竞争,但资源使用的拥挤性或者说质量竞争的问题,却以各种形式存在;

(四)开放式物品,即非排他性的、其资源性质又是非耗竭、非竞争的,譬如很多真正的公开信息。——以上第三、第四类物品,又可视为广义上的公共物品;甚至第二类物品,对于那些没有被排除在外的人来说,也是具有公共性的。[①]

市场机制主要作用于竞争性私人物品。但文明进化的一个重要方面就是,公共服务的供应上的不断加强和完善,这很可能是源于各类公共机构的设置和改进,而它们所提供的往往都是难以排他或者不设置排他性障碍的公共物品。围绕公共性的机构、服务和物品概念,差不多是一条绳上的蚂蚱,但略有区别,机构是角色的聚合,是服务的执行者的组织,服务则是过程性概念,指的是不断生产和再生产公共物品的过程,在过程中或在有可能间断的服

---

① 参见〔美〕萨缪·鲍尔斯著,江艇等译:《微观经济学——行为、制度和演化》,中国人民大学出版社,2006年,第96—97页;并且存在这种情况:一些本可开放而成为公共物品的,却因各种合理或不合理的理由而成为前三类物品的,譬如某些受到知识产权法保护的信息,就属于第二类。而有学者认为,非竞争的排他性物品,乃是早期人类交换的主要对象,如在"火的驯化"过程中的交换(参见〔美〕哈伊姆·奥菲克著,张敦敏译:《第二天性——人类进化的经济起源》,中国社会科学出版社,2004年,第161页)。

保罗·萨缪尔森(Paul Sammuelson)认为,对于一项私人物品,总体消费等于个体消费之和,而对于一项公共物品,则总体使用量对于每个人来说都等同于个人使用量。对于公共物品的分类,有人认为是否具有可排他性堪为标准(即它设定了公共性的范围),还提出可以参照是否具拥挤性的标准:即共享公共物品时,无法保证随着使用者人数的增加,边际成本为零,特别是,如果在某一人口临界点上额外人员的进入将使边际成本明显增加,则该物品就是拥挤的(这一标准可作为竞争性条件的补充)。据说游泳池是拥挤的、又是可排他的;政治团体或电视转播信号则是宽敞、但可排他的;作为一项公共品看待的"人口增长",是拥挤的、非排他的;生物多样性,则是宽敞的、非排他的。参见〔美〕F. 弗尔德瓦里:《公共物品与私人社区》,第12—20页。

# 第一章　实践维度与基本规范范畴

务过程所产生的不间断的影响下,物品代表现实的结果或者稳定的结果。由于组成机构的执行者具有其个人利益关切,所以公共性的败坏经常是从他们的不恰当的个人关切中产生的,是他们把公共职责弃在一旁的结果。

物品,是客体,是对象,其实质可能是外在自然,也可能是人工制品,或者是某种抽象状态,这背后或许折射着某种社会关系;物品既是基础,是手段和途径,是人们行动的前提,又往往是需要的对象,是价值所系。

自我与他人的关系,即自我与他人的自我之关系,这是社会性规范所要调节的主要维度或领域。而这类关系恰是一系列"社会性事物"植根其中的土壤。① 并且在这类关系的实质性领域里,还可以进一步讨论两种情况:作为行动者的自我可将他的对手暂时拟定为"非人"或"自我"的样态。第一种行为类型可以被称为"策略行动";后一种行为类型又有两种基本的形式,即"协调行动"与"戏剧性行动",在前者,他人的自我是按照与本然自我同质化的方式来构想的(但作用的层面主要是意志),在后者,他人的自我是按照本然自我的变形或受众来构想的(作用的层面主要是情感)。②

---

① 然而深层次的缠绕在于:至少对于一些领域——甚至是一些极为基础性的领域——与其说规范是基于社会关系,不如说正确履行规范或者基于规范意识而行动,就和那些纯粹受因果性支配的惯例化行动一起,正在创造或不断再生产着相关的社会关系。其实在规范本质上是社会性规范和它作为推动社会关系的塑造力量这两点之间,很难做出逻辑关系上的先后区分。

② 哈贝马斯区分了四种行动类型:目的论行动、规范调节的行动、戏剧行动、交往行动(《交往行动理论》第1卷,第119—143页),为此处所本。他说,"交往行动的概念所涉及的,是个人之间具有(口头上或外部行动上的)关系,至少是两个以上的具有语言能力和行动能力的主体的内部活动。行动者试图理解行动状况,以便自己的行动计划和行动得到意见一致的安排"(同上书,第121页)。但我此处所说的"协调",是比通过交往中的理解达成的协调更广泛的。

"策略行动"(即哈贝马斯所谓"目的论行动"),乃是将他人、他人的情绪动机、围绕他人的事态或事件作为非人的客体对象来处理的行动,而不是把他人当作像我一样的主体,不是目的,只是手段,其模式是策略性的、价值取向上多为利己主义的,即是按"目的合理性"对行动关联项进行组织,其行动意向所关注的,便是通过目的性的干预就能引起的态势或事件。[①]

通过意志的作用,每个人都可以对自己的活动和行为负责,但却无法直接左右他人的行动,即无法决定——而只能是影响——他人的意愿或意志。所以一般的可能性在于,主体通过自身的意志调节其意愿层面,进而调节自我与他人的意愿间的关系及其实际行动之间的关系,即围绕自我与他人的意愿之间的同一与歧异、协同与冲突,来考虑基本的人际协调问题。如果抽象掉其中可能涉及的种种具体的、附带的因素,就可将自我与他人之间的意愿的关系简化为四个基本类型:即个别或特定的事实、事态或情境,为原初状态中的,己他共同之所欲;己他共同所不欲;己之所欲即他所不欲;己所不欲即他之所欲。当然"欲"的概念在此极为广义,包含了冲动、欲望、需要、意愿、意图、向往、精神追求,等等。

在诉诸共同所欲的规范形态中,实际上蕴含着民俗类规范原初的生成境遇。也就是说,在缺乏系统的强制性机构的威慑作用,缺乏一系列能够有意识调节有关利害关系的社会机构的自然状态下,规范的生成演变,便不得不借助于各种可产生个体之间的默契、不约而同与相互牵制的机制。

---

[①] 所谓"目的合乎理性的",可参照韦伯所述,"即通过对外界事物的情况和其他人的举止的期待,并利用这种期待作为'条件'或者作为'手段',以期实现自己合乎理性的所争取和考虑的作为成果的目的"([德]马克斯·韦伯著,林荣远译:《经济与社会》上卷,商务印书馆,1997年,第56页)。

## 第一章 实践维度与基本规范范畴

　　针对个别情境，单纯的己、他皆所不欲，较为简单。但基于某种嗣后己、他皆所不欲的一般性情境，人类为自己制定了若干普适的禁止性的伦理规范，[①]但这些己、他皆所不欲的一般性情境，似乎更应该被看作是彼此间妥协的产物。在原本不协调的事态类型中，若是我为主动，对应的态度通常是，己之所欲为他所不欲；若是他为主动，就对应着，己所不欲恰为他之所欲。这类型情境的共同点在于：对于主动的一方为所欲，而对于被动的一方则为所不欲，如果彼此皆放任所欲，必然相互争执，而如果己、他皆以成就原本所不欲之情境状态为后来之所欲，便是双方身处协调性态势而相安无事。这大概就是基本伦理规范，如禁绝杀、盗、淫、妄的戒条之特征。

　　相关的行动方式，还有"克己自制"或"利他奉献"，它们都具有崇高性；但与其说是规范，不如说是两类德性。因为对行为的调节上只是体现了诱导性倾向，而不是基于刻板的规则；同时，心理的因素居于重要地位。其达成人际协调的方式是通过自己这一方做出主动的让步：或者克制己之所欲，或是成就他之所欲。然则"克己"和"利他"的不受节制，会助长受让一方的不合理要求，在社会或群体的层面上，常常会付出一定的效率和公平方面的昂贵成本，所以并不是在任何情况下都值得提倡的。也许从人际协调的价值或自我人格成就的角度应当予以这样的提倡，然而对于某个社会、集团法人、一种暂时然而具有共同利益基础的群聚性场合，更应该寻求的是一种合理、公平的分配机会与成果的体系。

　　戏剧性行动，涉及在己他的角度切换中互为观众的主观世界

---

[①] 根据本书第2章第3节当中的分析，这些可以被称为"通戒"。

的表现者,在特殊的情境下也可以设想自己是自己的观众——虽然无限度的自恋真的会使想象力枯竭。行动者通过或多或少地表现自己的主观性,而令公众对自己形成特定的观点和印象。一方面,每一个行动者可以检查他自身的认知状态、愿望、情绪和情感等领域的状况,因为根本上只有他自己才拥有引导它们的特权,决定它们往哪方面发展,特别是决定如何表现它们;但另一方面,他人或公众的在场总是构成一种强大的压力,使他在如何表现的问题上必须要考虑他们的期待。因而,戏剧性行动虽是自我作用于他人的一种方式,但却是以自我表现为中介,而考虑他人可能成为如同我一样的表演者和受众。①

习惯、习俗、制度和法律等规范的内容,还可能以客观知识的形态存在,也就是说,虽然对于某项规范的确认和适用需要主观精神的参与,但规范自有其一定程度的客观性和自律性,即它的涵义和它勾勒的情境可以超越个别人的理解和态度的偶然性,可以不依赖误解、疏忽和篡改,一旦生成了明确的问题情境,是可循其脉络而给出的。② 甚至也是所有人的态度之总和所不能完全左右的。故而"客观规范"的概念恰是以行动者直接面对这类规范作为审视的核心,而不是将他置于同周遭世界的行动者的相遇中。也许,规范表达了集体和群体中所存在的意见一致的状况,但"遵循规范"仅仅意味着,满足一种普遍化的行动要求。它根本上是指:一个独立具备主体资格的行动者,在出现了某个规范所指明的适用情境时,就一定要遵循该规范,而不管别人如何或者与别人有没

---

① 参见〔德〕哈贝马斯:《交往行动理论》第 1 卷,第 128 页等。
② 客观世界的概念,参见〔英〕卡尔·波普尔:《科学知识进化论》,第 320 页等;哈贝马斯则把遵循规范视为一个行动类型,参见《交往行动理论》第 1 卷,第 120-121 页。

## 第一章 实践维度与基本规范范畴

有互动。

其实在第二个领域里,行动类型的纯粹表现,无论它是合乎策略的、人际协调的、互动表演式的抑或客观规范导向的,在现实中都可以观察到,也就是对于某项行动来说,来自其他方面的影响或者是无关紧要的、隐而未显的,或者被特别地加以抑制,以便使意志与经验领域的联结,完全遵循其中某一种形态的压倒性影响。但是在更多情况下,作为整体的行为方式是综合了两种或两种以上类型的表现的。

概括起来,这四个纯粹类型的主要区别在于:虽然同样涉及自我与他人的关系,但自我与他人之地位各异,在策略行动中,自我是纯粹的目的,他人是纯粹的手段和纯粹的客体,如同"非人"之对象;在伦理式的协调和互动表演中,他人皆具同情式自我之地位,仿佛就是本然的我,但在前者,他人的自我比本己的我居于更重要的位置,而在后者,本己的自我却在一定程度上还是一个关注自我与自身之关系的自恋者,他人则是一面可以照见自己的镜子。①而在客观规范导向的行动中,他人则是隐藏的、被忽略的,是和我一样被普遍性笼罩着的。且这四类关系都会实质性牵涉到非人的客体,它们可能是己、他之间的利益关联物,他们竞逐的对象,但也可能是道具和场景,或者行动涵义的一部分。

自我联系着自身的维度,就是人们经常说的心理世界。在这里,"自我"并不是指生物个体,而是与自我感有着内在联系的意识活动或情感体验过程。在"自我"以自身为所涉对象时,一切都围绕着意识对自身的意识、意识体验的内在统一性或者反思的悖反

---

① 唯其如此,在两个类型中,其自我或设想的他人之自我,皆一为意志的自我,一为情感的自我。

性而旋转,①而不是普通情况下的中心的边缘或体系中的环节。意识、情绪和感受,虽然一般也会牵涉到外界事物,但在这种自反性的转向中,自我却被相对地剥离了出来,好像置身事外一样;即不是全面的现实的活动,而是这些活动场景所衍生出来的对自我的意义,受到了重视和强化,咀嚼和回味,并在自我意识的绵延和流转中产生一系列持续的后果。

这样的内心世界能否成为一些规范直接调节的领域呢?答案是肯定的。其实,在信仰和意念的表达、符号象征、情绪感受等很多层面上,都能观察到一些规律性,许多是由遵循规范的行为所导致的。但仅凭自我转向自身的内心世界,便足以创造和演生各类规范,或单单这一类规范吗?答案则是否定的。私自地遵守规则,倘若不是不可能,至少也是一种普遍情况的特殊变形,并且只有比

---

① "自识"或意识对自身的意识,就是内感觉和内意识,是一种非反思的取向,但是以自识为关注的焦点,则是一种反思的意识。就像回忆,瑞士现象学家、汉学家耿宁(Iso Kern)说:"我们回忆过去的时候,不仅仅知觉到一个过去的对象……而且也知觉到一种过去的意识活动"(《心的现象》,商务印书馆,2012年,第163页)。也可以说,"回忆跟感觉不一样,它不是一种简单的意识,而是一种意识到意识的意识"(同上)。人们在理解和交往的过程中,在策略性的谋划中,意向性和自识,作为运用到的环节融入其中,即作为实践维度的自我对自身的关系,但这种关系也可能是反思性的,是作为聚焦的焦点的某种领域。

胡塞尔在《逻辑研究》A版中,将"自我"理解为"意识流"或"意识体验的复合式统一"。可是在A版中,他对于新康德主义者那托普(Natorp)所肯定的、作为意识中所有体验内容的必然的"关系中心"的纯粹自我,所持的否定态度,到了1913年《大观念》出版之际,在该书B版的一条补注中,就变成了肯定的(参见《逻辑研究》第2卷第2部分,第398页)。"没有一种排除作用可消除我思和消除行为的'纯粹'主体:'指向于','关注于','对……采取态度','受苦于',本质上必然包含着:它正是一种'发自自我',或在反方向上'朝向自我'的东西——而且这个自我是纯粹的自我"(《纯粹现象学通论》,第202页)。而在《笛卡尔式的沉思》的"第四沉思"的前四节中,胡塞尔更为圆熟地谈到四种"自我"概念:与意识体验流程实不可分的先验自我;作为诸体验的同一性之极的纯粹自我;作为诸习惯的基质和统一体的自我;作为单子的自我。参见《笛卡尔式的沉思》,张廷国译,中国城市出版社,2002年,第92页等。

照这种普遍情况才能被塑造和被理解。关于规范的公共性标准的首要性和前提性问题,涉及一种最低限度的需要,即对私人的内心感受或独自现身的场合,即使不存在认识论上的确认困境(这一点其实不好说),但对于根本上只听命于自身的内心世界,制订规则是一项冗余的活动,缺少必要的理由和动力。

自然而然,拥有身体的个人,就拥有跟各部分的机能趋向协调相联系的自我感的基础。然而从自我是有内容而非空洞无物,是对外界能动可感的而非无动于衷的角度来看,我们的自我必定就是我们身处其中的社会关系的总和。然而,即使是在与他人相联系和面向社会性的方面,依然有一些个人的内在性可以被辨认出来,这是跟个人的所思所感及言行举止上的一些稳定的风格化的东西有关,跟他的记忆,跟他的意识流的统一性和统摄能力,甚至跟他的实践理性,他的生活计划、意义世界和对完美生活的理解有关。自我不是孤独的纯粹内在性,而是被作为线索的时间和时间上的一些线索贯穿起来的界限,这是存在于身与心、内与外、寡与众、私与公、实与名、感性与理性之间的界限。①

---

① 据说,兴起于西方资本主义社会的个体主义的特征,可被概括为"占有性个体主义"(possessive individualism),意即,"每一个个体都被视为自身技能和能力的占有者,不欠社会一丝一毫来发展这些东西"(〔英〕伊恩·伯基特著,李康译:《社会性自我》,北京大学出版社,2012年,第3页)。这当然是未经反思状况下的盲目态度。在近现代西方社会,关于人通过哪些方式成为主体,福柯利用了 subject 一词的主体化或臣属化之双重含义,他说,"由于控制和依赖而臣属于(subject to)别人,又因良知或自我知识而维系自己的同一性/身份/认同"。See Hubert L. Deryfus and Paul Rabinow, *Michel Foucault: Beyond Structuralism and Hermeneutics*, The University of Chicago Press, 1983, p. 212.

米德(G. H. Mead)与巴赫金(M. M. Bakhtin)这类思想家认为,我们的思想总是充斥着他人的话语和声音,正如我们总在体验着他人的体验一样,在我看来,这是互动表演的、戏剧性的,也是个人身份和自我同一性的成长历程得以展开的新陈代谢机制,就连道德自我的培育也以此为根基。而为了同一性的进一步树立,必须在众声喧哗中竭在公共性、社会性的笼罩下，以及借由与他人关系的内在化和自我同一性的成长，私人内心领域里的欲望、需要、情绪和感受，通过意愿的中介和理性认识的调节作用，而与遵循规范、创生规范或破坏规范的动机联系在一起。质言之，自我作用于自身的领域，在形成稳定动机的意义上，对于规范世界具有其不可低估的重要性。

其实，任何一项实践都内在包含着某种自我、他者与某物之间的关系，并其目标或结果也是要实现或实现了这类意义上的特定关系，而作为简化的视角，这种目标或结果也可以被认为是聚焦于特定的自我与自身、与他人或者与某物的关系上的。譬如经济活动中经常要处理的财产，就不是单纯的某物，单纯的物质或技术的派生，它是对某种主体而言的有价值客体，它总是属于某人、某集体或某个共同体的某物，其间体现的是一种己、他与某物（有价值的客体）的关系。就像在特定的债务关系中所展现的那样，其存在的基础甚至不仅限于直接的利害攸关者，本质上它是公共认可的

---

（接上页）力找到自我统合的声音。统合之前与之后，都会有一些声音和话语，跟自我如此接近，成为自己的声音，并通过后者的身体和经验被赋予生机活力。但另有些声音，却始终与自我格格不入。统合可能随时随地发生，它跟自我的成长有关（参见《陀思妥耶夫斯基诗学问题》，载于《巴赫金全集》第5卷，白春仁、顾亚玲译，河北教育出版社，1998年）。

也可以说，"自我性和道德，原来是难分难解地纠缠在一起的主题"（[加]查尔斯·泰勒著，韩震等译：《自我的根源：现代认同的形成》，译林出版社，2001年，第3页）。但这不只是哲学家和人文学者的主题，也是每个人要用自己的生活方式的建构去呼应的人生的主题。在西方语境中，"谈论普遍的、天赋的或人的权利，就是把对人类生命和完整性的尊重与自律概念结合起来，就是设想人们在建立和保障他们应得的尊重方面，是积极的合作者"（同上书，第16页）。据说，最普遍意义上的道德思维的维度有三个，"我们对他人的尊重和责任感……我们对怎样过完满生活的理解"，以及"我们认为自己应要求得到……周围那些人的尊重"。（同上书，第20页）而现代西方文明"倾心于根据权利的概念系统阐明"对自我和他人的一律平等的尊重。

产物。① 相应于财产,行窃也是一种社会概念,它是指"那些没有得到双方一致认同情况下的物品运动",②并且,如果在公众意向中不存在对于某些自我约束的认可,要想界定行窃是不可能的。

偷盗、欺骗、战争或发动战争的威胁,就是要把他人当作可以操纵和制服的客体,从事交换就是把他人当作一种需要去尊重的主体,"战争是一种物与物的关系,而交易则是一种与物有关的人与人之间的关系",③即前者是策略性行动,后者是协调性行动。在理想的交易关系中,"作为主体,意味着其他人认同其拥有的某种机会集,并把对方的机会集作为自己行动的约束,例如应进行艰苦的谈判而不是通过偷窃⋯⋯来达到目的。这种自我约束将被看成是隐含着一定程度仁爱的默契或条规。"④在谈判或交易中利用不对称信息图利,不同于绝对的欺诈,但肯定包含策略性成分,其所对待的他人便是兼具主体和客体的样态。而在一般的相互敬畏着的交易中,实现至少一方利益有所增进的"帕累托改进",乃是可以预期的常态,这跟自由的前提并行不悖。

一件行动或举措、一项规范或制度,一种想法或信念,等等,它们的影响所及的人群范围越广,它们越是具有公共性。在客体对象的意义上,不论其利害状况如何,又可以把那些其影响所及颇难排他的稳定状态或事物,称之为"公共物品"。不仅那些基于其物

---

① "财产绝不是一种孤立的存在,它总是包含一定程度上的共识。对财产的另一种表述是:'财产是公共认可的产物,否则就无财产可言'"([美]斯密德著,黄祖辉等译:《财产、权力和公共选择——对法和经济学的进一步思考》,上海三联书店等,2006年,第40页)。
② 同上书,第36页。
③ 同上书,第36-37页。
④ 同上书,第37页。文中所谓"机会集",对应于技术可行性和他者权利的外在约束。

质—技术原因而其影响难以排他的事物，属于这个类型，就连那些基于产权或使用准入制度的原因而不可排他的也是。准前所述，隐秘地杀人不是公共事件，但是因暴虐杀戮而引起众人的恐惧却产生了一件有害的公共物品，而提供安全保障，则是在塑造一件积极的、抽象的公共物品，说它本质上是抽象的，是因为它的存在有赖于人们对它的感受和理解，尽管供应过程包含某些必要的物质性手段。

通过制造或引发公共物品，一个人或一个集团就可以对众多他人产生影响。而那些涉及公众利益的、通常为人们所向往和希冀的公共物品，则有安全和司法服务（产权保障也可归到司法制度的标的当中）、基础设施（度量衡、金融设施和道路一样，都可归到广义的这个概念的名下）、积极而有助于大众福利的公共政策等。然而或利或害的公共物品，并不一定要由我们所说的公共部门来提供或造成，个别的私人或一群利益攸关者都有可能干这件事情；必须把某些包括政府在内的公共部门理解为，一种超然于任何总可以两两相对的利益攸关方之外的"第三方机构"。①

显然，第三方是进一步塑造和改良人与人关系的利器。因为按其理想，它无疑具有置身事外、客观公允的道德优势，它的成员也可以通过针对它所提供的这类具有理想性优势的公共服务的收费，来获取也许还算可观、至少稳定的个人报酬。但是公共部门功能的败坏——这通常意味着公共利益上的损失，不论你如何度量——往往都是从公私不分，也就是从它的第三方本质的败坏上开始的，这时候，它的成员已不能或者不愿基于它的公共职责即第三方角色来行事了。所以，区分某人在公共部门中所担当的角色

---

① 参见〔美〕约拉姆·巴泽尔著，钱勇等译：《国家理论——经济权利、法律权利与国家范围》，上海财经大学出版社，2006年。

职责,与他私人对其亲友圈所负有的义务,是绝对有必要的。而历史上,公共部门的绩效大多与保障这类区分的手段的有效性有关。

在策略行动中,意志冲突的极端解决方式,便是战争,即诉诸肉体的相互摧毁。而具有伦理协调性的方式,则是建立受到公众认可的权力运行机制,并通过这一机制再来协调针对具体情境的意志冲突的状况。但如果拥有权力的人缺乏或者败坏了他的第三方性质,它就从根本上败坏了对于这种极端稀缺资源的本真的公众认可度,即使这时候集体意向性仍然在起作用,但是把主体当作主体来对待的伦理性质已然丧失,暴力胁迫的背景却愈益突显。所以从人与人的关系类型上来观察,权力的属性并不单纯。可是,既然意志冲突无所不在,则对于拓展合作的广度和深度来说,权力机制也几乎是无时无处不被需要的。

## 二、实践的主体能动性:过去、现在和未来

在时间维度上,实践的主体能动性总是和"现在"有关,正如对于事实的确认总和过去,而对于行为或事态的预期总是和未来有关一样。过去、现在与未来统合在一起,构成了我们观察规范世界时所遭遇的另一重面相。

我们总可以说:从时刻上确认的过去事件,就是曾经现在的事件,因此在那个时刻,它也有它自己的过去和将来。抽象来看,已经成为事实的,铭刻在过去,不再是活动的。而尚未成为事实的则尚未变成是活动的。因而只有现在的才是活动着的。但"现在"又似乎是一个没有延展的点,一个极限性瞬间。[①]

---

[①] 因此活动所指的"生成"与"消灭"之涵义,就似乎是接近于在同一时刻上完成的,此或许就是佛学"刹那"说所基于的境遇。"刹那"概念正是指生、住、异、灭之过程皆集中于一个无延展的时间点上。

泛泛而言,过去或将来的时刻就是曾经现在的时刻或将要现在的时刻。但它们真的是本质上相同的吗？"现在"是时间维度上的内在基轴,而且是一个每时每刻都在流逝着的、变动不居的基轴,因此,过去、现在和将来的彼此定位也是变动不居的。虽然看上去,一切现在着的个体都"现在"着,一切过去或将来的个体,都曾经现在或将要成为现在,但过去事实、现在事件和将来事态间的根本区别在于：过去现在即曾经现在的,原则上都可作为事实得到确认；现在现在的,只是确认事实或构想事态的事件本身；将要成为现在的,原则上只是作为事态得到构想。

成为事实就是：它确实成为现在了,而对这一点的任何确认,都把这个事实推到了过去的位置,而不论它处在怎样的时刻点上或时间段内。对现在的确认似乎比其他一切关于对象的确认更像一种确认,因为它就是确认的本身。换言之,确认所确认之对象就是确认行动。根本上,作为对象的他人、个体或事件没有现在,因为就像前面提到的,对其现在现在着的确认,已把它们推到了过去的位置上。只有确认事件本身才自知为现在的,即现在现在的。而一个将来事态就是：在现在这个基点上,我们不能确认它成为现在,因此关于它将要发生的陈述,只是一种构想,所陈述的则是纯粹或现实的可能性。

不难发现,规范的内涵性要求的核心,即应该如是如是的要求的实质为一个可能世界,一个其基本样态可以得到清晰刻画、并有可能得切实执行的可能世界中的状态,而且是在某些人的某一个意愿层面上为其所愿意和向往着的。对于这样的可能世界的描述,本质上是包含将来时态的——在它为人们所愿望、并因此而有效力,却还有待执行的意义上；在其适用情境已逝而将来出现就还要适用的意义上；当然也是在它本质上并非对过去事实的确认的意义上。自然,此类可能世界的现实化,包含着作为过去事实被确认的履行其内涵的案例,但这类事实对于人们理解规范的内涵并非必需,即关于相应事实的描述不是可能世界的本质的一部分。

更完整切实来看,一项规范的存在和持续,是由规范的涵义、规范被履行的现实的可能性和由规范被履行的现实案例构成的态势三部分,有机地、共同地促成的。某些完全不被履行的要求,是否可以被称之为规范,当然是可以争论的。或许我们不应该根据这类涵义是否曾经至少在一个实际案例中得到了切实的履行来判断相应之涵义是否为规范,而应该根据它有被切实履行的真诚意愿和真实可能性来做这样的判断。这样,即使某项规范尚未被履行或执行——譬如只是因为适用它的情境迄今尚未出现——我们仍然可以根据它的涵义来谈论它的规范特性。但是关于某项要求的涵义所指向的那个可能的状况是否具有现实可能性的问题,在很多情况下,却是可以甄别和判断的,而这对于某项要求是否具有"规范效力"则不是无关紧要的。一项不具有任何现实可能性的要求,不宜被严肃地视为规范,即使它得到了立法机构等权威势力的认可。而在一般情况下,规范之被履行,就是对于规范现实可能性的一种确凿无疑之验证。所以,尽管规范之被履行不是判定某项要求是否为规范之绝对必要的条件,但是对规范过去曾被履行的判定,或者在经验领域中对这样的判定的可能性开放,却是必要的。故从一般的角度来看,对规范被履行情况的调查,往往是促进规范调整、废弃或新订的非常重要之一环。

在主体能动性介入规范的过程中,过去、现在、未来的时间维度,有着极其微妙的作用。单纯根据过去所发生的或者单纯根据不断推移的现在所发生的符合规范要求的某人的行为,并不能断言这就是遵循规范的行为。真正遵循规范的行为方式,往往表现为契合规范的涵义的稳定模式。然而,并非行为的刻板性即等同于规范的作用;质言之,人们的行为所表现出的相当程度的规律性,不必是由于规范意识而导致的,例如完全出于理性的利益计算而总是在某一维度上呈现出规律性,但这不是适用特定规范的行为方式的特征,这也不同于规范的存续是否具有博弈格局中的长期性功利考虑的问题。而且,更加必须把仅仅由于一系列实质的因果作用而导致的规律性排除,才能正确考量规范或制度的适用问题。在出于利益计算的情况下,即使有着关于某些可能状况的"预期",①甚至即使对于所预期者,存在确切的意愿因素,却也不存在因预期他人意愿如斯而受到牵制的自身意愿因素——根本上正是众人意愿间的相互牵制或激发,才是规范性的内在本质。不管怎么样,"预期"和"意愿",即关于可能状态的构想和愿望,乃是判定相关行为是否系规范适用的必要条件(而不论这构想是清晰抑或模糊,完整抑或欠缺)。存在愿望着的预期和预期着的愿望,至少意味着,于现在的现在或者某个过去的现在,确实存在关于那一时刻的未来的某一可能事态的目标导向之内在机制。

某种行为方式倘是被规范了的,这有可能意味着:这类行为,总是以某种方式,事先在头脑中预演了一遍——或显或隐,甚至可能由于过去不断重复地被遵循而成为纯粹的下意识;再者,规范履行的案例,既有可能是积极履行的行为,也有可能是可以在意识的演示中凸显的被禁止的可能事态,而参照后一类事态在人们头脑中被演示的方式,契合规范性预期的相关事态不发生之现实,仍可

---

① 强调规范或制度(institution)是围绕某些稳定的行为预期的知识或信念,是一些博弈论制度研究的特点,或称"制度是关于博弈如何进行的共有信念的一个自我维系系统"([日]青木昌彦著,周黎安译:《比较制度分析》,上海远东出版社,2001年,第23页)。

被视作行为之表现，此一界定的理据，还跟这种现象有关：它们也可能是曾经发生过、且被认定不宜再发生的那类行为。

因而，一次被规范了的行为，必然对应着一个蕴含相关可能事态的可理解之行为体系，并且该事态之涵义，在那一时刻的现在得到了某种程度的现实化之表现，而理论上来看，这种表现本身可能是两歧的：或是经验上观察到的，或是经验上无从观察的——此随可能事态的经验肯定的或经验否定的涵义而定。显然，所谓肯定性规范包含的可能事态，在经验上是肯定，而禁止性规范包含的可能事态，则在经验上是否定的。但是围绕这两歧的可能事态，都有某些东西是被明确禁止的，然而被禁止的方式的不同之处在于：或是作为被要求以特定方式加以履行的事态的直接对立面，或是作为在头脑中被演示的可能事态而被要求不能获得现实化的机会。

在前面提及的围绕一项规范的三项必要或常见因素——规范之涵义、规范被履行之现实可能性、规范被履行之实际案例——之中，有关主体的时间维度，于斯三者，表现不一。规范的涵义代表一系列纯粹可能的世界，其核心是指向将来可能发生的事态，而不论这事态是否在过去已经发生过，还是现在正在发生；而规范被履行的实际案例，当然是由一些事态已经变成的过去事实所组成，但如果没有对照着规范涵义，即对照对于可能状态的构想和愿望，行动表现上的一系列偶然切中，也许只是纯粹惯例化的行为（这不同于作为规范的惯例），而不是履行规范的案例，所以这样的过去式，又包含着过去的将来的某种样态。无疑，实际案例的存在，证明了合乎规范行为的现实可能性。而所有的确认，包括对于何为可能的涵义、对于过去的实际案例、对于实际可能性的确认，本质上都必然是现在式的。

一些规范的样态跟过去有着深切的亲和性。譬如作为规范的惯例、符号或象征的运用规则、渗透保守心态的制度传统,虽然在其意向性的世界中也含有将来暨可能性的导向,但这种导向首要的是唯过去案例或惯例之"马首是瞻"。

而在一些伦理和法律体系中,"权利"、"义务",或者与之类似的概念,根本上都指向那些紧密联系着未来的可能性领域。严肃地对待某项具有现实可能性的规范,往往意味着和一定的假言式相连的必然性(如果这样就会那样的假言式,连结着规范适用的情境条件和这一适用本身),但必然性首先也是一种可能性。"权利"一概念特别重要,它的本质不依赖于过去曾经或现时正在发生的实例,而是基于这一概念所指向的可能性本身,即永远对将来敞开的可能性。

合乎规范的行为——而不仅是在针对性情境中实际履行某一规范的行为——的整体,理应含有认知、情感和意志层面。其认知层面含有:对于可能事态的预先知识,或一种想象中的描绘;对于实际事件合规范性问题的认定;对相关事件(无论它为契合规范还是反面)的经验观察——其实经验观察才是认知的基本面。在针对基本上作为社会性范畴呈现的规范的认知过程中,主要的难点在于,为了获取所需的准确信息,得要善待语言和象征符号等,然而对语言、符号的理解恰好远远超出了一般性的经验观察范畴,是围绕规范本身的理解过程的一部分。

严格来说,意志层面介入其中,是一切围绕规范的实践之必要环节。即欲望、需要、意愿、希望或对各类意愿形态略加整体性调节的意志因素,当其作为意向性呈现的时候,乃是我们的有规范导向的行为之必要环节。但意愿或意志,必然是对本质意义上的将来——即某种现实可能性——的意愿,而不是对过去的顺从或屈服,也不是对现在的泰然处之。并且,围绕规范履行的预期的意向性,也都是在将来维度或过去的将来的样态中被给予的。

进而人们也不难看到,没有什么比主体性或意向性本身,与现在或者心理意义上的"现在"具有更亲密的关系了。对于自我的感知和认同来说,现在是一种不可或缺的时间维度,此乃作为僵硬事实的过去或作为不确定事态的未来所不能提供的。纯粹作为意识主体的自我为视域本身,而非视域中所及之物。① 也可以说,它是一切事实或事态的认定者,即是唯有于现在维度上才能呈现的认定活动本身。而处在与他人、与自身或宇宙的关系中的"自我",又是一切情感和意愿因素发挥作用之基轴。

在涉及规范的心理结构中,过去维度的重要性在于,它是事实性认知的题中之义;未来的重要性则在于它是行动的筹划所须面对之核心的时间向度,是意愿所意愿着的对象的一部分,是意志的领地;现在或普泛意义上的现在(隐射过去、未来之现在),却为认知或意愿的意向性之本身(而不是指它作为意向对象的维度),但这样的话,它既不是真、假的,也不是善、恶的,而是更高层面上的、泛泛而言的"美"。基于上述考虑,依照漫画式的以类相从原则,不妨勾画这样一幅"域"的分类结构之表格:

| 过去 | 现在(超现在) | 将来 |
| --- | --- | --- |
| 知 | 情 | 意 |
| 真 | 美 | 善 |
| 对事实的认知 | 自我对自身的感知、认同机制 | 行动的筹划 |
| 准确的信息 | 现实化(想象的现实化) | 应然的作为 |
| 作为规范的惯例 | 礼仪、宗教仪式 | 伦理、权力(组织)、法律 |

---

① 就像维特根斯坦所说:"这里我们看到了严格贯彻的唯我论是与纯粹的实在论一致的。唯我论的'自我'缩小至无延展的点,而实在仍然与它相合。"载于〔奥〕维特根斯坦著,郭英译:《逻辑哲学论》,商务印书馆,1962年,第5.64条。又谈到:"'自我'之出现于哲学中是由于'世界是我的世界'。""哲学上的自我不是人,人体或心理学上所说的人的灵魂,而是形而上学的主体,是界限——而不是世界的一部分"(同上书,第5.641条)。

## 第二节　自我与内在自然、外在自然：
## 规范体系的自发前提

　　一切人类活动，都可以在一定程度上和从一定角度被视为自然现象。质言之，这些活动都是在遵循与符合各个层面上的自然因果性及自然规律的前提下发生的，然而单纯基于自然因果性的探究，并不能穷尽其中很多行为的意义。如果自然界的因果联系是人类遵循规范的行为不能与之相悖的约束，那么它们就构成了实施这一类行为的限定条件。同样明显的是，规范的形成和创制，不能改变自然因果性，即改变不了自然规律本身，反而这是它们要去适应和加以利用的基本形势。

　　人与自然的关系主要体现在三个方面：内在自然与外在自然、人格与内在自然、人格与外在自然，并这三重关系本质上都是经由社会性层面调节的。不过"调节"的意思不能错看，这并不是指，社会组织或社会性因素，可以通过人格力量来改变自然规律，而是指，它可改变组织起有关自然现象的局部模块，或者系统性模式。所谓"人化自然"讲的就是特定阶段上的、跟某一人类社会相关的自然——无论内在自然，还是外在自然——都是经过了这种调节的结果。

　　但这三个概念均有待解释。那些可归于"内在自然"概念下的局部或片断的过程，就是那些既能在人体上发现，但也可以在物理、化学的层面或其他种属的生命体中发现的与其完全或基本上为同一类型的过程。外在自然就是相对于并围绕着人体的、它的自然环境。人格则是从内在自然的基础上涌现的高级的自我同一性现象，之所以把它视为高级层面的突现或涌现的功能性状态，原因之一在于,它的独特性和功能性难以用纯粹的自然规律来解释。

人格是与内在自然、外在自然、社会系统共生的。但其直接的、深厚的渊源是内在自然,其间接的但也很重要的渊源则为社会系统。因为人格是自我同一性,是能够衍生出意向和意愿的功能性状态,所以自我与他人之间能够发生意愿和意向上的联系,然后才是在人与人的关系的基础上产生的社会系统。完整的个人包括:它的(一)内在自然;(二)作为其环境的外在自然;建基于内在自然及其与环境的关系,但又在社会化的成长过程中建构其功能性的(三)自我人格;以及它据以获得其身份、角色和地位的(四)社会系统。

## 一、内在自然与自我:情感、意愿的基础与轴心

内在自然,简单来说,就是人体细胞、组织和器官的全体,以及在这些物质基础上产生的各种属于"自然"这一范畴的活动和过程。有机体的趋向和回避的反应,可谓生理层次上的"快乐和痛苦的行为",而在此基础上产生的"生理驱动力",则对外部对象如外部自然中的事物有所需求,而在前两个层次的基础上产生的、包含着快乐和痛苦两个基本类型的各类"情绪和感受",蕴藏着"意愿和意志"的起源的秘密,意愿就是有可能引发真正可辨识的人类行为的潜在的动机因素,动机则无非是成了行为触发开关的意愿。但意愿和意志跟感受一样,已经是真正人格性的因素了——根本上这是因为,它们包含着认知、想象和构想即广义上的认知意向性的环节。感受所可以感受的,不只是当前和由过去绵延至当前的生理心理因素,甚至也可以感受由某些可能发生的状况所引起的苦乐、驱力和情绪,所以它会强烈地影响人们的有所筹划的行为方式和面向未来的决策。

但不光是意向性质的感受,连苦乐、驱力、情绪的关联物,都有可能是作为最终意愿的意志所要衡量与调节、规避或趋向的对象,

并在建构自我人格的传记式历程中,情绪和情绪的关联物,因其和记忆的联结,因其可能激发某些模式,而发挥难以估量的重要作用。

人类生命已经预先设置好一些用来解决生命基本问题的自动机制。

> 所有生命有机体,从低等变形虫以至人类,无需任何理由,都生来即已配置好一些可自动解决生命基本问题的机制。其基本问题包括:寻找能量来源;合成、转换能量;维持与生命进程相协调的内部化学平衡;藉由修复损耗,以维护有机体组织;抵挡外部造成疾病和身体损害的因素。对描述整体调节和因而产生的被调节的生命状态来说,"体内平衡"是便于速记的词汇。①

从简单到复杂的体内平衡层次包括:(一)新陈代谢、基本反射、免疫反应;(二)快乐和痛苦行为;(三)内源而外向的生理驱力;(四)情绪本身。

第二层次包括与一种特定情境相关的整个有机体的趋向或回避的反应。如由组织的局部烧伤或感染而引起相应部位之细胞发出具有"痛苦指示性"的化学信号,机体遂自发对其给予一系列的反应。故在基础的生理层次上,痛苦体验就跟这些化学信号有关。当机体保持功能顺畅、无故障,且能良好地转化和利用能量之际,机体则能产生内啡肽一类化学物质,并常伴有轻松的体态和宁静的表情,这样的机体状况和相应的化学信号就是快乐行为,也是快乐体验的基础。但作为高级层次上的基本感受类型的对快乐和痛苦的体验,则不是基础的生理层次上的快乐和痛苦行为的起因,也

---

① Antonio R. Damasio, *Looking for Spinoza: Joy, Sorrow, and the Feeling Brain*, Orlando, Fla.: Harcourt, 2003, p. 19.

不是其必要条件。

第三层次的例子包括饥饿、口渴、好奇和性欲等,即一般所说的冲动(appetite)或欲望(desire),后者又含有对于冲动的有意识感受的意思。

那些笼统被称为"体内平衡"的各层次上的调节反应,具有一种奇异的结构,层次之间并不是隔绝和不相干的。常常,简单反应被嵌套在复杂反应之中。例如一些免疫系统和新陈代谢机制被合并于痛苦和快乐行为当中;后者的一些部分,又可能嵌套于驱力和基础动机的机制中。在前面所提及的所有水平上,都有一些机制,如代谢平衡、反射、免疫反应、快乐和痛苦行为、冲动等,可能被嵌套于第四层次的情绪机制当中。因此,不同水平上的调节反应并不是根本上不同的过程,每种较高水平上的反应几乎都是由它之下的小段和部分的简单反应经调整后、再排列组合而成,系为特定目的而构建。

某种情绪本身,便是一种独特模式下的化学和神经反应的复杂集合体,而这些反应是正常的脑在觉察到那些能诱发情绪的刺激时而产生的,相应的刺激不仅限于种群进化过程中所形成的,也包括很多在个体生命历程中学到的,反应的结果则是引起身体状态的暂时变化和那些映射身体、支持思维活动的脑结构中的暂时变化。[①]

根据其所嵌套着的调节反应的水平等,可以将"情绪"分为三类:"背景情绪"基本上是各类较简单的调节反应的结合,即此类情绪系其复合式表现;再就是,像恐惧、愤怒、厌恶、惊奇、悲伤和快乐这些在不同文化和不同种族中表现形态都很一致的类型(但一致

---

① Antonio R. Damasio, *Looking for Spinoza: Joy, Sorrow, and the Feeling Brain*, Orlando, Fla.: Harcourt, 2003, p.53.

的,并不一定是引发它们的关联物或它们的对象),应被视为"基本情绪";而像同情、羞愧、内疚、嫉妒、羡慕、感恩等"社会情绪",则是对于人与人的关系或社会状况所做出的反应。实际上,各种调节反应或者基本情绪或者基本情绪的部分,可能以各种形式成为社会情绪的子成分。①

那些一段时间内相当稳定的情绪状态,就是所谓的"心境"或背景情绪,可能是对人体内既有的各种水平上的体内平衡所给予的自然反应,即这一类型和身体的内部状态有着很深的关系。但是一些基本情绪以及几乎所有社会情绪的产生,都可以被视为外源的。外在对象的表象就像能打开锁的钥匙,能够激发脑中的情绪激发点的活动,这些活动又会通过激活脑区其他情绪执行点的活动而进一步引起身体的活动和影响那些支持情绪—感受过程的脑区状态。很明显,情绪反应远不止是脑区的活动,而是一种身心相关的、可能影响或波及多种体内平衡过程的机制。②

---

① 在解剖学的对应关系上,被认为能激发情绪的脑区有杏仁核(恐惧和愤怒的激发点)、颞叶深层、额叶中的前额叶腹内侧皮质等,它们会对支持人类头脑中的表象的电化学模式(甚至是对脑施以电流等)做出反应。但没有一个激发点能单独地产生情绪,因为当一种情绪产生时,一个激发点必须引起其他激发点的相应活动,比如基底前脑、下丘脑或脑干核团的活动。就是说,和其他形式的复杂行为一样,情绪过程对应着脑系统中的多个部位的参与,而参与这样的过程的又岂止是大脑活动。

② 在情绪状态中,各类神经和化学反应又改变了特定阶段上的体内环境、内脏和肌肉骨骼系统。表情、言语、体态和特定行为模式皆由此而起。其实,许多情绪行为都依赖于支配这些行为的脑结构所能利用的某些荷尔蒙的调节作用。同样,脑局部对某些分子——像是能调节神经活动的多巴胺和5—羟色胺——的利用则会引发特定的行为,比如体验为奖励和快乐的行为,看上去就很依赖于脑干的被盖区释放的多巴胺,但这类分子实际上是在另一区域即基底前脑的伏隔核被利用的。简单来说,基底前脑、下丘脑核团、脑干被盖的部分核团和脑干核团(它们控制着脸、舌、咽、喉等部位的运动),是许多情绪行为——如哭、笑、逃跑和求爱等——的最终执行者,即那些复杂的动作往往都是各种核团活动的完美协作,并往往有身体内的化学物质和内脏给予的辅助。See Antonio R. Damasio, *Looking for Spinoza*, p. 63.

## 第一章 实践维度与基本规范范畴

相对于可以在面容表情、动作和声音当中表现出来，或者可以用科学探测仪器加以检验（例如相应的荷尔蒙反应和电生理波形）的"情绪"，感受（feeling）就像其他心理表象那样总是隐藏起来的，是个人的相当秘密和私有的部分。而且在进化过程中，由于情绪是由极易提高机体存活率的简单反应构成，故情绪是先于感受的。

大多数感受实际上就是关于前面所提到的一些基本的调节反应的感受，或者关于欲望或情绪本身的——当然也包括对于情绪的感受，即从快乐、痛苦直到同情、嫉妒、内疚或祝福等等。[①] 感受的重要物质基础可能是脑中的体感区，而体感区皮层的重要组成部分——脑岛，或许比其他相关结构都更为重要。很可能，感受和情绪的一个显著不同在于，它不必定要由实际的身体状态产生，而是产生于在体感区任何时候均能构建之实际映射。[②] 感受，乃是基于生命状态的复合表征，而表征的对象范围，从有机体的各个组成部分直达整个有机体的水平。[③]

情绪为大脑和心灵评价有机体内部状况和周围环境的适存度等，并给予适当反应，提供了一种自然的手段。至于感受，一方面它跟有机体对于某些客观对象或情境在脑映射中出现时的本能或习得反应有关，或者跟某些生命状态自发的矫正反应有关；另一方面感受也往往牵涉到对于一个拥有复杂脑机制的多细胞机体的生命过程的内在设计，或对生命过程的运作。[④] 所以它比情绪反应表现出更为灵活的 面，这和它作为复合表征的本性有关。

如果说感受和产生感受的欲望、情绪对社会行为有着决定性

---

① See Antonio R. Damasio, *Looking for Spinoza*, p.92.
② 参见上书，第112页。
③ 参见上书，第130页。
④ 同上。

作用，便无非是说，它们是推动行为的基本的心理因素，即和做出个人生命中的决定有关。① 做出决定方面的缺陷，除了历史性知识的局限，还会由于情绪和感受上的缺陷而导致。在一定的生命状态或社会状况的范围内，如果我们对这些状态和状况没有任何情绪和感受，那么这里就不会有生命问题的呈现，也就不会有为了解决问题而寻求各种方法和途径的努力，同样不会有任何决定产生。但是如果这样无动于衷的范围太大，恐怕生命本身反倒成了问题。

某些来自鸟类和哺乳动物的证据似乎表明，伦理行为并不是从人类开始的。如果一个由一些具有良性的社会情绪即其人格特质中含有合作倾向的人类个体组成的群体，实际上拥有群体间的竞争中的优势，即相比于一般性地缺乏合作或是合作水平较差的人群中的个体，这些个体能够活得更长寿，拥有更多后代，那么就很可能为能够采取合作的脑创造基因组基础。然而，即使社会性情绪和感受是必不可少的诱导善行的中介，善行的本质却不是这些社会情绪，而在于这类行为对于群体或人与人关系的价值。

如果有一种称为内疚的情绪或感受，那么我们可以从基本情绪的某种被嵌套的形式中找到其部分特征，就是说它有类似于痛苦、失落的表现，但这是一种带有自责和同情性质的痛苦，且这痛苦是源自自己引起他人痛苦的观念的，所以这样的情绪并非纯粹个人化的。实际上，内疚当中所包含的"同情"因素，也被嵌套于很多其他的社会情感中，它指向对于他者状况的映射，这是它的本质

---

① 达马西奥的研究小组发现，当其人原本负责特定情绪和感受的脑区受损之际，其驾驭社会生活、建立人际关系，在不确定情境中做决策之能力并皆遭遇破坏。而在大多数严重的案例中，前额叶的受损尤其要为社会行为障碍负责。See Ibid. ,pp. 140 - 145.

第一章　实践维度与基本规范范畴　　69

的一部分。也可以说，它是一种源于镜像神经元的基础作用的"镜像身体回路"(as-if-body-loop)机制。这类神经元出现在猴子和人类大脑的前额叶皮层，它表征每个脑所"看见"的另一个人的运动，直接发信号给体感区，并在那儿加以模拟。

　　感受的极致和统一性肯定是自我感。它几乎无所不在，只要有其他感受的地方，基本上就有它的身影。因为它就是感受层面本身的连续性和统一性。认知和意愿机制的实际运行，也是在作为后台的这种自我感的观照下进行的。

　　显然，人类并不是绝对按照各类本能和冲动行事的。那些渗透着感受的欲望可能受到人格性的意愿层面上的能力的调节，尽管，作为欲望的实质基础的冲动，纯属自然，但意志乃是对各种类和各层面的意愿加以调节，并与自我感直接相关之机制，即它是一种综合性的对内在自然因素有所调节的意愿机制。由于各类情绪和感受极可能——虽说不是必须——引发对于特定情境的向往或规避，此时，它们就是产生意愿、动机和导向行动的基本前提。即使是对于特定情境的理性评价，也需要联系到两个方面：对于作为手段或目的关联方的情境和作为目的的需要之间关系的事实性认定；对于需要满足或悬欠之类事实所引起的一定强度的情绪和感受之体验。当然，意愿的源头可能在于情绪和感受，也可能在其他的体内平衡层次上。不只是精神上的向往会驱使你行动，痛、痒、酸、渴之类也会——正如它们会被感受到，它们的反面即它们的解除会被意愿着。

　　行为的基本趋向，极有可能跟快乐和痛苦的情绪有关。我们是否可以认为：各种各样的情感，无非是在结合其他信息的情况下的、快乐痛苦两种基本情绪和感受的复杂的组合形式，或其一的变调。至少在斯宾诺莎看来，这是确凿无疑的。例如：

爱，为一个外在原因的观念所伴随着的快乐；

恨，为一个外在原因的观念所伴随着的痛苦；①

嘲笑，由于想象着所恨之物有可以轻视之处而发生的快乐；

感恩，源于爱的欲望，即努力以使人快乐的方式去报答那曾经有意促成我们的快乐之人；②

贪婪，此为无节制的欲望或爱好，随其所欲对象之不同而有很多种，如好名、贪吃、酗酒、贪财、淫欲，便分别是对于名誉、美味、醇酒、资财或性交的无节制之欲；

希望，一种不稳定的快乐，它为关于将来事态的意象或观念所引起，而对那一事态的前景尚存疑问；

恐惧，一种不稳定的痛苦，起于关于将来事态的观念或意象，但对那一事态的前景尚存疑问；③

信心，伴随着快乐的对于一种前景无可置疑的过去或将来之事的观念；

绝望，信心的反面，即伴随着痛苦的这类观念，实际上，"如果将怀疑之感从这两种情绪中取消，则希望会变成信心，恐惧会变成失望"；④

欣慰，一种为过去的事物的意象所引起的快乐，而对于那一事物的前途曾经存有疑问；

惋惜，则是与欣慰结构相似的痛苦；

---

① 上面两条，参见〔荷〕斯宾诺莎（Spinoza）著，贺麟译：《伦理学》，商务印书馆，1983年，第3部分命题13附释、"情绪的界说"第6、7条。

② 参见上书，第3部分命题39及命题40附释等。

③ 参见上书，第3部分命题18附释二。从情绪的角度来看，那足以使我们感到希望的情境的存在，可称为福气，而那足以使我们感到恐惧的情境的存在，可称为危险。因畏惧某种尚不致使人退缩的危险之故，而不欲施展其行动，是为怯懦；但若是面对同辈人因其危险而不欲行动的情境，而仍然要施展行动的欲望，则为勇气。

④ 同上书，第115页。

广义上的"同情",包括同情、共鸣、诱导等;狭义上的"同情",是指想象着我们同类中的别人所受痛苦的观念而引起的痛苦;①

怜悯,倾向同情情绪的精神状态;

共鸣,由他人快乐所引起的快乐;

嘉许,对于做事帮助别人以使其快乐的人所做的肯定表示;

义忿,对于做事造成别人痛苦所做的强烈否定表示;

诱导,起因于想象着同类的其他人具有这样的意愿而产生的意愿;

慈悲,出于怜悯或同情而努力设法解除那引起他人痛苦的事情的愿望,亦即慈悲不是别的,乃是由狭义上的同情引起的帮助别人的意愿;

泛泛的与人为善,就是只作使人喜悦之事、不作使人不快之事的意愿;②

愤怒,因恨被激动而欲伤害所恨之人的意愿;

报复,则是被相互的恨所激动而欲伤害那曾经使我们痛苦之人的意愿;③

残忍,一种为恨所激动而无节制地要使人痛苦的强烈意愿;

嫉妒,实为一种恨,即对他人的快乐或幸福感到痛苦的恨意;④若对他人的灾殃或不幸感到快乐则为"幸灾乐祸";故这两类情绪实为同情或共鸣的对立面;

自爱,由于一个人省察他自己的活动力量的充实状态而引起

---

① 参见〔荷〕斯宾诺莎(Spinoza)著,贺麟译:《伦理学》,商务印书馆,1983年,第3部分命题22附释、命题27附释等。
② 同上书,第3部分"情绪的界说"第43条,斯氏称为"和蔼"或"谦逊"。
③ 同上书,第3部分命题40绎理2及附释。
④ 同上书,第3部分命题24附释。

的快乐；

自卑，由于一个人省察他自己的无能或软弱无力而引起的痛苦；[①]

骄傲，由于爱自己而对自己过分肯定所引起的快乐；

轻蔑，因低视他人而引起的快乐；

荣誉，因想象着行为受人肯定所伴随的快乐；

耻辱，则是想象着行为遭人否定所伴随之痛苦。

——这些便是哲学家斯宾诺莎对情绪特征的界说。

不管附着其上的符号、意义、交往形式或集体意向性(一种具有特殊重要性的交往形式)究竟如何，可观察或者可辨认的行为，大多涉及内在自然与外在自然之间的一定形式的相互作用。但是驱动行为的内在自然的或心理的因素仍然有：(一)基本反射；(二)生理上的快乐和痛苦；(三)冲动和欲望；(四)情绪和感受。我们可以把认知能力深度介入其中包括它事后会来确认有关状况的驱动因素，称为"意愿"。驱动因素的趋向性或者所趋向的目标，就是"需要"。自然，在行动的促发或行为方式的选择过程中，需要或意愿主要涉及目的环节，而有其神经基础的认知能力，则在调节手段—目的的关系方面扮演了重要角色，它通常是帮助选择可行或最佳方案的得力工具。

无论刺激是外源的还是内源的，情绪或感受通常会引起或诱发对于导致有关情绪或感受的刺激的趋向、促成或回避、破坏两类反应。因为和大脑皮层上的过程相连的感受的介入，所以由其引发的反应当然就是意愿的。固然意愿的源头在于各层级的需要，

---

① 参见〔荷〕斯宾诺莎(Spinoza)著，贺麟译：《伦理学》，商务印书馆，1983年，第3部分命题55附释等。

## 第一章 实践维度与基本规范范畴

或者说,它本身是围绕某种需要的意向性。有一点是清楚的,各种各样基于体内平衡的调节反应,形形色色的冲动、欲望、简单的情绪,都有潜在地激发意愿的功能,关键在于是否有意向性的介入,若有便是意愿;而同情、慈悲、感恩、欲望、愤怒、嫉妒、报复心等,则更明显有着意愿的特征,从而更容易变成引发社会性行动的动机。

在人格完整性得到较好实现的实践场域中,任何成为实践驱动因素的需要,必定也是体现人格统一性和完整性的意志之所愿,"意志"就是源自意愿的进程而体现其一贯性程度或调节能力的心理层面上的高级现象。所以在意愿之外谈论意志,或者在意志之外谈论意愿,都是无谓的。很明显,在一特定场合,不是所有已在一定程度上被唤醒或激活的需要,都会自动成为驱策社会性行为的动力因素,即成为一种有实质效果的需要或意愿。而妨碍人们选择其原本意愿的,如果不是某些跟主体间制约无关的客观条件的限制,便是与他者意愿的对立和冲突。

内在自然方面的协调、统一性和可持续性,肯定是真正的目的,是行为、行为规范、社会制度等所要调节和趋向的目标,实际上,这是不断将涉及人类这一物种的各种自然因果性组合于更复杂的机制当中的结果,这样的机制,常常内在伴生出某种生物属性上的稳定可持续的状态,就好像这种时间向度上可辨认的状态,是一种目的。[①] "人格"的核心意思是指,某种形式的自我同一性,即

---

[①] 生命的自我保存(self-preservation),即机体维持自身存在和良好状态的努力的自然倾向,正是斯宾诺莎(Spinoza)所认可的一切生命的第一现实。故而,生存的概念——进而生物价值的概念——或可适用于从分子到基因再到整个有机体的不同生物实体的层次。See Antonio R. Damasio, *Self Comes to Mind: Constructing the Conscious Brain*, New York: Pantheon Books, 2010, p.46. 但是自我保存的良好状态,并非固定、僵化和绝对,故其中仍有辩证性。

它是内在自然的协调、统一性往更高层面发展并产生某些新的功能状态的产物。

内在自然范围内的新陈代谢、肌肉力量、应激反应,很多时候,这个范围内的背景情绪,以及以身体的关联性活动,特别是以脑神经系统为基础的认知能力,以及一定程度的认知能力已经作为基本环节参与其中的基本情绪、社会情绪和各种感受,以及驱使内在自然的某些方面发生改变的各层级的驱力,特别是认知意向性参与其间的意愿、态度和动机,它们不只是有可能成为行为的动机、形成动机的过程(例如认知能力勾勒行为的理由与可行性),它们还是行为赖以发生的物质基础或人格性前提,而这基础或前提,多半是作为行为的现实性的一部分的伴随着的因素,而非作为时间上在先的条件。

但是很多时候,并非在自然的自发运行的意义上,而是在受到他人的意愿和动机的现实或潜在的干扰、阻碍或牵制之际,一个人的内在自然的状况,便成了他自身的行为所要阻碍或成就、调节或引导的对象,一句话,就是他的行为的调节对象。这调节方式,如果按社会性的解读和界定,乃是相当模式化的,那它就有较大概率是一种合乎规范的行为。

人类的力量在于"能群"。所以人也是政治的动物。[①] 但为了发挥协调或协同效应,确实需要一系列规范和制度,以防范那些有可能破坏合作意愿和效果的行为,或者刺激和激励那些有助于协调效益放大的行为。内在自然是人类各种强固的需要的来源和根

---

[①] 自然界的群居现象与人类的社会性、政治性,存在过渡地带,如有人提到,"政府起源于一系列原始的生物现象,例如大多数灵长类动物的社群形成地位等级的倾向,某些动物接受别的动物领导的倾向"([美]约翰·塞尔(John R. Searle)著,李步楼译:《社会实在的建构》,上海人民出版社,2008年,第74页)。

基。那些不受控制的欲望和激情,大体上也属于内在自然的范畴,因为在这里,自然因素所起的作用要超过人格性因素所起的。但是很难说,人类所有的破坏性冲突、对社会协作有害的私欲(有些低级欲望是未经反思过滤即未经自由意志中介的),都是从本能,从不受节制的欲望或激情之中产生或派生出来的。而且的确,就人类这个物种而言,很多促成其更复杂的社会协作机制的行为方式,并不能从其自然本能中得到完全有效的解释。然而有时人们会有这样一种错觉:人的内在自然是邪恶、阴险的,但其高级的人文性或社会性则是善良、阳光的;也许正确的看法是:被系统地错置和误导的内在自然,始具深刻之邪恶性。——不管怎么说,有一点可以肯定,如果世人都关切和关爱他人,充满了慈悲心,充满了理性精神,不会被忧虑、恐惧、仇恨和嫉妒等牵着鼻子走,换言之,如果人全都是天使,那么建设制度和改善制度的必要性就会大大降低。① 但如果世人都是天使与魔鬼的混合,是可塑的,那这种必要性就是不容置疑的。

可以说,"每个时代都会弥漫着恐惧的情绪,只不过恐惧的对象发生了变化"②当然这个说法,几乎没有例外地适用于其他的基本情绪和社会情绪。那些以关切他人、成就他人为取向的这两类情绪,在一定的社会化语境中,再结合一定的行为倾向性,就会发展为一些德性。然而,对于他人、对于社会团结具有消极负面影响的情绪,则是一些行为规范和社会制度被树立起来,要来对付和遏

---

① 休谟(D. Hume)认为,如果每个人都充满友谊和慷慨之情,都关心和体贴他人,即慈善充满各处,正义的制度就显得毫无必要(参见〔英〕休谟著,周晓亮译:《道德原理研究》,沈阳出版社,2001年,第175-178页)。

② 〔挪威〕拉斯·史文德森著,范晶晶译:《恐惧的哲学》,北京大学出版社,2010年,第10页。

制、疏泄和引导的对象。只不过很多情绪都是双刃剑,譬如嫉妒,它可能是某些道德规范所要摒弃和拒斥的以怨报德现象,或对己他皆不利的行为的动因,但也可能成为建立一个更加平等的社会的助推器。①

但人类的需要之所需,还包括那些社会性或人格性的事态和状况,但有关的需要和意愿的特性的形成,其巩固和内在化,往往正需要嫁接在某些社会情绪、基本情绪,甚至是背景情绪的机制之上,借由它们来强化自身,现实化自身。

历史上,一些社会机制会强化或弱化某些情感机制;进而造成对于某些体内平衡层面的长期性调节。而各类影响广泛的需要和情感机制的改变,又会使得原有社会体系中的制度运行的环境发生变化,也就是说,很可能有着制度和偏好之间的共生演化。② 因而,在其与动机和意愿层面的紧密联系的意义上,在其与各类实践中的"德性"相关联的意义上,在其机制可能与社会性制度共生演化的意义上,情绪和感受方面,都是规范演化领域中值得重视的问题。

## 二、德性谱系:反映和影响着外在世界状况的内在世界的核心

在某个社群或某种传统中,那些被视为善或优秀的禀赋、品质、性情、气质、能力和倾向,就是德性。德性不等于情感,但它总会包含情感的因素;而在应该成为什么样的人,应该具有何种品质、品行的意义上,它也是有规范意味的。然而,并不能用德性去

---

① 〔奥〕赫·舍克著,王祖望、张田英译:《嫉妒论》,社会科学文献出版社,1988年,第23、164-170、220-223、320页等。

② "偏好"是指在所涉对象方面有其独特性表现的需求和意愿。关于此种共生演化,可参见〔美〕萨缪·鲍尔斯:《微观经济学》,第324-348页。

定义善或应该，反而要通过对善或应该的判断来定义它。① 可德性既是围绕行善动机的心理综合体，也是一系列跟善的概念紧密联系在一起的行为倾向(inclination)，后者主要是指，那些经由对特定类型的情境的解读而产生的比较固定的行为反应。所以，一种"德性"就是：伴随着某一类行善倾向或行善偏好的形形色色的心理因素的综合体，是道德主观性的呈现。

麦金太尔说："行善并非与偏好(clination)相对；它是出自于德性的培养而形成的偏好的行为。"又说"德性实践需要一种对时间、地点、方式是否恰当的判断能力，以及在恰当时间、地点、方式下做正当的事的能力"②所以，依德性而行，很多时候不能墨守成规。再者，"德性的践行本身是好生活的一个重要部分"③所以德性是手段，也是目的，是好的自我实现、好的生活的一部分；而好的生活就得跟社会背景、社会结构融合在一起，受制于它而又运用它、改造它。

在涉及情感的行动领域，不妨认为，德性就是以中道合理方式去调动和运用情感因素的品质。④亚里士多德说，"伦理德性就是中道"。⑤ 或者应该说，德性是情感或品质方面的中道。"德性的

---

① 但古希腊的亚里士多德认为，"人的善就是合于德性而生成的、灵魂的现实活动"(《尼各马可伦理学》，苗力田译，中国社会科学出版社，1992年，第12页)，又说"幸福即是合于德性的现实活动"(同上书，第14页)，或者"幸福就是灵魂的一种合于德性的现实活动"，似乎是在拿"德性"与"善"相互定义。他又认为一般所讲的德性，为灵魂的德性，主要有两类，一类是理智，一类是伦理(参见上书，第25页)。

② 〔英〕麦金太尔(A. Mac Intyre)著，龚群译：《德性之后》，中国人民大学出版社，1995年，第188页。

③ 同上书，第233页。

④ 亚里士多德说，"在灵魂中有三者生成，这就是情感(pathe)、潜能(dunameis)和品质(heksis)，德性应是三者之一"，"德性和邪恶并不是情感，因为……对于情感我们既不赞美，也不斥责"(《尼各马科伦理学》，第31页)，也不是潜能，因为后者"与生俱来"，"德性既不是情感，又不是潜能，那么它只能是品质了"(同上书，第32页)。

⑤ 〔古希腊〕亚里士多德：《尼各马科伦理学》，第52页。

共性……是中道和品质。它能使我们合乎它的要求而行动,所以,它似乎也是正确的理性所指使,这是我们力所能及的,是自愿的。"①作为情感运用方面的中道,这指的是,"一个人恐惧、勇敢、欲望、愤怒或怜悯,总之感到痛苦和快乐,这些情感可能过多,也可能过少,两者都是不好的。然而若是在应该的时间,据应该的情况,对应该的人,为应该的目的,以应该的方式去感受这些情况,那就是中道,是最好的,它属于德性"。②亚氏还有一点讲得好:"人的德性就是一种使人成为高尚的,并使其出色运用其功能的品质"。③

作为行为倾向的德性,往往也是让个人得以组织起来的黏合剂,让社会体系得以运转起来的润滑剂。譬如在古代英雄社会中,就是如此。④ 在操雅利安语的民族中,也许还包括其他一些文化,曾经有过一个阶段,这社会是尚武的,他们掠夺、拓殖或有海盗的行径,他们那时尚处于氏族制度的解体期,史家常称之为"英雄社会",其政体则是"军事民主制",典型机构有人民大会、议事会和军事首长。在那里,由于出生的家庭、家庭所属阶层甚至性别因素等,一个人的角色和地位是确定的,围绕它们的权利和责任亦然。

---

① 〔古希腊〕亚里士多德:《尼各马科伦理学》,第 52 页。
② 同上书,第 33 页。但孔子和《中庸》的作者似乎认为,中庸是可以辅助和提升其他德性或品质的一种德性,而不是德性本身。
③ 〔古希腊〕亚里士多德:《尼各马科伦理学》,第 32 页。
④ 英雄社会对其子弟的德性教育主要是通过讲授传说。这些传说经由数代吟游诗人或者文学家的加工、汇编而成为"史诗",如希腊的《伊利亚特》和《奥德赛》,罗马的《埃涅阿斯纪》、日耳曼的《尼伯龙人之歌》、冰岛的《埃达》、《萨迦》等,都是其中的杰作。虽然他们的撰成年代和史事原型各不相同,但反映的社会特征和注重的德性内涵却有相似之处。恩格斯认为,"一切文化民族都在这个时期经历了自己的英雄时代"(《家庭、私有制和国家的起源》,《马克思恩格斯选集》第 4 卷,第 159 页),认为它是普遍的,聊备一说。

而这个系统的关键是亲属关系和家庭结构。经由认识到他在其中的角色,同时就认识到他应具备什么样的德性,即什么样的品质对担当他所在位置上的角色是恰当和必需的。

荷马史诗描写的就是古希腊人的这个时代,力量概念占据中心位置,勇敢是与之相关的普遍受到重视的德性。"勇敢之所以重要,不仅由于它是个人的品质,而且由于它是维持一个家庭和一个共同体所必需的品质。"[1]这一德性及其相关概念,还跟友谊、命运和死亡等概念存在紧密的联系。在英雄社会中,勇敢者才值得信赖,所以勇敢是友谊的重要成分,就像忠诚。而友谊的缔结则以亲属关系为范本,友谊关系有时要正式宣誓,以使兄弟间相互承担义务,我的朋友须凭他的勇敢才能以他的力量来帮助我和我的家庭。而对于家庭中的妇女,忠诚才是关键德性。

英雄社会的德性可说是该社会得以组织起来的重要一环。[2]在这样的社会中,"生命就是价值标准",[3]即由于血亲复仇规则的扩大,我因对我被杀死的朋友和兄弟负有报仇的义务,如同负有债务;而我既经偿付此种债务,则我的生命即成为那为我所杀之人的朋友或兄弟需要偿还之债务。因此,我的朋友和兄弟越多,一方面是我的势力更强大,另一方面也将我置于更多的危险之中。危险意识唤起对命运的关注。因而,"预言家或占卜者在荷马的希腊、传奇的冰岛和异教徒的爱尔兰都同样兴盛,决不是偶然的。"[4]不

---

[1] 〔英〕麦金太尔:《德性之后》,第154页。
[2] 诚如麦金太尔所说:"如果把英雄社会的德性从这种社会结构的社会关联中抽取出来,就不可能对这种德性恰当论述,恰如任何对英雄社会的社会结构的恰当论述不可能不包括对英雄的德性的论述一样"(〔英〕麦金太尔:《德性之后》,第155页)。
[3] 同上书,第156页。
[4] 同上书,第157页。

只是英雄社会，其实还能找到更多证据和线索，利用更多个案来验证这样的假说：任何德性谱系的产生和变迁，都源自看重它们的社会之深层次结构原因，乃至于是这样的社会被建构起来的有效环节。

自然，若是维持公共秩序方面需要更多人的勇敢品质，勇敢以及相关的品质，就会得到那个社会的公众的承认。但勇敢（就像阿基里斯）、狡猾（就像奥德赛），都是竞争性道德，要是把更多不同质的人组织成为更大的社会，对于合作性德性，就有更多诉求。随着公元前9世纪左右确实存在过的英雄社会的远去，也随着铁器取代青铜器成为日渐普及的农具，人口规模已经不可同日而语。在前5世纪左右的雅典，生成道德语境的不再是血缘团体而是城邦国家，"做一个好公民和做一个好人之间的关系的问题成为中心问题"。①

有几种素材来源向我们揭示了雅典人所看重的德性观念的谱系：希腊悲剧的、智者学派的、柏拉图的、亚里士多德的。毫无疑问，在索福克勒斯的悲剧世界中，友谊、交往、公民权是被当作人性的本质的，在这一点上，他和其他雅典人完全一致。但什么算是做一个好公民的德性呢？伊索克拉底在赞美伯里克利时，把后者说成是在节制、公正和智慧等方面出类拔萃的。而这里"节制"是指，对于实现某些目标的方式的制约，"它是一种在具体条件下该走得多远，何时暂停，或暂时后撤的品质。"②

很显然，有关德性的相互匹敌的理论出现了，它们有各自的德目表，不仅在德目上，也在这些德目的排序、层次和解释上各不相

---

① 〔英〕麦金太尔：《德性之后》，第168页。
② 同上书，第172页。

同。智者们从相对主义观点得出的结论是：在每个城邦中，德性都是那一城邦里的人们认为是城邦中的德性的东西；而"正义"不过是"强者的利益"。

而在柏拉图那里，最重要的四种德性，构成一个完整的、理性的灵魂的主要维度，它们是：勇敢、自制、智慧、正义。

> 灵魂的每一部分将履行它的特定功能。每一功能的行使就是一种具体的德性。所以，肉体的欲念须接受理性的制约，这样表现出的德性就是节制……。面对危险的挑战的勇敢德性，当它表现得如同理性命令它那样时，这就是勇敢……。理性本身，当它受了数学和辩证法的专门训练，从而能认识到正义本身和美本身是什么，并认识到在其他所有形式之上的善的形式是什么时，就表现出它自己的特定的德性：智慧……。这三种德性只有当第四种德性正义……也表现出来时才得以展现……恰当地说，（正义）就是给灵魂各个部分配置其特殊功能的德性。①

不管柏拉图的解释是否符合当时希腊人的一般观念，这四种也的确是前5世纪的希腊人所普遍接受的德性词汇的一部分，其他还有——友谊。

哲学来自生活，却又高于生活和影响生活。这也适用亚里士多德。在《尼各马科伦理学》中，他提到了作为浪费与鄙吝（吝啬）之间的中道的慷慨大方，提到了介于虚荣、自卑之间的自重，与此相关，看重荣誉是中道，好名与不好名都让人厌恶。涉及恼怒方面的中道，也许是温和，消极的极端则是麻木不仁，反之，易怒、急躁、阴郁、坏脾气都不好。而友谊则是难以相处、随和之间的中道，正

---

① 〔英〕麦金太尔：《德性之后》，第178页。

如求真是吹嘘、谦虚之间的中道。玩笑开得有分寸,就是拥有圆通与机智的德性,因为机敏的人"有种触景生情、见机行事的本领",①但开得太过,就变成戏弄和粗俗,而一点玩笑也不开的人实属呆板。值得注意的是,亚里士多德不认为知羞耻是德性,"如若无耻,做了可耻的事情仍然不知羞耻,是卑劣的。但这并不证明,做了可耻的事情而知道羞耻就是个有德行的人"。② 这跟提倡"行己有耻"并把"羞恶之心"当作四端之儒家相比,③似乎更强调从源头上杜绝无耻的行为,而不把事后反省悔过性质的知耻当回事儿,似乎隐含有把它看作懦弱和卸责的意思。

明智就是"善于考虑对自身的善以及有益之事,不是对于部分的有益,如对于健康、对于强壮有益,而是对于整个生活有益。"④与科学思维相比,明智是切合实践的,注重经验的,却不只是对于普遍的对象具有知识,还得通晓个别事物;明智是针对人的事情加以考虑,是慎思明辨,或是明辨后的节制,⑤"如若明智的人也是善于谋划的,那么好的谋划就是合乎真正明智观念的目的的那种正确的谋划。"⑥跟明智有关,据说"体谅是对平等的正确判别……一个公平的人是最能体谅的",他认为,人们天生具有体谅、了解和理智的能力,"它们随着年龄而增长"。⑦ 明智的人和某些恶棍都被认为聪明的,但明智不同于聪明,却又包含着聪明;恶棍的聪明对

---

① 〔古希腊〕亚里士多德:《尼各马科伦理学》,第85页。
② 同上书,第87页。
③ 参见《论语·子路》《孟子·公孙丑上》。
④ 〔古希腊〕亚里士多德:《尼各马科伦理学》,第120页。据亚氏所说,人们获得真理的方式有五种:技术、科学、明智、智慧、理智。其中,技术上掌握得最熟练,科学上掌握得最精确,都可说是智理,理智则是"以定义为对象"。
⑤ 参见上书,第119-123页。
⑥ 同上书,第126页。
⑦ 同上书,第128页。

## 第一章 实践维度与基本规范范畴

整体不利,最终也不可能对自身长远有利。

自制、忍耐固然是好事情,但跟它们的对立面之间,并不一定是德行与邪恶的关系。或许亚里士多德觉得,沉思才是人的最终目的,是幸福人生在实质意义上起完善作用的部分。[①] 用后人的解读就是,"建立在正义与友谊之上的城邦,只有能够使它的公民享受形而上的沉思生活,就可能成为最好的城邦"[②]但这可能只是亚氏或者希腊哲学界的立场,不见得是为希腊人所普遍认同的。但在他们当中较获普遍认可的德性,好像最少也包括:正义、友谊、勇敢、自制和节制、明智和智慧、重视荣誉、慷慨、机敏等。

欧洲历史走到中世纪,包括德目本身、重要性排序、德目间的关系在内的德性谱系,势必要随着时代的变化而发生一系列的变化。而在这一德性谱系下,正如在任何其他社会里一样,对于不同阶层、角色或性别的德性要求是不一样的,甚至不同的人关于同一类人的德目表之间,也可能存在各种不一致的方面。而在那样的封建等级制度里,忠诚和正义,特别是前者,必须占据着关键性的地位——因为其等级关系的实质就是一层一层的人身依附与效忠关系,也可以说是一种相互间的义务关系。而骑士和隐修士代表这个多元社会的最基本的形象,一个来自开化较晚的日耳曼英雄社会向中世纪转变的过程,另一个则无疑是基督教禁欲主义的产物。可是在古希腊社会里面,从来没有两类人之间的差别有像他们这样大,而这种差别也是德性要求上的。骑士是忠诚的、恪守职责的,也是孔武有力、勇敢无畏的,极端重视荣誉并因此而好斗易怒的。而隐修士则是二元论者,他们向往灵魂纯洁、鄙夷肉体邪

---

[①] 参见《尼各马科伦理学》最后一章;以及〔英〕麦金太尔:《德性之后》,第 199 页。
[②] 〔英〕麦金太尔:《德性之后》,第 200 页。

恶,作为针对他们的德性要求,他们本应是富有爱心的、贞洁的、容忍和忍耐的、沉静内敛的、适度博学的。

中世纪文化的核心之一是基督教。《新约》里面讲"信仰、希望和爱"三原则,却几乎提都不提"明智"这种对亚里士多德至关重要的德性。然而,博爱、宽恕、谦卑、节俭和良心,都不可能出现在希腊的德目表里。① 例如谦卑,在亚氏的论述中,似仅有一处提到"谦卑",而且是作为一种恶被提及的。而作为在恶面前忍耐的德性,容忍也是不予考虑的。不可否认,在基督教那里,对于始终带着原罪的世人的爱,居于道德体系的中心位置。其中,宽恕"要求的是像罪犯承认恰当的惩罚的公正性一样,已经接受了法律对他的行为的裁决……。如果某个犯罪的人又如此意向,便可以得到宽恕。实行宽恕以审判为前提,不过……审判……为法官所执行,一种非个人性权威代表着整个社会;而宽恕只能由被侵犯的一方给予。宽恕中所体现的德性就是慈爱"。② 可是在亚里士多德时代的希腊,差不多没有对应的词汇可以正确翻译"罪"、"悔悟"、"博爱"。一种几乎是怙恶不悛的生活最终可得拯救之观念,在亚氏那里完全没有位置。要而言之,跟希腊式的明智和强硬(即使这不是希腊人性格的唯一重要类型)相映成趣的,就是基督教式的软弱的低姿态,这就是耶稣为门徒洗脚的故事的含义。

历史辩证地来看,"所有道德总在某种程度上与社会性的当地情况和特殊性相关联……德性不是别的,只是传统的一部分"。③ 对某些德性的重视,不仅是社会状况的反映,往往也是塑造它的内

---

① 参见〔英〕麦金太尔:《德性之后》,第171页。
② 〔英〕麦金太尔:《德性之后》,第219页。
③ 同上书,第159—160页。

在环节、内在要素。譬如,良好的体力或身体机能,这个在今天大多数人看来根本不算德性的要素,却在荷马那里,在英雄时代的人们那里,受到极度重视。在古希腊,田径、赛马、角斗、标枪和铁饼等奥林匹克项目中所展现的就是这些,它们也是希腊人的诗歌和雕塑热衷于赞美的对象。在一个冷兵器为主的军事化社会里,体能受到重视,这一点是不难理解的。但是在北美的本杰明·富兰克林那里,却提到了具有清教徒背景的"清晰、沉静和勤奋",特别是工作上的勤奋。友谊也跟亚里士多德的解释大相径庭。对于把社会组织起来而言,它已经下降到了似乎无足轻重的地步。

因为德性对于行为动机的促进,或者说,因为它们本身就是动机的自然自发机制的主要部分,德性拥有对于社会结构的促进和巩固的功能。并不是说在任何局部,没有它们就绝对运行不起来,而是说没有相关德性在人群中所起的实质性引导作用,单靠制度和规范,这样的社会是难以为继的。

德性就是一个人担当某些角色所需的品质,往往表现在他的角色所要求的行为当中。[①]而不管角色是特殊的,如某人的工作岗位所赋予的,还是既普遍又特定的,如父亲的角色,抑或主要是普遍的,如公民。有德性的人就是按其角色要求而有所担当的。判断一个人是什么,也就是判断他的行为,一个人不过就是他的所言所行和所遭受的那些而已。一个人怎么做,跟他的动机有关,动机又源自他的效用体验和价值体验,而那些培育巩固着或易于触发行善动机的品质就是德性。人文社会性的事实,不光由人们"做什么",往往也由他们"能做什么"来确立,所以一个人是好人,也与人们判断他有行善的动机和能力有关。

---

① 参见〔英〕麦金太尔:《德性之后》,第154页。

德性主要是指那些容易诱发善行的个人品质，也是自我认同的一部分，好生活的一部分。贪婪、焦虑、愤怒等负面情绪，容易引起败德的行为，虽然这不一定会发生，虽然负面情绪也可能为善行所用，为善良意志所用，但是充斥着负面情绪的人的生活，不会是一种好的生活，总是充满失落、焦虑和挫折感的心灵，一般也不会有好的自我体验。而好的自我体验总是需要在某些时候被那些稳定的正面积极的情感特质所环绕，又在绵延的时间向度中为它们所贯穿，它们其实就是德性的基础——当然在实践中它们还得跟明智审慎的判断力相结合，方能实现其作为美德的"美善"意涵。

但德性又不完全是个人的事情：德性的养成巩固、践行、改变，自有其社群和传统中的渊源；换言之，跟效用、偏好或者情感机制一样，它是与社会结构和制度体系共生演化的。每个社会的德性谱系——哪怕在个人或阶层之间其分谱是歧异的、有冲突的——恐怕是绝对特殊的，这恰是因为，德性既是社会因素的反映或折射，也是社会结构得以维系的重要环节。

### 三、作为边界条件或公共资源的外在自然

跟内在自然相对的是外在自然，即后者是前者的环境。一个人既是生物个体，通常也是某个种群的一员，甚至是这个种群融入其中的生物群落的一小部分，而这个生物群落又是整个生态系统的一部分。对于一个生物个体、某一种群和群落来说，环境的范围、层级和特征是不一样的。但可以肯定，一般来说，规范必须适应或强化那些具有环境适应性的行为方式。

作为人类生息繁衍所需各方面资源条件的最终来源，环境对人类事物的影响无所不在，但这种影响的直接性或者说间接性程度，大多与这些人类事物的时代坐标、类型有关。即一般来说，时代越早，人们受制或者受困于环境的程度就越深；而越是直接跟外

部自然打交道、越要向它索取资源的事情,就越是直接地受它影响。譬如,比起很多其他事情,人们更有理由说,环境特性是农业耕作的基础;还有,水源充足的适宜环境往往是选择定居点的首要考虑。再者,人类是逐渐地、越来越多地摆脱了对环境的直接依赖的,但是一般意义上的对自然母体的依赖,大概永远都不会消失,只是在各类依赖性的事实中,技术或社会因素深度介入后的间接性程度却在不断加深。

在史前历史中,本区域内有没有可供驯化的动植物品种,这些品种是否优良,以及本区是否处在有利于交流生物资源的传播带上,这些差异所造成的影响不可谓不巨大。在亚欧大陆这片全球最大的陆地上,不光是有小麦、大麦、水稻、粟粱等谷物的野生祖本,还曾过有马、牛、羊等十余种大型驯化动物的野生种群。相较而言,撒哈拉以南的黑非洲,还有美洲,①却在可供驯化的野生物种数量和品种上有着种种先天不足,且关键是,区内或者来自区外的生物资源在史前期的缓慢扩散,是按照纬度方向而不是按经度进行的,这就让这种扩散和传播变得极其困难。

可是可供早期利用的生物资源上的缺陷和不足,特别是缺少经过驯化的大牲口——它们可以被当作交通运输和辅助耕作的工具,当作营养补充和蛋白质来源——的状况,所带来的影响是全方位的。在现代文明到来前,美洲、黑非洲、新几内亚和澳洲,没有堪与亚欧大陆上的文明并肩的古典文明(如果不能算没有文明的话),不能说跟这无关。② 而伟大的古典文明,为什么是在两河流

---

① 在这片与欧亚大陆隔绝的大陆上,本地可供驯化的大型动物只有羊驼。
② 参见〔美〕贾雷德·戴蒙德(Jared Diamond)著,谢延光译:《枪炮、病菌与钢铁——人类社会的命运》,上海世纪出版集团,2006年,第66、166页等。

域、在尼罗河中下游两岸的古埃及,在印度河与恒河,在黄河中下游支流的台地上发展起来,也都表明较早文明对环境的依赖程度。

但是,生态及地理因素影响一个社会的历史、现实和制度文明的状况,主要是作为"限定性边界条件"起作用,但它不可能是单一的决定性原因。所谓边界条件是指,在特定历史时期内,如果存在一些因素,这些因素给某个事物或者某个领域的发展提供了一定的前提、基础和条件,但同时使得这个事物的发展面临一个受限制的形态的范围和一些近乎刚性的要求,亦即,事物发展的形态必须符合这些要求,或者必须在那个范围之内,超出该范围,即便不是绝不可能,概率也很小,那么这些因素对于该事物就是它的边界条件。①

如果要正确全面地认识规范形态 B 的演化与自然条件 A 之间可能存在的因果联系,那就应该从"B 基于 A"、"B 为了 A"或者"B 因为 A"等不同的因果范畴角度来审视。所谓自然条件,当然适用于外部自然和内部自然两者,但这里主要是谈论外部自然。

所谓 B 基于 A,是说某些边界条件的限制(无论这种限制是否有刚性特征)。在边界条件 A 或一系列边界条件的集合 A 的约束下,B 是可能实现的有限选项的集合,唯是这些选项有较大的概率发生;而基于 A,集合 B 以外的相关状况,实现的概率极小,或者根本不可能。生态地理条件对于历史的长时段影响,常常就是充当这样的背景和框架。不管人的主体能动性如何发挥,均不能跳出他暂时尚不能深刻改变的框架。

所谓 B 为了 A,是说一种目标定向般的联系。即如果 A 是一个亟待解决的问题,而当履行或执行某项规则的状况 B,是令问题获得解决的前景时,那么 B 就很可能发生,即相应的规范在这样

---

① 参见吴洲:《唐代东南的历史地理》,中国社会科学出版社,2011年,绪论。

的联系中容易被催生出来。

所谓B因为A，则是指一种更紧密、更直接的因果决定关系：当A发生时，B将会或者正在发生，而不管B是否为一种针对A的解决方案。

环境只是影响制度演变的变量之一。就是说，它既不是在任何意义上对于规范的形态及其演化进程都毫无影响，但也不是作用于规范演化进程的全部的或决定性的因素。环境就好像是人类历史的舞台，舞台的状况会给演出带来有时候甚至是巨大的影响，但舞台本身并没有给出剧本的关键情节和全部细节。多数情况下，环境的因素是边界条件，但有时候它也可能成为有待解决的问题的一部分。应该摒弃的是，试图对规范演化的一切重要情节都给予这方面直接解释的生态决定论。但是另一方面，包括规范和制度的创造、延续、演化和废却在内的人类历史，却和各类环境因素有着方方面面的联系；规范演化的进程很难不受这些因素影响。地域差异性无处不在，忽略这方面，恐怕对任何一段特殊的历史都无法给出充分解释。

但是生态及地理因素产生具体影响的过程，往往是经过了本身有一定历史延续性的生产方式、技术和体制层面的中介的。生态或地理的决定论之所以无法接受，还因为：在特定历史条件下，与特定自然环境取得某种程度的协调（这是一种固有的压力），或者在受它制约的情况下对它加以利用的方式，通常面临着很多演化上或现实选择上的歧路；纯粹从生态或技术角度所看到的利用环境的最佳方式，并不一定是历史的必然结果。深刻影响历史的一些人文社会因素，实际上也在起作用。

往往，外在自然既是制约发展的边界条件，也是人类生存发展所依赖的资源。然而说起来，自然资源的产权归属，跟资源的自然属性所影响的排他使用的难度,是两个略有不同的问题,但又有联系。对于那些就物品属性而言的"私人物品",确立其私人产权,曾经是文明产生之际的一个重要步骤;而在文明社会中,确定那些作为基本生产资料的自然资源的产权状况,即使不是最让人揪心的问题,也肯定是其中之一,特别是农耕用地。

但对于使用特征上具有竞争性却难以排他的第三类物品中的公共自然资源而言,单靠博弈中的个人选择或利己动机未必能产生社会合意之结果,其结果甚至可能是灾难,例如作为"看不见的手"的反面、俗称的"公用地悲剧",这主要是因为,利益攸关者有一个"过度使用"的策略,不论其他人怎么做,他这样做通常都好于他谨小慎微地限制自己的做法;而对于第四类物品,甚至也包括那些有质量竞争性的物品,则在开放使用的状况下,有一个供应环节上不做努力的"搭便车"策略。一般性的解释为,在非排他性使用的物品的领域容易出现这样的情况:当其行为给他人带去收益或成本之际,很可能参与者本身却不在有效的制度激励或有效的约束下承受相应奖惩。

"生物差异和物理差异既影响资源对人类活动的反应,又影响建立排他性产权的难度"。[①] 所以首先在技术上,并不是针对所有物品或资源都适合建立私有产权下的资源管理模式;其次垄断某些具有公共影响的物品也会带来道义上、舆论上或者社会上的麻烦。排他很难做到或者排他很不道义的公共资源,带来了管理上的难题。而难度又往往跟资源属性有关。共有物品意义上的资源,或许可以储存,或许不可以储存,或许固定,或许流动。而一般

---

① 〔美〕艾米·波蒂特、埃莉诺·奥斯特罗姆等著,路蒙佳译:《共同合作——集体行为、公共资源与实践中的多元方法》,中国人民大学出版社,2011年,第53页。

## 第一章　实践维度与基本规范范畴

来说，资源流动性提高了集体行动的成本，也提高了资源使用者认识其行为对资源状态和质量的影响的难度；而储存的可能性也容易降低因跨越不同时期而面临的风险（例如水库），有利于建立稳定的共享制度。

对第三类物品中的自然资源的管理问题，可以从成功经验中总结出一些规律，[①]它们能变成指导别的资源管理事宜的设计原则，这些原则包括：如果可能的话，应尽量清楚界定资源系统的边界以及对资源拥有权利的个人或家庭的范围。资源使用规则要与当地条件和资源属性相匹配。规则要具备一定的公平性，这可能表现为：围绕共有物品的个人的利益或其用益权份额，得和他的投入具有正相关性，比如说在个人之间这可能是一种等比关系。绝大多数受到资源管理的规则影响的人，得能够参与到对规则的制订和修改中来，他们的集体选择权、即自己制订规则的权利应得到政府的一定限度的承认，但是小规模或者地方性集体之间的相互依赖性，则理应在大规模制度中得到重视。要有可靠的监督，它针对遵守规则的情况和资源状况而展开，它可以让使用者不必太担

---

① 围绕共有物品，特别是其中一些自然资源的管理上的难题，有学者分析了瑞士托拜尔一个村庄的高山草场、日本三个村庄的公用土地、西班牙巴伦西亚等地称为"韦尔塔"的灌溉区域的制度、西班牙阿里坎特的水权制度（农民可以买卖的水券）、受到西班牙殖民者影响的菲律宾群岛的称为桑赫拉的灌溉社群等几个成功的案例，参见〔美〕埃莉诺·奥斯特罗姆等著，余逊达等译：《公共事物的治理之道——集体行动制度的演进》，上海三联书店，2000年，第3章。据说，韦尔塔与桑赫拉之间最主要的相似之处为：社群成员具有中心作用，"他们自己决定自己的规则，选择自己的官员，保卫自己的制度，维护自己的渠道"（同上书，第131页）。

也提到了加利福尼亚雷蒙德流域中西部抽水地下水的案例，这被当作是由混乱逐渐走向成功的例子，而失败或脆弱的典型包括了几个渔业的例子，如土耳其阿兰亚、伊兹米尔湾、加拿大东部莱蒙特渔村，以及包括某地灌溉系统在内的斯里兰卡的几个例子。前者的失败跟渔业资源的流动不无关系，后者则与更大的制度体系的背景有关（参见上书，第221-272页）。

心被他人占便宜等。应该充分运用当地的高效率的冲突解决机制。对违反规则行为的惩罚应该是分级的,要允许出现破坏规则的失误和例外,也应欢迎人们的改正,但违规要被注意到,对于累犯和性质恶劣、后果严重的,要有严厉的制裁。①

对于使用起来难以排他但有损耗的自然资源的管理,并不必然要求外部强势政府的介入,把资源私有化,也不见得是万灵丹。在很多成功案例中,规则的制定、修改,甚至对违规行为的监督和制裁,都不是藉由外部权威来强制实施的——即利益攸关者的自主治理,看来是一条可行的基本途径。②

其实,外在自然和内在自然之间发生联系的起因,往往是需要;而各类需要的协调,对于个人人格成长来说,也是不可或缺的。需要的满足的实质,是内在自然为了其自身的持存而适应和利用外在自然的努力。协调的实质,则跟那些构成和趋向完整人格的各层级各维度的努力当中的目标定向有关。

需要之满足、快乐、利益及价值之间,有着紧密的联系,就像需要之悬欠、痛苦、有害及负价值这一组内,也有类似的联系。个人需要的满足就是个人利益,而能够服务于这类满足的对象,就是有价值的。一系列基本的趋利避害的行为模式,遂围绕着需要而产生。对于内在自然,外在自然中有一些较固定的利、害之源。而社会层面上的事物,或是因其对于外在自然层面上的利害源头的调节而有利、害之别,或因其在社会系统中的系统性功能而有利有害,且有关的功能又会对于直接围绕完整个人身份的利害关系产

---

① 参见〔美〕埃莉诺·奥斯特罗姆等著,余逊达等译:《公共事物的治理之道——集体行动制度的演进》,上海三联书店,2000年,第141—160页。
② 参见上书,第37—41页等。

生调节作用。

## 第三节　自由与价值：对自然因果性的扬弃

自我意识的成长、对符号的理解、行为的目的论导向、向可能性领域和未来敞开，似乎是人类实践的一般特征，但对这些不太可能用纯粹的自然因果性来解释。它们指向某种内在核心：围绕自我的意愿上的自由，这是意愿意识到自身的自由、也就是意愿及其所意愿的自由，而且是价值或规范形态的价值从中涌现的基础。

### 一、自由的内部辩证法与道德的基础

各类"有价值"事物或状态，都可称为"好"的。在汉语中，正面、肯定、积极的道德价值方面的总概念就是"善"。故而"好"、"坏"比"善"、"恶"所涉及的价值领域更广，且两对范畴之间有着密切联系，例如按照功利主义或目的论式的关于规范或伦理问题的思考方式，作为道德价值的"善"、"恶"概念，本质上是为了实现某种形式的"好"、"坏"而创设的；义务论则极为看重道德价值的独特性，认为它们难以或者根本上不可能被划归为非道德价值。无论如何，在好坏的意义上使用"善恶"字眼，就是其广义。然而狭义或广义上的善、恶的本性（尤其恶），或许都蕴含着"人可以自由行动"，亦即独立、自由的个体精神这样的前提，这正如一位东正教思想家所说的，"恶的秘密就是自由的秘密"。[①]

---

[①]〔俄〕别尔嘉耶夫："恶与赎"，载于刘小枫主编：《20世纪西方宗教哲学文选》，上海三联书店，1991年，第321页。其实，在不少神学家看来，如果自然界或人世间的一切都是由至善全能的神所决定的，那么善的对立面"恶"却又为何产生呢？为此，关注人类"罪"的意识的基督教神学家，常常不得不假定万恶之源在于神赋予人的"自由意志"。

自由归根到底是"意志自由",它是其他意义和其他层面上的自由的人类学根基;而自由的基本含义无非两种:非必然的或免于强制的。① 其主要是通过内在自然层面发生作用的自然因果性,是否实际地决定了功能性的意志和意愿活动,是对于是否存在第一种含义上的自由的检验。基本结论当然是否定。我们能够用内在自然层面上的基本代谢、体内平衡、神经生理活动之类来解释意愿的功能性状态吗?最多是以此说明伴随着它们的某些物质基础而已。内在和外在自然之间仅限其自然因果性的关系性事实,也不足以完备地说明意向性和意愿状态;基于自然因果的本能式冲动,并不一定是人类行为的实际动机这一基本状况,可以看作是对这种不完备性的证明。② 而从他人意志强迫己意的现实可能性,就

---

① 例如称:"自由是一种由自己开始一系列变化的能力。由于这个'由自己'就其真正的意义而言,就是'没有事先的原因',而这'没有必然性'是一致的"(〔德〕叔本华:《伦理学的两个基本问题》,第39页)。而政治哲学家如哈耶克等,就重视后一意义。

② 按照舍勒的说法,人类世界中五种相互联系的心理存在层次为:(1)情感冲动(emotional impulse),在此只出现某些趋向,但并不指向一个目标,即人的睡眠、觉醒节奏等等的植物性状态;(2)本能生活(instinctive life),这是与生俱来的、遗传性的,它有其指向环境中特殊成分的方向性;(3)联想记忆(associative memory),即条件反射层次,在此,出于冲动为完成某项任务而不断尝试,随后根据成败建立一些并非本能所固有之习惯;(4)实践智力(practical intelligence),已有一定的创造性——而不仅是再现性——思维,这种思维能预期以前从未经历的事态;并能领会同异、手段、原因等关系;(5)心灵(Mind);与这一层次相联的活动中心就是"位格"(Person),即原则上无法客观化的、自我构造活动的整合,心灵的领域是自由的领域,自由表现为个体对各种冲动的约束,表现为他的自我意识,即对体验的体验,对意识的意识,也表现为具有把环境的抵抗力中心转化成"对象"的能力,藉此,将封闭的"环境"转成可向其展开筹划的开放的"世界"。参见〔德〕舍勒著,李伯杰译:《人在宇宙中的位置》,贵州人民出版社,1989年,第2-42页;另参见〔德〕许茨(Alfred Schutz)著,霍桂桓译:《社会实在问题》,华夏出版社,2001年,第212-215页。

意愿很可能直接决定行为的目的,但具体行为方式的促成或有关的决策,必然与神经系统的生理活动有关。根据英国科学家戴维·玛尔(David Marr)的看法,要理解任何神经—生物结构,就得从理解这个结构整体上试图实现的目标开始。即神经系统和一般的信息处理策略一样,存在三个层次:最高层次就是计算理论,即确定计算目标、

## 第一章 实践维度与基本规范范畴

更加无法推出人是处于这方面的不自由状态。如果普遍地受到强迫已是既成现实,这就证明至少有一个人的意志是自由的,即并非所有人都是不自由的。如果接受强迫不是个人意志的自由选择,这种强迫根本上就不会发生,利益受损或许是自由选择的代价,受损状态的极致就是个体的赴死,所以死亡的可能性是对免于强制的自由的终极证明。

如果善是协调与和谐,是事物合乎其自然禀赋和较适状态的创生、持续和毁灭,那么恶就该是冲突、异化、扭曲和突兀的毁灭,是对原有过程或较适状态的破坏。如果这样,恶就比善更接近自然界的创新力量,也就是在不受那些涉及旧有现象的浅层规律或既定运行轨道束缚的意义上,堪称一种自然意义上的"准自由"。然而,"罪"、"恶"乃是可以对自身行为负责的高级灵性生命的一个固有但也是特有的现象,而不是生物学意义上的自然现象。对此,我们不妨问自己:动物界的弱肉强食、残暴、贪婪等,以及大自然的摧毁性力量是不是恶呢?这些不过是如其所是的"自然"罢了。就是说,"恶"根本上乃是人文—社会现象。

---

(接上页)可执行策略的逻辑,中间层次是表示法和算法,即输入和输出的表示方法的选择,以及如何在不同表示法之间转换的算法。底层是硬件实现,即表示法和算法如何以物理方法实现。参见〔美〕保罗·格莱姆齐(Paul W. Glimcher)著,贺京同等译,《决策、不确定性和大脑》,中国人民大学出版社,2010年,第115页等。据说玛尔的方法既可以通过概率论被运用于不确定的情形中,又可通过进化论假设用于复杂的行为领域。在此,以经济学为基础的模型可以帮助我们观察和确定行为的计算目标,并通过这些目标来理解真实动物的行为,看看它在多大程度上解决了由环境引起的问题,而从神经生物学的角度来讲,动物的一些行为无疑是由大脑产生的。即使所有的行为都可被看作是对问题的解答,但有的解是确定的,而有的则不是。不确定性有两类:一类是基于动物的认知上的局限性;另一类是需要同其他生物进行有效竞争的不可约简的不确定性(参见上书,第8、9、11章)。据说,"博弈论给……哲学中的一大难题提供了一个解决方案。自由意志只是我们给或然性行为所取的名字而已,而这些行为本身就是混合策略解"(同上书,第279页)。

善、恶意识的产生,伴随着人的自由意识的最初觉醒的形式。从维护个体和种群生存的立场来看,围绕自身和同类的毁灭之物是天生令人感到恐惧的。但是,自然界的毁灭力量充其量只是造"恶"的前提条件。"恶"的本质由两个必不可少的环节推动。首先,人可以在并非受自然因果性支配的意义上自由地行动。如果一切事物——包括人的头脑中所经历的——都是由自然法则及自然因果性事先决定了的,那么,根本没有人需要对事情的后果负责,"恶"也就无从谈起。与对必然性的全部屈从相反,我们可以称"自由"为"追求可能的热情"。① 其次就是自由意志的自我立法(当然在引入人际间的微观视角之后就会发现,实际上这是涉及集体意向性的),通过这样的自我立法,人类压缩了自由行动的无限可能性,而将这种自律的自由与某个包含一系列规则的神圣体系联系在一起,就是说,在自律的自由发自内心地要求自己负责任地服从(准于信仰的状态)的意义上,规则体系可被称为"神圣的"。

恶既非物理实在,也非心理实在,但是某些特殊的与个体自我相联系的物理实在或心理实在,却极有可能成为某个社会体系中被界定为"恶"的状态之诱因或后果,然而这不是恶本身。恶是关系,乃是指向规范或准则体系所认可的行为方式的倒置或悬欠等。在恶作为关系这一点上,两个环节交融在了一起。在面对其自然前提中固有的不确定性的时候,人类有能力——事实上也有理由——为自己的行动确定一套规则体系,在受到该体系的历史传统和它所面对的包括自然环境在内的各类外生变量总体制约的同时,这仍然是他们的自由决定,因为事先既无法预计到这套体系的

---

① 参见〔法〕保罗·利科(Paul Ricoeur):"罪孽 伦理 宗教",载于刘小枫主编:《20世纪西方宗教哲学文选》,第1464－1479页。

# 第一章　实践维度与基本规范范畴

结构和细节，从事后来看，也只是在全部可能性当中的一种选择而已。归根到底还是"自由的内部辩证法从自身产生恶"。① 但这样的辩证法并没有让神圣的体系一劳永逸地固定下来，创世的行动并不是一次，而是无数次。向固有体系所影射的对立选择或向簇新的可能性开放的自由，总是像魔鬼一样如影随形地陪伴着神圣的体系；自由意志的立法往往能找到新的合理形式，但在新的神圣性确立之前，面向自己的自由却往往被标明为"恶"。——自然的自由的秘密于斯可见。

规范的不断创生是基于自由的无限可能性。这不是在自由主义政治文化中产生的一种特殊的关于历史之见解，而是源于一般性的观察。也许，关于一切社会性规范是否均为自由意志的产物的问题（可是根本上规范除了社会性的，还能是其他样态吗），存在一种最简单但也可能是最有效的测试方法，这便是看：在各方面条件基本相当的情况下，为了解决某个相同问题而产生的规范形态，是否有其事实上的多样化表现。虽然面临很多雷同的重大生存境遇问题，但是各种文化和文明体系的规范历史形态之极端多样性，实已达到了一种令人费解的程度。② 这是对规范与自由创造、多样性和人际协调的不可约简的不确定性之间的内在关系的很好的见证。

那些生产和再生产社会结构的人类行为，当然包括了人与人之间的策略行动、伦理协调行动、戏剧性行动和客观规范导向的行动；一项得到较完整描述的行为，可以是纯全以某项行动为主导，

---

① 刘小枫主编：《20世纪西方宗教哲学文选》，第322页。
② 就连血缘亲属称谓和血缘关系的社会化内涵方面，即在这种极为接近自然的人类再生产层次上，都是这样（参见本书第3章第3节第1小节等），遑论其他？

也可以是这些行动的部分或全部的结合。并且,只要某一主体的行为以他者的有关行为为参照,为前提或为预期的目标,则一定形式的信息交流并有助于交流的一定的符号工具就是必需的,而符号工具是自由创造和任意性的极佳证例。那四类行动,并不一定要假设权力的行使暨权威角色的稳定存在;可是对于权力现象有着强烈需求的意志冲突之境遇,却在人与人的关系的现实当中极为常见。虽然关于权威存在的期待,在文明社会的人格世界中,有其根深蒂固的基础,但本体论意义上的意志自由,是对本体论意义上的权威的固有存在之否定。而在人与人关系的进一步结构化过程中,从意志间大体上自由和平等的原初境遇中产生的权威角色及其系统性,是非常管用和极端重要的,否则社会成员并其行动、符号、资源之间的复杂协调就是天方夜谭,就是难以想象和难以成立的。

有一个跟"自由"有关的方面,在规范体系中也很重要:某个维度上的、某种形式的"自由",恰为规范所要保障的对象。规范性的要求略有三种陈述形式:"应该作为"、"应该不作为"、[①]"可以作为",倘若此类要求是被不折不扣履行的,就分别和一定情境中的模态即"必然是"、"必然不是"以及"可能的"相联系。相应于这些陈述形式的规范形态,姑且称之为:强制性规范、禁止性规范和授权性规范,譬如应该救死扶伤、应该不滥杀无辜、被确认具有基本理性的人在不受胁迫等条件下可以立遗嘱、订契约等。在很多情况下,一方面"应该"和"应该不"都指向某些人所具有之义务,另一方面则意味着其他一些人享有与这些义务相对应之权利暨自由。

---

[①] 对此,日常表达中,我们又经常用"不应该"的语式,但"这不是我应该做的",它的意思也可能是对"应该做"的逻辑否定,既可以指"可以做但不是有义务做",又或指"有义务不做",不过侧重在前者,用"应该不"就可避免有关的歧义、含糊性。

说我们有订立契约的权利,跟说有这样的自由,意思极为接近。亦即,某人的某方面权利很可能意味着他在这方面的自由。

善、恶不止是在基于舆论压力的伦理体系中是核心范畴。在其他类型中,很多规范的存在——譬如在法律体系中,很多惯例的沿袭或法条的订定——也是为了维护众所公认的一些道德或伦理价值。而且在其他领域,应该或者应该不的规定,都让人有一种冲动要做类似"善"、"恶"之判分,但在实际的语言体系中,是否将"善"、"恶"语义做这样的泛化处理,则是另一回事情,即这是需要做文化语言学上的探查才可给出结论的。

跟善、恶这对范畴一样,自由、权利、义务等,乃是规范体系所内含的一组基本区分(即使在其语言中并未直接使用或并未看重与之对应的语词)。只是伴随着文明的发展,自由或权利的范围大幅放大,实践的层次愈发深入,意义愈发明确,遂不仅限于一般规范体系内固有的区分性视角的涵义,而上升为期待人们去正面促进的显性价值。

## 二、"价值"的各种概念与表现——特别是基本价值与核心价值

事物的价值具有某种属人的特征,即它具有满足人的需要的作用。有些价值实质上就是指向某种需要得到满足的可辨认或者可设想的状态;另一些则是指事物身上的某种客观属性,该属性可以嵌入到一种手段和目的的关系之中,而目的便是某种属人的需要的满足。固然,社会性价值——例如某些事物的道德价值或法律价值——通常都跟主体之间的关系或在社会层次上涌现的制度性事实相联系;但它们也是为人们所需要的,或者是为某种集体意向性所需求的。且很多时候,它们为人们、为人群或者为集体所需要,追根溯源的话,还是因为有关的关系或制度性事实,乃是现实

或潜在地有助于实现某些基本需要的。跟一般的价值概念类似,一种关乎道德的事物、关系或社会存在状态,除非已经稳定地占据人们的需要体系中的位置,它就不可能是有价值的。但规范的内涵性要求如果是关乎价值的,那么它也许不是源自相关个人的直接需要,而是源自其集体意向性使规范成为规范的那一集体的。规范还可能在这样的意义上和价值有关:规范的调节方式中,存在一定的现实或可能的价值实现状态,正面的或者反面的,多的或者少的。

那些将事实与价值的领域予以截然二分的做法,难以让人接受。① 纯粹从经验的角度去观察事实,便易于导向二分法的结论;但如果我们承认涉及"目的"这样的对象的意向性的存在,并承认

---

① 但是事实与价值的二分法,起源于休谟,并经由逻辑实证主义的宣扬,而在廿世纪产生广泛影响。而在欧洲,一种与马克斯·韦伯(Max Webber)有关的社会科学传统——并其哲学的渊源或许还可追溯到新康德主义——也把事实问题和价值问题分离开来,但又一定程度上承认其相互依赖。

普特南(Hilary Putnam)认为,像冷酷、粗鲁、勇敢、节制、正义等混杂的伦理概念,既不是单纯的事实性概念,也不能清楚地分解成"描述"的成分和"态度"的成分(应奇译:《事实与价值二分法的崩溃》,东方出版社,2006 年,第 42 - 53 页)。笔者想补充的是,对于实践活动或制度性事实,一方面,这类活动和事实的驱动因素中包含关键性的价值意向,另一方面,对这类事实的准确描述必须参照一定的价值标准。

二分法不能接受。但在过去,古希腊罗马的自然法观点,及儒家伦理的"天人合一"学说,却是对其间关系给予哲学上不能令人信服的混淆之典型。拿儒家伦理来说,"天人合一"恰指向传统农业社会中的人与自然的和谐关系——或是对这种关系的强烈诉求。在儒家深具伦理底蕴的哲学体系中,也许这两者,"发掘内在的心性"、"与自然契合",根本上就是一回事儿。此诚如《孟子·尽心上》所云"尽心知性知天",或者《中庸》开篇所说"天命之谓性,率性之谓道,修道之谓教。"而五常之编配于五行和四季,成为得到广泛认可的观念。在董仲舒的著作《春秋繁露》中,还提到了更多的自然界和人类事务之间的对应和匹配。即在想象中,人类的道德就应该是对自然界的秩序的模拟。这样的想法逐渐地形成了一种强大的舆论压力和心理惯性。但"天人合一"是本然、应然和实然相融为一的道德境界。事实与价值间的分歧、对立的一面,在这里被完全忽视了,而倡导一种较彻底的自然主义的伦理。而在西方近现代,"自由主义和实证主义过去以及现在仍然认为,人疏离自然界是理性和科学观战胜落后的人神同性论这种原始迷信和蒙昧主义宗教的胜利的一部分"([美]安东尼·阿巴拉斯特著,曹海军等译:《西方自由主义的兴衰》,吉林人民出版社,2011 年,第 24 页)。

离不开意向性、但又作用于基本自然事实层面的人格层面或社会关系层面的事实、事件或事态,那离接受"价值不过是事实性存在的总体性当中的一个环节"的观点也就不远了。就是说,遵循规范的活动的事实性当中包含着对于有关的价值诉求的理解和愿望。

如果事物是主体的某种需要满足状态,或者是能够直接满足需要的对象,它就具有内在价值;而如果它是导向需要得着满足这样的目标状态的手段、途径和渠道,它便有外在价值。[1] 笼统言之,正面价值之实现为利,价值实现之受阻或负面价值之实现为害。舆论评判上的差异,可理解为名誉事项上的特殊利害关系。对于某些个人或集体来说,某些规范仅有外在价值,即它被视为实现某些价值目标的途径。当然,人们是否理解它具有外在价值和它事实上是否具有这样的价值,乃是相当不同的状况。如果不一致,主位的意识也有可能把它放在内在价值的位置上,并包裹上各种似是而非、但又很诱人的解释。围绕规范或伦理规范的根据之目的论思考是有一定道理的,即特定的一系列规范乃是在一定的事实性条件下有助于实现个人或集体的福利状态的手段,亦即它们具有这方面的外在价值。义务论则不同,它认为某些伦理规范具有不可约简的内在价值。

生态系统有其系统价值,这不是围绕某一生物个体、物种、种

---

[1] 在主体意向间,存在着多种目的—手段关系。譬如围绕某一事物或某一状况X,至少有这样一些重要类型:(一)己、他皆赞成X具有内在价值,即是一个值得为之努力的目的;(二)己、他都认为X具有外在价值,亦即是实现某一目的的手段,但其中有一则重要的分别:一种情况下,己、他认为X是实现同一目的的手段,但在另一种情况下,双方却在它达成何种内在价值即目的的判断上并不一致;(三)己方赞成X具内在价值,他者却认为X只是达成另一目的的手段。参见〔英〕查尔斯·斯蒂文森(Charles L. Stevenson)著,姚新中等译:《伦理学与语言》,中国社会科学出版社,1991年,第203－210页。其实,相对于目的一致而单纯寻找手段的情况来说,寻求目的或内在价值的一致,则是一个更困难的过程,并常常是无解的。

群的内在价值,也不能等于它们的总和,而是指向系统本身的活力,指向创生万物的大自然(projective nature)。

在生态系统层面,我们面对的不再是工具价值,尽管作为生命之源,生态系统具有工具价值的属性;我们面临的也不是内在价值,尽管生态系统为了它自身的缘故而护卫某些完整的生命形式。我们已接触到了某种需要用第三个术语——系统价值(systemic value)——来描述的事物。这个重要的价值,像历史一样,并没有浓缩在个体身上;它弥漫在整个生态系统中……系统价值是某种充满创造性的过程,这个过程的产物就是那被编织进了工具利用关系网中的内在价值。①

社会层面也有系统价值。并且和自然界一样,其系统价值中存在一些必要的"恶"。利己主义、报复、嫉妒,都可能是这种必要的"恶"——如果在某一阶段私人的报复行为是为了惩罚不合作者,或者嫉妒引发的是社会评价上的更严格的标准。而对于这方面的系统价值的精确理解当为:融和了涉及人与人之间的复杂关系的某种组织价值,并且把围绕绝大多数个人的内在价值的更好实现的历史过程当作目标的那种价值;但任何个人或局部的内在价值均未受到绝对固化的对待。

实质价值上的差异,乃是观察文化或文明体系间的差异的重要指标。然而,讨论跨文化的基本价值,在一定程度上还是有意义的。它们立足于三个维度:基于人类物种的自然属性而形成的基本动机、那些有助于促进协作沟通的基本能力或基本结构要素、促进人格完整性的需要。对照第一和第三个方面,"身体健康"和"自

---

① 〔英〕霍尔姆斯·罗尔斯顿(H. Rolston)著,杨通进译:《环境伦理学》,中国社会科学出版社,2000年,第255页。

主"就是基本价值。

由于身体的存活和个人自主是任何文化中、任何个人行为的前提条件,所以它们构成了最基本的人类需要——这些需要必须在一定程度上得到满足,行为者才能有效地参与他们的生活方式,以实现任何有价值的目标。[1]

的确,基本价值应该是抽象的、按照其普遍特征来理解的价值形态。而抽象地来看,个人的社会化需要乃是第二种基本价值,满足这种需要以后或同时,所要进一步促成的,则是在一个共同体中受到广泛认可的某些自我与他人的关系形态(协调性的、戏剧性的、客观规范导向的,甚至是某些策略性的形态),以及某些组织利益或组织价值;其中,"组织价值"是指,在一个共同体中那些有助于维系群体内结构和促成群体分化的目标状态。

再者,我们可以说,这三种基本价值体现了一定的普遍性、客观性、自反性、历史性和系统性。即,其一,无论各种文化在实现这些基本价值的特化对象和历史形态上有怎样的表现,毕竟这些价值是跨文化的、可被普遍观察到的;其二,这些价值不是"仁者见仁、智者见智"的主观感受,而是在实践活动当中有其现实基础的客观需要,并在不同主体间可就此达成相互理解和沟通;其三,个

---

[1] 〔美〕莱恩·多亚尔、伊恩·高大著,汪淳波等译:《人的需要理论》,商务印书馆,2008年,第69-70页。关于个人自主是一个宽泛的概念,"如果奴隶主允许奴隶在一定的范围之内以自己的方式服从……那么两者都有……自主"(同上书,第69页)。有三个关键的变量影响个人自主的水平:理解自我和文化的程度;个人的认知和情感能力即精神健康;行为者有多少实施新的、重要行为的机会(同上书,第79-90页)。

再就是,根据一般性认识,有一些更具体需要即"中间需要",对于满足身体健康和个人自主两个基本需要会起积极作用,通常也是必需的,此即:满意的营养食物和洁净的水、满意的具有保护功能的住房、无害的工作环境、无害的自然环境、适当的保健、童年期的安全、重要的初级人际关系、人身安全、经济安全、教育、生育(同上书,第10章)。

人或群体为了促成、维持或提高这三种基本价值的实现而投入其中的实践活动，必然已经是以这些价值在一定程度上的实现为前提的，即这样的实现让一般的行动成为可能；其四，特定阶段的环境和社会因素，使得基本价值得以实现的方式有其历史性的表现；其五，与其自反性和历史性有关，为了维系和提升基本价值的实现状况的实践上的努力，必然是在各类因素的作用下，将各类规范、制度和文化结合起来的系统性过程。

许多在其集体意向性形式中为大众所普遍看重、普遍向往的或抽象或具体的价值形态，乃是基本价值的特殊化表现，它们往往也是相关环境和历史（包括规范演化历史）变量的函数，它们汇聚起来，也在一定的共同体中，构成一个宏观层面上的层级式系统。① 但是那些有助于促成价值系统内部整合的稳定的价值原则，才是一个文化中的核心价值。它们也是造成价值系统整体上的差异性的直接因素和关键因素。

---

① 作为稳定的意愿或意向，价值体系在很大程度上是心理的，并表现为一系列低级或高级的心理需要。在这方面，马斯洛向我们描绘了一幅较完整的一般性的需要图像：

基础层次为"基本需要"（因缺乏而产生的需求）：生理需要（空气、水、食物、住所、睡眠、性）；安全与保障；爱与归属；自我尊重、他人的尊重；高级层次为"发展需要"（存在的价值或后需要）：真、善、美、活跃、个人风格、完善、完成、正义、秩序、单纯、丰富、乐观诙谐、轻松、自我满足、有意义等。参见〔美〕马斯洛等著，林方等译：《人的潜能和价值——人本主义心理学译文集》，华夏出版社，1987年；A. H. Maslow, *Motivation and Personality*, New York: Haper & Row, 1957; 以及〔美〕弗兰克·戈布尔著，吕明等译：《第三思潮——马斯洛心理学》，上海译文出版社，1987年，第57页。

但即使承认马斯洛的分类详尽靡遗，有关动机的严格时间顺序也可能是错误的。例如有的人对自我实现的重视可能远甚于安全，例如登山者；更重要的是，应该"把作为可以普遍化目标的需要和作为动机或驱力的需要彻底分开"（〔美〕莱恩·多亚尔等：《人的需要理论》，第47页）。就像，一个酗酒的人，有着消费酒类的驱动力，却在锻炼身体和节制等真正的需要方面没有内驱力。此外，其中很多需要或价值在不同文化中是以不同方式被定义的。

## 第一章 实践维度与基本规范范畴

基本价值与核心价值,甚至它们的较近的延伸,往往在特定阶段,形成了更具体的目标、需要或动力,这些有可能对制度的变革与创新造成压力。在制度演化的过程中,价值系统也是和紧密联系着制度的实践活动一起演化的。人乃是综合着各种新陈代谢活动的生命有机体。它和一切生命有机体一样,从事各种各样的与外部自然的物质和能量的交换。在此基础上,并且部分地围绕着这些展开了人类的实践活动。活动能力和形态都得到了锻炼、改造和增长。此如滕尼斯(F. Tönnies)所言:

> 任何有机体的饰变作为活动力量(agendi potentia),都是由于活动(agere)本身而形成和生长的,既通过其机能形成和生长的(而任何减少、退化和死亡都是由于不用而引起的,也就是说由于不生活和没有愿望、细胞质和肌肉组织不再更新而引起的)。因为这条规律还拓展为这样一条定理:在同外界事物的关系上,通过活动,也就是说,通过使自己的意志针对着它,通过应用自己的力量对它进行加工和培养,必然会形成某种某些东西,如同一个特殊的器官(=特殊的意志)一样,以及(通过实践的练习)必然形成特殊的能力。[①]

正如"看",在培养看的能力的同时,也在照料和培养看的对象、该对象风格、对一类或一系列的看的对象的情感等。爱护、关怀和照顾,都在被正面接纳的事物中树立起来;就像一系列相反或相对的情感和情绪,也在被排拒的事物中扎根。价值就在既往历史和当下行动的连续体,以及在认知、情感和意愿的统一体之中建立起来。进而,稳定的中间价值是某种集体意向性的对象,在其中

---

[①] 〔德〕滕尼斯著,林荣远译:《共同体与社会——纯粹社会学的基本概念》,商务印书馆,1999年,第197-198页。

得以建立、充实和转变。

在历史进程之中、在各个文化共同体之间、在各类特化的需要和价值之上,探讨嫁接在纯粹生物学和社会化的基本需要之上的基本价值必然是抽象的假设,也许这意味着,罗列具有跨文化的共通性的中间价值的详细清单是徒劳无功的,除非我们用一种"家族相似"的方式来看待其间的同异。而我们关心的恰好是人类的历史,也就是分化为不同的共同体、民族和文化的历史。

基本价值和非基本价值都不是孤立的、固定的、一成不变的,而是在实践活动中连续地展开和转变的。有机体的自我保护和自我维持,或者生物意义上的趋利避害,无疑为基本价值之一。但由于环境和历史因素的差异,甚至就连这些基本需要的对象也是千差万别的。我们在物质生活民俗中所观察到的,各个地域、各种文化,对于衣、食、住、行等方面完全不同的偏好与憎恶,就是明证。换言之,有机体的基本需要(如食、色性也),固然是普遍相通的,但是对环境和历史因素的适应,形成了在其所偏好的对象方面的差异。在此,有机体的基本需要就是在普遍意义上须首先满足的价值(如果喜好的食物无法觅得,为了活命只能什么都吃),而对于特定地满足此类需要的一些对象的选择性偏好(如长期沉淀形成的饮食习惯,包括对特定谱系的食物的偏好),则是某些基本价值的具体化形态。

但是可能有很多挑剔的嘴巴、挑剔的耳朵,甚至一些在某种文化中被视为稀松平常的习惯,在另一些文化中就有可能被认作是极端挑剔的。正是在这样的貌似挑剔当中,我们看到了各个文化的不同的美学风格。当然这里说的是,广义上的美学特征,不止是作为特殊生产部类的艺术创作及其作品,而是包括美食、美味、装饰、各种生活上的舒适性和可接受性标准以及生活享受的偏好和

# 第一章　实践维度与基本规范范畴

口味在内。[①] 在此甚至可以看到某种解释学循环的东西:[②]基本需要——作为推动差异化的中介因素的历史、环境——在对象形态上被特化、活动能力和形态也发生相应变化的基本需要……。省略号表示从特化的需要到特化的需要,此一历史、因果的链条永无止境。由于第一个环节,即纯粹的基本需要可能并不存在——除非我们指的是人类基因的高度一致性——故而我们一开始和一直在面对的就是一些被特化的基本需要。

在基本的情绪和感受及其对象化形态上,生存实践的实质性的解释学循环更为明显,因为比起口味、品位和美学风格的易变性,从它们那里涌现出来的基本价值的形态更稳定,其特化的对象化也涉及更多的侧面、更多的事象,它们本身是共同体历史的镜像,并且在宗教中得到了最深沉的表达。表面上,佛教或者东方宗教似乎是反情绪的,但这种倾向恰好从极端方面证实了宗教调节和掌控情绪状态的功能。纯粹个人的情绪和感受的具体整体,当然是其个人生活史的结晶,但肯定也含有某些社会化过程的印迹。

显然并不是所有情绪和感受,在价值上均无正、负之分,对于很多文化来说,爱、尊重、荣誉感、乐观,都被视为积极的、可取的。某些情感——就像尊重和荣誉感——有时候是规范旨在达成的目标,有时候则是规范的有效施行所运用之环节,而某些目标倘若被达成或者在运用中得到巩固,就可能展现其各自具有不同延展度的前景,譬如直接促成或直接起效的是团队精神,这种精神肯定有

---

[①] 但衣、食、住、行,也是高度文化的,有时候这是由于基本价值在其符号表达的结构特征方面的延伸。参见〔法〕列维—斯特劳斯著,周昌忠译:《神话学——生食与熟食》,中国人民大学出版社,2006年,第1篇、第2篇等。

[②] 解释学循环的概念,参见〔德〕汉斯—格奥尔格·伽达默尔著,洪汉鼎译:《真理与方法》,上海译文出版社,1992年,第341—393页。

助于促进相应组织的更长远的经济、政治利益。①

就算基本价值具有跨文化的共性,但在其抽象涵义和具体形态之间,仍然存在明显的不同,而后者也是文化间的价值多样性的主要表现领域,就像前面提到的"基本摄食需要"与"摄食习惯或习俗"的区别一样,实际上恰好是通过后者来满足前者。何况,对于每一种文化来说,可能都有一些非基本价值——包括那些核心价值——是相当特别的,超出了任何可能设想出来的、跨文化的基本价值或中间价值(作为基本价值的某些层次上的特化形态或化合形态)的清单。宗教或准宗教的实践体系,试图给予人们围绕其意愿的进程以更强的信心,并努力塑造人格完整性,宗教既在无声地维护一些需要(有些属于基本价值),也实实在在地创造了某些高级的精神价值,甚至对一个文化体系的核心价值的形成具有重大影响。可是,宗教或文明间的对话,即便不是完全不可能,至少也是困难重重、步履维艰。这恰好表明,价值体系之间,往往横亘着深刻的鸿沟,即核心价值间的沟通殊非易事,这跟基本价值层面上的共通性形成了鲜明对照。

基本价值,及其可能相当复杂的特化或引申的形态,经常地构成了创造或改革制度的激励和挑战。但在此,基本价值是需要回溯的核心和基础。例如,若是一些摄食的具体习惯不能被满足,人们就会调整和拓展具体的摄食方式,以首先满足其本身不必粘着于任何特化形态的基本的摄食需要,而不是坐以待毙。另一方面,一些所谓的高级价值,或许比人们设想的更加重要,因为它们是促成价值系统——进而是社会系统的——整合的核心因素。它们可

---

① 这或许就是亚里士多德强调"友谊"的价值的原因;团队精神及其相关因素,也是布迪厄(Pierre Bourdieu)、帕特南(Robert D. Putnam)、福山(Francis Fukuyama)等人所说的社会资本的一种形态。

能是共同体在其演化史中形成的亦简单亦复杂的规范性原则,并自身也成了某种价值理念,根本上来说,它们是为了解决复杂社会的协调问题而形成的制度核心。

需要无法得满足,或价值无法得实现,并非都是由于物质资源的匮乏或技术手段的滞后;在很多场合,实际上是因为社会性规范的缺失,遂造成彼此间的不协作或冲突,以及各种后续的恶化处境。而在某些协调博弈局面中,一些社会性价值——例如公平和公正——可能遭到破坏,彼时谁都不愿意率先而贸然地打破均衡,皆因均衡一旦被打破,至少在紧随其后的一段时间内,双方都可能遭受比在协调但不公平的处境中更大的损失。

不管是由于其基础使然,还是出于怎样的自发形成或有意选择,一般来说,自然的、本能的、动物式的利益之实现,当然是好的;自我的存在当然是好的;任何有助于增进这种存在感及使自我意识变得更丰富、更细腻的事情,也是好的;如果不妨碍或损害他人,快乐或更多的快乐,当然是好的。改造环境以适应人类需要的技术,当然是好的;其能促成和巩固个体间的联合,使之发挥更大协作效应之社会模式,当然是好的——因为协作可以使人们做到更多在单打独斗之际所做不到的事情;无论是基于结果的物质性而言之"交易",还是基于结果的非物质性而言之"交换",倘若它们的一些方式有利于增进人类福祉,当然是好的;揭供更多公共服务和公共资源,是好的;在很多情况下,透明、对称的符号交流,也是好的;所有这些,都是因为它们能够直接或间接地促进人们的幸福感,才是好的或"善"的。——当然不同人的价值观是不同的,这里只是勾勒了一份我所认为的可在当代多数人中获致共鸣的清单。

对于一些更复杂、更微妙的行为方式或者社会性事务,所抱有的肯定、积极、乐观其成的态度和情感认同,也可能被嫁接在内在自然之上和连通着人格性层次,即内化为某种特殊的快乐或幸福感(人格层面上的精致的快乐,也许称为幸福感更合适),而这样被肯定的对象,当然也是好的。一种很自然的想法是:所有有助于促进人类的"乐"或幸福感的行为方式,将比不能达到这一类效果的,除了是价值意义上的"好",也很像是道德意义上的"善",在效果论或目的论看来,与好的联系恰是善的本质。① 但是对人与人的关系的协调或对社会系统稳定为有利之行为方式,并不见得对个体的扎根于内在自然的需要是有利的。倘若把前者视为善的本质,则此际"好"跟"善"就不是一致的。但有两种方式论证两者在根本上或许仍然是一致的。一者,现有的或现实地可改进的某种社会关系或系统,要比没有任何系统性,或者比其他多得多的系统状况,在促进体现在个体身上的、并在个体间普遍可度量的利益方面要有用得多。二者,个人的人格性层面有时候会把某些系统性价值内化为它的需要,从而产生对这种状况的幸福感的体验。

如果有时候人们自觉自愿而不是在受暴力胁迫等情况下,不是按照普遍的围绕自己的趋利避害、趋乐避苦的模式去做,而是出于某种利他主义动机来采取行动,那一定是因为在情感认同和精神价值的评估上,有一些关乎其更大幸福感来源的事情值得他去做。这事情除了极可能关乎其社会属性,如果它还蕴藏着足够强

---

① 西方语言中,如在英语中,表示"好"与"善"的词是一个 good,但这就比有时候会刻意区分这两种情况而用两个词的汉语,更容易让人产生效果论的联想。休谟(D. Hume)所论是早期的、较为简单的此类观点。例如他说:"凡是值得赞扬的东西都含有有用的这个简单形容词所指的意思;凡是应当谴责的东西都含有它的反义词所指的意思。……没有任何东西能比高尚的慈善情感更能赋予人以价值,它的价值中至少有一部分是从它有助于促进人类利益,给人类社会带来幸福的倾向中产生出来的。……正义对社会是有益的……社会功利是正义的唯一源泉,对这种德所产生的有益后果的思考,是它的价值的唯一根据"([英]休谟著,周晓亮译:《道德原理研究》,沈阳出版社,1991年,第172、174页)。其为实质伦理判断上的后果主义者,当无疑。

大的心理能量的话，这能量必是嫁接在内在自然的协调性和统一性的新模式上的。

因为其所面对的环境和历史变量的差异，每一个社会都有各自的在宏观层面上最优化其价值选择的问题（当然"选择"主要是一个比喻性用词）。在此，基本价值本身并不需要选择，需要选择的是其对象形态和社会化形态。而通常，核心价值就是在无数参与者相互影响和牵制之际、自发形成的整个价值系统的特征。这就是印度社会的种姓文化，就是中国古代对宗法伦理的倡导，也是西方传统对契约自由概念的重视，等等。

价值冲突，可能存在于不同的文化体系或共同体之间，也可能存在于个人之间。即便个人之间价值观一致，但如何协调在面临资源瓶颈之际因追求同一种价值而产生的利益冲突，对任何社会体系来说都是难题。显然我们不能假定宇宙的秩序或人的心理禀赋之间存在一种先定的和谐，即我们每个人单纯只做促进个人幸福的事情就总是可以令他人的幸福也有所增进。一个人的快乐和幸福感有可能是建立在另一个人的痛苦和不幸之上，而寻找使一定范围内的所有人的快乐和幸福感都有所增进的方法，并不是每次都能成功。所以，不能只是笼统地关注什么有助于促进"类存在"意义上的人类的幸福感。围绕规范和伦理的思考，当然也对价值量或幸福感在个人或群体之间的分配的问题保持高度的敏感性。"帕累托改进"就提供了一些有益的思路。即，某种方案的普遍可接受性源于：藉由这样的方案，每个人的利益或快乐至少并不比以前少。但若增进的步幅，在彼此间造成天悬地隔之局面，嫉妒心便可能毁了这一方案；也就是在那样的情况下，我们低估了嫉妒——嫉妒背后则可能是一种深层的不安全感——对幸福感的强烈侵蚀。

如果在某种情境下帕累托改进是难实现的,或者有人嫌它带来的总的改进幅度太小,功利性原则或许是另一个基本选项。而基于需要满足或幸福增进在人群中的可度量值的最大化这类思路而产生的伦理学体系,就是所谓"功利主义"。[①] 该派的基本原则极其简单,亦脍炙人口、深入人心、影响广被,即合乎道德之行为或制度,实能促进"最大多数人的最大幸福"。[②] 斯密以经济学语言所表述之"国民财富最大化",其中就蕴藏着功利主义的视角。运用工具理性的标准,为达到财富最大化的目标,基于市场经济的自由放任模式,以及严格保护财产权利和契约义务的制度架构,常常必不可少和极为关键,而这些是交通和交流条件已大为改善之际的现代制度的特点。即,在此类分工协作和公平竞争的市场经济体制中,经济效率的不断提高是可以预期的。

---

① 在现代道德哲学的许多理论中,功利主义思潮一直很有影响。出现这种情况的一个原因是:这一思潮一直得到一些第一流思想家的支持,他们彪炳史册,影响深远,像是:休谟(David Hume)、亚当·斯密(Adam Smith)、边沁(Jeremy Bentham)、穆勒(John Stuart Mill)等等。

② 此一概念或口号可在实践领域或学术领域,有其不同的解释或表述,诸如"公众幸福"、"社会功利"、"社会繁荣",或演绎为表示"效率"的各类标准,如"GDP"、"帕累托最优"、"生产可能性边界"等。但作为一种伦理实践的原则,我更欣赏这样的思路:"在人类社会中,人们相信其尽可能多地带来幸福的行为就叫做善"([德]莫里茨·石里克著,孙美堂译:《伦理学问题》,华夏出版社,2001年,第69页)。就是说,这是一种后果导向的"意向伦理学",而不是那种依靠针对难以准确把握的后果的道德评价的纯粹的"后果伦理学"(同上书,第71页)。

又在一些功利主义伦理学家如边沁看来,开明或合理的利己主义与功利主义的总的原则,实质上是一致的。在其看来,对一项行为或制度的"善"、"恶"的判断,归根到底是靠事情所牵涉的各个人的苦乐值的计算。倘若一个人的某一行为方式所致其自身幸福感的增加,是有赖于他人不幸感的更大增加的,而且还存在该人的其他行为方式所造成的各人的幸福感的更大加总的可能性,则其原本行为之不道德,就是不言而喻的。但如果自身福利的增加远甚于他人的损失,则实现这样的利己动机就无不可,甚至功利性原则也不排斥利他主义行为,即在这种行为带给自己的损失要远小于给他人带来的福利的情况下,个人的牺牲就很值得。且不论它是否完全合理与可接受,功利性原则恰恰就是这样考虑问题的。

在不同的文化和文明中,关于什么样的自然事物、社会事物可增进或损害幸福感的列表,必然各不相同。在基因大致相同的各人类分支之间,差异往往随着文化裂痕的加深而加深。但在个体之间的价值冲突的领域,如果问题主要涉及内在自然,就存在通过互惠交换或恰当调适来解决的可能性。根本上这是因为,人类总是面对着,比起把它们全部内在自然加在一起还要宏阔得多的自然界。但如果价值观的差异和冲突所涉及的主要是社会层面,或者干脆就是对整体社会状态的选择问题,那就得经常面对零和博弈之类个体利益间的不相容性。由于在目标状态(幸福感)、目标状态的合理度量和加总、手段—目标之间的联系这三项上面,都存在明显的不确定性,故而在道德选择和社会政治层面上适用功利性方案,可谓困难重重。

### 三、作为价值载体和问题解决机制的规范

在规范和制度的演化过程中,当基本价值、核心价值或者它们的一系列特化和复杂的变体,由于某些原因未被满足,或有待进一步满足的时候,就形成了解决问题的压力,这些压力造成对于能够解决问题的规范和制度的需要。在社会的微观层面上,在人们的策略性互动之中,对策略及其结果的选择,显然会受到需要、偏好或价值序列的影响(基本的作用机制跟它们对结果的效用估量的影响有关),进而形成某些处于博弈均衡下的惯例。[①] 压力可能不单单来自基本价值方面,但恐怕这是最根本的挑战。

规范可能是价值载体,也可能是问题解决机制。并且这两点

---

① 青木昌彦就提到:"每个参与者对状态空间下每期所有可能的结果都有一个偏好序。后果函数和参与人的偏好函数结合在一起定义了博弈论通常意义上的参与人的报酬函数"(《比较制度分析》,第 23 页)。

有时候很难区分。规范演化大多存在路径依赖现象，以及，在没有足够大的外力干扰的情况下，规范很可能还是自我延续的。而规范与制度，如果不是像某些仪式那样，其实质在于象征性地表现某种价值，或像某些习俗、伦理那样具有内在价值，那就是，它们可能具有相对于某些内在价值、价值原则或系统价值而言的外在价值，即它们是实现这些价值的手段和途径。

对于制度演进产生一定需求的解决问题之压力，可能来自：（一）基本价值以及它们的各级变体；（二）与价值系统有关的核心价值；（三）价值冲突或利益冲突的情境；（四）规范系统内部的调适（例如为了保证某些规范的实现，需要另一些规范的配合）；（五）由于环境等外部变量的变化而引起的新的阻碍因素。但是在多大程度上得以释放或缓解来自价值体系的压力，始终是衡量规范与制度是否成功的主要标准。但为了这个目的而采取的某些规范领域里的改革和创新的举措，也许并不是直接促成某一价值目标，而是促成有助于实现这一目标的重要手段。这有可能是规范系统内部的调适，但也可能只是促成有关的外部条件的改善。——当然并不能排除：当这样的条件是稳定而强烈地被期待和要求的时候，它们会升格为价值目标。

成文规则，是有意识、有目的地创建的，对它的一些案例研究，可谓一般性地验证了规则是解决问题的方式的观点。今将某案例研究的结论撮述如下：

规则丛是政治和技术问题的应对历史所遗留下来的累积性残余。规则记录了老问题的解决之道，因而成为组织面对新问题时竞争力的基础。第二，规则是其内在动力推动的结果。规则具有自我学习的功能，以改变它的脆弱性。规则处于一个规则生态中，任何特定规则内的变化会引起同一或其

# 第一章　实践维度与基本规范范畴

他规则随之而来的变化。①

组织经由创新、调适、采纳解决问题的规则,以适应对于组织而言的外部环境。在规则体系中,有很大部分堪称"问题解决的剩余物"。即这些规则是过去为解决问题而创设的,由于这些规则仍在持续地发挥作用,故相应的旧问题已经被压下,似若消解,不受注意,故称规则为剩余物。但是"外在环境的改变刺激了内部复杂性和不协调因素的增长,并且组织内部问题又引发外在的压力",②故而新的问题总会层出不穷,催生了规则的不断创新。

规则似乎也有它的内在历史和内在生态,如相对而言,新创之规则更为脆弱,遂更易于修订和废止。③而历经考验的老规则之亟待改、废,更多是由于新环境压力所致新问题之故。研究也显示,规则产生率具负密度分布特征,也就是说,某个领域中,规则越多,产生率就越低。规则的生态效应还包括,"功能性互倚使得某个规则的修订可能会刺激其他邻近规则的修订。"④

规则是组织知识的承载者——这是组织学习理论的基本观点。这意谓着:组织面对内部和外部问题,且由历史中汲取经验和结论,而将这些结论编码入规则中。它们代表了以往发现的有关问题解决方式的知识。"规则保证了知识并保证了问题解决方式的重复使用。"⑤问题似可分为两大类:政治问题,即解决组织成员不同目标间的协调问题;技术问题,即在组织目标确定时,寻求如

---

① 〔美〕詹姆斯·马奇、马丁·舒尔茨、周雪光等著,童根兴译:《规则的动态演变——成文组织规则的变化》,上海人民出版社,2005年,第158页。
② 同上书,第158页。
③ 参见上书,第168-169页。
④ 同上书,第177页;文中"互倚"当指相互依靠。
⑤ 同上书,第181页。

何实现的手段问题。对于前者,规则也许是不同利益之间协商谈判的产物;对于后者,规则所面对的组织,"可视为一个拥有共同问题从而需要技术解决方法的团队"。① 但总的来说,两类问题的界限非常模糊。上述研究的一些结论,在一定程度上也适用于不成文规则。通常,规则通过解决问题而适应历史。

并非所有规范都带有明显的、直接的功能特征,有些规范的地位毋宁说是结构性的,即涉及规范之间的调适问题;甚至规范的结构会自我衍生出很多颇显"冗余"的规范。② 此外,规范形式的多样性还源于:对满足某些功能或做结构调适来说,解决问题的方式本来就不是唯一的,如在古代中国,对于体现"亲亲"、"尊尊"的宗法原则来说,可以采纳的礼仪的具体形式的可能方案,仍然要比它实际上所采纳的多得多。又如对于资本主义秩序,普通法与民法法系中的某些因素均为合适的"解",即使它们在很多方面表现很不一样。

并非只有自觉地、有意识创立的成文规范,才有着作为问题解决机制的清晰脉络。一些惯例、习俗或不成文的规则,主要是因它们在一个类似于"自然选择"的过程中,实际上更有助于解决一些重要的问题,才最终胜出并固定下来,这样的例子数不胜数。地方上的定期集市惯例,例如唐代所谓"亥市",就是为了解决散居的农夫的交易行为之协调问题而自发形成。即,有一个稳定的时间和地点模式,一旦固定下来,某个区域内的所有农夫,如果去交易的话,都会遵循这一模式,因为那样的话,每个人将会在市场上遇到比不按固定时地交易要多得多的商品。而这些民间草市的形成,

---

① 〔美〕詹姆斯·马奇、马丁·舒尔茨、周雪光等著,童根兴译:《规则的动态演变——成文组织规则的变化》,上海人民出版社,2005年,第183页。
② 这更适应结构主义的基本论点,参见〔法〕列维—斯特劳斯著,李幼蒸译:《野性的思维》,商务印书馆,1987年。

## 第一章 实践维度与基本规范范畴

却并非出于自觉意识的规划。①

在有些情况下,规范并不能满足实际的需要或者解决实际的问题,而是为了解决某些心理问题,实现某些心理功能,譬如,是为了缓释焦虑(anxiety)而创设的。这在民俗和宗教仪式中甚为常见。仪式所缓释之焦虑,既有"基本焦虑",也有"次生焦虑",即替代性焦虑。前者是指,当一个人要实现其目标,但又缺乏有把握的技术或途径的时候,他所感到的"焦虑",于是他会倾向于采取通常被称为仪式的、没有实际效果的行动,这便诱发了"基本仪式",作为社会成员,总是社会的压力在塑造和维持仪式的形式,并期待他在恰当情境中举行它们。在一个人遵循他所掌握的技术程序和相关过程的规律,并且举行了传统的仪式之际,基本焦虑就会潜伏起来(是仪式给了他信心)。

然而经常发生的是,当基本焦虑与基本仪式之间的联结纽带变得相当有规律的时候,仪式传统的任意方面未被遵守,已然保有此种对于传统的崇敬心理之个体就会感到焦虑,即针对基本仪式的次生"焦虑"。这样,即使通往原有目标的实践在按部就班地进行,没有任何不良征兆,次生焦虑仍可能产生。这就诱致"次级仪式",即一种净化或被除的、有助于解除次要焦虑的仪式。其形式的各个方面均类似基本仪式,其塑造和维系,在相当程度上仍由社会来决定。②当然,解除焦虑只是仪式和制度所发挥的心理功能之

---

① 案,张籍《江南行》云:"江村亥日长为市,落帆度桥来浦里"(《全唐诗》卷 382)。这是说,江浦亥市,常择"亥日"为之。但实际不限此日。《唐音癸签》引徐筠《水志》云:"荆吴俗以寅、申、巳、亥日集于市。"即由寅至亥,固定隔两日为市。

② 以上所论,参见〔美〕霍斯曼:"焦虑与仪式:马林诺夫斯基与拉德克利夫—布朗的理论",载于《20 世纪西方宗教人类学文选》,上海三联书店,1995 年,第 121 - 130 页。据说在安达曼(Andaman)群岛,由于医疗、保健的体系和技术相当落后,妇女对怀孕会感到相当的焦虑,而丈夫自然也会为母子的命运极度担忧。所以夫妇俩就会举行某种他们认为能够有效地规避生育风险的仪式,并以同样的心理履行某些禁忌。一位妇女

一,有待处理的心理问题还有很多,譬如痛苦、贪婪、仇恨、绝望、无目的感,等等。

环境(空间维度)和历史(时间维度)参数下的基本价值、核心价值及其变体,往往是主要的解决问题的压力之来源,也往往是推动制度演化的动力。但问题和压力,不只是出现在宏观层面上的组织与其环境之间,它们也广泛存在于涉及个体之间的协调与合作的微观层面。经常地,个体理性追逐其价值目标的过程,与集体协作远景之间,存在不和谐,这些远景很可能更符合大多数参与者的利益——但在缺少很好的沟通、保障和解决方案的时候,个体可能不愿做出当下私利上的让步来实现相关的远景。①

## 第四节 规范范畴的主体间架构: 意志维度上的呈现

面对有关情境,人与人之间,要么彼此意志协调,遂相安无事,甚至乐见其成。要么涉及意志的现实或潜在冲突。意志的冲突可能是见诸行动的现实冲突,但也可能只是并未见诸行动的内在意

---

(接上页)在怀孕时便给尚未出生的孩子取了一个名字,直到婴儿出生之后的数周内,作为一种禁忌,任何人都不准提及孩子父母的名字;当人们必须称呼他们时,只能用他们与小孩的关系来表示,即用"某某的爹"、"某某的妈"来称呼。在这个阶段他们还必须遵循某种他们在平时根本无须顾及的食物禁忌,即不能吃儒艮、猪肉等。在履行了一些相关的仪式和禁忌之后,安达曼岛的父母往往在孩子的产期临近时反而不再对这个事实觉得焦虑,他们担心的倒是小孩的生育仪式举行得不合规范。实际上,在全世界很多落后民族中都能观察到这种针对生育仪式而不是针对生育过程本身的衍生性焦虑。此例参见〔英〕A.R.拉德克利夫—布朗:"禁忌",载于《20世纪西方宗教人类学文选》,第114-120页;以及"焦虑与仪式"一文对它的进一步阐释。

① 囚犯困境便为其典型,参见〔美〕安德鲁·肖特(Schotter, A.)著,陆铭等译:《社会制度的经济理论》,上海财经大学出版社,2003年,第36页等。

第一章　实践维度与基本规范范畴　　119

愿上的不认可,即对于表现出来的行动方式而言实为潜在的。

我们可以想到的很多重要规范类型,都是针对己、他的意志间的关系进行调节的。如果要用某些逻辑化、标准化的方式来审视规范的理想类型或者若干重要的运用规范的领域,似可得到下述词典式的定义性说明。此即:

伦理:各类自、他之间的意志协调的方式;

法律:在自、他意志冲突的场合予以裁断的方式;

权力:不顾他人的反对而实施自身意志的机会;

权利:维护自身意志的机会;

组织:协调己、他意志的稳定机制或系统化的权力分配;

脚本规则:涉及角色的认定、权力和权利的分配;

命令、政策:基于权力运作而发布的要求或规则;

规章:成文的、经由设计的关于组织的规范;

惯例:由重复累积的过去案例诱致的规范;

礼仪:带有社会效应的表演性之动作程式;

宪政、政治制度:构造具有安全、司法服务功能的共同体的极其重要之组织规则。

还有所谓"潜规则":在成文的或经某种形式口头宣示、意识确认的显性规则之下存在的,与显性规则有一定差距和分歧,并在实际上起较大作用的另一套规则,潜规则基本上为约定俗成的,但不是约定俗成的必为潜规则。

上述规范类型或涉及规范运作的实践领域,有很多仅从其初步的定义就可了解其主体间性的意蕴。一些基本制度同时也是整体性的、复杂的制度,内中蕴含不少难以还原的、具"突现"性质的层次与环节,但多数基本环节都涉及己、他间的意志之调节,如宪政、政治制度中对行使权力的角色分配的程序。

在一般条件下，"意志"是人类行为预装的动力装置。故自律意志的缺乏或趋于薄弱，可以成为否认有关事态的改变具有人类性的一个基本条件。作为高阶的反思性概念，主体间"意志"的冲突或协调，并不必然对应于本能、欲望、需要、情感情绪或某些层面上的意愿的冲突或协调。经过反思性的调整，某一欲望可能被遏制，自主、自律的意志将另一种事态作为行为所趋向的目标状态。而使得特定行为发生的最终决定的做出，一般情况下，可以理解为基于意志的作用，即经过了反思性酝酿、过滤及评价的一种决定。

汉字中常见的"欲"，可以是指本然的、原初的需要、欲望或意愿，也可能是指较高层级的、反思性的意愿，或具有其内在一贯性的意志。原初意愿和高阶意愿的合一，并非一行为表现其为可欲的内在必要的条件。孔子曰："七十从心所欲不逾矩"（《论语·为政》），其所体现者，亦恰为这类合一。但可欲的行为也可能是基于对欲望、对原初意愿的遏制而做出的调整，如非礼勿视、听、言、动之类。

有一个问题明显具有伦理性质：何为"可欲"，即怎样的行为是伦理上可以期待的合理的行为。也就是孟子"可欲之谓善"的命题的主旨（参见《孟子·尽心下》）。对于某一主体而言的可欲之行为，即一般情况下，无论其是否导致意志的冲突，都是值得期待的、可以成为意志的合理对象的；纵使发生了这样的冲突，一种社会性的压力（如舆论压力或一法制体系认可的制裁行动）自然会指向冲突的另一方。故而初步界定是：对某一主体为"可欲的"行为，一般来说，就是那些由该主体施行的即使在意志冲突的场合，也被大多数人或者被一种有效的社会性力量承认为合理的、可接受的行为。

为何在夫子看来，得在年届七十之际，才能做到起心动念皆为"可欲"。私意揣度，这或者是因为人生至此，始得世事洞明、人情练达，所欲者无一不与他人或社会性要求相协；或是因为至此已对充满稀缺性的外部世界兴味索然,而进入到主要为恬淡朴素、反观内省的生活方式。记录佛陀轮回前世中的业迹的《本行集经》,所谓割肉贸鸽之行为,虽浸透着利他奉献的精神,令人无比景仰,但故事中鸽子的贪欲之求索,却并非"可欲"的,而一系列因贪、瞋、痴而造就之不可欲之行为,在于人世又何其夥也?

其令己、他之间意志趋于协调的行为方式,一般来说,乃是具有道德价值的。但这种协调不意味着原本的欲所欲的层面上也一样。对一主体而言,道德上可欲的行为就是:(一)该行为的基本特征在一般情况下是被社会性地标明为可欲的,而所适用的那一特殊情境符合人们对相关的一般情况的理解;(二)无论对方所欲是合理的还是不合理的,即是否为可欲的,都以契合其所欲之方式来协调彼此间意志(所谓"克己"或"利他"是也)。即使在所欲皆为可欲的情况下,所欲也可能发生冲突,此际对意志间关系的协调的需要是强烈的。而崇高的行为有时候还指向对并非可欲的所欲的迎合,但对于这样的行为是否真的就是"善的"或"明智的",相信会存在一定的争议。

权力是另一个涉及己、他意志间关系的范畴。在社会学家中,韦伯倾向于把"权力"界定为,"在一种社会关系里哪怕是遇到反对也能贯彻自己意志的任何机会,不管这种机会是建立在什么基础之上。"[1]美国学者丹尼斯·朗(Dennis H. Wrong)则认为,"权力是某些人对他人产生预期效果的能力。"或者"权力是有意和有效的影响"。[2] 后者的定义未见得较韦伯高明,因为前者明确指出了

---

[1] 〔德〕韦伯:《经济与社会》上卷,第81页;另见该书下卷,第246页。
[2] 〔美〕丹尼斯·朗著,陆震纶等译:《权力论》,中国社会科学出版社,2001年,第3、4页。而从能力或影响力的角度来分析"权力",又参见〔美〕达尔(D. A. Dahl)著,王沪宁等译:《现代政治分析》,上海译文出版社,1986年,第31页等。

权力在潜在或现实的意志冲突中的地位,正是这种地位使其根本上有别于其他的对他人的影响或相互影响的方式。即使还有比这两位所谈论的此类意向性权力更微妙的、更广泛的权力网络,但本书关注的主要还是这种意向性权力。

权力的实施,可直接诉诸暴力,也可能是基于:(一)操纵、(二)说服、(三)权威即发出成功命令的资质。权威少说也有五种:①强制型权威(基于剥夺他人某种自由、权利或利益的威胁);②诱导型;③制度型(以共同规范为先决条件);④专业性的;以及⑤魅力型。① 如果一主体对另一主体具有权力,是基于像法律那样的制度型权威,那么这是因为在一种法律或宪政体系的某些脚本规则中该主体被赋予了守护和执行共同规范的角色责任。这时其意志的本质是非人格化的基于其角色责任的抽象意志的体现,而不论其主观内在的意愿或意志为何。

倘若通过意志即高阶的"欲"的调节,达到己、他意志间的协

---

① 由于其微妙和难以界定,权力问题始终是组织社会学的难题。对他人的影响,有些是无意识中发生的,这样的影响并不能和权力现象挂钩。但广义上的权力可以被视为有意识地影响他人的有效方式,这比韦伯的定义视域更广。实施权力最常见的形式为直接诉诸武力,即摧残、消灭他人躯体、妨害他人行动,或是以此来要挟。权力的其他形式,据认为至少还有:操纵、说服和权威。第一种是指,"当掌权者对权力对象隐瞒他的意图,即他希望产生的预期效果时,就是企图操纵他们"([美]丹尼斯·朗:《权力论》,第33页)。而权威是成功的命令或嘱咐,它引起人们的遵从,是基于发布命令者的身份、资源或个人品质而引起的。在组织的实际运作中,这三种多半都会被使用。但真正可以被有效地制度化的仍是"权威"。

权威又被分为五个子类:强制型权威,欲以剥夺他人某种自由或权利的威胁,来迫使他人服从其命令,必须使其确信自己有对他进行这种剥夺的能力与愿望;诱导型权威,靠给予奖励或其他诱导的方式,以达到遵从命令的目的;制度型权威,以共同规范为先决条件,据此掌权者拥有公认的发布命令权利,而权力对象有公认的服从义务;专业性权威,其权力对象服从权威的指令是出于信任权威有优越的专业知识,足以决定何种行动能很好地服务于组织或他人的利益和目标;魅力型权威,权力对象愿意服从或效劳另一人,是由于对后者的某种魅力或品质的倾倒(参见上书,第2、3章)。前三子类在制度层面更重要。

## 第一章 实践维度与基本规范范畴

调,还有可行的方案,则事情就还没有落到需要法律或法律型规范来出场的地步。所以,法律型规范通常是针对蕴含意志间冲突的行为或行为结果而进行的调节,在此,意志是行为的直接诱发环节。在法律型规范中,权力的身影似乎无处不在。在这类规范恰如其分地发挥其实效之际,在类似司法裁判的场合,居于裁判地位的意志或者在意志竞逐中胜出的一方,就是其行为跟法律价值相契合而被内在判定为可欲的第三方或相竞的两方中的一方,即这样的意志主体,享有在这类场合中或在这一特殊场合下的权力主体的地位。何况有一部分法律型规范是围绕着权力产生机制而演生或订立的,也就是说它们确立了权力分配的方案,形成了认定谁该拥有权力的程序(此际,意志的冲突常因权力分配和角色担当的问题而起,因而运用这些方案和程序也具有对冲突的仲裁的意味);再就是,基于权力的运作而产生的政策或命令,也有规范意味,并且其效力的保障,正是来自运用权力的非常可信的可能性。

权力现象的核心是:在潜在或现实的意志冲突中实现自身意志的更大机会。但不是每一次权力实施的过程都意味着是针对现实的意志冲突的情境。因为也有不少权力实施导致的结果,乃是为人们的意愿和意志所欣然向往的。即使如此,仍可能有不为他们所欣然乐见的因素,一方面是有些人对这一权力实施的过程并非由我发出这一事实具有特定的、高度的、反思的敏感性;另一方面这同样形态的权力在其他场合的运用,就不一定是不包含冲突的。

透过宏观历史视角,迈克尔·曼认为,权力呈现出集体性(collective)与个体性(distributive)、广泛性(extensive)与深入性(intensive)等不同的区分维度。相对于个体对个体的控制和影响力,集体性权力就是人们通过其某种形式的合作得以增进的他们对于第三方或自然界的权力。广泛性权力"涉及把分布在辽阔领土上的大量人民组织起来从事最低限度稳定合作的能力",相对的,深入性权力则涉及"紧密组织和指挥高水平动员或使参加者承担义务的能力"。①

据说,权力有四种来源:意识形态、经济、军事和政治的。权力可能被垄断了阐释意义之权利的人所掌握,正如它们可能被垄断了对于规范的阐释、垄断了审美和仪式惯例的人所掌握一样。②那些能够支配生产、分配、交换和消费的某些手段的人,则拥有一定程度的经济权力。自然,军事权力体现在那些能够在一定范围内高效运用有组织的暴力手段的精英身上。而政治权力"来自于对社会关系许多方面的集权化、制度化和领土化管理的有效性"。③ 不妨认为,这四种指的是,针对不同领域的不同权力组织形态;以及影响政治权力的组织形态之不同渊源,但彼此之间常有重叠和渗透。譬如"军事权力像所有的权力来源一样,本身就是混杂的。它需要士气和经济剩余——即意识形态的和经济的支持——同时需要更密切地利用军事传统和发展。"④

作为对权力现象极可能引起的强制的否定,"自由"(liberty or freedom)是另一个指涉己、他之间意志关系的词汇。自由可以视为"一个人不受制于另一个或另一些人因专断意志而产生的强制的状态。"⑤稍精确言之,"自由"应理解为:对于某一主体或主体性

---

① 〔英〕迈克尔·曼著,刘北成、李少军译:《社会权力的来源(第一卷)》,上海人民出版社,2015年,第10页。
② 参见上书,第29页。
③ 同上书,第34页。
④ 同上书,第24页。
⑤ 〔英〕哈耶克著,邓正来译:《自由秩序原理》,三联书店,1997年,第4页。自由的名谊,涉及很多重要的制度和规范问题。譬如政治自由(political freedom),这是指人们对选择自己的政府、对立法过程以及对行政控制的参与。它如人身自由(personal freedom)、民族自由(national freedom)、意志自由(freedom of the will)等,均牵涉颇多。

## 第一章 实践维度与基本规范范畴

资格，特定形态的他者的约束与强迫之不存在。但如果超出人际范畴，即是将自由的定义转换成：实现其欲求的障碍的不存在，甚或更加一般地视为外部阻碍之不存在。此迹近于将自由解释为做其想做的任何事情的有效力量，[①]遂易导向积极自由的概念。但是不管"自由"概念有多少种重要的歧义，从客观的发生学角度衡平论之，每一种关于自由的在历史上确实产生重大而深远影响的理解，都值得给予足够的重视。在这里，就像人文——社会领域里的很多其他重要词汇一样，没有唯一正确的词典式定义。而只有关于不同词谊及其不同影响的因果关系的解释。不过，一些基本的、核心的意思也不能淹没在词谊的海洋中而被忽视。这包括：一定的主体免除其所受的不必要强制的要求。

自由的意涵并非跟规范和制度的特征绝缘。自由显然是历史上一些法律制度所蕴含的价值。普赫塔（G. F. Puchta, 1798－1846）在《法学阶梯教程》中提出："法律之基础概念乃自由……而自由之抽象意义便在于自治之可能……人之所以为法律主体，便在于其所被赋予之自治可能，换言之，在于其意志。"[②]也就是说，甚至法律主体资格根本上都是源于其特定形式的意志自由。辩证地来看，保障自由并非和强制无关，而是直接蕴含着对侵犯特定主体的特定自由状态的行为的强制性排除。事实上，一系列的法律规范都是围绕这一核心而设计的，在一些法律体系中，此类规范之多迥出意表。对比不同历史阶段的法律制度，可以说进步性的表现往往与其蕴含的自由价值的多寡具有正相关性。

---

[①] 〔英〕哈耶克著，邓正来译：《自由秩序原理》，三联书店，1997年，第11页。
[②] 转引自〔奥〕凯尔森著，张书友译：《纯粹法理论》，中国法制出版社，2008年，第68页。

有一个概念跟"自由"有着千丝万缕般的联系,这就是"权利"(rights)。其核心应理解为:某己提出的一种正当、合理或有效的要求(claim),这要求涉及他人针对自己的某些作为或不作为。原则上,于己凡属现实性的、可操作的权利,都紧密伴随着相关他者之义务(此他者不限于特定或不特定的个人)。[1] 又,此他者在权利未尝经受侵害之时,很可能乃是一泛化的他者,即一系列不特定的他者的集合。[2] 此类关联性固是不胜枚举,如某人的生命权意味着他人有非经合法授权不得剥夺其生命的义务等,又如某己对某物之财产权,既常意味着自由地运用该物的处置权限,也意味着他人有不得偷盗之义务,等等。义务,简言之就是,必须去做某事或处于某种状态的约束。

法律型规范所指涉的权利概念更为明确,或者,这种明确性就是这类规范的本性的一部分(与其配备着哈特意义上的"第二性规则"有关)。但权利在伦理的实际历史中也经常是隐含着的基本概

---

[1] 可以这样看,"每一项义务都与一项互易性权力(reciprocal entitlement)相关联,每项具有权利资格的权力都伴随着一项相关的尊重义务。权利与其尊重义务两个概念之间存在着逻辑的必然联系。任何一方的定义仅在与另一方相互参照时才可理解"([美]辛格(B. J. Singer)著,邵强进等译:《可操作的权利》,上海人民出版社,2005年,第5页)。而较为笼统的说法包括:"一个人以一定方式行为的权利,便是另一个人对这个人以一定方式行为的义务"([奥]凯尔森著,沈宗灵译:《法与国家的一般理论》,中国大百科全书出版社,1996年,第87页)。

[2] 此并非指"某项权利与所有人负担的一项义务相关,而是存在众多相互独立且彼此不同的权利"([美]霍菲尔德著,张书友译:《基本法律概念》,中国法制出版社,2009年,第137页),因为在很多情形下,某甲对于乙、丙、丁等的任一独立权利的消失,皆无碍于甲对其他人的权利。考虑罗马法或普通法中所谓"对物权"、"对人权",对于更深入地理解这一点,亦殊为关键。实则,一切对物权亦皆系对人,即它是针对不特定之人,对人权则反是。如甲乙二人分别为两块土地的所有权人,若甲与丙订立合同,约定丙不得进入乙之土地,则甲关于乙的土地对于丙拥有的就是"对人权",另一方面,甲关于自身土地对丙之权利则系"对物权","因该权利仅系某甲对于丙、丁、戊、己诸人的一系列就其根本而言相似的权利之一"(同上书,第102页)。

念,特别是在我们把它理解为可以合理预期的、稳定持久的利益或利益机制的时候。据说,"法律从已经形成文明生活中各种假说的经验当中取来某些观念,并给它们盖上法律权利的印记。"[1]早在法律体系开展维护生命权、财产权或确认订约的资格和后果等项事业之前,人们已经在伦理惯例中把这些视为其一般性的利益所系了。

"权利"的基本含义,也可以是指,某己去做某些事情、处于或保持某种状态的自由;即,在某项权利所涵盖的议题上,没有人可以强制拥有该权利的主体不去做某事,或不处于议题所许可的状态之中,而不被视为不正当的。这和把它界定为正当合理的要求的说法,实质相通。即使是在提出要求意义上的"权利",有可能仍然是跟提或不提这要求的"自由"有关,"假如某人通过领受可得到保障的权利主张而得到自由,别人则因承担尊重该主张的义务而失去了自由"。[2] 私法上的债的权利就是这样。但某己有要求他人不得对己肆行杀戮、盗窃、强奸诸事之权利,却非对应其有不做相关要求的自由;这通常是:在众人看来,某己必须或者总已经在要求某事了,而他人须承应去做此事。这也可看作,它们之所以是公法意义上的刑法所禁绝的对象的一个恰当理由。

对某己,在特定他者无权利做要求的事项范围内,某己可以积极做他想做的任何事情。这个范围可以是做或不做某事这样简单的对立项目,也可以是一个非常宽泛的事态集合。但某己拥有的某一事项或议题上的自由权限,既可以表示为他者在有关事项上

---

[1] 〔美〕罗斯科·庞德著,沈宗灵译:《通过法律的社会控制》,商务印书馆,2010年,第49页。

[2] 〔美〕迈克尔·D.贝勒斯著,张文显等译:《法律的原则——一个规范的分析》,中国大百科全书出版社,1995年,第9页。

的"无权利",也可以表示为他者承担不得干涉或妨碍此种自由的义务(即某己可就此提出权利要求)。其"无权利"意义上所指涉之"权利",则是指要求某己承担特定义务的狭义上的权利,即一种要求权。又在司法实践中,对于某己,区分着重在他者的义务和着重在他者的无权利的两种权利概念——即前者是要求权,后者是自由权限,——还是有意义的。其间区别犹如:(一)A 有权利要求 B 做某事,B 即有此义务,同时 B 无权利要求 A 不做此要求;以及(二)A 有权利做一定范围内任意之某事,此际 B 即无权利要求 A 做其中某事,或曰 B 有义务不得要求 A 做某事。

再就是,变更第一性的权利—义务关系(固不论其为法律关系抑伦理关系,为要求权抑为自由权限)的能力就是第二性或第二层序上的权利,如一定的法律权力,若某己有此种法律权力,则他人便有相关的责任不得破坏此种权力的行使,或者承担因其行使所导致的某些后果。对某己,相反概念就是法律上的"无权力"或"无资格",如果这样,则他人就有责任的豁免或者原本就无责任。[①]

---

[①] 据霍菲尔德之分析,所谓"一项权利"也许对应四种概念上能够加以区别的状态——要求、自由、权力和豁免。即,一者,它可以是一种己方要求他者作为或不作为的要求权,故他者便有相应的义务;二者,它可以是己方自身作为或不作为的自由或特权,对应的他者遂无权要求己方的作为或不作为;三者,它可以是己方的一项权力,他人须担负承受该权力的责任;四者,它可以是一种对于他人的某项权力的豁免或无责任。责任(liabilities)和义务(duties)的区别在于,某己的责任,乃是相对于变更某种权利、义务关系之权利(或相关法律权力),而承担的第二性义务。——参见〔美〕霍菲尔德:《基本法律概念》,第 26-77 页;〔美〕迈克尔·D. 贝勒斯:《法律的原则》,第 96-98 页。这些关系可表示如下:

| 己方的权利 | 相关他者的承应范畴 | 己方的相反范畴 |
| --- | --- | --- |
| 要求权 | 义务 | 无要求权 |
| 自由 | 无要求权 | 义务 |
| 权力 | 责任 | 无资格 |
| 豁免 | 无资格 | 责任 |

对某己而言,围绕某一事物,其对他者的有权利、无义务、有第二性权利或第二性的无义务,即霍菲尔德所说的狭义权利、自由或特权(privilege)、权力、责任的豁免,可能在该事物的不同事项上同时发生效力。

设某土地为某甲的世袭财产。则其有关被称为土地之有体物的"法律利益"或"财产"便是由一系列权利(或请求权)、特权、权力及豁免构成的集合。首先,某甲拥有令其他人不得进入其土地的法律权利或请求权,其他人则负担与之相关的义务。其次,某甲享有数量不定的诸如进入、使用甚至损毁该土地的法律特权;……凡与某甲上述特权相关,他人皆无权利。再次,某甲握有将其法律利益让与他人的权力,即消灭其复杂的法律关系集合,同时为他人创设新的相似法律关系集合;某甲还有权力为他人创设一项终生产业(life estate),同时为其自身创设一项期待权;……诸如此类,不一而足。……最后,某甲享有数量不定的法律上之豁免……。是以某甲豁免于他人对其法律利益或法律关系集合所做的让与,豁免于

---

(接上页)庞德(Roscoe Pound)甚至提到"权利"的六种含义:(一)利益,就是个人的或个人之间的任何"要求、愿望或需要",而"对各种利益的承认或拒绝承认以及划定那些得到承认的利益的界限,最终都是按照一个确定的价值尺度来进行的"(〔美〕罗斯科·庞德:《通过法律的社会控制》,第47页);(二)广义上的法律权利,即但凡"法律上得到承认和被划定界限的利益,加上用来保障它的法律工具"(同上书,第53页);(三)狭义的法律权利,即第二种意义上的抽象权利在个体或实务中的具体落实,以及某人通过政治组织的系统性力量,"来强制另一个人或所有其他人去从事某一行为或不从事某一行为的能力"(同上);(四)法律权力,即"设立、改变或剥夺各种狭义法律权利从而设立或改变各种义务的能力"(同上);(五)自由权限,指某些法律不过问的情况;(六)"还被用在纯伦理意义上来指什么是正义的",例如"移去邻人所置的、危及土地的障碍物的特权"(同上书,第54、55页)。对照霍氏所说权利的四种含义,此所谓法律权利就是要求权或"请求权",第一至第三种含义,意思是连贯的,故利益诉求,乃是产生各类权利的基础;而第四种、第五种则在霍氏那里,均有对应的名谊。

他人消灭其使用土地之特权的行为……①

即使在第一层序上,一定程度上,"权利"和"权力"两概念也是可以互训的(但绝非在所有的意义上),当一项权利有其制度等方面的坚固保障的时候,此项权利对其所属主体而言,便有着即使遭遇他人的阻碍或反对而仍可达成的权力属性。而从另一角度来看,至少合理的权力就是去做某事的自由,故而亦具权利之征象。但是跟可以发号施令的稳定地拥有权力的状况相比,在一定范围内为每个人或很多人所拥有的权利的权力属性(也包括第一层序上的),仅在有关的阻碍或反对现实地发生的时候才得以凸显,而且是因为众人认可这是一项权利。更为严重的冲突在于,创造命令或政策之类规范的公共权力,经常对于普遍化的个人权利和个人自由构成威胁。

一种普遍化的个人层面上的"权利",常常是可欲的,否则便无法与泛化的他人态度中的义务或责任相联系。拥有权利就是拥有一种为他人所普遍认可的特定的欲其所欲之状态。所谓义务,当其表现为对于合乎"可欲"性质的权利的尊重,而不顾自身原本意欲可能引发的反对时,便形同服从。跟"权利"一样,义务概念既有道德上的,自然也有法律上的。

当对服从的普遍要求是坚定的,且对越轨或扬言越轨的人施加的压力是强大的,此时,规则就被认为或说成是设定义务的。这样的规则可能完全起源于习惯;可能根本没有集中组织起来的针对违反规则的惩罚系统;其社会压力可能仅仅采取物质制裁之外的广为扩散的敌视性或批评性反应……当社会压力是最后提到的这种压力时,我们倾向于……把该规

---

① 〔美〕霍菲尔德:《基本法律概念》,第143-145页。

则之下的义务分类为道德义务。相反,当物质制裁非常明显或经常存在于压力形式之中时,(尽管它们既不是由官员周密规定的,也不是由官员实行的,而是统统留给社会)我们倾向于把该规则归类于原始的和初级的法律形式。①

根本上来看,平衡地拥有权利、义务的能力,是在人与人的关系之中的个人的理性特征,也是法律关系得以成立的前提,所以对法律关系而言,是极端重要和非常基本的因素。② 法律规范的文本形式,也许并不需要给出该项规范或其所属法律体系意在维护的价值如有关的权利的说明。但对法律规范来说,通常是表现为对于违反一定法律义务的惩罚之说明形式,已经内在地蕴含对相关权利的涉及。

权利范畴的广泛和深刻适用性,显然并非因为它是"自然"或"宇宙秩序"的一部分,及并非出于至善全能的造物主的意愿,而是因为它是一个社会中的稳定的利益机制的化身。注意,受到保护的,甚至让人觉得有神圣感的"权利"背后对应的"利益",通常并不是个人或集团的特殊利益本身,而是在一般的意义上极有可能产生这种利益的某种稳定的机制或行为模式,并这一机制或模式是可以适用于一定范围内不特定的个人,或者被设想为普遍适用于

---

① 〔英〕哈特著,张文显等译:《法律的概念》,中国大百科全书出版社,1996年,第88页。
② 在康德看来,(一)对那些既无权利,又无义务的人,法律关系是空缺的,"因为这些人是没有理性的,他们既不能加责任于我们,我们也不受他们提出的责任所约束"。(二)对那些既有权利,又有义务的人,法律关系是有效的,因这就是人对人的关系。(三)对那些只有义务而无权利的人,法律关系亦为空缺,因为:若有这种人必然是没有法人格的人,如同带上镣铐的奴隶。(四)对一个只有权利而无义务的人,法律关系亦空缺,因为其存在即上帝,是不能由经验认识的。参见〔德〕康德著,沈叔平译:《法的形而上学原理——权利的科学》,商务印书馆,1991年,第36页。

世人的。譬如，严格来说，很多法律体系——如普通法——所要保护的，并非某甲因债所生之特殊利益（从他个人的角度来说，他也尽可放弃这一利益，而这一放弃常常不会被世人视为恶行），而是不仅适用于某甲，亦且适用于某乙、某丙、某丁等的"因债所生之权利"之模式或机制，当然辩证地看，保护此一模式，便很可能保护了适用该模式的特殊事项上的利益。仅就利益机制所涉事项中的特殊方面而言，这称为"利益"而不宜称为"权利"。同样，利益机制越是特殊地依赖于身份的分化，往往距离"权利"概念越远。

这种和"权利"相联系的"利益机制"概念，①应该结合三种"利益"角度来理解，此即个人利益、公共利益和组织利益。那些直接体现个人的需要、愿望、主张和要求，并且有关的良好结果在个人之间难以共享的，就是个人利益；广泛范围内的很多个人的受益之事实或可能，并且有关结果是可以共享而难以分割的，就是公共利益；第三种概念则是指，对于一种组织或政治架构的利益，即通常是一种特殊的公共利益（但在组织的正常机能消失或衍生巨大副作用之际，就不是了）。② 基本上，一种利益机制会在一个社会中被视为"权利"，就是因为保护它是现实或潜在的公共利益或组织利益之所系。而适用公法和适用私法的区别，很大程度上则表现为：在前者，对个人利益的侵犯实质上或被理解为就是对公共利益的冒犯或损害；而在后者，虽然维护"利益机制"容或是公

---

① 后期墨家有曰："义者，利也"（《墨子·经上》），此说颇有见地也。
② 此三种利益的概念，参见〔美〕罗斯科·庞德：《通过法律的社会控制》，第 41 - 45 页。然彼用词，与此不同。再就是，在我看来，"权利"术语不能简单地翻译成"利益"术语，而是体现为一种"利益机制"，在这点上我当然不完全同意庞德关于"权利"的第一种涵义的说法。

共利益的所在等,但诉诸该机制所导向的实质利益就主要是个人利益。

上述各类概念——伦理、自由、权力、权利、义务——都与如何处理己、他之间的意志关系相关联。在这方面,其道德内涵通常为人所肯定的克己和利他的行为,跟对于权力的服从很相似,而克己和利他的行为的受惠者,似乎又像是处在权力实施者的状态,但这种相似性是表面上的。关键的区别在于,具有权力的某己在欲其所欲和促进其所欲的实现上表现强势,而不涉及对其所欲的主动调整。受惠者却只是被动等待着或不经意碰上了这等好事罢了。

对于权力的优势一方、某些道德行为的被动受惠者,甚至对于克制其原本所欲而实现其意志的某些道德行为的主体而言,都有某种自身意志即其所欲的实现。只有权力的被动服从一方失去了这样的机会,即在某一权力现象中失去特定的自由。当然,在这些场合都应假设某己的克己、利他行为,以及某己所拥有的权力角色,皆为共同所欲之对象,即本体论意义上的"意志自由"并未丧失。必要的权力,是对于自由的合理限制。但是坚持"必要的权力"的主题,也就意味着必须对权力本身施以必要的限制,而实现在"必要的"范围以外的充分自由。

伦理上探索可欲的行为的种种努力,对于人们的实践的最大效果就是"知所分际"。其不必去调整所欲,而是懂得何为合理的、社会可接受的所欲,且以之为意志所认可之所欲。而且我们不难发现,若论某己对一事项具有权利,大体上就是指其拥有实现它的自由,并在该项权利受到认可的范围内或社会脉络上,它便是"可欲"的;通常,这也对应于在特定的他者或泛化的他者身上所产生的尊重或自然地维护此项权利的义务。

一般来说，克己、利他是受嘉许和赞赏的，但不是人们普遍接受的义务类型。基于己、他之间过去行为的后果而影响到自己当前行为的选择，有四种频率很高的基本类型。例如由于后果为"己利他"而期待他人有所回报，在很多道德训诫中，并不被认可为善念，回报仅仅是一般意义上"可接受的"而已；对于"他利己"，则很多文化认为产生了己方的报答义务或准义务；"己害他"一般会产生补偿的义务；"他害己"则或许致报复的行为，在早期部落文化中，"血亲复仇"常被视为义务；而在文明达到一定程度以后，为了一定的社会秩序内的公共利益，私刑是被禁止的，补偿或惩罚会被纳入法律的轨道。

在某种交互主体性中，在主体性自身（己）与其关联方（他）之间，相当多的权利、义务关系是联锁在一起的，其基本形式当有以下几种：

（一）权利蕴含着义务。此可写作：

$Ax \rightarrow Bf(x)$（A 指己，B 指他，x 谓某项权利，$\rightarrow$ 谓可推出，$f(x)$ 指直接保障权利 x 的那项义务，下同）。

这种权利既可以是自然地、当然地存在的，例如现代文明中的生命权；但也可能是经由声索、要求始得产生。如果己方的某种权利仅仅意味着他方的义务而不产生他方的同类或相关的权利，那么至少在这个领域，两者近乎主、奴关系。

（二）平等的道德关系。此可写作：

$Ax \rightarrow Bf(x)$；

$Bx \rightarrow Af(x)$；

$Ax = Af(x)$（=指可以互推的关系）；

$Bx = Bf(x)$。

如果某项权利是在一定范围内普适的，那它就意味着其适用情形的某种对称性。①

（三）彼此相关而相异的角色关系。此可写作：

$Ax \rightarrow Bf(x)$；

$By \rightarrow Ag(y)$（y 指 B 所拥有的、与 A 在此关系中所拥有者相异的权利，$g(y)$指 A 对此权利承担的义务）；

$Ax = Ag(y)$；

$By = Bf(x)$。

自然，权威角色是一种重要的角色关系。即使在这种我们常说的上下级关系中，也经常可以发现己、他间的某些关联性义务或责任。即便对于上级，他对他人的某些权利通常也是源于他对他人所担负的某些义务，而又遑论下级。只不过在上级的权利中，不仅是有被认为当然存在或可由声索产生的对下级行为之要求，还有对于某些双方冲突的情境和意愿可作裁断和终决的意志，即权力特性。这是这类关系中的权利属性具有差异一面的主要原因。而在平等的角色关系中，此类权力特性是付诸阙如的。

## 第五节　规范的效力与实效：
## 时空维度、聚焦与联锁

法律的实质内涵，所涉"应当"之义，至少体现在两个基本层面：法律所要维护的那种状态之作为"应当"；违反此种应当，遂该给了何种惩罚或无效化处理的那种"应当"。但围绕某项法规或某一法律体系，它"应当是什么样的法"，与它"实际上是什么样的法"

---

① 〔英〕戴维·罗斯著，林南译：《正当与善》，上海译文出版社，2008 年，第 2 章附录 1。

当然有所不同,而自然法学说与法律实证主义,①针对"自然法"与实体法的不同态度,就涉及上述区分。我们可以把法律看成一种特殊的事实,一方面,"法律的存在有赖于它们是由社会中的人们的决定创立的",②而的确存在人们的期待、意愿和决定及其在事实方面所产生的效果;另一方面,"某一领域里的特定法规实际上是什么样"这个与其效力和实效有关的问题,实乃涉及三个彼此有联系之方面:某项法律规定之"应当做什么"的内涵,不管在各种可能成立的"应当做什么"当中,是否为针对那一领域之最合理或最

---

① 自然法,拉丁语为 Jus naturale,英语 natural law,围绕它的观念,在西方政治和法律传统中,可谓源远流长。据称,"自然法"与"实在法"对称,是指相对于人为制定或现实中行用的法律而言的永恒普适的法则,是向人类的理性指出来以后,而容易受到人们普遍承认的正当行为原则。在西方文明的不同阶段,或依不同目的,又可替之以"宇宙法"(the law of universal)、"上帝法"(the law of God)、"永恒法"(the eternal law)、"理性法"(the law of reason)、"道德法"(the law of morality)等不同名义,然实质相通。参见〔德〕塞缪尔·普芬道夫著,鞠成伟译:《人和公民的自然法义务》,商务印书馆,2010 年;吴一裕:《菲尼斯新自然法理论研究》,法律出版社,2009 年;占茂华:《自然法观念的变迁》,同上,2010 年;John Finnis, *Natural Law and Natural Rights*, Clarendon Press,1980。

身体、自我、意志、自由、利益、他人的共在、实践理性,等等范畴,是不管什么样的法律都得有所处理的。它们的含义,在历史长河中,只会被不断拓展、充实和调整,而不会被彻底颠覆,它们也不可能在实践中被取缔,那对它们善加对待的法律,就应该是更可取的。所以在我看来,如果"自然法"观念还有一定合理性的话,它就应该认真地被视为,乃跨越历史阶段与弥合历史裂隙,而不是取消历史的范畴。

有自然法,就有自然权利。但边沁认为,没有法律便没有道德,没有自然而然的道德性法律,所以,也没有自然权利(参见〔加〕萨姆纳著,李茂森译:《权利的道德基础》,中国人民出版社,2011 年,第 102 页)。后来,以奥斯丁、凯尔森等人为代表的分析法学,则以对历史和现实中的法律规范和法律概念的客观分析为宗旨,以对实在法的逻辑结构和概念的语义分析见长,堪称是对自然法法学的一种反动。它指向一个合乎逻辑的内部高度融贯的法律体系的乌托邦,而不关心或者不承认自然性的权利和正义(参见吕正伦主编:《西方法律思潮源流论(第二版)》,中国人民大学出版社,2008 年,第 124-126 页)。

② 〔英〕麦考密克、〔奥〕魏因贝格尔著,周叶谦译:《制度法论》,中国政法大学出版社,1994 年,第 154-155 页。

应被选择者，它所指的实际状态究竟是什么；以及，那种"应当做什么"的要求，是仅仅停留在被众人以某种方式"视为应当"的那个阶段或环节上，还是已经按照契合其要求的方式而变成了实际状态的。后两个方面，就是法律规范的效力与实效的区别。——但这种第二层序上的区分，基本上也适用于其他类型的规范。

**一、规范的效力与实效的各种表现**

某一规范的发挥实际效力即其特定场合或一般场合中的适用，就是透过直接责任者或相关人士对之具有特定意愿意向的行为方式而达到预期状态之实现。而关于一项规范的特定的实现或一般的实现，或者围绕它的基本现实，看来得参照其行为预期、行为表现所涉及的实在形态之改变、调节方式、承担者的主体性资格、时间或概率、空间或场合等若干维度，给出较为精确的分析。

从一些规范体系的运行状况来看，确实有必要区分规范的"效力"和"实效"这两个方面。其中第一个概念"效力"又可以有三种若即若离的涵义。其一是指：理论上，根据关于某一规范的要素结构的意向性之逻辑特征，不论其是否已被履行或当前场合正被履行，在人们看来的，履行该项规范所必然涵盖和牵涉的所有可辨认的状态，此即规范的"内涵效力"。其二，一项规范之被接受和认可的事实；并且，若这样的事实持续，即只要该项规范没有被明确或彻底地废止，则它仍被视为"生效"或"发生效力的"。①——即使它只是停留在人们的意向所认为的理想或较理想的状态中，而在

---

① 凯尔森提到："宪法（实质意义）若以习惯作为立法之外的另一法律渊源，则制定法规范便可因持续不被适用而遭习惯废止。规范于废止前自然有效，然而，新制定之规范却于发生实效前便具有效力……"（〔奥〕凯尔森：《纯粹法理论》，第87页）。便涉及此种效力。据说，法律规范的效力涉及四个方面，属时效力、属地效力、属事效力、属人效力。

实际生活中得以实现的概率并不理想。其三,当同样为人们所认可和遵循的若干规范在某一问题或情境上产生相互冲突的要求的时候,或者在若干规范的行为预期之间原本就存在内在矛盾的情况下,人们在该问题上选择其中某一规范而弃置另一规范的原则或机制;[1]而那一被选择的规范,可谓在此问题上是"更有效力的"。

第二个概念"实效"或"实际的效力"则是指:某一规范在某一场合或在现实当中得到履行、贯彻和落实的事实及相关程度;[2]对一项规范而言,完全地、充分地发挥实效的表现就是,在每一个可辨认的适用情境当中,其行为预期都得到了实现,并且所有理应表现出来的可辨认的状态均得到了实现;当然很多规范在很多个别场合的实效,的确很难达到百分百的状态,但无论如何,衡量"实效"必须结合该项规范的"内涵效力",即"效力"概念的第一种涵义,才能得到合理的测度,[3]也就是得明白在单一场合或所有场合充分实现的极限究竟在哪里。

实际履行一项规范和它发生效力的概念似乎难分轩轾,但事

---

[1] 凯尔森称:"各法规范之效力问题应在法律秩序内部解决,即诉诸赋予一切规范以效力的首部宪法。若此宪法有效,则以合宪方式发布之规范皆有效"(《纯粹法理论》,第 87 页)。便涉此种效力。而功利性原则或者对各类义务的排序,也许是甄别规范(尤其伦理规范)效力的基本思路。

[2] 据说,"一个法律秩序是有实效的,只严格地指人们的行为符合法律的秩序,其中丝毫不涉及关于这一行为的动机,尤其不涉及来自法律秩序的'精神压迫'"。(《法与国家的一般理论》,中国大百科全书出版社,1996 年,第 25 页)而"每个单独的规范,当它所属的整个法律秩序丧失其整个实效时,它也就丧失了自己的效力"(同上书,第 135 页)。

[3] 在某一情境中,一则未得充分实现的规范,是否仍被视为一个新的规范?这当然取决于人们的意向是否聚焦于原来的那种充分实现的状态,这种作为参照物的目标的存在,表明这是一种可接受的变调状态,而不是一个新的规范的诞生。当然这个问题的答案并不绝对。

实上存在着必须把它们区分开来的充足理由：一种是社会心理上的现象，即与一项规范的内涵效力相比乃是对立、歧异的或在单一场合程度显得不足的某种状态的出现，并不一定意味着在有关主体的其他场合，该项规范就没有被履行的机会，而在由很多实际场合和预期场合构成的整体情境中，该项规范未被明确或彻底地废弃的事实，甚至对于某一特定的未被实际履行的场合，都至少产生了心理压力等方面的作用，堪称是"效力"的第二个意思的体现。另一种是更内在的理由：对于某些规范而言，在某些场合或情境中，即使实际履行该项规范的行为并未发生，亦不能遽然视这些规范就没有发生效力；因为从这些场合的开头到结束之前，都必须参照某些可能世界的涵义来理解其场合或情境；而在这些场合或情境中，人们可能有一种一旦必要即须履行的实际意识或潜在意识。要而言之，"实际履行规范"就是行为预期在某个现实场合的实现；"发生效力"则还笼罩着相关的可能世界。

贯穿起来看的话，规范效力与规范实效间的区别，则相当于围绕第一层序上的"应当"之第二层序上的应当和是的区别，这个看法大概也适用于法律。相对于其诉求不被普遍认同的情况，如果"应当做什么"实际上被众人认可为"应当的"，那它就是有效力的，但如果"应当做什么"实际上已在被认为应当的意向的观照下被付诸事实了，即，如果已按照契合其内涵性要求的方式被执行了，那它就是有实效的。

对于一个个人或者一个集体而言，至少有两类基本的因素妨碍其所接受的规范臻于充分的实际效力：一者，几个规范之间存在内在矛盾或在一定的现实情境中竟产生了冲突，此际，至少有一个规范的要求是不能被满足的；二者，不管在一定范围内有没有这种矛盾或者是否涉及这类情境，还有其他各种难以预计、难以殚述的，相对一规范体系而言为外部的阻碍因素，如由于时过境迁、物是人非,其相应的社会经济基础已经瓦解,或者由于受社会经济领域里对规范内涵效力而言实属反向的作用力之牵引,甚至单纯由于人性自私或偏狭的弱点(尽管这可能是表面现象,还可从深层解释)。

规范的"内涵效力"便已单纯设定与"实效"相关的"履行"概念。无疑的,实效或者实际履行就是内涵效力的实现,但是因为"生效"的状态和实际履行在时间维度等方面表现得并不一致,也因为内涵效力是一个基于其纯粹可能性而得到理解的概念,因此"内涵效力"概念中设定的"履行"的涵义并不以实际履行与否为前提,反过来,实际履行是以内涵效力中的"履行"即人们对"履行之"的意愿意向为前提的。

关于各类规范的内涵效力所指向的现实对象,或其所涉及的力图现实化的对象的状况,可以根据其规范陈述或者理论上可转换为相应陈述的要求的特点,进行若干一般性的解析。首先,一种明显的状况是,在行为预期方面,如一规范一律禁止某类行为,则该项规范得充分履行的时间方面,便涵盖其均在生效的所有时间跨度;但若一规范是一概地要促成某一行为方式,则其充分发挥实效所覆盖的时间仅为适用该项规范的情境出现的所有时刻,而不是其仍在生效的那些时间跨度。

其次,遵循规范的行为表现一般都以跟它的内涵效力有关的方式影响实在形态或物质形态的改变,而这些改变正是其发挥实效的一种表现,至少是这种表现的连带的影响(广义上的实效,也可指较为切近的连带影响)。即使对于禁止性规范,这种改变也可能以极为强烈的方式显现出来;但是这种改变的实效,经常得放在更长远的历史视角中,或者置于更具综合性的情景中才能被看得清楚。因为,至少在表面上,结合这类规范的内涵效力而言,某些活动没有发生,就是在有关的意义上,物质形态等方面没有出现任何变化。但禁止性规范的实效,可以被理解为一种历史性状态,也就是说,对于某一禁止性规范的主体来说,相较其未被履行或完全没有生效的此前阶段,毫无疑问改变已经发生。同样可进行合理比较的,便是体现其适用性的不同场合,其中既有无违反意愿而泛泛可称遵循者,又有有违反意愿而仍循此禁令者。

特定时空范围内的规范的实效状态,通常蕴含这样的层面:与相应规范形态有关的调节方式在起作用。但这是一种牵涉的状态,并非一项规范的特定实效状态的核心。所以,倘若这种作用是现实发生的,从其时间维度来看,它可能置身于有关行为表现的同步进行当中;但也可能在履行一项规范的结果发生之后(至于将延宕多久,则未可一概而论)。即并非只有大致的同步性这唯一的时间特征的选项。所谓现实发生的,就是指:利、害的事实确实降临在履行规范与否的主体或主体性资格之上;或者一种强烈的、通常与肉体有关的害处降临了;或者舆论纷纭而起,就像发生某些化学反应一样,在激励或抑制着某些行为。责任感和信仰则在其一旦树立之后,便会贯穿于道德主体性之历程,除非它已经褪色、崩溃,或者偶然打了一个盹。

可是调节方式所起的作用,也极可能是一种静默的力量,一种现实的可能性,一种事实上没有直接运用、但因其在很多场合中的现实作用已被认可而值得认真对待的机制。暴力机制常常是这种静默的力量。所以当我们说某一规范产生或具有实效的时候,可能是指,作为其调节方式的制裁方式已经被运用,也可能指其的确以制裁手段为背景的、合乎某一规范所诉求的内在价值的相关事实或事态的存在。当然,法律规范的实质可以被理解为,它已经把围绕惩罚和制裁的调节方式明确纳入其规则体系当中了,甚至,任何一条法规都可以被视为包含价值诉求和保障这价值诉求的手段这两个层次。[1]但是其他规范就没有这样的幸运了;可是就连法律,也不是所有的对其产生实效发挥作用的调节手段(如责任感),都被法条化了。

也许从一开始,我们就应该从演化史的角度来看待有关问题:对一项规范而言,调节方式的具体运用,乃是此前运用有关调节方式而累积起来的演化史的结果,这部演化史迄于某一时刻的意义多半跟行为主体此后的预期有关。一般来看,推动一项规范的履行的调节方式,经常联系着广义上的趋利避害取向,[2]此外就是责任感或信仰,也许它们蕴藏着传统的智慧或理性的狡计(在一些领域里或一定状态下这两者是一致的),即隐藏着更深层次的、但未必直接兑现的趋利避害取向。而且,信仰往往又是责任感的深沉变调。不管怎么样,每个人都有可能对于一部切身的规范演化史有着种种盘算。在这些盘算中,拿来作为隐约的统计样本的事态包括:调节方式现实起作用和没有起作用的各类概率,尤其是前者。

从各种各样调节方式的时间维度来看,融入道德主体性之意涵中的责任感或信仰,和对于有关规范的意向性具有几乎同样的

---

[1] 对法律规范的价值导向的强调,正是凯尔森的观点,但保障的手段,不只是制裁,还涉及哈特称为"第二性规则"的各个方面(参见本书第 2 章第 4 节)。弗里德曼(Lawrence M. Friedman)谈到"法律何时有效"之际,主要是指"实效"上的表现,参见〔美〕弗里德曼著,李琼英等译:《法律制度》,中国政法大学出版社,1994 年,第 4、5 章。照他的说法,有效性发生在"法律举动"的环节上,这是"随法律行为而发生并与之有因果关系的行为"(同上书,第 77 页),法律行为则是"任何掌权者在法律制度范围内采取的任何行动"(同上书,第 29 页),如警察执法,如掌权者口头上的决定、命令,立法机关颁布规则等。而法律行为影响人们的思想和态度,进而影响法律举动的方式有三大类:制裁,即威胁和许诺;社会,即同等地位的人和集团的影响;内在价值,即良心、合法概念、服从上的态度等。照他的说法,制裁也可以是奖励之类的"消极制裁"。而我认为,某些制裁或给予荣誉的方式,依然可以在被明确树立的规则的实效以外的、调节手段的意义上起作用。

[2] 如前所述,暴力、舆论亦可被理解为引起特定的或害或利状态的因素。

## 第一章　实践维度与基本规范范畴

绵延跨度，从另一方面来说就是，和一项规范的生效时间同步绵延。至于其他调节方式，当它们作为静默的背景起作用的时候，乃是透过"预期"这个环节。预期可能在行为方式落实之前就已开始了，而直到相关的调节方式已现实地起作用为止，即这时辨识替代了预期；但是很明显，这种现实的作用并非每次都会发生，也并非都紧接着发生。而在下一次（如果次序之间是可以分割的），它们一般又会先返回预期的位置上，或者迄于那一刻它原本就待在那样的位置。

看起来，调节方式发挥作用，主要有这样几种样态：在一次规范的实现当中，调节方式始终作为预期——即通常是一种现实的可能性——呈现，嗣后亦未尝有针对该次实现的现实调节；或者，在一次实现当中，调节方式始终处于被预期的状态，但嗣后发生了明确针对该次实现的现实调节；或者，在一次实现当中，像责任感之类的调节方式一直就在起作用，而不是处在任何被预期的位置上。

每个人似乎都有一套自己的规范谱系，但明确性不是其中的必要特征，就像一个有强烈意愿要遵循其所在社会全部法律体系，并且事实上也在这样做的人，极可能并不知道这些法律的确切规定为何物？他可能借助从众的惯例或法律职业者的简单表示来了解自己并未越轨，而不是由自己直接来察看条文——即使察看条文，亦未必悉知其意。可是这种知识上的含糊性（这在民俗或惯例中也是常见的现象），并不是否认在某人的行为中某一规范已生效的必要依据。因为归根到底，规范的内涵效力、生效与实效，就跟规范本身的存在一样，都是某种意义上的集体意向性的对象。

进一步来看，规范运行的时空形态之问题，很大程度上就是规范的效力与实效的关系之展现。其实，可以从四个角度来看待规范运行的效力和实效所牵扯到的时空形态,这就是:(一)个人或者某种适用规范的主体性资格;(二)各类型规范的适用方式的时间维度;(三)作为效力的一种叠加效应的规范体系之层级结构;(四)规范适用对其形态发生影响的特定事件或行为方式。

对于规范的适用而言,履行规范或使之生效的主体或主体性资格以何种方式存在的问题远非自明。作为一种实在的层次,主体或主体性资格必然具有某种意义上的、不可还原的"突现"性质,这个主体可能是个人的自由意志——它居于各种各样主体性资格的中心位置上,也可能是所谓集体意志,或者是笼罩着集体意志意味的某一整体机制中的环节。像政府、政党、学校、公司、社团这样的集体性存在,可以是在一些法律体系中得到较精确规定的"法人",①也可以是一种其被赋予的内涵有明确硬核与模糊边缘之分的集体意向性之对象。或者干脆在个体之间关于其内涵和功能的理解就是有分歧的,其核心只是那些个体间拥有较多重叠共识的部分。

从其得以确立的程序和对其展现的态度来看,主体性资格的

---

① "法人"是渊源古老的概念。就古罗马企业而言,这形式是否存在,颇有疑问。但公元 3 世纪的罗马法学家乌尔比安(Ulbian)确实表达过类似的意思。它是指一种"摹拟的人格"。法人组织容许集资经营,有权像一个人那样买进、卖出和请求法院强制执行其要求。法人不同于由各成员协议形成的合伙经营。后者从法律角度来看,始终是个人权利和义务的集合。譬如要起诉合伙经营,就得传唤所有合伙人到庭;而一个"法人"却可在法律效力上将其股东的实体凝聚为某个单一的摹拟人格,"自己"就可拥有权利和承担义务,由法人代表来参与诉讼(参见〔美〕M. E. 泰格等:《法律与资本主义的兴起》,第 17 - 18 页)。法人只是承担"有限责任",即它的股东或成员不承担入股数额以外的义务。一旦法人经营失败,股东无须以其个人的其他财产来偿付法人无力偿付的债务。这是在中世纪才明确开始采纳的形式。当时西欧的许多机构都具有法人性质,如商业公司、中世纪城市以及罗马公教会等。因而"法人"的理论便备受关注(参见〔美〕伯尔曼:《法律与革命》,第 264 页等)。

第一章　实践维度与基本规范范畴　　　　　　　　145

问题(它是一个纯粹的理论问题,也是对关联者而言要以其行动给出答案,并经常浮现的现实问题),蕴含着规范意义。所以,一般意义上的生效与实效的区别也适用于这里。譬如法人的生效通常具有一个可辨认的时间跨度,但显然并不要求其在整个生效的过程中都得不间断地实际履行某些责任。个人角色的情况跟这相似。

　　主体性身份的生效,并不一定都要求有明确的准入或厘定程序。在很多时刻与场合(即使不是所有的),遵守民间的习俗、惯例,学习和运用某一语言规则等,都不需要任何形式的批准和首肯,在按照规范要求去做、并且至少事后有对于"这是合乎规范"的明确意识的时候,你的主体性身份就自动生效,也自动实现了。与此形成对照的是:稳定地获得某一行政或司法权力的角色,则是资格准入程序总体上繁杂和频密的领域,也许是堪称为最的。这基本上是因为,公共权力无疑是一种相当稀缺的社会性资源。

　　其上叠加着各种各样主体性资格的现实中的个人,就是一个被多重规范运行状态围绕的物质世界中的节点——就像一具体事态背后可能对应无数抽象规定的实现一样。当然在个人承担者之外,还有集体性的主体性资格之承担者。但个人或集体性单位能够聚合成为集体或共同体,正是由于其成员承担的若干规范之间有着一些紧密嵌套和联锁的关系,即令到这些成员拥有了一定程度上的命运关联的意识。一般来说,确定某一主体性资格的规范,其实质是围绕己、他的普遍性人格或特殊角色性身份的权利、义务关系的联锁,并非只是针对某一方主体性资格的要求。因而其规范的运行必然表现为具己、他之间时间相上的同步和己、他间的主体性资格的匹配。个人具有难以替代的本体论地位,但它只是一个关系网络中的节点。而个人身上叠合着的规范的多寡,几乎是对他的社会联系程度、重要性或权力地位的度量。一般来说,个人身上承担的角色越多,它与规范发生联系的密度就越大。

既然像"权利"、"义务"、"善"这样的规范性范畴的具体内容的形成,跟集体意向性有关,则仅在某一边界确定或模糊的集体之集体意向性,赋予其中的普遍性或角色性的权利—义务之类以有效性之际,特定的个人或某一主体性资格才在该集体延伸所及的范围内承担了有关规范——作为其受益者或实施者。在时间和空间意义上的一项规范的物质性边界,就是具有此类意向性的集体拓展或扩散的时空上的边界,或者还扩及:具有这一集体的成员身份的个人或子集体的分布状况。① 但是把在一集体范围内实属有效的某些规范泛化地施用于集体之外(这些范畴在相应的集体内才被视为具有普遍性的),却非绝对罕见的、不可思议之现象,基本上这是因为:该集体或集体中的个人,对于集体之外的角色、身份、主体性资格等,总有着想要适用其本身的规范的倾向和冲动。

一般而言,实效就是印证和巩固效力,得到实现的效力的内涵将会越来越明确;没有实效的效力,如果不能说成绝对无效的,至少还仅停留在意愿的意向性之阶段。而规范的实效就是在可辨认的适用情境中对于规范的适用。如果所有规范本质上都内含着某种调节主体间关系的向度(这是其本质性向度),那么群聚性场合便是实效得到体现的极为重要的场合(即使不是唯一的场合),即

--------

① 公元前367年,为罗马商人创设了"最高裁判官"(praetor)职位。这时已经有条约将通商权给予某些邦外人。另一些邦外人则准许在"最高裁判官"面前提出申诉时自称为罗马人,而诉讼的对方则不准反驳这种声明。有趣的是,约15个世纪以后,英国法庭也曾采用类似的手法,以裁判发生在英国境外的纠纷。区别在于,如果说前者是虚拟的"属人主义",那么,后者表面上就是一种"属地主义",即准许诉讼当事人不容反驳地虚称那些境外的地方是在英国境内。

第一章　实践维度与基本规范范畴

它是作为能量聚集中心和能量扩散源头的场合。①

然则，从遵循一规范的时间相上来观察，存在体现规范效力又实现其实效的三种基本方式，这跟它的内涵效力的性质有关。第一种是指：在某项规范仍然生效之时间范围内，其实效主要系附着于内涵效力指定的时间段落即适用情境上的（除非在那些段落上，更有效力的规范使得此类规范不再有效），因而展现的是一种内涵效力和实效皆属离散而彼此相契的时间相上的分布。

第二种是：内涵效力绵延于生效的时间范围内，但它的实效却只是分布在一些彼此离散的时段上，即由于这类规范没有特别指定其效力得以落实的时段，而是泛指各种可能的情境即时段，故而，即使适用它的特殊情境并未出现而未必得实施某种行动，却也不能认为它的内涵效力的所指就不涵盖这样的时段。这种效力的内涵往往有这样的表达形式："只要……，就得……"。并未实施特定行动的时段，实际上也被"只要"之类语力所覆盖，尤其在它尚未由未来转入现在之际。

第三种是：内涵效力和实效很可能都绵延于生效的时间范围内，即体现一种适相契合、双重绵延而不是双重离散的状态，只有在更有效力的规范覆盖它的时点或时段上，才会出现没有实效的

---

① 群聚性场合的构造形式，涉及广义上的"仪式"概念，在整个社会的规范体系中有着某些难以替代的作用，因为它指的是两人以上、但常为群众性的有意向的聚集式活动，即在一种时间和空间相当紧凑的、常伴随有边界的场合，个人之间围绕某种目的和构造某些集体意向性境域的活动。参见〔美〕兰德尔·柯林斯（R. Collins）著，林聚任等译：《互动仪式链》，商务印书馆，2009年，第86－88页。过去，群聚性场合必以人们空间上的邻近为特征之一，但在今天，有互动功能的电脑网络等，似已改变了这一点。
符号、情感能量（一种使个体或集体趋向特定活动的动力）、角色和地位，在互动仪式中不断得到生产和再生产。因为在群聚性场合，且主要也是在这样的场合，符号、情感、角色等因素必须被结合进物质性的肉身及其行为方式当中，即有其时空形态上的具现。当然规范也是如此——倘若规范的意象之光此际已照入现实的话。

空洞。这种情况主要出现在否定性规范上面。①

如果你是一个义务论者,那很可能在你看来,一些规范依据其重要性程度的衡量,必须在那些产生冲突的场合,让位于更有效即通常更为重要的规范。即在这些场合,出现了实效上的空洞。但我们不能认为,它们的效力也一并丧失,否则"冲突"的语意就是无谓的。而且在他们眼中,很可能有些规则的重要性程度是其他规范难以望其项背的,即对于这些规则,并没有其实效本应覆盖却没有覆盖的时间段落。在某些义务论者看来,一些极为重要的规则(其重要性的根据可能在于上帝的旨意、自然法或规则的固有特征等),不容有丝毫冒犯和违背,原则上为了遵循它们,就算世界毁灭也在所不惜。当然,这种看法对于功利主义者来说是无效的,在其眼中,甚至不见得存在源于规则自身理由或特征的大体固定排序。所有规则都要在具体情境中经受功利性原则的考验。因而所有规则都有可能出现其内涵效力难以实现即没有实效的情况。看起来,义务论和功利主义这两种道德哲学的思潮,恰好影射着实践当中的两种基本倾向。②

---

① 必须采取行动阻止他人的杀人冲动,跟单纯地要求自身"不得杀人",是两种相当不同的规范,前者适用第二种情况,后者适用第三种;而对履行的特定时间有所规定的礼仪,则属第一种情况。

② 功利主义和道义论,各自都至少有两种形式:要么是强调行为所面对的特殊情境的,要么是强调普遍规则的作用。如此,便有四种基本思潮:(一)行为功利主义,认为一个人至少在那些可行的场合,均应直接求助于功利原则(即其行为是否足以产生人群的利超过害的最大余额),以确定一项行为是否为正当的或应该做的。(二)规则功利主义,强调规则在适用功利原则时的中心位置,即坚持认为,一般来说人们是根据一条规则会为增进人类或人群的普遍利益产生怎样的后果,来判断其应否被系统地采纳。质言之,问题不在于哪一项行为具有最大效用,在于在一特定场域中哪些规则具有最大效用。(三)行为道义论,认为人们缺乏在特殊情况下确定道德上的是非曲直的可资仰赖的普遍标准,因而关于义务的判断全都是纯粹特殊的判断,确定何为正当的方法,或是围绕直觉主义所谓的"直觉",或是源于存在主义者所热衷的、不可测度的"决

## 第一章 实践维度与基本规范范畴

一般来看,在伦理规范的场域,存在一些具有层级性质的因素:(1)对于各项特殊行为或事态是否具有伦理性质、是否和道德义务或责任相联系的判断或规范性引导;(2)提出可成为上述判断根据的理由;(3)采纳一些基于更抽象的原则、理想或价值的规则,它们当然可以用更普遍的判断形式来表示,从而成为特殊判断的一般性理由;(4)赋予这些规则或原则以"责任"或"义务"的语言判断形式,并伴随舆论上的肯定或否定的调节;(5)形成某些伴随着一般性规则并有助于推动它们的特定德性或情感表现。[①]

现代性国家的法律体系,也存在明显的层级结构。譬如在注重立法理性的体系中,(1)基础规范——即凯尔森所说意识层面之宪法——相当于一系列可被视为具有政治性价值的原则性规范。而实在法中,(2)宪法之位阶最高,其根本功能在于规定立法机关及其程序。宪法以规定或禁止的方式所确定之内容甚多,若此宪法有效,则以内容(并程序)合宪方式颁布之规范皆有效,即宪法的效力是普通立法不得违背者,普通法律无权废止宪法中规定其创制及内容之条款,而宪法条款之废止、修订,常须更为严格之条件。等级结构中仅次于宪法的当为:(3)依立法程序创制之一般规范,此类规范不仅规定规范之创制机关(多系法院或行政机构)与程序,更确定其内容。一般规范将抽象法律效果系于抽象法律要件,它要具有实际意义非经个别化不可,即一般规范抽象规定之事实,

---

(接上页)定"。(四)规则道义论,却主张人们在进行伦理上的判断和选择时,是基于若干具有独立道德价值的(而不是基于目的论的即非道德意义上的价值的)规则和标准的,即使这些规则并不一定就是习俗层面上通行的那些规则。参见〔美〕威廉·K.弗兰克纳(W. K. Frankena)著,黄伟合等译:《善的求索:道德哲学导论》,辽宁人民出版社,1987年,第72-91页等。

① 参见〔美〕弗兰克纳:《善的求索》,第18-19页。

必须在个案中具体确定,这就是(4)司法裁判的作用。在一些场合(但不是所有场合),(5)行政命令也是立法之个别化与具体化。而在民法等特定法律部门中,一般规范之个别化与具体化,并非如同司法裁判一般直接由公权力的代表来实施,对于法院所适用之民法规范而言,(6)私法行为负责把法律要件个别化,即基于立法所委任之权,当事人自行创设规制其相互行为之具体规范,随后,如果必要,司法裁判才介入,以确认此具体规范是否遭违反之事实。①

一项行为实际上受规范调节之状况,若分析言之,在规范形态之间即常有实际或潜移默化之相互配合。例如古代的"孝道",便有习俗、礼仪、惯例、法律、公共政策等方面的不同表现,并得着相互强化,②进而拱卫这条在价值观上受重视等级极高的规范。在伦理型规范中,具有最高或很高效力的规范,往往是跟规范体系中的核心价值联系在一起的,并上升到一定抽象高度的伦理原则。从某种角度来说,法律型规范是涉及公权力运用或以之为背景的、对于伦理型规范的不完全翻版。这在下述事实中得到体现:在法律中,那些基于自身理由而配套制裁手段并欲确立之事态和行为,主要的并不是基于法律结构内的结构性因素而确立的,却对应于某些伦理或伦理型规则(尤其是那些最基本的)。实质上,有关法律规范是否就是围绕制裁问题的规范的争论,就从侧面印证了这

---

① 参见〔奥〕凯尔森:《纯粹法理论》,第 5 章。另外,与现代法律体系的层级结构相关的话题,是其内在融贯性。即"整体性要求尽可能把社会的公共标准制定和理解看作是以正确的叙述去表达一个正义和公平的首尾一致的体系"(〔美〕德沃金著,李常青译:《法律帝国》,中国大百科全书出版社,1996 年,第 196 页)。

② 譬如孔子所言"生事之以礼,死葬之以礼,祭之以礼"(《论语·为政》),指向礼仪;"三年无改于父之道"、"父母在,不远游"(《论语·里仁》),则为惯例性的要求;而中国古代家族主义法的很多内容的价值核心也是指向"孝亲"。

种状况。

无疑,一条抽象的、原则性的规则仍然是规范,它们大多带有价值观的色彩,也是其他一些规范试图去实现或帮助实现的目标。我们可以把具有不同的抽象性和概括性等级的规范之整体,称为规范的层级结构。例如皇权对祭天仪式的主祭者资格之垄断、几乎弥漫全社会的祖先崇拜、宗族的组织化、以孝悌为核心的家族伦理、五服制度、礼仪规格的等级差异,都不同程度地体现了更抽象的"三纲五常"或"亲亲"、"尊尊"之类宗法性原则。而那些稍微具体的规范,均有进一步细则化的空间,[1]甚至是下降不止一个层级的细则化。

由人们行为直接造成的事件,通常都可以被理解为,由一种综合性的意向所导致的。在任何这样的事件之上,恐怕都叠加着难以计数的正在发生效力或实效的规范。譬如,当你在一个定期集市上,以合理的、对方可接受的价格买了一个竹篾的时候,你可能做了一笔使所涉双方互惠共赢的、好的交易,这时你自觉、不自觉地都在遵循着哪些规范呢?虽说是一个日常生活中极不起眼的小事件,但实际上你遵循或履行的规范是数不胜数的。这出乎你的意料吗?这里最易让人忽略的是:即使在这一特定交易场合,你也遵循了在你的社会中为人普遍接受的那些底线伦理,如不得无故杀人、不得强奸、偷盗;至于是否可称你已履行刑法,就有争议了,至少你没有使自己成为刑律制裁的对象。理论上,在那个时刻,在一切仍在你身上持续生效的规范当中,很多也都正在发挥"实效"——这主要是指那些禁止性规定。而跟这个场合的具体特征更加契合的是:你可能遵循、履行或契合了货币法规、市场准入规

---

[1] 历来的各本家训、家规,就是家族伦理方面的例子,参见《颜氏家训》等。

则、城市管理条例、交通法规、关于定期集市的习俗、人际交往中的一般性礼节、交易中特殊的客套、讨价还价的惯例手法。从经济学家的观点来看,这也是一个隐性的、小型契约,一个关于产权转让的契约,整个过程中似乎你的自由意志未受强制,而交易生效之际物权互易,从此你拥有了如何使用你在交易中所得之物的极为广泛的权利,选项范围的边界,通常抵达以你的使用为确实原因的他人权利和自由受损之际。

看起来,这样的说法没什么不合理之处:如果你是一个社会性的个人,在某一特定的时刻,即使你什么也没有做——意即没有发生那些由于你的有意识的意愿而引起或诱致的事态——其实你也在遵循一大堆、数也数不清的规范。大量规范之间是内在相关的,即"如果一条规范的实存是另一规范的实存的充分条件的一部分,或者如果一条规范的内容只有通过参考另一规范才能得到完全说明的话,那么该规范就与另一规范内在相关"。[①] 而规范体系一般都包含着联锁性规范,即一系列内在相关的规范。

由于各项规范和制度需要协同地发挥效力和实效,故而各项规范和制度的效力和实效,就在时空相上存在一定程度的叠合或嵌套关系。一些规范以另一些规范为前提,甚至有些规范的效力之间构成回互的链条,而几乎所有规范的实效,都会受到整个规范体系运作实效之影响。社会状况,甚至其所关联到的内在自然和外在自然之状态,堪称是一个规范体系所发挥的实效的含义的一部分。

---

① 〔英〕约瑟夫·拉兹(Joseph Raz)著,朱学平译:《实践理性与规范》,中国法制出版社,2011年,第123页。诚如所言,很多规范性术语主要就是在两个内在相关的规范之间创设联系的联结术语(bridge terms),就像"出售"、"赠予"、"合同"、"所有权"、"抵押"、"信托"等。

## 二、制度性事实:规范效力和实效的聚焦

社会生活的各个方面,都有一系列"制度性事实",它们是依赖于一定范围的人们的同意才能成立的。甚至从本体论的角度来看,人类社会之成为人类社会,也是因为有了这些超越于单纯自然事实之上的制度性事实。这些事实的成立和持续,也可以看作是基于一些内在相关的规范的效力和实效的聚焦作用。

单纯的经验观察,对于观察制度性事实是不完备的,因为除了其象征手段、其所牵涉的物质载体,其存在的必然、单纯的实质主要是在于和规范效力一样的现实可能性。就像,某地的刑警没办过一件案子,也许不是坏事,而是大好事,昭示着那里天下太平的理想状况,但却并不表示刑警这一制度性事实的不存在,实际上恰好相反,作为结果的理想状况的存在,正是源自有关制度性事实的存在,即围绕它做某些事情的可能性令人相信这一意义上的、其现实可能性的单纯存在。制度性事实,要依靠相关人等或所有人的内在关联的、关于该事实的有所一致的意愿意向性,该事实就是依赖于这集体意向性而存在的、它的意向对象;因为它不是任何个人的主观意愿或个人意愿的单纯加总所能掌控和左右的,所以它有客观性或事实性意味。当然,人们契合这意向对象的诸般规定而不断行动的——这一类事实和事件的——动态整体,才是对这意向对象的事实性存在的确凿无疑之验证。因此关于某一或某类制度性事实应做些什么的集体意向性,乃是这类事实具有效力、即确立其单纯存在的基础,而人们契合作为意向对象的制度性事实的内涵特征或相关规定而不断行动,则是其实效之体现。并且,围绕有关意向对象内涵的各类行动的动态整体,不只是具有契合原本规定或原本特征的作用,它还在不断塑造着通常并未陷于僵化、停滞的那一制度性事实的内涵与本质。个人自己树立名义和这名义

下的规矩,不可能创造这类具有公共性效力和影响的事实,而正是某一形式的集体之集体意向性——它不同于成员间的个人意向性的加总形式——在塑造着有可能包括这一集体本身在内的各类制度性事实。

某所学校是稳定的集体,却也是基本的制度性事实,后面这一点,因为日用而不知,倒容易被忽略。不只是学校的正式成员关于学校或学校成员已经、正在或应该做些什么的意向性,在塑造着学校这样的作为意向对象的制度性事实及其效力,而且学生家长或者社会上一般人士关于学校、某类学校或某个学校的看法和期待,也在塑造着有关的效力和内涵效力,亦即在间接地参与集体意向性的不断变迁着的形成过程。要之,按照关于"某一制度性事实"的集体意向性而采取的各类行动之整体,乃是这一制度性事实的存在的实质。

契合某一制度性事实的意向内涵的行动,可能是在一个正式界定的集体的范围内发生的,但也很可能并没有形成任何形式的可以清晰界定的集体。但不管是哪种情况,因为其期待和意愿而使有关制度性事实得以存在的集体意向性之"集体",其延伸所及之范围,都有可能不同于相应规范在其中得到运用和执行的某一正式或非正式的集体的范围。而通常是,形成集体意向性的集体或人群的范围,要大于相应规范在其中得到适用、相应特征在其中得到塑造的集体或人群的范围。且基本上,可以参照个人对那一集体意向性的分享的意向来厘定前一种范围。

货币、财产、学校、政府是客观存在的,否定这些制度性事实显得很荒谬。但这些事实显然也不能等同于某一形态的纸张、单纯的某块土地或一定数量的谷物、某一建筑园林或建筑大楼等,即制度性事实通常寄身其中的这些空间—物质形态,其存在本身并不需要由人类的默契、同意或者规则的运行来维持。它们是人类劳动产物的事实,也并未从根本上改变这一状况——制度性事实并非等同于它们。我们甚至可以设想,使用未经加工的自然物作为制度性事实的寄托形态的情况,例如贝壳就曾经是货币的表征。[①]

制度性事实可谓是社会层次上新的存在状态的涌现,并且它的存在依赖于某种主体间关系的架构。它们不同于单纯自然事实之处,在于几种要素组合产生的新颖性,包括:前制度性事实的呈现、功能的创生或赋予、集体意向性、语言因素的介入、构成性规则。[②]

对于某一种制度性事实而言的、构成其背景、前提或作用场域的前制度性事实,可能来源于某一层次上的比较单纯的自然事实,或者另一场域或层面上的制度性事实。所以"前制度性事实"永远是一个相对的概念。在某一制度性事实中,前制度性事实毕竟不是作为单纯的自然事实或作为在其自身层面的制度性事实而呈现,而往往是:作为以该制度性事实为所指(signifié)的能指(signifiant)而存在,[③]而这能指所指的,恰是一系列程序和规则、一系列符合或拓展有关内涵和特征的活动等;或者是作为可赋予其新的角色—功能的对象,即作为新颖形式的质料而存在。单纯能指形态和质料形态的差别在于:前者多少体现出指称的任意性,即能指

---

[①] 塞尔认为,制度性事实与物质性事实之间的主要区别在于,前者在本体论上是客观的,即不依赖于主体的参与和感受而存在,而后者则是本体论上主观的,因为常附着物质性实在的意义或功能的赋予,的确有赖于主体的感受或介入,即使如此,也不妨碍这类事实在认识论上是客观的。参见〔美〕约翰·塞尔:《社会实在的建构》,第 8-12 页等;而在该书第 5 章,塞尔还对"事实的等级结构"做了细致刻画。

[②] 参见〔美〕约翰·塞尔著,李步楼译:《心灵、语言与实在》,上海译文出版社,2001 年,第 110-118 页;以及《社会实在的建构》,第 29-51 页。在此,我要补充的意思是,语言符号对于诱发或确立集体意向性,具有特别重要的作用。

[③] 这两个概念,参见〔瑞士〕索绪尔(F. D. Saussure)著,高名凯译:《普通语言学教程》,商务印书馆,1980 年,第 100-102 页。

与所指之间，除了相当任意地被赋予的符号指示关系以外，缺乏其他的实质性联系；[1]但质料的形态，对于最终的功能形式，却经常有内在的影响，即它本身具备了发展出制度性事实中的某些功能的条件或潜质。

在创造制度性事实的过程中，集体意向性即集体地赋予角色—功能，的确是相当关键的一步。如果不是相信某种特别印制的纸张就是货币的载体的人数达到了一定的阈限，特别是在这过程中这些相信的人以有效率的方式带动了其他人的使用，这类特别的纸张绝不会具有其票面所声称的价值，纸张归根到底就是纸张，它的蜕变的关键在于，人们关于某一形态的纸张可以如此使用的意愿和期待，的确推动着他们如此使用。在这一类例子中，有关人群的集体意向性，毫无疑问具有"我们愿意并且我们相信"的形式。

但如何理解集体意向性的实质，并非轻而易举。基于方法论上的个人主义考虑，会倾向于将它归结为一致的个人意向性的总和。但集体意向性绝非等同于彼此一致的个人意向性的总和，因为意向的一致很可能是偶然发生的，这种偶然的一致性并不是制度性事实的直接前提。这类思路可能错失了其中最重要的东西，那就是，集体意向性是一种基于相关个体心灵的主体间架构的涌现形式。"基础"和"涌现"两方面皆不可少。当然，我们不需要假定凌驾或飘浮于所有个体心灵之上的、神秘的超级心灵。即使强调其涌现性质，也不需要这种劳什子的假设。

"我们愿意并且我们相信"在很大程度上是以下形式的简约表述：

在一定的人群中，在任意两个人的己、他之间，存在着这

---

[1] 例如，贝壳串珠、金、银之类贵金属、铜的某种铸造形态、特别印制的纸张、支票本等，都可以是"货币"这一符号整体的能指。

## 第一章　实践维度与基本规范范畴

样的意愿和信念：我愿意 Y 并且我愿意和相信"你愿意 Y 并且你愿意和相信'我愿意 Y 并且我愿意和相信……'"；并且，我愿意 Y 源自我对你的意愿和信念。

因此在我愿意我相信和你愿意你相信之间构成一种无穷无尽的回互关系。[①] 这个情势对于集体性的形成是关键，它意味着没有一方可以通过等待对方已解除有关的完整信念而自动地解除其本身的信念。因为其中存在着这样的困局：对双方而言，均为"我相信你相信我所相信的"。这样的困局又产生了至少两个自然的后果。其一，即使双方或多方实质上都想要解除这样的意向性，但如果首先主动宣示解除其个人意图和信念是对自己相当不利的，那么有关的集体意向性很可能是无法消除的——因为在这种情况下每个人通常都更愿意等待别人先做出相应表示，而在缺乏表示之际，己、他的信念之间仍然构成一种重重回互的锁链，却都会相信别人尚未有如此意图。其二，如果有关的集体意向性牵涉个体甚多，多到单个人试图了解他人目前真实意愿的努力，很难掌握人数是否已达阈限的明确信息——而只有在这样的阈限上，倘能确认已有大于或等于该阈限值的人数已解除其意图，便可确认这样的集体意向性实已消失或具备了消失的基础——那么，即使解除其意图或信念的个体人数已达阈限，也不会自动产生集体意向性瓦解的后果，集体意向性只要存在一天，它的反向作用力，即把个体意图拉回其作用范围的形势，就一天不会消失。

概括来讲就是，个体主体间或其他层次的主体间意向的牵涉，

---

[①] 在这里，当然我不能说不同意 Searle 的解释，因为他的解释根本上是语焉不详的（参见《社会实在的建构》，第 23-24 页等）。对于相互依赖式的决策或协调问题中的无穷类推关系的讨论，又参见〔美〕刘易斯：《约定论》，第 31-34 页。一部著名的美国黑色幽默小说《第二十二条军规》，所说也是涉及规范性的逻辑上互为前提的窘境。

使得集体意向性具有一种似乎难以简单还原为个体间意向的总和或其某一递归形式的突现性质。诸集体意向性之间的联锁和叠套，又为其稳定性和保守性加上了一道道的密码锁。社会结构的稳定性也有赖于此：一般性的动荡会被衰减，而不至于冲垮整体。

通过观察历史，不难看到，社会制度领域里的结构性变动，包括人们常说的革命，事实上是非常艰难的过程，波澜壮阔并惊心动魄，在其萌芽和肇端之际，尤其需要巨大的牺牲精神。即使变革的强烈愿望为很多人所拥有，迈出关键之步骤，亦殊非易事。凡此种种之根本缘由，据上所言，则理有固然也。

正如语言的例子所显示的，符号本身就可以一般性地被理解为制度性事实。然而更重要的是，既然制度性事实总是涉及一系列难以厘清其全部线索的主体间关系、物质性或非物质性的前制度之事实，并且总是需要参照其可能性的意涵而得到理解的，则它在集体意向性中就会以简约的符号形态来呈现——因为在一些关系的处理中对于有关的制度性事实的指向，在主体之间，不需要且经常也不可能基于对其所涉全部现实的物质性事实和可能意涵中的"前制度性事实"的认识与指涉，而且，有关制度性事实向未来开敞的可能的意涵未必完全确定，除了用符号来概括其现实的方方面面，来指涉那种从过去接续到未来的可能世界的含义之外，别无他法。所以在一定意义上，符号性正是那些在可能与现实、信念与意图、主体与主体之间不断地来回穿梭、不断地融合并取得一致的制度性事实的本质的一部分。

也就是说，语言或其他符号形式，除了本身就是牵涉集体意向性等因素的制度性事实，它更是形成或建构制度性事实的一种必备的工具。只要我们谈论的不仅仅是习惯性行为的限定形态，则在有关的规范或制度形态中，符号就是不可或缺的。这多半是因

# 第一章 实践维度与基本规范范畴

为:既然制度性事实依赖于某一层次上的集体性的意向关联(常近似集体性的同意),那就必须让某种语言、符号的形式来充当主体间传递或沟通其意图和信念的媒介。[1] 语言是主要的渠道,但其他符号手段也经常被使用。还有一些令新的制度性事实随之成立的"以言行事"的宣告。[2] 在某些社会中,正式的遗嘱、委托、宣誓、承诺、任命或就职,都具有这样的"以言行事"效力。背后实质上仍然要靠某种基于集体性同意的机制做其支撑。

有一类规则对于制度性事实的成立,具有实质上的重要性。此即塞尔(J. Searle)所说的相对于调控性(regulative)规则的构成性(constitutive)规则。前者调控先在的活动领域,后者产生那些倘若没有这类规则便尚未存在之活动领域。[3] 构成性规则的标准公式为:"在情境 C 中通过做 D,X 算作 Y"。例如在某一特定国家

---

[1] 参见〔美〕约翰·塞尔:《社会实在的建构》,第 52—68 页。

[2] 在一些穆斯林国家,男人只须对他的妻子说三遍"我同意你离婚",并丢下三粒白色石子,就可达成离婚的事实。这是一个"以言行事"的好例子。

[3] 塞尔曾说:"其为纯粹调节性规则作用的活动领域,即使对行为的描述或规定没有明确提到此类规则,甚至不论此类规则存在与否,对于跟规则一致的行为都能给予相同的描述或规定。但在规则是构成性的领域,其与规则一致之行为便能接受那些倘若此类规则不存在便不能给予的规定和描述。"See J. R. Searle, *Speech Acts, An Essay in the Philosophy of Language*, New York: Cambridge University Press, 1969, p. 35. 对此,我想把后面一句稍作修改:"若规则是构成性的,则以此类规则为前提的行为,便能接受那些倘若此类规则不存在便不能给予的规定和描述"。

法学家霍菲尔德说:"与特定法律行为(jural transaction)有关的重要事实,要么属于构成性(operative)事实,要么属于证明性(evidential)事实。构成性、建构性(constitutive)、原因性(casual)、或处分性(dispositive)事实,乃是依有效的一般法律规则足以改变法律关系者,即要么创设新的关系,要么消灭旧关系,要么同时起到上述两种作用之事实。"(〔美〕霍菲尔德:《基本法律概念》,第 20—21 页)但其实,法律关系的存续要有效力,也得依赖这类事实。主要的肯定的构成性事实如:合同双方皆属人类且生命已存续足够时间,某甲发出要约而某乙给出承诺,等等。证明性事实则是:"其一经认定,便可为推断其他事实提供(非结论性的)逻辑根据"(同上书,第 24 页)。无论在构成性规则还是在调节性规则下,都有这两类事实。而也许近于全部的构成性事实,要么以某种制度性事实为前提,要么同时就是某种制度性事实。

(C)，正式的铸币机构发行特别印制的纸张(D)，这纸张(X)算是货币(Y)。①

在此，X是能指或质料，是前制度性事实，Y则是所指或形式，是由那些有其效力和实效的规范拱卫着的、本身也有其效力和实效的制度性事实，也是不断验证和塑造其意涵的行动之动态整体。但此类规则的核心，即狭义上的构成性规则，仅指D，它可以是指一种较正式的程序，就是某种其执行时间不晚于Y项诞生时刻的构成性程序。"以言行事"式的宣告就是这样的D。从总统选举到宣誓就职的整套程序，是这样的D项；在唐代，为选拔官僚(Y)而采用的科举、诠选方面的程序，也是。在许多宗教、政治或法律实践的场合，开启仪式经常充任此项。对于这类情形中的X，必须有意地履行D，才能使Y角色随后或同时成立。

但是对于制度性事实的成立而言，并非总是以正式的宣告或明确的预先决选之类的正式程序为前提。譬如，我们完全可以设想一个没有举行过成立仪式之乡间民办学校。但我们仍然能够毫无困难地设想，围绕人们关于"学校"的意向内涵的一系列活动已经和正在发生，并向未来延展，基于这些活动，人们一致同意这的确是一所学校。所以关键因素是，集体意向性关于某一角色、地位或机构的功能、效力和实效之构想，以及对其效力和实效之确认。与构成性规则相对照，集体意向性大致有这样的意向性形式："在情境C中X算作Y，Y的基本意义就是可以或必须做y"。在此，y是指一类功能，即合乎集体意向性有关Y的定位之行为类型或运

---

① 我想跟塞尔略有不同地重新解释这个概念。当然在此，X、Y、D，分别类似于亚里士多德"四因说"中的质料因、形式因、动力因。而在情境C中蕴藏着更深层的目的。

用方式。即 Y 的定义性说明就是功能 y。

其实,不管角色、地位、机构、功能等凝结其上的自然事实或前制度性事实的基底,为个人还是物体,有关的角色、地位、组织机构的代表或法人代表、能指或质料的核心部位等,实际上就是权利—义务(或责任)网络中的一些主体性节点或对象性节点,象征或符号工具,则指向是其可能性与事实性的结合之缩略标记,但集体意向性的运作才是关键。货币、证书、契约、商品、庙宇、厅堂场馆、私产意义上的住宅等,并不具备独立的存在地位,它们的由集体意向性所赋予的角色性功能的实质,则是一定范围内的人与人之间的某些权利—义务关系。当然,这些人与人的关系,常常又以某种人与物的关系为基本的处置对象。

集体意向性或构成性规则之间,可能有某些叠套关系。这是指,已经是某一场域、某一层次或某一维度中的制度性事实的 Y 项,可能以某种方式对另一些意向性或构成性规则中的 C 项、D 项或 X 项有所贡献。例如,只有一个具备美国公民身份之人,才有资格即有权利成为美国总统。而对于一种主体性资格来说,一种角色—功能之被赋予,意味着一个新的权利—义务关系的节点的诞生。这个节点分布在由相关的主体性资格所构成的网络中。有某种功能,就是有某种能力,即广义上的"权力"。这种角色—功能也可能是一种能充分运用狭义上的政治性权力的地位。一个角色关系网络中的节点,至少是一个终点,但也可以是一个新的起点。围绕这个节点,通常有四大基本的功能类型:(一)这个节点可以为自己配备上一些符号关系,即通过某些名称、象征或符码的形式来指称或呈现其整体或部分;(二)最重要的是,围绕这节点的可调控主体间关系的一组特定的权利—义务;(三)这个角色或许意味着一种荣誉地位,起码是一种受到承认的身份;(四)作为一个终点,可能在其前铺上了一条通向它的程序之路,它自然也可以是另一条路的起点,事实上这通常也是该角色所蕴含的权利。①

一个主体性资格意义上的制度性事实,可以包含上述全部四个功能类型,其中,第一种符号功能是自指性的,而第二种功能即创生、维系、拓展或改进一组权利—义务关系的能力才是核心。第三种功能则不是必然存在的,但它有可能成为衍生出其他实质性权利—义务的资本。第四种功能基本上是依附性的,表现为导向另一关系网络中的第二种功能的手段。

制度性事实的成立和绵延,通常是一系列规范配合着发挥效力的持续而综合的结果。然后这类事实又在另一些规范和制度的内涵效力中成为被指涉的因素,且经常在那些规范产生实效之际,起到它们的约束或支持的作用。甚至可以说,制度性事实之间的整体结构特征,就是其彼此间的联锁和嵌套关系。

---

① 塞尔把这四种类型称为符号性的、道义性的、荣誉性的和程序性的([美]约翰·塞尔:《社会实在的建构》,第 85-88 页)。

# 第二章 规范形态的类型
# 分化和场域结构

"某一规范的形态"是指,那些对于判识该规范来说通常为必不可少之因素。任何一项具体规范,又必定是一定类型的规范,所以类型分析构成形态分析的一部分。[①] 而对于规范形态和规范类型的理论分析,可以通过构设一些抽象模型来进行。原则上可对形态的类型加以剖析的维度包括:规范所调节的实践领域;内在运用的调节方式(如信仰、服从、责任感、利害关系、舆论、暴力强制);跟意识层面或实践主体性的关系;规范信息的编码和传播方式等。实质上,所有规范都蕴含着人与人的关系的维度,这源于作为一般调节方式的规范性的内在意涵。从大的规范类别来看,那些可以导向主体间的意志协调的,为伦理型规范;而就主体间的意志冲突加以裁断的,则为法律型规范。

规范的形态,在一些意义上是可分的,又在另一些意义上是不可分的。论其可分,谓一规范与另一规范,在各自的内涵性要求、

---

[①] 在日常语言中,规范类型主要是以仪式、礼节、禁忌(taboo)、戒律、教诫、习俗、惯例、规则、规章、纪律、制度、伦理、义务、责任、契约、法律、宪法、政策、命令等各式各样的词汇来标识的。正如中国古代"礼"之一语,在其他任何语种内都绝难找到与之完全对应或大致近似的词汇的例子所显示的,那些用来标识规范类型的用语,是随着基于不同生活世界的理解的语种差异而产生差异的。生活世界中的视域,乃是历史积淀与特定阶段上得以固化的逻辑分类的结合。

行为表现或内在牵涉的调节方式上,必然有所不同、实难相混;论其不可分,则谓某一规范之切实实践,须有内在、外在各种条件之配合。内在的,指各个实践领域的相互联结与互为条件,甚至是体系性的层级结构的牵涉;外在的,指该项规范的适用情境之出现。其实,从一系列具体规范形态的具体的不可分当中,我们可以看到规范体系的历史性和整体性。

## 第一节 宗教:生死问题与最初的规范

某些昆虫拥有复杂的群体行为模式,其精致程度可以和人类的社会组织形态相提并论。但是至少有三种东西将人与其他一切生灵区别开来:系统制作的工具、语言(或者说运用抽象表达的能力)、包含一定规范形态的宗教活动。

人类最初的文化习俗和社会性规范,好像都带有宗教性质。这一点不难理解。因为在那个时候还缺乏各种有效的社会制度、社会机构和调节方式,来使人们团结和展开协作,所以最容易唤醒和营造的宗教氛围,就起到了一种把集体性压力传递给人们,进而将其凝聚起来的作用,正是借助这种压力,某些宗教规范参与了塑造社会制度的过程。而宗教试图向人们传达的,不止是集体的压力,还有自然界异己力量的超越性,还有刺激自我意识发育成长的精神觉悟。而"宗教"或可用如下方式来界定:

> 宗教是围绕生和死的辩证法(dialectic)而展开的人类精神的超越向度,它通过超自然的预设情境,试图帮助信仰者从世俗存在的有限性而导致的罪恶或痛苦状态中获得解脱

或救济。①

人难免一死,这是宗教所不能回避的根本的人生境遇。几乎在每个宗教文化圈中,最重要、最基本的宗教仪式与禁忌都指向针对个体死亡的某种灵性上的超度,②通常是把永生的希望寄托在不朽的神灵和他给出的宗教许诺上,但佛教的仪轨与修行所指向的涅槃或解脱目标,似乎给出了关于生死问题的一种绝对特殊的答案——超越苦乐对待、超越生死轮回。

因为恐惧死亡,所以人们设想出各种"不朽"的形式,试图来战胜它。差不多所有这些构想都能和宗教意识扯上关系。围绕不朽

---

① 吴洲:《中国宗教学概论》,台北中华道统出版社,第8页。自然,罪恶是宗教意识的一个核心的关注点。起初,"罪恶"意识差不多都是与禁忌相联系的。在世界性宗教当中,基督教具有典型的"罪"的意识。上帝的拯救包含了一个大的前提,即世人全都犯了罪,世人靠他自身的能力皆于事无补,必须靠信仰福音才能赎他的罪。福音的核心就是"道成肉身",耶稣藉由其受难、被钉十字架及复活,替世人付清赎价。天主教和东正教还把告解(Confession)仪式当作圣礼之一。据认为,告解是为清除信徒领洗后因残留的罪孽习性所犯诸罪,使他们得以同上帝重新修好而订立的圣事。

"痛苦"是另一个始终伴随着人类宗教意识的基本维度。如佛教的"苦谛"所讲,世俗的人生无不是苦。个人生活中的挫折和历史中的苦难,往往是刺激和引导某些人转奉宗教事业的契机。宗教体系还告诫人们:只有当一个人学会克制自己和忍受痛苦时,他才有资格献身于神的事业。故宗教体系往往设计出各种积极的方案,其中包括了很多的仪轨和戒律,以配合身心上的修炼,在体验到人生苦的真相的同时,获得身心之泰然。

② 例如在不少文化中,我们都能够看到招魂仪式。北美的巫师常常做出这样的姿态,似乎他止捏住从患者身上逃出的灵魂,并把它小心翼翼地放回患者的颅腔中去;在斐济群岛亦可发现生病的土著躺在岩石上,发出"魂兮归来"的召唤。参见[英]泰勒(E. B. Taylor)著,连树声译:《人类学——人及其文化研究》,上海文艺出版社,1993年,第316-318页。天主教所认可的七项圣礼(Sacramentum)中有所谓的"终傅"(Extreme Unction),乃是告慰濒死者灵魂的仪式。由神父用主教祝圣过的橄榄油,敷擦濒死者的耳、目、口、鼻及手足,并诵念一段祈祷经文,据认为藉此可减轻其人的精神与肉体之困苦,及赦免其罪过等。在中国所流行的佛教净土宗,特别强调临终时念诵"阿弥陀佛"名号的效果,要远远超过平时,因为这时更容易获得这位西方极乐世界教主的接引。

的构想的核心,大抵都是某种形式的"灵魂不朽"。为什么人们要认为灵魂竟比肉体活得长久,乃至能够无休止地存在下去?因为在生命机能丧失之后,肉体的腐朽是不争的事实,似乎只有其中寄存的灵魂可以配得上不朽。固然"神"的观念中的一些因素,可能是某些社会性压力之折射,但它首先是人格性力量的某种投影,即首先是"灵魂不朽"概念的某一集中体现形式。又如祖先崇拜,也跟对不朽的信仰有关。此类崇拜通常会认为在祖先和后代之间有一种绵延的人格,氏族的延续是基于这样的观念:新生儿的灵魂或者是祖先灵魂的流溢,或者是它的转生,它们必定有某种生命素质上强固的同一性。

超越本能式恐惧的对于死亡的感悟,从根本上促成了个体精神之发育。当人意识到死亡是他的终极境遇时,他也就登高一望,拥有了比他的自然生命更加卓越的自由。死亡是对活跃化的、包含林林总总欲望的自然生命的否定,但禁欲主义实质上也是这个意义上的否定;或者摒弃任何极端的形式,它的综合性意义在于,试图让人与他的尘世生命保持创造性距离。[①] 禁欲和苦行绝非宗教生活中罕见、例外或者几乎有些反常的现象;恰恰相反,几乎所有宗教都包含着禁欲、苦行或至少是它们的萌芽。[②] 尘世生活中的痛苦是贪婪和焦虑的无谓的牺牲品,但是主动地设置痛苦的情境并战而胜之,却被理所当然地视为超凡入圣的手段。这就是苦

---

[①] 所以,《新约全书·马太福音》第 10 章里面记载耶稣对他的门徒说:"得着生命的,将要丧失生命;为我失丧生命的,将要得着生命。"

[②] 例如在澳洲土著的成年礼当中,为了使年轻人完成这种神圣的转变,就得让他们度过一段好似有脱胎换骨之效的苦行生活。在阿兰达人(Aranda/Arunda)漫长的仪典行将结束的时候,年轻人所受的煎熬也达到了顶点,他得平躺在用树叶铺就的床上,床下燃烧着煤;在灼热炝人的浓烟中纹丝不动。参见〔法〕涂尔干著,渠东等译:《宗教生活的基本形式》,上海人民出版社,1999 年,第 409 页。

行实践的真谛。这里并不是纯粹的幻觉在起作用。由于毅然地从俗世事物和世俗欲望中抽身而退,他反而更加坚信自己已经富有一种不受事物主宰、反过来主宰事物的力量。他的神圣自由使他的自然本性屈身俯就,因而他比自然本性更加强大。而在生活中,人们也经常有这样的体会:安逸的生活和过度的享乐,并没有让人感到快乐和自在,反倒有更加难以排遣的空虚、无聊乃至绝望向人袭来,归根到底是贪图安逸者违反了道的平衡,不明白事物的真相。所以,不仅仅是痛苦的感觉,甚至对快乐的追逐,也是假象。不论你是否借助有时会走向极端的宗教式的禁欲和苦行,对于从自然生命中发生的欲望和本能的过滤和疏导、调节和掌控(但不必是对它的纯粹抑制或绝对否定),乃是内在自由的前提。

死亡体验蕴藏着将人的个体性、自然性与社会性结合起来的丰富底蕴。死亡的最终实现不是个体自我能够体验的,因为这种实现恰恰意味着体验能力的丧失。但生者在目睹死者离别之际所出现的种种异常反应,肯定会产生心灵上的震撼。对他人死亡的认知,将个人引向对自身类存在的反省,在这里也可以看到对于引发德行非常重要的基本的社会性情绪"同情"的作用。所以,对死的判断从一开始就源于概括性的"类"意识,并带有明显的归纳和推理性质。质言之,这种判断是从无数同类死亡的事实中概括得到一个全称的命题,并将它运用于自身的结果。正是对这一点的觉悟,带来了深刻的精神危机,并恰好是这类危机,促成了一系列试图从象征意义上呈现这个问题的仪式和禁忌——即一种宗教意义上的象征体系和宗教内部规范。动物没有像人类那样的对死亡的感受和认知,因为它无法从类的抽象高度来反思自身的境遇,所以我们也无法想象,动物会具有任何意义上的宗教行为。唯因人类的认知和思维能力已达到了抽象的高度,才会有死亡体验和宗教体验。[①]——要有这样的体验,它还必须是有恐惧、希冀等情感机制的生命。

然而在对死亡的感悟中,个体意识与类的意识又是直接结合的。这种感悟唤起了生命的觉醒,这种意识便是经由类的概括的途径而觉悟到个体自我的生命历程的唯一性和不可复制性。而能够觉悟到死亡的个体生命,实际上是自然界长期进化的结果,其存续的过程即向死而生的过程,也一直依赖于自然界的物质循环和能量流动。正如"生"是自然界的事实,"死"也是。对生命的种种希冀(这虽然源于本能,作为人类的感受却又不是本能的执着,而是被本质上可以摒弃这种执着的内在自由所左右),内在伴随着对死亡的恐惧,为此,许多宗教祈愿都表达着这类希冀,正是在这类希冀中,自然界才真正被体验为不可克服的他者。本质上,生、死的辩证性蕴藏着个体精神、社会协作、自然前提这三个人类生活的基本向度。其间的关系或可表示如下:

死亡体验——个体精神;

类的意识——社会协作;

生命的前提——自然条件。

这三个向度本质上是缠结在一起的,其关系是"即三而一,即一而三"。因为:关于生、死的辩证性的体验,从根本上,而非偶然地,促成了本性上为自由的个体精神的发育(即使在原始宗教中,这种精神尚未找到恰当的表达途径);然而清晰的死的意识也让他意识到他是一个类的成员,他人的行动、能力和情感与他自身的之

---

[①] 其实,语言能力暨充分运用符号的能力跟个体对自身死亡的可能性的觉悟具有相同基础;换言之,这都蕴含着某种超越当下和即时场景的判断能力。

间具有相同的机制和相同的宿命,这构成了人类的相互信任以及进一步的社会化交往的前提,而这个"类"又是自然界中的一个物种,亦即,他的行动必须以契合一系列自然规律为前提。这使他回到了起点:生命的前提就是自然,包括相对稳定的物种和物种生存于其中的自然环境两方面,并且这是经由某种集体形式的中介而呈现的所谓"人化的自然"。

各类宗教形态大抵都有"神"或"神性"的观念,并使得所做的一切都处在这类观念的笼罩之下。神的世界透出纯粹的希望之光。"神"是不朽的,即拒绝死亡的。如果人能够不顾死亡的种种明显征兆而选择拒绝死亡,那么幻想中的自由也就登峰造极了,因为它意味着在能够自由选择和不能够自由选择之间做出选择,也就是说,突破有限性存在的时间规定而选择接近某种永恒性的自由想象。或者,我们可以更为合理地把它解释为:不朽的极乐世界的构想根本上是一个寓言。在这个寓言世界中,神的国度或者涅槃境界,不过是象征自由的地平线。有限性、死亡和时间以及自由,揭示着人生真谛的不同侧面。神灵观念,根本上乃是,人类关于自身个体性人格的意识,在一种绝对或超自然对象上的投射。作为折射或投射,说宗教意识有扭曲成分,也毫不为过。然而所谓"神",除了是人类精神所创造的一种观念,它还能有其他意义上的"存在"吗?

除了个体精神及其根本境遇上的自由,在宗教崇拜现象中,我们还能够看到自然条件抑或社会结构的影子。譬如对想象中掌控自然力的各种神和精灵的崇拜仪式,表达了人对于自身尚不能掌控的自然力的一种敬畏感,并折射着他想要掌控它的强烈愿望。甚至很多时候是以巫术的心态来对待这种崇拜。此类关注的意义指向:他至少能够在一定的期限尚未到来时,避开死亡的侵袭;他意识到他的生命所依赖的自然力的基础。

"宗教首先是一个社会将其本身视为不只是个体的集合的方式,而是社会用来维系其团结和确保其连续性的方式。"[1]既然是维系其团结的方式,那就不可能以个体意义上的崇拜仪式为本位,而是将集体形式的规范当作宗教固有的表现。并且,"具有同一个志向的信徒群体会给人带来更大的安定感"。[2] 社会并非任何个人可以随心所欲左右的,也不是单纯的个人的聚合。社会有其秩序和规则,甚至它本身就可以被看作秩序和规则发挥效力的意义上的存在。但社会规范的普遍性、强制性,甚至一定程度上的自发性,也造成这样的局面:由它们所塑造的社会,对个体来说,是其所不能操控的一个大写的"他者"。这个"社会"、这个对个体拥有超越性和权威性的"他者",在缺乏反思和省悟的个体意识中,被投射为某种超验的个体性人格,并以种种方式表现对它的依赖和崇拜。——这就是宗教社会学家涂尔干的论旨。所以他说,"神是社会的象征"。进而可以认为,某个社会中的神的观念,往往透露了该社会特殊的有待解决之问题,或由此折射着该社会的结构特征。

神是不可能与人发生现实中的接触的,因此,只能借助表演性的动作程式,予以象征性的表现,这就是"仪式"。为了营造某种神圣、洁净的氛围而配得上神的眷注与恩典,要避免与世俗的、污浊不堪的东西发生接触,这就产生了很多宗教意义上的禁忌。但宗教史发展到一定的阶段,就会提出一些针对人—神或人—人的关

---

[1] 〔英〕埃文斯—普理查德著,孙尚扬译:《原始宗教理论》,商务印书馆,2001年,第66页。
[2] 〔日〕池田大作、〔英〕B.威尔逊著,梁鸿飞等译:《社会与宗教》,四川人民出版社,1996年,第134页。

系的明确义务,宗教伦理便相应产生了。① 人—人关系的部分经常是笼罩在人—神关系的氛围之下的。系统的教团制度则是另一回事儿。虽然是调整人—人关系,却是诉诸权威的裁断或规章制度的安排等。从最低限度的凝神贯注的祈祷,到佛教四禅八定那样复杂系统的形式,广义上的修行方法见诸各个宗教。而修行方法的高度发展,需要精神上的觉悟和某种反观内省的智慧。

宗教体系内的不同类型的规范,所依据的关系脉络又可表示如下:

人与神的沟通的需要——仪式、禁忌、宗教伦理(属神的部分);

人与神的关系笼罩下的:

人与人的关系的协调——宗教伦理(属人的部分);

人与人的关系的政治性的安排——教团制度;

人与自身的关系——宗教修持法。

其中的"神",为超验人格、灵魂不朽的投射、自由意志的最大化、内心期盼的自然力、社会压力的投射,等等。② 但也可以理解为不一定具有明确的人格神意味的某种超自然情境,就像在正信的佛教中,便是正在通向的或已然达到的涅槃或解脱的境界。——而且这样的指向,跟神的概念背后所蕴藏之人类精神的超越向度更加契合。

---

① 其关于人—神关系的部分通常仍是一些关于仪式与禁忌的原则性的要求,例如犹太教、基督教的"不能拜偶像"的义务,被涵括于摩西十诫中,参见《旧约全书·出埃及记》等。

② "神"的概念是有实践效力的,这也是为什么康德把灵魂不朽、自由意志和上帝存在并列为实践理性三大假设的原因吧。参见〔德〕康德著,韩水法译:《实践理性批判》,商务印书馆,1999年,第133—145页。

为什么原始社会规范即人类历史上"最初的规范",往往都带有浓厚宗教意味?因为本质是起源。即,初始阶段无可凭依,必须切中本质;而深深蕴藏在关于生死辩证性的体验之中的,个体精神的觉悟和升华、人际信任的巩固与掌控自然力的期盼,这三个本质性维度或目标,必然在规范演化的各个阶段都在起作用,但它们的混沌未分,肯定在最初的阶段表现得尤为纯粹和尤为突出,而这种混合状态的本质,既是宗教的本质,也是宗教产生的内驱力。也因为起源是本质。即,伴随着死亡体验而来的个体精神和类存在的觉醒,既是人类的属人的活动之发轫,也直接刺激和触发了早期的规范,即使后来表层的宗教意识有所淡化,但也不能否认"即三而一"、"即一而三"的个体精神、类存在和自然前提,仍然是各类规范的内在的、深层的本质。因为缺乏世俗化调节机制或者这类机制尚未成熟,所以由宗教信仰而唤起的心灵上的威慑,才是保障有关规范得到贯彻的有效力量——这种状况正为最初的状况。

最初的规范即宗教性规范。在嗣后阶段,宗教仍然是规范体系中的重要因素(哪怕这一体系是高度世俗化的),而它们的作用可能表现为:

(一)价值观的渊薮,即,一些宗教所培育和重视的价值,成为某些规范的创设与演化所围绕之目标。这也许是宗教产生社会影响的总的源头,是要害和关键。价值,是意愿之所愿,希冀之所希冀,向往之所向往,而表达人类的希望和向往的能力之源头,也正是从生死体验中诞生出宗教形态的同一种体验能力。

(二)一些基本的宗教伦理,如摩西十诫之类,在脱离其宗教母体或淡化其宗教色彩之后,成了社会上为人们普遍遵奉的底线伦理;并且不仅是宗教伦理,整体上的宗教实践一直以来,都对人们的道德状况有着重要的、莫可名状的促进作用。① 禁欲苦行或利他主义,在宗教活动中非常常见,它们常如影随形般结合起来。重要的是,人们从禁欲和利他实践中得到的锻炼,一定程度上能帮助他们克服对本能和欲望的盲从,遂有可能跳出自利动机驱使下本难避免的一些"囚徒困境",而在彼此间诱发强有力的合作模式,并为建立更复杂、更有效率的社会体系奠定坚实基础。

(三)文明社会中的诸多仪式和民俗,都可以追溯到它的早前的宗教性渊源。其实,仪式的本质在于它是一种旨在促进一群人的内部团结的聚集性活动,而宗教信仰的介入,比其他因素要更容易激发和巩固一系列社会性情感,这类情感实际上是一项仪式是否成功的关键。

理解这些也许并不难:一方面死亡体验是一种其对象并非自己亲身经历的、但可以导向"类"的抽象高度的同情式体验,它会诱发其他形式的同情,而同情又是其他很多社会情绪或德行的诱因;②另一方面,宗教是一种有效的对欲望和世俗状态的抑制,所以它也是戒律性伦理的积极促进力量。

---

① 在西方的文明进程中,据说,摒弃杀婴、弃婴、人体献祭的恶俗,提高性道德观,反对性滥交,赋予婚姻尊严和神圣性,取消一夫多妻制,给予妇女平等地位,开办围绕生、老、病、死和救济穷人的各色慈善事业,开办各类学校,认为劳动高贵和有尊严,这些事业或价值观的源头,或有关状况的肇及,人体都跟基督教有关,参见〔美〕阿尔文·施密特著,汪晓丹等译《基督教对文明的影响》,北京大学出版社,2004年。

② "同情"乃合乎道德行为的核心动机。不少思想家就是这样看的。亚当·斯密所著《道德情操论》,将同情视为道德世界之基础。稍后叔本华认为,人类行为论其基本源头仅有三个:无限地爱自己福利的"利己主义";意欲别人灾祸且可能发展成极度残忍的"邪恶";意欲别人的福利且可能提高到高尚与宽宏大度的"同情"(参见〔德〕叔本华著,任立等译《伦理学的两个基本问题》,商务印书馆,1996年,第235页)。由自然的同情这一根源派生出公正、仁爱两种元德,一在于消极地遏制给人带来痛苦的动机,一在于积极地援助之;而其他一切德行实际上都出于这两种德行(同上书,第239页)。

## 第二节　各种理想型分类：基于
## 实践场域或调节方式等原则

在各个语种的日常语言中，关于规范的很多词汇都是多义甚至歧义的，何况还存在着不同语种的一系列特殊用法背后所对应的严重的文化差异性问题。并不能指望，日常语言给出关于规范类型划分的逻辑严密的线索，追踪这样的线索，必须参照某些抽象的模型，即运用理想型的剖析方法。① 论及规范类型间的差异，一般来说，容易映入人们眼帘的，就是规范所调节的实践活动维度。

基本的实践维度无非三项：人与自然，人与人、人与自身。考虑各类规范的调节作用所要聚焦的目标领域，再稍微加上一些其他的辨识性特征，大致上就可以对规范类型做如下的基本的谱系学划分：

| 人与非人 | 生产性巫术、物质生活民俗、技术规范、科学研究规范 |
|---|---|
| 人与人 | （一）导向和谐的：伦理、惯例、礼仪、社会禁忌、社会生活民俗；<br>（二）解决冲突的：习惯法、法律、宪政、公共政策、行政命令、组织条例；<br>（三）人际传播的媒介：符号法则（单纯的符号及渗透在语言、礼仪和习俗之中的符号因素） |
| 人与自身 | 艺术风格、宗教规范、教育制度、精神生活民俗 |

在第一个聚焦的目标领域上，其所面对的非人的客观对象，可以是单纯的自然，也可以是人化的自然，如工具、建筑物等，但归根到底还都是人化的自然。经济领域中的生产过程的基础，就是适

---

① 理想型的研究方法，参见〔德〕马克斯·韦伯著，朱红文译：《社会科学方法论》，中国人民大学出版社，1992年，第46－105页。

## 第二章 规范形态的类型分化和场域结构

应、调整、利用和重塑自然界的过程来满足人类多层面的需要的活动,技术在其中当然起了重要作用。不过,作为生产要素的资本、劳动的投入,则事关产权。产权与其说是调整人与自然的关系,不如说是关于自然资源在人与人之间如何分配与交换的制度。至于调整产品的分配、流通、交换过程的规范,毫无疑问是社会性的。因而经济领域在界域上具有双重性。[①]

在第二个维度上,导向和谐的又可称为"伦理型规范";解决冲突的则称为"法律型规范"。伦理型规范不止是通常所谓的伦理,而是包括礼仪、禁忌、习俗、社会领域中的惯例等,其目标是:如果它的要求得以履行,那么趋于和谐的状态就是可预期的。正因为和谐是可以预期的,所以它们往往诉诸舆论的调节或利益机制等非强制性力量。[②] 法律型规范不止是通常所谓的法律,而是包括习惯法、组织条例、规章制度等,其目标是:当和谐可能被破坏或者冲突有待解决时,给出一定的裁决并令其有机会实施。由于所调节的对象主要是相互冲突的意志,故而强制性手段的运用,或者以此为背景,总是难以避免。

为了保证沟通的有效性,人际交流中使用的符号必须具有规范意味,即带有一套稳定的模式,以便人们在习惯了的情况下,及时和准确地做出反应。譬如语言,虽然对于一定的表达内容来说,可选择的词句组合可能是多样的,但它通常是在规则限定范围内

---

[①] 波兰尼说:"经济的实体含义源于人的生存对自然及他的伙伴的依赖性。"See K. Polanyi, *Trade and Market in the Early Empires*, New York: The Free Press of Glencoe, 1957, p. 243.

[②] 影响伦理规范形成的利益博弈机制,极可能是重复性的、长期的博弈(参见〔日〕青木昌彦著,周黎安译:《比较制度分析》,上海远东出版社,2001年,第61-97页),甚至可能是基于一些保守策略。

的一种多样化。

第三个领域主要表现为人的内在精神世界之演化历程。艺术风格是基于美的感悟的主观世界的表现,大多艺术门类都包含一系列具有规范意味的程式。宗教规范的基础,即宗教仪式和禁戒之类,其内在核心实为人类之终极关怀,表面上是展现人与神的关系,但如果"神"的不可或缺的实质竟是人类表达希望和意愿的能力之完美化投射,故人神关系的内在本质与内在核心,便仍是在生死体验这样的终极关怀中所凸显的人与自身之关系。

伦理型规范和法律型规范都很重要,值得在此稍做进一步的阐述和澄清。就个人或不同行为主体之间的意志进行调整的规范,最重要、也是最典型的相对类型为:伦理与法律。以二者为核心的伦理型规范和法律型规范之间的区别,可以这样理解:如果相关的个人或行为主体都同意或至少其中一方愿意履行前者,意志间的协调便有可能成为现实;但是如果都不愿意履行前者,或者意志间的协调不再可能,那么借助后者进行的调节就变得必要了。——这基本上决定了两者之间的互补关系。

在伦理型规范的大家族中,乱伦禁忌、宗教戒律,都曾经是伦理大发展的重要促进因素。在原始社会中,禁忌五花八门,或是为了营造宗教事物的神圣氛围,及避免它们受到俗物的玷污,或是为了达到驱灾避祸、遇难呈祥的实用目的,只有较少的部分具有伦理的意义,当中最重要的是"乱伦禁忌","一社会若允许乱伦的存在,就不能发生一巩固的家庭,因之亦不能有亲属组织的基础,在一原始社区中结果会使社会秩序完全破坏"。[①] 世界性宗教是伦理发

---

① 〔英〕马林诺夫斯基著,费孝通译:《文化论》,中国民间文艺出版社,1987年,第31页。

## 第二章 规范形态的类型分化和场域结构

展的一个关键阶段。佛教五戒(针对杀、盗、淫、妄、酒)和犹太教之"摩西十诫"(后来为基督教所继承),除了一些宗教性质的义务,大多是高度普适性的伦理规范,也大多是否定性的。

实质伦理的进一步发展,表现为若干经过提纯的原则。它们针对各种具体的规范、戒律、惯例、职责、礼仪等伦理因素的所以然给予说明。在世界性宗教的戒律观或一些伟大的伦理思考当中,就已出现了这样的原则,如孔子所谓"恕"道,或耶稣的道德黄金律。[①] 而在更高的阶段上,一系列伦理原则还会更加融贯地构成学说体系。这些体系有:功利主义、自由主义、社群主义或集体主义(共产主义伦理观为其一)等。

作为构成伦理底线的、违反它将会带来严重后果和强烈反应的规范,必然是禁止性的;某些方面,这与伦理的本性相符:在意志冲突的场合,伦理倾向于抑制自我的做法。实际上,合乎伦理的行为不可能仅仅是禁止性的或原则性的,必须有一系列自觉、不自觉地形成的相对具体的肯定性规范之配合,才能使行为具有确定的指向性,这就是习俗和惯例所发挥的作用。血亲复仇、氏族成员间的义务、婚姻规则、伴随身份(性别、年龄、地域集团、亲属关系、阶级和阶层的)差异而产生的各种规则、协同劳动、布施、交换和贸易的规矩等,通常都是某种形式的习俗或人际的惯例。

习俗或人际惯例,也属伦理型规范。虽然习俗所调节的行为不一定都带有明确的伦理意味,但习俗、惯例往往是伦理实践的重要辅助,且经常是人与人之间协调行动的具体步骤。习俗与理性的或原则性的惯例之间的差异体现在:前者往往拿履行礼仪禁忌作为辅助手段,并在执行规范的主观意识层面上难以区分附带的

---

① 参见《论语·卫灵公》第23章;以及《新约·马太福音》7:12等。

礼仪因素与实质性因素；而后者直接契合实质性领域，撇开了礼仪，或者并不把礼仪当作它必然的配置手段。由于不是成熟的成文规范，或者为了实践上的利益，一般来说惯例也不便于过分刻板和机械，故而这些规范的适用范围与情境、舆论上就其事后结果的评判等，也不免是含糊的、灵活的。

礼仪系列的伦理意味更不稳定，有时候是被人为赋予的。但在历史上却也常常被这样赋予（例如在儒家的礼教文化中）。"礼仪"原本是指一套完备的、带有公开表演性质的动作程式，以及这套动作程式所涉及的表意性的器物和手段。如果人们不把它的履行与否视为彼此意志冲突的表现，不会为此而产生焦虑，那它就是伦理上中性的。但是往往要经由一些必不可少的礼仪的途径得到表现的对他人的尊重，则带有明显伦理意味。对其是否具有此种意味的判定，事实上背后常有一套社会化的机制在起作用。

其实，礼仪是这样一种规范，一般来说，单纯违反它，并不会导致对他人、集体或公共利益的直接损害，即不会导致亡故、身体或财产的受损、家庭的破裂、某种实质性发展势头被阻遏，等等。但是运用礼仪的用途主要在于，作为一种象征符号而传递各种社会化信息，在其中，个人的意愿、社会结构的特征都以某种方式得到刻画，并且努力促进和巩固它们。例如西周时代所流行的朝礼和聘礼，便象征着周初以来的诸侯分封制的社会结构，刻画或象征着天子和诸侯，以及相同等级或不同等级的诸侯之间的政治关系，并让这种信息向广泛的范围扩散。又如，作为古代丧礼重要组成部分的丧服制度，刻画了宗法社会中那些极为重要的亲属关系，根据某人与亡者或潜在亡者之间的亲属关系的由近及远的距离，而在父系宗法社会中规定了相应的权利、义务关系，甚至司法领域里的连带关系等。

在一个社会中实际发挥作用的规范伦理或美德伦理,一定是有某些习俗、惯例或礼仪因素之配合的。例如中世纪以来的西方社会,以摩西十诫为范型,无论对于其条款,特别是那些涉及宗教义务的条款,是否能够完全接受,都需要辅之以各种各样协调人际关系的习俗和礼仪,才能确立其规范伦理的完整结构。这些规范的协调作用当然包括:对于特定地位、名誉和身份的尊重,应当配合着特定的礼仪,以及当剥除任何外在因素,只剩下把个体当作纯粹的人来看待时,应当采纳的一系列尊重其人格与意志的言行规范,等等。

法律型规范是围绕某些人际冲突的情境(不必为事实)而形成的稳定的解决方案。宪法、法律、组织条例等,除了其规范陈述所建议的应然的和谐状态,归根到底还是:针对潜在的或现实的意志冲突的情境,乃至当其严重后果发生时,如何运用强制性制裁手段或以之为背景来保障裁断机制运行的规范;当然其他手段,例如利害关系、专业知识、个人魅力或服从的惯例,也经常会被调动起来,以保证对冲突进行有效裁断。① 作为裁决者出现的有权威的个人或机构,对于实现这样的概率来说,几乎不可或缺。权威就是那些具有成功发布命令的稳定资质的角色,其存在大多已属组织现象。裁决可能是被赋予权威的个人的主观意志的创造性或专断性的决定,也可能是遵循某种固有惯例或条文而做出的。

大体上,组织现象及其规范的发展谱系为:

氏族—国家—组织、机构

外婚制—宪政、法律—规章制度

---

① 不难看到这一系列规范都内涵权力问题,广义的权力与权威或影响力等概念接近,这也是组织中的核心问题之一,参见〔美〕丹尼斯·朗著,陆震纶等译:《权力论》,中国社会科学出版社,2001年,第2、3章等。

上述极为轮廓式的勾勒，除了指向时间轴之前后衍生关系，还含有空间轴之上下对应关系。原始共同体（部落）的基本单位系所谓氏族（clan），即按照一定的外婚制规则而建立的、基于某种形式的自然纽带或宗教纽带的组织单位。氏族的类型很多。如氏族的核心可能是按照父系血缘关系建构的继嗣群体；但其形态也可能像很多土著民族一样，是属于母系继嗣的群体，不过所生子女却是跟着父亲一起过的，因而这一类氏族的成员平时并不在一起。① 在很多原始社会中，氏族体系按照图腾崇拜的规则建立，其氏族成员未必都具有血缘关系。在社会层面上，最关键的当然是某些外婚制规则。

除了氏族，在原始共同体中很难设想存在其他稳定的机构，因为分工和社群规模没有达到产生此一需要的程度。但氏族或者某种血缘继嗣团体同样存在于后世，是一个消费暨利益分配的单元，或者一个经济生产的单位。甚至可能被整合进社会管理的结构当中。② 而在文明社会中，婚姻仍然是重要的社会化层面。③ 随后早期的国家代替部落成为"完整的共同体"（解释详后），并在这样的

---

① 参见〔法〕列维—斯特劳斯著，渠东译：《图腾制度》，上海人民出版社，2002年，第43-56页；及〔法〕涂尔干：《宗教生活的基本形式》，第135-136页等。

② 埃文斯—普里查德（Evans Pritchard）与福忒思（M. Forts），通过对东非努尔人与西非加纳某部土著的研究，发现地域性邻里关系与血缘的氏族关系并存，在这些无国家的社会中，氏族或宗族（lineage）担当了重要的政治、管理功能（See M. Forts and Evans Pritchard, *African Political System*, Oxford: Oxford University Press, 1940；以及〔英〕埃文斯—普里查德著，褚建芳等译：《努尔人——对尼罗河畔一个人群的生活方式和政治制度的描述》，华夏出版社，2002年，第4、5章）。而弗里德曼透过审视中国东南地区、东南亚华人中的情况，试图表明强大的宗族组织及其分担的功能，即便在文明社会中依然存在。宗族组织相对于政治实体的辅助管理功能，相信对于熟悉中国史的人来说，一点都不会感到陌生。而氏族制残余的影响，是关于亚细亚生产方式的讨论的焦点之一。直到今天，宗族仍然在中国的一些农村，担当着重要的管理角色，参见肖唐镖等：《村治中的宗族——对九个村的调查与研究》，上海书店出版社，2001年，第112-194页。

③ 譬如，在中国魏晋南北朝时期，士族间重视门第的婚姻，就是其维护政治特权的步骤。

## 第二章　规范形态的类型分化和场域结构

框架内,各类组织始能产生。故而在氏族、国家、组织的序列中,后来的类型虽然逐步衍生和完善,但叠套在先前类型之上,犹如地层结构。

国家当然需要宪政和法律。如果说法律是通过有组织的暴力手段或以之为背景来实施的规范,那么广义上的宪政规范的特点就是确认这样的组织(即政体和国家机器),经由何种合理的途径和程序得以建构——哪怕这些途径只是惯例性或历史性的。但是仅有宪政规范还不够,还需公共政策领域的配合,譬如维持官吏系统和暴力机关所需的税收政策等。①

相对于"国家"这样将其法律体系置于全民之上的超大型组织,必然还存在较为小型的组织,它们的活动范围可能被限定在一国的疆域内,也可能依信仰或共同利益的脉络成为跨国组织。一个组织对外是一个利益捆绑的单位,对内则是一个利害冲突的裁决机构(或程序)。在一般的组织中,没有系统运用暴力的权限,故须仰赖国家以保障其正常权益不受非法暴力之侵犯。② 即便中世纪的罗马公教会或者今日的跨国组织,也都要与各种形式的国家机器取得协调,否则就会寸步难行。如果某个组织执意要由自己来实施包括剥夺生命权在内的暴力,那它若不是黑社会的话,就会使某个文明体系陷入混乱。

一般的组织、机构与国家并生,又以后者为前提。两者间存在一定的同构性。换言之,在非常抽象的意义上,组织的结构—功能

---

① 参见〔美〕詹姆斯·布坎南等著,冯克利等译:《宪政经济学》,中国社会科学出版社,2004年,第3、7章;〔美〕道格拉斯·诺斯著,陈郁译:《经济史中的结构与变迁》,上海三联书店等,1997年,第23页。

② 在合法的环境和氛围中,组织对违规者所能采取的制裁措施的底牌,就是将其驱逐和排斥于门外。

特征，几与国家如出一辙：确认权威角色的条例，一如宪政规范；而基于一定权威角色的行政自由裁量，亦通于两者；适用于全体成员或特定角色的行为的规章制度，一如法律和公共政策（当然法律也包含某些确认角色合法性的程序）。

一个组织中，最基本的事情是权力的分配，[1]因为如果权力分配的事宜尚未决定，那么其他利益分配的体系或方案也必然是不稳定的。针对一个组织中的权力乃至利益分配的条例和规定，构成了整个制度的核心与骨架，然后才是一系列事务性的标准，一系列科层等级制中的规章制度。权力问题是组织动力学的核心，真正的权力恐怕要依靠一定的社会网络的支持。[2]操纵、说服、权威、利益的博弈，都可能被激活起来，以保证权力的流畅运作。它绝不单单是司法——推理的权力，或者执行规章制度的问题，而是弥散在社会的其他关系中的，伴随着技术、规范化、训导和控制而来。[3]对于个体，权力是高度社会化的东西。

其实，一条规范存在的完整表现，在逻辑特征上也可以被解释为，众人关于某些人的未来行为方式的意向即规范的内涵性要求、参照有关要求的人们的行为表现与针对其表现的调节方式的三元组。规范的要求涉及对于未来行为的期待和意愿。规范的内容和要求，可能表现为一条明确的规范陈述，如在伦理说教、法律条文或是某些礼仪手册当中；但也可能仅限于模糊的期待，如在某些习

---

[1] 例如，先知穆罕默德之后，在其继承人即"哈里发"人选问题上，因关于阿里家族继承地位上的严重分歧，逐渐形成"哈瓦利吉派"、"什叶派"、"逊尼派"等，影响持久，迄于今日，堪为例证。

[2] 权力之微妙及其在社会关系网中的多样化渗透，参见〔法〕福柯著，佘碧平译：《性经验史》，上海人民出版社，2002年，第70-71页等。

[3] 同上书，第67页。

## 第二章 规范形态的类型分化和场域结构

俗、惯例当中。进而,遵循规范要求与否的行为上的表现,常会受到特定调节方式的调节;但调节方式也可能事先就对行为起了作用,融入到促使行为发生的动机当中。

对于作为一般性事件的"杀人"事实之认定,牵涉到对于导向同一结果的一个开放的、无限的事实与事态集合的认定。如果"不许杀人"是一规范,我们不能仅仅从某人的行为表现未可归属于那一事态集合上,即得到他在遵循这一规范的结论,这还得参照行为是作为其表现的那一种内涵性要求,来观察主体行为在时间向度上的前后联系,以及内涵意向和行为表现之间的联系,才能得出恰当结论。

通常所谓的规范类型,并不是必然按照相关的行为期待而分化的,有时候这种差别,毋宁说更多体现在具体的调节方式上。某些行为期待可能在很多不同的调节方式下被遵循。例如"不许杀人",可能是宗教戒律,由心灵上的震慑来保证;也可能是习俗,即由各自的自我利益考量驱动的一种默契;或由舆论监督,即所谓伦理规范;或者,在某些实际的法律规范中,明确或明述的要求为"杀人偿命",即原本的"不许杀人"这种可导向意志间协调的伦理价值,这时实际上是以法律规范所要维护的价值的形态出现的,但它不是相应的法律规范本身,可转换为一个条件句的"杀人偿命"才是,而对这一规范性要求,仍然存在某种一般性的调节方式,即,依靠执法机关的暴力强制,但法律规范有可能存在的体系性和完整性则表现在,这调节方式如何运用,恰是由另一些法律规范来明确的。在各类调节方式中,宗教是早期被广泛运用的力量,而后是伦理与法律。如果基本的规范调节方式包括了信仰、服从、内心的责任感、利害关系、舆论、暴力强制等,那么它们在结构上的差异应该表示为:

信仰：基于外部的命令，该命令被认为源自神圣的未知力量；且不知其所以然；

服从：基于外部的命令，该命令被确定源自世俗的既知力量；且不知其所以然，或未能知、未愿知其所以然；

责任感：基于自我的命令，不知其所以然、略知其所以然或知其所以然；

利害：惯例性的，即一般的利害关系上的调节；

舆论：惯例性的，即特殊的利害关系上的调节（人际之间的评价上的利害）；

暴力：命令式的；即特殊的利害关系上的调节（针对个体的身体上的利害）。

对此稍加解释。由于信仰、信奉或迷信而遵循的规范，集中于宗教、巫术或禁忌的领域。服从的前提则是建立了世俗的权威结构，并依赖服从的心理惯性，在违反某些规范时，可能因听从命令的惯性来调整其行为。责任感则是高度内化的一种心理机制，多是规训或教育起作用的结果。但是利害关系的调节，可能是最重要的方式。舆论和暴力乃是借利害关系调节的两种极端的变体。虽然不一定所有基于命令的规范，都有着清晰的利害关系上的脉络，但此类规范中，确实有一些背后渗透着这类因素的影响。例如在犹太教和伊斯兰教中，有不食猪肉之禁忌，恰因在中东地区猪易染上旋毛虫。其禁令虽属武断，大多数默默奉行，而未知其所以然，但实际上却很可能是有效益的规范。[①] 如果利害关系确实是

---

① 〔德〕柯武刚、史漫飞著，韩朝华译：《制度经济学》，商务印书馆，2000年，第151页。而一些规范的不知其所以然，竟以断然命令的形式出现，可以节省说服、信息搜寻或是协调方面的成本。

## 第二章　规范形态的类型分化和场域结构

最重要的调节杠杆,那么应该从这方面着眼去追索规范形成机制的主流。

倘若只看表面上的主要特征,即暂且忽略可能存在的深层次机制,则对于若干主要的规范类型,可就其牵涉的调节机制稍作解析(其中,+指正向促进的调节,－指通过负利益等杜绝某些违规行为的调节,加括号者为内涵式的较弱的调节作用):

|  | 语言 | 习俗 | 惯例 | 规章 | 伦理 | 法律 |
|---|---|---|---|---|---|---|
| 利益 | +,－ |  | +,－ | +,－ |  |  |
| 暴力 |  |  |  |  |  | － |
| 舆论 |  | +,－ |  |  | +,－ |  |
| 责任感 |  |  |  |  | + | (+) |
| 信仰 |  | (+) |  |  | (+) | (+) |

几乎跟上述所有的区分方式交织在一起,存在这样一些界定规范特征的关联维度:行为表现上的肯定/否定;自发/设计;不成文/成文;角色责任/角色授予。难道一个规范体系竟可以缺少这些维度的自然区分吗?

有两组范畴关联度很高:成文规则/不成文规则;自觉的、有目的创造的规范/不自觉的、约定俗成的规范。① 如果将它们写作 X/－X;Y/－Y,那么,一般来说,在性质上,集合 X 与集合 Y 更接近,正如－X 更接近－Y;同时,单就起点来看,集合 Y 要大于集合 X。属于－Y 的规范,在最初的形成机制上,与某些规律性的行为极为接近。一旦那些遵循着此类规范的行为的前提解除或者因果联系被切断,此类规范就没有理由再被采纳;但无论自觉还是自发的规范,即使相应联系已经发生改变,也可能由于自身就是一条规

---

① 相对而言,第二组范畴间的区别,比起第一组的更难界定。

范的原因而被遵循。换言之,这时的行为是规范导向,而不是策略导向的。①

　　成文规则与不成文规则,②均通过某些社会化过程得以维系和扩散;个体通过观察、学习、受教导和实践而接受一系列规则,以融入到社会或某个组织当中,这一点恐怕也适用于成文规则;且二者都有助于社会结构的再生产。③但是两者之间的差异,想必对其演化方式也有所影响。不成文的、非正式规范的演化,更依赖人际间的脉络,具体促成之方式,可能是默契、协商,也可能是出于利益间的平衡机制。但非正式规则的有效性,受到群体规模和任务复杂性的制约;即任务的要求越复杂,非正式规则常常难以适应;或者规模很大,也会衍生出此类规则难以应付的诸多麻烦。

　　而实施成文规则的非人格化特征,有时会带来降低直接冲突的烈度的效果。"在组织脉络中……成文规则往往被作为直接的管理监督的替代物而使用。这种替代,人们认为,具有节省管理精力、最小化由于公然区分地位而导致的功能性失调之后果的优点,并且这种做法避免了利益冲突的直接对抗"。④譬如冲突的裁决,既经委付于成文规范,则其非人格化的、可预期的

---

　　① 此处是借用哈贝马斯《社会交往理论》中所区分的"行动"概念。
　　② 诉诸文字只是高度编码的形态之一种。自然还可以有其他的对涉及规范的信息进行编码的方式。但是除了语言和文字,没有其他符号体系在表意的精确性和复杂性上得到了高度的发展,而语言的传播又极易受到不经意间的信息失真的侵蚀。故论到对规则的正式表述,主要是指文字。
　　③ 参见〔美〕詹姆斯·马奇等著,童根兴译:《规则的动态演变——成文组织规则的变化》,上海人民出版社,2005年,第17-18页,彼处所谈的是成文规则与不成文规则的相似点,但也适用于自觉规范与自发规则之间。
　　④ 同上书,第20页。

## 第二章 规范形态的类型分化和场域结构

特征,就可大为降低人际间直接冲突的机会,所以也是有它显著的优点。

在不成文的惯例领域中,复杂规则往往不起作用,因为它们对人的认识能力的要求过高,而就算在整个领域中,从总体上来看,各项惯例或习俗形成一种繁缛的、纷然杂陈的现象,可是单项的不成文惯例或习俗之扩散和承袭,很难是基于其复杂和精致的特征。这是表明有限理性的缺陷的一则有力证据。与之相对的是,成文规则的制订可以交给最有头脑的人,但让它成为真正有效的规则之实施过程,却不可避免地涉及是否契合大多数人的利益机制的问题;甚至在一些时候,如何使人们意识到它是契合的,与这方面的实际情况一样重要。

再谈谈角色责任和角色授予这一对。舆论场域和社会化过程,会赋予某些角色以各种各样的责任内涵,法律和规章制度也会。但在伦理型规范中,获得某种角色并不一定要经历明确的程序和步骤,即某些情况下角色的成立,主要是由于人们对其行为表现符合关于角色责任的期待的认可。但并不排除在法律史上可能出现相反的极端情况:除了特定授权程序的赋予,在其他形式下,角色都不足以成立。

主体性的角色之间,有时存在等级式的权威结构,有时则否。前者是指,一些角色在一些事务上,被赋予了对冲突的意志进行裁断的机会,或者对事务发展的优先的决定权,除非他(准确地说是"它")要放弃。

由于是否存在权威结构,与规则形成的过程,甚至规则的特点,均密切相关,故而从这一视角所区分的两种机制,具有很强的原型意义。这里指的是"命令"与"协约"。命令,亦可说是权威—命令机制,换言之,这时若干的规则就是源自若干的命令。因为命令当它事实上是一项有效的命令时,对于必须服从的人,它是"应该"去做某事的要求。如果命令的效力足够持久,它甚至可能成为孕育公共政策或者法律的温床。[①] 权威是命令的发出者,它可能是魅力型领袖、[②]竞争中的胜出者、传统的继承者,抑或是经由民主选举或其他一些明确的程序产生的,或者是一定范围内的所有人。

一条命令的生命史,可能稍纵即逝,仅仅适用于极特殊的情境,并由特殊的角色去执行。这样的命令很可能是一则极端特殊的规范,因为它也包含着"应该如何"的断然要求。但命令也可能稳定而持久,就像在唐代,作为法律体系中极为重要的部分,经过编纂、整理而成型的"令"(譬如"均田令"),[③]就是具有长期效力的,它们跟来自先前制、敕或敕书中的条款之"格"相较,无论形式,还是实质,都堪称命令的延伸。但稳定的规范,与纯粹行政自由裁量的明显不同在于:前者的要求是普遍适用的,即完全可能在远不止一个的特定情境中被运用;后者多为临机决断的产物,适用的情境大多比较特殊,即,并不必然要求适用于产生这种决断的特殊情

---

① 在这方面,中国法律史可资佐证。历代的"诏敕",今天从法律史的角度观察,可以认为不少是具有法律效力的,因为"诏敕"是在帝制的权威结构下持久起作用的,并且是有意识这样做的。

公元1世纪的罗马法学家盖尤斯(Gaius),也认为君王谕令具有法律效力(《学说汇纂》D.I,2,2,11)。又如,在奥斯曼土耳其帝国中,法的规则的源头,既有有其神圣渊源的伊斯兰教法,也有苏丹的敕令、古突厥及境内各族的习惯法即"乌尔夫",及在位苏丹的权威和意志即"阿德特"(参见陈恒森:"伊斯兰法的历史发展",载于《苏州大学学报》1987年3期)。后三种"世俗法",有两者的规范性源自"命令"。

② 〔德〕马克斯·韦伯著,林荣远译:《经济与社会》上卷,商务印书馆,1997年,第269-283页。

③ 唐时曾几度颁布均田令,有关基本内容,参见《通典·食货典》等。另,对盛唐时期均田令的复原,参见戴建国:"唐《开元二十五年令·田令》研究",《历史研究》2000年第2期。

## 第二章 规范形态的类型分化和场域结构

境以外的情境。

协约，则是另一种形成规则的原型机制，[①]它是基于平等的成员或者没有权威态势可以求助的成员之间的默契、同意、协商、博弈或牵制。普通意义上的"契约"，当然是协约的类型之一，它通常是有限理性既经付出一定信息搜寻成本后自觉地要求订立的；但民俗之类的"协约"，则是自发的、匿名的，源于人际互动脉络中的默契。普通意义上的契约内容中的核心部分，本身就是对订约者具有相当约束力的规范。而把习俗视为广义上的协约的子集，不会让人感到惊讶，这预示了另一条通往探索规范秘密的道路。

在当今人们生活中已变得很常见的"契约"，基本上只适用于订约的当事人，就这一点而言，它就是相当特殊的。但是在西方宪政理论的契约论传统中，统治者、立法者和暴力机构的权力，被视为基于民众的同意（契约），[②]且得要服从具有普遍性的宪政模式或宪法的约束力。那些"约定俗成"的习俗和语言，也大抵是一些具有极普遍的效力之规范，对于使用它们的人群和任何想要融入这一人群的个人，都是如此。

权威和协约的机制可能交替使用，甚至叠套在一起。而且事实上也是这样。立法机构是在立法方面被赋予权威的组织，它们本身的工作可能是在元老、参议员、众议员、立法委员或者无论它

---

① 其实，西方有着蔚为大观的契约论传统（参见〔法〕卢梭著，李常山译：《社会契约论》，商务印书馆，1997年，第21—26页等），唯其立场限制了他们探讨契约方式的对立面即权威—命令的结构。

② 契约论是一种意识形态。也许，"一部宪法并不以一项契约那样的方式施加约束。毋宁说，它通过创立一个协作习俗而仅仅提高试图以某种其他方式做事的成本。……它所信誓的东西，和对于在一项契约下行动的预期相比，以一种远为广阔的方式对演化以及变动敞开"（〔美〕罗素·哈丁（Russell Hardin）著，王欢、申明民译：《自由主义、宪政主义和民主》，商务印书馆，2009年，第122页）。

叫什么的基本成员之间平等协商地展开。但是对于普通的公民，由它们所颁布的法律具有类似于"命令"的不得不服从的要求。立法机构理论上可以是全体公民，亦即是直接民主的；而当今所流行的代议制，则并非将全部公民设定为直接的立法者；立法者也可能缩减到唯余一人，就像包揽立法权的专制君主。在其他组织中，由被赋予制订规则之优先权的部分成员所组成之机构，在功能上与立法机构相似。下述情况似乎已为现代人所熟悉：最高立法机构经由某种民主程序产生，即这种程序是每个人的公民权和平等意志的体现。当然权威机构未必仅限于立法的工作，[1]更多的时候倒是在行使行政权力。

如果从规范性要求是否普适，以及基于命令抑或协约，构成了两两组合的维度，那么行政自由裁量就代表一种极端的类型：基于命令且适用性特殊。公共政策，[2]抑或律令体系，便是结构中的另一种类型：基于权威—命令的体系，但适用于极为广泛的情境。基于广义上的协约机制而形成的规范形态，也有类似的普适与否的区分。将这两两的维度并其延伸拓展的若干机制加以综合考虑，可有下述分类：

（P，Q）行政自由裁量；[3]

（P，-Q）律令的体系或公共政策；

---

[1] 在伯利克里时代，希腊人的公民大会（它由二十岁以上的男性公民，在古代世界堪称民主的典范），似乎就是立法与行政工作兼顾。

[2] 关于公共政策（public policy）的定义，参见〔加拿大〕迈克尔·豪利特等著，庞诗等译：《公共政策研究》，三联书店，2006年，第7－11页。但其中的定义都不能令人完全满意，而我把它理解为主要针对公共资源域的问题进行调节，且通常比行政裁量更稳定、适用面更广的政策。

[3] 此处，将权威—命令的结构写作P；所适用之时、地、情境较为特殊的规范要求写作Q，相应地，契约结构、普适的规范要求，写作-P、-Q；下同。

## 第二章　规范形态的类型分化和场域结构

(-P,Q)　大多数实质契约;[①]

(-P,-Q)普适的隐性协约。[②]

(-P(P));(P(P))读作:确定权威角色的程序:前者为民主选举方式或在本无权威的前提下达成集体性默契或共识的机制,后者是指自上而下的任命(例如在科层制当中);并且,对于某个组织,权威角色的集合 P 的取值范围,从 1 到全部成员,如在采用抽签或轮换的机制中,原则上就是全部成员。

(-P(P,Q));(-P(P,-Q))读作:经由集体同意或民主裁决的形式,或是由立法机构,来颁布命令、公共政策、律令甚至法律(假设该机构内部的工作方式是民主的)。

(P(-P,Q));(P(-P,-Q))读作:权威结构下各阶级或层级之间的权利、义务关系;或者借助权威结构来保障实质契约或隐性协约的效力。

由于意志自由的终极存在,故广义上的协约机制——即由于默契、制约、同意、协商、谈判或者单纯不反对而引发的形成方式——比起权威角色的运用是更为基础性的原型机制。而作为结

---

[①] 这里所说的"实质契约"与"隐性契约",前者主要是指在有明确意向表示的情况下订定的;后者依赖彼此间的默契,未有经参与者全体同意的明确意向表示。由于普适的规范要求往往涉及多人,甚至是近于全社会成员的极频繁的互动,故而多是隐性契约,但在私人之间针对特定情境形成默契也很常见,所以很难判断说大多数隐性契约属于(-P,Q)的结构。在企业或其他组织形式中,围绕成员之间的权利、义务的"关系性契约"(参见〔德〕柯武刚、史漫飞:《制度经济学》,第 242-246 页;第 329-330 页),堪称是实质契约与隐性契约相融合的例子,其中虽然可能有一些劳动合同之类的明确订定的契约,但由于环境的频繁变动,或组织运作的复杂性,事实上不可能对所有可能的事件做出预测和完备的规定,因此一般都会有关于权威结构(即(-P(P)))、隐性惩罚或得失调整方面的默契机制。

[②] 譬如语言就可被视为普适的隐性契约,因为它是在人与人的大量的联系和互动中自发形成的。参见〔美〕爱德华·萨丕尔著,陆卓元译:《语言论》,商务印书馆,1997年,第 1 章;〔法〕海然热著,张祖建译:《语言人》,三联书店,1999 年,上编第 1-4 章。

果来看的协约内容,必然是关于主体间一系列权利—义务关系的。伦理上的"善"、政治性的权威角色,实际上都是协约性的,即围绕特定形态的权利、义务的。

## 第三节 伦理型规范的家族

伦理规范是非常重要的规范类型。我把它视为包括习俗、惯例、规矩、礼节、仪式、约定等各类型规范在内的"伦理型规范"这一大家族中的核心成员。在人们面临不同行为方式的分歧时,可能对其中的某些方式产生一定的偏好或选择性倾向,即导致人们常说的价值评判和价值选择。但不是所有这一类选择都具有伦理意义。看起来,不具有伦理意义的行为方式,基本上都不涉及人与人之间潜在或现实的冲突。这就提醒我们注意,伦理型的社会规范,大体上具备这样的特征:当这类规范被遵循时,某种程度上或某一范围内的协调就可达到,亦即冲突将不会发生、不易发生。

### 一、民俗规范:包罗万象的生活方式

所有基于稳定重复的过去例子之累积和基于人际默契的民间自发机制,即所有仅仅因为"约定俗成"而产生的规范,可以有一些学术上的共同名称,比如"民俗"(folklore)或"习俗"。这是一类非常基本的形成规范的机制,涉及的实践领域近乎无所不包。而不管这样的机制在一规范体系中所占的比重有多大,难道不是在所有文化中都包含这样一个基本的部分吗?换一个角度来看就是,与其说习俗中有着巫术、禁忌、宗教、伦理等诸多因素的渗透,不如说这些因素都有可能以惯例导向和人际默契的规范之面貌呈现。

在各类文明中,哪里存在着有权势地位和高度文化素养的闲暇阶层,哪里就有精致文化与民俗文化或者大传统与小传统之间

的分野。然而民俗尤其在底层的农民那里具有最深厚的根基。各地的农民都掌握着大量与农业有关的实际知识,他们对于天气、物候、农作物、植物的种植、动物饲养、发酵工艺、窖藏等各方面,知之甚多,这些大多保存在他们的与生产、生活息息相关的物质生活民俗当中。——当然单纯的技术不是民俗的,只有当这样的技术系自发的集体意向性之所愿时,才可能是民俗。

其实民俗或习俗所调节之对象,几乎涵盖了人类生活的所有领域。而将民俗视为独立的类型,主要是基于它在形成机制、基本特征、调节方式,以及所扎根和服务的社会阶层等方面相互关联,又基本上自成一体的特征。其形成乃是潜移默化、源远流长和约定俗成的,其原型甚至可以追溯到上古时期。通常,民俗具有社会性(或集体性)、类型化、模式化、传承性和播布性等特征。[1] 统称为民俗的规范,主要依靠舆论和行为的惯性来调节,这一点并无疑问。此外,"民俗"一词特别是用来指,一系列扎根于中下层劳动人民,为他们所喜闻乐见的生产、生活中的习惯。

民俗赖以在其中形成和传播的人群,大多依靠地缘、族缘等天然纽带自发形成。民俗就是在这些人群中广泛流传、影响深远,具有社会性、集体性特征的那些类型化、模式化的人类的生产与生活方式。而它的规范意味,则主要是来自人们对于这些类型化与模式化的方式的遵循的意愿。这样的规范受其中人际互动脉络的制约,并经由这样的互动而传播开来,但其过程不受个人控制,其所运用的符号不体现个性特点,即并非源自个人风格的精致创作。要之,民俗是经集体性的默契(不是基于显性的"同意")而成立,不是源于某

---

[1] 这些特征,其实在我们的定义中已经给出,不过对它们的更明确的阐述,参见陶立璠:《民俗学概论》,中央民族学院出版社,1987年,第1章。

个个人或机构的意志,常常借助舆论的调节,而根本上不是强制性的。

民俗多是长期实践累积的结果,不仅能够融入实际,而且已经在实践着了。民俗事象所涵范围甚为广阔。这是因为人类生产、生活的几乎所有领域,都难免有着自发形成的类型化、模式化的方面。而类型化、模式化就意味着,人们对这种方式及其所处理的事物的特征,比较熟悉、比较有把握。通常在类型化中储存了实用的分类知识,而在模式化中储存了各种各样的经验,人们意识到,这些是他们应付相关的自然或社会挑战的行之有效的方式,因而在没有看清楚新的方案的前景,或者选择新的方案要付出另一些方面较高的社会成本,或者率先选择新的行为方式,对于个体利益而言,并非最优反应的种种情况下,人们倾向于保留熟悉的方式。这或多或少解释了民俗的保守性方面。通常,身处某一民俗之中的人,对它的起源与目标所做的说明,往往是与它的实际功能不相关的,甚至是相左的。因而民俗的实际功能就经常处在晦暗不明的背景和错综曲折的误导之中,其探赜索隐的工作,尤须"具体问题,具体分析"。

有的学者将民俗涉及的主要方面,罗列如下:

(一)物质生活方面:土地和村落、房屋建筑、饮食、服饰、生产(渔猎、畜牧、农业、林业、手工业)、交通运输、交换贸易、民间科技(历法、医药等);

(二)社会生活方面:家族和亲族、民间组织、交际惯例、礼节和礼数、人生礼仪、岁时风俗、民间的伦理道德、习惯法;

(三)精神生活方面:神话与民间传说、巫术、禁忌、祭祀礼仪、日常语言(语用惯例等)、民间艺术、娱乐游戏。[①]

---

[①] 参见刘魁立:"民俗学的概念和范围",载张紫晨编《民俗学讲演集》,书目文献出版社,1986年,第10-26页。

## 第二章　规范形态的类型分化和场域结构

这些分析性维度包罗万象,几乎将日常生活的方方面面均囊括在内;且其间所列民俗的子类型之间又相互渗透,虽归列不同方面,却每每是你中有我,我中有你。

物质生活方面当为民俗的基础,其中惯例的使用、模式的安排,最能体现效用的原则。在此之后,才涉及某些美学风格的考虑等。所以物质生活民俗,总是按照人类不同的基本需要类型而引申出不同的民俗领域。例如由饥渴产生饮食的需要,又为满足此等需要,结合特定的技术与生态条件而产生饮食的民俗等。大致可由需要、原料(含素材、工具)与技术这三要素的组别来决定物质生活民俗的个别领域,因而其核心部分的特征比较明显,虽时常有其他类型的民俗的配合,但本质上不必依赖它们。

社会生活民俗的最重要的作用领域,是人际关系的协调,这种协调主要是为了一般性地营造温情脉脉、田园牧歌般的情调,为了塑造高度社会化的,甚至看上去有些千篇一律的个人。而基于这样的社会化环境,进一步的分工协作以及诚信机制,就有了一定保障。因血缘、族缘、地缘或职业因素而形成的各类民间组织,通常既是协调行动,也是利益共享的单位。可是泛泛而言的"交际活动",譬如其中一些通行的礼节,几乎渗透在每一种人类生活的领域,正因此,它又不同于其他任何一类民俗,而是构成了经纬交织的另一维度。

人生礼仪和岁时风俗,在民俗中非常重要。前者主要围绕诞生、成年、婚姻、丧葬等重要方面,即依照个人的生命历程来展开。并且,每种人生礼仪随其对人生的意义迥异而展现完全不同的心理特质,就像婚礼是喜庆的、群聚性的和有家族意义的,丧礼是哀痛肃穆的、慎终追思的,据说很多原生态的成年礼,时常包含身体上极痛苦的处置,并有暗示其人要承担责任的意味。其仪轨的安排,导致其心理感受的方面,似要经历一段意义模棱两可的阈限期,故而这个要成年的人,更得去承受由于意义的混沌和缺失而造成的恐惧。因此,成年礼对于主受者的磨炼具有双重涵义,肉体痛苦是一方面,意志坚定和觉悟成熟是另一方面。有的人能够很好地克服肉体上的痛楚,可是却无法忍受意义的缺失、挫折的打击、朋友的冷眼和自我决定的孤独。这些也许不是一个仪式能够解决——无论这仪式是何等持久,何等苛刻——但是这个仪式至少向要成年的人展示了这些,也就是向他展示了作为负责的成年人的艰难。①

---

① 关于成年礼在心理上的作用,费孝通先生称之为"社会性的断乳",他提到:
譬如在瑶山中,一个孩子到了成年的时候,他的父母要杀猪请客。那孩子穿了新衣服,坐在床上,不准下地,除了学习跳舞。在这床上,他要坐好几天,学会各项成人所必需的知识,好像敬神的咒语等。这几天,他不吃东西。在我们看来,这种仪式简直就是受罪,可是生理上的痛苦,和社会上的隆重仪式,使受这仪式的孩子,心理上得到一个极深的印象,那就是他从此就是成人了。他得在这一仪式中抛弃从小养成的童年态度,使他在心理上有做成人负责生活的准备。……在没有成年仪式的社会里并不是说没有这种社会性的断乳的过程,除非这社会能容忍萎弱的少爷们的存在。社会性的断乳可以分成很多的节目来进行,可是我觉得在心理上缺乏一个明显的转变,对于个人人格的完整上可能会发生不良影响的。(费孝通:《乡土中国生育制度》,北京大学出版社,1998年,第220-221页)
我们能否将费老的疑问推进一步:这类社会性的断乳,即便有一个形式上的安排——对应于要求他从心理上有明显的转变,若是缺乏必要的历练,其效果会否削弱呢?为纪念人生将要跨越某道门槛而特别举行的仪式,在它还没有成为一出随俗的闹剧之前,难道不是包含着对生命的惊喜和对幽冥的感悟吗?华夏文明之所以特别重视冠礼,可能也是因为在物质生活和医疗条件非常落后的时代,孩子竟能长大成人,实在不是一件容易的事情。可是从今天能够看到的"冠礼"的仪节,实在不能认为是包含着肉体和精神上予以特殊折磨和历练的情境。然而在华夏族系的上古,其成年礼的苛刻考验,仍可从史籍中寻到蛛丝马迹,如杨向奎先生认为,《尚书·尧典》曰"纳于大麓,烈风雷雨弗迷"(另可见于《史记·五帝本纪》),便是巫史口耳相传由尧施诸舜的成丁礼(参见杨向奎:《宗周社会与礼乐文明》,人民出版社,1997年,第273页等)。"麓"的本义就是山脚,泛言山林川泽,并非后来一些儒生所谓"录也,纳舜使大录万几之政",这是儒生本于其文明堂皇、却略嫌屠猬的礼义对史实所作的歪曲。然而窃以为,与这样的礼义精神相伴随的,恰是我们的文化一直欠缺气质上的沉郁、刚健和个性上的自信、独立。

虽然人生礼仪是围绕着个人的视角,但它作为民俗并不带有明显的个性成分,而是强调其共性的一面,强调其社会责任。要之,此类民俗的组构是围绕个人生命的阶段性过渡这一贯穿的主线,充分地、几乎是不受限制地运用了其他民俗元素,地点、方位、历法知识、饮食、服饰、交通工具、贸易和交换(如礼物的往来)、交际礼节、娱乐、巫术、禁忌、语言、伦理等,都可能是人生礼仪所涉及的要素。所以它是立体地交织起来的民俗体系中的又一个组别。

岁时风俗亦然。显然它不是按照某一需要类型划分出来的民俗类别,而是许许多多民俗要素、包括物质性要素的集合。贯穿岁时风俗的线索,是对于循环往复的气候要素的自然的或文化的适应。[1]此类风俗的安排,也起到了诸如认同社会性身份、重申基本的人文社会价值、增进社区生活乐趣等作用。中国民间原本就有各种各样的节日,属于这类岁时风俗。有些,其间还会举行各种迎神赛会,并且赛会上可以看到竹马、旱船、钟馗驱鬼、舞狮、舞龙等百戏表演的热闹场面,其和洽百姓、敦睦人群的功能不容低估。然而,对于中国传统村落的凝聚力最具影响的岁时风俗,当推包括社祭和社戏在内的各项围绕"社"的活动。在这些成为乡村聚落生活重心的社祭和社戏当中,所流行的"享寿星"、"报勋庸"、"求丰年"、"卜禾稼"、"祈桀盛"、"赐社饭"、"送社糕"、"宰社肉"、"杀社猪"、"喷社酒"等,多半都包含着农业文明的祈愿,也渗透着浓酽、淳厚的人情味。甚至应该说,人情味乃是民俗事象普遍的内在属性。

---

[1] 例如《礼记·月令》就向人们描述了一套经过系统整理的、与气候因素相配合的岁时风俗之模式。

精神生活的民俗，几乎都更加强调符号的运用，或者直接就是符号层面上的约定成俗的规则，如日常语言；①在符号所指的层面上，这类民俗有不少是对其他民俗层面的展现与解释，如对它们的起源的解释，对其中所发生的那些有意味的事件的叙述和演绎，对其中问题的突显和评论等。质言之，神话、民间传说、评弹说唱、谜语等往往是反映性质的。某些巫术和禁忌，可能是生活经验的总结，却披上了"巫"或迷信的外衣。但就其同时获得精神上的满足感来说，将其归入精神生活方面，也未尝不可。

当然这些注重符号价值的民俗，也不全是对另一些领域的反映。有时它们侧重表达一定的情绪与动机，例如通过祭祀表达欲求和希冀，安抚焦虑和恐惧。通过表达，这些情绪给予自己特定的形式，被类型化，并通过恰如其分地被感知，而得到了特定方向上的强化。此外，民俗当中也有纯形式意味的符号运用，一般仅限于游戏或者比较直观的装饰性的美术等。即使这些，往往也缺乏精致、复杂的形式主义。虽然它们不是反映性质的，但却可能是某些较为一般的情绪或美感的表现。

精神生活方面的民俗，往往缺乏源于自身理由的独立性。它们无法像物质生活的民俗那样，可按需要类型，或者像某些社会生活的民俗，按某一条逻辑的主线，将其领域相对独立地区分开来。然而，那两方面的民俗却可能到处渗透着精神生活的元素。譬如某地区的食俗，就可能包含某些巫术、禁忌的手法，有关它的起源的民间传说，对历史上某个擅长此类菜肴的厨师的神化和对它的祭奠，围绕这种食俗的一些语言上诙谐的习惯，这些菜肴所体现的

---

① 并不能简单地认为，精神层面的民俗，对于人类生活来说，总是派生的、次要的。譬如日常语言就符合我们归于民俗的那些基本特征，可它在生活中须臾不可少。

## 第二章　规范形态的类型分化和场域结构

民俗美学的意蕴等等。

民俗事象中,本来就可能掺杂着一些民间信仰的成分,渗透着巫术性思维,带上它的烙印,而且基本上都是出于祈福迎祥或禳灾避难的心态,是为了缓释种种焦虑,这应该是很常见的情况。就拿中国传统节日中最隆重的"过年"来说,其间一般是要举行隆重的祭祖、祭社或者祭拜本行业祖师爷的活动。又如放鞭炮意在吓鬼,贴春联则为避鬼,而元宵节又称"上元",据说是天官生日,即天官赐福之日,也是第一代道教天师张道陵的生日。[①] 十二月八日的驱傩迎腊,更是源于尚古的巫术。按古礼的记载,腊日要举行两种祭祀——祭祖和五祀,[②]后者或系原始巫傩的折衷形式。当然随着时间的推移,其原本可能相当浓烈的宗教与巫术的气氛,是处在不断淡化的趋势之中。[③]

民俗甚至不应该被说成是一个单纯的类型,倒不如说是在民间自发的层级上呈现的,一个极为杂糅的规范大家庭。民俗具有极为多重的面相,它往往是巫术、禁忌、宗教信仰和迷信的奇特混合,似乎是非理性的、令人费解的,但另一方面,它又不乏实用性、

---

[①] 参见李今芸:"新桃旧符——话过年",载刘岱总主编:《中国文化新论·宗教礼俗篇》,第 519-560 页。其他传统节令中的民俗事象的安排,如清明扫墓、踏青、野宴、插柳,端午节的挂蒲艾、唱雄黄酒、戴香包香囊,中秋节的赏月团圆,重阳节的登高插菊等一连串活动,也多是基于同样的心态,有的甚至还会伴随着一些咒术和禁忌方面的明确规定。

[②] 五祀就是分别祭门、广、井、灶、中霤,参见〔清〕陈立:《白虎通疏证》卷2,中华书局,1994年,第77-82页。

[③] 例如,在欧洲很多地方,每到春天或初夏甚至仲夏的时候,欧洲的农民仍然要到树林中去郊游,砍一棵树带回村子里,在一片欢呼声中栽将起来;或是在树林中单纯砍些树枝,回来插在家家户户的房子上。在五朔节期每家门口要栽一棵山楂树,或是从树林中带回一棵。这些当是早期日耳曼部落树神崇拜的余绪(参见〔英〕弗雷泽著,徐育新等译:《金枝》,中国民间文艺出版社,1987年,第183页)。但在基督教的欧洲,这当然不能被堂而皇之地视为对树神的崇拜。

技术性和消费—适应性之表现，即往往是实践经验的沉淀积累；且伴随、夹杂和并列着伦理、礼仪、互动角色、惯例和习惯法、语用规则、民间艺术等各类规范现象。习俗虽然有它自己的进化史，而非一成不变的；但在规范形成机制的特征上，它无疑是过去导向的、具有惯例化的叠加和放大效应的、自发形成的、缺乏某些特定个人或机构的明显主导性作用的、缘于人与人之间不完全自觉或完全不自觉的协调和默契的，并因为这些相互关联的特征，它才被视为一个规范大类；但这个大类又横跨了很多类型，并跟这些类型多有重合之处。即，作为一个规范类型来看，在不自觉/自觉、不成文/成文、①事实性的过去导向/抽象性的将来导向、约定俗成的/权威—命令的、舆论或利害关系调节/暴力强制这些类型区分的维度中，民俗是所有前一项特征汇合、重叠的领域。——而且这些特征也是易于汇合重叠的。

　　用语方面，"习俗"与"民俗"极相近，但它抹平了其中的阶级分化视野，而单纯强调其惯例性机制的特征。习俗通常是有机生成而不是有意设计的产物，但在其形成过程和巩固下来以后，也会牵涉很多人的集体意向性，且在人际互动的场合，遵循习俗通常也是融入其中的个人在他人策略未变之际的最有利之选择。但这些也是规范和制度之自我发动和自我维系之基本特征；就是说，包括伦理规范在内，所有被良好遵循着的规范都有习俗或类似习俗的一面。

　　二、伦理上的"善"的基本涵义及其他

　　其实，伦理规范才是伦理型规范的核心。但一规范之所以是伦理规范，皆因它符合某种伦理上的"善"的观念。而这范畴千百

---

① 即使，那些涉及文字的语用惯例，是关于文字的，却大多应被看作不成文规则。

## 第二章 规范形态的类型分化和场域结构

年来都是人们不断求索的问题。① 围绕"善"一词呈现了一种特殊的命题结构,即便其典型特征表现得或强或弱,但却内含于一切具体的伦理判断之中,构成其形式的而非实质的特征。在此,我并不想给出一个本质性的定义,而只是想描述一个以极大概率出现的命题结构,亦即:如果某种行为在行为的主体和某些相关人士中被视为"善"的,那就意味着:(1)这种行为是可以选择的;并且(2)这行为的履行与否,涉及对他人的需要、偏好、利益、意愿的影响;②(3)对于这样的选择,行为者主观上给予正面的评价;(4)同时期待着——并且事实上也在某种程度上得到了——某些直接涉及的他人所给予正面的评价。

伦理规范的内在效准,据康德的看法,乃是本于"纯粹实践理性的基本法则",即"这样行动:你意志的准则始终能够同时用作普遍立法的原则。"③ 与此相近的,就是儒家的恕道,而"恕"就是"己所不欲,勿施于人"。④

---

① 站在经验主义或自然主义立场上的伦理学流派,认为"善"可以被分解或转换为经验科学的命题,因而定义"善"这样的道德术语,必须参照能从感觉或内省经验上加以详细说明的标准,如功利主义的"善是最大多数人的最大幸福",或如享乐主义的"善是快乐",主观主义的"善是我或大多数人更为喜欢的"等等,似乎都可以诉诸某种经验的标准,甚至建立需求的函数来研究可供选择的行为的排序等。但元伦理学创始者之一摩尔却认为这都是犯了"自然主义的谬误"。对于这一类经验概括,例如对"善是快乐"便可继续追问"快乐是善吗?",答案显然是否定的,这就意味着这两个概念远未到能画上等号的程度。但像摩尔那样认为虽然"善的东西"可下定义,但"善"却不能下定义的,乃至要诉诸直觉的观点(参见〔英〕G.E.摩尔著,长河译:《伦理学原理》,商务印书馆,1983年,第14-15页),则未免陷入神秘主义的死胡同。缺乏整体性的历史观是其理论上的致命缺陷。
② 环境伦理或生态伦理,看起来是对传统伦理学的一种挑战,但是也只有当人们对如何处理同一个地球村的环境,存在较为严重的意见分歧和冲突时,环境问题才是一个伦理问题。
③ 〔德〕康德著,韩水法译:《实践理性批判》,商务印书馆,1999年,第76页。
④ 这一提法,《论语》中凡两见。某次子贡问夫子:"有一言而可以终身行之乎?"夫子答:"其恕乎!己所不欲,勿施于人"(《论语·卫灵公》)。另一次是仲弓问仁,孔子答:"出门如见大宾,使民如承大祭;己所不欲,勿施于人;在邦无怨,在家无怨"(《论语·颜渊》)。

与孔子同时代的释迦牟尼,有着相近的想法,佛典中称为"自通之法",而且认为,具体到许多戒条,都可以参照"自通之法"来理解其作为规范得以成立之理由:

> 尔时世尊告婆罗门长者,我当为说自通之法,谛听善思。何等自通之法?谓圣弟子,作如是学:我作是念,若有欲杀我者,我不喜;我若所不喜,他亦如是,云何杀彼?作是觉已,受不杀生,不乐杀生。如上说,我若不喜人盗于我,他亦不喜,我云何盗他?是故持不盗戒,不乐于盗。如上说,我既不喜人侵我妻,他亦不喜,我今云何侵人妻妇?是故受持不他淫戒……①

"自通之法"可统一表示为:若他人施及己身的行为,首先是自己不愿意的,推想别人也是如此心态,便不应把这类型的行为强加给别人;杀、盗、淫、妄(含两舌、恶口、绮语)皆其类也。

伦理涉及在调整人与人的关系时给予舆论上的强烈表示的行为规范。合乎伦理的行为基本上都要肯定和尊重他人的生命、心灵、身体和财产等,必要时还得以抑制自身的欲求为代价。围绕着个体间(有时候也可上升为群体之间)意愿上或歧异或同一的四种基本情境,有四种类型的调节方式,具备各自基础的道德涵义。②"己所不欲,勿施于人",这里面的"欲"字的含义极为广泛,不光是指本能冲动或物质性欲望,还有向往、精神追求等,即总的来说,是指驱向某种事态的冲动或愿望某种状态的意愿。比照这恕道和自通之法的表述,就己、他原本的欲所欲,可分四类情境:(一)己之所

---

① 《杂阿含经》卷37,《大正藏》卷2,第273页中—下。
② 四种基本向度的划分,参见吴洲"后现代语境中的佛教文化",载于刘泽亮主编:《佛教研究面面观》,宗教文化出版社,2006年,第430-435页。

## 第二章 规范形态的类型分化和场域结构

欲,他亦如是;(二)己之所欲,非他所欲;(三)己所不欲,为他所欲;(四)己所不欲,他亦如是。① 而对原本的欲其所欲之抑制或调节,便是"意志"层面上的现象。② "意志"堪称所有行为预装的高级动力装置,是对原初的或较低层级的"欲"进行反思性的、沉淀过滤般处理之机制。而伦理规范所调节的领域,就是由意愿和意志所筹划之行为方式,却不是单纯的认知或情感的对象。

针对四种情境,存在四种基本的伦理涵义,即合乎伦理的基本行为方式略有:

第一种情境,即对某一事态,③己、他之间实蕴含相同之意愿或诉求。其所联系之行为方式,便应是积极有所作为地促成这一较无争议的事态。这样的事态,宜可称为"公共福利",追求扩大公共福利,便将注意力指向人类欲望的公分母和世俗福祉的所在。

第二种情境,即对某一事态,己所倾向,他则拒斥。若任由自己将意志强加于他人,便是暴力、侵权或者政治上的暴政,反之则是"克己"或"自制";克己的实践发展到极致,常衍生出一套系统的修行方法,其思想或原则便被称为"禁欲主义"。

第三种情境,即对某一事态,己所拒斥,他则倾向。唯要克服此类冲突,可藉由高尚的牺牲和奉献精神。据佛经传说,佛陀在轮回的前世中,曾有割肉贸鸽、舍身饲虎的义举,又如基督教宣扬的

---

① 第四重的基础涵义所针对的情境,和自通之法所针对的仍有所不同,此详后文。

② 汉字"欲"可能关联着两个不同的层面:其一关联"意志"的范畴;其二是指源自生理本能的欲望,或是由贪、瞋、痴引发的各种焦虑。但不管是本能,还是更高级的欲求,都必须有一定的意志相配合,而佛教将"业"定义为"思及思所作"([古印度]世亲《俱舍论》卷13,《藏要》本第8册,第281页),"思"谓意志,为内含于一切心识活动的"遍行心所",其思路饶有启发。

③ 按"事态"(sachverhalt;state of affairs)一词,借用自维特根斯坦(Ludwig Wittgenstein)《逻辑哲学论》(贺绍甲译,商务印书馆,1996),在本书中可理解为:事件、状态、设想的样态或对象等。

博爱等,都属这一类,按其宗旨可称为"利他主义"。

第四种情境,即对某一事态,己、他之间实有相同的不欲其发生的衷心的理由。这样的事态便构成对两者间的公共利益之破坏。故而得有共通的戒律或禁忌来防止其发生。

有关的合乎伦理的行为方式及基本的伦理内涵为:功利(或公益)、克己、利他和通戒。设若己为 a,他为 b,事态为 ξ,则对于四种情境,及嗣后相应发生的合乎伦理的行为,可以这样表示:

(aξ;bξ)→ξ。

(aξ;b∼ξ)→∼ξ。

(a∼ξ;bξ)→ξ。

(a∼ξ;b∼ξ)→∼ξ。

一桩事实、事件或事态的"有",谓是一定层级上的绝对特殊性,犹如世界上没有完全相同的两片叶子;而一事态的"无"和另一事态的"无"之间,对于实在(reality)而言,便无任何差异暨特殊性可言。倘若关于有、无的直觉不存在问题,那么前述四重情境和对应的伦理意涵的区分,便有了一定的着落。我们也可看到四种基本涵义的核心是指向人际间的协调。

公共产品或公共服务,所涉领域之多,实难枚举,像安全保障、法制建设、交通基础设施或者良好的环境等都是。既然有益于众人,并且在欲要更多、更好的公共产品之点上,并无意见分歧,则促进它们自然是合乎伦理的。而且对于有责任、有义务和有能力做的人来说,做与不做的差别,也是伦理上的差别。增进公共福祉的过程,还可能遭遇如何平衡短期和长期利益、局部和整体利益的矛盾,及遭遇到某些配置和分配问题。

至于"己所不欲,勿施于人"的信条,情况要复杂一些,也不一定针对第四类情境。有时候情况是这样的:(a∼ξ(ξ= bRa);b∼

## 第二章　规范形态的类型分化和场域结构

$\xi'(\xi'= aRb))\to \sim R$（R 指己、他之间的一种具有向量特征的关系，多指关系的左边一项为主动方，右边一项为被动方）。如仅视 R 为 $\xi$，则情境有类于前述第四种，故禁止 R 的规则，才可在各人之间成为一条通则。自然，更强的情境是：$a\sim\xi;a\xi';b\xi;b\sim\xi'$。即"克己"行为所针对的情境，在己、他身上产生了交叉和纽结。

有时，事态 $\xi$ 宜理解为一种变量，$\xi_1$、$\xi_2$ 属于同一类事物，其间或许没有 R 一类关系，则"不施于人"的信条，只是基于一种不涉及切身利益的同情式理解：$(a\sim\xi_1;b\sim\xi_2)\to \sim\xi$。这样，围绕"己所不欲，勿施于人"，就有了三种读法。

倘若情境和相继的行为是这样一种组合：$a\xi_1;b\xi_2\to\xi$，其特征类似于前述的第一重涵义。也有点像儒家说的"己欲达而达人"之类。

西方也有所谓的道德黄金律，与儒家之"恕道"差可比拟。即《圣经》中这一段说教："无论何事，你们愿意人怎样待你们，你们也要怎样待人，因为这就是律法和先知的道理。"[①] 据说在伊斯兰教中也有相近的观点。黄金律的意思约可表为：

$(a\xi(\xi=bRa);b\xi'(\xi'=aRb))\to R$

R 可以是"爱和尊敬"。然而在语义上，那段话并未排斥"避免受恶劣对待"的意思，即也可将其另一面解释为"己所不欲，勿施于人"在负的公共利益以外之第一或第二种读法。

恕道、黄金律或是自通之法，虽说实质相近，但具体涵义稍有不同，可谓是各有千秋。佛陀所讲的"自通之法"，对于导出若干戒律的推论脉络，给予另外二者所不及的最清楚之解释，但它所针对的，仅是恕道所针对的情境中，冲突烈度最强的那一类。然而正是因为考虑到这种最恶劣的情况，人与人之间才能下决心树立一些

---

[①] 《新约·马太福音》7:12；及可参见《新约·路加福音》6:27-38。

戒条。在基督教的摩西十诫、佛教的七戒中,都能看到一些宗教的特殊意涵之外的普世性内容。至少在今天来说,这些信条构成了人类伦理的核心,也是人与人相处的最重要的基础。

恕道等,都堪称"普世性"的伦理原则,但此类伦理智慧针对具体问题的调节,并不一定得像传统社会一样,固化地得出若干近乎一成不变的习俗或禁戒中的规则。而且,人之"所欲"、"所不欲",常随文化传承、历史条件、环境变迁或个体习性等产生差异,就算是低等级的本能和欲望,也可能在所欲的对象形态上产生严重的分化。① 正是由于人的欲求的丰富的差异性和历史性,故在人与人的不同组合之间,抑或不同阶段的人与人之间,其围绕黄金律或恕道所达成的默契、戒条或通则,是有可能发生变化的。

一种完整的、内容丰富的伦理思想体系,俨然要全部照顾到这四重涵义。儒家伦理便是如此。第一重功利性,如孔子认为,圣人得"博施于民而济众",则对个人功业的关注,莫此为甚。而儒门后学当中自然也不乏像南宋陈亮那样注重事功的思想家。又孔子所说"克己复礼"实属第二重涵义,亦即"非礼勿视,非礼勿听,非礼勿言,非礼勿动"(《论语·颜渊》)。所谓"非礼",朱熹注曰"己之私也"。② 肆意徇私,比较容易侵犯他人,故要克制和节制。第三重即主于奉献和牺牲精神的利他主义,在儒学文本中虽不常见,但不是全无踪影。如曰:"志士仁人,无求生以害仁,有杀身以成仁"(《论语·卫灵公》)。又有"恕道"者,着眼于第四重涵义。或曰如心为恕,推己为恕,③ 可见围绕"恕"字的解释空间,甚为广阔。

---

① 如告子所谓"食色性也",但可能在食谱的偏好或对何为性感的看法上,存在个体间或文化间的严重分歧。
② 〔宋〕朱熹:《四书集注》,岳麓书社,1987年,第192页。
③ 同上书,第102页。

孔孟及其后学大谈义利之辨，提倡重义而轻利。利谓私利，是指有可能损及他人的非此即彼式的利益。但夫子对于泽及苍生黎庶的公共福祉和这样的事功、宏利，还是绝对肯定的。且一般的实践"仁"的方式就是："己欲立而立人，己欲达而达人。能近取诸譬，可谓仁之方也已"（《论语·雍也》）。

在西方伦理学界，理论倾向纷繁多样，实有功利主义、道义论、契约论、德性论、社群主义、自由主义等诸多思潮。也许并不能将这些理论等同于一个社会中人们实际上所遵奉的规范伦理。但毫无疑问，它们是不同个体在日趋复杂多变的社会中做出多元化的伦理选择的思想依据。其中，更为强调正义、公平和个人权利的核心地位的自由主义，跟法律或政治观念的联系，要比其他任何一种道德学说与它们的联系更为紧密。可是"权利"概念，强调知所分际，拒斥意志的强加和暴政，因此，具体适用特定权利要求的过程是内含着伦理的四个基本涵义或其中一些的，而非与之相悖或无关。我们也很难认为，功利主义和义务论——西方伦理学的两种主要流派——已经突破了基本伦理涵义的樊笼。

伦理主张上的"效果论"，多视道德上的义务之根据或是非判断的终极标准，在于其所实现的非道德意义上的价值多寡（假定它们一定程度上是可度量的）。但在应该增进谁的价值量的问题上，又有不同的看法。其中利己主义认为，当且仅当一桩行为或履行一项规则的实效能在一定时间内给自己带来比过去更大的价值，或者避免此际可能发生的更大损失，这行为才是"善的"，否则就是"恶的"。但极端利己主义，看来不是伦理性选择。除非它可以证明，在宇宙的固有秩序中，存在一种先定的和谐，无论当你为了利己目的做什么和怎么做的时候，都不会和他人的意志相冲突。当然，否认纯粹利己主义具有善性，并不意味着在一种全面的伦理思考中,必须剃除任何自利动机的因素。显然,对基于此类动机而形成的互惠关系,并不能认为它是"恶"的,且事实上可以把它视为属于意志协调的第一种方式。但在无法达成互惠关系之际,循其自利动机一意孤行,很可能是恶行。伦理主张上的"兼利"观点,即"功利主义"则表示,合乎伦理的行为所意在实现之目标,恰为人类或一人群的可能实现的最大价值总和。即,功利主义并没有排斥个人一己之利害考量,而是将其置于己、他全盘之利害考量当中,务求使这己、他全盘的利益超越损害的情形可取得最大值。

相对地,道义论(或称义务论)则否认,那些必须履行的义务和道德上的善的状况,直接或间接就是拿某种形式的非道德意义上的价值的实现作为其目的或判断标准。它认为,行为或规则所导致的结果上的利害,并不是让人们选择合乎伦理行为的充要理由(但也许不排斥考虑其为参考标准的做法),使一桩或一种行为正当或使一项规则应被遵循的理由在于,行为或规则本身具有的特征,即在于其本身的道德价值(如果我们可以独立地、有所区别地确定这种价值的话)。因而在常见的道义论形式中,人们可以看到其对伦理规则或某些道德上的善(如某些"人的权利"方面)有着坚贞、固守的态度。如果,"不得撒谎"是一项为道义论者所坚持的规范和义务,则任何为了增进被骗者利益计的活络做法便都是不能接受的。哪怕我们可以证明受骗者几乎不可能发现真相,而在接受善意谎言的情形下他的确会活得更好。

然而,效果论和义务论或许都不是思考伦理问题的恰当起点。因为它们没有给予更为基本的引发人们行为的意愿、意志或意向等动机因素的作用和相互作用以合适地位(尽管它们实际上不可能回避这一方面)。利己、利他或功利,乃至实践理性和自我同一性,实质上都涉及主体意愿的某种意向结构之呈现。然而,单单某一主体拥有某种意愿并付诸实施，就是善的吗？当然不是。因为"善"根本上是对行为方式而不是对行为动机所作的特殊的价值判断，即道德价值判断。但意愿和态度，不仅仅是在引发动机的过程当中，而且也在作为结果的一部分的人们对结果的倾向性中有所体现。我并不想在义务论和功利主义之间给出决胜性质的判断，只想指出，功利原则对于那些很可能属于人群中的大多数的受益者来说，当然有可能是符合其意愿的，但对于没有做错什么而违拂其意愿也要被迫接受功利方案的人来说，则无疑是恶的；而一项被视为道德义务的行为方式，只有在它是还某种集体意愿的意向对象之际，它才是历史性的"善"；即，义务或责任的起源，如果不被神秘化，就得在历史地形成而又可以跨越历史和地域的人们的共同或共通的意愿中去寻找。

功利主义为众人场合下的利益协调问题提供了一种抽象的、原则性的方案。它的优点是把所有人的利益看作是具有同等权重的，没有人比别人更应被看重（诚如德沃金所言）。缺点也有一大堆，利益比较和度量上的困难，还抹杀了人们的目标的性质差异，作为一种近现代的规范伦理的体系，它和自由主义一样，摆出一副要把自身从其所属传统与历史共同体中剥离出来的姿态，它们忽视"美好的人格与德性"，"美好的人生与生活"，只是戮力探究"什么是正确的规则"，故缺乏自我认同的根源和自我成长的凭藉。[1]

---

[1] 查尔斯·泰勒说："经典功利主义……这种哲学的目标严格来说就是排斥所有性质差别，把人类所有有目的看作是同等重要的，因而能够根据某种硬'通货'加以普遍的量化和计算的。……这个观点是错误的。但是……它是由道德上的原因所激发的，而这些原因形成了在我们的时代人们据以生活的框架图景的本质部分。"（《自我的根源》，译林出版社，2001年，第23页）这框架涉及"日常生活的肯定"。而在英雄主义、荣誉伦理学或禁欲伦理学中，涉及生产和再生产、工作或家庭的日常生活范畴，则是被贬低的。在我看来，圣贤崇拜和英雄主义情结中，映现着或隐藏着公共利益或组织利

人际冲突,很多时候,乃是因为分配公正(distributive justice)的问题没有处理好。而这问题涉及的是,社会的成员应该根据何种原则来分配他们所享有的权利、自由、物质报酬,以及他们彼此间应负有怎样的义务等。这样的问题已经明显牵涉到政治与宪政、法律的保障等极为严重的方面。但首先还是要有一个可以为多数人所接受的伦理上的基本安排,作为宪政和法律的基石,此为人们共同之所欲。再就是,利益博弈的深层次格局、内在的风险顾虑、妥协和默契,很可能改变人们在特定层次上的"所欲",①但是没有改变伦理的基本涵义。

前述伦理的四种基本涵义,一言以蔽之,曰"人与人之间实践意志之协调"。因主动性操之在己,故以求其共识或"曲己从他"为要。基本涵义,乃相对非基本涵义而言。所有合乎伦理的行为,必然以某种方式体现它,至少不能与它全然相悖的涵义,是为基本。而所有体现文化或习俗的特殊性的,不为基本。职是之故,那些过度引申的天命观、心性论之诠释、使道德情操臻于完善之修养工夫、②指导或促进善行的辅助手段、符合特定身份等级的适当的角色扮演和社会行为,不论其是否重要,都不是伦理的基本内涵。一

---

(接上页)益的指向,所以从根子上来说,"对英雄主义和它牺牲的平凡目标的价值"(同上书,第25页),不必抱有矛盾心理。

而关于自由主义的学理性批评,参见〔英〕麦金太尔:《谁之正义?何种合理性?》,当代中国出版社,1996年,第17章等;万俊仁:"关于美德伦理的传统叙述、重述和辩述",此篇为上书的"译者序言"。

① 从博弈论(Game Theory)的角度审视社会伦理的特征,参见〔英〕肯·宾默尔著,王小卫等译:《博弈论与社会契约》,上海财经大学出版社,2003年,第52-56页、第402-410页等;以及 Ken Binmore, *Natural justice*, New York: Oxford University Press, 2005。

② 孟子立论中便不乏意在夯实伦理实践的基础的天命论暨心性论学说,如曰"尽心知性知天"(《尽心上》);修养工夫,如孟子讲吾善养吾浩然之气等(《公孙丑上》)。

## 第二章 规范形态的类型分化和场域结构

些和宗教信仰相联系的较复杂的伦理学说，例如新教伦理关于救赎的预定论、围绕 Dharma 的某些印度教学说，或者佛教的业感缘起说及因果报应观，都是为伦理实践提供强有力的心理上的说服工具。可是不管它们对于伦理和道德的影响有多么强烈，它们在文化上都是非常特殊的，当然也就不是这里所界定的伦理的基本涵义。

对于社会伦理形态而言，仅有抽象的、干巴巴的规则是远远不够的；一个社会中的人们的德性，往往是这社会得以组织起来的黏合剂。特定的德性，就是特定的被认为善或优秀的品格、素质和能力，也往往是特定的行为倾向，即对于特定类型情境会有比较固定的行为反应。① 在轴心时代，孔子和亚里士多德的伦理学基本上还停留在德性伦理的阶段。② 但德性伦理的形态，不仅曾经是、并且仍然是现实的伦理实践中较为重要的方面。它们围绕"我应该

---

① 根据伦理实践的调节领域，以及规范性要求的特征，似乎可以对实际的伦理形态做这样的区分：规范伦理、美德伦理以及神学（或哲学）伦理。规范伦理是围绕"我应该做什么"而设定的一系列确定的规范，或是指可引绎出一系列具体的行为规范的某些抽象的原则和思想，以及由于这样的规范意识而产生的全部筹划；德性伦理则是那些围绕"我应该成为什么样的人"而展开的一系列关于禀赋、品质、性格、气质、才能、倾向的确认和选择，这些因素由于被指认了正的价值，均可被视为美德，以及在这样的心理氛围中表现出对于一系列事物的价值取向。参见王海明：《新伦理学》，商务印书馆，2001年，导论等。

② 儒家的伦理主张始终贯穿着两个中心概念：仁和礼。前者是儒家的德性伦理的核心，后者则是规范伦理的核心。"仁"是需要心灵和情感贯注，气质和性格配合的德性。作为总摄性的美德，又可以分为恭、宽、信、敏、惠等细目（以此五项释"仁"，见于《论语·阳货》）。在气质和性格上，则以刚、毅、木、讷尤为近之（参见《论语·子路》）。可以列出一长串为"仁"所涵摄的德性，但它们似乎有重要性方面的排序问题，排在首位的很可能是"孝"，它是宗法性社会的核心价值，是"仁"的最朴实、最切近的体现（参见《论语·学而》）。而"礼"正是儒家伦理的明确的规范方面。冠、昏、丧、祭等具体礼仪规范是带有公开表演性质的肯定性的行为规范，关于它们的程式是有严格的、详明的规定，但并非都具有伦理的涵义。

成为什么样的人"、"什么是好的生活方式"展开。且大多数德性,略如亚里士多德所言,"通过习惯而生成,通过习惯而毁灭,人们通过相应的现实活动而具有某种品质。"①固然,德性所涉情绪感受方面,有其内源性基础,但其对象形态、其谱系,依然是在此基础上经由实践活动之累积而形成,这些方面不可避免地对于种种社会背景条件有所反映或折射。所以就不难理解,为什么某一社会所重视之德性,往往就是该社会得以建构的重要环节。

然而,如果在一个文化共同体中,一些人认为慷慨好客,而另一些人认为极端节约才是美德,那这些美德就很难是基本的、普适的。再者,一种"德性"也是与特定行为倾向联系着的各色各样的心理因素的综合体。麦金太尔说:"德性不仅是按照某些特殊方式去行事的气质,也是以某些特殊方式去感觉的气质"。② 因为有过多的附加因素,任何作为具体整体的德性范畴,都难以具备基本的伦理范畴的地位。

合乎伦理的行为,有可能是人的高度主观能动性的体现,是从特定观念出发,对于人的行为与态度的塑造;然而也可能只是一些基于习俗和惯例的实践方式,以及人际互动脉络中的社会事实。但一般来说,脱离善恶信念对于行为或事态的影响,便无法完整地理解伦理现象。而伦理判断实际上针对以下几个层面:(一)关于某一事实及事件的善恶判断,如果它是已经发生的;(二)围绕某一事态暨应然状态的筹划,如果它是将来的可能选择;(三)针对某一

---

① 〔古希腊〕亚里士多德:《尼各马可伦理学》,苗力田译,中国社会科学出版社,1992年,第25页。原文是说"一切德性",但这样的提法会有争议,至少强调性善论的孟子肯定是不会同意的。

② 〔英〕麦金太尔著,龚群译:《德性之后》,中国人民大学出版社,1995年,第188页。

广泛的事态集的善恶信念,无论这事态是实际上已经发生的,是面向将来节点的比较实际的选择,还是纯粹在抽象意义上泛言的可能性。①

上述第三个层面,也可以被称为伦理观念或主张。在整体上,伦理实践包含着"习俗"与"观念"这两个相互渗透、难分难解的侧面。习俗的因素,是由于人际互动中长期形成的一种习惯性的默契,一种舆论的压力,一种由此得到的利害关系的可接受的均衡点使然("善"的行为的出现概率,倘若真的很高,可以被解释为行为博弈的结果)。观念的因素,是指作为伦理规范要件的"规范性要求"和"行为期待",无论它是模糊的抑或清晰的,不自觉的抑或自觉的。在行为的展现,甚至在舆论当中,道德观念本质上是自觉的,但却未必是清晰呈现的,而且多半是具有相关的行善意向意义上的、略经反省遂事后可得确认的自觉性,但并非面向将来的筹划时的高度自觉。而伦理实践也总是倾向于将那些原本仅限于主体较不自觉的模糊意识,及潜在主体间的默契的规范性要求,经过一定的提炼和提升以后,呈现在意识的层面,让它成为一种自觉的理念,一种伦理主张。

伦理主张与习俗性伦理之间的差别,主要就是这方面的自觉规范与不自觉规范之间的差别。总体来看,伦理实践仍是以厚重的民俗或者人际互动中的实际惯例为基础;而自觉的、较为清晰的观念,即所谓伦理主张,却有可能与现实脱节,滞后或者超前,其至

---

① 这种事态的善恶信念集,有一个有趣的例子,明清时期流行的"功过格",这些道德手册给它所列的每一件好事和坏事规定了相应的分值,从而令它的使用者能够根据它来切实地计算自己面对报应时的功德积累。但是其中所列的事项,例如修造桥梁之类,若非有财力的乡绅或有权力的地方官,是无法做到的。有关功过格的研究,参见〔美〕包筠雅著,杜正贞译:《功过格》,浙江人民出版社,1999年,第1章等。

自相矛盾。有些因为所提要求太高而只是为人所景仰，却不便于处处去履行的；即不时地，人们总能在伦理主张与实践之间发现一定的张力。①

## 第四节　法律型规范的家族

与伦理型规范相对的，便是"法律型规范"的大家族，其成员包含法律、公共政策、行政命令、宪政、组织条例、规章制度等，其中的核心是法律。如果说伦理型规范的实质在于：履行这类规范可以导向意志间的协调；那么法律型规范的关键作用就是：施行这类规范可以对意志间的冲突加以裁断。

的确，法律的很多部分——例如在引人瞩目的刑法中——是关于制裁的规则，其形式表现为下达给执法者的有条件的命令："如果事实上实施了甲种类的任何行为，即适用乙种类的处罚"。但作为一种行之有效的社会技术，一些典型的法条可能表现为：既规定值得戮力提倡之行为或状态（即法律规范之所欲），又规定若违背所欲将招致损害。其形式为：应为某行为 X，否则便将遭受制裁 Y。② 上述～X 类行为，即不法行为，而围绕制裁的这一部分，

---

①　例如，既呈现在《圣经》所记载的耶稣行迹与训诫、使徒的言论、神话寓言的道德启示当中，也反映在后来的基督教神学家的言论和布道者说教中的基督教伦理，构成了中世纪以来的西方伦理主张的"明面"，但并不是每一条主张都能够被不折不扣履行。即并不是所有信徒都能仿效耶稣去为人洗脚，或者遵循他的教诲，在别人打你左脸的时候，将你的右脸也送过去等等（参见《新约全书·马太福音》等）。很多时候这些都是难以企及的高尚而尊贵的行为。甚至能否这样做和某人的真诚无关，而是和毅然决然地打破惯例、选择信念的勇气有关。当然，一个社会里主流的伦理主张和实际的伦理状况之间的差距，绝非基督教世界所独有的现象。

②　〔奥〕凯尔森著，张书友译：《纯粹法理论》，中国法制出版社，2008 年，第 59 页等。

## 第二章 规范形态的类型分化和场域结构

才是法律之为法律的必不可少的特征。但从历史上的例子来看,即便在刑法或其他公法领域里,制定法的陈述是围绕 X、～X 还是 Y 多一些,都存在很大的变数,制裁手段若是隐藏的、未予明述的,也不表示它不存在;且法律又不只是制裁性的,还有很多归属给个人或相应法律主体的行为权能,就像在私法领域里很多时候所发生的那样。①

在一个较为完整的法律体系中,人们常能辨识出如下一些规则的形态或者联系到规则的特征:

①以惩罚来禁止或命令某些行为的规则;②要求人们对那些被自己以某些方式伤害的人予以赔偿的规则;③规定为了设立授予权利和创设义务的遗嘱、契约或其他协议而必须做些什么的规则;④判定何为规则和规则何时被违犯并确定刑罚或赔偿的法院;⑤一个制定新规则并废除旧规则的立法机关。②

第三至第五类,总让人觉得与一、二类颇有不同。故可认为,一般地存在着基本的或第一性规则和附加的或第二性规则的区别。前者即配套以惩罚或赔偿措施的,要求人们去做或不做某种行为,而不管他们愿意与否的规则;后者却是规定人们可以通过做某种事情或表达某种意思,引入、废除或修改旧的第一性规则,或者以各种方式决定它们的作用范围或控制它们的运作,譬如说那些授予

---

① 丹麦的多元论法学家乔根森(Stig Jogenson)认为,法不是单纯的镇压手段,用于事后弥补,而正如私法所大量展示的情况,它还有组织效能。即法律规范的积极的许可性,与其消极禁止性一样不能被忽视(参见吕正伦:《现代西方法学流派》,第 617-635 页)。

② 〔英〕哈特著,张文显等译:《法律的概念》,中国大百科全书出版社,1996 年,第 3 页。

审判权或立法权之类公权力的法律,或者那些创立、变更民事法律关系的法律。质言之,第一性规则设定义务,第二性规则授予公权力或私权力,①即基于这样的权力来形成、改变第一性规则,或者形成、变更适用某些第一性规则的权利、义务关系。②

一些明确或者模糊的法律之所欲,可表为某种形式之权利,例如对于针对自由民的谋杀或偷盗的制裁之规定,实际上确认了自由民的生命权和财产权,以及其他人——自由民或非自由民——对于任意一个享有上述权利的自由民所理应承担之义务。所以我们可以说,涉及法律所欲之处,多为人与人之间的某种形式的权利、义务关系。这一关系,可以是普泛地互为权利的主体和义务的承担者,如在很多刑法条例中;也可以是在某一作用方向上某些为权利者,另一些为义务者,如在一些私法的授权规则所确立的事项中。在法律中,唯本于义务之"必须",才产生强制和制裁,以针对义务之遭违背或未予履行。一般来看,义务之履行,有一些相关的得利者或合意者,即享有或接受义务履行所导致积极后果的一些

---

① 〔英〕哈特著,张文显等译:《法律的概念》,中国大百科全书出版社,1996年,第83页等。有的法学家觉得,法律的实质是以威胁为后盾的命令,唯在法律中发出命令的是各类主权者(如英国法学家奥斯丁之说是也)。另有人认为法律的实质是制定制裁的主要规则(如奥地利籍法学家凯尔森之说是也)。准此而论,甚至可以认为根本不存在禁止谋杀的规范,所有的仅为指示官员在某些情况下,对于被确认有谋杀行为者适用某种制裁的法律。而哈特的法理学,即是在对上述两种的论辩中,汲取其合理成分而创立。

② 显然,在公法和私法领域里都有第二性规则,但在私法领域,若无第二性规则,则特殊的人与人之间的权利、义务关系,就往往无从谈起。遗嘱订立不合式,或者没有遵循审判规则的审判,很可能并没有导致人们心目中一般所想到的那些惩罚,但如果无效也可以算得上是一种制裁的话,那么凯尔森的理论勉强也说得通。哈特认为,有了"承认规则",可补救人们赖以生存的规则原本不成系统的"不确定性",有了"改变规则",就可补救缺乏有意识除旧布新活动的"静态性",有了"审判规则",则可以补救原本的社会压力的"无效性"(《法律的概念》,第95页等)。

## 第二章 规范形态的类型分化和场域结构

人,其中有的是某部法律所要明确针对的权利主体,但也可能权利主体是宽泛的、不确定的或潜在的。①

在《现代社会中的法律》一书中,昂格尔(R. Unger)运用了三个层次的概念,来描述世界法律史的大致轮廓。在最广泛的意义上,法律的概念不能排除一般所说的习惯法,这是第一个层次。② 法律仅仅是重复出现的、个人或群体之间相互作用的模式,这些个人或群体,或多或少明确承认了应当得到满足的相互的行为预期,以及对相应的违反这种行为预期的暴力胁迫的合理期待。但是这样的习惯法并不具备其特殊意义上的公共性和实在性。也就是说,"它的非公共性在于它属于整个社会而不专属于置身于其他社会群体之外的中央集权的政府。这种法律由一些公认的惯例所组成,而所有的交往和交换都在这些惯例的基础上得以进行"。③ 其缺乏实在性则表现在:即便对某些标准的理解是精确的,但它由一些含蓄的而非公式化的规则所构成,基本上是心照不宣的。

---

① 在基本的法律关系中,相互联系的权利、义务两概念极为重要,康德就把"一切可以由外在立法机关公布的法律的原则"称为"权利科学"的研究对象(参见〔德〕康德著,沈叔平译:《法的形而上学原理——权利的科学》,商务印书馆,1991年,第38页),即认为公法、私法等一应法律部类和多数法条都可围绕"权利"的角度加以分析。过去在法学理论上,有人将强调义务、秩序的规范体系视为客观法,而将强调人格和权利概念者视为主观法。但凯尔森指出:"人格即为规范集合体之人格化,故其亦为客观法秩序之 部,此秩序包含一切'人格'体之义务与权利,并于其间构成一组织或秩序,令我之权利即为他人之义务,令权利不能脱离义务而独存。"(〔奥〕凯尔森:《纯粹法理论》,第68页)如是观照,乃可消弭主观法、客观法表象上的冲突,以及所谓人与社会的二律背反。

② 某些人类学家认为法律是所有社会形态共有的现象,因而恰当的法律概念不能排除部落习惯法,see Bronislaw Malinowski, *Crime and Custom in Savage Society*, London: Routledge, 1947.

③ 〔美〕R. M. 昂格尔著,吴玉章译:《现代社会中的法律》,译文出版社,2001年,第47页。

法律规范的演化所达到的第二个层次,为官僚法或规则性法律。此种法律具有公共性和实在性。它是在国家和社会已经分离的情况下,由政府或政府性组织所确立和强制实施的公开规则组成(公共性)。而且,某些行为规则已经采取了明确的命令、禁止或许可的形式(实在性)。[1] 在一些古典时期的国家之中,规则性法律仍然受到习惯性标准或神法的影响。典型的神法有古代印度法(dharmasāstra)、伊斯兰教法(sharia)等。古罗马的市民法(ius civile),则通过先是摆脱而后取代祭祀神谕,获得了宗教之外的独立发展。

第三个层次则是严格的法律概念。这种法律秩序不仅具有公共性和实在性,而且具有普遍性和自治性。其普遍性,就是所意图确立的公民在形式上的平等和法律适用方面的一致性,就是保护他们免受政府意志的任意和专断之害。自治性表现在实体内容、机构、方法和职业四个方面。实体内容上的自治性指,其规则只是为了达到某种自律的正义理念,而非为了体现任何一种独特的、法律以外的信念或标准,而无论后者是经济、政治,还是宗教的;机构方面,法律规则由那些以审判为主要任务的专门机构来实施,进而国家与社会的分离,因前者内部的行政、立法和审判机构的区分而有进一步发展;当上述专门机构获得自身行为合理性的方式变成了不同于其他实践方式的时候,法律就获得了方法上的自治性;这种法律秩序,还具有职业的自治性,即在机构和制度的框架下,一个特殊的法律职业集团出现了。[2]

---

[1] 〔美〕R. M. 昂格尔著,吴玉章译:《现代社会中的法律》,译文出版社,2001年,第48页。

[2] 同上书,第49—50页。

## 第二章 规范形态的类型分化和场域结构

按昂格尔的分类属于第三个层次的法律制度(legal institutions),有一些特别重要的类型差异。针对一些国家或地区的法律制度因有共同特征和渊源而构成一定类别所形成之概念,就是所谓"法系"(legal system),也可称为法律传统(legal tradition),它是指"关于法律的性质、法律在社会和政治组织中的作用,法律制度的相应组织和实施,法律实际上怎样以及应当怎样制定、适用、研究、改进和教育等根深蒂固的,受历史条件制约的一种态度。"①西方文明史上的两大法系,即民法法系、普通法系,都具有法律制度的典型特征(尽管它们又是那样不同)。②

民法法系或称大陆法系(civil law system or continental law system),③又称罗马—日耳曼法系或成文法系,是指在欧洲大陆上成长起来的靠着罗马法、日耳曼传统、封建制度、教会法、商业和现代化进程等方面的综合影响而形成的一类法律。其实体法内容,虽然有很多渊源,但不可否认,来自罗马法的概念和原则影响深远。既然罗马法完整体现了简单商品生产关系的实质,故以其现成的或者经过引申的形式,正好能契合中世纪后期和近代以来

---

① 转引自沈宗灵:《比较法总论》,北京大学出版社,1987年,第38页。
② 纵观世界历史上的法律传统,谓有三大法系、五大法系、七大法系或十六大法系等诸说。五大法系,即西方两者以外,另有中华法系、印度法系、伊斯兰教法系。所谓十六大法系,即在20世纪上半叶看来,6个已经消亡的:埃及、美索不达米亚、希腊、希伯来、凯尔特和教会法;5个经融合尚得延续者,罗马、日耳曼、斯拉夫、海事和日本;3个未经融合而大体上独立生存下来的:中华、印度、伊斯兰;以及2个现代西方法系,它们是经历大规模融合、更新和再造的(参见[美]威格摩尔著,何勤华等译:《世界法系概览》下册,上海人民出版社,2004年,第955-956页)。但十六法系中多数都不能归于第三层次。
③ 在西方法学中,民法(civil law)一词涵义甚多。或指古罗马时仅适用于罗马公民的法律,其后又指整个罗马帝国的国法;在欧洲中世纪,或与教会法对称,而指世俗政权的法律;或指"罗马法"的传统;再就是指与普通法相对的一种法律传统,而在"民法法系"中,civil law有时又是指与商法或刑法并立的某一主要部门法。

的新兴资产阶级的要求。《拿破仑法典》的草拟者坚称：罗马法的契约自由和财产自由的概念，在他们那儿得到了完美的继承,这和英国法对于罗马法不屑一顾的态度恰成鲜明对照。但后者实际上用自己的形式肯定了上述两个概念。

与民法法系或大陆法系相对的,就是普通法法系或英美法系(common law system or Anglo-American law system),这是指,在英国中世纪以来的法律史的基础上发展起来的一些国家的法律体系,尤指以普通法(common law)为基础、与民法法系适成对照的一系列法律制度。在西方法学中,"普通法"一词,有时候是指英美的法律传统中,分别与衡平法、①教会法与制定法形成对照的一种法律;有时则是指以此种涵义的普通法为基础而形成的法系,主要与民法法系相对。②

由于它不是系统立法、而是长期司法实践的产物,故而普通法一直以来都非常注重司法程序。这样的注重恰可从其发展过程与令状(writ,breve)制度的特殊渊源里看出。③ 几乎基于同样的原因,普通法一贯表现出对于连续性或至少是连续性表象的坚定不

---

① 1474年,大法官(chancellor)才开始以自己的名义做出案件的判决,这种不经普通法法院而由大法官主审的案件,便称为衡平案件。到了16世纪随着衡平案件的增多,大法官的官署终于成了与普通法法院并列的衡平法院(Court of Equity)。衡平法遂成为广义上的普通法系的一部分。衡平法的创设,一定程度上是旨在对普通法院所倚重的极为形式化的令状制所导致的种种不合理状况给予适当的司法救济等。参见〔英〕密尔松著,李显冬译：《普通法的历史基础》,中国大百科全书出版社,1999年,第82—96页。

② 沈宗灵：《比较法总论》,第159页。

③ 令状往往根据原告的不同申诉而分类,并逐渐定型化,而每一种令状又都和一定的诉讼形式和诉讼程序密切相关,进而在如何处置附带诉讼,当事人可主张何种权利,可呈递何种有效证据,判决执行方式等方面,存在重大的出入。但在19世纪令状制度逐渐遭到破坏并被废除。参见〔英〕梅特兰著,王云霞等译：《普通法的诉讼形式》,商务印书馆,2010年,第112—123页等。

移之信奉。但对激烈斗争与断裂的回避,对旧瓶装新酒的方式的偏爱,绝不意味着无所变革。普通法律师特别喜欢的援引前例(Precedent)的做法,有时候这样做的目的在于,使新制度合法化。在17和18世纪发展出来三个迄今仍有效的主要原则:"拒绝自认犯罪的特权、与作证不利于己的人当面对质的权利,以及由陪审团审讯的权利。"[1]从这些原则的形成历程中,一方面可以看出普通法极注重"程序正义"之特点,另一方面可发现其间援用前例以塑造新的法律意识形态的作用。

大体上,民法法系所注重者为立法理性,普通法系则注重司法理性。在前者,系统的立法无疑是源自对理性的信任,司法推理中占主导地位的是演绎方法,即从概括性的法律条款出发,演绎出针对个别案件的判决;而普通法系重视归纳方法,从一系列先前类似案例的判决出发,归纳出可适用于目前案件的一般规则或原则。故对民法法系来说,重要的是立法,因为得有成文的实体法的依据,始可有判决中的演绎推理;而普通法的法官,注重的则是判例、经验事实和归纳。引申开来看的话,民法法系与普通法系之间思维倾向上的分歧,似乎可以找到其哲学上的欧陆理性论和英国经验论的根源。

看重立法理性的人,从良好的愿望上是期待有万能的法典,所涉疑难案件实属法律上的漏洞,而仍然要通过完善的立法予以补救。固然,系统的立法是人们可以考虑的避免法律实践的武断性的重要途径。但在司法理性眼中,生活本身的偶然性、歧途、突变和不完满,层出不穷,故疑难案件的产生是不可避免的,所谓"放之

---

[1] 〔美〕M.E.泰格等著,纪琨等译:《法律与资本主义的兴起》,学林出版社,1996年,第249页。

四海而皆准"的系统规则,迹近妄想;不断修补恐怕也赶不上时势移易的步伐。为了保障法律实践的"一贯性",以及法律与生活同步的活力,法律职业者须有特定的司法技术的理性。其要点包括:矢志效忠于法律和正义的旗帜,在程序中思维和解释,分辨与归纳的能力,在惯例和发展之间寻求连贯与平衡点的价值抉择能力,等等。由此种种,方可适应在疑难案件审理中创造性得出新的综合性规则之要求。

从法律型规范的逻辑结构来看,公共政策处在法律体系和行政自由裁量之间的过渡位置上。公共政策之被视为"公共的",是因为一般来说,它比起仅针对特殊情境的行政自由裁量,适用范围要更广。但法律与公共政策之间的差别,与其说是因为两者,一以禁止性规范为主,一以肯定践行之规范为主;不如说,法律规范所针对的是一个社会所赖以维系的基本的安全事务,或其他的基本架构、基本活动,而公共政策大多是针对那些变化迅捷和波动周期更短的社会经济情势加以调节和限制。[1] 为了能够灵活及时应对不那么稳定的,甚至有可能是瞬息万变的局势,不将政策性的规范加以法律化是必要的、有利的。因为在绝大多数社会中,立法程序都要比行政决策更为复杂和运作周期更长,即难以就多变的局势

---

[1] 从其调节的领域言,二者间未必有截然的分判。正如哈耶克所言,从"政策"这一术语的广义上来看,"所有的立法都可以被认为是政策。从这一意义上讲,立法乃是制定长期政策的主要手段;而所有适用法律的行为也都是对一先已确定的政策的执行"([英]哈耶克著,邓正来译:《自由秩序原理》,三联书店,1997年,第272页)。当然他也提到:"当政策意指政府对具体的且因时变化的目标的追求时,它便与立法构成了鲜明的区别。行政机构在很大程度上关注的正是对这种意义上的政策的执行。政府的任务就在于调动和配置其所掌管的资源,以服务于不断变化的社会需求。政府提供给公民的一切服务,从国防到道路维护,从环境卫生保障到维持社区的治安,都属于这类任务"(同上书,第273页)。

## 第二章 规范形态的类型分化和场域结构

做出灵活应对。

政策制定过程,通常包括这样几个环节:界定问题;提交给政府,并由其寻求解决方案;藉由官员间的讨论或智囊机构的分析等,形成一定的政策方案;对方案实施的过程和后果进行追踪和评估,以便将来修订。[①] 自然,问题之产生,源自某些社会经济状况对于某些个人或群体的价值或利益的偏离。进而问题意识的呈现,常常随着政府所要服务的政策目标体系的不同而有差别。这政府是帝制独裁的政府、开明专制的基于民本主义治理的政府、民粹主义的(谓其随飘忽不定的民意起舞)还是成熟理性的民主制政府,或者强势政府还是弱势政府,大政府还是小政府——因此种种不同,其所考虑的政策目标序列及重要性评估,以及实施步骤的战术考量等,都将有所不同。但即使是独裁、专制的政府,为了自身的长治久安计,常常也得照顾各阶层的利益而不能肆意妄为。

公共政策通常是人为的、自觉设计的成文规范。唯其如此,政策效力本身就时常成了问题。政策毫无实效,变成了徒然具文的情况,也不是没有。这多半跟不了解实际的状况、不做调研而闭门造车有关。当然也可能出现这样的情况:一些政策效果显著、切中肯綮,符合所有人或绝大多数相关人士的利益,抑或就中没有人有明显动机去单独改变它。那些效果显著且维持长期稳定的适用性政策,极可能成为一项定制。成为定制的政策,进而可能上升为法律条款,当然也可能并不是这样。此端视人们对该项政策稳定性和重要性的预期而定。对于各项利弊相参、轩轾难分的政策方案来说,最忌讳的,与其说是政策的选择、落定,

---

① 〔美〕萨巴蒂尔编,彭宗超等译:《政策过程理论》,三联书店,2004年,第3页。

不如说是政策改弦更张的频度过高和过于任意；在这种情况下，政策稳定，有利于人们熟悉政策、运用政策和扬长避短、趋利避害；改更频仍则会令人无所适从，最终很可能造成毫无绩效的难堪局面。

虽然公共政策是针对具有一定普遍性的情境而制定的，但由于政策的稳定性、有效性、实施和执行力度，经常都不及法律，且一般也被要求与法律的各种规定相容，故而不妨把公共政策视为整个制度架构中的变量（这主要是相对于固定的法律型规范而言的）。政策过程即政策的制订、颁布、执行、监督、评估、修订和废置等环节，都是由具有行政裁量权的政府机构或者它的某些具体成员来实施的。因而政府内部的人员构成和组织架构对于政策过程绝对会产生影响。政策随着人事变动或组织架构的变化而改弦更张的情况，在历史上屡见不鲜。

有一组重要的规范类型，它们是用来形成组织结构的规范或制度：宪政——形成国家等完整共同体的组织架构的核心部分；组织规则——形成各类不完整共同体的组织结构。即前者主要是用于架构在某个较广泛地域内旨在对暴力的实施予以某种程度的垄断的超大型组织。如果一种制度是用于架构其本意并非要对暴力的实施予以垄断的其他各类组织，那么就是一般所称的组织规则，或更狭隘的规章制度。完备的组织条例和组织章程对于一般组织机构所具有的作用，就像宪法和法律对于国家这等超大型组织的作用。

民主的宪政并不是唯一的宪政形式。如果所有的国家都有关于政体如何组织的规范——哪怕这方面纯粹是依据惯例——那么广义上的宪政规范可谓是内涵于一切文明社会当中。即，在过去受到人们广泛认可或默认的关于法律的颁布、实施方式和政权组织的惯例,关于权力合理运用的规则,以及对统治阶层的权威性的确认程序当中,已经有广义上的宪政规范了。——虽然其中可能缺乏保护个人权利的明晰意识,也没有任何明确的选举程序之类。

宪政规范经历了长期的、艰辛的发展历程,起初并没有产生任何具有明显约束力的宪法性文件,基本上都是按照不成文的习惯法模式来运作。这也是历史上大多数宪政规范的特点。其权威性之树立,有时得要借助象征权力的宗教仪典。只是到后来,大约在中世纪中后期,才产生了像英格兰的《大宪章》之类的宪法性文件。① 而在资产阶级革命时期,成文宪法不断涌现——但这已经是相当晚近的事情了。

在近现代西方的语境中,宪政规范是涉及公民的政治权利、由公民组成的国家的组织架构即一国政体(constitution)、暴力机关的合法地位等一系列问题的若干原则性规范。而在很多成文宪法中,维护公民政治权利的最重要措施包括:由民选产生政府;通过分权对掌权者进行制衡;规定:如特定的立法举措、公共政策、行政自由裁量与某些宪法所承认的个人权利严重违背,则个人有权拒绝履行等。

政体如何组织,为宪政规范的核心问题之一。按照某种理想型划分,基本的政体应有三类:广义上的民主制——以一定范围内的全体人或大多数人为权力的主体;贵族制——少数人为掌权者;君主制——仅有一人为掌权者。

---

① 《大宪章》是国王与领主等妥协的结果,本质上仍是封建的。但在其一些条款,如第29条中,还是可以看到保护人权和进一步发展、被赋予新的含义之潜力(参见〔美〕爱德华·考文著,强世功译:《美国宪法的"高级法"背景》,三联书店,1996年,第27页)。故而17和18世纪英国所发生的资产阶级法律革命,将它公然认作鼻祖。

在古希腊，亚里士多德的政制分析，在所采用的术语和对每一政体要点的分析上与柏拉图颇为相似，①只是采取了更为系统的形式。在他看来，除了统治权有赋予一人、少数人或多数人之差别；又根据它们的目的或是城邦的共同利益，或是统治者的自私利益，而将基本的政体分为六个：君主制（Kingship）是一人统治的典型形式，僭主制是其变种，前者虽以一人为统治者，却能照顾到整个城邦的利益，后者是僭主擅权而纯以一己私利为依归；少数人统治也有两种形式，其一是贵族政体，"这种政体加上这样的名称或是由于这些统治者都是'贤良'，或由于这种政体对于城邦及其人民怀抱着'最好的宗旨'，"②其二是寡头政体，它是以富人的利益为依归；多数人统治的正宗形式为共和政体（Republic），其变形平民政体（Democracy）则仅以穷人的利益为

---

① 《理想国》中的 Politeia 在英语中常常被译作 constitution，即"政制"。根据所谓的苏格拉底的学说，有五种政制或政体：(1)贵族政制（Aristocracy），由最优秀的人或人们进行统治，追求善或美德，为正义城邦的政体；(2)荣誉至上的政体，介乎贵族制和寡头制之间的过渡类型，由争强好胜和贪图荣名的人来统治，往往像斯巴达那样有专门的战士阶级；(3)寡头政制（Oligarchy），"一种根据财产资格的制度"（〔古希腊〕柏拉图著，郭斌和等译：《理想国》，商务印书馆，1986年，第321页），即由最重财富的富人掌握权力，其法律规定了最低限度的财产数目，凡不达此数者皆不能当选官职；(4)民主政制（Democracy），在寡头制国家的党争中，一旦贫民得胜，则所有的公民都享有同等的公民权和做官的机会，这是最重自由的自由人的统治，其人物性格多姿多彩，每个人都可以爱怎么过日子，就怎么过；(5)僭主政制（Tyrant），僭主最初是作为平民的保护者的面目出现，并用这样的幌子建立了一支效忠于他的警卫队，他利用了民主制的极端自由，把它转变成极端的可怕的奴役，而在政治斗争中坚持的却是彻底的、恬不知耻的不正义。参见《理想国》第 8 卷；以及〔美〕列奥·斯特劳斯著，彭刚译：《自然权利与历史》，三联书店，2003年，第59页等。

② 〔古希腊〕亚里士多德著，吴寿彭译：《政治学》，商务印书馆，1965年，第133页。似乎贵族或贵族寡头的政体，在公元前 2000 年以来，亚述人（Assyrians）建立的城邦之中，已可窥见。其权力由长老会议掌握，首领称"伊沙库"，掌管宗教和公共建筑，召集长老会议。另有一人专理财政，一年一任，经某种程式之抽签选出。

依归。①

至于罗马的西塞罗,则完全继承了亚里士多德的政体分类学说。君主制、贵族制和民主制,这三种单纯形式的每一种都可以提供一个庄严而稳定的政府,不幸的是,它们当中的每一个都包含着缺点,甚至包含着自身毁灭的种子。每一种形式都产生过其堕落了的对应物——僭主制、寡头制和暴民统治。但是西塞罗认为,一种混合政体可以避免每一单纯政体的固有缺陷,既能防止权力过分集中,也能提供一套制衡机制,例如,西塞罗本人生活在其中的罗马共和国,就成功体现了这种混合特征,其执政官、元老院和大众各自拥有的权力,分别对应于三种单纯的政体形式。②

如果把亚里士多德的政体分类视为分析上的理想型的,那么应该把真正的基本类型视为三个,而不是六个。然而破坏公共性理想的现实因素,也不会仅限于民粹主义式的暗昧无知、寡头的财富、僭主的个人野心和铤而走险。

在权力技术、沟通机制、遵循政治规矩的德性都较为缺乏的时

---

① 〔古希腊〕亚里士多德著,吴寿彭译:《政治学》,商务印书馆,1965年,第133-134页;及〔美〕列奥·斯特劳斯著,李天然译:《政治哲学史》,河北人民出版社,1993年,第147页等。其实,雅典的政体一直都不甚稳定,常在这三类或六类之间频繁变换。此点可见于亚里士多德《雅典政制》(《亚里士多德全集》第10卷,人民大学出版社,1997年),是书又描述了各个政体的利弊,代表了希腊人中的一部分人的看法,特别是在经过了与斯巴达人的伯罗奇尼撒战争以后。雅典城邦的规模不大,且自由民内部彼此熟悉,因而不存在对于通信技术、交流和协调的极高要求,这是雅典等地得以实行民主制的有利因素。但它在军事竞争中先是不敌斯巴达,继而是被马其顿吞并。故西塞罗对此反思后得出的结论是有道理的,即只有混合政体最理想。

② 参见〔美〕列奥·斯特劳斯:《政治哲学史》,第174-175页等。另外,中世纪的托马斯·阿奎那,就是坚持西塞罗式的混合政体为最佳的观点。当然他所提出的范例是摩西时代的犹太部落,摩西是统治者,由72位长老辅佐,而他们是来自人民中并由人民选举出来。参见〔美〕卡尔·弗里德里希著,周勇等译:《超验正义——宪政的宗教之维》,三联书店,1997年,第36页。

代里面,君主制经常是扩张权力覆盖面和集权高效地实现某些公益性目的之最为简洁的方式;但它也是最不自然和最不符合人性的做法:凭什么要将权力、连带着再分配性的财富相当集中地给予某个特殊的个体,而在他和他以外的人们之间人为地制造天悬地隔般的鸿沟呢?他和我们是一样的人,他凭什么可以发号施令呢?并非其智能卓绝如此,其历史功绩可悉数归己;可能他的确出类拔萃,但如果缺乏别人的配合与帮助,恐怕断然不能创立那些归于他名下的可堪歌颂之功绩。一般来说,在一套可帮他实施暴力胁迫、他又得与其成员分享再分配性财富的军事机构之外,如果他还有将神圣性安在自己身上的常规手段,或在分别的领域里有一系列可代他履行权责的官僚来辅助,他的统治得到巩固的几率就会大大提高。然而,这些并非不重要的因素所围绕的合法性之核心却是:由他代表的国家,必须通过集权于他来实现一些必要和重要的公益目标。

所以在古代世界中,甚至在中世纪和近代早期,神权政治绝非偶然出现,却几乎是不可或缺的。就连中国这样的高度世俗化国家,"天子"概念的君权神授色彩,也始终若隐若现;而对于法老治下的古埃及,对于亚述帝国,甚至希腊化的塞琉古王朝、罗马帝国等,它们的体系都运用了很多仪式主义的、宏观视像的手段,竭力想要说明一件很不自然的事情:君王是神,或者具有明显的神性。[1] 古代的苏美尔城邦,具有一种围绕祭祀神庙的再分配型经济。[2] 古代印度,可能达到了各类社会形态中的意识形态权力之巅峰,[3]而这

---

[1] 参见〔英〕塞缪尔·芬纳著,王震等译:《统治史(第一卷)》,华东师范大学出版社,2014年,第150-152、225-228页等。

[2] 有关再分配制的经典描述,参见〔英〕卡尔·波兰尼著,黄树民译:《巨变》,社会科学文献出版社,2013年,第114-123页。

[3] 参见〔英〕迈克尔·曼著,刘北成、李少军译:《社会权力的来源(第一卷)》,上海人民出版社,2015年,第432-449页。

一点弱化了建立中央集权与合理化官僚等级的可能性。但它们也都利用了神性或宗教的意识形态因素,来为权力的效能选择一个锚定的出发点。①

历史上,围绕君王及其宫廷而组建、并统治着不同民族的帝国,绝非罕见,例如阿卡德的萨尔贡帝国、古代亚述、古罗马、波斯的阿契美尼德(Achaemenid)、帕提亚、萨珊王朝、拜占庭、阿拉伯哈里发、奥斯曼土耳其等,②但很少有像中国的历代王朝那样,建立了发达的、基于择优选拔的官僚体系。在罗马,哈德良统治以前,几乎没有领受俸禄的专职官僚,③如果说"共和国的行政官在其私人顾问团、被解放的奴隶和奴隶的帮助下履行职责",④那么帝国也差不多,其中央行政工作的核心位置,正是由皇帝的这类出身卑贱的家臣占据着,直至2世纪,它们才转手到了骑士等级那里。

照中国人的观念来看,觉得匪夷所思的是:罗马的皇帝、元首、奥古斯都,这个有着很多名号的一人统治的形态,竟然不是世袭继承的(而在中国古代,通常的做法是:严分嫡庶、无嫡立长),形式上其权力是由元老院通过选举而授予的,没有明文规定或者相沿成习的确定的继承法的缺陷,对于多数罗马政局动荡难辞其咎,并使得军队高级指挥官在实际决定帝位归属的过程中拥有不亚于元老院的能量。相近

---

① 可是神权政治的长期影响,并非都是消极的。在近代欧洲的绝对主义政体中,虽说君主被认定是人间唯一的法律来源,许代议制也没有,但举国上下大抵认为,君主"必须听命于上帝的法律,如果他破坏'自然法',人们还保留着某些反叛的权利"(〔英〕迈克尔·曼,《社会权力的来源(第一卷)》,第584页)。

② 关于它们的历史信息,可以分别参见赵乐生译:《吉尔伽美什》,译林出版社,1999年;王敦书译:《李维〈罗马史〉选》,商务印书馆,1980年;〔美〕奥姆斯特德著,李铁匠、顾国梅译:《波斯帝国史》,上海三联书店,1999年;〔英〕塞缪尔·芬纳著,王震译:《统治史(第二卷)》,华东师范大学出版社,2014年,第13-57、58-129页等。

③ 〔英〕塞缪尔·芬纳:《统治史(第一卷)》,第565页。

④ 同上书,第580页。另可参见上书,第436页等。

的问题也长期困扰着拜占庭,而且在那里,宦官们已被完全融入到正常的统治结构当中,这是亚述、波斯和中国的宦官都不曾做到的。①

就中央与地方的关系而言,罗马帝国相当于许许多多自治市的集合,尤其在前期,帝国"只不过是一个负责协调与管理的上层结构","大政方针的确是由上层制定,但日常事务的具体管理却由自治市自己负责"。② 在此之前,亚述帝国和波斯的阿契美尼德王朝,分别是通过其军队、通过被征服的精英人物来辖制地方的统治的典型;另外两种主要的统治策略是:通过军事化经济的"强制性合作"、通过上层阶级的民族或文化的内聚力。③ 当然除了军国主义和军团经济,罗马帝国与中华帝国的关键区别还在于:在后者的郡县制中,地方行政机构如同伸展于外的四肢,在有些层级上又像是中央机构的缩小版,人事和主要政策方面得听命于中央,理论上针对地方上的每件事情中央都是可以发号施令的。

希腊城邦、罗马共和国,其政体或多或少是混合的。④ 质言之,它们都是某种三分结构。"每个城邦的政府都至少有一个大型的公民大会(通常只有一个)、一个或几个小型议事会和一定数量在有资格者中轮流的官职,通常是一年一度的轮流。……公民大会、议事会和官员的三分体制却无处不在,以至于可以把它等同于城邦政府。"⑤

但是拿罗马来跟雅典比较的话,就会发现:其中一个保持甚至

---

① 〔英〕塞缪尔·芬纳著,王震译:《统治史(第二卷)》,华东师范大学出版社,2014年,第 34 页。
② 〔英〕塞缪尔·芬纳:《统治史(第一卷)》,第 561 页。
③ 参见〔英〕迈克尔·曼:《社会权力的来源(第一卷)》,第 287 页等。
④ 参见〔意〕马基雅维里著,吕健忠译:《论李维罗马史》,商务印书馆,2013 年,第 17 - 18 页。
⑤ 〔英〕芬利著,晏绍祥等译:《古代世界的政治》,商务印书馆,2013 年,第 73 - 74 页。

扩大了公民的政治参与,而另一个"顽固地将参与遏制在一个狭小圈子里"。① 实际上魔鬼在细节当中。有意无意的,"细节的差异常常导致重大后果"。② 在雅典,很多职务——包括一些重要职务——都是由抽签产生的;虽然从前5世纪早期以来,最有威望的官职是将军,它由选举(而非抽签)产生并且可以无限期连任,但是通常,公民大会保持着最高权威机构的地位。然而在罗马,相当于一般所说议事会的元老院,却是一个终身任职的贵族机构,它是不断演进中的共和国体制的关键。

　　规模是不可忽视的变量。在一个严重依赖口头传播的面对面的社会,拥有3.5万到4万名男性公民的雅典,已经面临召集全体公民大会方面的极限了。罗马还要多得多,到了公元3世纪早期,公民人口已分布到了南及卡普亚,东抵亚得里亚海的广阔地区,这就给那些居住地远离罗马城的公民的政治参与,造成了极大的麻烦,而在帝国全盛时期,人口可能超过5000万,基于当时的技术条件,任何直接民主模式都失去了意义。

　　在结构的转换上,"用来确保精英牢固控制的正式方法逐渐累积,最后达到一种真正的束缚。"③实际上,罗马有三个而不是一个公民大会。但更多不意味着更好;这些大会(甚至连一年一度的执政官选举),都没有固定的举行日期,经常是由某个高级长官临时起意遂行决定的。当公民大会最终举行时,一般来说因人数众多实则无法讨论,只能就长官提供的名单进行投票,或就议案径行表决;在大会的预定和实际举行之间,依例须有三个集市日(每两个

---

① 〔英〕芬利著,晏绍祥等译:《古代世界的政治》,商务印书馆,2013年,第107页。
② 同上书,第74页。
③ 同上书,第108页。

集市日之间间隔 8 天),所以原本是有机会召集几次预备会,对提案进行讨论的,但这种预备讨论没有正式的修订或表决程序,所以旁人无从知悉议案何时可以敲定、何时到了接近敲定的关键时刻,而多数人实际上不可能具备追踪有关进程所需要的精力、闲暇和持久的兴趣等必需条件。大会的计票方式,则是精英阶层掌控结果的另一种手段,因为它不是以个人而是以集体为单位,集体的构成则有利于精英。官员的候选人和有权指定候选人的,亦大抵限于精英,这跟官员全无薪给当然有关。又,前 286 年实施的法令,禁止公民大会在集市日举行,现代的评论正确地指出:这是希望让大量农村人缺席公民大会。①

在苏格拉底、柏拉图和亚里士多德等人的言论著作中有所体现的雅典的上层阶级文化,强调的却是民主制造混乱、为极恶劣的僭主政治做了铺垫、在特定阶段相对地削弱城邦内聚力等不利的一面。这些看法也许是应验了的,因为古典希腊最后恰是因军事失败而被罗马吞并的。然而希腊城邦的政体形式具有高度的综合性、多样性、广阔的诠释空间和延展能力;而且以雅典为代表,由这些城邦所组成的文化共同体发展了一种高度发达的读写文明。所以,即便这类政体形态得以产生的时空环境是绝对特殊的,②通过

---

① 参见〔英〕芬利:《古代世界的政治》,第 108 – 110 页。
② 希腊的"不毛山地和广阔的多岩海岸线使得政治统一不大可能"(〔英〕迈克尔·曼:《社会权力的来源(第一卷)》,第 242 页)。但其海角和岛屿,为它经营海上事务提供便利,且地处近东文明边缘,易于吸收它的文明成果。在渐趋普及的铁器赋予雨浇地农业和自耕农足够重要性的时代背景下,重装步兵的方阵战法的流行,对于遏制希腊社会的土地兼并、两极分化,特别对于公民兵之间的团结、友谊、平等主义,进而形成基本政治程序中的公民大会,居功至伟;这些公民兵大多是出自可以装备得起金属头盔、盾牌等物的自耕农;而雇用大量贫民桨手的雅典海军的发达,则为其激进民主的方式,创造了前提,等等。参见〔美〕威廉·麦克尼尔著,孙岳等译:《西方的兴起:人类共同体史》,中信出版社,2015 年,第 237 – 245 页;〔英〕约翰·基根著,林华译:《战争史》,中信出版社,2015 年,第 261 – 275 页等。

## 第二章 规范形态的类型分化和场域结构

它的文本,通过中世纪城市和文艺复兴的中介,①却足以对后世产生影响。

重视民主理念,实为近现代宪政领域发展的主流。从词源上说,"民主"就是"人民的权力"。像任何其他基础性词汇一样,对它的界说,细究起来也是头绪纷纭。但大致上可以将民主理解为这样一种制度,"其中谁也不能选择自己进行治理,谁也不能授权自己进行治理,因此,谁也不能自我僭取无条件的和不受限制的权力。"②

而围绕民主治理的机制,基本的对立范畴包括:直接民主/间接民主;决策式民主/选举式民主。这两组概念,彼此有所交涉。

直接民主,即没有经过代表中介的民主,参与民主讨论和决策的大众是面对面的,有助于建立互信、克服误解。古希腊城邦政体原则上就是实行直接民主,它的对立面则是间接民主或代议式民主。但直接民主的程式是一切间接民主的范式。另有所谓"参与式民主",指出了与民主有关的一种重要理念,这是指,一种自治团体的民主,其成员自发自愿地参与决策过程,甚至决策的实施,参与者在其中达到自我实现和自我教育的目的——显然其意涵超出

---

① 很多西欧中世纪的城市,从封建领主那里获得了自治,甚至拥有自治主体地位的是一个很大的城市联盟,如瑞士联邦,其内部有的是民主的,如森林地区的乡镇;很多城市实际上掌握在寡头手中,但会有一个公开的代表大会;而在意大利的城市共和国,如佛罗伦萨、威尼斯那里,人们也可以发现类似希腊城邦的三分结构(参见〔英〕塞缪尔·芬纳:《统治史(第二卷)》,第7章)。

② 〔美〕乔·萨利斯著,冯克利等译:《民主新论》,东方出版社,1998年,第233页。按,民主概念可有诸多的分类,譬如根据实践领域可划分为:政治民主、社会民主、经济民主等。简单地说,政治民主就是在实施治理的过程中一种与独裁相对立的程序和方法;社会民主是指社会状态上的民主,即在基于身份和风俗习惯的平等之上,人们相互确认对方价值的一种平等,也可以指基层的民主结构;经济民主的政策目标,为财富再分配过程中经济机会与条件的平等化。但是更重要的是政治民主,人们一般所说的,即是针对这一领域。

了对决策程式的考量。①

决策式民主,即对涉及某一具体事项的决策和政策制订进行监督、对决策的取向进行选择的民主方式。选举式民主,即人们选择担任行政管理职务或其他职务的人员的民主方式。决策民主与选举民主之间的区别,涉及民主的两种主要的调节领域。即"选举不制定政策;选举只决定由谁来制定政策。选举不能解决争端,它只决定是由谁来解决争端。"②选举式民主是代议制民主的必要条件。代议制民主,就是人们选择他们的代表来从事议案的制定、讨论和表决的工作;它实质上是综合了选举式和决策式的间接民主之类型,因为被选出的代表们所要从事的,正是决策民主的工作。

"民主"的决策或行政管理,按韦伯所述,乃基于两个特征:其一,所有人原则上都具有相同的决定共同事务的资格;其二,颁布命令的权力被降到最低或很低的范围。这两个特征可以被称为:"平等"和"最低限度化"。然而在其他方式中,这两种情况并不是必然相关的,例如,提倡君王垂拱无为而天下治的黄老道术体现的是后者,然而它实施的愚民政策全然是把百姓排除在决策程式之外;另一方面,民主的稍许滥用,有时候会被称为"多数人的暴政",③尤其当它的代表机构被赋予过多的强制型或制度型权威的时候,情况会更加有违第二点。

在直接民主的管理体系中,行政管理的职能或制度型权威以

---

① 正如萨利斯所指出的,"参与式民主"是一个宽泛的概念(参见上书,第 5 章第 6 节等),此外他还提到公民表决式民主,在涵义上它是直接民主的延伸,但是超越了后者的规模和空间限制。

② 同上书,第 122 页。

③ 托克维尔在谈到美国民主制潜在的危险,就是用了这样的字眼,参见〔法〕托克维尔著,董果良译:《论美国的民主》,商务印书馆,1988 年,第 2 部分第 7 章"多数在美国的无限权威及其后果"。

这样几种方式被赋予：通过抓阄等方式随机产生；按某种程式来轮流执政；直接由选举来移交；其他形式的短期任职，而一切重要的、实质的决定，留待全体成员大会做出，依据大会的指示，仅把准备议案、执行决定以及其他所谓"例行公事"般的行动领域，交给专门的管理人员。无论行政管理权限是否微弱，总已经有某些命令的权力被移交到了管理人员手上，他便可能由纯粹服务性的工作过渡到滥用权力的境地，因而设立某些"民主的"限制便是防范这一点的必要举措。

从发挥管理效益的角度来看，民主体系自有它的优点。民主赋予集体中的成员参与决策和管理的充分权利，它使每个人的积极性都可能被调动起来。显然，当一项政策是由你来参与讨论、表决和制定的，你就倾向于以主人翁的姿态来理解它、维护它和改进它；反之，如果决策过程对某些人是不透明的，或是由外界强加的，那么这些人就可能无法理解如此决策的衷曲，或是对它予以消极应付——这正是倡导参与式民主的精髓。再者，在集体成员参与各项事务的热情急剧高涨时，他们的智慧与才干也会无止境地贡献出来。俗话说，三个臭皮匠抵个诸葛亮。一般地，集思广益可以拓展思路，避免个人思维的狭隘、僵化和偏执。如果将民主的形式运用在领导人的选拔上，那么所选领导人在深孚众望的情况下，将更容易发挥其管理职能。

民主的管理体制也有其不足。韦伯就说过，"凡是存在共同体的地方，直接民主的行政管理处处都是不稳定的。"[1]如果行政管理人员的班子频繁更换，便不容易保持政策的稳定性，其结果总是半途而废，或者改弦更张，令人无所适从，乃至劳民伤财。再如，平

---

[1] 〔德〕韦伯著，林荣远译：《经济与社会》下卷，商务印书馆，1997年，第272页。

均的大多数并不必然是真理的拥有者,反而可能是好逸恶劳、不思进取的代名词。任由众人肆意妄为,哪怕是以大多数的名义,也会与集体的更高目标背道而驰。在另一些专业领域,群众的意见难道会比专家更洞悉其中的曲折利害?当然另一方面,谁也不能自封为专家,或者自我攫取无限制的权力。把平等的公民权利和高效率的管理运作结合起来,才是真正的困难所在。

许多论者皆同意,民主的工作原则是受限制的多数治理原则。这和将民主定义为"人民的权力"直接相关。人民始终是由按某种意见分歧划分为多数和少数的两部分组成之全体。若是多数标准竟变成绝对的多数治理,即是将人民的一部分变成了非人民。然则,"如果把民主理解为受少数的权利限制的多数治理时,它便与全体人民,即多数加上少数的总和相符合。"①因而真正的民主体系要允许少数派有政治表达权。民主若要保障开放的、自我调整的决策机制,多数原则便指向"可以改变的多数",人民的全体当中得含有不同的意见、不同的个性和不同的部分以供重新选择,如果少数派得不到保护,便不可能激励和促成那些赞成新看法的多数。因此,只有尊重和保护少数的权利,才能维护民主的力量和机制。

无政党的国家堪称传统文明的自然状态。②但在人口繁庶、体系复杂的现代条件下,实施受限的多数人统治或保障人民主权的治理体系,必须建构并利用政党制度这个工具,虽然政党的运作一直要面对派性(factionalism)的诱惑,但同为个人间的联盟,它的实质毕竟不同于作为个人究心私利、勾心斗角的工具的朋党或

---

① 〔美〕乔·萨利斯:《民主新论》,第36页。
② Samuel P. Huntington, *Political Order in Changing Societies*, Yale University Press, 1968, p. 407.

## 第二章　规范形态的类型分化和场域结构

宗派,它是用来了解、汇集、概括、整理喧嚣嘈杂的民意的工具,也是表达和代表这些经过整理的民意的工具,甚至有时候还担当引导和提升民意的进步角色,就是说,在现代的政党制度中把人们联系起来的纽带,不是直接的利益,也不是人格化的情感联系,而是所信奉原则上的一致和趋近。① 照理,人群中有多少种主要的政治原则上的分歧,就会有多少主要政党;但一党制在现代政治生活中,依然有它的存在的合理性。②

除了国家这种超大型组织,事实上还有其他寄生在国家或者国际的框架内的各类组织,即不完整的共同体。它们本身不垄断暴力,倘若实际上运用了暴力,也并非常态,因而其制度是拿国家所提供的暴力机关、所颁布的各方面的法律、法规以及政策作为它本身所提供的规范的前提和框架的——当然这方面经常是隐而未显的。其实,人们研究组织形态,也就是研究在这些形态背后运作着的规范体系。

在广泛的、多层级、多侧面的,且经常是日用而不知的默契中,存在许许多多自发确认准权威角色的惯例性程序,而不是成文化的规则,此类角色之存在,并未从根本上威胁涉及这些程序的人们的平等地位和自由自决,相反,这种不自觉的平等和自由,是自发创生这些程序和确认某些权威角色的动力,甚至可以认为,这是自发的民主机制,但所指的,绝非某些具自觉或成文特征的法律型规范。毋宁说这种机制介乎伦理型和法律型之间;从准权威角色的

---

① 参见〔意〕萨托利著,王明进译:《政党与政党体制》,商务印书馆,2006年,第21、52-59页。
② 或曰"一个稳定的沟通体制对引导的需要……从根本上讲是归因于数目巨大这一简单的事实。参与者人数越多,就越需要一个规范化的交通制度"(同上书,第64-65页)。"一党制存在的原因就是现代社会不能没有表达渠道"(同上书,第65页)。

形成大体是基于意见的协调和默契来说，可说是前者；但从它的运作后果和隐性的权力现象联系紧密来说，又可说是后者。①

其实，当人们强调用"管理"一词来凸现组织秩序的时候，已隐含着把权力问题视为集中在某一机构、职位或某个人身上的权力让渡机制的视角，按此一理解，根本上每个人都有其平等的权利，对涉及其利益的事务有一定的发言权和自主选择权，只是这样的发言权须寻求最合理的使用途径，而不是都得尽兴地采用直接民主的方式。等级式的专家的作用，本身已在一定程度上体现了直接民主与权威的平衡。特别适合此种制度的领域和纯粹的政治决策有所不同，按后者来说，代议制有时候或者在根本上是平权主义的一个策略性的替代，也可以减少其决策成本。可是"等级式专家代表"的机制是天然形成的，也是不稳定的。特别是在像艺术鉴赏这样的领域里，自发同意常伴随着一些潜移默化的演化特征，几乎没有形成任何标准程序。

除了纯粹依靠暴力，在组织中普遍可接受的权力拥有者的稳

---

① 在许多领域里，品评与决策的工作，实质上基于某些"等级式专家代表"的形态，这是指，某一类惯例性的程序或角色：在一些需要专业判断的领域，由于其曾经取得的引人注目的绩效等，一群人有时把他们对该领域的情况进行判断及决策应对的权力，自觉、不自觉地——但却是不约而同地——赋予某一些人，而这部分人又将其权力进一步地让渡给范围更小的一部分人（他们大多在前一部分的范围之中），这连续的让渡隐约造成一种其人数不断趋小的层级体系，被赋予或被进一步赋予权力的人就是专家，按惯例、制度或者群众心理的趋向，较高层级上地位大致平等的专家之间的意见或者共识，要高于较低层级上的意见，在此，民主意见的绩效，主要不是看人数的多寡，却是看伴随层级提升而来的判断力的优化。

在实际情形中，较为后来的、公认意见的形成，多半没有任何民主投票的形式，而是诉诸社群中的自发的舆论。有时候，层级式的舆论体系中的专家，一旦纳入官方体制的轨道，其民主性反而容易受损。不过对于很多领域的默契或同意的机制来说，需要寻求自发性与秩序的平衡。等级式专家代表的形态不能陷于僵化，故而一般来说，让渡权力的过程因其所针对的具体目标之差异可灵活转向，其中许多人合力的机制，常常免不了让人觉得不知其所以然——如同面对市场。

定地位，即所谓"合法"权威，可能是源于(一)众人在某人的能力或魅力上形成的协约机制，源于(二)惯例化的规则，或是(三)前述二者的结合——在各类结合形态中，科层制(Bureaucracy)即结合被赋予等级式权力的官僚角色和惯例般规则进行的尽量合理化的治理，乃是典型。[①] 民主的程序，同样可能在组织内的决策或选举过程中被运用，但程序就是规则，除了可选的对象有一个广泛的范围，当选者自然是因为其能力或魅力，所以仍然是两种或三种理想型的综合与具体化。

作为等级式权力的合理化形态的科层制，[②]并不只是一种现代的现象。从古代的军事与宗教组织中，诞生了古埃及、古罗马、中国乃至非洲黑人帝国这些统治广大地域的集权制国家中的早期的科层组织。从一开始，科层组织就显示了它的一些优点：内部行动的一致性、可藉此调动极广泛的人员、整体工作效率的提升、完善的档案体制、工作的连续性不受人员更换的影响等。要之，它是人类分工协作在制度上的反映。正因如此，在公共事务和较大型的私有经济组织中，广泛运用科层化手段，乃是不可避免的趋势。

过去在某些社会里，科层制固然也有卓越的表现——但这样的社会也往往是掌控较大地域范围、较多人力资源和有较高协作要求的社会——然而放眼全球，又的确是在近代工业化社会中，科层制才有了普及的土壤和进一步的理性化的表现。而它原本就是

---

[①] 此即韦伯按其理想型分类所说的，基本统治形态的合法性的三种来源：卡里斯玛型、传统型和科层型。参见《经济与社会》上卷，第242－250页。

[②] 在成熟的科层组织的几个特征，即等级制权威、普遍性的标准、工作的专业化、明确和频繁地诉诸规则和章程、文字记录和沟通等方面，都能够看到规范的理性化进程的痕迹。参见〔美〕刘易斯·科塞等著，杨心恒等译：《社会学导论》，南开大学出版社，1990年，第173－176页；〔德〕韦伯：《经济与社会》上卷，第243－244页等。

为着发挥劳动分工的协调一致的高效率而形成的等级式的管理制度,但是成本不菲、弊端丛生。

## 第五节　共同体形态与实践的场域结构

行为和符号都不具备纯粹基于自身的完整性。作为物自体而不是作为其相对固定的意涵或指称的"符号"的所指,显然并非符号工具本身,而是人化自然或者广阔的社会生活中的某些事实或状态,所以符号的囿于自身层面的不确定性和不完整性并不难理解。①"行为"则是因为,人们原则上必须参照交往形式和社会结构的因素才能理解它,所以在其可辨析的自身范围内也是不完整的,甚至有时候连这种可辨析的自身片断都无从确定。当然从更具整体性的意义上来看,行为乃是在一系列交往形式和社会结构的框架、脉络或态势中发生的社会生活的局部片断(如果这片断可以被有意义地加以区分的话);形式和结构,不是变动不居、千差万别的事件和过程本身,而是被相关事件不断再生产着的稳定的人际模式或整体模式,可是单个或局部的事件,又好像得适应这样的更普遍或更整体的模式,而以之为前提一样。自然,整体必须参照部分来理解,反之亦然。在作为事件的行为当中,模式性的交往形式和社会结构,固然会透过意向性理解的中介环节和透过理解—行为方式—结果的因果链条起作用,但任何事件实际上都有其包括相关的个体精神、人际交往与自然条件三个维度上的状况在内之整体性,且每个维度上的状况均表现

---

① 案,《公孙龙子·指物论》起首即曰:"物莫非指,而指非指",大约便是此义。此句,我理解为:物自体必是通过符号得以呈现,而符号所指向的并不是符号本身。

出事件和模式之两重性。

对于"行为",在直观的意义上不妨界定为:个体的自我或者具有内在协调性的集体与已知或可知的经验领域的一种联结——当且仅当这种联结是由于针对该领域的主观"意愿"或"意向"而产生的。[①]大多数情况下,"行为"需要通过特定的肉身形态或者物质形态的改变来界定。但这种界定是相当不充分的。所有的"行为"都能够被观察到吗?答案是:有的明显不可能,有的貌似是的。实际上,不作为、禁止和容忍也是特定的行为,例如"行政不作为"。但是这种不作为的"行为"涵义,特别需要通过对照它们所牵涉的意向特征来理解。因为它们本身就是相关主体的意向性层面上的理解之产物。作为被否定性思维所确认的、当事人意志有可能针对之对象,显然不是已知的经验事实,而只能当作在经验中可能发生,并且一旦发生就能够被确认的事态来看待。

即使是有所"作为",单纯根据物质形态的改变,常常也无法对其做出完整的说明。考虑这样的例子:我走进了政府大楼。理解此例的困难之处在于,当事人关于政府的意向性,必然植根于一种历史脉络中、包含无数此际的匿名者之集体意向性,而集体意向性的产生并其对于各类事物的理解,又经常牵涉到这些事物之间难以分割的结构性联系。在此,集体意向性和结构性联系,是经验上无法观察到的。实际上,在人与人的关系中,某人往往不只是面对一些特定的个人,也经常面对不特定的人们。并很多时候的人们

---

[①] 韦伯将行为定义作:"应该是一种人的举止(不管外在的或内在的举止,不为或容忍都一样),如果而且只有当行为者或行为者们用一种主观的意向与它相联系的时候"(《经济与社会》上卷,第40页);但他是从"构筑一个严格的目的合乎理性的行为作为类型('理想类型')"(同上书,第42页)的角度来进行这一定义,这种立场过于特殊,因而为我们所不取。

的行为，不只是依据他者现实做了些什么，也要参照他者可能做什么、意图做什么，有权利或有权力做什么来推动，甚至要参照自身对社会结构和公共领域里的抽象事物的理解，因而对这样的现实行为的界定，本身就得参照有关的可能性和抽象性。

人类行为生产和再生产着社会结构，这类生产和再生产的最主要的中介，就是交往形式。如果某些人参与的一桩或一系列行为是以彼此间的理解为目的，或者包含必不可少的试图彼此理解的环节，那就可以说，这些行为中的彼此理解之交织、重叠、配合、纽合、内在融合或是相互刺激、相互制约的形态就是交往形式。在交往形式中，感觉经验可以直接观察到的是：当两个以上的个人在一起时所发生的，基于期待对方有所反应或基于彼此反应而发出的一些声音，做出的一些动作。有时候，正是彼此的反应，印证了一个基本的事实：相互间的理解在这里发生了作用（当然相互间的理解不一定是协调与合作）。但是相互间的理解所理解之事物，其实已远远超出了"感觉经验可以观察"这一范围，而涉及结构或结构的一些要素。

实践有其象征性，也就是说，行为者对于一项行为的自我理解，及相关者对它的理解，必定是界定该行为的方式的内在环节，而这些理解和自我理解，又必定透过某些行为中所牵涉的作为符号的可见或可感要素，从局部到整体，从具体到抽象，从现在到过去和将来，从在场到不在场地，有所意指。① 社会及其结构，除了其所调节、其所运用的物质对象或物质材料，它还是基于众人彼此之间或一致或近似或歧异但却内在牵连的、对于一系列象征性意

---

① 这大概就是某些法国学者所极端重视的"象征性实践"的意义，参见高宣扬：《布迪厄的社会理论》，同济大学出版社，2004年，第3章第1、2节等。

## 第二章　规范形态的类型分化和场域结构

指着的社会性事物的理解之产物,信息交流渠道与某些覆盖面甚广的公共信息,乃是构筑社会所需要之公共物品。

超越了物种本能的个体之间的理解、相互作用和协作的维度,即人类交往形式,必须借助各种各样的符号形态,例如建立在事物分类基础上的语言、文字、各种用于纪事、通讯的标志、原始社会的图腾柱、象征等级制的崇拜仪式等。语言,本身就是交往形式,而它还推动了其他的交往形式。作为特别重要的人类符号体系,语言的规范性,主要表现在两个方面:内部自律的形式化规则和情境化的语用规则;这又跟作为结构的语言(language)与作为过程的言语(parole)之间的区分有关。[①] 语言被理解为一种共时性的规则系统,根据人们可构造出完美表达的能力而被抽象地设定。"言语"总是主述者(言说者)、聆听者与言谈指涉物之间的特定关系,即特定事件。[②] 言说所说或者内在关涉的,不光是主述者与聆听者之间的"角色互动"的现实场景和限制条件,还有那些不在场却对当下场景有着构成性意义的背景、态势、诉求、可能性等。

不仅是言语,就连作为内在系统的语言结构,似乎也蕴含主体间的维度。其实质涉及关于语音、语义和句法规则等方面的默契互动,一种特殊的集体意向性的形式,也涉及语义等方面的差别化

---

[①] 语言本身应直接理解为由词法、句法及语用的惯例等不同层面构成的规范体系,而不是言语,即运用此种规范体系的实践,参见〔瑞士〕索绪尔(F. D. 3aussure)著,高名凯译:《普通语言学教程》,商务印书馆,1980年,第32－37页、第40－42页。

[②] 但是索绪尔却认为,一旦把语言和言语分开,也就一下子把什么是社会的,什么是个人的,区分了开来,并且还提到"言语却是个人的意志和智能的行为,其中应该区别:(1)说话者赖以运用语言规则表达的个人思想的组合;(2)使他有可能把这些组合表露出来的心理、物理机构"(同上书,第35页)。事实上,他是指出了言语活动运用共时性结构的创造性和随机性的一面,而未尝注意社会交往过程对言语活动的内在驱动。

构造的实质性动力的问题。①后者是指,当我们考察语义的结构性差别时,便不能忽略交往形式的内在渗透,其关键不在于确认需要交流的经验材料或事实性材料本身的差别,而在于为符号层面上特定领域的表达形式的语义的差别化提供驱动力,以及公开地验证这种差别,驱动力和验证能力都跟实践形态和社会活动的特点有关。②在习得和内化——即同时参与着改造和革新——公共语言的前提下,当然也存在某种似乎纯粹诉诸内省的和喃喃自语着的"私人语言",即符号或意念会给人一种私人运用的假象——又不乏一定的真实性——但这种假象是比照本真状态的一种变形。

甚至,断言所有的人类实践活动都蕴含着多重的主体间制衡关系,并不是一件特别令人为难的事情;并且这是一种内在的关系,而非由偶然因素附加上的,或者说,有关活动的条件、意指或确证,在一些切近的追溯中都会联系到这一环节。

---

① 正是维特根斯坦提出了"私人语言不可能"的论证。按照经验哲学观点,抑或惯常的思路,谈论私人的内在感觉的基础似乎是个人对它们的命名与指称。但在维氏看来,倘若按照"对象和名称"的模式来解释感觉语词的用法,则对象便是不相干的东西,而无需特殊的考虑。依维氏所述,倘若现在有人告诉我们,他仅仅是从他自己的情况知道了痛是怎么回事!那么我们不妨设想下述的思想实验:假定每人都有一个装着某种东西的盒子,而且都把这种东西称为"甲虫",谁也不能窥视旁人的盒子,完全可能每个盒子里都装着一些不同的东西,但是假定"甲虫"这个词在这些人的语言中有一种用法,那么它不会用作一件东西的名称。盒子里的东西在该语言游戏中根本没有位置。参见〔奥〕维特根斯坦著,汤潮译:《哲学研究》,三联书店,1992年,第293节。另参见徐友渔等:《语言与哲学》,三联书店,1996年,第75-79页;〔美〕J.丹西著,周文章等译:《当代认识论导论》,中国人民大学出版社,1990年,第83-92页。
② 《说文解字》向我们展现了大量带玉字或马字偏旁的汉字词,反映了作为大型畜力的代表的马匹和作为礼器的玉器在当时人们的经济生活和社会生活中的举足轻重的地位。又通行本《老子》32章有"始制有名"一句,说的就是,制度的产生和巩固,需要某些名言、符号或象征的配合,而在我看来,这些名言因素的机制性作用,正在于它们可巩固或诱导有关的集体意向性。

## 第二章　规范形态的类型分化和场域结构

言语表达的内容所涉极端广泛，就是说，个体精神、交往互动与自然前提这三个根本性维度中的事物和特殊状况，必然都可以在语言和言语中得到一定程度的刻画。可同样重要的是：在某些领域，符号对于这三个维度上的事物和状况之形成是必不可少的。围绕符号的反应，极大地丰富和拓展了个体精神的世界，即拓展了嫁接在本能基础上的情绪和情感反应的范围，构成了一个更具深度和广度、某些方面更为细腻和精致的世界。语言、符号本质上乃是其他各类交往形式的内在要素，甚至也跟指向整体社会结构和其结构要素的一些标志联系在一起，且几乎覆盖所有社会实践的领域——因为没有它们，作为结构的关键黏合剂之交互式理解和沟通便无从谈起。

虽然群居和个体间协作并不是人类的专属特征，也不是每个人的每一行为的显著特征（如离群索居者、在岩洞禅修者），但是比群居和个体间协作包含更多内涵和更多机制的交往互动现象和社会现象，却是个体的行为深深嵌入其中的整体性背景。这意味着：人类行为的社会性本质；以及，人类行为与动态演化着的社会结构孰先孰后之问题，实属无谓。毕竟作为社会骨架的社会结构，不是孤立的、自在存在的事物；毕竟宏观社会或其稳定结构，除了由人类行为来生产和再生产之外，根本上并无它途。通过个体行为汇聚起来和相互牵制的宏观效果的作用，再生产社会结构的过程，又是让各种人类活动变得井然有序、至少是有迹可循的过程；因而这种再生产，也是塑造和调节个体行为的过程。在整体与部分之间的循环往复当中，还有一点很重要，行为的发生常常是以相关主体对于社会结构或结构性要素的理解为前提的，而结构性要素包括了各种各样的实践范畴和规范范畴的效力和实效，它们的抽象实质和具体形态，有赖于人们对它们的理解。

一系列特定的人类行为和交往形式——如果不是全部的行为和交往形式——所构成的某个融贯、稳定和起核心作用的整体，便是特定社会结构的主干和骨架。社会结构乃是一种复杂的实在性的体系，并几乎在每一桩相关事实、事件或事态上，都蕴含或渗透着参与其中的主体对结构的理解，蕴含着交往形式或集体意向性（它本身就是一种特殊的交往形式）。否定性指向的行为、客观规范导向的行为、符号的广泛运用、交往形式的复杂组合暨突现层次，都是只有基于交互式理解或者深刻地纳入此类理解的环节才能被引发的。但理解之超越当下的时间性，具有一些纯粹的、直接的经验观察所无法触及的内容，这决定了"社会结构"并不是一种可以通过经验直接观察到的事物，毋宁说，它是整体性理解的产物，是一种集体意向性的对象。

社会结构的因素一经产生，就似乎脱离了个体的控制，表现出一定的自律性、普遍性和强制性。所谓"自律性"是指，一经形成，就有了它自身的发展规律，并体现出相当的保守性；"普遍性"是指，这样的因素，乃是涉及相关集体的每个人或大多数人的，因而单个人试图改变它，常显徒劳；而"强制性"是指，这样的形式，可能借助舆论的压力、利害的关联乃至强烈的惩罚手段等，在个体即使已经不愿维护它的情况下，也会迫使他去维护。这些特点也是社会结构在相当程度上表现出稳定性和客观性的内在原因。

通常，交往互动或社会结构的呈现和展开，势必是融合或整合了自然基础、个体精神两个维度上的相关状况的；围绕着作为事件节点的个体的视角，此三维度又大致对应着自我与非人、自我与他人、自我与自身三种关系。

如果意愿、需要或价值通常是行为方式中内在镶嵌着的基本

## 第二章 规范形态的类型分化和场域结构

的目的性要素,那么在一般意义上不妨把人类行为理解为为了解决生产性问题而产生的:一项行为通常便是生成或设计一些恰当地调动(一)人类能量、(二)物质资源或者(三)符号资源的方式,以满足人类某一层次或某个类型的需要的过程。[①] 当然这里所理解的需要类型极端广泛、包罗万象,除了食、衣、住、行之类物质性需要,也包括爱和情感、教育、娱乐、安全保障、司法服务,以及其他复杂的发展性需要。而需要是个人性的吗?根本上来说,是的。因为,需要若不是深深地植根于个体的内在自然的本性(哪怕这是历史性和特型化的),就是和个体的情感机制和认知机制相联系的;后一类情况当然包括了某些社会性价值。

如果解决生产性问题以需要满足为终点,那么其方式就涉及配置和分配两个基本环节。"配置"是指,在生产性过程中对于劳动、物质或符号资源进行的调动;"分配"则是对于各类业已产生的可满足一定需要的产品和服务在人们之间予以分配。而这两个环节都可以通过人们之间的策略互动或协调互动来实现,但如果自

---

[①] 关于所调动的资源的分类,参见〔英〕约翰·穆勒(John Stuart Mill)著,胡企林等译:《政治经济学原理——及其在社会哲学上的若干应用》,商务印书馆,1991年;〔英〕马歇尔著,陈瑞华译:《经济学原理》,陕西人民出版社,2006年等。在穆勒看来,生产要素有两种:劳动、适当的自然物品或自然力(《政治经济学原理》,第36、72页),如有第三个,就是"资本",即劳动产物或劳动产物的积累,资本"对于生产所起的作用,实际上就是劳动间接地对生产发生的作用"(同上书,第123页)。此言甚是。具体来说,这种作用就是"提供工作所需要的场所、保护、工具和原料,以及在生产过程中供养劳动者"(同上书,第72页)。马歇尔则把基本的生产要素称为:土地、劳动和资本。其中土地是指"人类为实现其目的而无偿使用的蕴藏在陆地、海洋、大气、光和热中的物质和能量"(《经济学原理》,第171页)。若区分为劳动和资本两类,则广义上的"资本"就包括物质资源、经过劳动中介的物质资源、经过劳动和符号信息双重中介的物质资源(如货币或其他金融形式起作用的情形)。但根本上来看,自然要素或物质资源之为生产要素,必然已有某种形式的劳动和信息的中介作用,只不过这种中介的形式有直接和间接、单纯和复杂的区别。

发状态下的互惠或者意志间的协调，是现实中无法达到的，那么权力或暴力的运用或者稳定的权力机制，就常常是必需的。换句话说，前两条途径，主要是关系到"自由"或"伦理"的范畴，后一途径则属于"政治"范畴。因此，我们可以把"自由"、"伦理"、"权力"或"暴力"等理解为，内嵌于某种生产性过程的、那些必不可少的极其基本的规范范畴或者准规范范畴。在这些范畴的实践性力量的作用下，在特定社会中产生了一系列特定的基于普遍性身份或角色性身份的权利——义务的组合，社会形态的分化，往往就是和特定社会如何界定那些最基本的实践性范畴的运用方式，及其所认可的那些权利——义务的组合形式有关。

而且，每个生产性过程都在微观过程和局部环节中内在地包含着人与自然、人与人以及人与自身这三重关系之维度。第一重关系具体体现在过程所牵涉和调节的物质资源、需要所由产生的内在自然，甚或作为某种"能指"的物质性标记上。第二重关系则以前面提到的各种内含于生产性过程的实践范畴和规范范畴的具体化形式出现，或者是对符号资源的调动、借助语言符号的交流；而围绕着自我的某些素质和能力、倾向和特征、活动和流程，则无论在其意向性的认知、情感、意愿等方面，它们是关于内在自然，关于需要，关于外部环境，关于社会结构，关于他人，还是关于符号象征的，但都关乎第三重关系。

某些一般的或特定的权力或协调机制，也可能成为需要的对象，成为生产性过程的内在目标，这时被调动起来的很可能是三种基本资源形态的较复杂的化合形式，而作为社会化的资本形式，它们已经是经过了一定的权力或协调机制的中介作用的产物，它们可能是侧重于物质资源的经济资本、侧重于权力或协调机制的固化形态之社会资本，也可能是侧重于符号资源的文化资本或象征性资本。① 即使对于特定行动者,社会资本与文化资本也不可能是被占有的,这是它们和经济资本的显著不同之处,即它们存在于某个以行动者为节点的关系网中,而不可能从这个网络中截取出来使用。而且它们常常具有公共品性质,亦即,它们可能对于所有关联者有一些覆盖性的影响。而在一个联系相对紧密的人际网络中,作为公共品的社会资本,一般包括三个方面:各种被切实遵循的正式或非正式的规范、一致或相容的价值观、相互间的信任与合作倾向。②

其实,运用实践范畴的生产性问题的反身性,也是经常被观察到的复杂现象。这种反身性也就是某些生产性过程的功能之间的事实上的缠绕,并且反身性还可能涉及某些规范范畴本身。譬如一个社会如果把特定形式的权力机制或自由保障视为非常重要的价值,它就会调动大量的上述三种资源来生产和再生产它们的"实效",而我们不要忘了,这三种资源的有效生产又是要利用一定的自由创造力和一定的意志裁断机制的。缠绕可能在很多层面、很

---

① 此所谓"经济资本"就是土地、厂房、劳动、货币等;"社会资本",乃是一个社会行动者借助其所占据的持续性社会关系网中的位置而把握到的社会性资源,这类资本的容量,取决于他实际上能有所动员的社会关系网的幅度,以及那个网络中的每个成员所持有并愿意实际投入的各种资本的总量;"文化资本",则有被归并化、客观化的和制度化的三种形式,其一是指,人的身心上稳定内在化的禀赋和才能,其二是指,如古董、文物之类物化或对象化的文化财产,其三是指,由各种合法或正当制度所确认的头衔、学位之举;"象征性资本",则是指通过有关的礼仪活动或象征工具的可用性,积累起来的声誉或威信资本之类。参见〔法〕布尔迪厄著,包亚明译:《文化资本与社会炼金术:布尔迪厄访谈录》,上海人民出版社,1997 年;〔法〕布迪厄著,李猛、李康译:《实践与反思:反思社会学导引》,中央编译出版社,1998 年;〔法〕布迪厄著,蒋梓骅译:《实践感》,译林出版社,2003 年;〔法〕皮埃尔·布尔迪厄著,谭立德译:《实践理性:关于行为理论》,三联书店,2007 年;以及高宣扬:《布迪厄的社会理论》,同济大学出版社,2004年,第 5 章第 4 节等。

② 参见〔美〕帕特南著,王列等译:《使民主运转起来》,江西人民出版社,2001 年;〔美〕弗朗西斯·福山著,刘榜离等译:《大分裂——人类本性与社会秩序的重建》,中国社会科学出版社,2002 年等。

多向度上发生，其间关系往往不容易厘清，譬如教育是提供有效的人类劳动的极重要的生成机制，但要维系一个高度复杂的教育系统又需要哪些资源呢？可以说所需资源遍及一个社会的几乎所有层面。而教育的影响当然也几乎涉及社会所有层面。提供那些维持教育系统的资源的过程和直接提供教育的过程一样，有赖于一系列规范范畴的抽象形态或具体形态的实效，就像它们都有赖于特定形式的人类劳动一样，这特定形式就包含着某些规范范畴的作用。

包括最简单的货币在内的各种金融形式，都是某种物质条件与符号相结合的形式，从规范范畴的角度，则可以理解为以特定方式调动一定范围内的物质资源和符号资源的"权利"，其中的符号资源又可以在一定意义上递归地追溯至某种运用或调节物质资源的活动。就像其他领域一样，符号资源的生产和再生产，也需要一定形式的劳动和物质资本的投入，这是它跟特定的物质——空间发生联系的起因和渠道；而运用符号资源的目的又一般地是跟人们之间的协调和组织有关，即它们是嵌入到劳动和资本的配置和分配的形式中的，且本身也涉及被配置和被分配的问题。

不管人们把生产性过程中内含的实践范畴及作为其一部分的规范范畴实际上理解为什么，一个生产性过程总是有其特定的时空落实形式的。基本上这是因为，人类劳动、物质资源、生产和再生产各类符号形态的物质资源，都有其特定的时空形式，并且根本上是物质性的。而在生产性过程中得到体现的运用规范的方式，就是其效力和实效的某种状况。但是在规范范畴的抽象或具体形态只是嵌入其中的生产性过程（如纯粹的物质生产），和以保障特定规范的实施为目的的生产性过程之间，可以做出一般性的区分。通常在第一类过程中，被调动来体现特定规范的效力或实效的人类能量或物质性资源等，比起该过程用在实质上围绕的方面的能量和资源要少得多，甚至很可能表现为，某种在一些直接环节上几

## 第二章 规范形态的类型分化和场域结构

乎不需要消耗能量的意向性；而在第二类过程中，为了保证有关规范的效力和实效，是有大量的劳动和资源被调动起来的，且往往生产了为数不少的制度性事实——譬如说，这就是运用权威和生产权威的过程的区别。并且在两类过程中都有一些体现而非直接生产有关规范范畴的形式。

从生产性过程内嵌实践范畴和生产性过程以保障实践范畴的效力和实效为目标的区分来看，某一事件或行为，内在蕴含自然前提、人际或社会关系、个体精神这三个维度的情况，显然不同于以某一维度上的某种状况——如促成或发挥其中特定规范的效力和实效或是以精神健康或是以物质资源的增进等——为主要生产目标的情况。只有在后者，才可以恰当地区分那些通过相关生产性过程的目标来定位的领域和子域等。而关于共同体形态的最基本的区分，即关于完整共同体和不完整共同体的类型的界定，就是得通过领域之间的功能耦合的角度。

不可否认，人类组织和利用生态系统内的物质循环和能量流的能力，个体或群体之间的协调关系和协作方式，个体自我的基础性的觉察、过滤和反思能力，乃是相互渗透、相互影响和协同演化的。[1]

---

[1] 毫无疑问，人类社会对于自然环境的利用和改造的水平，必然有赖于人们之间一定的分工协作的形态和水平。然而如果人类缺乏更有效地组织和利用人类生态系统内的物质流和能量流的能力，那么更高级的分工协作就是难以想象的，因为这样的协作意味着要有更好的交流和沟通媒介、更有效率的工具的运用，意味着用更少的能量去做更多想做的事情。实际上，就连政治结构和社会结构的生产和再生产，与社会总的物质产品的劳动生产率之间也存在基本的耦合或配套关系。而我们也很容易看到，利用能量流的方式和协作形式之演进，经常是源自人类群体的某些知识积累和知识进步。然而借助语言符号的交流，知识的积累和进步，为了建立某种稳定高效的协作形式而需要做出的自我控制、自我调节，所有这一切都蕴含着一个基本的前提：人类意识活动和心理活动的基础性的自识与反思的能力。然而如果没有物质生活上的保障、社会生活上的丰富素材，以及交流和沟通的有效平台，便很难让个体的知情意保持在流畅运行的轨道上，很难把符号这一项工具磨得很锐利，也很难把个体塑造为身心健康、可以为他人、为社会、也为自己创造财富的积极的劳动者。

一个自然人，或许同为很多共同体的成员。但有些是完整的共同体，有些则不是。绝大多数人——也许是所有的人——都必然至少从属于一个完整的共同体。而一个完整的共同体是一个自我维生的系统。换言之，从整体上来看，其成员所从事的很可能合乎某些规范和制度的实践，全面涵盖了自然环境或物质资源、人际或社会关系、个体精神这三个基本领域，而在这些实践和领域之间，存在一个带有一定结构—功能耦合性的动态系统；耦合性主要表现为：一些生产性过程所促成的物质资源或社会关系或个体精神的某些状况，会在另一些生产性过程中作为自然而然被嵌入的因素或作为被充分调动的因素，发挥其作为现实条件的作用，包括发挥相应规范范畴的具体形态之效力和实效，而那些过程的主要目标，依然是某一领域上的某种有价值的状况。此言规范范畴，极为广义，有"好"和"善"之类价值范畴，也有"权利"、"义务"、"权威"等，以及各自范围内进一步分化的子范畴或一些具体化的形态。

　　共同体的整体性，有时候表现在：各方面分工协作——包括独立的管理者阶层的出现，包括物质生产、社会服务、精神生产等生产性领域的分化——所带来的广义上的生产性效益的大幅度提高，其中一些协作的事项，并不是带来可在个人间进行分割式分配的物品或服务，而是促成了公共物品或公共服务的供应的质和量的提升。而共同体的规模大体上是其所涵盖的地域范围和人口的函数。什么是最合适的规模或者合理规模的区间在哪里？原则上，这取决于随着规模扩张而产生的包括安全保障在内的公共服务的边际效益的变化状况，即如果规模扩张到一定程度，其边际效益等于边际成本，这规模便是最理想的。

　　一个完整的共同体如果实质性地或者基于其体制特征而强有力地要求独占在特定地域内实施的终极和最高的权力，那么它同

## 第二章　规范形态的类型分化和场域结构

时还是一个文明国家。而完整的共同体,可能是原始部落或部落联盟、与世隔绝的隐士团体、[①]自立山头的叛乱势力、高度自治的少数民族区域(如唐代岭南羁縻州内的溪洞部落)等。[②] 一个不完整的共同体,则必然要依赖一个或多个完整共同体所提供的某些功能,因为它缺少丰富的功能耦合路径,难以提供全方位的——包括一些必要的——服务。

共同体所实现的公共服务和公共产品的覆盖,乃是共同体得以把人们凝聚起来的必然的纽带。这可能是特定行业的共同利益的机制,可能是血缘或地缘的天然纽带,但也可能是跟"提供了权力这种稀缺资源"相联系的某些公共领域的生成。虽然完整共同体内的各个个体或各类群体所从事的活动极其多样、活动的功能则错综交织,但是围绕某些公共领域和运用某些公共资源来实现三重基本领域之间的功能耦合,则是完整共同体的结构的基本纽带。

---

① 在古代中国,东晋陶渊明的《桃花源记》,似乎就记录了这样的自足封闭的小团体。再举一个中唐顾况《仙游记》的例子,记载大历间曾有人误入一片逃人的家园;他们有自身的协调机制("礼")和准权威角色。

　　温州人李庭等,大历六年,入山斫树,迷不知路,逢见漈水。漈水者,东越方言以挂泉为漈。中有人烟鸡犬之候,寻声渡水,忽到一处,约在瓯闽之间云,古莽然之墟,有好田泉竹果药,连栋架险,三百余家。四面高山,回还深映。有象耕雁耘,人甚知礼,野鸟名鸲,飞行似鹤。人舍中唯祭得杀,无故不得杀之,杀则地震。有一老人,为众所伏,容貌甚和,岁收麰百匹布,以备寒暑。乍见外人,亦甚惊异(《全唐文》卷529)。

② 在结合历史实例来理解"国家"或"完整共同体"时,存在若干难点。譬如:应该把古代希腊城邦,还是把讲希腊语的地区理解为一个完整的共同体呢？类似的疑问,也存在于我们对春秋战国时期的观察当中。又如,对欧洲封建社会该如何理解？毕竟那时的权力体系是分裂的,"中世纪国家是一个松懈的领土集合体,它的'财产权和主权到处相互转化'"([美]汤普逊著,耿淡如译:《中世纪经济社会史》下册,商务印书馆,1963年,第324页)。而"王座只保留了一个空洞的宗主地位"(同上书上册,商务印书馆,1961年,第302页)。而中世纪的城市,除了威尼斯共和国等明显的主权实体,其他从贵族或主教那里赢得不同程度的自治的城市,是否完整的共同体呢？

在历史上,国家是最引人瞩目的完整共同体。其提纲挈领的核心功能,是提供那些具有规模效益的安全保障和司法服务,并总是试图在一定地域范围内对暴力的运用实施垄断,并这些因素也是把一国之内的人民联系起来的最直接之纽带。但"国家"往往还是精神家园和人文内涵的驻地,是语言、习俗、宗教、教育和种族的大熔炉,是人们在其中安居乐业或从事物质生产的园地。而主要的原因是:在提供安全和司法服务的基础上,国家有机会要么直接提供其他的公共产品,要么为其他机构或共同体改善公共产品的供应创造良好的条件。

一般性的功能耦合路径是这样的:供养和运作国家机器,需要税收和财政政策的支撑,而在这过程中实现的物质财富或其他资源的转移,势必要拿人们的通常以人与自然的关系为基础的生产活动作为前提,可是国家机器本身的组织架构和由它提供的安全、司法等公共产品,均涉及对于很多方面的人与人的关系的调整,而在另一方向上,在国家所提供的公共产品的基础上得到塑造或改善的人与人的关系,实际上会反哺或者深刻影响到一般的生产和交换活动,并势必波及人与自然的关系。可是人与人之间的交流、共享、协调,运用权力和从事交换的活动和机制,甚至人与自然的关系的内在和外在的各个方面,势必内含着作为它们的环节的众多个人的认知、情感和意愿的机制,且它们也是让个人的自我在其中得以成长和成熟的外部土壤。

不完整的共同体,也有很多例子,如特定的社区、帮派、行业协会、俱乐部,或者种姓、家族、宗教、阶级等人群划分脉络中的集体或集体性存在的形态。但是,既然这样的共同体不能真正实现三重关系领域里的功能耦合,或者因为其他共同体的垄断而无法产生安全和司法服务之类最基本的功能,则它在某些方面,必然要依

## 第二章 规范形态的类型分化和场域结构

赖完整的共同体在有关功能上所提供的服务。在很多方面,一个不完整的共同体得依赖完整共同体所提供的广义上的宪政、法律或暴力机制上的框架,并在此范围内行动。只有在像国家那样的完整共同体之中,才能完整地发现各种规范类型,发现某些协调、权力和互利机制之间的紧密联系的社会纽带作用。①

意志间的冲突,也可能存在于集体或集体性的存在形态——例如阶级——之间。马克思在论及法国农民时谈到了阶级以何种方式存在的问题,他说:

> 数百万家庭的经济条件使他们的生活方式、利益和教育程度与其他阶级的生活方式、利益和教育程度各不相同并互相敌对,就这一点而言,他们是一个阶级。而各个小农彼此间只存在地域的联系,他们利益的同一性并不使他们彼此间形成共同关系,形成全国性的联系,形成政治组织,就这一点而

---

① 滕尼斯曾经区分"共同体"(gemeinschaft)与"社会"(gesellschaft)这两种人类共同生活的形态,前者是依赖血缘、地缘、行业、共同经历、精神的共同信仰等较为自然的纽带,有机生长起来的。而在后者那儿,人与人之间的关系是疏离的、机械的,在那儿,"交换本身作为联合一致的唯一的行动是虚构的社会意志的内容"(〔德〕滕尼斯著,林荣远译:《共同体与社会》,商务印书馆,1999年,第98页)。其实,这两个概念,在外延上,与我所说的不完整共同体、完整共同体稍微接近。汉语过去有"社"、"社邑"、"结社"、"会"、"行会"、"会道门"等词,都在滕氏所说的 gemeinschaft 的范围内。而今天人们说"社会",则多围绕或立足于完整共同体的视野。有人类学家说:
> 使得人类群体和个体得以形成"社会"的纽带既不是甚于亲属制度也不是基于经济活动之上,而是西方所指称的"政治—宗教关系"。
> 所有的社会关系,包括最为物质化的,都包含了"想象性内核",它是内部的组成性元素而不是意识形态的反射。这些"想象性内核"由"象征实践"所执行和确立(〔法〕莫里斯·郭德烈著,董芃芃等译:《人类社会的根基》,中国社会科学出版社,2011年,第22页)。

从构筑完整共同体的完整性来看,这两者是免不了的。又有学者指出,人类学研究,向来有两种大的思路上的分歧:一重实践利益中的客观逻辑,一重概念图式中的意义逻辑。参见〔美〕马歇尔·萨林斯著,赵丙祥译:《文化与实践理性》,上海人民出版社,2002年。实则对于郭德烈所指的政治宗教纽带,可以同时从这两种逻辑上去做分析。

言,他又不是一个阶级。因此,他们不能以自己的名义来保护自己的阶级利益……①

农民处境相似,这是自古固然的,但因缺乏组织性联系,集体依存度低,所以他们的阶级性是潜在的,而不是显现的。但在历史上,与之相对的封建贵族和官僚地主阶级,却可能有这种显现的阶级意识,亦即在他们与农民之间,阶级形态是不对称的。

迈克尔·曼认为,阶级的组织实际上有三个水准:潜在的、广泛的和政治的。由于经济权力——即通过支配生产、分配和交换等经济手段而产生的支配自己和他人的生活机会的能力——方面的高度不平等,阶级斗争本是无处不在的。但在古代社会,由于特定地域或范围内的经济统治关系的内部必然是有组织的,也由于一些横向的经济联系或一些地域组织——如门客依附关系、血缘或地缘经济、城邦共同体等——比起纵向的阶级,天然地更容易组织起来,以及一般性沟通手段和媒介尚处极不发达的阶段,故而这一斗争基本上处于潜在的、局部的或者简单的状态。但如果同一阶级成员之间竟有了一定的横向联系,那就达到了第二水准:广泛的阶级(extensive classes)。进一步的,如果阶级得以组织起来,"是为了国家的政治变革或从政治上捍卫现状",②便出现了第三水准:政治阶级。另外,在对立的阶级之间,若是仅有一部分阶级是有组织的,有典型阶级意识的,而另一部分没有,则它们就是不对称的;反之则是对称。③

---

① 〔德〕马克思著,马恩著作编译局译:《路易波拿巴的雾月十八》,人民出版社,2015年,第110页。
② 〔英〕迈克尔·曼:《社会权力的来源(第一卷)》,第269页。
③ 诚如古希腊史专家芬利(M. I. Finley)所指出的,希腊罗马社会中,的确有阶级斗争。但也许"在农民经济中,仅仅在以公民军事组织为补充的小型的、集中的社会中……集体行动才是可能的"(〔英〕迈克尔·曼:《社会权力的来源(第一卷)》,第330页)。

## 第二章 规范形态的类型分化和场域结构

可以说,马克思发现了一个真理:"资本主义创造出具有潜在广泛性的、政治性的和(有时是)对称的和辩证的阶级。"[①]所以阶级意识构成现代社会的一个永久性特征,当然它既不纯粹,也不彻底,它被其他划分人群的脉络所打断和割裂。资本主义体系下围绕阶级的社会活动,不见得都是超越民族或国家界限的,它也可能是"民族的",即阶级组织或阶级斗争局限于各自国家的范围内,没有国际意识,脱离国际事务。又或者是"民族主义的",即"一个国家的部分或全部居民变成一个准阶级,其经济利益与其他国家的部分或全部居民发生冲突"。[②] 这在殖民活动,或者侵略性的地缘经济和地缘政治竞争中,有所体现。

不妨认为,所谓民族,乃是通过必要的(而不是充分的)共同语言的纽带联系起来的、自觉自为的利益和命运共同体。可是沿着另一些方向来削弱阶级活动、进而可能形成有关的广泛性或政治性联系的因素,则不光有民族、国家或民族国家,还有经济部门、行业、种族、性别、阶层(如所谓的中产阶级或职业经理人)、宗族、宗教信仰等。但跟特定工会、企业有所不同的是,如果这些人群中的区分性因素,还没有围绕它们形成一些集体性意识或组织性的联系,它们就还处在作为共同体的潜在状态中。

比起帕森斯对于"社会体系"或完整共同体的、强调其系统自足性的界定,迈克尔·曼认为更好的说法是:"一个社会乃是一个社会的互动的网络,在这一网络的边界,存在它和它的环境之间的一定层次的互动的离断"。[③]但不管人们用什么词——层次、维

---

① 〔英〕迈克尔·曼著,陈海宏等译:《社会权力的来源(第二卷)》,上海人民出版社,2015年,第34页。
② 同上书,第36页。
③ 〔英〕迈克尔·曼:《社会权力的来源(第一卷)》,第17页。

度、领域等——来称呼社会整体的不同剖面，如果他们忽略了实践过程的广义上的生产性内涵、忽略了围绕生产性过程的目标状态的领域性的组织（这是把潜在的或需要重构的目标塑造成领域的核心，组织则是针对一系列有关的微观过程的），或者忽略了任何微观的生产性过程——它们指涉着一定的宏观现象或流露出对这些现象的理解——都势必牵涉的基本结构特征或基本维度的广泛性，或者更有可能的是，忽略了过程所牵涉的维度与生成这些维度上的状况的过程之间的缠绕、拓扑式联通，那么谈论社会的体系性特征，就失去了足够的着力点，就会流于僵化，领域之间或维度之间，也变成是相互割裂的。

作为理想型，"完整共同体"只是用来描述一个充满复杂互动关系的社会性网络的部分特征的，当然是那些比较重要的、构成其体系性和同一性的特征，主要是针对其中的领域和领域之间、维度和领域之间足以全方位覆盖三重基本关系的主导性的耦合而言的。当然不能认为，在社会性网络中，只有紧密系统的整合，而没有间隙，没有错位、纷乱，实质上耦合关系是千头万绪的，不断形成又不断耗散的，但没有某种适足以起到穿针引线效果的公共性机制的话，那就什么也不会发生。从集中的政治权力出发的公共服务之覆盖，也许最容易开拓相应的主干道，为完整共同体的主导性的耦合关系创造机制性的路径，其上则事件幢幢往来，不绝如缕。可是依赖其他核心要素的同一性的形成过程，也不是找不到史例，这就是古典希腊和中世纪西欧。将斯巴达、雅典等视为独立的完整共同体的合理性，不及将整个希腊世界视为这样的共同体的；类似的，要是把既不神圣亦非罗马的"神圣罗马帝国"某时的疆域，当作某个完整共同体的界限，看来也是不恰当的，但是塑造其内在团结的（这种团结，人们可以在希腊人抵抗波斯和十字军东征当中有

## 第二章 规范形态的类型分化和场域结构

所目睹),并为广泛的贸易联系、生产形态扩散和技术传播创造前提的,不是国家,而是某种语言文化,或者宗教信仰。[1] 而近代以来较普遍出现的民族国家的形态,则把集中化的政治权力和一致的语言文化——这两种基本机制——结合了起来。

在完整的共同体中,在规范范畴和规范形态置身其中的社会性生产领域,针对有关生产性过程所要促成和促进的人与人的关系的特征,可以就该领域中的生产性过程做出进一步划分:(一)公共资源域——围绕安全、司法保障、环境维护、基础设施、公共教育之类的,其公共性程度在历史上不断提高的各类产品和服务,有关这些产品和服务的供应、覆盖、分配和实施的过程;(二)政治域——包括建立和维系具体的政府形式、立法与司法体系的运作,确定运用暴力的合法程序或者不管是否处在此类程序下的运用暴力的过程等;(三)组织域——人们为促成彼此间的协调进而实现某些共同目标而采取的若干相向而行之行动;[2] 以及(四)交换域——私人或集团之间自由交换其所拥有的资源的过程。[3] 这些社会性生产领域里的"子域"之构造,并不是指基于各个微观过程所牵涉维度上的性质同异所做的分类,而主要是看这些生产性过程所满足的需求类型或目标领域,究竟是某种形式的公共资源、政治机构、非政府组织(企业等),还是某种形式的交易或交换行为,遂就这些生产性过程及其促成或力图促成的稳定的目标状态所做

---

[1] 类似的,恐怕还有婆罗门教和种姓制度笼罩下的印度社会(在古代和中世纪的大部分时候)。

[2] 此处所说的组织是广义的概念,参见〔日〕饭野春树著,王利平等译:《巴纳德组织理论研究》,三联书店,2004年,第21—22页。

[3] 青木昌彦在《比较制度分析》一书序论中,提出制度所关联的六种域类型。即公共资源域(Commons Domain)、交易或经济交换域、组织域、组织场(Organizational Field)、政治域、社会交换域。

的划分。且有关界域的划分,并非在某个单一的逻辑平面上进行,毋宁说是基于某种拓扑空间。换言之,虽然上述域和域之间的逻辑特征明显不同,但它们的作用又是彼此联通和缠绕的,根本上就是一体的。

公共资源原则上是任何社会成员都被允许方便获得的,面对此领域,个人之间的关系主要是基于"共享",但也因此存在期待不劳而获的"搭便车",或者过分拥挤的现象。① 关于如何享用公共产品或服务,当然会形成一套规则或规章。政治域指在某种意义上促成政治体系的内部结构的活动,而不是指很可能由这一体系来提供的公共资源和公共服务。组织域与政治域在塑造各种可能的结构方面有很多相似之处,就其意涵言,前者当包括后者,但人类行为中也有一些不涉及政府权威的协调,一些促成合作的不稳定的自发机制,主要是基于这些,便用"组织域"一词来表示其具有不同特性。

交换有经济交换和社会交换两大类,前者也可被称为"交易"。如果我们将"产权"理解为赋予个人或集团以一定范围内的任意方式使用某种资源的排他性权利,那么交易基本上就是某种形式的产权交易。但人们投入交换的,也可能包括某些根本无法进行产权分割的非物质性资源,就像名声(因为拥有好名声的人,不可能像占有物质资源一样占有这种符号资源,它实际上存在于众人的意愿当中);涉及这样的部分,便是社会性交换。② 但有一点是共

---

① 搭便车是集体行动的难题,参见〔美〕曼瑟尔·奥尔森著,陈郁等译:《集体行动的逻辑》,上海三联书店,2006年,第2页等;拥挤是指公共服务等供不应求。

② 关于交换领域的广泛性的论述,参见〔美〕彼得·布劳著,孙非等译:《社会生活中的交换与权力》,华夏出版社,1988年,第117页等。个人所获之社会报酬包括他的个人吸引力、社会赞同和承认、尊敬或服从等。看上去,"社会交换是居于外在收益的纯粹算计和内在爱慕的纯粹表现之间的中介情况"(同上书,第5页)。

## 第二章 规范形态的类型分化和场域结构

同的,即在交易或社会交换域中,原则上参与者在决策的能动性方面是对称的,①这也是它和政治域的主要区别。而产权的分割、交易,或者某些社会性交换的结果的无法转手之性质,则跟公共资源的公共性明显有所不同。

实践活动不断再生产着上述各个域。有关这四个域的结构特征的关键词是:共享、权力、协调与交换。"协调"一词,主要指向第三子域。即使没有第三方机制,人与人之间的协调行动,也在塑造着原初的组织域。该域的特征是参与者拥有参与博弈(game)的自由,亦即它可以随时退出,如同交换域。但政治域并非如此。国家机器乃是凌驾于一般的冲突方之上的裁决、监督乃至执行的机构,②这类机构的构成形式,以及人们与它的关系,属于政治域。它的优势在于,能够不断创造和维护着比原初的组织域所能提供的效能更高的公共产品。而公共性平台又能起到确立产权和进一步激发交换域的效能。在现实当中,域上结果的影响的叠加和变幻是很常见的,因为域的划分本身就是一种理想型的划分。如何叠加和变幻当然取决于实际的过程,也取决于我们透过哪个角度去审视。某一域中的某一类规范之发挥效力,常离不开它域中的另一类规范或机制所给予的支持;虽说是"日用而不知",却无法否认基于功能耦合的整体结构的存在和效能。

对于组织域中的协调行动非常重要的礼仪和伦理等规范形态,也在不断辅助着公共产品的再生产。一起参与仪式的进程,哪怕并不扮演同样的角色,对于所有参与者来说,都是一种共享。但

---

① 交易博弈(transaction game)的一个重要特征是每个参与者都有不交易的权利,而且每个人都选择它认为可以接受的方式,例如据认为等价的方式。
② 参见〔美〕约拉姆·巴泽尔著,钱勇等译:《国家理论——经济权利、法律权利与国家范围》,上海财经大学出版社,2006年,第1章等。

仪式上的默契,是一种外在的表现,远远比不上伦理上的默契。如果默契是当前的现实,而且给人带来好处,那么人们就倾向于维护和拓展它。安全保障,难道只是慑于合法的暴力机构利剑悬于上的结果吗?仅靠国家机器维系的安全是不牢靠的,正如不被遵循的法律,徒然具文而已。如果欺骗、违约、盗窃、杀戮和刻意违背他人意志是概率分布的常态,那么国家机器恐怕也没有能力去维护和再生产有关方面的公共产品。所谓"法不责众",不是不愿意,而是力不从心。所以说,被切实实践着的伦理,在很多时候本身就带有一定的公共产品的性质;只不过是,所有人都在参与着这类公共产品的供应和败坏的过程。

公共服务方面的需要的满足,也许是在一次军事行动或司法审判中得到体现,但是有些服务,就像在安全和司法领域,最大的效益不是在行动中实现,而在于"无需行动"(自然这不同于行政不作为),这时背后的体制岿然不动。从这个角度更容易看到,作为产品被提供的某些公共服务,跟作为供应者的体制及其内部运作之间的区别。广义上的公共服务应该还包括,知识的生产和再生产、土地的规划、对环境的管理、对技术领域或标准领域的管理,也就是在所调节的素材方面,不断向自然领域、精神领域延伸。然而,甚至围绕实质性内容相同的服务,可以是公共产品,也可能是交易物。譬如在古代,儒学的知识,当刺史等地方官承担教化责任而提供时,无疑为前者;一般读书人的授业课徒,却属后者。

公共性的理想不是生意,至少不完全是生意;若是完全围绕自利个体的模式来运作它,常会产生意想不到的困难,并滋生诸多弊端,所以有些方面或有些时候就需要颇具公信力的公共组织,例如政府。而在拥有良好的公共资源的情况下,协调和交易常常会变得轻而易举。另外,以手段—目的、资源—效益为基本运作线索的

## 第二章　规范形态的类型分化和场域结构　　263

交易域,在创造、维系和推动规范方面,也许比人们想象的重要得多。

关于实践场域的一般性区分的通常用词,又有"社会"、"经济"、"政治"、"文化"。① 对"社会"一词的最大化理解,就是"完整共同体",便是充斥着很多社群、很多公共物品的场域,而又由于权力的纽带作用,由于安全司法服务方面的超常规模经济,而实现三重领域的功能耦合的一种共同体。稍微狭义的理解,略同于组织域,特别是指各类"社群",本质上的非第三方机构,参与和加入是基于自愿,其间权力的产生和运用,也是基于众人的认可和众人的意愿。促进协调和基于协调,是它的本质。②

经济的本质则是生产供应和交易,特别是围绕非相容性使用的物品——产权意义上的则不妨称为"私人物品"——的生产和交易。提高资源运用的效率的努力,贯穿于所有的生产性问题的安

---

① 韦伯的学生塔尔科特·帕森斯(Talcott Parsons)就认为,经济、社会、政治与价值观之间是相互影响的(参见〔美〕帕森斯著,张明德等译:《社会行动的结构》,译林出版社,2003年),这一点当然没有错,但如何解释这些实践领域,它们的界限分化、它们之间的拓扑关系,却是关键,而且承认这些维度或领域的内在关联,并不意味着要承认,这些领域上的一些状况之间必有固定的联系,譬如拿现代化的进程和成就而言,不必以西方在某个阶段所达到的各个领域里的状况为模版,认为这些状况是相互依赖的整体,每个方面都不可或缺,帕森斯所说的,市场体系、经济发展、血缘团体的瓦解、个人主义、民主政治、理性和自我成就动机、世俗化等,或许有些是长期趋势中的目标和方向,但在实际的进程中,就算在西欧和北美国家里面,这些因素也未必在短期内一起进入良性循环。如放眼全世界,那么亨廷顿所说的威权式过渡(authoritarian transition),也不失为一种成功的策略(参见 Samuel P. Huntington, *Political Order in Changing Societies*, Yale University Press, 1968)。但世界史也许不是印证了"发展的各个方面相互独立",而是验证了自发秩序和策略选择的多样性,这主要是因为,任何领域里看似不起眼的结构性的差别,或许都不是无关紧要,会牵涉到其他领域里的状况,会决定某些选项可行或者不可行。

② 要是把"行会"说成社会领域的事物,就是基于这一点,而不是说它没有经济意义。

排和处置方式中,无论在某种组织内部还是在决策权力分散的市场上,分工协作都可以提高效率,但在后者直接的交易必不可少。但在经济组织的结构和市场性质之间,基于沟通所产生的某些契约安排,可谓是其共性,不过在前者,从形式上自由平等的契约性关系产生了等级式权威,而在后者,只是各方自愿的围绕交易的安排。在经济领域中,产权问题特别重要,产权构建了一个个人的机会集,它的实质并不是单纯的人与物的关系,而主要是某己与特定或不特定他者之间、围绕某物的要求权、自由、创造新的权利—义务的权力与豁免权的关系,但如没有公共权力——特别是司法权力——对产权的保护,纯粹基于社群内部的默契的产权,尽管不是不可能,但界定和维护它的效率方面、进一步发展的可能性方面,必然是大大受限的,所以产权系列实际上也是政治问题。

政治领域的核心,则是围绕某些公共物品的供应而产生的强制性,这类供应被社会性地界定为,是必需由作为公共部门的核心的政府来完成的。权力是重器和凶器,也是提供安全和司法服务这类公共品时必不可少的利器。在某些关于决策程序的共识以外,权威即可以稳定运用权力的地位资源,必然是具有高度稀缺性的,这与被公众所期待的运用权力的恰当方式之间,存在天壤之别,后者的目标是包含一定的公平正义性的公共服务和公共物品。因为这种物品的本性和有关的供应过程,本质上要求对所有人的行动的某些约束。政治实践,作为制度的制订和实施,倘若同时也是一种伦理协调性的行动,它便是在提供各色各样的公共服务,如若不然,如其运用权力而为着私人利益及其亲友圈的利益计的举措,败坏了公共服务的质量,就进入了政治衰退的过程。

近乎无所不在的还有"文化",它指向改变、创造、拓展和延展

## 第二章 规范形态的类型分化和场域结构

需求的实践维度,也指向一切塑造个体精神世界的活动的特性。[①]仪式、象征、语言符号等,不仅仅是协调、交换和运用权力的工具,还因为它们影响个人的知、情、意,所以它们才更容易被视为文化的元素。内在嵌入生产性过程的需要,以及对于需要和需要被满足的体验,并不都是物质化的,也不是固定和一成不变的,不如说它们是成长的,不断地成为的,具有自身品味和自身美学风格的。它们是嫁接在内在自然的统一性和协调性的基础上的。需要本身就在需要着它被满足的体验,这时需要就不乏微妙恍惚的呈现,这时哪怕是植根于本能冲动的需要也已不再是纯粹动物性的或较为物化的,而具有了体验活动的人格特质,玄妙之处还在于,他体验着将某些社会状态、地位资源、名声或公共物品视为所需要的对象的过程,体验着自己在实现这类需要的过程中的自我表演,他需要着这样的体验,也需要着与此相关的自我实现。

经济、社会与政治领域,无所不在或近乎无所不在。因为需要无所不在,于是调动资源以满足需要的生产性过程也是这样;也因为,协调的过程和结果以及运用协调的努力无所不在;也因为,协调不成就经常衍生出暴力,或者对于运用权力的机制产生内在需要。可是对于围绕生产、交换、协调和权力的各种内在能力,有关的培育和提升之过程,甚至遍及教育以外的活动当中,以及需要被体验而使其不断成长变化的过程,也近乎无所不在,所以文化也近乎无所不在。

---

[①] 帕森斯认为,"文化系统"提供了共享性的有意义的符号,遂令社会行动者可得相互沟通;并它定义了一个对于社会角色的期望的模式化或制度化体系。但是文化的这些与其符号功能有关的社会性方面,与文化可以被生产的经济性质一样(参见〔美〕约翰·霍尔等著,周晓虹译:《文化:社会学的视野》,商务印书馆,2002年,第8章等),都跟它的核心关切——精神特性——并行不悖,而上文主要是从它可以创造和改变需要,并把需要的满足延展为近乎不可分割的过程的角度,来理解这种精神特性的,并因此文化是治疗性、拓展性的,而不是利益固化的再生产过程。

# 第三章　演化一般性：
# 场域拓展和结构转换

　　各种文化和文明的规范体系的发展，大致经历了原始社会、古代文明、中世纪文明与现代文明四个阶段。断代方面，约公元500年至1500年为世界史上的中世纪，文明起步以后、中世纪以前为古代，以后为现代。故中世纪具有承前启后的作用：三大世界性宗教，虽然不一定都在这一时期诞生，但全都在这一时期得以广泛传播和产生广泛影响，即真正成为世界性的。此后的近现代，则是工业化浪潮席卷全球，也是欧洲文明不断扩张版图而又不断遭遇抵制的时代。①

　　与规范演化进程中的"普遍性"或"一般性"有关的论题包括：（一）基本道德价值与伦理规范；（二）集权政府职能与法治化目标；（三）那些颇具规范性的符号体系或那些规范所内含的信息机制之中立性；（四）制度文明的传播；（五）规范演化所镜像的基本社会结构。当然这几个论题所涉领域，也是演化的独特性有所表现的领域。但促成演化一般性的实践性力量，尤其是跟这三个方面有关。

---

　　① 虽然突破欧洲中心论而撰写全球史的企图不乏其例，参见〔美〕罗伯特·B.马克斯著，夏继果译：《现代世界的起源》，商务印书馆，2006年，第2章；但近代以来，欧洲文明的一些制度形态对其他地区的深远影响，也不能完全否认。在本章的论述中，有些因素，是根据其意义而不是基于纯粹的断代考虑。就算同一时期，世界各地发生的故事也各不相同，但本章是选取每一时代在规范和制度上的最高成就或典型特征予以观察，这些特征又深具传播和扩散效应。

符号体系或信息机制的中立性是指,任何规范体系都会运用某些符号工具,来传递规范的内涵性要求或对行为的预期等信息,而同一种符号体系或信息机制,有可能被相当不同的规范体系所选择,并且,对于环境、组织协调等各类问题的"解"的形式,并不是必然与某些符号类型黏着在一起。

在不同的实践主体之间,围绕同样的实践领域或者实践目标,采纳不同的但相互间有一定可替代性的规范或制度,一般来说会产生不同的效益和后果。倘若实践主体之间,彼此有着足够的信息沟通的渠道,就很容易对一些规范方案进行比较和交流,再就是对某些方案的明显占优方面的模仿和学习、消化和吸收,乃至提炼和转化;不同方案之间的交流,或是双向的,或是以某个方向为主导。而所有这些都有可能在自然而然的没有来自对方的压迫或者第三方压力的情况下发生,即优势是一种单纯的比较优势。但是也有可能:不同的实践主体一开始就面临着竞争的态势,于是履行较佳制度方案就会带来竞争中的优势,随后则可能是征服与伴随着征服的传播。历史上,某些制度文明因素的传播,会造成相当广阔范围内的——如果不是全球性的——制度趋同现象。

规范形态的演化镜像着社会结构的整体变化;而社会结构的结构性,很大程度上表现为它的规范体系。"社会结构"是指,一个完整共同体中的人与人关系方面的稳定架构,涉及协调、权力和交换三种基本机制的主要面貌,及其连续不断、错综交织地被运用的方式,而土地、资本、人口等,就是这三种机制所要调节的基本对象。而一个"完整的共同体"是指,可以实现人与自然、人与人、人与自身这三重关系里的状况之层叠嵌套、联通缠绕、整合涵摄的人们的历史共同体。在有关状况的叠套、联通、涵摄与整合的机制中,一方面,任何实践过程都得运用全部三重关系中的某些状况,作为这过程内在蕴含着的而它们之间又相互关联和渗透的要素；另一方面，任何过程都会聚焦于或直接影响到某个或某些关系层面上的状况，即作为生产性过程的目标或结果的领域而呈现。由于生产技术的基本发展阶段难以逾越，也由于在整体上要面对的一些基本问题之间有着高度的相似性，故而基本的社会结构总有一些趋同性表现。

## 第一节　原始社会以来规范形态演化的四种趋势

原始社会的规范，跟习俗的特性极为相似，即它是集体性的、不成文的、依赖于相互间的默契与同意，且往往是冥顽不灵、僵硬不化，但没有强制执行的暴力机关，对它的违反通常得依靠舆论和利害关系来调节。①

---

① 关于原始社会各方面的研究，参见〔英〕泰勒著，连树声译：《原始文化》，上海文艺出版社，1992 年；〔英〕泰勒著，连树声译：《人类学——人及其文化研究》，上海文艺出版社，1993 年；〔英〕马林诺夫斯基(B. Malinowski)著，费孝通译：《文化论》，中国民间文艺出版社，1987 年；M. Forts and Evans Pritchard, *African Political System*, Oxford: Oxford University Press, 1940; Bronislaw Malinowski, *Crime and Custom in Savage Society*, London: Routledge, 1947; 〔英〕A. R. 拉德克利夫—布朗著，丁国勇译：《原始社会的结构与功能》，中国社会科学出版社，2009 年；〔英〕爱德华·韦尔著，刘达成等译：《当代原始民族》，四川民族出版社，1989 年；〔德〕利普斯著，李敏译：《事物的起源》，陕西师范大学出版社，2008 年；〔法〕莫里斯·郭德烈著，董芷芃等译：《人类社会的根基》，中国社会科学出版社，2011 年；〔美〕罗伯特·路威著，吕叔湘译：《文明与野蛮》，三联书店，1984 年；V. W. Turner, *The Forest of Symbols: Aspects of Ndembu Ritual*, Ithaca: Cornell University Press, 1967; 〔美〕普洛格、贝茨著，吴爱明等译：《文化演进与人类行为》，辽宁人民出版社，1988 年；〔美〕马文·哈里斯著，顾建光等译：《文化 人 自然》，浙江人民出版社，1992 年；〔美〕基辛著，甘华鸣等译：《文化 人 自然》，辽宁人民出版社，1988 年；〔美〕德里克·弗里曼著，李传家等译：《米德与萨摩亚人的青春期》，光明日报出版社，1990 年；〔美〕马歇尔·萨林斯著，张宏明译：《"土著"如何思考》，上海人民出版社，2003 年，等等。

第三章　演化一般性：场域拓展和结构转换

原始社会的规范或许是观察长时段的规范演变方向的一个恰当的起点。这一阶段上的规范略具如下特征：其产生和维系基本上都笼罩在一种浓厚的宗教氛围当中，此为宗教性；后世所界定的各个规范类型，在当时还没有明显地分化出来，这和其较为缺乏职业、阶层的分化，及缺乏意识形态上的辨析力相适应，此为混融性；围绕人自身再生产的规范居于极端重要地位，因为在生产力落后的历史条件下，这里恰是少数人类能够控制的领域，而且为了保障和促进种群繁衍，这也确实是个大问题；再就是，大部分规范的符号价值远远超过它的实际功效——倘若这种功效并非不存在的话，此为象征性。而在原始社会中较为普遍存在的图腾现象，似乎综合地表现了这些特点。

自原始社会以降，规范演变体现出四大趋势：从宗教性到世俗性，从混融性到差异性，从人本性到中介性，从象征性到效用性，其间包含种种曲折和反复，不过总体趋势如此。且在这样的趋势下，一些原始阶段的本质特征，即制度体系的终极关怀旨趣，并其整体性、综合性、人本性、符号性，都在不同阶段和不同层次上得到了重构和重现。

**一、宗教的影响与规范的世俗化进程**

原始规范的第一个特征是笼罩其上的浓厚的宗教氛围。当我们通过搜罗史料记载中关于远古先民的传说，或者前人志怪中关于"蛮戎夷狄"的异闻，或者像人类学家一样与土著社会直接接触时，我们总有这样的印象：似乎在这些社会中，自始至终都弥漫着一股笼罩在所有事物身上的巫术或信仰的氛围。

在这些社会里流行的原始宗教，就其崇拜对象而言，包含自然崇拜、祖先崇拜、图腾崇拜(totemism)以及相当广泛的某些有关灵力或灵魂的信仰。宗教仪式和禁忌纷繁多样，且到处渗透着巫术的影响,概括性的宗教伦理较为欠缺,有的主要是一些人际关系范畴上的禁忌,并有一些个别地担当精神导师的萨满。

宗教曾经在人类心智和心性的发展中占据重要的位置,借用美国人类学家格尔茨(C. Geertz)的说法,它是:

> (1)一个象征的体系;(2)其目的是确立人类强有力的、普遍的、恒久的情绪与动机(moods and motivation);(3)其建立方式是系统地阐述关于一般存在秩序的观念;(4)给这些观念披上实在性的外衣;(5)使得这些情绪和动机仿佛具有独特的真实性。[1]

原始人的所作所为,看上去都极为情绪化,这多半是因为他们在实践中缺乏文明体系常有的一些情绪的缓冲机制。或许他们实质上并不比文明人更为情绪化,但其活动方式简单、直截,即缺乏技术、体制与文化上的复杂中介的特点,常常使得他们得直接面对与生俱来的激情。由于技术能力的落后而造成的期望与现实之间无处不在的巨大落差,他们更耽于幻想,总要寻求某种替代性的满足。这样,信念乃至迷信,不免在他们的生活中占据了统治地位。换言之,宗教或者说情绪化的信仰,构成了原始社会中各项活动和各种规范背后的基调。

然而,原始社会并没有确切意义上的宗教与宗教规范的存在,因为此时,既然世俗领域与宗教领域并非泾渭分明,且还没有形成特定宗教教派的意识,即尚未将某一教派视为相应共同体的自我指称的对象,[2]所以宗教还只是作为一种氛围,而不是作为一种集

---

[1] 〔美〕格尔兹著,纳日碧力戈等译:《文化的解释》,上海人民出版社,1999年,第105页。

[2] 例如部落时期的犹太人,还只是将其信仰称为奉"祖先亚伯拉罕所奉的神",而没有任何特称。参见《圣经·创世纪》等。

体而存在。但宗教氛围比起宗教教派,反倒更容易弥漫在全社会当中,并且这种氛围与巫术手段的运用难解难分。[①]

一个太平洋岛屿上的波利尼西亚人如何造他的船只呢？他在遵从若干实用的技术规范的同时,还做其他不属于技术范畴的事情。因为他相信他的造船工具受制和听命于看不见的神灵,只有靠他的力量才能消灭木船里的凿船虫等。通过一定的仪式,他将自己的船献给神灵或祖先,祈求他们使他的船航行更快,使他一帆风顺,并捕到更多的鱼,等等。[②] 原始社会中,围绕劳动的一个普遍特点是技术和宗教仪式的密切联系。比如为了增进土地肥力,为了在想象中控制命运和大自然中不可预测的力量,要举行各类祈求祖先或神灵帮助的仪式。并不能简单地认为这些是经济活动中无谓的累赘,其实它能团结劳动者并发挥他们集体协作的威力,能帮助人们克服当面对他们所不能控制的事物时的恐惧感。

几乎在一切方面,原始人都要将想象中的神灵视为权威的来源,是其行为规则与社会规则的保障。并且,实行外婚制的氏族体系通常都带有图腾信仰,这是一种牵涉范围极其广泛的规范类别,包括命名体系、巫术、禁忌(其中最重要的是乱伦禁忌)、仪式、婚姻规则、行为规则、道德义务、社会组织规则等。[③] 所谓"图腾制度",可以说是围绕针对图腾标志的信仰的核心而旋转的、范围极不确

---

[①] 近代学者喜欢将巫术与宗教进行区分,认为前者是基于对因果关系的误解而产生的种种迷信的、功利的做法,而后者是就灵魂归宿与精神发展问题给出的一系列答案。然而原始社会中的人们或许并没有做这样的区分。实践中的态度常常是混融的。有关巫术与宗教的界说,参见〔法〕涂尔干著,渠东等译:《宗教生活的基本形式》,上海人民出版社,1999年,第395-431页、第514-547页等。

[②] 参见〔英〕雷蒙德·弗思(R. Firth)著,费孝通译:《人文类型》,商务印书馆,1991年,第118页。

[③] 参见〔法〕列维—斯特劳斯著,渠东译:《图腾制度》,上海人民出版社,2002年,第20-42页。

定的规范总和。很多划分图腾氏族的初民社会,都有乱伦禁忌、血亲复仇的义务和氏族内部互助的惯例等,虽然带有明显的伦理意味,但大致上仍是围绕图腾崇拜建立的行为规范。

宗教氛围堪称笼罩原始人心智的最重要的力量。但处在这种氛围中的宗教规范,显然还没有同其他规范划清界线。它渗透在其他规范之中,常常成为它们的神圣性的来源——正是通过这样的神圣性来激发起心灵上的威慑,才能在缺乏其他有效的调节手段的情况下,作为社会性压力的象征和代表,使得这些规范被贯彻、被执行。

然而,宗教当中所贯穿的各式各样的情绪和动机,均以某种方式和广义上的欲求,即和人们对相应事物的态度——是否愿望它存在、出现和影响到自己——有关。但凡宗教性有着强烈体现的场合,都有某种人的欲求和现实的矛盾,它在当时或是永久都无法调和的。由于在现实中,这些希冀不能得到满足,便用幻想中的超自然情境来保证某种心理上的替代性的满足。然而随着生产力的进步,随着各种社会制度的日趋完善,一些困境已经消除,或者有些矛盾不再像过去那样尖锐,故而宗教性在各类规范中的渗透与影响,它的强烈表现,甚或它的越俎代庖,会随着历史的整体发展而趋于淡化。①

在宗教性逐渐隐退后,规范的产生、适用和维系,就越来越依靠人们的自觉意识和自主意志。虽然法律的运用以暴力机关的存

---

① 但有些人生中的悲剧性冲突永远无法消除,例如生与死(死亡即生命的反面、极限与界限)、个人与他人之间的对立与隔膜,著名人类学家马林诺夫斯基(B. Malinowski,1884-1942)就认为正是这类悲剧成就了宗教的永恒价值(参见史宗主编:《20世纪西方宗教人类学文选》上卷,上海三联书店,1995年,第98页);特定历史条件下被相应地特化的精神终极关怀取向,又是滋生其他很多问题的温床,而在现有的历史条件下,宗教需求尚不会消亡。

在为前提,但对它的遵守仅仅依靠暴力机关是远远不够的,也是不完善的,而是需要人们对它的合理性的根本上的认可。礼仪、习俗与伦理,在高度依赖内化的自主意愿方面,则表现得更加明显。同时,伴随这样的自主意愿一起发挥作用的利害关系的考虑、舆论的压力,都可以替代原本由宗教的震慑所起的作用。诸如此类因素,削弱了宗教信仰维系规范的力量。这也推动了宗教规范成为一类专门的、独立的规范。

在中国经济史上,据说当铺、资金互助(合会)、拍卖、出售抽奖券这四种资金运作的方式,都是起源于佛教寺庙。① 而且前三种初现的时间,以及在佛寺里极为活跃的时期,基本上集中在 5—12 世纪,也就是佛教在中国传播和发展的隆盛阶段。抽奖券,则最迟在元代的法律中已有所反映,时间约为公元 1288 年。② 但是以后,这些运作的形式,在佛教中逐渐消退,成了俗人的活动。——当然,俗人社会并非不能设计和产生这些金融形式,但是对它们的起源来说,拥有信任才是关键,在这方面,重视修行和敬畏因果报应的信佛者之间的关系,要好于俗人之间的一般关系。

宗教性渐行隐退的趋势,在各个规范领域都能找到例子,譬如法律史。亨利·梅因研究古代法律的结果,指出人类社会有一时期,法律规范大都未脱离宗教规范而单独存在。像汉谟拉比(Hammurabi)、摩奴(Manu)或摩西律法那样自述源于神授的法律,可谓比比皆是。③ 法律规范的宗教性,除了表现在观念上认为

---

① 〔美〕杨联陞著,彭刚译:《中国制度史研究》,江苏人民出版社,1998 年,第176—192 页。
② 《通制条格》卷 29 拈阄射利条,载于方龄贵:《通制条格校注》,中华书局,2001 年,第 716 页。
③ 参见〔英〕梅因著,沈景一译:《古代法》,商务印书馆,1959 年,第 1 章。

法律为神所拟定，还表现在握有司法权的人同时就是拥有巫术或神权的人，并常常伴随着神明裁判的方式等。

在早期的日耳曼和阿拉伯部落中，在古代印度和许多早期的文明社会的司法实践中，神明裁判的规矩都甚为流行，从今天的眼光来看，这些显然是非理性的，带有浓厚的魔法和原始宗教色彩。例如，日耳曼部族曾经广泛运用"火"的或者"水"的神明裁判。经受此类裁判的人，得分别乞灵于火神与水神。由火裁判的人，须于蒙目之际或光脚走过烧红的犁头，或用手传递燃烧的铁，倘若其伤口事后能较好愈合，就被宣判无罪。水的裁判，或用冷水或用热水。在冷水中，倘若嫌疑者的身体漂在水面上，而非浸透，表明水神未能接纳他，便判其有罪；而在热水中，若嫌疑者裸露的胳膊和腿能够从滚烫的水中安然无恙地拿出，同样被判无罪。这类神明裁判持续了很长时间，当其13世纪被废除时，仍遭受了强烈抵制。[①]

神灵裁判，当然是一种司法制度，虽然它的方法不能提供令人信服的裁决，而只是一种掷硬币式的概率裁决，但是比起创立和维系一个复杂的司法机构和从事司法调查来说，成本却很低，在更好的方法缺乏现实基础之时，服从此类规则，从而降低冲突的风险或冲突造成的损失，不失为一种历史性的选择。但是以假想的神的秩序来保证的人间秩序，在人们面临更好的制度环境，并且可以把更好的制度付诸实施的时候，完全有可能退出历史舞台。

由包括法律人士在内的凡人审理，代替想象中的神灵的裁断，便成为司法程序趋于理性化的必然要求。不仅仅是由职业法官来审判，甚至是由普通公民预其事，以避免法官的擅权谋私，代表着

---

[①] 参见〔美〕伯尔曼著，贺卫方等译：《法律与革命》，中国大百科全书出版社，1993年，第67页等；而《汉谟拉比法典》在其序文和结语部分竭力宣扬王权神授，就是一个例子。

更高级的进步。在这方面,普通法中的"陪审"制度就是一项意义深远的创举。这实际上已将参与审理的范围扩大到了随意指定的公民身上。既经采用陪审制,案件的审判,便被截然地分为"事实审"和"法律审"两部分,即由陪审团确定嫌疑犯是否有罪,而参照法律条款予以量刑的专业方面则交由法官来完成。如此,便是对于法官以及过去任命法官的国王的专制权力的一种有效制约。①

在神的秩序的名义下,宗教观念常常是某个社会中的许多核心与基本价值的载体。神,或者像佛陀、耶稣那样的人格力量,是完美的存在,也被认作是赋予一些事物以美好价值的源泉。② 在原始情境下,诉诸外部神秘力量的权威性的"信仰"因素,在传达希望、抚平焦虑的同时,也在强烈暗示着人类的类存在特征。于是,当其他调节手段普遍较缺乏时,表达人具有希望和意愿的本质性能力以及"能群"的本质的宗教元素,就成为无可奈何的首选的调节方式。进而,用神的秩序的名义来保障的一些人间的规范,又成为创造新的规范之起点。但是"神"的或者完美存在的概念,毕竟带有某种程度的虚构性。随着社会的发展,技术手段和制度环境的大幅度改善,以及对于基本价值的更明确直接的理解,都排除了继续使用宗教观念作为价值理念的载体和想象中的保障的必要性,亦即排除了宗教规范的全面渗透的必要性。

规范发展所表现出的种种世俗化趋势,不过是很多规范表现得越来越合乎它本身最适合的宗旨、特征与调节方式——这些在过去却常常为某种宗教氛围所环绕。因而从规范发展的内在要求

---

① 参见程汉大主编:《英国法制史》,齐鲁书社,2001年,第84页。
② 在宗教中同样有恶神和撒旦,而像琐罗亚斯德教这样的二元论,一般来说,仍然把善的力量当作宗教允诺众生的主要方面,参见〔美〕斯特伦著,金泽等译:《人与神——宗教生活的理解》,上海人民出版社,1991年,第35-64页、第94-126页。

来看,世俗化并不是提供了崭新的特征,而是让一系列规范形态都呈现出它的本然面貌。

## 二、场域、机构和类型观念之日益分化

原始规范的第二个特征为规范形态的混融性。也就是说,后世所界定的各种规范的类型,例如巫术、禁忌、技术规范、宗教仪式、民俗习惯、伦理、法律、组织条例等,在原始社会中还处在一种混沌未分的状态。按照后世的标准来看,这些规范的调节方式各不相同,如技术规范是依效用、礼仪是按象征性表演的符号价值、民俗是依习惯的暗示、伦理是依舆论的压迫、法律是依强制和暴力,分别予以调节。可是在实施原始社会的许多规范时,这几种调节方式可能会并行不悖地出现,纽合在一起,难分难解。

起初,先民们的行为方式,乃是一个大的混合体,其间技艺表现得像巫术,规则表现得像禁忌,人类的婚姻像是图腾动物的结合,人间的伦理却像是屈从神祇的意志或巫术灵力而不得已为之。后来的人所明确区分的各个规范类型及运用的调节方式等,在原始社会里却都被混融于巫术和宗教,①这种模式,既是当时的社会结构尚未充分发育的结果,也是在欲求与现实之间存在巨大鸿沟的反映。

另外就是,缺乏像中世纪的道德说教或者现代的法律文本或规章制度那样,对于规则的明确表述,缺乏那些执行规范或监督有关情况的专职人员或机构的分化。例如对于原始社会中非常重要的宗教规范,往往并没有对应的专门的祭司。而在大多数情况下,

--------

① 例如,利害关系的调节即便是原始人实际运用着的手段,却被当时的舆论一致地误解为:由于遵循或违反它将招致神灵或超自然力量所给予的好运或恶运而不得不服从的。也就是说,利害关系不是按照实际上的作用来认识,而是混同于基于一定的宗教观念的舆论。

第三章　演化一般性：场域拓展和结构转换

萨满或巫师的日常活动方式，与其他成员的没有明显区别，他也要狩猎、捕鱼或者做手工等。

由于技术上常常缺乏达到真实效用性的手段，因而总是被心理满足的效用所取代，抑或心理的与实际的效用错杂在一起——只是在经由各种试错方法以后，才慢慢地找到了一些实用的措施。可是起初，种种心理上的满足便成了习惯的起点，即人们普遍认为，按照这样的习惯去做，便可轻而易举地消灾避祸、祈福迎祥。

如果说伦理是调节人际关系而令其趋于和谐的重要手段，那么起初，伦理的第一要义就是对礼俗与禁忌即众人一致的行为方式的遵循，换言之，当你融入传统的习俗时，你就融入了社会，"善"也随之降临。

如果说其他规范类型的存在是确凿的，只是缺乏对它们进行认识上的明确区分的现实脉络，那么法律恐怕是处于一种潜在的、远未明显确立的状态。在渔猎文化的某个阶段，已经存在通过武力、进而是自相残杀的战争状态来解决社会纠纷的方式，通常，血亲复仇，对于宗族或者图腾氏族的成员而言，是一项必不可少的伦理义务；而在某些地区则产生了赔偿制度，系由加害一方支付一定的、据认为可与对方所受伤害价值相当的生活品作为赔偿。从人类学的立场来看，法律可能是这一类型的规范："如果对它置之不理或违反时，照例就会受到拥有社会承认的、可以这样行动的特权人物或集团，以运用物质力量相威胁或事实上加以运用"。[①] 这样

---

① 〔美〕霍贝尔著，严存生译：《原始人的法》，贵州人民出版社，1992年，第25页。该书认为过去很多人觉得原始社会没有法律存在余地的观点是一种误解。但是本书还是倾向于一般的观点，即由于原始社会没有国家即一种系统的暴力机制，所以法律规范尚未全面确立，但也存在比较系统地运用暴力的一些迹象，这是法律的萌芽状态，而不是法律存在的证据。

的规范在某些原始社会中已经露出它的端倪。

但使用有组织的暴力的情况仍然比较少见,因为这种暴力机构在原始社会中本身就很罕见,或者很不稳定。所以很多时候,对此类规范的执行,首先要考虑其他调节方式,而且原始人往往笃信仅依靠巫术的力量就可以实施报复或制裁。不同形式的制裁在各类原始社会中所发挥的效力不同。"有些社会充分调动舆论力量保证人们遵守规则,而赔偿和处罚条例不起重要作用。在有些社会中,超自然力性质的制裁对约束人们的行为更为有用"。[1]

但混融性在各方面逐步让位于差异性。亦即,规范类型和规范的调节手段,是不断衍生和趋于多样化的。各种推动社会发展的因素,例如理性化趋势、社会生活领域的分化、一系列社会化中介和机构的出现、技术手段的完善,甚至一系列偶然的历史进程的干预,也都在推动规范体系的发育与完善。这主要体现在:规范类型之间的界限愈发变得清晰,规范调节手段趋于丰富多样和层次分明,一系列规范的要目和细目次第脱胎而生。[2]

在古代社会中,国家机器的产生,对于规范的总体而言,的确是一个影响深远的新颖的因素。但在一些较早时代的法律体系或法论中,规范类型或子类型常被裹挟在一起。譬如古印度的《摩奴法典》,既是探讨各类刑事和民事法律问题的法学著作,还将人生各阶段之适宜行为、宗教义务、苦行、斋被的规定、道德训诫、政治观念,乃至军事艺术和商业知识等网罗在内,俨然就像一锅规范的

---

[1] 〔英〕雷蒙德·弗思:《人文类型》,第112页。
[2] 例如法律中关于民法、刑法,或者公法与私法之间的区分(参见〔德〕韦伯著,康乐等译:《法律社会学》,广西师范大学出版社,2005年,第21—29页),在今天的法律世界中,已是众所周知,但在过去仅在少数法律体系中才对此有明确的观点。

第三章 演化一般性：场域拓展和结构转换

大杂烩，反映了当时、当地的人们对规范类型差异较为模糊的认识水平。[①]而法律体系获得其专业化和全面自治的特征，还是相当晚近的事情。

一般来说，在古典甚至中世纪阶段，伴随着规范体系的选择性侧重，各个文明并未确立类型差异的鲜明意识，主导的类型，或某方面极为突出的综合性制度，仍有涵盖和吞噬其他类型或制度层面的痕迹。例如在中国古代的礼制、印度的种姓文化和伊斯兰教法的体系中，虽然礼仪、阶层划分与神法，乃是其中的核心与基础，但究其实，仍然是具有相当涵盖性即混融性的规范体系。许多规范的类型在意识层面上，甚至在实践中，都可能与其他的类型或子类型发生种种重叠与交叉。

规范类型的分化进程，随其所属文化圈和文明体系的不同，而呈现历史节奏上的差异。中世纪的伊斯兰教法提供了这方面的典型。一方面，教法是"宗教的"，即规范效力的观念围绕"规范神授"而旋转，并且源于宗教传统的规范扮演着优先与核心的角色；另一方面，则是"泛法律的"，即它除了涉及一般法律所调节的各种经济与社会关系，例如土地所有权、债权、家庭关系、继承权、刑事等，甚至也把其他法律体系通常并不针对的领域里的惯例、习俗、禁忌、生活方式和宗教义务等，用法律的意涵予以固定和用法律的手段予以保障，[②]而显得包罗万象，这就不可避免地使得这个社会的规范体系趋于刻板、僵化和过分的强制。其本质正如韦伯所指出的，"一切神权政治的法所共有的、原则上要求毫无限制地从实质上控

---

[①] 不仅仅是法律，其他类型也可能起到包容与统摄的作用，甚至有的类型因此而占据规范体系中的主导地位。例如中国古代也试图以泛化的"礼"来涵盖绝大多数规范的领域。

[②] 参见吴云贵：《伊斯兰教法》，中国社会科学出版社，1994年，第1—35页。

制整个生活方式"。①

　　规范类型的充分发育,可以说是从中世纪末期开始,而在现代阶段才趋于完成的历史现象。首先,各方面规范的世俗化进程,到了这时才开始加速。如果说民俗是巫术和原始宗教在文明社会中的遗存,那么其他在古典与中世纪阶段仍然借助那些时代的宗教力量得以产生或维系的规范类型,在这个时候才开始还原它们各自的本来面目和功用,礼仪、惯例、伦理、法律、宪政、组织条例等,全面摆脱了宗教的母体,并按照各自的调节方式与调节领域的特点来发挥其不同的影响。

　　也许同样重要的是:成熟的法律成了其他有可能以成文规范的形态出现,而提高其效力的类型之足可仿效之典范。以往政府如何组织的事情,还停留在不言而喻的惯例阶段,可是在西方,出于保护个人权利的宗旨,以及在由中世纪后期的多元政治格局向近代资产阶级革命过渡之进程中,宪政规范逐渐成为一种非常明确的成文规范,这是一般的趋势。而法律本身在有关程序和实体内容等方面也获得了细致的分化。当法律成为全社会共同遵奉的较为刚性的框架时,现代的规范体系也使其他类型能够在自身的领域里各行其道。

　　规范类型的混融性,很大程度上是缺乏机构分化所造成的历史现象。但是随着社会分工的完善——包括从事技术改良、知识获取、贸易、立法、司法、公共事务乃至艺术创作的机构和人员的分化,仍然维持规范的混融状况,既没有必要,也没有可能。在历史

---

① 〔德〕韦伯著,林荣远译:《经济与社会》下卷,商务印书馆,1997年,第161页。当然,近代伊斯兰世界也不断有一些有识之士意识到了问题,而致力于包括法律在内的社会改革运动。参见金宜久主编:《伊斯兰教史》,中国社会科学出版社,1990年,第530-531页;吴云贵:《伊斯兰教法》,第78-105页。

中,适应于目标的专门化和为了解决问题的更高效益,组织也是不断分裂和演化的,总体上趋于多样和繁杂,因而相应的规范和制度的不断衍生,就成为必然的趋势。但在这过程中,必须解决机构分化等带来的成本大幅增加的问题,但在不具备相应的成本环境时,类型或亚类型的分化很难上升为现实的需要。

### 三、人本性与物化中介

原始规范的第三个特征,是人自身的再生产在所有规范中具有突出地位。针对这一领域而设置的规范较多、也较重要。在原始社会中,围绕自己的身体、身份、角色地位以及日常生活中的衣食住行的规范,在规范的整体中占了醒目的位置。在有些社会中甚至繁琐到了令人深感厌烦的地步。例如身体方面,关于血的禁忌,关于头部和头发的禁忌,关于唾沫或排泄物的禁忌,关于剪下的头发和指甲的处理等。又如围绕着出生、成年、结婚或丧葬等个人的自然身份或社会身份的变化而产生的一系列复杂的仪式与习俗。

饮食是保障生命延续的必不可少的环节。围绕饮食的禁忌特别多样。在某些未开化的原始人看来,一饮一食都有特别的危险;"因为饮食之际灵魂可能从口中逃逸,或者被在场的敌人以巫术摄走"。[①] 据说巴塔克人每当在家举行宴会的时候,总要门户紧闭,好让灵魂在家享受眼前的美食,而不至于让它乘人张口时离开人体,在外漂泊不归。北美的某些印第安部落认为吃得少是一种美德,便从小训练他们的孩子作禁食的准备。而在行成年礼时,要禁食达十多天。爱斯基摩妇女分娩后四天内必须严守食物禁忌,不

---

① 〔英〕弗雷泽著,徐育新等译:《金枝》,中国民间文艺出版社,1987年,第299页。

得吃生肉、喝生血,但她应吃鸭翅膀,以便其孩子长大后擅长跑步与划船等。

两性关系与婚姻是关涉人类繁衍的领域,但也是充斥着各式各样详细规则的地方。① 其中,乱伦禁忌或许是人类早期为自己所确立的最强烈的规范。它不同于种种琐屑不堪的巫术禁忌,而是一则经常配合着图腾信仰的伦理戒条。在当今的文明社会里,对擅行杀戮、偷盗、欺诈的严格禁止,差不多是普适的伦理信条,可是它们都没有乱伦禁忌起源那样早,固然它和禁止强奸、通奸涵义有所不同,但确实是性关系领域里的早期戒条。

此外,原始人的婚姻规则往往也非常复杂,其程度要远远超出他们对这个世界的物理方面的了解。有时候,在有些社会里面,甚至让人觉得,很难想象一个物质、经济上如此落后的社会,竟然会创造出如此精致、复杂的通婚规则。原始的人类对一切直接涉及"人自身再生产"的事物都非常感兴趣,这其中也包括亲属称谓,这和通婚规则,也和相互间的义务联系着。

人本性的规范大多体现了两个紧密相关的功能:通过介入个体生命的过渡阶段和衣、食、住、行等各个生活领域,体现人文关怀的温情的一面;实现人的高度社会化,塑造其在社会中的角色,强化其责任感。但是在规范的整体发展之中,也出现了距离民俗的人本性特征越来越远的现象。出现这样的情况,一方面是进化所得的复杂性使然;另一方面是要通过撤销过于繁密的礼仪习俗,通过阻止其对人的社会化过程的介入,给予自我表达更多的自由

---

① 参见〔法〕列维—斯特劳斯著,谢维扬等译:《结构人类学》第1卷,上海译文出版社,1995年,第33—85页;〔法〕列维—斯特劳斯著,李幼蒸译:《野性的思维》,商务印书馆,1987年,第134—152页。

## 第三章 演化一般性:场域拓展和结构转换

空间。

民俗是与普通老百姓的衣、食、住、行等物质生活的层面,与礼仪、禁忌、血缘、地缘或职业集团的分化等社会生活的层面有着直接的联系,是先民或后世民间看得见、摸得着的习惯。它们被老百姓深刻接受,皆因它们是老百姓喜闻乐见的东西,或是经过长期实践的试错和摸索,颇有成效,经得起一定的考验,契合老百姓的利益,或多或少体现"以人为本"的特点。

古代希伯来人所谓"摩西律法",虽然表现出诸规范混融于宗教经验与宗教规范的特点。然而作为早期的规范,也表现出直接就衣食住行、岁时礼仪等日常生活领域规定繁密之民俗特征。① 其中讲到各种食物禁忌,关于可食之物与不可食之物的区别,有详细靡遗的罗列,如"蹄分两瓣、倒嚼的走兽"就属可吃之物,其他不分蹄或者不倒嚼的走兽就不可吃,另外,水生的、飞行的、爬行的生物,孰为可吃,一并有明确的规定。讲到妇人生子、小孩行割礼、如何处理大麻疯病患者、漏症患者、染疾之宅成洁之例。讲到当守之节期则有安息日、逾越节(无酵节)、五旬节、赎罪节等。②

这些规范和中国西周时期创制的礼乐文明,虽然在规范的名目和类别及整个的文化底蕴上迥然有别,但在关注生命的成长、关注生命成长的周期性处境方面,确有异曲同工之妙。在冠、昏、丧、祭、乡、射、朝、聘这几种主要的古礼之中,前四种恰都是以生命的过渡、成长或生命超越的意义为其核心关切:冠礼是古代男子的成

---

① 参见《旧约》之《出埃及记》、《利未记》、《民数记》、《申命记》等所述戒约内容。
② 关于此类习俗分类原则的探讨,参见 M. 道格拉斯:"《利未记》的憎恶",载于《20 世纪西方宗教人类学文选》,上海三联书店,1995 年,第 322-330 页。

年礼；昏礼是两个家族缔结婚姻之好；丧葬是给予死者最后的体面，而让生者表达"慎终追远"的情怀；祭礼则是对祖先和天地，即生命赖以产生的基础或赖以维系的背景之礼敬。①

民俗几乎处处体现人本性特征，但是后来兴起的各种规范，或者业已淘汰了相应的民俗，或者虽与之和平共处，却让它退居次要的地位。这些进化了的规范通常要面对复杂的社会体系，其实它们本身也就是这个日趋复杂的社会得以被构造起来的保障，其中很多规范的产生本身就是为了协调、组织社会的各个环节，为了防止它们发生脱链、错位等事故而设计的，所以它们在付出很高的经济、社会成本，当然历史条件也允许其获得很高效益的情况下，与"人自身再生产"的环节相隔甚远。因为它多出了很多的环节，这些环节的意义却未必为人所了解，甚至被人误入歧途地使用。例如科层制的规则章程本来是为了提高理性化管理的效率，然而刻板地依规章办事的做法，在确保每个人把私人爱好或情绪搁置一边，乃至树立对事不对人的事本主义的标准之同时，却也可能滋长例行公事般的、不负责任的官僚主义作风。

在一个高度进化的社会中，各种规范不再直接调节人们的日常生活，而是对这个社会得以运转的各个抽象的环节进行协调；甚至为了让这些层面运转良好而不惜牺牲某些形式的便利和个人幸福。人们在这样的社会中，面对这样复杂、有时候甚至是不近情理的规范之际，觉得自己好像在面对一个陌生的庞然大物。规范的遵从或执行，至少表面上不再以人本的关怀为主旨，而是将规范本

---

① 其实，《礼记·礼运》提出"夫礼之初，始诸饮食"，堪称是对礼的人本性起源，所作的思想上的注脚。

身的物化特征或不断增加的中介环节置于突出地位,换言之,民俗规范的人本性逐步让位于法理规范的中介性。

大约在12-13世纪形成的"令状"这种堪称"整个英国法依存基础"的制度,曾拥有极为严格形式化的诉讼程序。在一度多达500余种司法令状中,如何选择令状对于诉讼的结果曾有过重大的影响,购错令状而直接导致败诉的情况相当常见。又如英国法中的陪审制度,由于陪审团的成员几乎由清一色法律界以外的人士组成,因而控辩双方的辩论技巧这种似乎与事件的实质相去甚远的形式上的东西,便成了案件审理中必须给予充分重视的要件。法庭上双方鼓舌如簧的目的,显然就是要拨动陪审团成员的心弦,认可他们关于被告"有罪"、"无罪"的断言。

虽然大陆法系的主要来源——罗马法的突出特点是重视私法领域里的实质,即个人间的权利和义务关系,但对它来说,诉讼程序同样十分重要。诉权被认为是对权利的保障,甚至"先有诉权而后才能谈到权利"。① 大陆法系在接受罗马法的同时,为了扼制封建司法滥用特权和诸般不透明的、非理性的状况,遂确立了公开审理、自由公证、言词辩论等诉讼原则。

包括司法程序趋于细密、严格在内的现代规范的中介环节增多的现象,并不一定都是消极的。它也可能起到使规范整体上理性化的作用,乃至成为保障公民的自由与权利的工具。例如普通法的繁琐程序就有这样的作用:

在同专制王权的斗争中,普通法成为议会政党手中的强大武器,因为普通法在长期的历史发展中,形成了某种韧性,它的繁琐的和形式主义的技术,使得它能够顽强地抵制住来

---

① 周枏:《罗马法原论》下册,商务印书馆,1994年,第855页。

自上级的进攻。自那时起,英国人便把普通法看作基本自由的保障,用它保护公民的权利,对抗专制权力的肆虐。①换言之,普通法运用繁琐的形式和程序的目的,起初经常是要保护司法实践不受到来自包括专制君主在内的个人的主观专断的干扰。而人们经常提到的,所谓现代世界的理性化趋势,也就是一系列规范体系中的中介化特征愈益强化的过程。

规范的中介性日趋明显,也是一种目标区域即所关注的问题发生转移的过程。那些不被关注的领域,往往是问题得到完全或部分解决的,以及没有进一步完善的可能性的领域。在那里,在依照惯性来延续其既定的有效规范的同时,也逐渐地淘汰或弱化了一些本就冗余或变得冗余的部分。而具有潜力的、有待新的规范去充实的领域,主要是那些组织趋于分化以及分工协调的环节日益细化的领域。在法律型规范日趋完善的同时,旧的礼仪、伦理、惯例、处世方式,如果不是已经充分内化并被普遍接受,那就有可能不再适应新的时代节奏和氛围,不再适应有限理性的新的认识水平,而被新的组织形态中的相应做法所替代,甚至干脆被废弃。

## 四、象征符号的冗余性及其改进

原始规范的第四个特征,是规范的运作中普遍运用了象征符号;或者规范运作本身所产生的象征价值,尤甚于它的实效性。在很多方面,原始人都会运用"象征"因素。例如特罗布里恩土著在库拉贸易中使用的一类极为重要的物品,可称之为"仪典性的财物"(ceremonial objects of wealth),它们过于精细或者过于累赘,

---

① 〔德〕茨威格特·克茨著,潘汉典等译:《比较法总论》,法律出版社,2003年,第291页。

## 第三章 演化一般性：场域拓展和结构转换

以致很难使用,仅仅具有仪式中的象征价值,例如园圃巫师肩扛不实用的大斧子仪式性地砍一下等等。[①]

在原始人那里,象征符号的渗透作用的广泛性、深刻性,倘若不是超过我们的社会的话,至少也丝毫不比我们的差。在其社会规范中,最频繁地运用各种象征手段的当推仪式,而作为一套带有公开表演性质的动作程序,仪式一般本身便具有某种象征价值。其象征意义往往是在神话中才得到某种清晰的内部解释——恰如其分的或者变形的解释。

而一个号称理性的社会在规范建构中所运用的符号,其编码的抽象程度极高,而且除了一些使社会协作达到更高程度的规范因素以外,在很多方面——倘若不是美学风格的方面——都尽可能趋于简洁、明了、卓有成效,即更多地是在传递有用的信息,处理各种棘手的具体事务,也就是趋于一种工具合理性的运用。比较而言,原始人在其各类仪式中对符号的运用,经常性的或在很多方面,都缺乏实际功效,想象的内容多与真实情况不符,却因此好像是在更加自由地运用他们的想象力,来创造一个纯粹象征符号的世界,在这个世界中,就各种真实的表象之间的关系,做了另一番描述和断言。

在符号世界中,可针对多个层面上的事物的表现进行编码,不同的层面、不同的要素之间,可以直接或者辗转之后互为能指与所指。[②] 社会领域里的某一项规则可以出现在不同的符号层面:在关于神祇世界的叙事中道出它的起源,便是神话;在带有表演性的

---

[①] 〔英〕马凌诺斯基(B. Malinowski,常见译名一作马林诺夫斯基)著,梁永佳等译:《西太平洋的航海者》,华夏出版社,2002年,第83页等。

[②] 编码之间的转换,参见〔法〕列维—斯特劳斯:《野性的思维》,第87－123页。

行为程式上予以确认,便是仪式;倘若这规则的一些要素与某些动、植物进行匹配,而这些动、植物本身又是经过某种形式的划分的各群体的象征,这些被当作符号看待的动、植物连同其形象,便是图腾。①

某些社会中的图腾制度,可能是系统地运用象征符号的规范体系的典型。"图腾并不仅仅是一个名字,它还是一种标记,一种名符其实的纹章"。② 在图腾制度充分发展的地方,图腾会被镌刻在木制品和房屋的墙上。在特林基特人的房屋入口处的两边,立柱上雕刻着动物形象,有时结合着人形,高达 15 码,常常还涂上

---

① 图腾(totem)一词源于对北美阿尔衮琴人(Algonquin)的奥杰布韦部族(Ojibwa)相应方言的音译。在图腾现象中,还有一些因素出现频率很高(即使不是百分之百地适用于所有个案):

(一)在一个部族或族群的范围内,选择某一种动植物或其他自然现象作为氏族的区分性标志,乃至将图腾物种视同氏族祖先,但图腾也可能是性别、胞族或个人的标志;(二)属于同一图腾氏族的人之间严格禁止结婚或者发生性关系;(三)围绕图腾物种的禁忌,主要是本氏族的人不许杀害、食用相应的图腾物种,但其禁忌的变异形态纷纭多样;(四)围绕图腾物种的崇拜体制,通常要定期举行"繁殖仪式"(increase rites);(五)图腾圣餐的制度在图腾崇拜的群体中时有发现,即在某种特殊的集体性仪式的场合,同一氏族的人将平时尽力予以保护的图腾动物吃掉。——参见〔法〕涂尔干:《宗教生活的基本形式》,第 2 卷第 1-4 章;〔法〕列维-斯特劳斯:《图腾制度》,第 1-3 章等。

有必要指出,图腾崇拜(totemism)其实是一类非常歧义和令人困惑的现象。所谓"图腾制度",是指围绕作为象征符号的图腾所产生的各种态度和规范行为之集合。对于不同部族而言,这一集合究竟包含怎样的具体内容则是千差万别,甚至彼此乖违。事实上,很多人们按惯例归于"图腾崇拜"名义下的规范因素,并非普适地出现在所有的图腾现象当中。它们之间围绕着"图腾"一词的联系,更具有所谓诸用法间的"家族相似特征"(此概念参见〔奥〕维特根斯坦著,汤潮译:《哲学研究》,三联书店,1992 年,第 46 页等)。

狩猎—采集的社会,通常都具有某种形式的氏族制,即按照实际或想象中的亲属血缘关系将人群予以分类的方式。氏族制和"图腾"崇拜紧密联系的情况,在澳洲、美洲乃至非洲的现代食物采集社会中都十分常见。如果我们把"图腾"视为:基本上是对人类的某个群体进行划分的一套符号体系,并且很常见的是用动植物作为符号的"能指",那么这样的"图腾"应该说也广泛地存在各地的史前文化当中。

② 〔法〕涂尔干:《宗教生活的基本形式》,第 141 页。

## 第三章 演化一般性:场域拓展和结构转换

极为鲜艳的色彩。在萨利什部落,图腾通常是作为房屋内墙上的装饰;在其他地方,图腾还见于独木舟、各种日用品以及火葬堆上。①

对图腾氏族来说,图腾堪称是赋予相应氏族以生命和统一性的本原。以乌鸦为图腾的氏族之人,普遍自认有乌鸦的特性,而狼图腾氏族内部则有狼的特性。被划分到同一个氏族中的人和事物,似乎结成了一个牢固的体系。并且,除了也许最重要的外婚制规则,还有各类规范,如饮食禁忌、图腾圣餐、保护图腾动植物并促使它生长、繁衍的义务,同一氏族的成员道德上相互联结起来,彼此间负有援助和血仇等义务。将这一系列联结起来的轴心便是图腾——一种有时候是通过装饰性的美术将动、植物等作为能指,而将氏族等社会形态作为所指的象征符号体系。② 全球各地各阶段的初民社会(有些嗣后已演进至高级的阶段),大多不乏图腾现象,正可表明规范体系中的符号运用之普遍性。

规范发展还有一个重要方向:一系列象征性、仪式性、表演程式化的规范,或是退出历史舞台,或是趋于简化,并降低了它的重要性。在原始社会中,许多仪式的象征价值,笼罩在它的宗教氛围当中,承载的是原始人想象中的世界观、他的抒情与宣泄的需要。此类功能在后来的一些仪式中仍能得到体现。但是情感宣泄的需要,在今日趋于开明和理性的社会中,倘若仍借由社会规范的形态予以固定,显得不合时宜,而应由艺术领域来接手。

步入文明社会之后,象征的内涵中被注入了一系列新的因素。譬如在古代中国,社会森严的等级制度,就可通过仪式所涉礼器、

---

① 〔法〕涂尔干:《宗教生活的基本形式》,第142页。
② 参见〔法〕列维—斯特劳斯:《图腾制度》,第26页等。

祭祀对象、祭祀规模、牺牲贡献、礼节程式、乐舞编队等要素的特定安排或量上的增减来体现，等级制度的压力通过这些象征性仪式来传递和贯彻。孔子的"是可忍，孰不可忍"这一句表达强烈情绪的话，就是针对极端违反其心目中的神圣礼法——等级秩序而发的。因为在其庭堂上采纳"八佾"这样乐舞编队的人——季氏，只是诸侯即鲁公的卿大夫，与天子的身份差了两个档次，竟敢僭用天子之礼，岂不是令夫子愤慨难当。

很大程度上，儒家之"礼"所须遵循之"亲亲"、"尊尊"原则，就是指传统宗法性社会中，主要是伴随一定范围内的父系血缘关系的亲疏、近远而来的权利、义务上的差别，以及严格的政治身份上的等级秩序。但随着社会的变化，一系列象征性礼节的作用便要重新评估。例如随着周初确定的"封建"体系的崩溃，原本适用于诸侯之间的邦交礼——聘礼，及适用于爵位较低的诸侯对较高的诸侯或诸侯对天子所行的礼——朝礼，便徒有其名而淡出了历史舞台。而在当代，礼乐文明的精神内涵固然有足可继承之处，然而应还原"礼"作为民俗与伦理规范的合理位置，而不是以它的原则来约束各种各样的社会关系的领域。

在罗马法的发展历程中，起初也有运用象征性细节的情况。在"十二铜表法"时期，充斥着形式主义特征，注重诉讼程序和财产交换仪式。在所谓的曼西帕乔程式中，就把青铜秤盘道具等仅仅当作象征形式来使用。据说：

> 按照"十二铜表法"，财产的有效出售或交换，必须严格遵循通称为"曼西帕乔"(mancipatio)的精细谈话和行为程式：在场须有不少于五位成年罗马公民，还须有一位具备同等资格、通称为"掌秤人"(libripens)的第六人，由他执掌一个青铜秤盘，按照"曼西帕乔"取得东西的一方，手持一枚青铜锭说：

## 第三章 演化一般性：场域拓展和结构转换

"我宣告这个奴隶'依据罗马氏族成员所应享的权利'(exjure Quiritium)属我所有,他被我以此青铜锭和青铜秤盘买下。"然后,他用青铜锭敲响秤盘,再将它作为一种象征性代价,交付给按照"曼西帕乔"从其手中接受所购之物的那个人……据一位公元 1 世纪的法学家解释说,使用青铜锭和秤盘,是因为早先使用的只有青铜货币,其价值是称出来的。①

这和后来的西方法律极其注重诉讼程序的涵义相当不同。那些程序是为了建立证据的公开性和公正性的链条,而不是像曼西帕乔那样,仅仅试图通过一定的仪式来确立交易的象征性权威,其效用主要是心理上的。

随着社会的进一步发展,一些愈发不合时宜的、不必要的繁文缛节,一些对于社会协调、社会传播和认知缺乏必要性、而主要作为象征符号存在的仪式越发减少,规范的实际效用方面则越发醒目和突出。其中,技术规范是最明显地体现效用性的领域。从巫术、物质生活民俗到技术规范,遵循的正是效用性日益落实这样一条发展轨迹。民俗中有很多实用的知识与技术,但也有很多近乎迷信的成分,亦即是巫术与技术的混合体。且民俗知识对于广泛接受它们的大众而言,只是知其然而不知其所以然。但技术规范多半建立在专业分工的基础上,并常常与科学的进步联系在一起。

规范发展的效用性趋向,还体现在对于人际关系的协调、群体间的和睦相处颇有成效的伦理规范的地位的凸显方面。人类社会的早期,伦理上的"善"的涵义,还时常落实在各种针对特殊情境予

---

① 〔美〕M. E. 泰格、M. R. 利维著,纪琨等译:《法律与资本主义的兴起》,学林出版社,1996 年,第 11-12 页。

以调节的礼仪、禁忌、民俗和惯例等方面。但是其中一些表面上的、没有实际意义的繁琐的规范逐渐被淘汰,而保留下来或发展起来的,主要是一些更具实效的伦理原则。礼节的运作就是实际的人际关系中的象征的运作。但是过去那种"礼多人不怪"的做法,已经不完全合乎时宜了。其间的趋势,就是象征性向效用性的发展。

在西方发达国家,法律系统中的一些举措,似乎回复到了繁文缛节的做法上。但这有时候是旨在更好地保障个人的权利,令其不受可能存在的主观专断的侵害,有时候则是为了体现法律的公正、公开、透明、证据的可检验性等。质言之,这些做法有其特定功效,而大多与象征价值扯不上边。

看来情况是这样的:过去在仪式或一系列规范中运用象征手段,是一个有效的方法,它可以成为涉及行为的一种信息装置。但如果导向社会协调的一些规范已经被充分内化,成为自觉的意识和自觉的做法,同时如果关于环境、生产和生活的计划、社会结构的有用信息,已经可以直接地、更清楚地被认识,那么仪式化或运用象征的功效就成了多余的。这样,带有象征性的规范被更有效的知识和规范所取代,便指日可待。规范的效用性代表发展的趋势和方向。只是"效用性"的涵义,尚有待正确的认识。

从原始社会这个起点出发,迄于当代社会的规范体系这个截止点,即使其间存在一些演化的趋势,如宗教直接影响的衰退、规范类型的分化、物化中介的广泛运用、符号运用方面的改进和实用性增强等,仍然有一些更高层面上的对于原始规范特征的辩证回归:新的终极关怀、新的综合性特征、新的人本性特征、新的符号体系等。

## 第二节　文明社会规范形态演化的三个阶段

大体上，使得权力结构、广泛协调方式和交易机制流畅运作起来，分别是古代、中世纪和现代文明的最重要的任务。从初民社会到古代世界，平等的地位被有效率的权力结构所取代，由此带来的大规模分工协作的潜力，使社会有了大踏步发展的可能，但是统治的严酷性却让统治的稳定性竟然成了问题。于是，结合自我人格的深层发展去探索人际协调的各种可能性，就成了下一阶段的主要任务。随后则是利用了以往的权力和协调机制方面的成果的理性化时代，这也是自由市场制度和契约自由概念，无往而不利的时代。也就是说，在普遍看重和愈益看重理性和自由的社会氛围中，运用交换的杠杆，是最自然的推动人们去行动的手段。

### 一、古代：等级制的象征体系

亚欧大陆（含撒哈拉沙漠以北的北非地区），注定要成为古代和中世纪世界史最活跃的地带。因为这块大陆上丰富的动物植资源，特别是那些可供驯化的谷物和牲畜的野生原型的种类，相比地球上其他区域具有明显优势，而它的东西向延展的地理性质，使得先是这些动植物资源的交流、随后则是文化的交流，要比美洲或非洲大陆那样纬向地带性的传播容易得多。文化和文明是累积的、一步一步向前发展的，没有优质谷物种类和可供交通、作战、耕作之用的大型牲畜，嗣后发展就会面临瓶颈。[①]

---

① 参见〔美〕贾雷德·戴蒙德(Jared Diamond)著，谢延光译：《枪炮、病菌与钢铁——人类社会的命运》，上海世纪出版集团，2006年。

长期来看,文明化进程就跟此前农业的诞生与传播普及一样,乃是一个星火燎原的过程,质言之,在不同地域出现、拥有不同语言的各个人类分支,跨入文明门槛的经历、方式与时间表各不相同。约公元前 3100 年,第一个大型文明共同体,在两河流域美索不达米亚平原肇端,[①]紧接着在埃及出现了它的同伴。约前 2500 年代,地球上至少存在三个大型文明,第三个是以摩亨佐达罗和哈拉帕两个大型城市为代表的印度河文明。约前 2100 年,地中海东部的克里特岛上的米诺斯文明崭露头角(它在前 1400 年左右遭到劫掠遂一蹶不振)。时代车轮又滚动到了大约前 1700 年,一系列已站在文明边缘的战车武士部族(此时的蛮族还有一些来自阿拉伯半岛的闪米特人),入侵了两河流域和埃及的文明区域,也抵达希腊半岛,建立了迈锡尼国家,[②]这一浪潮在前 1500 年左右平息,令到中东政权版图变得纷乱;而印欧人的一个分支(他们自称雅利安人,主体也是战车武士),跨越兴都库什山脉,大概征服和摧毁了当地的印度河文明,他们所保留的群体意识和内部职业划分的意识,恰好对种姓制度的产生至关重要;[③]此时在远东,中国文明的历史已进入到使用甲骨文的商朝。[④]

---

　　① 在前 4 千纪,中东可能还存在其他基于灌溉农业的小型的早期文明中心,但这些孤立发展的小岛,在蛮族侵袭面前显得很脆弱,"在公元前 2 千纪,当全盛的美索不达米亚和埃及文明以雷霆万钧之势向它们强力袭来时,这些小岛最终被吞没在那个……中东的……世界性社会中"(〔美〕威廉·麦克尼尔著,孙岳等译:《西方的兴起:人类共同体史》,中信出版社,2015 年,第 105 页)。
　　② 参见〔美〕威廉·麦克尼尔:《西方的兴起》,第 149 - 153 页;〔英〕约翰·基根著,林华译:《战争史》,中信出版社,2015 年,第 261 - 275 页等。
　　③ 〔美〕威廉·麦克尼尔:《西方的兴起》,第 216 页。
　　④ 在我们的古史传说中,由禅让转入世袭君王的第一个王朝夏朝,在考古上或许对应于大约可追溯到公元前 21 世纪的二里头文化,参见中国社会科学院考古研究所:《中国考古学·夏商卷》,中国社会科学出版社,2003 年;以及〔日〕宫本一夫著,吴菲译:《从神话到历史:神话时代　夏王朝》,广西师范大学出版社,2014 年,第 328 - 376 页等。

## 第三章 演化一般性:场域拓展和结构转换

约公元前1100年以后,[1]伴随着中国进入西周时代,欧洲希腊文明崛起,以及铁器在欧亚很多地方开始普及,[2]按照地缘政治关系和文化形态之差异,遂可将亚欧大陆看作,系由中国、印度、中东、欧洲和北部草原地带五块区域组成。[3]而到了公元前1世纪,古罗马完全确立其地中海霸权(它的政体则完成了从共和国向帝国的跨越),那时自西向东横跨这块大陆的大型帝国,除了罗马,还有波斯帕提亚王朝和中国的汉朝。然而,规范体系按照这五个区域的脉络进行分化的现象,大体一直延续到近代(只是在中东与欧洲间的文明疆界常有变动)。

而说到规范体系间的差异,在整个古典世界中,古巴比伦的汉谟拉比法典与以色列的摩西律法、印度的宗教隐修制度与种姓制度、中国古代的礼制、古希腊的政体试验、古罗马地中海世界的罗马法等,分别是这些不同区域里产生的著名的规范形态。

觅食者社会或者原始的农村公社,以经济平等和社会地位大致相同为标志。但在进入到阶级社会之后,这些特征消失了。"利维坦"式的国家机器和法律体系随之产生。然而法律,除了罗马法等少数体系外,大体仍然停留在比较低级的刑法的阶段,并常常保留了"以牙还牙,以眼还眼"的部落法的习惯。

在古巴比伦第一王朝内,公元前1763年,第六代国王汉谟拉比(前1792-1750)在位第三十年,他结合阿摩利人的部落习惯法,刻石颁布了著名的含有282条款的"汉谟拉比法典"。汉谟拉

---

[1] 也就是100年前兴起的第二次蛮族入侵浪潮平息之后。
[2] 关于铁器时代的评论,参见〔英〕迈克尔·曼著,刘北成、李少军译:《社会权力的来源(第一卷)》,上海人民出版社,2015年,第228-233页。
[3] 这一划分可见〔美〕斯塔夫里阿诺斯著,吴象婴等译:《全球通史——1500以前的世界》,上海社会科学院出版社,1988年,导论等。

比是一位强有力的国王,在他重新统一苏美尔—阿卡德地区的过程中,建立起了中央集权式的国家机器,而法典是这部机器的一部分,它是目前已知人类历史上第一部较为完备的成文法典。法典规定,对于身体损害的罪行,一般施行同态复仇的惩罚;它还严格地保护私有财产,包括神庙和商行所属的部分。许多规定带有"福利国家"的色彩:确定基本商品每年的价格,将利息率限制在20%,担保度量衡的信誉,城市当局对于未侦破的抢劫案与凶杀案的受害者须给予赔偿。①

在古代世界,罗马法可能代表着法律领域里的最高成就。公元前449年,"十二铜表法"全部镌刻完成。② 对于罗马法的历史来说,这是一件特别重要的事情,因为它是罗马法传统中的第一部成文法。此法包括以下诸项:传唤、审理、执行、家长权、继承和监护、所有权和占有、土地和房屋(相邻关系)、私犯、公法、宗教法、前五项的补充、后五项的补充。③ 罗马人十分珍视这个法典。自它公布以来,一直到查士丁尼(Justinian)编纂法典时期(529-534)的近千年中,罗马统治者从未明文废止过它。而"十二铜表法"中已然存在关于债务、契约和民事罪行等极为重要的法律观念了。

罗马法的体系并非一蹴而就,而是在公元前5世纪至公元2

---

① 参见〔美〕斯塔夫里阿诺斯著,吴象婴等译:《全球通史——1500以前的世界》,上海社会科学院出版社,1988年,第124页。另,两河流域早期的成文法,还有"中亚述"时期(约公元前15至9世纪),以泥版形式颁布的《法典》,它规定土地属于私有,可予买卖;土地所有权极受重视,如有破坏田界,侵占他人土地者,应加倍赔偿原主,并砍掉其一个手指。按亚述习俗,自由民妇女出门,应戴面罩,然而法典又规定,如女奴出门带了面罩,便要受割耳之刑。参见崔连仲主编:《世界史·古代史》,人民出版社,1983年,第115页等。

② 李维的《罗马史》认为此法系镌于铜牌表,故称铜表法;但也有人认为它是刻在象牙上的。

③ 周枏:《罗马法原论》上册,第37页。

世纪之间,陆陆续续建立起来。正是由于受到地中海沿岸发达的商业文明的激励,罗马法本身极具商业色彩,即在其作为实体法起作用的时代,它曾经产生种种法律的关系,来适应和促进罗马统治的广阔疆域内的商业流通。① 在智力成果上,它为后世贡献了"自由契约"(这也许是它的最重要的遗产)、"法人"等概念,正是围绕契约关系的私法领域的发达,使得罗马法在古代世界的法律中显得卓尔不群。所以,恩格斯称它有着"对简单商品所有者的一切本质的法的关系(如买主和卖主、债权人和债务人、契约、债务等等)所作的无比明确的规定";并且是"商品生产者社会的第一个世界性法律"。②

古代文明中的宗教仍然保持一定的权威,但是这种权威对于相当一部分人已经变成外在的了。因为他们被剥夺了直接参与祭祀的权利,只能是某种意义上的观众。在一些社会中,祭司是垄断祭祀权力之"专门的宗教职业者";而在另一些社会中,甚至由世俗

---

① 一开始,对罗马人来说,契约的订立,财产的有效出售或交换等,既经履行相应仪式后,便享有法律保护,此乃"依据罗马氏族成员所应享的权利"。但非罗马人(邦外人)则毫无权利,其关于契约、财产、债务的要求均不受保护。但公元前 367 年,为罗马商人创设了"最高裁判官"(praetor)的官职。这时已经有些条约将通商权给予某些邦外人。另一些邦外人则准许在"最高裁判官"面前提出申诉时自称为罗马人,而诉讼的对方则不准废弃这种声明。前 3 世纪,罗马人在地中海沿岸扩大其殖民范围,贸易得到大发展,此时对于更广泛的、可将权利授予罗马人以外的法律体系的需要,变得更加迫切。前 243 年,罗马任命了 名"外事最高裁判官"(praetor peregrinus)来审理涉及邦外人的纠纷。原先的"最高裁判官"便改称"民事最高裁判官"(praetor urbanus),裁决的依据是先已存在的"公民法"(jus civile,或译市民法),在当时仅适用于具有罗马公民身份的人。而"外事最高裁判官"的贡献,在于通过他们颁发告示而逐步形成另一类罗马法——万民法。该法涉及的许多变革,承认和鼓励了罗马新兴商业霸权的扩大;契合了许多民族此前长久奉行的、合乎情理的贸易等方面的习俗和惯例。而且"公民法"与"万民法"并存,亦导致前者发生许多变革。

② 《马克思恩格斯选集》第 4 卷,人民出版社,1972 年,第 252 页。

统治者或俗人兼具祭司身份,但神权——特别是在维系社会的纽带上显得极重要的那部分神权——仍然为某一层级的统治者所垄断。① 神权赋予各种世俗权力或法律以神圣性,起到了强有力的维护现状的作用。但此期的民俗与正规的宗教仪式传统之间仍有很大的重合,且孕育了将在日后展现出来的持久的生命力,但精致文化与民俗文化之间未必是泾渭分明的。②

亚欧大陆各文明区域,尽管细节上彼此不同,但社会结构的基本轮廓还是体现为某种形式的等级制。一般而言,社会的顶层是统治一切的国王,下一层是贵族或高级官吏;通常还存在一个因宗教或文化上的特殊身份而具有相当特权的阶层,如印度的婆罗门、伊朗的祆教僧以及中国的儒生。再下面是各阶层的劳动者,包括占人口绝大多数的农业劳动者和手工业者;通常在这金字塔最底层的,就是丧失人身自由的奴隶。然而这一阶段的规范形态的某些方面的趋同性的根源,或许就在于这种普遍存在的等级制。

当文明曙光初露端倪之际,生息于两河流域下游的苏美尔人(Sumerians),建立了若干独立的城市国家。那时社会上的阶级已经确立,经营农耕畜牧工商诸业之自由民,为中层阶级,系苏美尔文明之中坚力量。下层为失去人身自由的奴隶;上层为国王、贵族、大地主、官吏、祭司、武士等。苏美尔人的政治,同埃及一样,堪

---

① 古籍所言"绝地天通",便是指出由巫职的垄断转化为政治权威的情形(参见《国语·楚语下》)。自秦汉以来,历代政权对于祭天礼仪的垄断,正是在严格重申"绝地天通"的戒条,也是用神权来象征和维系最高权力的例子。

② 诞生于古代世界的犹太教的逾越节习俗就是如此,其实并没有两套此节的习俗,一套是精致的、上层的,而另一套是鄙陋的、民间的(参见《旧约·出埃及记》、《旧约·民数记》等)。

称神权政治,国王就是最高祭司,宣称依神意来统治人民;其所施行之政令,皆由神庙发出,神庙之所在,即政府之所在。① 而到了前18世纪,"汉谟拉比法典"所承认和规定的社会等级则有三个,两个自由民和一个奴隶等级。前两个等级,就是包括了祭司、贵族、高级官吏和商业高利贷者,也包括了自耕农、佃农、独立的手工业者、各行业的雇工等在内的"全权自由民";以及经济上依附于王家的"非全权自由民"。再就是因沦为战俘、买卖为奴或债务缠身而产生的奴隶。② 量刑方面,也要考虑等级与身份,即包含一些阶级歧视的条款。按照《法典》的规定:损伤全权自由民之目者,亦损其目;有折断其骨者,亦折其骨。倘若被害者系非全权自由民,则侵害者仅须交纳规定的罚金便可。而杀死奴隶的人,只要赔偿主人的损失,根本无须偿命。

在古代印度,则有种姓制和奴隶制两种截然不同的等级身份的体系,对于印度社会影响更为深远的,显然是前者。奴隶是失去人身自由的人,虽然主要由首陀罗与贫困吠舍等较低种姓者构成,但高级种姓如婆罗门、刹帝利中,也有沦为奴隶的。种姓制更加强调,由于职业的世袭性而产生的一系列身份、地位和行为规则上的区别。这便成了印度的规范体系所要考虑的核心问题。其种姓等级的森严,堪称包括法律在内的整个印度规范体系的根本特色。在婆罗门教的《摩奴法典》中,有很多条款是针对不同种姓的人应承担的义务、所适合的职业与行为、各种姓之间不得僭越其界限及彼此适宜的关系而予以规定。例如就职业的世袭性宣称,"出身低

---

① 〔美〕斯塔夫里阿诺斯:《全球通史——1500年以前的世界》,第118-124页;周谷城:《世界通史》,商务印书馆,2005年,第72-80页。
② 参见崔连仲主编:《世界史·古代史》,第106-112页。

贱的人,由于贪婪,从事高贵种姓的职业为生,国王应立即剥夺其一切所有,并处以流放"。①

在古代中国,西周的礼乐文明或者后儒所谓"周礼",就是以刻画社会上的等级制而见长。某一社会等级对一系列的礼仪程序、器服等的垄断,就是对其等级地位的肯定,换言之,有关的礼仪配置是用以象征等级体系中的政治权力的。②"礼"通过各种可以观察到的形式上的规定来体现等级的森严,例如越高的等级享有越多的宗庙、礼器以及相关的配置。《礼记·礼器》有云:

> 礼有以多为贵者:天子七庙,诸侯五,大夫三,士一。天子之豆二十有六,诸公十有六,诸侯十有二,上大夫八,下大夫六。诸侯七介、七牢,大夫五介、五牢。天子之席五重,诸侯之席三重,大夫再重,天子崩七月而葬,五重八翣;诸侯五月而葬,三重六翣;大夫三月而葬,再重四翣。此以多为贵也。③

当然也有以少为贵的,也就是在配合某些礼的程式与器物方面,越高的等级越是要选择简练、较少的形式。当然目的是一致的,都是要作为等级制的象征而起作用。这种作用堪称是古典时期的社会规范所围绕的核心。

古希腊城邦仍然存在自由民和奴隶之间的截然划分,衡以现代标准,这当然是不人道的。但在为数不少的城邦里面,很可能是其氏族公社传统的顽固延续,其自由民拥有在古代世界中相当少

---

① 《摩奴法典》第10卷第96条,商务印书馆,1982年,第256页。
② 《礼记·礼运》就提到如幽国、僭君、胁君、乱国等打破相应形式的垄断的做法是非礼的:"故天子祭天地,诸侯祭社稷。祝、嘏莫敢易其常古,是谓大假,祝、嘏辞说,藏于宗、祝、巫、史,非礼也,是谓幽国。醆、斝及尸君,非礼也,是谓僭君。冕、弁、兵、革藏于私家,非礼也,是谓胁君。大夫具官,祭器不假,声乐皆具,非礼也,是谓乱国"。(〔清〕孙希旦:《礼记集解》,中华书局,1989年,第598—600页)。
③ 〔清〕孙希旦:《礼记集解》,第630—633页。

见的公共政治领域里的自由和平等。但古代世界里的自由的本质,"在于以集体的方式直接行使完整主权的若干部分",①而在私人领域里,基本上缺乏现代人所享有的种种自由。②

在古代人那里,个人在公共事务中几乎永远是主权者,但在所有私人关系中都是奴隶。作为公民,他可以决定战争与和平;作为个人,他的所有行动都受到限制、监视与压制;作为集体组织的成员,他可以对执政官或上司进行审问、解职、谴责、剥夺财产、流放或处以死刑,作为集体组织的臣民,他也可能被自己所属的整体的专断意志褫夺身份、剥夺特权、放逐乃至处死。③

公共政治领域里的自由,是古希腊发展其古典民主制度的前提。只是它的民主制极不成熟、也极不稳定。前443年至前429年,雅典的伯里克利连任首席将军期间,是希腊民主政治历史中的重要时段。自由的、享有政治权利的公民虽分四个等级,但执政官及其他几乎所有官职均向每个公民开放。最高权力机构为公民大会,每月召开四次(按其历法,一月为36天),原则上成年男性公民均可参加。为公民大会准备议程、也有财政控制功能的机构为议事会,即五百人会议,由十个部落通过抽签方式各选五十人组成。五十人为一组,轮流执行,并召集公民大会。陪审法庭是最高司法与监察机关,拥有不少于五百,最多达八千人的陪审员。陪审

---

① 〔法〕贡斯当著,阎克文等译:《古代人的自由与现代人的自由》,上海人民出版社,2003年,第47页。
② 譬如在古罗马,监察官监视着家庭生活。
③ 〔法〕贡斯当:《古代人的自由与现代人的自由》,第48页。作者紧接着说道:"与此相对比,在现代人中,个人在其私人生活中是独立的,但即使在最自由的国家中,他仅仅在表面上主权者。他的主权是有限的,而且几乎常常被中止。"

法庭还监督、考核公职人员的工作，并对公民大会的决议拥有最终核准权。十将军委员会握有军政大权，尤以首席将军权柄为重。但十将军是在公民大会上举手选出，可连选连任。[①] 很难否认，雅典公民在公共生活中的活跃，乃是其文化繁荣的促进因素。但像雅典这样的直接民主制，在古代世界中毕竟凤毛麟角，实际上由于排除了妇女和奴隶、也没有考虑其殖民地人民的政治权利，所以它只能算是一种具有较多民主成分的少数人对多数人的统治，而且它的运作效率难以让人满意。

无疑，像古罗马那样的古代帝国，主要是靠军事征服手段来不断扩大自身的。但帝国带来的不仅仅是血腥的灾难，还包括那些迈克尔·曼称为"强制性合作"的、可能惠及其国内苍生黎庶的机制。甚至那些经常处于帝国边缘或外围的权力分散化的区域、那些起初的蛮族，也可能从帝国所创造的经济和政治环境中获得他们此前不太可能获得的一些好处。

强制性合作包括五个方面：运用军事手段平定盗匪和叛乱，带来了和平与秩序；军队对于补给品的需求可能刺激了生产的扩张，产生了一种乘数效应；[②]通过强制征集大量劳动力，来提供道路、要塞、堤坝、河渠等基础设施，一般来说符合帝国巩固其统治的需要，而在给不得不承受徭役重负的民众带来苦难的同时，也为市场扩大等带来重大机遇；帝国在经济领域里，或许还能做得更多：发

---

① 参见〔美〕斯科特·戈登著，应奇等译：《控制国家——西方宪政的历史》，江苏人民出版社，2001年，第69-78页等。

② 乘数概念是凯恩斯经济学的基本元素，最初由理查德·卡恩作为一种反馈系统提出，后被凯恩斯采用，他的《通论》出版以后不到一年，希克斯就对凯恩斯的论点做了定量化诠释。参见〔英〕凯恩斯著，高鸿业译：《就业、利息和货币通论》，商务印书馆，1999年，第10章"边际消费倾向和乘数"；〔美〕乔治·阿克洛夫、罗伯特·席勒著，黄志强等译：《动物精神》，中信出版社，2016年，第18-23页。

## 第三章 演化一般性:场域拓展和结构转换

行准货币、货币,保证度量衡,提供官方指导价格来引领市场;①其打破地方的独立发展节奏、塑造更大范围的同一性的过程,往往也是一个传播文明和交换技术的过程。②

而在罗马帝国,不仅存在上述五种积极因素,还有特色鲜明的军团经济;质言之,"罗马人是最早通过军队进行协调一致统治的人,他们不仅使用恐怖手段,而且还借助于市政工程事业"。③ "军团一边行进,一边修筑道路、运河、城墙……一旦建成,交通路线就增进了他们的行进速度和穿透能力"。④ 自马略统军以来,这些罗马士兵所携带的后勤装备,甚至还包括用于伐树、挖渠的鹤嘴锄、用于谷物收割的小镰刀之类。整个帝国的货币被统一起来了,主要原因是税金和贸易的互补性流动,且这过程也刺激了生产规模的扩张,刺激了以地中海为主要纽带的远距离贸易。这过程是这样发生的:富有行省以货币付税,其中大部分被带走了,除了意大利本土,就是驻有军团的边疆省份,前者为了收回税金,必须向后者即税金输入地区出售食品和货物。⑤

公元前4世纪早期,马其顿国王亚历山大横跨欧亚、向东直抵印度的征服,以及后来罗马人围绕地中海世界的大规模军事扩张,创造了一些比希腊城邦甚至城邦联盟大得多的社会联合体。

> 作为政治动物的人——城邦的组成部分——已随亚里士多德而去了,伴随亚历山大而来的是成为个体的人。这种个

---

① 汉谟拉比法典就有一份关于最高限价的价目表,但它们也可能是官方的交换比率。
② 参见〔英〕迈克尔·曼著,刘北成、李少军译:《社会权力的来源(第一卷)》,上海人民出版社,2015年,第184-192页。
③ 同上书,第344页。
④ 同上书,第345页。
⑤ 参见迈克尔·曼引用霍普金斯的研究(同上书,第339页)。

体的人不仅要考虑其自身生活的调节,而且要考虑其和其他那些与之共同组成"人类世界"的个体间的关系;为适合前者的需要,行为哲学开始兴起;为适合后者的需要,某种人类博爱的全新观念也开始兴起。这一切源于那天——人类历史上的一个关键时刻——在奥皮斯(Opis)举行的一个宴会,在宴会上亚历山大为所有民族的 homonoia(和谐)及马其顿和波斯联邦而祈祷;亚历山大是第一位超越民族界限的人,他认为人类的友爱(尽管不完美)不存在希腊人或是巴比伦人之分。斯多噶哲学很快把握了这一概念:芝诺……他梦想的世界不是由许多独立国家构成,而是一个在神圣旨意下的伟大城市,那里所有的人都是公民,成员彼此之间团结在一起,不依靠人为法律的约束,而靠人的意愿,或是……依靠爱。①

正因为这样的共同体太大了,所以它的利益脉络、社会纽带、适合它的制度,都呈现浓厚得多的非人格色彩;而当人们不断接触到与原先固有的相当不同的生活方式和规范体系的时候,他们恐怕很难再抱有这样的信念:他们习以为常的东西就是天经地义的;城邦等传统的国家体制下的生活,并不让人处处感到满意,甚至经常让人觉得窒息,如果他们不能在现实中积极有效地改变它,那么像犬儒主义那样做缩头乌龟,进入一个返观内省的隐私世界,②就不失为一种选择;面对着巨大的共同体与形形色色人群时候的身份困惑和归属感危机,加上内在性意识的觉醒,可能使人们认识到,他们每个人都是一个个人,但也是人类中的一员,他们具有一

---

① 〔英〕威廉·塔恩著,陈恒等译:《希腊化文明》,上海三联书店,2014年,第79-80页。

② 参见〔美〕萨拜因著,邓正来译:《政治学说史(上卷)》,上海人民出版社,2008年,第170-171、177-179页。

致或相通的人性,他们是平等的。

斯多亚学派(或译作斯多葛、斯多噶)与基督教的历史渊源,殊为不同,但在基于共同人性的平等主义诉求方面,却如出一辙。"基督教暗含着这样的意思:人类社会本身不应受到既存国家、既存阶级或种族区分的束缚;可以用超越性意识形态权力本身,而不是用暴力,来实现人类社会的整合。"①正因如此,它才受到罗马帝国的激烈残暴之迫害。

罗马与几乎同时代的汉朝、波斯帝国一样,大体都面临着一些重大的社会矛盾:例如"普遍主义与特殊主义",即"一个帝国越集权和疆域越广袤,它就越需要培养成员之间的普遍联系和成员对它的依附"。②通过血缘、出生、地域、阶级、部落等特殊身份或特殊联系的统治,已全然不敷运用,在罗马帝国,公民曾经是这种普遍性的身份,而在汉朝,则是以夏变夷所得到的文明人资质。而"一旦社会能够使得大规模的群体对存在及其意义提出同样的问题,就会释放出一种强大的平等主义力量。"③这就产生了"平等与等级制"的矛盾。看起来,诸帝国的正式制度是高度集中和专制的,但在此框架下,及在帝国有意无意促成的各类公共产品的空间和间隙中,比以前更多的资源和权力又被分散到"市民社会"(经济市场中的权力和各类民间组织的总称)中去了,遂呈现"分权和集权"之矛盾。

随着帝国疆域扩大,越来越多的语言、文化和宗教被融合吸收进来。但怎样建构一个能够容纳、吸收或同化这些多元因素的共

---

① 〔英〕迈克尔·曼:《社会权力的来源(第一卷)》,第403页。
② 同上书,第380页。
③ 同上书,第402-403页。

同体呢？是运用官方刻意的但却不受民众待见的整齐划一的规定，还是寄希望于民间社会和大众宗教的自发性活力呢？① 此外，帝国也需要运用武力来保卫其辉煌璀璨的文明，来平息内乱和抵御蛮族入侵，可是以暴制暴甚或暴力的滥用，都与文明的精神和其倡导的生活方式背道而驰，此即"文明与尚武"之矛盾。

后来的历史似乎证明，罗马不能在保持自己固有的宗教信仰、帝国体系、专制主义、尚武精神连同其军团经济等核心因素的情况下，找到一个一揽子地解决这些问题的方案。面临前述矛盾，基督教比起斯多亚派，对于普通民众有着更强大的号召力。但这些号召力主要体现在意识形态层面，并不意味着在当时历史条件下可藉此找到切实有力的方案。基督教提供的出路，指向"一种普遍性的、平等的、分权的、文明开化的共同体"。② 但除了信徒团契之外，它没有现实政治中的对应物，在当时的权力技术的条件下也不可能有这样的对应物。只是一千多年以后，循着这条出路，经过中世纪的漫长过渡，也经过了近代的辩证综合，西方文明才逐渐建构了足以克服上述矛盾的更有效之社会体系。

---

① 在汉朝核心区域与其征服的区域之间，存在文明程度上的全方位落差，这跟罗马迥然有别，也使得官方有可能通过大力推行核心文明的某种原本在野的意识形态因素，来实现境内思想文化上的"同一化"。公元前 134 年，汉武帝元光元年，诏贤良对策，因经学博士董仲舒献议，确立"罢黜百家，独尊儒术"之国策，便为标志性事件（参见《汉书·武帝纪》，中华书局校点本，第 160 页；以及《汉书·董仲舒传》等）。儒学成了历朝历代的官方意识形态，处在其他宗教或学派难以企及的正统地位，儒学并其为之服务的社会体系，很看重家族内部和官僚政治上的等级秩序，并试图把"家长制"的文化和制度形态放大到整个社会结构上，且意在用拟制家庭关系的温情一面来缓和严苛统治的影响。但汉朝没有完全解决有关的矛盾，7 世纪以来，利用儒释道三教，解决问题的工具更丰富了，且它们具有受到民间和官方双重认可的特征（当然儒教的官方色彩向来都更浓烈）。

② 〔英〕迈克尔·曼：《社会权力的来源（第一卷）》，第 381 页。

公元476年,西罗马帝国"覆灭",这是古罗马奴隶制社会解体所走到的最后一步。在亚欧大陆东部的差不多同纬度的区域,中华帝国也跟罗马人一样,不断面临北部蛮族的入侵,从3世纪初汉朝崩溃以来,在经历了将近400年的以分裂和混战为主的局面后,又重新出现了大一统帝国,并且这样的体系,在以后的历史长河中居于主导地位。秦汉帝国、罗马帝国甚至古代波斯帝国的经历和作为,似乎都证明,控制广幅地域、丰富资源和众多人口的大型国家,在基础设施、大型工程、维护安宁和平、促进贸易流通、文化繁荣等方面,的确有着与其规模效应有关的优势。① 罗马人的商业—军事帝国的盛衰,其实也表明,古代帝国在公共产品的供应上的优势,对应着成本很高的投资,这其中还包括了残酷的统治所带来的社会成本,但如果不断改进的投资形式无法抵消规模的边际收益曲线的收缩趋势,那么帝国的崩溃也就指日可待了。②

## 二、中世纪:禁欲主义的影响

对于欧洲、中东和北非,中世纪的时间划界,大体上为公元500年至1500年,③相当于中国的南北朝到明代中叶。在横跨欧亚大陆的东西方之间,此期文明的一个显著特色是:世界性宗教的产生,不是说这些宗教都在这期间才诞生,而是指它们作为世界性

---

① 罗马的道路系统,向来为人所称道(它们在中世纪早期大多年久失修),这就像波斯帝国的"御道",秦汉的驰道一样,而我们的长城,也是公共产品的例子。

② See Joseph. A. Tainter, *The Collapse of Complex Societies*, Cambridge: Cambridge University Press, 1988. 另见〔美〕M. 罗斯托夫采夫著,马雍、厉以宁译:《罗马帝国社会经济史》,商务印书馆,1985年,第12章;〔美〕汤普逊著,耿淡如译:《中世纪经济社会史》,商务印书馆,1961年,第1章等。

③ 一说,欧洲中世纪当以476年和1453年为断,后者是拜占庭帝国首都君士坦丁堡被奥斯曼突厥攻陷的年份(参见〔美〕迈克·弗拉纳根著,杜丁丁译:《关于时间:历史有多长》,三联书店,2006年,第311页),为此,欧洲不得不去开拓通往远东和印度的新航路。

宗教的影响力，大体始于这个阶段。这是对古代世界后期出现的权力日趋腐化、日趋严酷现象的一种反应，一种调整。无论在古罗马还是在中国，权力运作给各个阶层带来的严峻的苦果，也可以说是伴随地域合并和中央集权化过程的一个自然的结果。为此，缓和阶级矛盾和社会矛盾的协调机制就成了迫切的必需品，这样的机制，必须跟自我和人格的成长培育结合在一起，才能真正深入贯彻于人们的身心当中，它还得是简单平易、利于传播而又意味深长、意犹未尽的，这样的机制只能是宗教信仰。而不断塑造着中世纪文明的精神上的特征的主要力量，正是世界性宗教。

但在中国，也许存在两种互补的协调机制。在前五百年中，佛教在中国的影响臻于鼎盛，后五百年则是在心性修养的方式上深受佛教影响、而又自视为儒学复兴的引领者的理学的天下，但是更深层次的社会性机制，则是受到儒家意识形态支持的宗法性原则。① 佛教为理学所取代，这跟长期以来统治阶层担心信佛团体会侵蚀其税源、兵源等方面统治基础的严重顾虑有关。② 当然总体上，他们并不像西欧的王公贵族担心教会那样担心佛教团体直接削弱其权力基础，因为佛教本质上是对现实好坏并不太在意的出世的信仰。

---

① 日本学者内藤虎次郎曾在其《概括的唐宋时代观》一文中，提出"唐代是中世的结束，而宋代则是近世的开始"，此文中译本载于《日本学者研究中国史论著选译》第一卷，第 10-18 页。其整体的论调值得重视。但这种断裂仍是中世纪性质的，而我们对每个大陆、每个国家、每个时代，是应该从它的典型特征和领先的做法上去看待。唐宋之间的区别，只有一点确凿无疑：门阀士族势力为更具开放性、流动性的士阶层所取代。所以对内藤观点的部分认同，并不是在亚欧大陆史或世界史的意义上得要重新界定中国的中世纪的跨度，而是坦率承认我们在迈向现代文明方面，有些滞后了。

② 参见〔法〕谢和耐著，耿昇译：《中国 5-10 世纪的寺院经济》，上海古籍出版社，2004 年。

## 第三章 演化一般性：场域拓展和结构转换

在古代世界的后期，东西方的高度文明的帝国都遭遇了北方蛮族的持续入侵。但中国在6世纪末的时候，就重建了跟之前的汉朝结构极为相似的中央集权的帝国。欧洲则陷入了典型的封建主义（Feudalism）的泥淖。这种封建附庸关系从直接的耕种者和地主开始，并通过后者向更有力的领主宣誓效忠，理论上可层层向上构成一种"金字塔式"的新制度，但实际上，领地划分与领主附庸关系的错综复杂的性质，以及某一领主的附庸的附庸未必听命于他的权力运作的间断性，都令到主权国家范畴不能完全适用于西欧的，何况教会还进来插一脚，彻底搅乱了中世纪西欧的权力格局。

起初，在欧洲那些一度由罗马统治的地区，封建主义的出现意味着经济—文化的倒退；但在其他地区，封建主义意味着社会的转型，即从游牧式的和好战的状态，演进到比较稳定的农业生活。此后西欧在很长一段时期内，几乎没有人活在封建制度之外。就连教会组织也是封建式的。封建领主及其控制的法庭的权力，统治着附属于他的一切事物。①

从最早的佛教开始，②到1世纪初从犹太教母体中脱胎而来的基督教，再到7世纪在阿拉伯人中兴起的伊斯兰教，差不多都是间隔五六百年相继而起的。首先产生的佛教，植根于古代印度苦行之风颇盛的宗教土壤之中。释迦牟尼在逐步觉悟的过程中，摒

---

① 关于西欧中世纪的状况，参见〔美〕汤普逊著，耿淡如译：《中世纪经济社会史》上、下册，商务印书馆，1961、1963年；〔美〕汤普逊著，徐家玲等译：《中世纪晚期欧洲经济社会史》，商务印书馆，1992年；〔法〕马克·布洛赫著，张绪山、李增洪等译：《封建社会》，商务印书馆，2004年；〔比利时〕亨利·皮雷纳著，陈国樑译：《中世纪的城市》，商务印书馆，2006年等。

② 佛教创立者释迦牟尼，约示寂于前486年，享年八十岁（参见吕澂：《印度佛学源流略讲》，上海人民出版社，2002年，第311页）。

弃了极端苦行的方式,但他的教团仍然非常重视系统的隐修,继承了令心不驰散而归于出神状态的瑜伽修习法,也仍然看重各类克己自制和禁欲奉献的道德价值。

基督教拥有与佛教的"众生平等"说法相近的人人平等观念,佛教的出世主义倾向导致它并没有对现代世界的政治规范产生足以称道的实际影响,但基督教的平等观念,近代以来,却被人拿来结合了古希腊的政治生活经验,而对于欧洲和新大陆围绕宪政规范的斗争产生了深远的影响。然而在中世纪,这还只是停留在一种德性伦理的形态上。

在中世纪,在其势力覆盖的很多地区,伊斯兰教都近乎全民性宗教。它也把以其宗教义务为核心,而统括经济、政治与社会生活诸多领域的规范,凝固为法律的形态。这是一种以《古兰经》、圣训以及阿拉伯社区的民俗为主要法源的带有明显传统主义取向的宗教法体系。

大体上,基督教统治着欧洲,伊斯兰教统治着中东与北非,佛教则流行于远东,不过在中国,佛教从未能够取代原有儒教的地位。这三种宗教,对于促进其传播区域内的交流,乃至形成某种文化上的一体性而言,居功至伟。也可以认为,三大世界性宗教的传播,是对古典世界后期出现的"普遍主义与特殊主义"、"平等与等级制"、"分权与集权"、"自发整合与官方规划"、"文明与尚武"这些矛盾的有力回应。它们通常都认可普遍人性、精神平等和平等相待、对世俗权力的服从与配合、宗教自律和民间社会活力等,主要的分歧出现在对于权力的属性、尚武精神的看法上面,也出现在它们所结合的其他思想体系的学说特征和政治地位上。基督教、伊斯兰教、受到佛教学识影响的婆罗门教,以及儒教与佛教的一种结合形态,担任了类似发展轨道的扳道工的角色,使得它们各自所涵盖的地区,在近千年历史上呈现出明显的规范体系上的差异。

随着宗教规范与世俗领域的进一步分离,到了中世纪,宗教及其规范的独立性,主要表现在两个方面:独立的宗教组织的出现;宗教作为人类对于自身命运的终极关怀的本质愈益凸显。宗教灵性上的觉悟,促进了伦理上同样的觉悟。世界性宗教创造了生命灵性和伦理地位上完全平等的个人概念。但却缺乏将此理念付诸实现的社会结构上的基础,而这方面恰好是现代文明的贡献。

所有今天人类基本上共同认可的行为规范——这些当然数量不会很多——在各个世界性宗教的体系中却得到了非常相似的表达。佛教五戒与摩西十诫在纯粹伦理的方面难道不是很相似吗?在佛教戒律当中,五戒为适用于一切佛教徒的根本戒条,即不杀生、不偷盗、不邪淫、不妄语、不饮酒。在编入佛教《杂阿含经》的一篇较为早期的文献中,则提及应禁止七种恶行即杀、盗、邪淫、妄语、两舌、恶口、绮语。第一杀生戒比较特别,不但不杀人,也针对鸟兽虫蚁等一切动物,即佛教中所谓的有情生命。[①] 而受到轮回学说影响的中国佛教的素食传统,正是这种戒杀精神的体现。第四妄语戒,按照后来比较系统的解释,妄语有四种,一妄言,指欺诳不实,二绮语,指花言巧语,三恶口,指辱骂诽谤,四两舌,指搬弄是非。这五戒的主要部分为杀、盗、淫、妄四戒,在摩西十诫的后六条当中,找到了实质上相通的条款,只有最后一条没有对应。这是佛

---

[①] 又据在中国流传甚广的《梵网经》之说法,叫人杀、谋杀、咒杀、对杀而赞赏豫悦,都跟杀是一回事;对戒的延伸涵义的详尽探讨,构成了佛教律学的主题之一,就如同犹太教拉比对律法的学术态度一样。

教为了让其信徒保持神气清爽而制订的。

从编年史的角度来看,源自犹太教传统的基督教的"十诫",[1]以及佛教中的"五戒",早在古典阶段就已确立,但只有当它们随其各自所属的宗教传播于各地,并为人们普遍接受之际,它们才有了世界性意义。

关于为何禁止上述七种恶行,佛陀提出的理由,类似于孔子"己所不欲,勿施于人"的恕道,如以杀人为例,"我作是念,若有欲杀我者,我不喜;我若所不喜,他亦如是,云何杀彼?"依此类推,而提到了上述七种。[2] 在耶稣的布道中也有类似的说法,这在基督教世界中被称为"道德黄金律"。[3] 据说在伊斯兰教中也有相近的观点。这种思考问题的方式甚至比具体设定的实质规则更为重要。遵循这些伦理底线的所以然和根据,被置于某种换位式的均

---

[1] 基督教的"十诫"的前四条是关于人—神关系的:一除耶和华神以外不可有别的神;二不可雕刻和崇拜偶像;三不可妄称耶和华神的名;四当记念安息日,守为圣日。即六日要劳碌作一切的工,但第七日不可作工,而须尽宗教的义务。后面几条则是针对人—人关系的,此即:五当孝敬父母;六不可杀人;七不可奸淫;八不可偷盗;九不可作假见证陷害人;十不可贪恋他人的房屋,也不可贪恋他人的妻子、仆婢、牛驴,并他一切所有的。参见《旧约·出埃及记》第 20 章;《申命记》第 5 章。

据说,十诫颁布的缘起是:公元前 1250 年前后,摩西率领犹太人逃出埃及,使其部族摆脱了法老拉米斯二世(Rames II)的奴役。途中在西奈山(Sinai)上,摩西独自接受了神启,充当以色列民众和耶和华之间的中保,使二者得以订立盟约,犹太人守约,神即降福。参见〔美〕约翰·B.诺斯等著,江熙泰等译:《人类的宗教》,四川人民出版社,2005 年,第 483 页等。这盟约的条款,就是所谓"摩西十诫"。另外在《出埃及记》第 34 章中,还包含了刻在两块石版上的盟约的另一版本,主要涉及礼仪方面,不过审读其文,那样的盟约所假定的是一个在其土地上定居已久的农业社会,而不是一个游牧部落——但这才是犹太人早期历史的状况;十诫的情况也是如此,所以假定十诫是几百年以后经过祭司们改造而形成的,也许更为恰当吧。比较佛教的五戒或七戒、摩西十诫的人际部分,关于杀、盗、淫、妄的禁律,在古典同期的更世俗的伦理学说中,缺乏明确的表述,这本身不就令人深思吗?这是其时代超前性的证明。

[2] 《杂阿含经》卷 37,《大正藏》卷 2,第 273 页。
[3] 参见《新约·马太福音》7:12;《新约·路加福音》6:27-38。

衡思考当中，从而向人们展现了开放的、普世的原则。

虽然十诫仍很重要，但就使徒保罗的书信、一些最重要的教父哲学家，以及大部分新教徒的观点来看，没有任何伦理或宗教礼仪，以及任何成文规范体系具有绝对效力，足以保障他的得救。不过，在规范领域，基督教也推动过"契约"意识的深入人心。人与神的关系就是契约，这是从它的母体犹太教那里继承下来的。进而，人与人之间的正义，也植根在某些隐藏的契约关系之中。这就是说，比普世伦理的实质内容更加深入和抽象的、关于伦理原则或道德精神的思考，实际上并未就此止步。

如果说古代文明的规范体系的特色是各地民俗的多样化，但在适应社会等级制而创造宗教与世俗特权方面，颇有异曲同工之处，那么，中世纪的规范体系就是依宗教势力而极端分化的。倘若有什么共通之处，那就是对普世伦理的强调，此种伦理既是指规范的内容，也是指前述形成规范的原则；再就是对涉及灵性提升的纯粹宗教义务的关注，而不是像过去那样充斥着巫术和习俗的氛围。

世界性宗教的共同特点是其禁欲主义实践。对于佛教来说，这方面，因为受印度文化母体的影响而源远流长。《摩奴法典》倡导完整的人生应度过梵志、家住、林栖与苦行四个时期，尤其第四个时期所过的，依理想是禁欲的生活。而在大部分地区，佛教都是一种僧侣主义的宗教，是一种其信徒的核心部分必须放弃世俗享乐和家庭生活的禁欲主义的宗教，平常的信徒，也被要求以适当的方式素食、斋戒、坐禅等，在此期间要摒弃世俗享乐。

基督教虽然更加强调平信徒的信仰，但是对于中世纪的罗马公教会和东部教会来说，集中了潜心隐修的僧侣的修道院，是拥有教阶的教士的重要来源，也是传承各方面文化的基地。公元6世纪，在伟大的改革家努西亚的本尼狄克（Benedict of Nursia）所建立的修道院中,其会规要求修士除须遵循"绝色"、"绝财"、"绝意"的誓愿和崇拜天主、灵修读经以外,还得通过集体的农业生产来自给自足。① 隐修会向全社会展现的,正是中世纪教会所推崇的禁欲主义实践,教会将此视为值得向人们推广的生活方式。

中世纪修会很多慢慢都变成拥有大量地产、经营农牧业和手工业,以及从事贸易活动的,熔宗教、政经为一体的强大势力。但是在中世纪中晚期,也出现了诸多标榜不置田产、最初以行乞方式活跃于民间的"托钵修会",如多明我会或方济各会,而这种反向运动的目的就在于提醒人们隐修会的本意。

在中世纪,在其传播所及的大部分地区,伊斯兰教都建立起了政教合一的国家。在这样的国家里面,哪怕对于普通的穆斯林来说都是这样:宗教义务无所不在。其中有很多禁欲实践,例如虔诚的穆斯林每年都要在伊斯兰历的斋月里举行斋戒,这是基本的五功(即念、礼、斋、课、朝)之一,②在此期间,穆斯林必须从黎明到日落之间,戒断进食与性事。关于斋戒所享有的特殊宗教意义,一位阿拉伯学者称:

(一)斋戒是一种克制,一种放弃,是内心的秘密,而非外在

---

① 参见〔美〕W.沃尔克著,孙善玲等译:《基督教会史》,中国社会科学出版社,1991年,第159页等。采用这类会规的便是本尼狄克修会(一译作"本笃会")。
② "五功"为穆斯林宗教规范暨宗教义务的柱石。在《古兰经》中,对这些义务只有原则性的要求,8世纪或9世纪逐渐定型的圣训,才对此作出了具体的规定。"念"即念诵《古兰经》或念信仰告白:"万物非主,唯有真主";"穆罕默德,主的使者"等;"礼"即礼拜真主,乃是穆斯林面朝麦加的圣石"克尔白"方向所行的一整套仪式,礼拜的类型大致上有:每日五番拜,每逢星期五中午举行称为"主麻"的聚礼,每年开斋节和古尔邦节的集体礼拜,及为亡故的教胞举行殡礼等;"斋"即为"来买丹"月,每日从天将破晓到日落这段时间禁饮食、房事及一切非礼行为;"课"即宗教赋税;"朝"即条件许可时去麦加或麦地那朝觐。参见郑勉之:《伊斯兰教常识答问》,江苏古籍出版社,1992年,第122-138页等。

## 第三章 演化一般性：场域拓展和结构转换

行为；一切顺主行为有目共睹，惟斋戒只有安拉才能洞见，因为斋戒是体现于坚韧的内心活动。（二）斋戒在于制服安拉的敌人，因为恶魔的手段便是一切的欲望，而欲望因吃、喝而得以加强。斋戒尤能制服恶魔，杜绝恶魔的一切渠道，故斋戒专属于安拉并非偶然，因为消灭了安拉的敌人，就等于援助了安拉。①

中世纪的规范体系最具特色的方面，就是其禁欲主义实践，以及伦理上进一步的觉醒。禁欲当然是禁止性的行为规范，亦即对这种规范的遵循不是通过行为的实施可以观察到的，而是借助内心的克制，但因此会启发某种反观内省的倾向，从而具有特别的精神意义。同时，克制自我的欲望可以为真正合乎伦理的实践铺平道路。这些就是禁欲主义的意义。当然在历史上，禁欲实践伴随着宗教采取了某种比较极端的形式，就未必是可取的。

公元 800 年左右，在西欧，自给自足的封建庄园已非常流行，贸易则衰弱到只有一些小型农村集市的程度。9 世纪末很可能是中世纪西欧经济发展的最低谷，也是入侵者的劫掠和政治上的无政府状态所引发的社会混乱的最高峰，但从 11 世纪开始，商业复兴了，与此相伴随的，则是中世纪城市的茁壮成长。② 全世界商业发达的区域，到处都有城市，但西欧中世纪城市不同凡响之处在于，它为自己争取到了自治权，正如一句德意志谚语说的，"城市的空气使人自由"。③

中世纪的法律体系或是像伊斯兰教法那样受宗教精神宰制，

---

① 〔阿拉伯〕安萨里著，张维真译：《圣学复苏精义》，商务印书馆，2001 年，第 130 - 131 页。
② 〔比利时〕亨利·皮雷纳：《中世纪的城市》，第 50、53、85 页。
③ 参见〔比利时〕亨利·皮雷纳：《中世纪的城市》，第 122 页；另见〔美〕汤普逊：《中世纪经济社会史》下册，第 426 页等。

或是像东亚的儒教社会、南亚的印度教社会那样,继承了古代文明的旧的法律体系,或是像西欧的封建社会,在各种势力相互斗争的格局中创造出多样的法律体系(古代的罗马法作为法律原则和法律范型,也在其中推波助澜)。但在近代世界脱颖而出的英国的普通法体系,却是从12到15世纪,基本上在罗马法的影响之外独立发展起来。其发轫之机缘,是诺曼的威廉在征服英格兰之后所建立的土地制度和中央集权的行政制度。故普通法首先从地产法和刑法开始;其施行法律的权力机制,则源于王室巡回法院与地方法院之间的某种关系。① 王室法院的法官经常在各地巡回审理,有权撤销各地受领主或主教控制的法院的判决,其法律审判既要考虑日耳曼诸部原有的习惯法,又高于地方法院依据旧有习惯形成的判决的地位;而"普通法"正是通过这些王室法院的法官们的判例逐步形成,意即这种法律是通行的、适用于全国的。

印度的刹帝利、阿拉伯的哈里发和土耳其的苏丹,基本上都不会认为自己的主张就是法律,或者其效力要高于法律。在每个把宗教当作法律的终极来源的社会里,政治统治者便会有这样的意识,这适用于伊斯兰和印度世界。但中世纪西欧的基督教君主大体也不会凌驾于法律之上,恰是因为其统治的合法性需要普世教会的认可,尽管他们做了很多努力,但他们无法控制教会,使教会听命于它。②

统治的合法性源自它对于作为社会共识的某些理想的履行,而如果关于这些理想的观念很多是被保留在宗教当中的,那么在

---

① 到亨利三世(Henry Ⅲ,1216-1272在位)的时候,已有了三个王室高等法院,即财务法院(Court of Exchequer)、普通诉讼法院(Court of Common Pleas)和御前法院(Court of King's Bench),参见〔英〕密尔松著,李显冬译:《普通法的历史基础》,中国大百科全书出版社,1999年,第23页等。
② 参见〔美〕弗朗西斯·福山著,毛俊杰译:《政治秩序的起源——从前人类时代到法国大革命》,广西师范大学出版社,2012年,第18、19章。

第三章 演化一般性：场域拓展和结构转换

价值理念上，统治的合法性就蕴含政教合一的意味。政教分离是现代政治的理念，但不是中世纪的普遍状况，如果把儒家思想看成是游离于宗教崇拜之外的世俗化体系，那么必须符契儒家观点的中国的政治实践无疑是有现代色彩的。但在其他社会中，在价值形态上政教合一反而是常态，在印度，宗教阶层即婆罗门种姓是高于世俗统治阶层即刹帝利的，而在中东，伊斯兰教依然是统治合法性的来源，但是其教会在机构上却缺乏独立性，也没有一个遍及中东的普世教会，这削弱了宗教对于政治统治者的实际制衡，甚至在最初几位哈里发以及在整个倭马亚王朝时期，君主都是作为穆圣的宗教继承者而同时享有最高政治权力的，这跟拜占庭以及后来俄罗斯的情况又有所不同，在那些地方，君主名义上是教会的首脑，但其本质是高于宗教权威的世俗统治者。后来在伊斯兰世界，也是跟穆圣继承人问题上的分歧联系在一起，哈里发才失去了这种将宗教与政治权威合于一身的地位。除了宗教权威高于政治权威或后者高于前者或二者合一这三种形态，还有一种形态：宗教权威与政治权威分管不同领域且相互制衡，这就是西欧的状况。

对于中世纪的结束和真正现代世界的开启，不能不提到西欧封建制的解体和其间所发生的事情。在西欧的中世纪早期，国家的力量很弱，甚至对于很多地方是否存在国家，都可大大存疑。明显的，由于国家在许多领域里无法维持治安，故而人们缺乏安全的财产权利，经济模式遂以围绕封建庄园的很小的单位建构。[①] 除了是一个自给自足的经济单位，庄园也是对其领地内的居民提供某种保护

---

[①] 在中国相同的时期内，例如在唐代是否存在庄园制经济，曾是引起中国史学界讨论的热门话题，而我和许多论者一样，相信本质上类似于中世纪西欧的庄园制形态，在中国同期并不存在。参见邓广铭："唐宋庄园制度质疑"，《历史研究》1963年第6期；郭士浩："唐代的庄园"，载于《中国封建经济关系的若干问题》，三联书店，1958年。

和一部分法律服务的军事、政治单位。昂贵的运输成本,及在更大范围内保护产权的困难,导致对于中世纪的西欧人,市场只是其生活的补充罢了,庄园几乎生产其所消费的全部产品,这样,工资和租金便不是以货币,而是以农奴向庄园主贡献劳役的方式来支付。①

从 11 世纪到 14 世纪,相对于土地的供应,西欧人口在不断增长。但封建庄园制在 14 世纪中期遭遇了黑死病的沉重打击。此时,由于不计其数的人被黑死病夺去了生命,人口锐减,稀缺的经济因素,便由土地转变为劳动力。相对于地租,工资增长飞快。劳动力缺乏导致地主间的竞争,但当时市场机制尚不完善,相应造成了提高工资率的手段之缺乏,这迫使地主必须心甘情愿给予劳动者更多的"人的权利",以便吸引逃亡农奴到他的土地上来生活。这就在事实上,而随后是在关于权利的制度安排上,摧毁了封建制度。② 这便为资本主义的生产关系准备好了条件。

### 三、现代性与后现代性:理性化及其悖论

现代文明的阶段,大致上定位于 1500 年以后的世界。1492 年哥伦布为旧世界重新发现了美洲,这预示着一个新时代的开始。很多发达的农业社会的人口都步入较长期的高增长轨道,但其中又很少能克服其负面影响。③ 此后数百年历史中最引人瞩目的事

---

① 参见〔美〕道格拉斯·诺斯等,厉以平译:《西方世界的兴起》,华夏出版社,1989年,第 25-97 页。

② 参见上书,第 98-123 页;另可参见〔美〕汤普逊:《中世纪晚期欧洲经济社会史》,第 530-538 页。

③ 马尔萨斯所说的"人口陷阱",即由于经济增长,带来人口繁庶,而后者又使人-地资源的比例趋于紧张,而使经济停滞、生活水平下降(参见〔英〕马尔萨斯:《人口原理》,商务印书馆,1992 年,第 153-202 页),此类现象似乎屡见不鲜,在前工业化的亚洲和非洲的很多社会中都得到了应验。进而彭慕兰认为,如果没有开拓美洲缓解了欧洲的资源压力,那么欧洲文明在全球竞争力中的优势,便无从谈起(参见〔美〕彭慕兰著,史建云译:《大分流——欧洲、中国及现代世界经济的发展》,江苏人民出版社,2003 年,第 3 章)。

## 第三章 演化一般性:场域拓展和结构转换

件,就是欧洲文明向全球各地的扩张。如果说 1500 年以前,各种族集团实际上以近乎隔绝的方式散居各地,那么在 1500 年前后,全球性的联系开始成为世界史的主要线索。①

16 到 18 世纪,欧洲出现了中央集权化的所谓"绝对主义"国家,主权概念的树立,得以有了真正的基础。早前罗马人乌尔比安的格言"君主的意愿具有法律的威力",成为那个时期的西方君主们梦寐以求,而又似乎越来越看得见、摸得着的政体理想。② 据说,有三种机制和力量交织在一起,推动欧洲的绝对主义国家的形成:共同信仰的纽带,商业纽带,基于共同安全需要的军事整合。③ 绝对王权是一把双刃剑,在打破区域壁垒,建立统一国家和提供具有更大规模效应的公共服务方面,确有作用;另一方面则是专制主义对一些领域里的权利保障方面所构成的威胁。这些绝对主义国家,乃是国王、贵族、城市注重商业的资产阶级三方势力实际上相互利用的结果,这一时期具有向西式自由民主体系迈进的过渡性质。④

现代世界也是科学技术爆炸性发展、并在生活中日益发挥重要影响的世界。从 1543 年哥白尼发表《天体运行论》到 1687 年牛顿发表《自然科学的数学原理》之间的一个半世纪里,爆发了科学革命。

---

① 参见〔美〕罗伯特·B. 马克斯:《现代世界的起源》,第 3 章"帝国、国家和新大陆,1500－1775"。自然,资本主义是全球化的重要推动力。此诚如《共产党宣言》所言:"不断扩大产品销路的需要,驱使资产阶级奔走于全球各地。它必须到处落户,到处创业,到处建立联系。资产阶级,由于开拓了世界市场,使一切国家的生产和消费都成为世界性的了。……过去那种地方和民族的自给自足和闭关自守状态,被各民族的各方面的互相往来和各方面的互相依赖所代替了。物质的生产是如此,精神的生产亦复如此"(《马恩选集》第 1 卷,第 254－255 页)。

② 〔英〕佩里·安德森著,刘北成等译:《绝对主义国家的谱系》,上海人民出版社,2001 年,第 13 页。

③ 参见上书,第 71－150 页。

④ 〔美〕艾伦·沃尔夫著,沈汉等译:《合法性的限度》,商务印书馆,2005 年,第 36－41 页。

18世纪后期则是工业革命。从此,科学技术成为文明的支配性力量。

肇始于文艺复兴时期的现代性(modernity),一般来说是相对于古代性(antiquity)得到定位的,英国社会学家安东尼·吉登斯(Anthony Giddens)认为,"现代性"是指在后封建的欧洲所建立,而在20世纪日益显示其世界性影响的制度与行为模式。首先,"现代性"略同于"工业主义的世界",工业主义是指基于物质力和机械力的广泛应用而形成的社会关系,这无疑是现代性的制度轴之一,也是理性化的主要驱动力;其次,正如利奥塔说过的,"资本主义是现代性的名称之一",[1]指包含竞争性的产品市场、劳动力的商品化、资本的较为自由流动等基本要素的生产体系;复次,现代社会生活中出现了系统的监控制度(institutions of surveillance),[2]这是组织化权力大量增长的基础,也是现代性的第三个维度。[3] 这三个维度互相渗透,并有其内在的一致性。

可是,直到目前为止的资本主义的发展,都贯穿着一系列政治上的矛盾。其实质,有说是"自由与民主的矛盾"、[4]也有说是"经

---

[1] 〔法〕利奥塔著,谈瀛洲译:《后现代性与公正游戏——利奥塔访谈、通信录》,上海人民出版社,1997年,第147页。

[2] 福柯的著作在相当程度上见证了组织化权力的增长,参见本书第3篇第3章第2节。而在《性经验史》一书中,还探讨了自我的技术,即个体如何在权力的关系网络中被塑造为主体的技术。虽然福柯是带着情绪对此做出一种组织病理学的观察,但他的著作恰正是现代情况的写照。

[3] 这三个制度轴的提法,参见〔英〕吉登斯著,赵旭东译:《现代性与自我认同》,三联书店,1998年,第16页等。

[4] 〔美〕艾伦·沃尔夫:《合法性的限度》,导论。为了解决主要是体现在平等参与的民主诉求和追求资本积累的财产自由之间的矛盾,Alan Wolfe认为,资本主义国家至少有过六种围绕合法化的理论和实践:体现重商主义特征的(一)积累国家;提出所有阶级均可从统治阶级活动中获益的(二)和谐国家;将矛盾转嫁于外的(三)扩张主义国家;采用社团主义方案的(四)授予特权的国家;具有双重面相(一方面是各种推动资本积累的非法手段,另一方面是基于自由民主的合法化)的(五)二元国家;以及(六)全球化国家。

## 第三章　演化一般性:场域拓展和结构转换

济自由主义与政治自由主义",[1]"资本主义与民主",或用权利话语,指"财产权与个人权利之间"的矛盾。[2] 即,彼此难舍难分的自由、民主和资本主义三者的关系,并非单纯与和谐。一般来说,资本家关注财产权和资本积累的效应,劳动者就关注分享劳动成果以及各种与"平等"意味相联系的个人权利。随着时间的推移,这两方面权利都有扩张的趋势,这些在法律和宪法的变化,法案或公共政策的措置当中,都已留下深浅不一的印迹。

根据包括英国在内的欧美诸国的经验,公民权利的切实增进和权利话语的扩张,大约经历了三个阶段的演进,第一阶段是确立公民的一系列"法律权利",这些权利多数与不受干涉意义上的消极自由有关,如人身自由,言论、思想和信仰自由,财产权和签订有效契约的权利,受到司法公正对待的权利。争取这些权利的斗争源远流长,在英国它们也是在"漫长的18世纪"才确立下来(这是指从1688年的光荣革命到1828年解禁天主教)。第二阶段则围绕"政治权利"的确立,包括选举权和参政议政的权利,在英国这阶段肇端于1832年的改革法案,抵至1918年和1928年的普选权法案。第三阶段则是围绕福利国家建设而争取"社会权利"的进程。[3]

宗教祛魅化是现代文明的一个引人瞩目的特征,[4]这绝不意味着宗教生活在公元1500年以来的任何时期都无足轻重。即便没有完全否认它的道德功能,宗教也受到人们理性眼光的重新审视。宗教与世俗领域的分离体现在很多方面。包括远东与基督教

---

[1] 〔美〕罗素·哈丁(Russell Hardin):《自由主义、宪政主义和民主》,王欢、申明民译,商务印书馆,2009年,第2章。
[2] 〔美〕赫伯特·金蒂斯、塞缪尔·鲍尔斯著,韩水法译:《民主和资本主义》,商务印书馆,2003年,第2章。
[3] See Marshall, T. H., *Sociology at the Crossroads and Other Essays*, London: Heinemann, 1963, pp. 67–127.
[4] 参见〔德〕韦伯:《经济与社会》上卷,第2部分第5章等。

欧洲在内的世界上大部分地区，均实行政教分离的政策。同时，全球各地的民俗在现代文明的扩张面前遭受前所未有的冲击，民俗那种温馨的田园牧歌般的情调，在面对高度发达的物质文明和消费主义的极端诱惑的时候，不免左支右绌。

普世伦理方面仍然继承中世纪的成果，而不会有特别大的变化。伦理包含着一系列对于各式各样行为是否恰当的评价，且通常是与民俗所认可的行为惯例相适应的，由于现代文明对民俗的冲击，以及它所带来的新的生活方式的影响，导致了伦理上的诸多歧义与冲突。因而对现代人来说，这是一个需要做出自我选择的领域，有很多伦理规范的原型和来源，可供他选择：民俗的、惯例的、宗教的、理性的、功利的；较为理性的伦理原则，则有功利主义、自由主义、契约论、社群主义或集体主义等等。现代人将因为他的选择而决定自身的命运，即决定他成为什么样的人。

真正的宪法也是现代文明的产物，从尼德兰和美利坚联邦的独立，以及从英国和法国革命之中，诞生了一批近代资产阶级政权，这促进了一系列宪政和法律运动。[①] 现代意义上的宪政规范之涌现，避免了过去纯粹依照行政意志决定一切的任意性与粗暴性，也为限制最高统治者的权力和保护人权提供了法理上的根据，这无疑是规范领域里的一项重大进步。其实，法律的发展原本就跟广义上的宪政规范（如确立政权结构的惯例），处在"一荣俱荣，

---

① 公元 1688 年，英国光荣革命及次年所颁《权利法案》，确立君主立宪体制。在此前后，亦即工业革命前的 200 年间，恰好也是英国的普通法经历重订的时期。1789 年，法国大革命爆发，发表了著名的宪法性质的文献《人权宣言》。大革命是欧洲大陆法系形成的最重要的历史机缘。诸如成文宪法、法典化、将制定法视为法律的主要渊源、公法和私法以及民法和商法的划分、普通法院和行政法院的并立，等等，都可以溯源于法国革命时期的若干观念和做法。由 1804 年的《法国民法典》（或称《拿破仑法典》）拉开序幕，法国与其他许多欧陆国家展开了立法、特别是法典编纂运动，这一运动促进了大陆法系的最终形成。

## 第三章 演化一般性：场域拓展和结构转换

一辱俱辱"的依存关系中。例如，一方面"普通法是在英格兰被诺曼人征服后的几个世纪里，英格兰政府逐步走向中央集权和特殊化的进程中，行政权力全面胜利的一种副产品。"①另一方面更重要的是，早在13世纪的《自由大宪章》、特别是其第29条中有所体现的维护人权之原则，②以及逐步形成的遵循判例、法律至上、陪审团审判这三大原则，既是推动宪政进步，遏制王权和行政权力，限制议会所为，也是推动普通法进一步完善的积极因素。

在中世纪后期，英国的普通法已经处在不断的形成和完善的过程中，但它的意义要在现代世界中才能完全显现出来。法国与欧洲大陆其他一些地方的法律体系的改革，则通常是与资产阶级掌权同步的。伴随着欧洲文明在全球的扩张，普通法系（common law system）与民法法系（civil law system），也传播到了全球大部分国家与地区。这主要发生在19世纪到下个世纪初，是与西方特别是英、法等国的殖民浪潮同步的。③

---

① 〔英〕密尔松：《普通法的历史基础》，第3页。
② "大宪章"即公元1215年，英国的封建领主们，以武力威胁，迫使约翰王所签署者。这一宪章涉及诸多规范领域，包括度量衡、郡长的权力、自由人和城镇的合法权利。十年后，大宪章成为英国的法律。参见〔英〕朱利安·荷兰主编，刘源译：《简明世界历史大全》，三联书店，2004年，第112页。
③ 民法法系与普通法系的法源和在当今世界各国的主要分布状况，可见于下表：

|      | 民法法系 | 普通法系 |
| --- | --- | --- |
| 法律渊源 | 罗马法、教会法、日耳曼习惯法、商业法 | 盎格鲁—撒克逊及丹麦的习惯法等 |
| 分布国家 | 首先在欧洲大陆国家中出现；法国、比利时、意大利、西班牙、葡萄牙、德国、奥地利、瑞士、荷兰、美洲原属西、葡、荷、法四国的殖民地的国家、明治维新以来的日本、泰国、非洲的扎伊尔、卢旺达、布隆迪等 | 在英、美居于主流。英国本土（苏格兰除外）、爱尔兰、美国（路易斯安那州除外）、加拿大（魁北克除外）、澳大利亚、新西兰、亚洲的印度、巴基斯坦、孟加拉、缅甸、马来亚、新加坡、非洲的苏丹等，大部分英联邦国家 |

其实，法律堪称现代规范的理性化特征的范本。但现代法律制度的理性化，体现在"形式理性化"和"实质理性化"两方面。[①]前者是指该法律制度内含了一套高度透明化、系统化和模式化的独立司法程序，诉讼各方哪怕是对这些程序的极其细微的误置或偏离，都将导致某方面的司法权利的丧失，甚至整个案件的败诉。"实质理性化"则是指该法律体系的各项文本中包含了一个由诸多规范陈述句所构成的命题体系，可对法律所调节的领域内的各种社会行为进行"法的排序"（legal ordering），以至任何非专业人士，只要有足够的理性，都有可能通过逻辑演绎法，从上述严谨的法律命题体系，导出针对具体案件的裁决。当今世界的两大法系——普通法系和民法法系，可谓在形式理性化或是实质理性化上，各擅胜场，但对另一方面，也没有完全地忽视。

在现代阶段，规章制度日益成为生活中重要的规范类型。人们在与无数机构不断接触的同时，免不了要与它们打交道。规章

---

（接上页）有些欧洲国家的法律，例如荷兰，所受罗马法的影响，不如法、德等国深刻，但基本上仍属于民法法系。十月革命前的俄罗斯，一次大战以来的土耳其、受罗马荷兰法影响的印尼等，大体也可划入民法体系。另有苏格兰的法律，可谓民法法系与普通法系的混合；北欧诸国的法律，一般称为斯堪的纳维亚法律，既不属于民法法系，也不属于普通法系，然而相较之下，更接近民法法系。

而从19世纪以来，由于伊斯兰世界的主要地区相继沦为西方殖民地或半殖民地，遂出现法律体系上近乎全盘西化的情况，而直到20世纪中叶才有较普遍的伊斯兰法复兴之运动。在21世纪初的56个属于伊斯兰会议组织的国家当中，除了彻底实行政教合一的沙特、伊朗等国，及明确政教分离的土耳其等，多数国家在婚姻家庭和财产继承等私法领域内采行伊斯兰教法，刑法等公法领域则应用世俗法，故其教法是西方两大法系以外、影响广泛的体系。参见马明贤：《伊斯兰法——传统与衍新》，商务印书馆，2011年，第8章等。

[①] 此处所说并非韦伯在研究法律制度的类型时所区分的形式合理（formal rationality）与实质合理（substantive rationality）两个概念，参见朱景文：《比较法社会学的框架和方法》，中国人民大学出版社，2001年，第499－516页等。

制度大多是有意识制订的、成文的规范，具有理性化特征，并且内含于现代各类组织形态之中。"公司法人"这个在罗马法中初具雏形的概念，此时得到了极为广泛的应用，成为现代经济生活中的组织形态的基石。公司内部的结构大多是科层制的。虽然科层制并非近代的产物，但它在全球范围内，以及在各个层面上的普及，堪称现代文明的全球性扩张之结果。

现代文明的规范，似乎在两个领域里呈现出截然不同的面貌：在涉及个人行为的调节时，趋于灵活、自由与更大的可塑性。当今绝大多数国家的宪法都确认了宗教信仰自由的原则；民俗也不再能够束缚人们的行动自由；在伦理方面，除了要遵循若干底线原则和一些公认的社会正义观念，大多数情况下，人们也是很宽容的。① 似乎一切领域都是敞开的，但你需要知道各种不同选择的后果，并愿意承担责任。然而在公共生活领域，在但凡存在和需要规范的地方，法律、规章制度以及法律的施行与适用，则趋于明确、严格和细则化，并尽可能地考虑各种各样的情况。

法律在现代规范体系中居于无可争议的核心地位。这正是现代文明的理性化趋势，在规范类型选择方面所造成的必然结果。所有的规范都这样：必须在法律所允许的框架内运行。要之，这是一个理性的时代。

现代性自身包涵某种乌托邦的计划，但整个的"现代性"现象又非等同于这一计划。肇自笛卡尔，贯穿整个启蒙运动及其后继者，关于"现代"的话语都推崇理性，视其为真理之所系、知识之基础和进步之源泉。然而这种关于理性、自由、进步的乌托邦计划恰

---

① 类似于文革时期的那种基于革命狂热和准宗教式理想的不宽容姿态，实为当代中国向现代文明迈进时经历的阵痛。

为后现代主义所诟病。很可能没有启蒙精神的引导,科技的发展、经济与管理的理性化便无从谈起。既然这一切都发生了,则质疑启蒙精神的存在的合理性,是否源自某种不可救药的焦虑呢? 一种可能是:我们确实被乌托邦所推动,却误认为它是真实的家园。质言之,一种虚幻的东西参与了历史,但仍无法掩饰和改变其虚幻性。这种状况恐怕不只是现代性的宿命,唯其乌托邦内容稍显特殊而已。

然而,理性化的内在悖论,又导致了对它的反动。[1] 其征兆一度在人们对后现代转向的关注中充分呈露。[2] 但这也许不是跟现代性的绝对断裂,利奥塔说"现代性是从构成上,不间断地受孕于后现代性"。[3] 或如鲍德里亚所云,这是从生产性(productive)社会秩序向再生产(reproductive)社会秩序转变的过程。

20世纪下半叶,随着信息化时代的到来,及随着交通运输条

---

[1] 迈克尔·奥克肖特在《政治理性主义》,与汉娜·阿伦特在《人的境况》中,都对于西方思想中占统治地位的理性主义提出了挑战,并且在他们看来,理性主义应对二十世纪的一些灾难负有责任。参见〔美〕罗伯特·古丁著,钟开斌等译:《政治科学新手册》,三联书店,2006年,第715页。

[2] 20世纪60年代以来,对于"后现代"转向的关注一度甚嚣尘上,深化了人们对于现代社会进一步发展的认识。显然后现代的前缀"post"指的是继"现代"而来,或是与现代的断裂和拆解;其间方方面面的差别,又可以用三组词汇来显示:现代性(modernity)、后现代性(post modernity);现代化(modernization)、后现代化(post modernization);现代主义(modernism)、后现代主义(postmodernism)(参见〔英〕迈克·费瑟斯通著,刘精明译:《消费文化与后现代主义》,译林出版社,2000年,第1章);每一组都对应着不同的题旨。有关的现代与后现代的研究,另可参见〔美〕斯蒂文·贝斯特等著,张志斌译:《后现代理论:批判性的质疑》,中央编译出版社,1999年,第1章等。

[3] 〔法〕利奥塔著,罗国祥译:《非人——时间漫谈》,商务印书馆,2000年,第26页。他又说:"后现代性已不是一个新时代,它是对现代性所要求的某些特点的重写,首先是对建立以科学技术解放全人类计划的企图的合法性的重写……这种重写已经开始很久了,并且是在现代性本身中进行的"(〔法〕利奥塔:"重写现代性",载于上书,第37页)。这种"重写",就是对于现代性事业造成的使人痛苦的罪恶事实,予以寻找、揭示和命名。

件获得巨幅改善,全球经济、政治与文化联系的日益紧密,已使得"全球化"成为人们在日常生活中都能感受到的现实。信息化和全球化,必将对现在和未来世界的制度形态和制度文化造成冲击。鲍德里亚声称,我们正身处"类象"时代的旋涡之中,计算机、信息处理、媒体、自动控制系统,已然为新的社会组织原则奠立了基础。这是"一个由模型、符码和控制论所支配的信息与符号时代"。①当然,正是电子语言,而不是印刷媒介,促进了非线性和非同一性的阐释(这跟德里达的意思不一样);另外,这种改变还对启蒙运动理想有着正面影响。

> 语言、图像及声音的数字编码及电子操作使得交流的时空限制失效了。信息的复制精确无误,传输瞬间即得,贮存持久永恒,提取易如反掌。如今启蒙运动所梦想的教养社会,即最底层的人亦可获取所有知识的社会,在技术上已经可行。②

这样,被贴上"后现代"标签的当代发达社会的典型特征,并不一定是正义和真理的对立面,但它肯定是在与启蒙时代相当不同的情境中运作的。即,这种情境和共同在场的、自我监视式言谈的或许理想化的情境,并不相同。③但是解放性变革的潜能增大与支配性和操控性结构的稳固,或许是并行不悖的。因为能力的增强是双重的。

再就是,"后现代"制度的特征,或许应像贝克和吉登斯等人一

---

① 〔美〕斯蒂文·贝斯特等.《后现代理论》,第153页。利奥塔则更深入探讨了信息爆炸所带来的知识效应,认为语言游戏的多样性取代了宏大叙事,see Jean-Francois Lyotard, *The Postmodern Condition*, Minneapolis: University of Minnesota Press, 1984.

② 〔美〕马克·波斯特(Mark Poster)著,范静哗译:《信息方式》,商务印书馆,2000年,第100页。

③ 〔美〕马克·波斯特:《信息方式》,第110页等。

样来认识,将它视为自反性现代性,理解这一术语的关键在于它的前缀,何谓"自反性"呢?

首先是结构性自反性(structural reflexivity),在这种自反性中,从社会结构中解放出来的能动作用反作用于这种结构的"规则"和"资源",反作用于能动作用的社会存在条件。其次是自我自反性(self-reflexivity),在这种自反性中,能动作用反作用于其自身。在自我自反性中,先前动因的非自律之监控为自我监控所取代。①

"自反性"的字面意思是,自我指涉或反作用于自身,那么,自反性现代性就应该是指,现代性的制度与行为模式如何反作用于自身。并非信息与符码的泛滥这种单纯量的表现,而是由符号机制的普遍作用招致了日益显著的人类知识悖论,后者总是与自反性、与人类无法了解和掌控它自己创造的庞大的制度体系有关。②即它并非建基于另一套独立的制度模式,而是源于工业社会制度的自反性后果。同时,自反性现代性意味着,"导致风险社会后果的自我冲突,这些后果是工业社会体系根据其制度化的标准所不能处理和消化的。"③正由于身处庐山之中,人们对于如迷宫般复杂的现代风险社会的诸多危险状况及其起源,恰不能一一清楚地认识,且一旦有所认识、有所行动,又会带出新的自反性和新的悖论。不管怎么样,人类社会没有崩溃,在可见的未来也不会崩溃。其实制度的反身性是所有时代的普遍状况,但它的能量从来没有

---

① 〔德〕乌尔里希·贝克、〔英〕安东尼·吉登斯、〔英〕斯科特·拉什著,赵文书译:《自反性现代化——现代社会中的政治、传统与美学》,商务印书馆,2001年,第146页。

② 所谓"人类知识的悖论"可以从更加世俗的社会学观点来理解,这便是贝克等人的"风险社会"概念。它意味现代性从工业时期向风险时期的过渡。

③ 〔德〕乌尔里希·贝克等:《自反性现代化》,第10页。

像当代这样强大。

如果说古代文明是旨在巩固权力的等级化的时代,那么中世纪就算是把有助于协调的行为方式的核心特征加以无限放大的禁欲主义的时代,犹如现代算是理性主义的时代,把交易和互利共赢放在首位的时代。这是对其各自的制度文明的核心特点的勾勒。

## 第三节 道德领域里的普遍化原则

道德,或许还有权力等,乃是围绕主体间关系的第二层级的实践范畴。如何定位道德在实践中的位置呢?当我们说一个人的言行是合乎道德、合乎仁义礼智信的要求的时候,我们的意思是什么?难道是说仅有空空荡荡、茫无着落的仁义礼智信之类,还是别的意思?实际上,我们的合乎道德的言行,必定是具体地有所言、有所行的。

没有什么单纯的道德实践;"道德实践"的讲法,不过是思维抽象的产物。一桩行为可能体现了某些道德或伦理标准,但合乎道德通常并不是对一桩行为的完整描述,而是在行为中侧显的;当然,行为以伦理道德为直接或唯一的主观目标的情况并非不可能,但设想行为除了伦理性质的体现之外,便不涉及其他心、物方面的事件和状态,此系不合常理和不现实的,因为善恶等词,或者仁义礼智信等词,实质上无非就是用来描述或判定这些事件和状态的某方面性质的词汇。所以"道德实践"的提法,根本上是指某项实践之合乎伦理或体现道德的方面。

道德判断必须是可以普遍化的,或者说,对于一人群中的任何人或大多数个人而言,在其反思意识中,那些他愿意"若其自身采行则其也在人群中获得普遍采行"的行为准则等,才是具有道德价值的,如果这样的反思意识中的准则,又成为那人群中为大多数人实际上所遵循的行为模式,那么这准则又是习俗性的伦理规范,此际,很多人是因为,他预期其他人这样做的概率很高,所以也选择这样做。但赋予行为以道德价值或使其成为伦理规范的表现的普遍化原则,并非指可以观察到的普遍性。

行为准则体现普遍化原则,方才符合"善"的含义,这差不多是理性的人类所共通的一种意识。但是对于普遍化原则的理解,在不同的人那里,具有细微的意思上的差别,也就是可以衍生出好几层意思,[1]而这些意思之间的内在联系是可以合乎逻辑地展现的。在英语世界的哲学界,早前西季威克就有他自己的对"普遍化"原则的表述:我们每个人认为对其自己是正确的行为,他隐含地认为对所有人在类似的情境下也是正确的;相对地,如果一种行为对某己是正确的,而对他人却不正确,那一定是因为所涉及的两种情境有所不同,而不是因为己、他是不同的人。[2] 如此看待的普遍化原则,具有明显的人格"平等"取向。

---

[1] 有学者提出普遍化判断的三个层次或三个阶段。在第一个阶段,"任何一个人认真地说某个行为(或某个人、事态等等)在道德上是正确或错误的、好的或坏的、应该或不应该做的(或模仿、从事等等),他由此都是承诺对任何其他有关类似的行为(等等)都采取相同的观点。"〔澳〕约翰·麦凯著,丁三东译:《伦理学——发明对与错》,上海译文出版社,2007年,第77页。在此原则中,关键短语是"有关类似"的(relevantly similar)。如此表述的这个原则,只是说任何人的道德判断对他自己来说是可以普遍地适用于同一类情境的。但他把霍布斯曾表达过的某种类似"己所不欲,勿施于人"的意思,也算在这一阶段,就造成了不必要的混乱。但在第二阶段,"要确定某个你倾向于维护的行为准则是否是真正地可普遍化的,那么就设想你处在其他人的位置上,并问自己,你是否能够接受这个行为准则作为直接指引着其他人对你的行为的准则"。(同上书,第85页)而在第三阶段,设身处地的"代入",达到更深的程度,"把一个人自己甚至更加彻底地置于另一个人的位置,从而不仅获得另一个人的特性、能力和外在的处境,也获得另一个人的欲求、趣味、偏好、理想、价值"。(同上书,第87-88页)

[2] H. Sidgwick, *The Method of Ethics*, New York: Dover, 1966, chapter 13, p.379.

## 第三章 演化一般性：场域拓展和结构转换

然而，普遍化原则完全可以有其他的意思和其他的表述，不见得都要有明确的平等意味。譬如儒家讲"尊尊"，就是这样。而在实践中，人们有时候对他们实际采纳的道德原则，可能仅有模糊的见解，但光靠直觉他也足够辨认出适用这类意思的情况。不过有一点可以肯定，他们认为某种行为方式合乎道德，一定是因为它符合他们所理解的普遍化原则的某个或某些意思。但我们有必要辨认，这个讲法背后所隐含的特定的普遍化原则究竟是什么？

假定情境的类似性总是可以辨认的。如果对于某一具体情境中的某一行为方式的正确与否，一个人持有某种观点，且他认为这一观点应普遍地适用于所有这一类情境——这差不多是程度最浅的普遍化原则的意思。它当然不同于：人群中的每个人都持有关于适用某一类情境的正确行为的相同观点。而作为现实中的人群中的常态的这种观点，可能是：对某己是正确的行为方式，对于所有类似的人在类似的情境下也是正确的，但如果这行为对某己是正确，对他人却不是，那一定是因为这两种状况有所不同，即要么他们不是类似的人，要么他们所面对的不是类似的情境。亲亲、尊尊原则，实际上可按照这类意思而具有普遍化意味。

很多人实际上持有类似的观点，与很多人认为很多人持有类似的观点，当然是不一样的，基于后者，有可能引发某种形式的集体意向性。很多人在某类情境中愿意这样做，与他们认为这样做是正确的，当然也不一样的，因为正确、特别是道德上的正确，是跟这样的做法在他们看来能否实现某种意义上的"普遍化"有关。什么算是道德上正确的，或者说，什么样的普遍化含义可以被认为对应或等同于道德上正确的？我认为，一个人对于某类情境，愿意他自己普遍地采用某一种行为方式，这还谈不上道德上的是非。

有三种基本的"普遍化"的涵义："所有人都愿意"、"对所有适当的人都适用"、"对所有适当的情境都适用"。其所愿、所适用者，或系行为方式，或系制度。"所有适当情境"可能是涵盖所有情境（如不得滥杀无辜），正如"所有适当的人"，也可能是指一定范围内的所有人，如系后者，就在此范围内，系对所有人的平等对待。

在一人群中，有的人而不是所有人——甚至不是大多数人——愿意某一方式得适用于所有适当情境，这便是一种较弱的、非人人共通的普遍化，也不会有清楚的伦理意味。但一种规则普遍适用于所有适当情境，这便是普遍化的一个不可绕开、无须争辩的基本要点。再者，即便是所有人都愿意，如此这般对所有适当的人在所有适当的情境下都适用，有关的适用也不见得有平等意味，"适当的人"恰有可能是处在某种形式的不对称或不平等关系中的某些人，说到不平等，适当与否或许是跟他们之间的某种身份系统有关。

一定范围内的所有人都愿意这样做，这样做才在这范围内算得上是合乎道德的——因为个别意志之间的协调，因为没有人被强迫。特别要考虑的是，对于那些在你对其他人和其他人对你之间系同一种行为方式、而有实践上的主客之分的做法之间，你是否有强烈意愿要去规避你作为行为客体的那类情况；以及为此你是否觉得有必要一律禁止这一类行为方式，而不只是你作为客体的情况，如果是一律禁止的，就有足够的普遍化意味了。

对于生命和健康、基本的自主性、人际协调，或许会有很多的"人同此心、心同此理"的价值判断或倾向性。但是假定所有人在所有层级、所有方面都有相同的趣味、爱好、需要和价值观，当然是不合理的。甚至对于基本的好东西，也可能有侧重上的区别，譬如很可能，有的人对自由与尊严看得较重，超过他们对于物质利益或安全保障的重视。如果在这些既有基本需要上的共性、又有对其

## 第三章 演化一般性：场域拓展和结构转换

轻重先后上的不同判分甚或诸多不同偏好的人与人之间，存在一些基于普遍化原则的安排，可使他们各得其宜，亦可谓之为"善"，或曰"正义"。只不过，从相似的基本需要和价值出发所寻绎的普遍化原则和针对不同偏好的恰当安排，明显有着相当不同的视野。即使个人性的基本需要的结构之间是相似的，也可能他们的不同处境决定了他们会对某种处置或安排有着不同的看法；当然，更一般性的道德准则可能排除了诉诸具体处境的差异性，而是针对各个处境中的基本相似的方面做此普遍化的寻绎。

实际上，克己或利他，在皆共所愿或皆所不愿的协调兼济的局面中没有存在价值，却有可能是针对己、他作为客体皆所不愿的局面的，即"克己"是克制自己作为主体如此去做的冲动，"利他"却要去满足别人在其作为行为主体的情况中的那些利益。比起一律促成某种对任何人来说处于主体位置和处于客体位置其利益状况乃相当不同的行为方式，普遍化更有可能存在于对这种行为方式的禁止当中，因为前者导致的是意愿间的冲突，后者却能使大家相安无事。值得注意的是，那些具有相同需要和价值却有不同处境的人们，几乎不可能全都同意那种导致其处境巨大差异的安排，然而下述局面却有可能获得人们的普遍认同：恰当的安排造成具有不同需要的人处在不同处境，而且这些处境正好满足了他们各自的需要。

在一定的人群范围内，所有人都愿意的状况和规范（不论它是否基于某种集体意向性机制），就在该范围内具有了伦理意义。它不见得要求有关规范是平等地适用于所有人的，也不见得有关状况是对于所有人而言的同样状况；就不同人的不同状况而言的差异化协调，或者沿着角色和情境脉络的分化，均有可能符合"所有人都愿意"的要求。而这一要求，可以和普遍适用、平等对待、保持规则同一性等一样,乃是普遍化原则的体现。

在对社会状态的选择方面,有三种跟公正性有关的安排措置的视角:(一)直接的"普遍性",即一个人不管处在谁的位置上,都会做出同样的判断,譬如要是奴隶和奴隶主都认为奴隶制是好的,奴隶制才能算是"善的"或"公正的"。这一要求当然不同于另外两种不确定性条件下的拣选方式,即面对各种社会状态选项,[1]其中(二)"公平性"是指,在不知道自己会处在何种位置——甚至也不知道或者说无法测度自己会有何种概率处于何种位置——之际会做出的决定才是符合正义的;但(三)"客观性"是指,即使我们不知道自己处在某个社会状态的、从最高到最低的哪个位置上,不过假设自己有同样机会处于其中之一,在此情况下所做出的对于社会状态的合理选择。[2]

很显然,奴隶制无法通过"普遍性"的拣选,好像也无法通过"公平性",譬如,当人们一想到自己有可能——甚至是极有可能——处在奴隶的悲惨境地的时候,他们就会去选择可以不包含这种境地的社会状态。可是它未必不能通过第三类拣选。森举例说,在一个由 99 个自由人与 1 个奴隶组成的社会中,仅有 1% 机会成为奴隶的低概率,以及它比 100% 自由人的社会或许福利大得多的诱惑,会让很多人觉得冒这样的风险是值得的。[3]

人际可普遍化这个道德准则或道德价值的拣选标准,需要考虑它所针对的究竟是具有近似的基本需要和一般处境的人们,还

---

[1] See R. M. Hare, *The Language of Morals*, Oxford: Clarendon Press, 1961; and R. M. Hare, *Freedom and Reason*, Oxford: Clarendon Press, 1963.

[2] 参见〔印〕阿马蒂亚·森著,胡的的等译:《集体选择与社会福利》,上海科学技术出版社,2004 年,第 149 页。

[3] 参见上书,第 150 页。

## 第三章 演化一般性：场域拓展和结构转换

是针对具有不同处境或不同需要的人与人的关系。近乎普世皆准的道德准则主要是从那些共通人性和类似的处境当中寻绎出来的。可是针对处境或需要迥然有别的情况，为了通过上述公平性或客观性拣选而需要做的，还有一系列关联性的经济政治上的问题有待解决。而所谓公平性或客观性考虑，也可以看作是普遍化原则的要求的进一步细致化，它们不只是针对阶级与阶级之间、集团与集团之间，自然也可用于个人与个人之间。如果你认为自己完全不可能处于某个处境糟糕的别人的位置上的时候，即使你的基本移情能力会帮你理解他的处境是糟糕的，或许也无法让你放弃那种对你有利但对别人很不利的做法，但如果你相信其实你也有概率处在那样的、而你一旦置身其中你也全然不能接受的处境的时候，你当然会对避免这种可能性产生兴趣。

围绕自我中心的特殊利益关切，不可能通过人际间的普遍化原则的拣选——因为别人不可能自发地关心这些利益，甚至这些利益会损害他们自身的利益。但是"在不违反所有道德准则的情况下，每个人都有追求自身幸福的权利"这条自我中心主义原则，却极有可能获得某一人群中的众人的普遍认同。很多个人性或准个人性的权利，都是在某个意义上或在一定范围内可普遍化的，包括休谟提到的三个自然法"财产拥有的稳定性、根据同意的财产转让、履行诺言"，因为保护这些涉及或者可能涉及自身处境的一般性权利，极有可能通过"普遍性"、"公平性"或"客观性"的拣选。不过自然法或自然权利这些提法是相当容易将人引入歧途的，在某一阶段通过了某些可普遍化要求的拣选，不表示它们是实际上的普遍的行为准则，也不表示它们在任何阶段都可以通过那些要求的拣选；可普遍化要求只是一个形式上的程序，而没有在其自身内涵中必然地指向任何实质性主张。

"自我指涉的利他主义"(self-referential altruism),[①]略同于儒家所谓"爱有差等",它可以有各种不同的形式,但基本意涵是,某己关心呵护他人,但只是那些与他有着血缘、地缘或其他方面特殊联系的人,而不是泛泛的他人,不是佛教所讲的"无缘大慈、同体大悲"。这类关怀往往伴随强烈的自发冲动,很多人实际上也是这样做的,但是当我们把自我中心主义或自我指涉的利他主义与公共职责放在一起的时候,单纯前两者就不太可能通过普遍化要求的拣选,因为在绝大多数实际案例中,必然有更多的人反对公职人员等忽视其职责而把自我指涉的利他主义之类置于他的行动关切的首位。由于履行公共职责的情况是跟大众利益有关,所以自我指涉的利他主义仅在不违反公共职责等排序靠前的道德或政治原则的情况下,才是可普遍化的,在这一点上,它和自我中心主义的境况相似。

在《理想国》中,柏拉图曾经借格老孔(Glaucon)之口提出,某一类行为,在其特定实施状态中,如果你是主动的得利者,就会认为它是好的,如果你是被动的不得利者,就会认为它是坏的,但你不可能永远处在主动、强势和得利的位置上,而一旦不利的局面降临,其损失又常蕴含不可承受之痛,所以,不如大家媾和,把那些在"己所不欲,他亦如是"方面有着较为普遍的共识程度之行为方式,设定为不正义的,是有待制止或纠正的对象,其中后果更严重的,则被设定为不合法的。

> 人们说:作不正义事是利,遭受不正义是害。遭受不正义所得的害超过于不正义所得的利。所以人们在彼此交往中既

---

[①] 此系布劳德(C. D. Broad)之提法,参见〔澳〕约翰·麦凯:《伦理学——发明对与错》,第 130、173 页。

## 第三章 演化一般性：场域拓展和结构转换

尝到过干不正义的甜头，又尝到过遭受不正义的苦头。两种味道都尝到了之后，那些不能专尝甜头不吃苦头的人，觉得最好大家成立契约：既不要得不正义之惠，也不要吃不正义之亏。打这时候起，他们中间才开始订法律立契约。他们把守法践约叫合法的、正义的。这就是正义的本质与起源。正义的本质就是最好与最坏的折衷——所谓最好，就是干了坏事而不受罚；所谓最坏，就是受了罪而没法报复。人们说，既然正义是两者之折衷，它之为大家所接受和赞成，就不是因为它本身真正善，而是因为这些人没有力量去干不正义，任何一个真正有力量作恶的人绝不会愿意和别人订什么契约，答应既不害人也不受害——除非他疯了。①

康德所说"纯粹实践理性的基本法则"，即他心目中的"道德规范的效准"，就是要诉诸可普遍化的主体间意愿的原则："人们必须能够意愿我们行为的一个准则成为一个普遍法则，即对行为本身做出道德判断的规则。"②此便含有：某己可意愿着所有其他人都按照这种准则行动。而诉诸不可普遍化的意愿的原则，也许就是道德判断上自我挫败的理论。但在现实当中，就不一定是那么回事儿了。很可能在某些特殊的氛围中，肆行杀戮和恶意欺骗，为一时间人群中的行为常态，但说正在这样做的人们——比方说不如假设这样做的乃是人群中的所有人——不仅意愿着自己是这样做而得益，它也意愿着别人或者他碰到的每个人都是这样做的，这恐

---

① 〔古希腊〕柏拉图著，郭斌和、张竹明译：《理想国》，商务印书馆，1986年，第46页。

② 李秋零主编：《康德著作全集》第4卷，中国人民大学出版社，2005年，第431页。也有学者是这样译的："这样行动：你意志的准则始终能够同时用作普遍立法的原则"（〔德〕康德著，韩水法译：《实践理性批判》，商务印书馆，1999年，第76页）。

怕是不合理的。因为,人们通常只是愿意自己这样做,而别人却不是这样做的,而在这种情况下,他所得的好处,或者他的处境,要远远好过别人也全都跟他一样的做法。要而言之,几乎所有人都不可能真实地愿望这样的行为方式变成普遍的,因而它们不可能是善的。

可普遍化的道德实践的本质或可浓缩于这样的命题:"你希望让他人以何种方式对待你,你就应该以那种方式对待他人。"[①]它不同于这样的权变策略:"按照他人对待你的方式对待他人。"第一个命题才算触及道德的本质,"你"是以普遍的口吻对所有人讲的,它有时候,就是《理想国》中格老孔所说的那种正义,实质上是针对自由放肆无所不用其极而可能带来的极端的好处或极端的坏处而采取的一种大家都比较容易接受的折衷形式。道德的本质并没有出人意表的地方,相反它是简单而易于领悟的,却又极不容易说清楚。在围绕"己所不欲,勿施于人"一类情况所制订的规则中,至少体现了三种普遍性:其一,在你的意愿机制的内部,某种行为方式是普遍的,这就意味着,如果你愿意自己的行为方式是这样的,你就会愿意每个你所遇到的别人也都跟你一样(但如果你自己这样而别人是那样的,就没有普遍性了);其二,这个具有移情能力的"你"设想自己在他者的位置上也会有同样的想法,即可以接受普遍一致的行为方式下的相安无事或协调共进,而难以接受被动的受害者的位置;其三,一定范围内的每个人——也就是每个"你"——都有前面两种意义上的关于某种行为方式的普遍性的意

---

[①] 基本上这就是黄金律的意思,参见《新约·马太福音》7:12。另外,儒家讲"己欲立而立人,己欲达而达人"(《论语·雍也》),又讲"己所不欲,勿施于人",或许可以将这些合成上述命题的意思。

愿。但即使存在第三种意义上的普遍性,这仍然是一种众人各自的意愿内部的普遍性而不是经验上的普遍性,不是所有人或者大多数人都做了才具有的普遍性。甚至,如果现实当中没有人这样做,这种意愿仍然在"你"的意愿内部或者每个"你"的意愿之间具有普遍性。①这里的实质性的关键在于,对于可被设想的某种行为方式,如果你愿望着自己是这样的,那么同时你也会愿望着所有他者也是这样的,这样的方式至少对于你的意愿而言乃是普遍的,但究竟"你们"会愿望着什么样的此类方式,却不是亘古而不变,也不是放诸四海而皆准的,在效用的天平上,便涉及一个关于你们——而不单单是你——的意愿状况的"经验事实",但不是关于你们做了什么的经验事实,而是关于你们究竟在愿望着什么的事实性判断问题。

这样看来,前述第一个命题,因其普遍针对所有的主体,并要求在任意主体的意愿的内部形成针对自己和他人的意愿上的一致性,以及从不同主体位置出发的行为方式的对称性,而体现普遍化的道德意涵,甚至符合人们关于基础性的正义的直觉。第二个命题,则蕴含我所理解的"交换正义"的朴素前提。②

然而,要求正义的行为必须首先符合公正,即公共性领域里的道德正确行为的标准,这不是过分或错乱,相反这是恰当的人际关系的本质要求。譬如,要是说交换正义包含报恩与矫正两方面,则务必要使它们不会具有公共性的糟糕影响或恶劣后果,因为,由于不恰当的报答私恩而令到他人或公众利益受到更大或更深损害,

---

① 康德把这样的现象称为"先验的"。但此用法与"绝对命令"的提法一样,容易引起误解,反而是混淆和混乱之源。

② 但亚里士多德在《尼各马科伦理学》中所说的交换正义,主要是矫正性的,即针对伤害而言,缺乏"报恩"的意思。

这无论如何不会契合人们的正义直觉，移情式判断在这里肯定是起作用的，施报与受报的都会想到，如果我是那些因为跟我类似的行为的公共性或外部性影响而受到损害的人当中的一个，我会否赞成这样做？换言之，公正肯定是道德的（因为它必须符合普遍化的要求）。但道德却超出了公正，因为"己所不欲，勿施于人"之类，只有潜在的、本质上的公正性，具体事件中其影响却未必是公共的，即只是限于个别的行为关联者，也因为"利他"或"克己"本来就算不上公正。

那些可以被置于"交换正义"名下的报怨或报恩，必须不是在公众当中引起恐惧等恶劣影响的私刑，也必须不是损公肥私的报恩。如果在一个社会中，人们普遍认为：“我的确希望别人对我报恩，我就应该对别人报恩”，那么这种权变策略在那里就是一种道德义务。但很多时候人们会期待相互合作，却未必苛责于别人的报恩，甚至这样的期待是对自身的无条件利他主义的贬低。或者一般来说，以合作回报合作，以不合作对应不合作，不一定是正义的，恰源于它不一定是公正的，如果它没有公共性影响或者不破坏公正价值，那它就是正义的，也就是可以普遍推广而没有对称性上的缺陷的。

恕道或黄金律所针对的，总是那些在大众当中具有极为相近效用的事项（不管它是消极的还是积极的），也就是那些"人同此心，心同此理"的事项。但如何处理那些对于人群中的不同个体而言具有相当不同效用的行为、事项、资源、角色之类？这时，克己或利他举动的善意，权力或权利，或者社会基本正义的重要性，就凸显出来了。

某一人群中的合乎道德的行为方式，就是其中那些可"普遍化"的方式，但某一方式是可普遍化的，不同于它在现实当中的确被普遍化了。后者是指，这些行为方式的确成了为人们切实遵循的规范。

很多道德无序状况,似乎都有囚徒困境的特征。相应的,某件事上"善行"难成,往往就是因为它不是囚徒困境中的占优策略。有关的一次性情境,例如欺诈行为,或可表示如下:

|  | 另一方 |  |
| --- | --- | --- |
|  | 欺诈 | 诚信 |
| 一方 欺诈 | (2,2) | (7,0) |
| 诚信 | (0,7) | (4,4) |

囚徒困境(是否选择诚信)

这样的话,欺诈等"鹰"式战略就会被选择。但是选择欺诈的个体,并不一定处在一次性情境之中。例如在一个关系亲密的乡村社区、一个其内部成员彼此熟悉的俱乐部,或是在一种系统发育的市场环境中,"声誉机制"是解决这个困境的有效方式之一。[①] 当行骗者很容易被识别的时候,带有一定惩戒性的社区惯例就会马上启动。这样的情况反复发生,对于欺诈就是很好的约束。在很多时候,社群内的合作机制是帮助人们走出困境的基本方法。可是为了达成合作的条件,一些合乎道德的行为——如诚信、尊重生命——就是不可或缺的,它们就像"社会契约"。但这样的话,问题并没有解决,倒是让提问者陷入了循环。

虽然在很多一次或有限次数的囚徒困境博弈中,"杀"、"盗"、"淫"、"妄"等,乃是其中的纳什均衡解。但是合作的利益与不合作

---

[①] 参见〔日〕青木昌彦著,周黎安译:《比较制度分析》,上海远东出版社,2001年,第61-70页。

的利益之间差距足够大，便有可能逐渐诱致相互合作的惯例，因为得益结构的改变导致从一般角度来看的相互合作与占便宜两种策略之间的收益差距，甚至被占便宜与互不合作间的差距，都显得微不足道，但后面两种情况让人绝对难以接受，这时，诱发合作的前景就很值得期待了。

在某种原来的仅重复有限次数的双人或多人囚徒困境中，来自受害者本人或他的亲戚朋友的，强有力的、瞬间迸发的惩罚或报复的现实，就会使博弈退化为仅有共同不合作与共同合作两种策略并其得益的结构，而后者的得益要远高于前者。而在群体间竞争的环境中，若干参与者选择不合作，导致过低的总收益，竟使其根本无法从容应付群体间的竞争和冲突；或者，无法面对来自残酷的自然环境的压力。从而，不合作的负利益足够大，就可能引发大家洗心革面、痛改前非的决心。

再就是，如果人们得长期相处下去，有关情境就会变成无限或次数不定的"重复囚徒困境博弈"，未来收益状况，相对于当下博弈的权重，就变得足够大，鹰式遂不再是占优策略。像一些人所采用的"一报还一报"(tit-for-tat)策略，就可能支持基于高水平合作的纳什均衡。且这一策略具备在人群中可得扩散的优势。[1] 倘若合作持续深入，合作带来的收益或许随着合作时间等大幅增加，导致得益结构可能变成了像信任博弈那样的。[2] 反正在无限次的重复博弈中，原本囚徒困境的占优策略的优势，皆被抹平，即对参与者来说，选择合作策略并非不可能。

---

[1] 但如果大家都采取不合作的态度，那么不合作依然是每个人的理性选择，且在每个时刻，重复博弈都有退化到有限次数博弈的可能性。所以，针对重复囚徒困境的无名氏定理，并没有一劳永逸地保证和承诺"合作"的初始现实和永久可能性。

[2] 参见本书第5章第2节。

## 第三章 演化一般性:场域拓展和结构转换

当然,改变动机形成方面的心理激励机制,以及利他性惩罚形式的介入和演化,也是两条可能的改变行为倾向的途径。前者是指宁愿冒着被占便宜的风险,也不管不顾就要选择合作取向的态度,具有实际上的克己或利他性质,也可统称为"利他主义"。这至少在两个层次上有利于合作在人群中的扩散和巩固。那些具有利他主义倾向的人聚集在一起,相互间的利他取向所结成的效果上的互惠关系,使其享有类似于合作方式的得益,这也有助于他们抵消在与其他人交往时可能遭受的部分损失。再者,其他人会越来越真切地觉察到他们是厚道的、值得信赖的,不会在自己选择合作时背后捅一刀,所以在跟他们交往时选择合作,至少是可以严肃考虑的。

"利他性惩罚"则是指,不管其本身的动机是利他和公益,还是出于忿忿不平的报复心态,有些人会不计成本去对某个不合作者进行惩罚,这改变了后者的得益状况,也对其他人形成一定程度的威慑,它所促进的人群中的合作倾向,将会令人们普遍地从中受益,但就单次行动而言,惩罚者自身多半是得不偿失的。利他性惩罚要想使其效力得到巩固,并在广泛范围内持续发挥作用,就得靠形成某种具有其内在的规模效益的惩罚机制,而这种机制往往是与公权力的体系联系在一起的。

在原本"杀"、"盗"、"淫"、"妄"盛行的环境中,人们选择和平与合作的方式,就是使得安全承诺、维护产权、尊重个体意志或者彼此间的诚信,成为进一步合作的前提,就是在一定范围内戒绝负面的行为,就是令到"白通之法"或"恕道"在这类情境中得到切实、稳定的推行。当这些戒绝的行为方式逐渐成为习惯和传统时,就会被注入情感的因素,成为信念即内化的规范。围绕这些方式,很多因素,如规训、习俗、情感、信仰等,都被调动起来了。这些,的确后来成了人类社会得以维系的基本价值,法律制度也在参与着维护它们的事业；在一些历史进程中，在其基本伦理规范的地位得以巩固下来的过程中，宗教的——并且主要是世界性宗教的——体系，也曾对此产生影响深远的促进作用。不过，人类社会做了很多事情来促成它们，不只说明它们有多重要，实际上也说明它们依然很容易被违反。

不仅在把人们的行为理解为各自或共同追求特定目标的生产性过程的意义上，存在着力图拓展总的利益空间的合作问题，而且内嵌于生产性过程和交往过程，还存在着跟伦理上的"善"、"恶"相对应的合作与否的问题。这是一般意义上的意志间的协调，也就是在复杂形式的合作中容易被忽略的一般意义上的合作表现。复杂的合作往往以"善行"层次上的合作为前提，或为内嵌的环节。但在合作的进化史中，也可以看到，在拓展和促进善行的某些细致含义上的生产性机制的安排，以及这方面的不断发展，这可以说是一种反哺现象。同属"诚信"范畴，不做伪证，不偷工减料，不坑蒙拐骗，不投机倒把，不做假账，这比生活中的或者一般意义上的诚信，可能要具体明确得多，因而对此施以监管和制度上的防范，也就比促成一般生活中的诚信的习惯和习俗，要具体明确得多，但在特定领域也重要得多，复杂得多。合作是以善行为基础，而善行又要靠合作来促进，特别是"善行"的那些与特殊机制和体系联系在一起的特殊含义；可是归根到底，"善行"又无非"合作"的一般含义。

## 第四节 集权政府职能与法治目标

政治组织的发展的起点，应该是在约9000年到1万年前农业出现以后、人口密度已然较前大幅增加的部落社会；聚合成这样的社会的成员，已经不见得是彼此熟识的了。作为起点，一方面农业

## 第三章 演化一般性:场域拓展和结构转换

发展有可能带来了更大的人口压力(对组织形态而言的),另一方面则是因为这时血统既是纽带,又已不是纽带了。这样的社会是分支式的(segmentary),一个通常使用同一语种的部落内部,又分成若干支系,支系内又可以进一步在不同层次上进行划分,每一支系都遵奉共同的老祖宗,自然,更大支系或者部落的出现,只是因为属于其中的人们可以追溯到更远的共同祖先,或者他们自认为可以做这样的追溯;部落社会或其某一层次的分支,总是由其下的小型社会单位自我复制而成,就像蚯蚓的分段。没有集中的权力中心,没有制度化的领导等级,每个支系都可在经济上自给自足,而不需依赖于和其他支系之间的分工。总之,它们只有社会学家涂尔干所说的机械团结,尚未达到有机团结的境地。①

居于南苏丹的努尔人,在二十世纪的多数时候,就处在这样的部落社会的阶段,但他们是养牛的游牧民族。努尔人部落的分支可以有三个层次,到第三个层次,则由若干村庄组成,居民相互间是亲戚。为反对同样层次上的其他支系,某一支系内的成员会联合起来;而为了反对更高层次上的其他支系,又可能与在更高层次上同属一个支系的那些较低层次上的支系相联合,哪怕它们在同一层次内乃是彼此存在敌意的支系。同一层次内,血统组织或支系间相互打斗,但这并不妨碍它们在更高层次上,汇集起来,同仇敌忾,而全体努尔人在面对丁卡人开战时,也会有这样的团结意识,可是一旦外部威胁这样的促成其联合的原因消失,它们又倾向于迅速地作鸟兽散了。②

---

① 这对区分,参见〔法〕涂尔干著,渠东译:《社会分工论》,三联书店,2000年,第33-73页。

② 参见〔英〕埃文斯·普里查德著,褚建芳等译:《努尔人》,华夏出版社,2002年,第221-287页。

所有的人类社会都曾经组成过血缘性的部落——即使他们的血统谱系的规则可能不像努尔人那样严格。但溯及共同祖先，肯定是他们建立某些社会或政治义务的充分借口。与四圈之外、几乎仅分享1/64的基因的表亲合作，[1]却不愿与非亲的熟人合作，更不愿与素昧平生的陌生人合作，寡淡基因的理由是不充分的。但是文化会起作用，这就是祖先崇拜。不光是精神意念上的强化，也因为崇拜仪式创造了一种联系纽带。中国、印度、中东、古希腊罗马、非洲都曾流行父系家族。所以，在希腊罗马人那里，比起奥林匹斯诸神谱系更古老的宗教传统，是他们的祖先崇拜，他们并不认为祖先的灵魂飞升上天，而是住在葬地之下，他们便总是陪葬其认为死者所需的武器、器皿、服饰，甚而殉葬马匹和奴隶。[2] 而印度雅利安人也像他们的欧洲远亲一样，在家里供奉着代表此家庭的、永远不得熄灭的圣火。祖先崇拜的动员力量，是部落社会的动员力量的一部分；很显然，那些以遥远的共同祖先的名义迅速聚集数百上千亲戚来对付敌人的社会，将比不能做不到这一点的，更为强大，更容易在历史上存活下来，获得进一步发展的机会。

部落社会只有类似努尔人的豹皮酋长那样的软弱而缺乏约束力的准权威。血亲复仇的规则盛行，这基本上是因为，他们投诉无门。但对第三方裁决和执行机构的内在需求显然是很强烈的。据说，在太平洋沿岸的尤罗克（Yurok）印第安人中，遇有纷争，提诉的一方就会雇用二到四名非亲人士，即来自其他团体的所谓越界者（crosser），被告通常也会，在对证据做过判断后，这些中间人会

---

[1] 参见〔英〕理查德·道金斯著，卢允中等译：《自私的基因》，中信出版社，2012年，第6章。

[2] 〔法〕菲斯泰尔·德·古朗士著，吴晓群译：《古代城市——希腊罗马宗教、法律及制度研究》，上海世纪出版集团，2006年，第39-69页。

## 第三章　演化一般性：场域拓展和结构转换

做出是否要赔偿的裁决，但对此裁决，如果争议的当事人拒绝执行，越界者也跟豹皮酋长一样，除了排斥的威胁外，无法做得更多了。[1] 而真正起作用的第三方，必须是它的裁决能够得到切实执行的稳定机构。

不难想到，在那个小规模战争系家常便饭的时代，权力集中会因为武士阶层和军事领袖的崛起而大大加速，从此便出现了领袖与他的武装侍从这种最基本的政治组织。古罗马的恺撒，就提到他所征服的高卢人，每遇战争爆发，部落联盟便选出其领袖，赋予他平时所没有的生杀大权。[2] 而武士阶层则从战争中图利，他们从中掠夺财富、女人，他们与首领建立了一种基于长期互惠的忠诚关系，但彼此间的信任纽带达到一定程度以后，便无法完全用利益算计来解释了。而类似的保护人与依附者的关系，在以后的文明社会的政治中不断出现，其消极影响，常常是政治衰退的起因，而不能不引起人们的重视。

与血缘性部落社会相比，国家不以亲戚关系为基础，甚至它的正常和积极功能的运行，还得在一定程度上抑制家族关系的负面影响，它本质上是超越利益攸关者的第三方机构，必须置身事外，以公共利益和道义性为尚，来考虑它应该对任意的当事双方所做裁断，所采取的行动。包括各级领袖在内，组成这个机构的成员在此机构中的利益，在于该机构可以从它所提供的良好公共服务中收取费用，但收费必须符合公开透明、稳定可预期、合理分摊以及不损害公共服务质量的标准，且对大众而言，总体收费水平须处在其认为合理的区间内。

---

[1] 参见〔美〕弗朗西斯·福山:《政治秩序的起源》，第69页。
[2] 〔古罗马〕恺撒著，任炳湘译:《高卢战记》，商务印书馆，1979年，第1卷等。

权力集中是必要的。准确地说,依靠某种稳定机制,保证权力随时可以集中,以运用于任何较为严重的意志冲突场合,这是必要的。对于包括安全和司法体制在内的各类公共物品的供应来说,总是向往着广土众民的中央集权政府,具有它的规模经济特点,即在一定资源禀赋和技术条件下,也在一定限度内,随其财政税基即服务对象的扩大,提供这类公共服务的边际成本是下降的。它也是对公共物品供应所面临的集体行动难题的一种解决方案——强制性税收,使得没有人可以在基本的公共建设上搭便车。但政治的公共性迥异于一般的公共物品领域的显著特点在于:政府是为了从根本上解决或缓解意志冲突问题,而树立的第三方机构,让各方意志听命于它,恰是围绕或者基于政治领域的公共服务之出发点和关键环节,也是这样的机构的本质;而此类机构的规模扩张,并不丧失其作为意志裁断机制的本质,亦即权力依然是可集中的。

在规则已然树立的领域,悉依规则,而不是靠某人的随性的意志来做裁断,便是法治的发端,但在对于规则的确切涵义或规则如何适用的见解上,或许仍然会滋生分歧,故仍然需要把这方面折冲决断于歧见的权力集中于特定角色身上,而且,如何协调自由裁量的灵活性与依照规则共识的稳定性,也是最初和后来的政府有意无意要解决的问题。更加完备的法治,就得让依照既成规则或有关社会共识的裁断机制,在行政自由裁量的机制以外独立运作,并使行政力量尽量不要去破坏有关的规则。甚至规则也不是僵化的,但如何改变或完善,得有关于规则改变的程序性规则或原则方面的根据。这些就是法治化进程所趋向的内在目标,也是很多政治文明所共享的基本观念,但是如何做、做得如何,那又是另一回事儿了。很明显,就像集权政府的品质存在差异,也不是所有的社会在法治方面都达到了十分完善的程度。

## 第三章 演化一般性：场域拓展和结构转换

国家可以向它的公民提供其在相互孤立状况下所无法获得之公共物品：产权、信誉良好的优质货币、统一的度量衡、对外防卫侵略、对内警察奸盗犯罪；或者，司法服务也可以是政府职能的一部分，至少暴力机器的警务功能，也正可为执法所用。而要保障公共服务，公民就得纳税和服兵役。因为，权力是可以高效集中的，所以国家可以达到部落社会远远达不到的公共服务的水平。可是这番契约论的图景，有多大的历史真实性呢？[1] 应该说，从置身历史的各色人物的动机和具体进程来看，从政府总是过度收费而形成实质性的压榨，以及公共服务的水平却经常不尽如人意的角度来看，这番图景绝对不真实，但就国家建立后的整体效果和民众的一般期待来看，它又颇有几分真实性。不妨这样来看，第一，国家总会提供一定程度的公共服务，不管这种服务是否处在边际成本与边际收益相等的最佳经济效益的水平上，也不管它是否对很多人形成了实质上的严重剥削和压迫；第二，那些具有良好的公共服务水平的国家，容易在国际竞争的舞台上脱颖而出，赢得优势，获得扩张机会。所以，公共服务正是与公民意愿有关的国家的本质。

就国家形成的具体进程来说，倒不是民众跟某个领袖真的有过谈判，真的达成了协议，遂自愿交出他们的自然权利。早期的国家，可能在各类压力中应运而生，人口压力、战争压力、组织一定规模的灌溉工程的压力等；当然，农业发展和人口密集，也为专业分工、城市的出现、阶层分化创造了一些必要条件，也许魅力型领袖，在此过程中不可或缺，无论如何，时势都会造出这样的英雄，让他

---

[1] 17、18 世纪，关于社会契约论的经典哲学论述，参见〔英〕洛克著，叶启芳等译：《政府论（下篇）》，商务印书馆，1964 年；〔英〕霍布斯著，黎思复等译：《利维坦》，商务印书馆，1985 年；〔法〕卢梭著，李常山译：《社会契约论》，商务印书馆，1997 年等。

成为权力聚集的中心,但像穆罕默德那样,凭着他作为真正宗教领袖的魅力,而在阿拉伯半岛上一举创造国家,大概并不常见,然而他们肯定具有政治远见和组织管理才能,他们也肯定做了最关键的事情,把很多人聚集到他们的名义下,建立了一个试图为大众服务的等级制的机构,这就成了解决主要问题或一揽子问题的钥匙,然后压力的一度明显缓解和提供更多、更好服务的机遇的出现,就会让那个机构进入具有持续民意基础的发展轨道,一旦运行起来,它就很难停下来了——有其具体人员构成的机构可能被摧毁,但第三方机构的基本形式,会不断浴火重生。

夏商时期的中国社会,可能已经有了国家机器的雏形。但分支式的部落社会形态,甚至在西周春秋的宗法封建社会中,肯定还在发挥影响,因为其政治统治者正是天子和他的远房亲戚或姻亲,天子只是名义上的天下共主,诸侯在其封域内享有实际上的主权,但他的权力也是极不稳定的,不时地被簇拥着他的权贵们所窃取,这些权贵名义上是他的令尹、宰相、太尉、卿大夫,但实际上是各有其采邑、封地的领主,大多还是君侯的亲戚;极端情况下,这些领主权贵的权力,甚至又被他的家臣所窃取。① 但是过不了多久,在春秋末期,延续到整个战国期间,真正的国家开始形成,它们可能是世界范围内的最早的现代化国家,这样说的标准是,它们有覆盖其疆域的统一的中央集权政府,有官僚科层制,并且官僚的任命和陟降,是基于一套非人格化和能力是视的任用制度。②

战国时期的各个诸侯国当中,在采用现代国家制度方面,秦国算是一马当先,其中,商鞅和他带来的法家思想的影响,功不可没。

---

① 即孔子所谓"陪臣执国命"是也(《论语·季氏》)。
② 参见〔美〕弗朗西斯·福山:《政治秩序的起源》,第 19—22、109—124 页。

第三章 演化一般性:场域拓展和结构转换 351

他具体做的事情包括:废井田、开阡陌,把土地分给国家监控下的农民,井田之制废除,意味着农户挣脱了以此为纽带的对领主的封建义务和人身依附,于是他们也乐意去开发新的土地,当然国家可以绕开传统贵族向所有土地的主人征收统一的地赋。商鞅治下的秦国,还面对所有成年男子征收人头税,要求他们一定得跟原先的家长分居,不然就要缴纳双倍的此种税目,矛头直指大家庭形态;并实施诸家庭相互监督的保甲制。① 为了确保国家的职能,他还向家族式管理开战,以二十等爵制取代了世袭官职,此制中的论功封赏,主要是看军功,但官职不能世袭,要由国家定期地重新分配。②

商鞅所属的法家,这个相信人本性自私与恶劣的学派,不相信人可以自发地做到仁慈与公正,所以在制度建设的思想理念上,更依赖非人格化制度的作用、严刑峻法的作用,更多地谈到了公私之辨,更在意打击家族势力。所以他们和那些相信人性本善的儒家学者有很多地方谈不拢,后者把家庭伦理看成是道德的源泉,对于家族和国家的紧张关系,却视而不见。在后来的国家制度的实践中,名义上大都出身儒家的学者型官僚们,当然也在很多具体问题上,注意到了公义与私恩之间的矛盾。③ 但没有意识到,他们的道

---

① 商鞅之法,史称"什伍连坐",它在后世经历了不断被重建的过程,如北宋熙宁三年,王安石变法期间,颁行《保甲条例》,又行此法,规定:"十家为保,有保长,五十家为大保,有大保长,……每一大保,夜轮五人警盗。凡告捕所获,以赏格从事。同保犯强盗杀人,强奸略人,传习妖教,造蓄谋蛊毒,知而不告,依律仇保法"(《宋史纪事本末》卷3)。
② 参见《商君书》"更法"、"垦令"、"农战"、"徕民"、"赏刑"等扁,以及《史记·商君列传》。
③ 譬如,隋唐以降,科举取士的公正性,是攸关官僚科层制绩效的大事,但考官考生关系(前者谓之座主、其所录取者称为门生)、通榜公荐、徇私请托等方面,常有以私恩挠公义的状况发生,成为结党营私的途径,乃科举史上一直被关注的问题;其殿试、糊名眷录之类,便为对治之法。参见《唐摭言》、《旧唐书·穆宗纪》、《宋史·选举志》、《宋会要辑稿·选举》、《日知录》卷17,以及刘海峰、李兵:《中国科举史》,东方出版中心,2004年等。

德思考的基础,并不适用于公共部门。因为过分相信人格化的道德精神的作用,而对非人格化的、不讲情面的制度心存拒斥,所以他们对于由亲戚朋友的裙带关系所带来的公共政治的败坏,实际上没有一个全盘解决的方案。

大约在公元前 6 世纪,一种介乎部落与现代化国家之间的雏形国家形态,称为伽那—僧伽(gana-sangha,意为众多—集合体)的,在南亚的印度河—恒河流域出现,他们等级划分明显,王位世袭。但此后这种原始的、酋邦性质的伽那—僧伽,并没有被强大的国家所完全吞并,一直延续到了公元第一个千年的中期。而总的来说,印度在发展非人格化的集权国家上的成就,乏善可陈,权力实际上是在祭司阶层(婆罗门)和武士阶层(刹帝利)之间分享的。且法律并不是源于行政权力,不是出于王言,却像是从祭祀仪式中脱颖而出,开始只是口耳相传的惯例,后来则成文化了,譬如《摩奴法典》。既然法律所从出的婆罗门阶层的地位,比世俗统治者更为崇高,于是就有了限制权力的意义上的法治功能的雏形。而权力的受限,又由于祭司阶层垄断了文化,贬抑书写(这显然也会影响高度依赖文字记录工作的官僚科层制的发展),及村社的自治性(每个村庄倾向于有其强势种姓),得到了加强,故印度整体上呈现出"大社会、小政府"的面貌,这跟中国的刚好相反。①

诚然,"过去两千年中,中国的预设政治模式是中央官僚国家,缀以短暂的分裂和衰败;而印度的预设模式是一系列弱小王国和公国,缀以短暂的政治统一"。② 统一或者接近于统一印度的,只有公元前 4 世纪到前 3 世纪早期的孔雀帝国,③以及公元 4 世纪

---

① 参见〔美〕弗朗西斯·福山:《政治秩序的起源》,第 10、11 章。
② 同上书,第 145 页。
③ 前 232 年阿育王死后,它旋即衰落。

## 第三章 演化一般性:场域拓展和结构转换

到 6 世纪早期的笈多王朝。但 10 世纪以后,印度政治史的主线就变成了一连串的外国入侵史,这种入侵恰因其内部的四分五裂而变得容易了。13 世早期,建立了延续 320 年的德里苏丹国,然后是英国人的统治,他们带来了现代法治和行政制度。但是伊斯兰文明和英国人的那套,并没有根本上动摇印度社会的内在秩序。

再来看看伊斯兰世界。虽然阿拉伯人的建国,几乎完全是由于宗教力量的贡献,但这过程同样需要去遏制个人、家族或部落层次的种种私利考虑的纠缠。据说穆罕默德的"布道是故意反部落的……宣称有个信徒团体,其忠诚只献给上帝和上帝的话语,而不是自己的部落,这个意识形态上的发展,在内争好斗的分支式社会中,为拓宽集体行动的范围和延伸集体行动的半径打下了非常重要的基础"。[①]

可是维持政治统一的麻烦,在公元 632 年穆罕默德死后立即出现。虽然哈里发们可以很方便地借鉴它们周边的国家模式,但顽固的对于部落的忠诚,在穆圣身后迅速抬头,继承人问题上的争吵不过是这类问题的一个显著标志。穆圣属于古莱什部落的哈希姆血统,而他身后的第三个"哈里发"(继承者的意思)奥斯曼,属于倭马亚血统,虽然穆圣与这个血统分享一个共同的曾祖父,但两个血统争吵得很厉害。穆圣没有儿子,女儿法蒂玛嫁给了他的亲堂弟阿里。奥斯曼在位时把很多倭马亚血统的亲戚,带入权力圈,最后却死于行刺。可是继承他的阿里被赶出了阿拉伯半岛,又在今日的伊拉克某地被哈瓦利吉派的人杀死。随后哈希姆血统、倭马亚血统、哈瓦利吉派之间,爆发了一系列内战,直至阿里的儿子侯

---

[①] 〔美〕弗朗西斯·福山:《政治秩序的起源》,第 188 页。

赛因战死,倭马亚王朝才真正确立。① 阿里的党羽发展为什叶派,倭马亚王朝的追随者则被称为逊尼派,这种源于阿拉伯部落内部的血统纷争的分歧,却一直影响到今日伊斯兰世界的政治。

早期的哈里发们,尝试建立超越部落忠诚的国家,但是并不成功。于是,在属于哈希姆血统的阿拔斯王朝时期,军事奴隶制就应运而生了,目的也是要克服此前穆斯林军队基于部落征召的种种弊端(不易服从中央的军令、易于为其部落效劳等)。哈里发马赫迪在位时(775－785),宁可选择"毛拉"(被释放的奴隶)作为自己的仆从,也不愿跟他的亲戚共事,因为他发现后者更麻烦、难以驾驭。马蒙在位时(813—833),创建了被称为"马穆鲁克"的奴隶卫兵队,成员主要是那些其内部的部落形态被打散的突厥人,到了穆尔台绥姆时期(833—842),扩充至七万人。② 阿拔斯帝国消亡之后,军事奴隶制却以顽强的生命力存活下来。它在埃及的马穆鲁克苏丹国和土耳其奥斯曼帝国那里,都行之有效。在前者,突厥人一开始是苏丹的军事奴隶(奴隶中也有一些欧洲人),后来则接管了整个国家,不仅马穆鲁克自己可以成为苏丹,他们也参与了苏丹的选任工作;③而在后者,突厥人苏丹一直就是欧洲人奴隶所效忠的对象。

奥斯曼帝国崛起于14世纪初的奥斯曼手中,帝国改良了马穆鲁克制度。它使武官得严格听命于文官,奴隶永远不能成为苏丹,也不能在其军事机构自组小朝廷。其他制度规定与马穆鲁克类

---

① 参见〔美〕希提著,马坚译:《阿拉伯通史》,商务印书馆,1979年,第204－220页。

② 〔美〕弗朗西斯·福山:《政治秩序的起源》,第192－194页。

③ Mamlūk,一译作麦木鲁克,从词源来看,本意为"白奴",有关情况,参见〔美〕希提:《阿拉伯通史》,第272页注、第805－820页。

似,也许只是更苛刻、更明确而已。在其鼎盛的16世纪早期,大约每隔四年,帝国的官员都会在巴尔干半岛省份,举行一次非同寻常的征募(称为 devshirme),他们分头寻找体力和智力上具有突出潜质的十二到二十岁的少年,要完成伊斯坦布尔的规定配额,多数富有潜质的少年被强行从其父母身边带走,最盛时估计每次都有三千人。这样被征募来的人当中,最优秀的10%会在伊斯坦布尔等地的宫殿中长大,接受伊斯兰世界中最好的教育,可预期的前途,是担任帝国的高级官僚;其他的则被培训成会说土耳其语的穆斯林,加入苏丹的禁卫军。那些精英少年中的精英,日后颇有机会晋升为将军、维齐尔(大臣)、外省总督,甚至是大维齐尔(宰相)。但不论他们在外人面前如何有钱有势,其身份依然是苏丹的家奴(多少有点像某些升至高官的清朝王室和贵族的包衣奴才),完全听命于苏丹,后者稍有不满,便可将他们砍头或降级。[1]

军事奴隶制取得部分成功的原因在于:这些地位不同寻常的奴隶实际上是外国人,他们被切断了与自己原本所属的家庭、部落和社会的联系,他们身前享有的职位、权势和庄园不可传予子孙,[2]甚至身份也不可遗传,他们的处境不算是完全悲惨,但由于被人为带入到完全陌生的社会环境中,原则上就没有可以为之图利的自然家庭的纽带,他们只剩下效忠苏丹这一条人生道路可以

---

[1] 参见〔美〕弗朗西斯·福山:《政治秩序的起源》,第185—188、210—214页;另参见〔美〕斯坦福·肖者,许序雅等译:《奥斯曼帝国》,青海人民出版社,2006年,第151—155页等。

[2] 如在土耳其的迪立克(dirlik)采邑制中,骑士们从他的封地中得到的收入,只是对他的军事服役的犒赏,当他们太老而不能参战时,封地就收回。——在西班牙的美洲殖民地,为了奖励和控制殖民征服者而发明的托管权制度,所给予征服者的对原住民的托管,按起初规定,不得遗传。不知道这种制度在多大程度上是对此跨东欧的奥斯曼帝国的封地制度的效仿,可是殖民者强烈抵制托管权仅维持一代的规定,自然也是可以想见的。

选择,而效忠苏丹就是效忠国家,有时候也是在为公众利益服务。制度设计中还有一条关键是:他们的前途完全看他们的才干和表现,但他们与自己所治理的社会,始终是格格不入的。——这个做法明显是利弊参半的。

在奥斯曼帝国中,军事奴隶(askeri)与一般的百姓(reaya)严格分开,后者可以把财产和土地传给子孙,前者却不能,而这种有背于人性的做法,连同他们不能拥有自己的内部派别的规矩,却是他们成为执政精英和苏丹禁卫军成员的条件。百姓可以组成半自治的社区米勒特(millets),但一般不能携带兵器,不能当兵或者当官。帝国的原始制度非常严苛,但放松规则的压力一直都在起作用,16世纪,随着禁卫军结婚的禁令被放开,随之,又设立了专收他们的儿子加入禁卫军的定额,到了1638年,正式废除了征募制,等于完全承认了子承父业的做法,就连百姓也被允许加入禁卫军;晋升不再依靠量才择优的规则,越来越靠私人关系了。

然而,亲戚关系在社会发展中不太起作用,个人主义却甚嚣尘上,个人无须承担多少对亲戚的义务,在这方面有很多实质上的自由,这就是西欧社会的特点。造成这种局面,是很多因素累积起来的效果。但基督教的影响不可低估,耶稣布道时有云:"爱父母过于爱我的,不配做我的门徒;爱儿女过于爱我的,不配做我的门徒"。① 罗马帝国终结时,特殊的西欧婚姻模式,从倾向于同族通婚的罗马父系社会中脱颖而出,它的独特之处表现为:男女都有份参与财产的分配、交叉表亲间的婚姻被禁(而它在中东是常见的形态)、异族通婚深受鼓励、女性有更多的财产权和参与公共事务的机会。最后一点,其实是当时天主教会竭力反对与近亲、与兄弟的

---

① 《新约·马太福音》10:37。

寡妇通婚,反对领养孩子和反对离婚的结果。后来的教会法令还禁止纳妾。不管其意图如何,这些禁令客观上有助于教会的物质利益,因为这些禁令所反对的行为,在一个居民预期寿命普遍低于35岁的世界中,倒是亲戚团体控制代代相传的财产、不使其外流的有效手段。然而切实执行教会的前述禁令,相当于切断了某些将财产留给家族后裔的途径,于是教会就更容易得到没有继承人的信众所捐出的财产,而自愿捐献正是它所倡导的。

7世纪晚期,欧洲遭受了一系列的入侵,来自北方的维京人、南方的阿拉伯人和撒拉森人、东方的匈奴人,这时个人自愿效忠臣服于无血缘的某人而换取其保护的封建主义,也成为对于部落组织的替代。① 在英格兰,诺曼征服以后不久,那里的女性已经能够拥有和自由处置财产了,如其愿意,也可将它卖给外人。最晚从13世纪起,她们的民事权利又进一步扩大,甚至无需男子监护人的许可,就可签署遗嘱与合同,这依然是对于父系社会财产规则的侵蚀。② 从财产关系上来看,中世纪的欧洲社会已经有很多个人主义的因素了,这为其政治发展提供了一种有可能更容易摆脱血亲关系束缚的有利环境。

也许法治是欧洲政治文明的特色所在。法律为什么要得到尊重和切实执行呢?因为那些切实可行而不是源于个别人主观臆断的法律,代表了人们长期累积起来的共识,体现了道德价值,也往往是道德价值在某些领域里的特殊化运用。法律规则需要自发的演化,但这种自发秩序,只是将诸多法律人的主观创制和搜寻规则的努力融合贯穿在一起的进程而已,这也是有着众人的广泛参与

---

① 〔法〕马克·布洛赫:《封建社会》,第37-118、253-258页。
② 参见〔美〕弗朗西斯·福山:《政治秩序的起源》,第229、252页。

而没有人可以完全决定方向、路径和结果的进程。① 不过,政治当局介入所作的刻意修改,有时候的确会使原本渐进的、似乎没有特定主宰者的进程,发生一种突兀的改变,但这种改变嗣后是否切实可行,仍然要由自发演化进程来检验和决定,可是这种改变不见得都是坏事、都通不过这样的检验。

英国法律的发展,也许是对法律演化的自发秩序的最好见证,可就连它,也经历了几次重要的中断:基督教关于婚姻和财产规则的看法,带来第一次中断;跟中央权力的树立和拓展联系起来的普通法的引入,是第二次中断。我们在历史上会不断看到,个人或小集团,如果与更大范围的公共利益具有正相关性的话,后者得到促进的概率就会大大提高。诺曼征服之后,作为外来户的王室,试图把自己法庭所用的规则变成超越地方惯例的普通法,并藉此削弱地方领主的权威,但要做得这一点,胡作非为,绝对不是好的选择。"国王的主要服务是充作上诉法庭,如果有人不满意领主法庭……或庄园法庭所提供的正义。从自身利益出发,国王也希望扩充自己法庭的司法权,因为它的服务是收费的。"② 历史机缘相当特殊,但当事人要做出正确的事情,才能恰到好处地利用到这个机缘,而正确的事情是维系于上得了台面的普遍价值的。而在欧洲大陆,与领主法庭的专横相抗衡的,则是教会法庭。③ 几乎在整个中世纪,英吉利海峡的对面都缺乏需要法治去制衡和约束其行动的强势的集权政府;另一方面好处就是,法律形态的发展不可能受到全面的压制。

至少在诺曼征服以后、在 14 世纪以前,"所有的欧洲政治体

---

① 参见〔英〕弗里德利希·冯·哈耶克著,邓正来等译:《法律、立法与自由(第 1 卷)》,中国大百科全书出版社,2000 年。
② 同上书,第 253 页。
③ 参见〔美〕伯尔曼:《法律与革命》,尾论等。

## 第三章 演化一般性：场域拓展和结构转换

中，英国国家是最集中最强大的，其基础就是国王法庭，以及它向全国提供正义的职能。到1200年，它已拥有常设机构，配置以专业或半专业官员。它颁布法令规定，与土地权有关的案例，一定要得到国王法庭的命令方可成立。它还向全国征税"。[1] 1215年，当贵族们在兰尼米德（Runnymede）迫使国王约翰签署《自由大宪章》的时候，他们并不是只想争取豁免权的军阀，而是期待在统一的中央政府的框架下，通过王室法庭的法治来保护自己的权利，这种法治、制衡竟然与中央集权相辅相成的局势，环顾当时的寰宇，要算是极其特殊的。

1612年11月10日，在英格兰著名的"星期日上午会议"，柯克代表法官，向詹姆士一世重申国王无权审理案件的态度，又经几番辩论，柯克被解职了，但最终胜利的却是"法律至上"，可以说"遵循判例"、"陪审团审判"的普通法原则，也都跟这一原则有关。[2]

而在欧陆，法国的集权国家建设，在中世纪后期初见雏形，并在波旁王朝时期，进入了快车道。但那时候在官僚科层制和官员教育方面，它无法跟古代中国所达到的成就相提并论。国家制度，并未建立在任人唯贤的官僚机构的基础上，公共部门的职能为家族化的私利所侵蚀，国家为了筹措经费，经常把公职卖给最高投标者，围绕政府职能的腐败和寻租，是深入整个体制的核心的，甚至公职变成了世袭的私人财产。这种体制无可救药的原因更在于：公职人员在履职时谋取私利，具有合法化和制度化的特征。[3]

---

[1] 〔美〕弗朗西斯·福山：《政治秩序的起源》，第266页。
[2] 参见〔美〕罗斯科·庞德著，唐前宏等译：《普通法的精神》，法律出版社，2001年，第41—45页。
[3] 参见〔美〕弗朗西斯·福山：《政治秩序的起源》，第23章；〔法〕托克维尔著，冯棠译：《旧制度与大革命》，《托克维尔文集（第3卷）》，商务印书馆，2013年，第2编，第9、10章等。

公开卖官鬻爵的做法，始于16世纪，缘于法国为控制意大利而发生的与西班牙的长期战争，也缘于它的国家信用一直不高与财政纪律上的松弛。因为捉襟见肘、入不敷出，国家将公职出售给私人，后者便拥有了特定公职——例如征税官——所控制的特定长期收入，如果愿意支付官职税，私人还可以将其公职转换成后裔能继承的世袭财产。出售公职不缺乏客源，其中最大来源是那些属于第三等级的资产阶级成员，因为他们很想藉此来抬高身价。[1] 然而明显鼓励寻租的财政制度，会大大降低富人投资于积极生产性产业的兴趣，因为他们从再分配获得的收益已然不少，甚至高过了他们的机会成本。

法国的城镇，从中世纪以来就拥有它们的自治权，他们可以选举出地方行政官，来维护其权利，这还经常获得国王的支持，支持的目的却是削弱地方贵族，但到1692年，首度废除这种选举，城市的各种职务，从此可以买卖，据说路易十四这样做，是为了"把城市自由出售给所有能赎买它的城市"。[2] 到了18世纪，由于中央政府的做法，法国城市愈益受到买卖官职的寡头的控制，社区团结遭到破坏，民众陷入冷漠。可是法国各阶级之间，甚至阶级或阶层内部的不团结，在整个波旁王朝时期肯定是有增无已的。在1648年到1653年的地方精英和贵族反对国王的投石党叛乱中，原本都对中央政府的政策深感不满的各式参与者，却无法团结一致来取得军事胜利，就是一个非常明显的例子。

专制主义的法国社会的不团结，植根于公私不分的家族化实

---

[1] See William Doyle, *Venality: The Sale of Offices in Eighteenth-Century France*. Oxford: Clarendon Press, 1996.

[2] 〔法〕托克维尔:《旧制度与大革命》，第85页。

## 第三章 演化一般性:场域拓展和结构转换

践,税赋不公平,又是其中的罪魁祸首,免税不光是贵族阶层的特权,也是很多城市富有平民、皇家官员和地方官员的特权,在英国穷人才享受一些免税特权,而在法国,各色富人享受免税特权,大多数农民和工匠却要承受各种苛捐杂税。卓越的法国政治学家托克维尔相信,贵族和平民之间的不团结,乃是君主政体有意挑拨的结果。① 但在法国,专制主义没能取得完全胜利。这个国家也有从封建时代继承下来的若干宪政传统,如省级的高等法院,如全国性的三级会议,中世纪晚期,国王还得定期召开三级会议,来批准税赋,就像英国议会一样。但从玛丽·美第奇摄政时的 1614 年起,直到大革命前夕,三级会议从未召开过。而省级高等法院也没能起到限制君权的作用,没能使它接受议会高于行政机构的宪政原则;② 对此,地方精英之间的不团结难辞其咎。

包括贵族和第三等级在内的精英阶层,因为寻求非生产性租金利益上的分歧,因为对于公职和等级差距耿耿于怀,变得四分五裂,这妨碍了它们采取集体行动。但他们为了自己的利益,也无视非精英阶层的痛苦。于是

> 法兰西王国的政治制度无法自我革新。广大的寻租联合体获得权利,并在传统和法律中寻求保护,这就是国家权力的基础。他们的产权体现在公职中,但这是非理性和紊乱的,且多数又属不义之财。……即使等级制度高层,在思想上接受

---

① 他说"使贵族与人民分离,将贵族吸引到宫廷进入仕途,这差不多一直是历代君主的主导思想"(〔法〕托克维尔:《旧制度与大革命》,第 161-162 页);同样,资产阶级脱离农民,不仅没有和他们一起对普遍的不平等进行斗争,反倒试图为一己私利创立新的不公正,也要归咎于"我们大多数国王一贯采取的分而治之的手法"(同上书,第 174 页)。

② 参见〔英〕威廉·多伊尔著,张弛译:《法国大革命的起源》,上海人民出版社,2009 年,第 78-85 页。

旧制度的破产和根本改革,他们也没有力量打破寻租联合体所建立的平衡。需要……制度外非精英团体的愤怒,借用革命来将之彻底摧毁。①

实际上在现代早期,西班牙的国家形态跟法国的,颇有异曲同工之处,但其专制色彩似乎弱一些。西班牙国王对下属精英的权威,受法律和习俗的限制,他没有无限制的征税权,腓力二世在1567年颁布的新法典提到:"一定要召开议会,征得代表的首肯,方能在整个王国征税赋、捐献和其他税项"。虽然指的是额外的新税,虽然国王也宣称对他认为合理的税种,议会无权拒绝,但毕竟是有这样的规定。议会实际上对地方上的家族官僚多所偏袒,因为他们不愿支付财产税,所以新税负担大多被转嫁于穷人身上。由于跟法国的持久战争,跟尼德兰长达八十年的战争,还有在日耳曼土地上的三十年战争,16、17世纪的西班牙几乎一直处在破产状态中,一开始它想用借贷来平衡预算赤字,发现信用丧失后,又像法兰西王国一样,用尽各种伎俩,包括债务重组、出售公职之类。于是私人成功攫取了国家创造的租金,贪污腐败比比皆是,卖官鬻爵彻底腐蚀了公私分际。西班牙政权的家族化,大概始于16世纪60年代,在腓力四世治下(1621-1665)臻于巅峰,到了1650年,据估计总共出售了三万个公职,按人均来算,是法国的两倍。家族化还在侵蚀军队,在17世纪,募集海军的任务,越来越多转到了用自己资金来招募的私人手上,或是给了自行装备舰船和船员的沿海城镇,后勤供应则受制于热那亚的金融家,这样势必会削弱中央政府对军队的控制。②

---

① 〔美〕弗朗西斯·福山:《政治秩序的起源》,第341-342页。
② 同上书,第352-357页。

## 第三章　演化一般性:场域拓展和结构转换

在卡洛林王朝之外的欧洲,亦即在英国、斯堪的纳维亚半岛和部分东欧地区,平民和贵族之间有着更多的社会团结,但这是讲拉丁语的欧洲地区所不具备的特征,原因不太清楚,很可能和基层政治机构较弱而到了近代已不起作用有关。[①] 不过同样在卡洛林王朝的版图内,日耳曼地区有些不一样,例如在普鲁士发展起来的,却是公共职能较能得到尊重的专制政权。在现代集权国家存在之前,法治便已在中世纪西欧有了一定的基础,它可以约束暴政,但也可能削弱集权国家的建设。在拉丁语的欧洲地区,例如在法国和西班牙,在现代早期,对抗君主政体来保卫自由的努力,实际上也是在维护传统封建秩序和世袭的封建特权,法治所起的作用,让这些政府觉得,必须尊重这些封建精英的产权,既然不能径行征用,便只能用借贷或各种光怪陆离的财政花招,从居于政治弱势、至少在现代早期也缺乏基层组织保护的穷人们身上,筹集收入,肆行压榨。也就是说,在拉丁地区,寡头政治和家族势力如鱼得水,法治对贵族权益的保护,反倒帮助建立了高度不平等的社会,[②] 也使集权国家的功能未能获得充分发展,甚至民主形式即便建立,其实质也可能被寡头政治所腐蚀。

在西班牙,寻租现象的制度化并没有像在法国一样,导致大革命的爆发,而是造成了国力的长期衰退。大革命摧枯拉朽之势,摧毁了法国的旧制度,它必须在公共利益和私人利益之间重新厘定原本相当混淆的界线,它也的确是这样做的,它没收了贵族和买卖公职者的世袭财产,废除了他们的特权,谁反抗就砍谁的头。在新

---

① 参见〔美〕弗朗西斯·福山:《政治秩序的起源》,第343-344页;但中世纪的法兰西,附庸参与领主法庭,还是很常见的,参见〔法〕托克维尔:《旧制度与大革命》,第126页。

② 上同书,第346页。

的行政制度中，公职聘用是基于去家族化的任人唯才、任人唯贤。

总的来看，集权政府和法治，代表两种不同的对于冲突意志的裁断方式，前者依靠被稳定地赋予权威的个人的自由裁量，后者依靠一般性规则，而纯粹依靠固定程序进行裁断，大致介乎两者之间，即程序本身属于一般性规则的范畴，但依程序所做出的，可能是相当灵活或者特殊化的实质判断。在必要的情况下，权力必须能够以适当方式集中，不然就不可能去除爆发战乱与分裂割据的危险，也不可能实现那些单靠众人各自的自利理性所无法实现的"兴公利、去公害"。[1] 集权体系可以保障良好的产权，但也可以轻易地取消它，对此，反抗主观意志恣意妄为的法治传统就会起作用，法治让人对自己的生活前景和周围的秩序形成一种稳定的预期。对不同国家来说，也许有关的发展路径、阶段、所能借用的条件甚至目前的效果各不相同，但因为有毋庸置疑的好处，所以没有人会轻易否认，集权高效和法治健全，是文明国家的两个内在目标。

亚里士多德说："法治就是已成立的法律获得普遍的服从，而大家所服从的法律又应该本身是制订得良好的法律。"[2] 法律一般都关乎权利和义务，但一法律体系是否充分承认和吸纳当时本已为大众所承认和倾向于接受的权利事项，或者是否实质地拓展涉及权利保护的范围，仍然是判分体系意义上的良法与恶法的主要标准。作为法治基本意涵的守法习惯，须是与本身也可改进的改进法律规则的程序相结合，才能巩固、可持续。但"普遍的服从"不能有系统性漏洞，即使存在特权阶层或专制君主，至少也得有针对它们的法律约束，否则良法，或者使法律趋于良善合理的程序的建

---

[1] 此语出自黄宗羲：《明夷待访录·原君》。
[2] 〔古希腊〕亚里士多德著，吴寿彭译：《政治学》，商务印书馆，1965年，第199页。

立,就不会有保障,进而普遍的守法习惯会渐趋瓦解。

过去,法律的神圣性常被认为来自神灵、理性或古老习俗,一些历史上的法治形态便经常与这些因素相结合。但根本上,法律的合理性——也就是它所确认的那些权利和义务所构成的系列的合理性——来自实践的积累,为此,不管是经由司法还是立法程序,法律体系必须拥有适当的手段,来除掉恶法、树立善法,也得要对于行政权力的干涉有所防范。而对于扎根实践的、自律发展的、有着健全的权利系列的法律的尊重,实际上就是对社会共识的尊重,对秩序和共同价值的尊重。

## 第五节 规范的符号特征与信息机制

人类是理性的动物,在很大程度上,也是符号化的动物。符号使用之频繁,真可谓"日用而不知"。符号是知识的载体和取得技术进步的平台,也是人们相互协调和实现角色期待的工具。[1] 人类社会曾经使用和正在使用的符号种类极为繁多,作为能指,自然或人工的事物,皆无不可,乃至有专门创造的、非理据性的记号等。[2] 拿符号对人类福祉的增益的论题来说,除了为通信技术所必需,良好的符号系统,经常也是降低规范和制度运作的成本——特别是其中的协调成本——的工具。

有些社会化规范,本身也是符号,譬如"仪式"或者"图腾体系",即它们也是信号传递装置。因而适合从符号运作的方面来分析它的结构和功能。可是这些符号性质的规范,并非不计成本——

---

[1] 从罗兰·巴特对日本文化中普遍存在的符号现象的描述,便可就此略窥一斑。〔法〕罗兰·巴特著,孙乃修译:《符号帝国》,商务印书馆,1994年,第1章。

[2] 李幼蒸:《理论符号学导论》,中国社会科学出版社,1993年,第475-511页。

效益的单纯的象征形式,而是对应着社会结构上的深层效益。另一些规范虽本身不能算作符号,但其运作和实践,一般来说也都配合着符号的维度,其中便有成本环境是否支撑这样的维度,或者什么样的符号特征在特定领域里更具效益之类问题。

当我们谈到"文化"或"文化模式"的时候,其核心还是指符号体系及其作为精神世界的投射和自我塑造的工具之性质。文化模式为塑造人类的各项制度所做的直接或辅助的贡献,在相当程度上取决于它的符号特性,创造与模仿的可能性皆蕴含其中。文化模式是"模型"(model),这有两种涵义:"映现"和"范型"。[①] 前者是指,借由符号形式或象征结构的运演,使模型能够贴切地成为那一实质在先的事物的反映、模拟或比照;后者是指,某一符号体系既然被创造出来,于是作为一种在先的领域,具有在其他符号体系中被复制或在非符号领域中(如日常生活中)被现实化的机缘。这显然是理想型的区分,但它展示了:文化模式秉赋天然的双重性,它既要按照自然或社会的现实来塑造自身,也要按照自身来塑造自然或社会的现实。[②]

关于符号的规范特征或规范的符号特征,以及它们的效益机制的认识,至少包含这样一些方面:(一)一般来说,符号和符号体系本身就具有明显的规范特征,即符号的编码和运作不是随意的,而是有迹可循的、规范导向的;(二)规范的运作常常需要某些信息的传

---

① 这一区分是采用格尔茨(Geertz)的说法,他称这是 an 'of' sense and a 'for' sense 的差别,参见〔美〕格尔兹:《文化的解释》,第 107—108 页。

② 规范世界所牵涉的符号体系,在很大程度上,其功能在于提供一个模板,以便复制某些价值上已被认可的行为方式,如同一个 DNA 链上的碱基序列,借助化学催化的自然特性,犹如形成一套指令或者说编码程序,它所合成的具有复杂结构的蛋白质,基本上决定了生物器官的功能。符号体系也一样,借助它可以不断地成功复制某些行为方式。

递;这些信息的载体形式,有可能是经过编码的符号;(三)某些可直接认知的规范体系——例如象征仪式——同时就是一种信息装置,它映现或刻画着其他领域里的各类有用信息,包括不断传递对某一社会结构而言极为重要的关于某些规则的信息;(四)某些规范或规范体系,作为经过编码的符号的功能,经常是提供模板或范型,来帮助复制某些价值上已被认可的行为方式;(五)一些社会化的规范整合与协调人们的行为,甚至为进一步的制度演化创造条件,但营造协调效果,常须借助各色各样的符号工具,就像在西太平洋岛民的"库拉"制度中所用到的项圈和臂镯;(六)某些象征符号,可能成为某一群体的成员有效地相互辨认的标识,利用这些标识,已经养成内部的合作习惯的人们,可以迅速决定是否采用彼此合作的策略。

## 一、作为符号工具的"图腾"现象

"自然"是"文化"的他者。但是按照结构主义人类学家列维—斯特劳斯的观点,文化与自然的差异,经常被各种编码所缠绕,经由这类编码而被指认,以及进一步被强化。看起来,结构主义的一般哲学前提并非没有道理,即那些不断地在形成和塑造着文化的社会行动,其实不断地表明,它们也是一种按照语言模式进行"编码"的活动。[①] 人自身的再生产,本是一个与自然本能高度相关的领域,但这里竟然也充满了文化模式及符号编码机制。

---

[①] 结构主义人类学家列维 斯特劳斯所从事的研究工作,主要便是将结构语言学的方法用于分析非语言学的材料。对于人类学要研究"完整的人"的目标来说,它就必须既从人的制作品,也从人的表现方面来揭示,而这两种情况都同语言学有着特别密切的联系,因为"语言直接就是文化现象(区分人与动物)的范例,是全部社会生活的形式赖以建立和长存的现象。"([法]列维—斯特劳斯著,谢维扬等译:《结构人类学》第1卷,上海译文出版社,1995年,第387页)斯特劳斯工作的总趋势便是试图印证:社会生活的不同方面是否构成了各种其内在本质和语言的内在本质相同的现象?他试图把血缘关系、婚姻法则、仪式、社会组织、图腾体系、食物烹饪等人类文化的各个方面都融入到一种结构式的分析当中。

从人类繁殖所涉血缘关系的角度来看,亲属关系似乎是最自然的;实则不然,这里充斥着只有在文化层次上才能看到的符号和符号之间的结构关系。其实,任何社会都有亲属关系方面的制度,其中包括描写亲属关系的词汇,通婚规则,及对于由通婚和生育而来的姻亲关系、血缘关系和继嗣关系的界定,及伴随这些关系的权利、义务,甚至也包括对有关亲属关系的态度和倾向。①

"亲属关系"首先是一系列词汇。但这些词汇不是简单地反映某种在它之前的亲属关系的现实,在有的文化中,倒是通过它们圈定了社会里面那些能够被辨认或被承认的亲属关系的社会性范围,即随着这些词汇的使用,才产生了这些亲属关系。

---

① 美国人摩尔根于 1871 年发表《人类家庭的血亲和姻亲制度》(*Systems of Consanguinity and Affinity of the Human Family*)。从此,亲属关系问题,就一直是人类学的一个传统课题。此书列出了作者精心搜集的古代和当时的人类集团亲属称谓词语的总表(参见〔法〕安德烈·比尔基埃等著,袁树仁等译:《家庭史》第 1 卷,三联书店,1998 年,第 16 页等)。但是摩尔根还假定,这些称谓是其所属社会中实行的家庭关系的表征。譬如他曾提到,如果某一部落中,用一称谓来称呼父亲的所有兄弟,这就标志着社区中的人无法辨认出谁是真正的生父,很可能群婚形式曾占主要地位,群婚之前大概还有性杂处居主流的阶段等等。摩尔还按照人类进化史的顺序排列了五种家族形态,即:(一)血婚制:即由嫡亲和旁系的兄弟姊妹集体相互婚配而建立的。(二)伙婚制:由若干嫡亲的和旁系的姊妹集体地同彼此的丈夫婚配而建立的;同伙的丈夫们彼此不一定是亲属。它也可以由若干嫡亲的和旁系的兄弟集体地同彼此的妻子婚配而建立;这些妻子们彼此不一定是亲属。(三)偶婚制:由一对配偶结婚而建立的,但不仅限与固定的配偶发生性关系。婚姻关系只在双方愿意的期间才维持有效。(四)父权制:由一个男子与若干妻子结婚而建立的;其中男子在由婚姻而产生的各种关系中居于支配地位。(五)专偶制:即通常所谓的一夫一妻制家庭及其延伸出来的家族(参见〔美〕摩尔根著,杨东莼等译:《古代社会》,商务印书馆,1977 年,第 382 页等)。其中本身未产生任何特殊的亲属制度的是偶婚制与父权制家族。马克思、恩格斯对摩尔根的研究亦深表关注,后者的创造性阅读,反映在《家庭、私有制和国家的起源》一书中,自然其中的很多看法深深影响了中国的史学界。但是摩尔根依据家族形态或亲属关系而定出的进化论模式,在 20 世纪上半叶,即受到来自泰勒、里弗斯、博阿斯与罗维等人类学家的激烈抨击。这些人类学家根据以田野调查为基础的比较研究,反对将亲属称谓与家族形态之间进行简单的对应,及反对将各种家族形态的关系纳入进化论的模式来看待,至少认为这不是一种单线的进化论(参见〔法〕安德烈·比尔基埃:《家庭史》第 1 卷,第 20 页等)。

第三章 演化一般性:场域拓展和结构转换　　　　　　　　　369

　　这些指认亲属关系的称谓词,还体现了所谓的"符号的规范特征"。在很多地方,亲属关系称谓,并不一定像在中国一样,对于至少两代人之间所有的亲属关系的情况都能予以刻画,而是对某些方面表示得细致,另一些方面则表示得含糊,诸如此类。① 这也是

---

① 基本的亲属称谓体系(kin terminology)有六个:(一)爱斯基摩(Eskimo)类型、(二)夏威夷(Hawaiian)类型、(三)易洛魁(Iroquois)类型、(四)奥马哈(Omaha)类型、(五)克劳(Crow)类型和(六)苏丹类型。在西方社会和爱斯基摩人当中实行的爱斯基摩类型,其实质是对嫡亲同胞与父、母两系的 cousin 加以区分,而在我们熟悉的"堂"、"表"之间则不作区分,统一用一个称谓。夏威夷类型的描述性就很贫乏,它只有两种区别:代和性别;完全不区分嫡亲和表亲等。易洛魁类型据说在全世界很多地方都能看到。其特点是区分平表兄弟姐妹和交表兄弟姐妹。平表是与父或母同性的同胞亲属的子女,交表则是与父或母异性的同胞亲属的子女。奥马哈类型有些特点显得很奇怪:结合性别与代际来看,母亲的兄弟的女儿却与母亲使用同一个称谓,母亲的兄弟的儿子则与母亲的兄弟使用同一个称谓。克劳类型的某些方面可以说是奥马哈的对称的镜像。最后,苏丹类型主要流行于中国和中东,特点在于具有最高的描述性。在某人及其父母一代的十六种可能的同宗亲属中的任何一个都有不同的称呼。可以把上述六种亲属体系关于全部十六种关系的称谓上的安排表示如下(此表即以第六栏的苏丹类型的称谓为基准,观察其他类型的词汇适用范围):

| (一)父亲 | A | A | A | A | A | A |
| --- | --- | --- | --- | --- | --- | --- |
| (二)母亲 | B | B | B | B | B | B |
| (三)父亲的兄弟 | C | A | A | A | A | C |
| (四)母亲的姐妹 | D | B | B | B | B | D |
| (五)父亲的姐妹 | D | B | E | E | E | E |
| (六)母亲的兄弟 | C | A | F | F | F | F |
| (七)兄弟 | G | G | G | G | G | G |
| (八)姐妹 | H | H | H | H | H | H |
| (九)父亲的兄弟的儿子 | I | G | G | G | G | I |
| (十)母亲的姐妹的儿子 | I | G | G | G | G | J |
| (十一)父亲的兄弟的女儿 | I | H | H | II | II | K |
| (十二)母亲的姐妹的女儿 | I | H | H | H | H | L |
| (十三)父亲的姐妹的儿子 | I | G | M | F | N | M |
| (十四)母亲的兄弟的儿子 | I | G | M | F | N | N |
| (十五)父亲的姐妹的女儿 | I | H | O | O | E | O |
| (十六)母亲的兄弟的女儿 | I | H | O | B | P | P |

参见〔美〕F・普洛格、D・G・贝茨:《文化演进与人类行为》,第 12 章;〔法〕安德烈・比尔基埃等:《家庭史》第 1 卷,第 30 页等。

一个符号任意性的很好例子。但所谓的任意性是相对于某种理性的必然性而言的,并不意味着那些符号形态就一定不受某种现实因素的影响。而且,这是规则在其可能展现的多样性意义上的任意性,并非指不存在规则,情况正好相反,称呼的惯例,就像语言的其他方面一样,变成了深深刻在人们脑海中的规则。考虑到基本亲属关系词所指涉的领域的性质,这些词肯定是语言中相当古老的部分。

而在结构主义者看来,亲属关系类型的相当典型的封闭性,似乎提供了一个验证结构原则的理想场域。列维—斯特劳斯很明确地说:

> 如同音位一样,亲属称谓是意义的元素;亦如音位一样,只有当它们整合到系统中去之后,它们才获得意义。"亲属制度"像"音位体系"一样,是由思维在无意识思想的水平上建造起来的。最后,散见在世界各地和根本不同的社会中的亲属关系模式、婚姻法则、在某些亲属关系类型之间的相似的规约态度等等的重复出现,使我们相信,在亲属关系问题上和在语言学中一样,可观察的现象是由那些一般的但是潜隐的规律的作用造成的。因此问题可以归纳为:虽然亲属关系现象与语言现象是属于不同种类的实在,但它们是属于相同的类型的。[1]

他并指出舅甥关系的重要性,称它为"亲属关系的原子",是组成更复杂系统的砖块。"所有亲属制度都是在这一基本结构的基础上,通过吸收新的元素使其扩大和发展而建立起来的。"[2]他说,

---

[1] 〔法〕列维—斯特劳斯:《结构人类学》第1卷,第36页。
[2] 同上书,第54页。

人们甚至可以从逻辑上给出有关的证明。可以这样考虑：要使一整套亲属关系结构存在，必须具备三种家庭关系类型，即血缘关系、姻缘关系和世系关系，更确切地说，就是同胞关系、配偶关系和亲子关系，那么依赖于四个称谓（兄弟、姐妹、父亲和儿子）的基本结构就能满足上述要求，并具有简明、必要的特征。

亲属关系基本单位的这种原始和高度简化的特征，实际上是乱伦禁忌普遍存在的直接后果。即在人类社会中，一个男子必须从另一个把女儿或姐妹给予他的男子那里获取女人，这就意味着，母舅在亲属关系中从一开始就存在了，并且可以说是，亲属关系结构存在的必要前提。夫妻关系则不可能是亲族关系的起点，因为乱伦禁忌的存在，基于夫妻生育而产生的家庭，不能在自己内部繁衍下去，而必须通过婚姻，与其他的相似单位进行交换。其实提到舅甥，也就涵盖了兄弟、兄弟的姐妹、姐妹的丈夫和姐妹的儿子这一组基本的结构。当然，作为一种纯粹理论的构想，也可以想象一种性别颠倒而同样简单的结构。它将包括姐妹、姐妹的兄弟、兄弟的妻子和兄弟的女儿。但这不符合人们的历史经验。因为在人类社会中，是男人在交换女人，而不是相反。

关于特定范围内的乱伦禁忌或外婚制的起源，在中国社会科学界比较流行的摩尔根（L. Morgan）的理论认为，由于原始人逐步认识到血缘近亲的性结合是造成种群退化的根源，故而人们创设外婚制以禁止这种会减弱其总体活力的性结合。即使人们对于这种后果只有模糊的意识，但模糊的认识已经足以影响他们的行为；或者，类似于自然选择的过程决定了这一切。这种理论也许在根本上是对的，但需要对事实有更精确的把握和更精确的理解。正如摩尔根对于氏族形态、功能和亲属制度的认识存在缺陷一样，他所理解的外婚制也是狭隘的。其实，就像涂尔干所指出的,"外婚制与血亲关系只有一种间接的和次要的联系。"①质言之,外婚制所排斥的不必定是血亲的结合,恰如它并不一定鼓励这种结合。②

像爱斯基摩人那样把外婚制的单位限于家庭,经由实际的亲属关系来确定外婚制,这种形式与通常所说的图腾制度无关,而且爱斯基摩人确实没有图腾体系。所以,外婚制没有图腾制度亦可

---

① 〔法〕涂尔干著,汲喆译:《乱伦禁忌及其起源》,上海人民出版社,2003年,第39页。依涂尔干的观点,外婚制的起源与对血的禁忌、进而与图腾崇拜有关。涂氏认为,倘若我们想要弄清以经血为对象的"塔布"的起源,就得撇开事后意在使此种残存下来的习俗变得可以理解而臆造的种种说法。即后人率皆倾向于认为,"经血与其说是与提供保护的神明有关,还不如说是与有害的力量有关"(同上书,第56页),只认为它是不洁之源,而非神圣存在。但实则其神圣性和图腾有关。涂尔干说:"图腾存在是内在于氏族的;它化身于每个个体,存于他们的血液之中。它本身就是血"(《乱伦禁忌及其起源》,第54页)。又说:"血被以一种一般的方式加以塔布,而血又塔布了所有与之有关的事物。血排斥与这些事物的接触,并围绕着出血之处,形成了范围或大或小的真空。而在妇女身上又会长期不断地出现流血现象……因而,一种或多或少被意识到了的焦虑,以及一种宗教性的恐惧,就不可能不在人们与女性所具有的各种关系表现出来,所以这些关联都要被减少到最低程度。而具有性特色的关系,又会遭到最强烈的排斥。……由此,就产生了外婚制及其实行的严酷惩罚"(同上书,第52页)。作为一种接触禁忌,外婚制所防范的是同一氏族的男女之间的性亲近。因为恰是同一氏族即同一图腾群体的成员,被认为拥有共同的祖先和分享共同的生命基质(substance)或生命本原(principe)。图腾是神圣的,而体现图腾之本原力量的血也是神圣的,即是禁忌的对象,要避免与凡俗的接触。一旦流血,令人敬畏的力量就会释放,产生破坏性的后果;倘若与之接近,便进入接触者的体内并造成紊乱。

② 近亲结婚在某些文明社会中也是常见现象。例如,犹太人的先祖亚伯拉罕,娶同父异母的妹妹撒拉为妻,生了以撒(《创世纪》20章);而《旧约·撒母耳记》则提到,他玛本可以合法地嫁给他的异母兄弟亚门;此外,在阿拉伯人和信奉伊斯兰教的巴尔干人中,也可找到同样的习俗。某些小的社会群体由于这样或那样的原因而存在内部通婚,世代相袭却未见明显的人种退化迹象。据说对犹太人的统计表明,近亲结婚往往会减少死亡率(参见〔法〕涂尔干:《乱伦禁忌及其起源》,第37页)。涂尔干还认为,虽然犹太人由于近亲结婚的概率过高,无疑是有各种各样的神经衰弱倾向,然而同时却有高度发达的心性,几个世纪以来,这帮助他们能够抵御来自社会原因的破坏。其实,如果这些社会在初民时代曾经有图腾氏族,那么按照常见的继承母系图腾的规矩,同父异母便属不同的氏族,并未违反外婚制。

存在,不能认为两者之间有因果关系。当然,两者的紧密联系,一般来说也是无法否认的。正如人类学家泰勒所说,"在占有地球四分之三的土地上,它们的紧密结合已经指明,一旦图腾能够发挥古老的、强有力的作用,就会使氏族变得更牢固,并把氏族合并到更大范围的部落中去。"①

虽然在世界范围内,图腾现象是广泛存在的,但它既非原始宗教的全部,亦非其必然阶段,更无法贸然断言它是已知宗教的最早形式,甚至,"图腾"现象不见得是宗教的。在北美的印第安人中:汤姆森河流域的土著有类似的图腾标志,却没有氏族;易洛魅人以动物来称呼氏族,但此类动物却不是信仰的对象;尤卡吉尔人有氏族结构,动物精灵对其信仰亦有相当作用,可是这一切体现于萨满的活动,而不是以社会群体为中介。

其实,图腾本身就是高度仪式化和高度符号化的现象。在很多场合,作为编码程度甚高之信号装置,它反映着——有时毋宁说是塑造着——其所在社会的结构。图腾是一种符号体系。即使最单纯的"图腾制度",通常也涉及两个领域,其一人类与动物或植物之间的关系,此一问题势必涉及对人与自然关系的一般看法,及进一步关联到巫术、信仰和艺术等;其二以亲属关系为基础的群体的称谓,这种称谓不必然借助动、植物的名称——尽管这样的做法在原始部落中极为普遍。只有当上述两种秩序被组合在一起时,图

---

① 转引自〔法〕列维—斯特劳斯:《图腾制度》,第18页。中国上古或许也有图腾崇拜现象,而最典型地透露此方面消息者,当属《山海经》。它以闳诞迂夸的方式,描述了当时的地理、物产和图腾崇拜现象。又《左传·昭公二十九年》晋太史蔡墨谈到豢龙氏(即远古以龙为图腾的部族)的传说,以及《史记·五帝纪》等,关于黄帝被称为有熊氏,并其驱诸虎、豹、熊、罴之属而与异族战斗之记载,大概也显示彼时先民尚行图腾崇拜之景况。

腾制度方才成立。① 这通常是指，一个部落或族群选择某一种动、植物乃至于其他自然现象，作为其内部各氏族的区分性标志，即成为那些氏族的名称和象征，甚至可能将该图腾物种视为相应氏族的超自然祖先或亲属，并由此形成一系列崇拜仪式或禁忌。但事实上，图腾也可能是性别、部落、偶族差异的标志；一些地方竟还出现了围绕个人的图腾。

为何图腾制度会选择动物或植物作为其确立社会分支的符码。涂尔干的解释是：氏族的标志其实是随意选取的，但作为记号必须得非常简单、很容易碰到，也很容易指涉，以至于缺乏精致表达手段的初民社会，都能够拥有关于它的知识。职是之故，人们广泛地选择动、植物作为记号。但在这种符号系统背后，根本上起作用的是社会划分的动力，而动物、植物或一些非生命现象，能在图腾体系中具有深受崇拜的地位，并没有什么绝对的源于自身的原因，其神圣性仅仅源于，它们是社会组织特别是其内部分支的标志。②

在澳洲，总体上看，图腾制度具有各种异质的形式，这些形式还可能结合在一起。譬如分布于南澳洲西北部的迪埃里人（Dieri），就同时拥有氏族图腾、胞族图腾、性图腾、及与从父居的地方性群体相关的膜拜图腾等。在澳洲和很多地区的土著之中都能观察到的"氏族"，通常有两个基本特征。首先，其成员自认乃是通过亲属关系的纽带结合在一起，他们彼此间，承担着与后来血亲宗族内的很相似的一些义务：援助、复仇、发丧、族内不得通婚等；其次，每个氏族均

---

① 据说"原始的关系是两个体系之间的关系：一个体系是以群体差别为基础的体系，另一个体系是以物种差别为基础理论的体系，而群体的多元性和物种的多元性既直接相关，又彼此对立"。（[法]列维-斯特劳斯：《图腾制度》，第26页）。

② 参见[法]涂尔干著，渠东等译：《宗教生活的基本形式》，上海人民出版社，1999年。

## 第三章 演化一般性：场域拓展和结构转换

有图腾，且这一图腾是其独有的。但氏族成员认定的亲戚关系，并不一定是因为他们真有血缘关系，必要的条件只是共同拥有一个图腾罢了，因而图腾对于一个氏族所具有的重要性和它对于个体的重要性，不可同日而语。在澳洲等地，同属一个氏族，不一定都在一个地方聚居，所以确认身份的方式就越发依赖于图腾标志。

在澳洲，氏族层面上的图腾，主要源于三种方式，即子女的图腾，或传自母系，或传自父系，或是所谓"胎系"，即时常采用一位神话祖先的图腾，此位祖先据说在其母发现怀孕的一刹那降临，并神奇地使之受孕。采用母系图腾的部落，由于外婚制的规定，母亲一方的图腾必然与其夫家图腾相异，另一方面，一般女方是要住在男方的共同体中，故而图腾群体缺乏地域性基础。与此相映成趣，每个父系图腾的氏族大都是一种地域性的群落。胎系的图腾常采自与母亲发现自己怀孕的地方（或邻近地区）有关的动物、植物或自然现象，这种规则表面上显得很随意，子女可能与父母的图腾都不一样，就算同胞之间也常有不同。

在图腾体系下，外婚制通常是禁止同一图腾氏族的成员彼此交媾的规范，一般而言，这种禁忌是针对所有形式的性交往，不管它是正式的婚姻还是同居。对于这种禁忌的违反都要遭到极严酷的惩治，基本上要处以死刑。在北美印第安的那伐鹤人（Navajos）中，违禁者被恐吓说他的骨头会枯槁，这种舆论压力，经常让违禁者机体紊乱，乃至一命呜呼。

然而，一个部落中的具体的婚姻规则，往往还跟"胞族"和"姻族"的划分有关。据说，"胞族是借助特殊的兄弟关系的纽带联合起来的一个氏族群。"[①] 比较多的情况下，胞族被划分为两个，尤其

---

① 参见〔法〕涂尔干：《宗教生活的基本形式》，第137页。

在澳洲,基本上都是这样。一般来说,个体归属于胞族的情形,遵循不能重复的原则,实际上每个氏族也都属于且仅仅属于一个胞族。有时候,胞族就像氏族一样拥有自己的图腾,例如在澳洲的贡迪奇人(Gourmditch)中,分别是白色凤头鹦鹉、黑色凤头鹦鹉;在伍龙杰里(Wurunjerri)部落,则是雕鹰和乌鸦,等等。某个胞族的男人只能娶另一个胞族的女人。也就是说,通常性结合不仅在每个氏族内部是禁止的,而且在同一个氏族群内也被禁止。对于胞族和氏族的关系,比较传统的解释为:这是氏族发展的结果,其胞族就是原初的氏族。

胞族还在另一个维度上存在分支,其数量因部落而异,有时是两个,有时是四个,这类划分因为与婚姻的匹配规则有关,所以有些人类学家称其为"姻族"。姻族的运作往往依据下述原则:其一,某个胞族中的每一代与他们的上一代属于不同的姻族,而与其上上一代属于同样的姻族,其二,某个胞族内的特定姻族的成员只与另一个胞族的特定姻族成员通婚。① 在澳洲昆士兰的某些部落,姻族都有其围绕特定动物的饮食禁忌,其他姻族则可随意享用。但是姻族都没有以动植物取名,也没有树立标记,所以通常不作为图腾群体看待。

一般在同一胞族内,不同氏族之间适用两个姻族的名称,如果整个部落有四个姻族,那么它们就有别于另一胞族的姻族名。下表以卡米拉罗伊部落为例,看看结合胞族、氏族和姻族之后,婚姻法则有可能是如何运作的。②

---

① 参见〔法〕涂尔干:《宗教生活的基本形式》,第139页。
② 该表录自〔法〕涂尔干:《乱伦禁忌及其起源》,第14页。

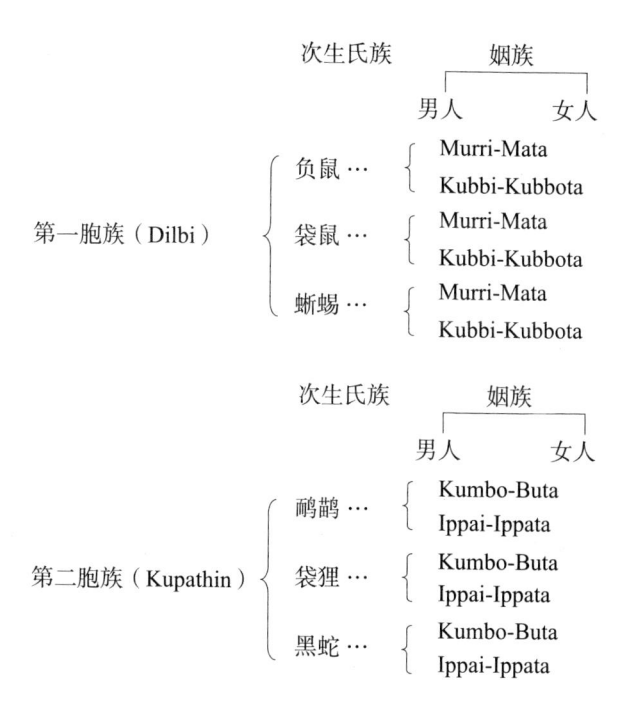

## 第三章 演化一般性:场域拓展和结构转换

```
                              次生氏族      姻族
                                        ┌─────┬─────┐
                                        男人      女人

                            ┌ 负鼠 … ┌ Murri-Mata
                            │         └ Kubbi-Kubbota
                            │
     第一胞族(Dilbi)      ┤ 袋鼠 … ┌ Murri-Mata
                            │         └ Kubbi-Kubbota
                            │
                            └ 蜥蜴 … ┌ Murri-Mata
                                      └ Kubbi-Kubbota

                              次生氏族      姻族
                                        ┌─────┬─────┐
                                        男人      女人

                            ┌ 鸸鹋 … ┌ Kumbo-Buta
                            │         └ Ippai-Ippata
                            │
   第二胞族(Kupathin)    ┤ 袋狸 … ┌ Kumbo-Buta
                            │         └ Ippai-Ippata
                            │
                            └ 黑蛇 … ┌ Kumbo-Buta
                                      └ Ippai-Ippata
```

姻族的划分给外婚制的一般规则带来新的限制。此即,一个 Murri 不管他是属于负鼠、袋鼠还是蜥蜴图腾,都只能娶某个 Buta 为妻,而一个 Mata 只能嫁给一个 Kumbo,类似的,Kubbi 只能娶 Ippata,Kubbota 只能嫁 Ippai。

很多部落社会都有双重组织:图腾群体不一定是以共同的居住地为基础的群体,在否定的情况下,便可能存在叠加于图腾联合之上的地域联合,亦即某个地域范围往往包括了不同氏族的片断。假设有两个胞族,其继嗣具有母系特征,每个胞族的成员显然只能从对方那儿获得配偶,妻子与儿女则留在父亲一方。① 姑且把这

---

① 图腾身份的继嗣依母系是最普遍的情况,尽管相反地假设胞族身份依父系,子女跟母亲一起生活,也能得出类似的结果。

两个胞族称为 John 和 Smith,两个地方群体则称为"牛津"和"剑桥",那么婚姻法则就是:

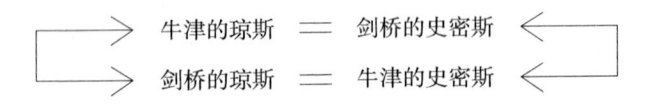

$$
\begin{array}{c}
\longrightarrow \quad \text{牛津的琼斯} = \text{剑桥的史密斯} \longleftarrow \\
\longrightarrow \quad \text{剑桥的琼斯} = \text{牛津的史密斯} \longleftarrow
\end{array}
$$

可以将上述公式读解为:倘若牛津一个称为 John 的男人与剑桥的一个称为 Smith 的女人结婚,则其子女就应该叫牛津的 Smith,诸如此类。这种所谓的"四分体系"流行于西澳洲的卡列拉人(Kariera)中。①

另外,有的地方有更进一步的八分体系。其婚姻法则也遵循同样的步骤,只不过有四个地方群体。②

$$
\begin{array}{c}
A1=C2 \\
B1=D2 \\
C1=B2 \\
D1=A2
\end{array}
$$

在这图示中,字母表示父系地方群体,数字表示母系胞族,等号表示婚姻或性结合,在每个等式的读法方面,不管采取何种顺序,从右到左或从左到右,第一对字母和数字表示父亲,第二对表示母亲,从母亲开始的出发箭头表示子女所秉承的地域和胞族。依此图示,显然并不是四个地域群体中任意一个的成员,可以随机地与另一地域的不同胞族的成员结合,而是依某种循环叠套的方式,比如男性的循环,一个男人 A1 娶一个女人 C2,其孩子为 A2,倘若

---

① 此例参考〔法〕列维—斯特劳斯:《图腾制度》,第 45 页。
② 参见〔法〕列维—斯特劳斯:《野性的思维》,第 96 页等。

## 第三章 演化一般性：场域拓展和结构转换

是男孩，则娶女人 D1，所生男孩留住原来的地域群体，其身份为 A1；倘若是女孩，则嫁给男人 D1，所生孩子为 D2，即居留在另外的地方，如 D2 及其下所生，一直都有女孩，就完成一种女性的循环，从 A2、D2、B2 到 C2，或者反过来从 A1、C1、B1 到 D1。其男性的循环，如 A1 传 A2，A2 再传 A1，或者 D1 传 D2 传 D1，往往表明其传承有地域性的父系的一面。

这种八分体系流行于澳洲的阿兰达人当中。但他们的家族传承是父系的，图腾归属则是所谓"胎系"。列维—斯特劳斯称北部的阿兰达人，"既有图腾群体，也有地方群体和婚姻分类，这三种结构类型之间并没有明确的关系，似乎处于不同的层面上，各自独立地产生作用。"①

列维—斯特劳斯，实际上主要是从信息论角度来看待所谓"图腾制度"，将其视为一种特定的命名和分类系统。质言之，符码特征才是关键：

> 通常称为"图腾的"那种命名和分类系统的运作价值来自它们的形式特性：它们是符码（code），适合于传输那些可转置于其他符码中的信息（messages），亦适于在自己的系统中表达经由其他符码渠道所接受的信息。②

从一个社会运作需要一定的信息化的角度来说，首先是存储（或表达）其他渠道所接受的信息，特别是植物学、动物学方面的知识，这种知识对于原始人的生存斗争绝非微不足道；或是从相反的信息传输方向，将"图腾的"编码体系转换为另一层面上的仪式等。

---

① 〔法〕列维—斯特劳斯：《图腾制度》，第 55 页。
② 译文据英译 *The Savage Mind*, p.75-76，有所改动。

列氏认为，以往很多人类学家错误地将这一信息方式具体化，使其结合确定的内容，譬如将外婚制视为图腾体系的必然特征，然而实际上，这两者之间并没有必然的联系，作为一种编码方式，"图腾"可以吸收任何一种内容，无论它是博物学的、社会学的（当然也包括外婚制），还是神话方面的。

从形式特征的完整性来看，这种系统绝不是按某种固有特征来规定的自主机制，而相当于，为了服务信息转置、传输的目的，而从某一意义系统中任意选取的一些程式，也可以说，这些程式的功用就在于保证社会现实中的不同层次的观念可以相互转换。[①] 所谓"转换"(transformation)常常涉及被看作符号的不同社会领域。但是可加以转换分析的领域，不仅仅在同一社群的不同层次之间，也完全可以是在不同社群的同一层次之间的。而且这种转换的结果，不必是集合间的映射，也可能是若干区分性要素的不同组合的表现。即同一社群的不同层次之间主要是映射的关系，而不同社群在同一层次之间则是体现组合形态的差异。

列维—斯特劳斯认为，澳洲各社群组成的整体，尽管与其外部世界略有接触和交流，但总体上是处于独立的发展当中，容易造成在土著的文化编码中各不同社群的文化处于彼此转换的关系中，这方面可能比世界上其他区域表现得更完整、更系统。例如澳洲的阿拉巴纳人和瓦拉门加人，都将其图腾祖先设想成唯一的个体，虽然这个体外表上是半人半兽的，却有着十足的人性；与此对照，阿兰达人认为不同的图腾团体有不同的祖先，而他们不具备完全的

---

[①] 列氏所说的转换并不都是指不同符号层次之间的映射，transformation 在结构主义者的用法中往往有专门的涵义。

## 第三章　演化一般性：场域拓展和结构转换

人性；而凯梯施人和翁马杰拉人则提供了一个中间型的例子，即他们的祖先在神话中据说是不完全的人性和十足的人形的混合物。①

同时，单个部落的内部关系，亦不能忽略，这种关系存在于单一社群的不同层次之间。据说"图腾"在其中所起的作用是：

> "图腾"类型的观念和信仰特别值得注意，因为对于建立或接受这些观念和信仰的社会，观念和信仰就构成了信码，这些信码使人们有可能按概念系统的形式来保证属于每一层次的信息的可转换性，甚至是那些彼此除了在表面上都属于一个文化或社会之外别无共同之处的层次……②

所谓不同层次，特别明显的例子就是自然与文化，前者涉及一种与技术或经济秩序有关的层次——人类的策略性活动恰是产生这种秩序的动力；后者主要涉及人们彼此之间的关系及其符号化表现。可以拿澳洲的孟金人为例，说明这种转换是如何实现的。据熟悉当地季节变化的地理学家指出，那里一年分为对立的两个季节：7个月的旱季，异常干燥；5个月的雨季，大雨如注，致令潮水浸没数十里的滨海平原。雨季的降雨量也是陡升、陡降，其情形适足以让人想起孟金人神话中，巨蛇从水池伸头怒向天空，其后又哄然躺倒。③ 于是，对于土著人的生计具有绝对重要影响的自然环境，便也在图腾的表现中，具有一定程度的优先地位，因为正是地

---

① 〔法〕列维—斯特劳斯．《野性的思维》，第100页。
② 同上书，第104页。
③ 按孟金人的神话，万物之始，瓦伦拉克姐妹与本半族男人交媾，遂致一人有子，一人有孕。二人共赴海边，途中给土地、动物和植物命名。妹妹生产后，她们继续趱程，一日在巨蛇盘居的水池边息脚，此巨蛇正是姐妹俩所属杜亚半族的图腾。姐姐之经血不慎污染池水，巨蛇愤怒跃出水面，倾盆大雨酿成水灾，并吞食姐妹和其子。随巨蛇站起，水竟淹没大地；后来随其躺倒，洪水便退去（〔法〕列维—斯特劳斯：《野性的思维》，第105页）。

理和气候，及它们对生物平面的影响，提供给土著人的思想最基本的素材，在此则表现为特有的矛盾状态：有两个季节，进而是两个性别、两个社群、两级文化，等等。

在一些地方，"图腾"确实表现出，塑造或参与塑造社会结构的作用。但是对图腾的社会团结功能这样一个涂尔干式的论题，①斯特劳斯声称，有关图腾的一系列制度"可以用来加强不同氏族与一般社会之间的凝聚力，而不是氏族成员之间的凝聚力。"②作为一种可在诸层面之间不断转换的编码方式，图腾也完全可以和许多因素建立联系。如在巫术中特别重要的生命本源观念，以及氏族的划分、通婚规则、礼仪制度、阶层和职业团体、动植物分类之外的某些自然界的状况，都可以借助图腾的方式得到编码，但上述任何一个领域，也都可以不被纳入到此类编码体系中。因而以固定的方式来设想图腾制度，都不免是一种误解；然而当这些联系变得任意时，就连有没有"图腾制度"，也都变得可疑了："图腾制度也是一个人造的统一体，唯有在人类学家的内心中才会有这样的东西，

---

① 涂尔干的宗教理论依赖于他对图腾崇拜的实质的看法及由此而来的思辨的见解，有时这一理论被讥为"社会学形上学"。他提出"图腾崇拜是一种原发的宗教"（史宗主编：《20世纪西方宗教人类学文选》上卷，第67页），并主要用来强化氏族内的凝聚力和将氏族划分神圣化；然而涂氏理论面临诸多的难点，譬如怎样解释像安达曼人（Andamanese）那样缺乏图腾崇拜的狩猎—采集型的土著民族，然而他们却有宗教信仰和仪式，则据此就不能断言其他的宗教形式皆为图腾崇拜的派生，而在本来用以支持其理论的关键证据上，进一步的人种志调查，也表明情况并非如原先认为的那样，此即：涂氏关于澳洲的社会组织乃是建立在氏族基础上的判断受到了质疑。因为在澳洲土著中，"首先是小群、然后是部落，而不是广泛分布的氏族，才是社团性的群体"（〔英〕埃文斯—普理查德著，孙尚扬译：《原始宗教理论》，商务印书馆，2001年，第78页）。此外，据说澳洲人的图腾崇拜完全不具典型性，因而其概括不能被认为是普适的。但涂尔干引发我们去关注宗教被用于组织一个社会、提供道德压力的层面，这是其理论的主要贡献。

② 转引自〔法〕列维—斯特劳斯：《图腾制度》，第46页。

现实中根本没什么特殊的关联。"①

总之,图腾体系通常是利用动植物形象作为能指来进行编码的符号体系;在这类体系中,常常并不缺乏针对图腾的崇拜仪式、禁忌和信仰的热情;图腾群体的确立并其分际,又大多与外婚制有关;而图腾现象,恰裹挟着纷繁多样的规范,却又缺乏规范类型上的实质性区分。

## 二、仪式化:整合行为的信息装置

在比较早期的规范体系中,"象征"被大量运用。它首先是符号,它的"能指"多为事物的自然表现或者人的形体和动作,"所指"则涉及情感和意愿、群体和社会秩序、规范和价值等方面。② 其

---

① 转引自〔法〕列维—斯特劳斯:《图腾制度》,第 14 页。另外,新西兰毛利人(Maori)的民族志显示,生命本原观念与图腾体系之间也并无必然关联,所以斯特劳斯认为,涂尔干学派在图腾与塔布之间所试图构建的统合关系似乎不具有普适性。毛利人的宇宙本身即是由庞大的"亲属"关系所构成,天与地是大海、海滩、森林、鸟和人——总之一切存在和事物——最早的父母。既然这些自然因素彼此的关系便是祖先与后代的关系,那么这些因素就必然与人类也有这样的关系,但是在毛利人那儿,这些祖先并没有分化为各个社会分支的图腾,即对于某个社会分支而言,神话所涉及的任何一种自然因素都不能单独起到祖先的作用。就像萨摩亚人的神话一样,毛利人的宇宙是由统一的源头发生的(可解释为一元发生的),而对于典型的图腾制度来说,对应于不同物种的氏族必然是多元发生的。这有助于澄清起源与体系两种观念之间的混淆,进而使我们解除对图腾观念与曼纳(mana)观念的混淆(参见上书,第38-41页)。

② 也许,象征至少可以分为"概括性象征"和"阐发性象征"两大类,后者至少又包括"根本隐喻"和"关键脚本"两个亚类。概括性象征,乃是人们以强烈的情感和混沌的方式所对待的那种概括综合、展现或再现了某一较复杂的观念系统的象征。此种形式和范畴多呈现出明显的神圣性,例如部族或军队的旗帜、基督教的十字架等。而阐发性象征则本质上是分析的,即它提供了将复杂、混沌未分的情感与观念予以分类和梳理的工具。其中,根本隐喻,就像丁卡人中的"牛"、藏传佛教的"轮",其作用在于将人们的经验条理化,指出某一方面的明确的规范或价值取向;关键脚本,则是一种关于正确的生活方式或通向成功的道路的策略性指南,是典型的个人以及围绕着它的典型的故事。以上参见奥特纳:"关键的象征",载于史宗主编:《20世纪西方宗教人类学文选》,上海三联书店,1995年,第 203-209 页;金泽:《宗教人类学学说史纲要》,中国社会科学出版社,2010 年,第 280-285 页、第 302-305 页。

次,象征的运用一般都会被禁忌和仪式之类所围绕着,所以它很可能带有规范的意味。象征具有自然而然的吸引力和认知上的功能。它们有吸引力,是因为它们能诱导和激发人们的情绪和感受、希冀和意愿。① 它们有认知功能,是因为它们在发挥符号的指示作用。"仪式"则属于带有刻板动作的戏剧性行动之范畴,但因所涉动作和道具多为具象的,就容易变成象征符号,即变成所谓的"象征仪式"。

仪式在各个社会中普遍存在,只不过有分量多寡、影响深浅之差别。它们貌似没有明显的功效,但实际上未必。这类规范的创生和演进的动力机制,可能就在于它促成某些隐藏功能的过程之中。从规范的社会学研究的立场来看,期待每一个仪式细节都有功效和实际的意义,恐怕是误入歧途。而这样的功效,可能密切联系着仪式的总体运作模式,或者关键环节。

仪式是具有明显符号特征的规范类型。通常情况下,仪式整合人们的行为模式,使之达到彼此间有序的协调。仅就这一点而言,已经功莫大焉。因为人的力量是来自无数个体所组成的集体,而集体的协作又是以精神上的默契沟通为凝聚力的核心。仪式常常能在其中扮演一种积极的角色。一种社会性的合作可以纯粹依靠利害关系等捆绑在一起,但是缺乏彼此精神上的沟通和一定的奉献精神作为终极支柱的合作,往往是脆弱的和难以持续的。仪式常常能够提供一种氛围:在其中,人们感到是彼此需要的、相互依赖的和精神上融为一体的。

断言仪式是整合行为的信息装置,这有两层的涵义:一则是通

---

① V. W. Turner, *The Forest of Symbols: Aspects of Ndembu Ritual*, Ithaca: Cornell University Press, 1967, p. 54.

第三章　演化一般性:场域拓展和结构转换　　385

过象征性的情感宣泄和让人很难无动于衷的现场气氛,创造了某种形式的社会协调、社会动员,并重申了协调的价值,为进一步的制度演化搭建了平台,这是一种总体上的作用;二则仪式藉由其一定的符号特征乃至细节刻画,保存和传递着关于生态环境、社会结构和传统的生产、生活计划的极为有用的信息,这往往是通过象征形式的环节所发挥的作用。正是由于这两点,仪式便不再是冗余的社会噪音和单纯表现性质的象征道具。

原始的无文字的民族,却大多对其生存的环境适应得很好。生活在北极圈附近的爱斯基摩人和非洲卡拉哈里沙漠的布须曼人,都在文明人感到难以生存下去的环境中,活得如鱼得水。在不可能提供任何正规教育的情况下,这些土著却能把有关当地环境以及有效利用的方法这些关乎其生存的头等重要的信息,一代又一代地传递下去。这必然是借助了某些有效途径。其中,仪式往往扮演了非常关键的角色。[1] 原始社会的很多仪式,常常有一些不可或缺的部分,必须扼要地叙述世界创始的神话,并在这类神话中把一连串的名称赋予各种各样的人、地域、动植物或其他自然现象。甚至,"在原始社会中,全部知识都被压缩在一组可记忆的形式化了的动作和相关联的短语之中"。[2] 换言之,仪式的表演性质和短语相结合,起到了一种浓缩地传递有用信息的作用。

仪式或仪式化的行为,再配合一些禁忌、戒律等,塑造着集体生活的节奏(例如通过周期性仪式所提供的时间框架)。进而,集体生活的节奏控制并包容了各种不同的基本生活节奏,而各种事

---

[1] 〔英〕埃德蒙·R.利奇:"从概念及社会的发展看人的仪式化",载于史宗主编:《20世纪西方宗教人类学文选》下卷,上海人民出版社,1995年,第503—511页。

[2] 史宗主编:《20世纪西方宗教人类学文选》,第510页。

物亦被指定在社会空间的各个位置上。任何概念体系所表达的世界,均为经由社会生活和集体形式中介的世界。虽然某一概念体系,可能并非在全部主题上,均为直接关于社会的叙事(narrative),但是唯有社会才能提供有关这个世界的最一般的观念,甚至包括那些有关自然的叙事。就像涂尔干说的,"倘若宇宙不被意识到,它就不可能存在,而且只有社会才能全面意识到宇宙的存在"。[①]

一般来说,仪式内含的表演程式本身,对于实际状况的影响微乎其微。但是周期性的仪式会通过唤起人们去履行不同阶段上的不同的规则或义务,来对环境或社会状况产生这样或那样的影响。仪式的宗教性在此所发挥的中介作用是:赋予由此仪式来标示其起点、终点等时间刻度的阶段性规则或义务以某种神圣性,进而推动人们对此类规则或义务的自觉、自愿的履行。[②]

---

[①] 〔法〕涂尔干:《宗教生活的基本形式》,第 578 页。
[②] 举个例子。新几内亚高原的马林人(Maring),在一个比较长时段的周期内,要举行某些围绕种下或拔除槟榔的宗教仪式。部落之间经常交战,断断续续要打上好几周,直到其中的一群被赶出祖居地为止。在胜利者随后举行的种槟榔仪式上,每个男子都把手放在槟榔上,对其列列宗念诵报谢的祝词,其中还提到"我们植下槟榔,也把我们的灵魂寄托于此,祈求你们照看此物。"附带还要举行一个名叫"开口"的杀猪节。把这些猪奉献给祖先,随后猪肉则还要分给曾在战争中帮过他们的盟友。直到根除槟榔之前则是相当长的休战时期。这条禁战的戒律,可避免该地区人口锐减乃至濒临灭绝的危险。在此期间,该部落必须饲养足够的猪,马林人认为,如果一个地方风水好,只需 5 年,否则就会耗去 10 到 20 年。不管怎样,猪最后还是增多了,人们就得提供更多的饲料,妇女也得花费更多的精力去照料它们。情况严重时,猪就会与人争食。这时人们便决定举行一个"开口"仪式,整个仪式以根除槟榔开始,占去一年的大部分时间,并伴随频繁的宴会、婚礼、部落联盟会议等。仪式结束后,又可随意地重新发动战争和进行迁移等等,直到进入新一轮的种槟榔和根除槟榔的周期。
  这种围绕仪式的生态调节机制,被认为是在一个不退化的生物环境里,把战斗出现率控制在危害这个地区人口的生存的限度内,它足以调节人地比率,促进贸易,并在人们最需要高质量蛋白质的时候保障供应。例如任何时候只要部落成员受伤病困扰,部落都要举行一定的仪式并给这些成员及其家属供应猪肉。参见〔美〕F. 普洛格、D. G. 贝茨:《文化演进与人类行为》,第 577－579 页;〔美〕马文·哈里斯:《文化人自然》,第 574 页等。

## 第三章 演化一般性:场域拓展和结构转换

象征仪式往往隐藏着一些传递制度信息或广泛社会动员、社会协调的效果。事实上,在信息传播手段落后的时期,利用大量的象征性是常见的情形,直到更有效率的方式被采纳,而逐渐地摒弃了一些象征手段。但是所谓更有效率,也是在解决了采用新的传播途径的技术问题,或者克服了某种潜在的制度成本或交易成本制约之后,才涌现的特征。但这并没有导致象征性退出规范演化的历史舞台,因为象征毕竟是一种形象、简洁和迅捷地传达信息的手段,且经常有鼓舞和激励人心的效果。

在西太平洋特罗布里恩及其附近岛屿的居民中,流行着一种被称为"库拉"(kula)的制度,乃是一个很好的例子,可供说明仪式化的行为模式,如何为需要社会协调的其他功能——例如较大范围的贸易——成功地搭建了舞台,其中的核心仪式恰是促成社会协调的中介(即此例可说明前述第四、第五点)。[1] 作为一种制度的"库拉",最简单来说,是将两种装饰品相互交换的仪式。从整体上看,它是新几内亚马辛地区众多岛屿上的部族借以相互联系的社会—经济体系。正是藉由库拉,这些部族,他们以独木舟所从事的沿海远航,他们的珍宝奇物、日用杂品、食物宴庆、有关仪式等,被纳入一个循环之中,而这个循环在时间和空间上是有规则地运作的。

库拉涉及的基本礼物是 vaygu'a,[2] 又可分为两类:一类是 mwali,是把圆锥形的大贝壳卜部和狭窄的尾端部分砸开,再磨光而制成的精美臂镯,在重大场合由它的所有者或其亲属佩带;另一类叫作 soulava,是由能工巧匠用漂亮的红色脊状贝壳雕刻成的项

---

[1] 参见〔英〕马凌诺斯基(B. Malinowski):《西太平洋的航海者》,第 77 - 92 页。
[2] 法国学者马塞尔·莫斯认为它是一种货币。

圈，主要由妇女佩带，男人只在特殊情况下，如弥留之际方可佩带。作为库拉仪式的主要交换物品，它们并非日常的装饰，而且仅在盛大的节日，如举行跨村的大型庆典时，它们才会与精心缝制的舞蹈服一起使用。但是作为一种积蓄，人们都乐意拥有；作为一种精美的艺术品，其拥有者每每爱不释手。

关于"库拉"的制度涵义，马凌诺斯基称：

> 库拉不是一种偷偷摸摸的、不稳定的交换形式，相反，它有神话的背景，有传统法规的支持，有巫术仪式的伴随。所有库拉交易都是公开的、伴有仪式的，并根据一定的规则进行。它不是心血来潮，而是事先定好的经常性活动。它有指定的路线把人们带到约定的地方。从社会学的层面看，虽然交易在语言、文化甚至种族都不同的部落间进行，但却基于固定和永久的身份，把数千土著人组合成伙伴关系。至于交易的经济机制，则表现为一种特殊的信用形式，意味着高度的相互信赖和商业声誉；而这不只是限于库拉的主要方面，还包括伴随库拉的附属贸易。最后，库拉交易不是压力的产物，因为它交换的是没有实际用途的物品。①

臂镯和项圈的交换，构成库拉的主要内容，这种交换遵循严格的规则，如从事交换的，须是彼此为伙伴的那些人。每个人拥有的伙伴数量往往随其等级而变化，但这种伙伴关系一经确立便终身不断，也就是说，"一旦库拉，总是库拉"。② 在特罗布里恩，普通人只在附近有几个伙伴，且大多是其姻亲和朋友；而酋长却可以有

---

① 〔英〕马凌诺斯基：《西太平洋的航海者》，第80页。
② 同上书，第77页。

几百个伙伴,因为普通人一般都要与一、两个本区或邻区的部落酋长"库拉",①而且他如果得到新的 vaygu'a,其中最好的要献给酋长。围绕库拉的伙伴关系,使得彼此结为交换和服务关系,如某人有海外的伙伴,则他即是该伙伴在危险土地上的接待人、守护者和盟友。但因为一切实质的危害也都被看作基于巫术的某种作用,所以这种安全保障主要是从巫术方面着手的。

两种饰品的交换是按一定的方向循环运动、生生不息:mwali 即臂镯总是有规律地从东向西流动,而 soulava 即项圈则是从西向东流动。对具体个人来说,便是按照我与伙伴的相对地理位置来决定交易的方向:如伙伴的住处是在东面或北面,则我给他的总是项圈,而他给我的则总是臂镯。以后若他搬迁往另一个村子,且相对位置发生了改变,则我们的关系就要颠倒。

另外,此二种饰品的流通,是持续不断、理所当然的。其暂时的保有者不应行动迟缓,更不应冥顽到不想出手。基于库拉物品的这种所有形式,马凌诺斯基将其归类为"仪典性财物"(ceremonial objects of wealth)。若是做一个比附,其性质相当于"锦标、奖品、运动奖杯等获胜者暂时拥有的物件"。②虽然伙伴是唯一可与之库拉的人,但在众多的伙伴中,他仍可自由选择给谁什么东西以及何时给。所以,在库拉交易中,同样存在着因优胜而备感光荣的因素,得到稀罕物,总是让人兴奋不已。

库拉的核心是围绕特定的仪典性用品即 vaygu'a 的赠予及回赠,其间会隔一段时间,从几分钟到几小时甚至一年以上不等。表面上看,等价与否由回赠者决定,赠礼者不能强制和争辩,也不能

---

① 该词也可当动词用。
② 〔英〕马凌诺斯基:《西太平洋的航海者》,第86页。

取消赠予。其 vaygu'a 的交换,有仪典性质,并处处涉及巫术。这些居住在西太平洋星罗棋布的岛屿上的人们,为了库拉,往往需要出航。即便是只有一条独木舟参与的库拉旅行,都要求相关的土著遵守很多禁忌,更遑论那些大型的海外远航。

作为整个制度来看的"库拉",还存在着 vaygu'a 交换之外的附属贸易,涉及部落间及部落内的整个的贸易制度。马凌诺斯基认为,如果从外部审视库拉制度,而不是依照土著人自己的观念来解释其价值,"我们会发现贸易和独木舟才是真正的成就,而库拉只是推动土著人航行和交易的间接刺激而已。"①这和土著人的主观意识正好相反,他们认为其中的赠礼是主要的,建造独木舟和普通贸易则是次要的。那种讨价还价和斤斤计较的即时交换,由另一个词 gimwali 来称呼,地点通常是在部落间进行库拉聚会的大型原始集市,或在部落内库拉的小市场上。质言之,存在着两种规模的贸易:

> 库拉贸易首先是在一个或几个邻近社区的内部交易;其次则是大规模的远航,同海外社区进行交易。在前一类的交易中,货物像涓涓细流一样不断在一个村的内部流动,或从一个村流往另一个村。至于第二类交易,则是一整批的贵重货物(每次都超过 1000 件)在一次的交易中,或更加准确地说,在同时进行的众多交易中易手。②

库拉交换的核心部分,是两种看来并没有实际用途的饰品,但正是这种交换促进了岛屿之间的航海事业,把数千土著人组合成伙伴关系,建立了彼此间的信用,也就是促成了高度协调的社会形

---

① 〔英〕马凌诺斯基:《西太平洋的航海者》,第 90 页。
② 同上书,第 91 页。

态，为真正的贸易铺平了道路。

其实，在很多原始社会的制度安排中，都存在所谓"契约性赠礼制度"，即一种特定的交换（exchange）与契约（contract）关系，它是以礼物的形式达成，表面上似乎是自愿和无偿的，但实质上送礼和回礼都是义务性的，且背后是基于利益考虑。与库拉不同，其交换的物品大多有直接的经济价值。这种制度，正是法国社会学家马塞尔·莫斯（Marcel Mauss）长期以来关于契约的古代形式的研究的主题，即在这些社会中，"是什么样的权利与利益规则，导致接受了馈赠就有义务回报？礼物中究竟有什么力量使得受赠者必须回礼？"[1]

据莫斯的看法，在那些原始文化中，存在着一种主要以集体为交换单位，交换或交流的范围不限于物质财富，而涉及礼仪行为的诸多方面，呈献与回馈亦被视为严格义务的交换制度。他说：

> 在落后于我们社会的经济和法律中，人们从未发现个体之间经由市场达成的物资、财富和产品的简单交换。首先，不是个体，而是集体之间互设义务、互相交换和互订契约；呈现在契约中的人是道德的人，即氏族、部落或家庭，它们之所以会成为相对的双方，或者是由于它们是同一块地面上的群体，或者是经由各自的首领作为中介，抑或是二者兼而有之。其次，它们所交换的，并不仅限于物资和财富、动产和不动产等等在经济上有用的东西。它们首先要交流的是礼节、宴会、仪式、军事、妇女、儿童、舞蹈、节日和集市，其中市场只是种种交换的时机之一，市场上的财富的流通不过是远为广泛的契约

---

[1] 〔法〕马塞尔·莫斯（Marcel Mauss）著，汲喆译：《礼物》，上海人民出版社，2002年，第4页。

中的一项而已。第三，尽管这些呈现与回献根本就是一种严格的义务，甚至极易引发私下或公开的冲突，但是，它们却往往透过馈赠礼物这样自愿的形式完成。①

上述制度，他称之为"总体呈献体系"，也可以说，它是契约性赠礼制度，莫斯又就特林基特和海达等部落尤为发达的形式，引用当地的称谓叫作"夸富宴"（potlatch）。② 在这些夸富宴中享用和交换的物品，并非像库拉中的两种仪典性物品一样毫无实际价值。它的功能，可能还是跟一种原始的保险制度有关。但在信息传播手段贫乏的时代，如原始社会中，类似的制度往往离不开仪式所提供的社会化平台。总之，仪式化的制度，可视为整合行为或重申价值的装置。

### 三、制度运作中的信息流动方式

其实，信息流动方式、信息编码状况与其结构特征等，在制度形态的历史性选择中饶有影响；情况很可能是，不同的制度形态，基于其本质特征，势必选择不同的信息流动方式和信息结构特征；但同样有可能的是，特定的历史条件会有利于特定的信息流动方式，后者又会有利于特定的制度形态。

若要涉及此方面的基本分析框架，也许就不得不牵涉到在信息建构和传播意义上的三对基本的偶合概念：编码与未编码；抽象与具体；扩散与封闭。在此，对这些概念做一些并不严格的解释。首先，"编码"指的是对特定的数据情况（data complexion）进行分类，并对分类的结果匹配相应的信号（code），语言就是我们日常所

---

① 〔法〕马塞尔·莫斯（Marcel Mauss）著，汲喆译：《礼物》，上海人民出版社，2002年，第7页。

② 这是北美钦诺克人（Chinook）的词汇，本义是供养。

接触最重要的编码。其次,"抽象"是这样一种认知中的等级秩序:概念模式,如果是对感觉过程所含数据的综合,那它们就被认作是抽象的,而倘若一个概念是另一些概念共同特征的概括,或者是它们的数据涵义的综合,那么这个概念就被认作是更抽象的。"扩散"则显然属于信息传播的问题,扩散程度越高,表示信息分享的范围越广泛。

某项信息的传播能力与其抽象及编码程度之间,有着相当大的关联。但也跟某种特殊的信息类型上的区别——即感觉信息与非感觉信息——有关,后者在传播过程中可能不是单独起作用的,例如,所需传递的个人体验,可能借助于感觉,却又不纯粹是感觉,可是它跟某些种类的能够充分编码的抽象信息,又有很大不同。对于非感觉信息,可以这样认为:一项难以充分编码或者达到一定抽象等级的经验,说到底也是很难传播的。[1] 但是感觉信息只要有足够的技术支持,它本身不会因为传播而变得过分残缺。

编码、抽象和信息扩散,对制度特征的形成起了什么作用?对此,倾向于用理想型方法来研究基于上述分析框架的治理类型,现实的治理可能不单纯是其中之一,而是以某一类型为主导,融入了其他因素。基本的思路,当然是将信息流动的方式置于被

---

[1] 克劳德·香农(Claude Shannon)和韦弗(Weaver)关于传播系统的三个经典问题,对了以不同编码和抽象程度建构的信息,具有相当不同的涵义。三类问题是:一个特定信息如何准确地进行传播的技术问题;信息如何确切地传达潜隐意思的语义问题;所接收的涵义如何以意图的方式产生影响的有效性问题。对于某一束感觉信息的传播来说,如果它的背后恰好又没有微妙的意思在起作用,那么单纯就是一个技术问题。而在交流伙伴时空接近的条件下,信息的传播存在明显的反馈机制和多渠道调整的能力,某个意思或意图的交流效果通常是充分的,至少能满足前两个问题,第三个问题则在相当程度上超越了传播学范畴,涉及影响力、权力或权威的运作。在很多情况下,提高编码程度和抽象性等级,或有助于前两个问题的解决。

审视的制度形态的中心。这里要标示的，为四种政治域或组织域中的类型：法理制、科层制、宗派制和首领制。① 分类的理据是看它在编码、抽象和扩散程度这三维空间中的位置。若是将这三个维度视为偶对，按照纯粹逻辑的可能性，大体可获得八种组合关系，也就是八个类型，但只有上述四个类型，可以被赋予较充分的现实意义。

（一）"法理制"是指这样一种制度类型：其对人们行为的调节有赖于能否得到编码良好、高度抽象的信息，且这信息亦被要求是能普遍扩散的，即散播至某一范围内的所有成员，这样的信息，既可以是普适的对人们行为的规范性要求，也可能牵涉到，经由规范或事实信息的公开而形成的、对他人行为的理性预期的方式。自由契约、成熟的市场交换机制、法律体系、公共政策，以及当代工业化国家的金融市场等，便都属于这类制度的典型。从信息运作的一般特点来看，民主的体制也强烈要求信息的透明公开及规范的普适性，而每个参与者就理想状态而言拥有平等权利和充分自由的概念，实际上是高度抽象的。

（二）"科层制"同样依赖于编码良好和多半为抽象的信息，现实中所说的、具体的科层制，通常包含法理制中的规章制度的因素，然而在科层制中，通常会与管理决策关联的重要信息，不像在法理制当中那样，是普遍扩散的，而总是被为数有限的、具备特定资格的人们所得到，即这样的信息常在一个等级式的通讯网络中有限度地流动，整体上，对信息的享用好像一个倒金字塔的结构，

---

① 此处受到了《信息空间》一书的启发，其提到四种理想类型，将它们标示为：市场制度、官僚制度、宗法制度和采邑制度，参见〔英〕马克斯·H.布瓦索著，王寅通译：《信息空间——认识组织、制度和文化的一种框架》，上海译文出版社，2000年，第328－415页。

越是重要的人物,越是掌控着全面的信息。①

(三)"宗派制"是指这样一种管理方式:在一个群体当中,交往是通过许多未编码或编码程度很低的具体信息进行的,其成员之间,并且仅是其成员之间,获得信息的机会均等,宗派制设定了内部群体和外部群体在信息分享方面的鸿沟,但在群体内、信息是广泛扩散的。宗族团体、中世纪行会(guild)、某个领域的专业团队,都是现实中较为接近宗派制的例子。②

(四)"首领制"也是指一种凝聚在某些未编码的具体信息周围的交往模式,按照这一模式,被认为最具某方面才能、魅力或品性的人行使其权力,他们所拥有的高度个人化的知识,往往是其权力的源泉,这种知识是缄默的、难以全面传播的,因而他们与追随者之间在信息分享方面是完全不对称的。手工匠人中的师徒关系、魅力型的宗教领袖、欧洲历史上的采邑制等均为其典型。③

法理制通常最有透明度和公正性,例如,一个司法审判如果存在暗箱操作的情况,就会被视为对公民权利的侵犯;同样,一个上市公司,倘若为了避开某些尴尬而拒绝发布其财务报告,一定会立刻招来一片反对声。然而,由国家情报机构所做的秘密报告,有时候只供元首或者有限的几个负责人阅读,人们不会期待它广泛地扩散,这是一个较为极端的科层制度的信息流动案例。而对于宗派制取向来说,老乡关系、老同学关系、宗亲或者姻宗关系、出身背景、某种口音或用词等,都可能营造在共同背景上的人际信任关系,这种彼此的信任和忠诚,恰是一定范围内广泛信息共享的前

---

① 参见〔英〕马克斯·H.布瓦索:《信息空间——认识组织、制度和文化的一种框架》,第348-351页。
② 参见上书,第359-372页。
③ 参见上书,第372-380页。

提,其他人则被拒之门外。然而,拥有特定信息往往意味着特定的权力和资源。孔子、佛陀和耶稣等,总是向他们的追随者,展示一种神圣的、难以言传的生命智慧;至于钢琴演奏家、管弦乐队指挥或是画家,除了示范的办法,其天赋难以向人传播,他们是各自领域里的国王。

可以认为,在制度框架中流动着的信息,有可能是关于已经发生的事实的,但也可能是关于参与者能够提供的条件、他的真实考虑和真实意愿、因他的"以言行事"而对当前或将来情势施加的限制、各种规范性要求等。① 在此,姑且把这些围绕规范性要求或言语行为的信息统称为"规范信息"。显然,传播事实信息与传播规范信息是两种完全不同的行为,前者的信息内容是确切的,传播的效果取决于诚实与否和传播的技术问题,可是对后者来说,受制于很多微妙的意志因素,而且每一步都面临自反性的漩涡,即对这些信息的认知、编码和传播,就有很大概率改变信息本身的涵义和价值。

信息未经编码,通常是符号特征上的缺陷,但有时也事出有因,譬如在艺人、设计师或鉴定家当中所进行的评判和交流,其题材本身实具微妙难言之性质,即此类工作的内在利益,决定了其核心信息不可能是高度抽象和高度编码的。② 但研究中世纪的采邑制,不能忽略一个基本的事实:在黑暗的欧洲中世纪早期,在日耳曼蛮族建立的准国家中,识字率偏低,综合各方面因素来看,采邑制应为适合当时情况且成本较低的制度。而对于建立科层制或是

---

① "以言行事",系 John Searle 语言哲学的标志性说法。
② 参见〔日〕青木昌彦著,周黎安译:《比较制度分析》,上海远东出版社,2001年,第5章第1节"心智模型的类型:背景取向型和个人型人力资产"。

法律透明的社会来说，我们古人所发明的造纸术，就不是无关紧要的了。高度复杂的法律，呼唤律师等职业法律人做出他们的贡献，这也是制度上为了获得更高效益所必须负担的高成本。[1] 要而言之，信息流动的特点（即流动着的是何种信息，对传播扩散状况如何设限等），对于制度形态有着特定的影响；其中部分地联系着制度的成本—收益问题。

其实，时代环境的变化趋势中蕴含一些因素，很可能激起人们某些原本并不具备的改变有关制度形态的能力，于是改变可能不期而至。实际上，我们可以谈论"制度模式中的信息流动特点"，也就可以谈到"信息模式下的制度形态"。其中的意思包含：不同的制度形态，有其不同的信息流动特点；但这些特点，有的必须有一定的技术条件的支持，因此，有些制度形态，总是在一定的技术条件下更容易产生。就像在古希腊，通讯、传播技术的状况，根本不支持任何形式的超出城邦范围的自由民的选举程序，因为这根本上是一个言谈讨论和口头传播的时代。而在古代中国这样拥有广幅地域的国家，要将政策信息等传播至各个角落，并将舆情或民意信息搜集返还，就会是一个极端耗时费力的、几乎不可能完成的任务，所以，如果大一统国家对古代东亚大陆的社会是必要的，那么基于公共讨论和广泛参与的政治模式，就是技术上不可能的。这跟电子时代的舆论传播状况实有天壤之别。

所以，时代条件改变，带来相关信息模式的改变，进而带动制度形态的适应性或革命性变化；在某个历史阶段，制度形态和规范体系，之所以被塑造成当时那样，很大程度上就是它们尽量利用当

---

[1] 据说，作为西方法律传统的原创性特点之一，就是专业的法律工作者阶层的产生。参见〔美〕伯尔曼：《法律与革命》，第9页等。

时形势下对其有利的各种通讯条件的结果。最重要的历时性轨迹，首先是言语，接着是书写和印刷，然后是电子编码；但后面是对前面的增补，而不是决定性的摧毁，这种增补拓展了新的信息传播空间，并且是关键性的，也创造了规范在其中运作的新形式。

在言说的交流当中，信息传输者和接收者都得在场；书写则是只有一方在场的交流。故而单是借助言说，只能与在场的小规模群体相联系，如部落、村庄、街坊或是城邦等。书写以及后来印刷的出现，则是认知技能得以长足发展的条件，书面文本促进批判性思考，这是因为，人们并不是在作者出场的劝导性压力下接受信息的，因而能冷静地思考，而非出于冲动和热情，或基于对个人的信任去无条件接受。① 书面文字是物质的、稳定的，所以它很显然是重视记录的官僚科层制的基础。而且，倘若没有纸张发明带来的记录载体的成本降低，就不会有年复一年的、繁复的户籍登录和管理，而在一个广阔地域内实施集权式的治理，这种户籍管理，自有其重要性。② 电子手段更是令到信息传播的成本低廉到对所有人都无所谓准入门槛的地步，这使得基于知识掌握上的优势的阶级优势荡然无存，这些都是关于信息方式和信息技术为规范和制度的演变创造基本条件的证据。

的确，"监督(surveillance)是信息方式中一个主要的权力形式"。③ 以前，权力是通过权势阶层的亲自在场和暴力淫威而行使的，可是现代社会就不一样了，"权力是通过话语中的系统梳理、通

---

① 以上参见〔美〕马克·波斯特(Mark Poster)：《信息方式》，第 115 页；但紧接着，作者说："书写从根本上瓦解了传统的权威性和等级制的合法性"，就很明显不适合于中国古代的历史。

② 参见〔日〕池田温著，龚书铎译：《中国古代籍帐研究》，中华书局，1984 年。

③ 〔美〕马克·波斯特：《信息方式》，第 118 页。

## 第三章 演化一般性:场域拓展和结构转换

过对日常生活的不断监视、通过对个性的规范进行……(无穷)调适和再调适而实施的。"① 这当然是一个福柯式的主题。在他看来,虽然自由资本主义赞赏市场的无政府状态,赞赏自由的、无止境追求欲望满足的混乱状态,以及无约束主体的理性,但在资本主义社会中,控制并不是消失了,而是采取了对规范不断生产和再生产的形式,采取了监督无所不在的"全景式监狱"模式,学校、精神病院、工厂、军营等,或多或少都是基于这种模式。事实上,没有对主体行为的系统记录,监督就是有缺陷的,而从文艺复兴以来,相关的可用技术就在不断改进,20世纪后期,监督的技术条件,更是随着电子手段不断改进和普及,有了突飞猛进。

"今天的'传播环路'以及它们产生的数据库,构成了一座超级全景监狱(superpanopticon),一套没有围墙、窗子、塔楼和狱卒的监督系统"。② 这是一个"卡的世界"。身份证、社会保险卡、驾照、信用卡等广为运用,而每次的运用都在不断帮助构建这个数据库。这就是后工业化的信息方式下的最基本的控制大众的手段。

显然,信息和物质性商品的最大不同之处,在于它不因消费而耗竭。即一个人从社会的信息库中获取信息的能力,并不降低另一个人的同样能力。也就是说,基于物质资源的稀缺性(scarcity)这一首要原则的经济理论,对于信息运用和消费的过程,并不适用。③ 甚至对于社会规范这一类信息而言,反复的、频繁的运用,还有可能使信息变得更明确和更起作用。这基本上是出于:频繁运用就是对它的最佳传播、他人运用的印象有助于有关的集体意

---

① 〔美〕马克·波斯特:《信息方式》,第125页。
② 同上书,第127页。
③ 参见上书,第39页。

向性的适用范围之扩散;每一次运用过程就是一个具体案例,而案例的累积可例证其规范不容挑战的权威性。

规范运作中所涉及的"角色",或者各个规范类型所作用之"场域",其实根本上是存在于预期和通讯,即主体间的预期和通讯当中;这跟我们说"它们是集体意向性的对象",近乎是一回事。但它作为预期和通讯的信息的本质,在后一种说法中往往是被忽略的。

## 第六节 竞争中的比较优势与制度文明的传播

对于完整的共同体,制度优越性所带来的单纯比较优势,或实际竞争中的优势,有可能催生出更高的社会协调水平、更大的人口基数和组织规模、生产技术上的优势、贸易和艺术的繁荣等。那些带来优势的规范和制度,极有可能得到更多发展、创新和传播扩散的机会。[①] 唐宋时期的制度在古代东亚地区的典范作用,或者英国的普通法伴随其殖民活动的传播,就是这方面的例子。

看起来,规范演化深受"传播律"的影响,这是指:在适当沟通的条件下,那些具备单纯比较优势或现实竞争中的优势的规范和制度,具有更高的传播扩散概率。某些规范,虽然有其原生形态和

---

① 在完整的共同体之间,经常作为比较优势的标志或敏感地带而出现的军事优势,固然跟战士群体的规模和纪律性有一定的正相关性,而这种规模的层级又依赖于需要多种规范和制度因素配合的组织协调水平;但在近代工业革命以前,尤其是在火药技术较普遍地用于实战以前,军事优势并不一定都来自更文明、更繁荣的社会机体,因为在这样的阶段,游牧部落在马匹数量和质量、成员的强健体魄和尚武精神等方面的自然优势,很容易转化为军事优势(参见史念海:《唐代历史地理研究》,中国社会科学出版社,1998年);只是工业革命以来,这方面的优势才是整体的技术优势和政治优势最集中的、尖锐化的表现领域。但不管有没有对应的军事优势,通常还是更文明、更繁荣的制度具有传播扩散上的优势。

原生土壤，但有利于它的传播的各种条件，往往将其带至原生土壤以外的环境中，其形态也常随之改变，非复其旧；自然，这种改变往往是对所植入地区原来的规范体系的适应的结果。

由于各项规范所属类型并其性质之间的大相径庭，故不同的规范形态受其他规范因素影响的概率，常有天壤之别。在生活中，一些惯例几乎像时尚一样飘忽不定，可是也有一些冥顽不灵的习俗，神圣的、不可亵渎的宗教仪式，严肃庄重的、在其生效期间其权威性乃不容挑战的法律体系，等等。

在一个社会中，规范体系是否保持着演化的活力，与其开放性和多样性程度，有着紧密的联系。"开放性程度"可能表现为，与体系外的异质成分的交流机会的多寡；"多样性程度"则是指，对于体系内的异质性的度量。如果不同的实践主体在竞争稀缺资源时呈现出来的优劣，被认为在一定程度上，确实跟采纳不同的规范和制度有关，那么这种优劣也经常被认作是制度间竞争的结果。实质上，规范本身不可能是竞争的主体，它只是竞争者运用的手段和工具，但是有着对它们作为手段和工具在竞争中的作用的评价，这时，它们俨然就是竞争者。

规范体系的开放性和多样性，经常会刺激规范之间的竞争和某些规范的传播。这在历史上屡见不鲜。而在竞争的压力下，在传播扩散的机遇中，规范的演化往往表现为，某一或某些规范形态，渐渐脱颖而出，占据主导地位，这过程多伴随着兼容并蓄式的发展和规范之间的整合。西方法律的演变，特别是它的中世纪以来的历史，乃是这方面的极佳例证。

在古代世界中，罗马法堪称昂格尔（R. Unger）所说第二个阶段上的法律体系的典范之一。从它身上我们可以看到：赋予一种法律体系持久生命力的（甚至在支持它的政治权力崩溃以后，这种力量依然存在),很可能是它的博采众长、兼容并蓄。特别是公元前3世纪出现的万民法。它并非单纯由罗马法学家制订,亦非仅靠罗马强大的军事力量来执行。它的适用和流行,乃因它是采用了罗马人发展地中海贸易时所形成的习惯,以及融和了与罗马人有过贸易和殖民关系的许多文明的相关制度之后的产物。[1] 如果说罗马法中真的蕴含着1世纪的法学家盖尤斯(Gaius)所说的"自然理性",[2]这主要是指,此前已由许多民族长久奉行,而被证明对于贸易发展和制订法律的阶级来说颇有帮助的,一些合乎情理的风俗习惯。

从习惯法、规则性法律到现代法律的发展,起先并没有任何固定的轨迹可以遵循。一些体系之所以成功,完全是在多样化格局中,面对竞争性压力脱颖而出的结果。习惯法和宗教法,在全世界的各个地区屡见不鲜,单独来看,它们都缺少足够的动力向现代法律体系迈进。习惯法在无国家社会和一些早期国家中流行,并和这些社会的文化发展程度相适应。宗教法,例如印度教、伊斯兰教和犹太教的神法,试图以神的名义将生活中的一切都囊括在内。但所有神法就其本性而言,恰好都排斥建立那种法律本身不受它以外的宗教权威压制的自治体系。昂格尔所说的用以衡量法律概念的四个特征,公开性、实在性、普遍性与自治性,[3]最

---

[1] 从很多小的细节都能看到这种融合的痕迹。例如,以小额货币或其他信物的"定钱"来确定交易契约,为"万民法"认可,此类信物的拉丁语名称 arroe,源自希腊语 arrhabon(参见〔美〕M. E. 泰格等:《法律与资本主义的兴起》,第14页)。

[2] 其万民法被认为是"自然理性在全人类之间所确立,是各民族一律遵循的法律"(参见盖尤斯《法学阶梯》I.1.1;《学说汇纂》I.1.9)。对于"自然理性"一词,中世纪和近代的许多作家争相使用,想从中奠定自由贸易资本主义和立宪民主制的法哲学基础,这是讲这原话的人始料未及的。

[3] 参见〔美〕R. M. 昂格尔著,吴玉章译:《现代社会中的法律》,译文出版社,2001年,第47-50页。

后一个最难建立。但是中世纪西欧的一些独特因素,①却促成了这种发展。封建主义体系下权力格局的多样化,竟造成非常适宜的土壤。

罗马其实没有完全统治过欧洲北部的蛮族区域,但西罗马帝国崩溃之后,西欧不再有任何强大的政治实体;它的政治版图确实分裂了,封建制度叠套其上,连国家的特征和疆界,都变得模糊了。② 所以从民众和地域对于政权的隶属关系的角度来观察,除了说它分裂,还可说是混乱和弱化。在很长一段时间内,没有任何政治实体,能够在重要的力量对比方面,体现出明显的优势。而包括法律制度在内的各方面的制度文明的领域,也处于长期的竞争形势当中。

事实上,当近代资产阶级在设计自己的法律体系时,主要承袭和参照的以往的法律体系,或法律传统,至少有六个:罗马法、日耳曼习惯法、封建法、教会法、王室法和商人法。这些法律体系的诞生和实际持续时间、形式特征、实体法内容与社会基础各不相同。在中世纪,后五者曾经有过一段时间的杂然共处,并就司法管辖权展开竞争,③这恰好反映出中世纪西欧七拼八凑的权力格局,即封

---

① 这里所说"西欧"是广义的文化地理概念,大体相当于中世纪罗马教会的影响所扩及范围。

② [法]马克·布洛赫称:"在封建时代的欧洲,众多庄园、氏族或村社聚落和附庸集体之上,存在着各种各样的政权,在很长时期内,这些政权统治的范围越广,则行动效力越差……"(张绪山、李增洪等译:《封建社会》,商务印书馆,2004年,第 605 页)。又曰:"西欧长期存在的趋势是,较大的国家政权分裂成较小的政治体"(同上书,第 632 页)。复曰:"封建主义是与国家的极度衰弱、特别是与国家保护能力的衰弱同时发生的"(同上书,第 700 页)。

③ 其间有若干世俗和宗教的领主既为土地和对其上居民的剥削的权力,也为谁有权审判、进而建立法庭而展开的斗争,因为司法领域里的罚款和审理费是一笔不可多得的现金来源。

建式准国家和其他各类保护性组织层出不穷的现实。但这些法律体系或传统之间的竞争,大大促进了欧洲法律的完善和进化。

在中世纪,只有罗马法不是现实中的法律。早期,由拜占庭皇帝查士丁尼主持编纂的《民法大全》等,保存了罗马法的一些重要内容。但因为那时西欧大部分地区几无运用罗马法观念的商业生活之需要,遂并未产生什么影响。不过,这些观念仍存在于地方风俗、寺院习惯,及一些简陋的法律集成中。到后来形势发生了变化,大约从11世纪起,罗马法对商贸和资本主义发展所具有的价值,重新受到重视。[①] 在中世纪和近代,虽然罗马法不再以一种实体法的形式存在,但它的法理观念以各种形式再兴,成为法学家研习的对象,并对民法法系产生了特别重要的影响,此时的"罗马法",已经成为足资借鉴的典范文本和一类法律技术、法律观念的代名词。

统治西欧的日耳曼蛮族的部落习惯法的痕迹,也到处都能觅到。它们首先是一些无处不在的习俗性质的法律传统,其次从6世纪到10世纪,在各个部落陆续皈依基督教后,才不约而同颁布了成文的部族法律汇编。例如,在其第一个国王克洛维(481－511)去世后不久,法兰克人的古代习惯法汇编《萨利克法典》才算编成。法典规定,任何人非经彼地全体人许可不得随意迁入某村庄,"但有人,即使是一个人,出来反对,那么,他不得迁入该村"。[②] 这是当时法兰克人尚遗留公社土地所有制的证据。但司法量刑方面,贵族的等级制特权,也在法典中有所反映。此外就是盎格鲁—

---

① 参见〔美〕M. E. 泰格等:《法律与资本主义的兴起》,第20页。
② 《萨利克法典》第45章,参见朱寰主编:《世界中古史》,吉林文史出版社,1986年,第17页。

撒克逊人的《埃塞尔伯特法》、9世纪英格兰的《阿尔弗雷德法》、基辅第一位基督教君王颁布的《罗斯真理》等。由于受基督教影响，这些法律原本的血腥和野蛮，才稍稍有所改观。

再看其余四种更重要的实体法。封建法，又称封建领主法，是围绕领主与其臣属之间的人身依附关系产生的法律，主要是规定相应的臣服、统领、利用和保护等关系。封建领主法庭所实施的法律，是基于两个有时候并不一致的原则：法律的个人性和流行于某一地区的习惯法。前一原则是指在法庭上以及在交易中，任何集团中的任何一个成员，原则上都有权援用"自己的"亦即自身所属集团的法律，无论它是罗马法、勃艮第法，还是西哥特法等。然而除了极个别案例，这一原则，通常已让位于某一地区由领主决定而施行于他的全体附庸的同一法律，它的主要依据乃是原本就在该地流行的习惯法。"个人性"的法律概念，只在某些人（例如商人）当中保留下来，因为他们身份特殊，且进行了斗争。①

世俗封建法庭，办案既拖沓，还肆意妄为，难以体现公正。它的任意性，部分是源自下述特征：它要依靠由领主及其法官们保持的、口耳相传的习惯传统。法庭也可能举行聆讯，以决定习惯法的内容，参与其事的陪审团成员的存在，可能会对诉讼人起一点保护作用，但也增加了行贿、舞弊的机会。而且，传统习惯多有鄙陋之处，本身亦未必是公正的。倘若不服判决而上诉，虽在原则上是可能的，但实际运作起来便有等级模糊带来的种种问题，直至强有力的绝对君主上台——这已是中世纪后期的事情了——情况才有所好转。后来将习惯法变成著作的工作，主要由两个财力雄厚又希望结束封建分立局面的集团推动：教会和王室。

---

① 参见〔美〕M. E. 泰格等：《法律与资本主义的兴起》，第25页。

教会法，就是罗马天主教会的法规体系。[①] 它实际上是一种神学、道德与法律无所不包的成文规范的体系。一方面，它是中央集权式的罗马公教会的管理条例，有多项条款针对教会的组织、制度、教徒信仰与生活守则，另一方面，又因全民信教的关系，教会还通过向那些愿意选择教会司法的人提供司法救助，而将管辖权展延到其他类型案件，涉及婚姻关系、继承、土地、贸易、刑事等，即用以调整俗人生活的大多数领域。不过，并不是所有人都对教会宣称的一切买账。所以在 11 到 14 世纪，便不断出现世俗法庭和教会法庭在司法管辖权上的争端。

实际上，教会法对世俗贸易的态度，绝对难称友善。许多世纪以来，商业都在道义上受到教会的贬低或怀疑。因而教会法学者始终要考虑，如何调和罗马法文本与教会道德训诲的冲突。从公元 325 年的尼西亚宗教会议开始，便禁止教士收取利息。5 世纪时，教皇利奥进而谴责放高利贷的平信徒。到了 850 年，放利的平信徒还要受罚、被革除教籍。最后，1139 年召开的第二届拉特兰宗教会议，要求普遍禁止人们收取利息。但当时更多的法律人士，是要努力绕开而非发扬此种禁令，尤其是在教会的债权人地位提高以后。规避办法在不同时期和地区层出不穷。对于富商的规避，教会甚为宽容，因为它可从其商业成功之中获得好处。教会不得已将关于商业的条款纳入其法律体系中。但总体上，教会仍然

---

[①] 经过 11 世纪末到 12 世纪初，西方在世俗统治者和罗马天主教会之间所爆发的"教皇革命"，教皇将教职叙职权收归手上。参见〔美〕伯尔曼：《法律与革命》，第 105 页；〔美〕G. E. 穆尔著，郭舜平等译：《基督教简史》，商务印书馆，1981 年，第 168 页等。

紧接着，在 12 和 13 世纪，在自成一体的教阶制度的基础上产生了系统的教会法。其内容的系统面貌，先是出现在约 1140 年格雷提安（Gratian）编纂出版的《历代教会法规汇编》之中。1234 年，教皇格列高利九世在综合了此前诸位教皇所颁法律的基础上编成《教令集》，直到 1917 年，它都是罗马教会的基本法律。

担心商业会成为封建制度的强烈腐蚀剂。在整个中世纪,对于看重商业和金融利润的人来说,幸运的是,教会的观点和教会法,始终不是他们的唯一选择。

但教会法也有很多优点。跟肆意妄为的封建法庭相比,教会法庭的诉讼程序要正规得多,并可能让人预先有所了解。而且比起世俗法庭,更早的时候,就开始将提出书面诉讼请求和撰写辩护状视为正常做法;同时,书面作证和保留审讯记录的做法,也比较普遍。教会法庭甚至允许相互质询对方的证人。

更重要的是,教会法算得上是"西方最早的现代法律制度"。[1]从基本的史实来看,中世纪的封建法、庄园法、商法、城市法和王室法等,正是在11和12世纪,也就是教会法大体成型的阶段,才发生根本变化。但它们绝不是简单复制教会法的某些部分,而是在差异化的竞争之中,受教会法颇显完善之激励,不断对自身的体系进行改进。起初与教会法相比,它们更多源于习惯,更少受到博学的法学家们的修正。但是与教会法的竞争,刺激皇帝、国王和大领主这些世俗的统治者建立他们自己的专职法院,出版法学文献,并将部落、地方和封建的习惯法予以合理化、系统化。正是教会法,让西方人懂得了"现代法律制度"的涵义;质言之,它是世俗法的引领者和激励者。

与这种激励相伴,并且作为它的一部分,罗马法被重新发现,为各方的法律所利用。教皇格利高里七世在得到商人支持后,在波隆那市建立了一所法学院,开始搜集整理《查士丁尼法典》的有关资料。既然被教皇的权威所认可,便在这异端权力的废墟之上,建立了教会法的整体结构。正是教会挽救了罗马法文献,推动了对它的研究。从11世纪末到15世纪,罗马法逐渐在法学研究以及立

---

[1] 〔美〕伯尔曼著,梁治平译:《法律与宗教》,三联书店,1991年,第74页。

法和司法领域里被广泛接受,这种接受在文艺复兴时期达到高潮。

又有王室法,它是近代民族国家的推动者,为求巩固势力而制订的法规。在这过程中,资产阶级则是那些君主早期的、不牢固的同盟者。在中世纪晚期之前,一直还不曾有过那种真正有效统治大片领土的国王。王权的观念,特别是制订法律并付诸实施的绝对权力的观念,从11世纪开始发展。自那以来,王权与商人的关系,彼此感到亲切的时候居多,因为双方目标一致,都想在相当广泛的区域内拥有统一的制度和政策,并不断巩固它们。

公元1150年前后的商人,若是往来于欧洲各地做买卖,必须面对很多困难:私人报仇、骑士抢劫、道路失修、贪婪的领主所征收的各种过境费和捐税。商人阶层除了依靠自己,最终不得不投靠某些强有力的领主或保护者。意大利的某些城市共和国,建立海上船队来争夺航路和保护其商人;商人也可从较小的亲王、公爵和大主教那里获得帮助;而作为更大领主的国王,则是其最坚定、最富有的支持者。① 十字军东征后,国王们获得了地中海东面许多贸易中心的控制权,并坚决主张保持商路畅通;他们使用了自9世纪以后长期都未使用的立法权力,来建立全国性的法律体系和法院系统。王室有关领土控制权的要求,恰和商人的自由贸易需要相吻合,后者所要求的是,打破地区之间的关税和贸易壁垒,寻求交通和安全方面的保障等。但二者间的同盟并非一贯协调,因为国王的帮助总是和他的控制与压榨同时出现。②

英国的所谓"普通法"堪称"王室法"的代表。公元1066年,诺

---

① 参见〔美〕M. E. 泰格等:《法律与资本主义的兴起》,第41页。
② 新兴阶级有时会将其对政权的压榨和控制的不满,发展成学说,认为金融财政方面管得最少的政府,即所谓"守夜人的政府"才是最好的,它在当代美国哲学家诺齐克等人的观点中也有所反应。

第三章　演化一般性:场域拓展和结构转换　　409

曼底的威廉渡过海峡,在英格兰建立了欧洲第一个近代意义上的国家。①威廉的政权颁布了具有全国效力的法律,并用王室官吏来代替各地封建领主的官吏,以推动相关的司法实践。王室法庭被授予实施国王的正义的权力,它一开始就极力想要清除那些曾经站在威廉对立面的贵族们。然而不经意间,种种封建壁垒被推倒了。大约再过几个世纪,王室法庭才在契约、所有权和诉讼程序等法律概念上达到与18世纪相近的程度。

此外,还有中世纪中后期商人为自己制订,并由他们在城镇和集市上专用的"商人法"。该法"是由罗马法衍生、但数百年来为适合专业商人需要而修订过的法规。"②其要点包括:有签订约束性契约之自由,对于契约安全的保障,建立、转移和接受信贷的各种规定等。它原则上通用于各国商人。在中世纪,贸易纠纷适用商人法条款的做法,曾经通行于王室法庭、教会甚至领主法庭。它也刺激了商人作为同一阶级成员的自我意识的成长。

在中世纪的西欧,也许罗马公教会是唯一的中央集权的因素,但它主要是管理精神生活那一半,而将另一半交由世俗机构。③与此同时,各类保护性组织在提供范围和形式相当不同的保护方面,有时候也在司法管辖权、提供更公正、更合理的司法服务和提供相应的实体法内容等方面进行竞争。④此外,神学和法律之间

---

①　参见〔英〕阿萨·勃里格斯著,陈叔平等译:《英国社会史》,中国人民大学出版社,1991年,第71-72页。
②　〔美〕M.E.泰格等:《法律与资本主义的兴起》,第8页。
③　参见〔美〕伯尔曼:《法律与革命》,尾论等。
④　世俗和宗教领主为谁有权审判进而建立法庭而斗争,因为罚款和审理费是一笔不可多得的现金来源。当时封建的、教会的、王室的法庭都实行自己的规章;往往某一法庭在某些方面,可能会有比另一法庭更为便利的法规和诉讼程序。在商人自己建立法庭来解决某些贸易纠纷以前,如何选择法庭对己有利,是一个极其困难和极其重要的问题。参见〔美〕M.E.泰格等:《法律与资本主义的兴起》,第8-49页。

有着辩证的紧张关系,但前者并未吞噬后者。正是多样化的格局和竞争的态势,使得整个西方的法律体系处在及时发展、不断变革的进程之中。①

在竞争之中,各类法律的命运并不相同。日耳曼习惯法、封建法、庄园法等,注定要衰落。教会法虽然曾经是联结罗马法的精神财富和近代法律理性化进程的桥梁。但它的地位与现代民族国家不能相容,故而也退出了历史舞台。但是伴随着农村的农业贸易、随后的海外贸易和城市间贸易的繁荣,商人法则前途无量。在中世纪,王室法尤为重要的作用是在其疆域内提供统一的法律框架,而在几个世纪以后,真正脱颖而出的王室法乃是英国的普通法。在按照昂格尔的分类属于第三个层次的法律制度(legal institutions)当中,普通法系和民法法系是一种特别重要的历史性的类型区分。虽然罗马法是民法法系的实体法内容的主要来源,但是不可否认,后者仍有很多渊源,上述教会法、日耳曼习惯法、商业法,其实对它都有影响。

中世纪欧洲在政治上严重分裂和错乱的状态,虽然一开始造成了很多不方便,例如关卡林立、缺乏保护等,对于欧洲境内的贸易造成了麻烦。但另一方面,分裂带来了竞争和活力。军事上的竞争,导致对于军事技术的无限需求,而对这一类技术的任何重大改进,几乎都能带动民用方面的广泛利用。同样,部分出于军事竞争的目的,国王和领主们对于各类资本多有所求;但他们尚未能够通过行政力量完全控制商人。② 面对各地制度上的差异,资本、知

---

① 参见〔美〕伯尔曼:《法律与革命》,尾论。
② 对照一下唐中后期面临所谓借商,其实就是大肆搜刮商人(参见两《唐书·食货志》等),政权的强势,导致了产权保护上的弊端,这应是阻碍中国的资本运作的消极因素。

## 第三章　演化一般性：场域拓展和结构转换

识和企业家，总是倾向于迁往更安全、更自由和更能赚钱的地方。"经验很快证明，保护产权和个人自由并接受规则约束的政府，在吸引可移动资源上成效显著。"①民事自由和经济自由，可以使得人们在贸易、金融和生产等创业活动上的投入，具有可靠和可观的预期回报收益，从而吸引才智之士。② 竞争中的政治实体，将从其辖域内的经济和文化繁荣中受益，而这些恰由它们所保护的自由来促成。③

正如其法律史，欧洲中世纪和近代以来的思想史，也是到处呈现纷繁多样和彼此竞胜的状况。各种学说的产生都有一定的社会基础，产生之后又不断寻求保护和支持它的势力。而在社会和政治势力多样化竞争的格局下，大多数学说，只要能成功地触动一部分人的心扉、为他们的现实利益进行直接或间接的论证，总是能找到自身存活和发展的空间。例如，新教诞生之际，马丁·路德之所以能在沃尔姆斯会议上公然表达其主张后，既经申令逮捕，仍能安然无恙，并潜心著书立说、宣教以扩张影响，正是因为有萨克森选帝侯等人的支持，后者与所谓"神圣罗马帝国皇帝"在政治利益上存在冲突。④ 所以西方的实存和观念的历史，原是要用这一种竞争的眼光来看，却不宜套用中国的大一统模式、整合模式。要而言之，欧洲文明崛起的历史，给世人的教训就是：多样化格局下的各支势力的适度竞争，对规范演化实属有益。

---

① 〔德〕柯武刚、史漫飞著，韩朝华译：《制度经济学》，商务印书馆，2000年，第466页。
② 而不是让他们将生命耗费于科举和官场上——这恰是中国传统社会中后期的情况，参见何怀宏：《选举社会及其终结——秦汉至晚清历史的一种社会学考察》，三联书店，1998年，导论等。
③ 〔德〕柯武刚等：《制度经济学》，第465—468页。
④ 参见〔美〕W.沃尔克著，孙善玲等译：《基督教会史》，中国社会科学出版社，1991年，"宗教改革运动"第1章、第2章等。

在中国史上，同样可以看到，制度间的分歧、竞争、渗透、交流和相互影响等现象，即看到竞争律和传播律的诸多例子。譬如，殷商、西周之间的过渡，就是后者在文化和制度上更具优势的结果。后世之人，多喜欢对三代之礼制作一些取舍比较，如孔子就说，"行夏之时，乘殷之辂，服周之冕，乐则韶舞"（《论语·卫灵公》）。作为殷人之后裔，夫子的结论却是："周监乎二代，郁郁乎文哉！吾从周"（《论语·八佾》）。其实，春秋时代像孔子这样博学的人，已经不能非常有把握地厘清三代制度的区别，①除因年代久远，恐怕也是当日的制度已充分传播和交融的结果。周礼的堂皇文明，其中的理性、稳重和人道之精神及其天命观的深入人心，②都是其令孔子深深折服的原因，也是西周取代殷商的变局，在制度上的原因吧。

制度文明的传播，史不绝书，而且方式、途径多样，不拘一格。通过交流，主动地向文明体制上更优秀的国度学习，常为后进国家的选择。例如中古时期新罗、日本派往中土的遣唐使，便将大量唐代的法令、制度引入到东北亚地区。③由于新罗择定儒家经典为太学生必读书籍，因而五经、三史、诸子百家书，便大量地流入。因境内遍习中华文化之故，唐末乃有一位新罗生员崔致远，于僖宗乾符

---

① 参见〔美〕W. 沃尔克著，孙善玲等译：《基督教会史》，中国社会科学出版社，1991年，第9章。

② 王国维先生曾在《殷周制度论》中开宗明义地提出，中国历史上的制度变迁，莫巨于殷周之际；也有学者据尼采所云之酒神狄俄倪索斯（Dionysus）文化与日神阿波罗文化两种气质类型来彰显二者的差异（参见陈来：《古代宗教与伦理》，三联书店，1996年，第140-146页)，虽说中西悬隔、体用凿枘，然验诸文献实物，此论亦非毫无见地，这里所印证的恰是西周理性精神的胜利。又《尚书·泰誓》有云："天矜于民，民之所欲，天必从之"，及时常被引用的"天视自我民视，天听自我民听。百姓有过，在予一人。"虽还不能扯到"人民主权"的高度；但其倾听民意，顺应民意，肯定民意代表天命，已然很明白。

③ 王仲荦：《隋唐五代史》，上海人民出版社，2003年，第622-638页。

元年(874),进士擢第。李唐一代,日本前后有十九度遣唐使至中土境内,其自公元645年以来的"大化改新",遂仿唐朝创建中央集权的官僚体制,经济上亦效法均田制、租庸调制,前者称为"班田收授法",而在701年所颁《大宝律令》中获得法律上的正式承认,此外如户籍法、计账法、军防体制,都是唐朝制度文明传播至彼国的铁证。①

和平交流以外,军事上的优势,有时候是一个很有说服力的反映竞争优势的证据。譬如1806年,法国皇帝拿破仑在耶拿等地两次击败普鲁士的家族化军队,从而刺激普鲁士的改革家们痛下决心,要用现代原则重建他们的国家。②再者,殖民过程中将宗主国的制度强行植入,也是历史上很常见的传播模式。例如普通法在全球各地的广泛传播,就是17世纪以来由英国殖民者所造成的。通过殖民的方式扩张其制度文明,一般得借助殖民者的军事优势,实则这种优势也是其政府制度、法律和经济上的优势的一种体现。③但军事征服者的制度不一定是传播的源头,如果其制度文明乏善可陈,就很可能发生相反的情况:军事上的征服者竟被同化于被征服地区的文明,这样的例子,在中国史上早已为人所熟悉。

又如拉丁美洲的政府模式,在很大程度上,堪称其殖民宗主国西班牙或葡萄牙政府的翻版,是一个制度传播的反面例子。西班牙的民法传统,深受罗马法,特别是《查士丁尼法典》的影响,美洲殖民当局遂仿照罗马法律制度,在美洲建立了10所高级法庭(au-

---

① 王仲荦:《隋唐五代史》,上海人民出版社,2003年,第633页等。
② 〔美〕弗朗西斯·福山:《政治秩序的起源》,第363页。
③ 再者可以说,欧洲殖民地的扩张,本身就是由欧洲内部的竞争环境造成的:"现代欧洲早期的政治经济——特别是代价高昂的长期军事竞争——在造成欧洲独有的海外商业扩张中起的作用可能大于企业家的才干,或是大于对异国商品的好奇心本身"〔美〕彭慕兰:《大分流》,第182页)。

diencia)。1570 年在新大陆建立的殖民地行政机构，一开始似乎比同期的西班牙本土还要现代，规定被派去的行政官员，不得与当地女子结婚，亦不得在领地上建立或涉利益输送的家族纽带。然而好景不长，随着 17 世纪本土政治中的家族化趋势的加剧，殖民地社会也有样学样，卖官鬻爵之类做法不可避免地被移植到了新大陆。而且在新西班牙和秘鲁的总督辖区，其政治制度甚至比欧洲母国更加不平等。① 到 1606 年，几乎所有地方公职都可以买卖了，那个世纪的下半叶，连最高级职位也进入了市场，始于 1687 年，高级法庭职位被系统性地出售。于是伊比利亚半岛政治中严重的公私不分，竟然照搬到了美洲。②

历史上，在独立进化和制度扩散之间，并非只有单一的情况。即使涉及制度传播的过程，历史的状况往往也不是简单的择善而从，或许意图在于这样，但受制于很多连当事人自己也未必洞悉其间曲折的隐情，而变得走样、未尽人意。不管怎么说，由外部引入的规范和制度，必须注意克服水土不服即制度安排的整体性以及各要素之间的功能耦合之问题。

## 第七节　规范形态演化乃是
## 社会结构演进的镜像

社会结构意味着：一系列本质上是调节人与人关系的规范的层级结构；或者说，一个各种具体规范在其中可产生纷繁多样的变化，而它本身却保持高度稳定的制度架构。对于社会结构的甄别，

---

① 参见〔美〕弗朗西斯·福山：《政治秩序的起源》，第 347－351 页。
② 同上书，第 357－362 页。

第三章　演化一般性：场域拓展和结构转换　　415

并不意味着要将各层级、各类型、各领域之规范全面统合地考虑在内；只有那些在一定阶段上实际维系和展现着架构稳定性的规范，方才具有结构性意义。

一般提到社会结构，所说的社会不是各类亚社会、组织、机构或单一层面的共同体，而是指完整的共同体。在社会结构变迁的视野中考察规范演化，一定程度上就是在延续关于规范演化的整体性论题。规范演变多样性的一个总体的表现形式，就是社会结构的分化。而社会结构是这样一种东西：通过它，完整的人类共同体得以在类型上被区分开来；社会结构的有着高度概括性的基本类型，也就是完整的人类共同体之"大的类型"；但是，每个完整共同体的社会结构，就像这个共同体本身的历史一样，乃是独一无二的——这在本体论上看来是必然的——因而其自身即构成一个类型，此为"小的类型"。

规范的演变至少在两种意义上"镜像着社会结构的演进"：在某个社会的前后两个阶段之间，若干重要规范之间的对比性差异，实际上是社会结构上的重大变化的一部分；一些规范可能本身并不具有结构性意义，但彼此间的差异，乃是结构性变化所导致的系列后果之一部分。

对于社会结构的确立和演化而言，通常都会存在各种外生变量。地理环境，固然就是这样的外部制约因素，一个社会当前的技术存量，在某种意义上也是。相比于自然地理状况这样较为惰性——但不是绝对不能改变——的因素，技术呈现动态特点，且它们都关乎人与自然之关系，前者主要是指，自然界中与人类生产生活有着最直接关系的综合性之地表状况，后者决定了人利用自然界所能采取的方式、途径、效益空间等。然而环境特性等，不管怎么重要，都还只是制度演化的边界条件。且似乎没有理由认为：适应环境的均衡状态仅有唯一的解。①

如果我们将帕米尔高原、阿尔泰山西端之间连线及其向南北的延伸当作分界线,把整个印度次大陆也包括在东边一侧,由此把整个亚欧大陆划分为东方和西方(后来西方的核心区域还超出这片大陆,扩展到了北美),那么自然可以问:在人类历史的不同阶段,究竟是西风压倒东风,还是东风压倒西风呢?莫里斯(Ian Morris)认为,如果参照能量获取、城市化、信息处理、发动战争的能力四项指标来衡量,②从农业发明以来,西方一直是领先的;但历史行进至公元541年前后,③东方社会发展水平超过了西方,并将优势维持了1200年;约在1773年,西方反超东方,工业革命一个世纪以后,曾经遥遥领先。

东方文明的核心区域基本上只有两个,中国和印度,④尤其是前者(就经济体量和发展质量而言,便向来如此)。但西方核心区域,却经历了从最早的文明诞生地缓慢逐步地向西北方向迁移的过程。即从两河流域下游的美索不达米亚平原,到两河流域中上游,到希腊和小亚细亚,然后是意大利和地中海世界,然后是中世纪的西欧,工业革命前后约两百年,毫无疑问是英国,然后横跨大西洋到了北美,确切地说是美国。可能的原因是:那些不乏农业生态上

---

① 例如,十六世纪以降,从旧欧洲蜂涌而至北美的一批批移民,他们对同一块大陆的总的适应方式就跟土著印第安人迥异。而在小亚细亚和巴尔干这样的文明冲突的前沿地带,某一时期的技术存量是固定的,但是拜占庭帝国与继它而起的土耳其苏丹国之间,至少在政治结构上有着明显差别。

② 参见〔美〕伊恩·莫里斯著,钱峰译:《西方将主宰多久》,中信出版社,2014年,第78—79页等。

③ 这年埃及爆发了黑死病,传至君士坦丁堡,约有10万人染疫而亡。

④ 虽然在两者内部,重心也是有迁移的,如从黄河中下游转到长江中下游,从印度河转到恒河流域。至于近现代日本的崛起,则因为在历史长河中,时间还嫌太短,加上经历了二战的失败和战后被占领,所以不便做评论。

的潜力的边缘区域(这关乎足够的人口密度),从它们与核心区的交流中获得了包括技术、制度模式在内的一些前期文明的成果,①但它们没有完全融入到或者有意脱离了核心区域所主导的一体化进程,所以它们没有被腐蚀,它们容易继承文明的精华遗产,却不易背上制度僵化的包袱,所以在新的机缘到来时,从历史中脱颖而出。

资源和技术因素,对于社会结构的演变来说,始终都不是无关紧要的。但与其说,积累到一定程度的既有的技术存量是推动此类演变之关键,还不如说,适宜的社会激励的土壤,才是推动一系列重要的技术创新的实际作用力,进而这些创新,反过来有可能使社会结构得到彻底改变。反之,即使一个社会并不缺乏推动技术创新的各类小型的激励,但若是因为社会结构中的一系列功能滞胀,而导致技术创新、特别是技术运用的持久和强劲的激励之缺乏,则诱致结构演变的技术因素也就是缺乏的。也许,中国古代的科技史和它的制度史之间的关系,便是如此。在那里,技术创新没有成为特别有利可图的,尤其是可以节省大量劳动的技术创新。②

---

① 英国专家约翰·基根认可"关于战车和御车武士起源于大草原和文明的两河平原交界地区的说法"(林华译:《战争史》,中信出版社,2015年,第172页)。同样,我们不能忽视罗马吞并希腊本土,吸收希腊和希腊化世界的文明成果的事实,以及欧洲文艺复兴的意义,等等。

② 对于宋代以来,特别是明清经济史的研究,常常被关于中国近代之发展瓶颈问题所牵引,对近代的停滞加以解释的理论,包括黄宗智的内卷化或过密化(Involution)概念,是指农民在人口压力下,不断增加在农业和家庭于工业上的劳动投入,然而单位劳动的生产率却在下降,参见黄宗智:《华北的小农经济与社会变迁》,中华书局1986年;黄宗智:《长江三角洲的小农家庭与社会发展》,中华书局1992年。这跟英国学者伊懋可(Mark Elvin, *The Pattern of the Chinese Past*, Stanford: Stanford University Press, 1973)的高水平均衡陷阱(High Level Equilibrium)学说,差可比拟。然则,〔日〕斯波义信(《宋代江南经济史研究》,江苏人民出版社,2001年)认为,中国政治组织体系的巨大规模,导致官僚机构的极度膨胀,维系之费用超越财政的负担能力,遂产生功能性的障碍。而这些消极因素都有可能累及技术进步。

这一基本的历史事实给我们的启示就是，科学技术可以是"第一生产力"，但只有在特定的、恰当的生产关系和社会关系中，它才是第一生产力。

还有各种内生变量和内生机制。《吕氏春秋·恃君》有云："群之可聚也，相与利之也。利之出于群也，君道立也"。"君道不废者，天下之利也"。人群对于权力的诉求，天然倾向于使其运用效果是集中的、一致的，即它对于意见分歧和利益冲突可以给出令所有人或者有关各方都得服从的命令，只要命令的结果好于冲突的，有关的权力就会带来协调，协调则为总体的福利增进、市场规模扩张、分工的深入创造前提。可是如果没有某种等级式的权威体系或者某些权力运行机制，不仅人群的规模难以扩张，人际协调以及由于协调而带来的福利改进也止步于特定的低水平上。虽然实质上权力集中的顶端并不一定是专制君主，因为它也可以是某些正在被运用着的民主程序，但在早期阶段要想在这方面实现跨越式发展，即达到对于较大人群的高效协调，旨在提供良好的公共服务水平的"君道"，就是值得期待，但如果它的长期代价是个人权利系列的受损或难以发育，那么后果将是非常严重的。一个社会所达到的安全和司法服务的形态和水平，将对在它内部的其他组织形态的发育具有基础平台的意义，有关的效力将覆盖社会生活的方方面面。所以，权力及其所促成的协调肯定是好东西，但稳健的权力不是唯一的好东西。而权力体制和权利系列的特征，将是人们理解一个社会的结构特征的两大关键，它们本身是协调的结果，但也是创造或衍生出其他协调形态的前提；围绕这两个关键，则是一系列协调状态下的个人利益的形态、利益兼济的形态和公共利益的形态。总是跟权力和协调交织在一起，且在宏观和微观层面上都可以不断观察到的第三种社会经纬交织的力量就是交换，它不

## 第三章 演化一般性:场域拓展和结构转换

仅存在于可实现利益兼济或帕累托改进的市场交易中,也存在于社会性交换或政治性交换中,在后者的某一形式中,用来交换的一端是各种利益或权利,另一端则是权力。

需要和价值观、关于再生产某些人人关系或人物关系的稳定模式的知识,同样是影响制度演化的内生变量,并通过解决问题的压力的形式,成为内在机制的环节。其中,需要的满足是定义利益的不可或缺的因素;在社会的宏观层面上,一个人的行为动机将有赖于他对于大众行为方式的预期,而有关的知识和信息无疑对于这种预期的形成至关重要,但这些信息的传播也许只是凝结在某些"名器"或象征形式当中。所以对于社会协调和社会运行来说,符号乃是不可或缺的润滑剂。可是通过语言或符号协调起来的,又岂止是人们之间的预期和判断,还有他们的道德感、自我认同和自我实现动机,关于这类内在世界的协调之通常名称是"宗教"或"人文精神"。不过一般来看,协调起来的大众意愿,有两种基本形态:相互牵制而容或不得已的集体意向性,以及单纯基于本真的个人偏好的社会偏好。

在原始社会,氏族或部落内部的民主,系古代人类群落普遍实行的制度。[1] 这很可能是因为,稳定的、比猴群这样高级灵长类群体中的"猴王"更复杂和功能更多的权力机制,乃是一种费用很高的制度,在对它的真实需求并不强烈,及它初步发挥之效益并不明显超过其成本之际,它是很难产生和维持的。

在文明阶段,在人与人的关系的稳定模式中,广义上的宪政规

---

[1] 例如,在美洲印第安的易洛魁人和阿兹台克人中的民主,即是([美]摩尔根:《古代社会》,第 154－156 页、第 176 页等);又如遗存至 20 世纪的中国境内若干少数民族的原始组织,则像活化石般见证了这一点,如东北的鄂温克人、西南的凉山彝族等,参见《中国大百科全书·民族卷》,中国大百科全书出版社,1986 年,第 246－248 页等。

范,即受到人们广泛承认或默认的权力如何组织起来的规则,始终是核心因素之一,因为它涉及在谁该拥有权力方面并非单纯能够依靠默契或共识的权力安排之问题。正因为关于权力安排——但这未必是关于程序的方面——动辄缺乏共识,所以这通常是结构中最困难的部分。而从生产性过程所涉及的配置和分配问题的角度来看,另外一个核心因素,就是关于各类资本和生产成果的产权问题。可以说,最重要的社会结构特征体现在三个方面:劳动者的身份属性(这问题的主要部分是涉及意志间的裁断机制的);涉及资本和生产成果的基本产权制度;以及稳定的权力架构。根据这三方面特征可以对结构属性做出总体上的判断,而对其他方面的基本行为特征,也可以在此框架内给出一定的预测。

在个体意志的分立、分化或笼统所称的"自由"情境中,权威地位的理想型来源,或许是四个:(一)依靠实际的暴力或威胁运用暴力的态势的统治,其纯粹而典型的例子就为奴隶制,这跟服务于其中的经济体系或生产组织形态等没有必然的关系,比如它可用于古罗马的庄园、19世纪美国南部的种植园、北魏或隋唐的官府手工作坊、乐府等;(二)源自领袖的个人魅力,而魅力源自能力,即被统治者所相信的,一旦接受其统治而将给自己或所属群体带来好处的能力,魅力又产生个人之间的效忠关系;[1](三)源自惯例和传统,即建立在单纯相信历来适用的惯例和传统的神圣性,以及相信由传统授权的统治者的合法性的基础之上;(四)基于合理的统治,就是依赖职务等级的系统划分以及惯例、章程、制度和程序的合理性方式,即结合第二、第三种方式并加以合理化的形态,亦即广义

---

[1] 狩猎的首领或战争英雄、精通医术或法学的智者,先知或预言家等,都可能魅力型领袖。

上并不一定要排斥民主程序的官僚科层制的行政管理。①

在广泛采用奴隶制的社会,由于它的残酷性,得有一个内部较为稳固的统治集团,来保持足够的对外的暴力压迫态势,这种态势的存在,则需要假定在统治集团内部先前就起作用的权威的存在。而其他三种统治资格的来源,既可以是产生权威角色的方式,也可以是合法地运用权威的一般性规则的来源。按照惯例或是出自某种合理性考虑,被赋予统治权的也可以是多人。在过去的时代或者小型社会里面,依暴力态势、依传统或个人魅力的统治是主流,而向现代性的过渡,体现在政治领域,就是合理性开始占据舞台的中心。

> 在受传统束缚的时代,"魅力"是巨大的革命力量。"理性"同样也是革命的力量,它或者恰好从外在发挥作用,即通过改变生活环境和生活问题,因而也改变对生活环境和生活问题的态度。与理性有所区别,魅力可能是一种发自内心的改造⋯⋯它意味着改变最重要的思想和行动的方向。在前理性主义时代,几乎整个行为的取向都被传统和魅力瓜分殆尽。②

几乎没有一种实际的、具体的统治形式,完全依赖一种理想型的纯粹类型。而它们一般都是由四种纯粹类型或其中部分类型复合组构、渗透交织而成。例如在西式的所谓自由民主社会中,出于对惯例的尊重或合理化考虑的某些"选举"程序,同时作为对魅力的新解释而得到运用,即某些重要职位上的官员的当选,是因为当选者被认作是有魅力的或有能力的,③而且整个社会广泛地运用

---

① 照韦伯所说,合法型的统治只有三种,这是因为他并不把单纯运用暴力视为"合法"的。参见〔德〕韦伯:《经济与社会》上卷,第238-273页。
② 同上书,第273页。
③ 参见〔德〕韦伯:《经济与社会》上卷,第297-299页。

了官僚科层制的治理架构。

在统治权力发生地域间的联合或扩展的时候，或者在单纯的被统治者人口规模扩大之际，为了构筑更大覆盖范围的权力运作体系，金字塔式的统治关系，就近乎逻辑上的需要——即在两个或两个以上的地域或人群单位之间，得有一个足以协调它们的更大的权力，以此类推，遂向更大单位之间的联合方向上拓展。在此类观照下，封建制就是一种笼统的基本形式，它是和科层式的集权体制形成鲜明对照的。即在前者，上层权力一般仅限于它直接作用的那一下层权力，难以从塔尖自上而下贯彻。在后者，原则上最高权力或任何一层的权力，都可以不断地向下运行。显然，那种具有统一的组织原则、即有着内部可陟降的职务等级的官僚科层制，不可能是封建制的，因为权力可循此等级自上而下运行，恰好就是科层制的典型特征。在封建的等级上，权力很可能是世袭的，即合乎传统的。但在两者当中，都有权力等级关系的准金字塔式的整合。

处在某座权力金字塔顶端的，既有可能是民主社会中的经被统治者程序性同意或授权的魅力型领袖，也有可能是家产制的集权独裁者，即通常所谓君主，或者像在某些封建制中，起初可能是雄踞一方的征服者或军事联盟的领袖，而后则是依据传统的世袭统治者。

在近东/地中海/西方世界的历史中，甚至也是在印度和中国的历史中，正是"集权化和分权化之间的辩证关系"造成或催化了相当大一部分的社会发展。然而说起来，政治权力过于分散（如印度），及过度集中（如中国），均非社会之福。

但封建化的、贵族、总督、藩镇式的分权也好，透过文官科层制、郡县式的地方行政区划、强干弱枝的王室军队、中央监察特务机构所实施的集权也好，单纯囿于政治领域所看到的模式的相似性,是容易误导人的。因为实际上,不同时空体系中的人们所拥有的实施权力的手段,乃是相当不同的,而有关的手段可能是逐渐出现的、不稳定的,但也往往是累加的、进化的。

　　正是强制性合作的成功导致了它的瓦解,然后,在很多事例中,又导致更高水准社会发展的再次构成。强制性合作同时增大了军事国家的权力……和随后能够推翻国家的分权化精英的权力……。然而这些精英继续需要强制实施的秩序。这通常会重组一个国家,这国家此时具有更大的权能……而且这辩证关系会再一次开始。这一机制发展了一种世俗的趋向,即走向更具集体性的强有力的社会组织形式,这些组织大多采取帝国的形式。就规模而言,乌尔帝国重组了阿卡德帝国,但增进了其人口密度、经济管理、建筑雄心、法典、可能还增进了它的繁荣;巴比伦,尽管范围还是那么大,但从某些意义上来讲却更加强大;加喜特王朝可能给该地区带来了新水准的繁荣。……亚述范围更广并且更强大……以后的波斯和罗马更加广大。①

　　质言之,发展的辩证性,常常意味着表面上极其相似的权力模式在更高水平上的重组,不仅仅是因为运用了新的技术手段、新颖和更有效能的意识形态因素,也是因为前面的肯定或否定阶段所遗留下来的若干制度、制度模式、心态、德性和惯习等,在新的阶段仍堪当人用,省了很多事情,甚至是不用不行的,这样制度就更趋精致、合理或高效了。即这是一种螺旋式的上升。而辩证发展的前一阶段,一旦延续日久,它的弊端就暴露越多,由此产生的人心思变之势头也是可用的。

---

① 〔英〕迈克尔·曼:《社会权力的来源(第一卷)》,第 207 - 208 页。

一般来讲,就大多数劳动者身份相对于产权系统中的权势阶层,为不自由、半自由与自由的三种情形,大抵可将文明社会的形态区分为奴隶社会、封建社会与资本主义社会。①

但奴隶制和封建制本身,是否是对但凡出现这两类制度现象的社会形态的核心因素的恰当描述呢?或者,它们是否是文明史上具有绝对普遍意义的社会发展阶段呢?对第一个问题,我的看法是:奴隶制或封建制,的确有可能是某些社会的核心因素,但因为另有一些社会曾经附带着这两种制度因素的事实,所以它们并不一定是其所在社会的核心构架。基于此,后一个回答便是:奴隶制或封建制是总体上的农业社会极可能采纳——但不是一定要采纳,尤其不是作为核心因素在某一阶段上一定要采纳——的制度因素;但论及身份上的自由程度,广泛采用奴隶生产的社会中的奴隶,不如封建架构下的农奴,离资本主义的自由劳动者更近,倒也是肯定的。

关于奴隶制或奴隶社会,诚如恩格斯所指出的,在罗马帝国的废墟上,日耳曼部族在过渡到封建主义之前,没有经历过奴隶社会。他们是中世纪西欧文明的主体民族,循此而论,这种所谓的"阙失"现象,不能算不重要;而其至少结合农村公社和封建制两种因素的文明,②很长时期内,在很多重要方面的成就,远不及古罗

---

① 如果加上首末的原始共产制和共产主义,就是某些马克思主义者所认为的社会发展的五阶段论。马克思是将生产关系视为社会结构的核心,这没有疑问(〔德〕马克思:《〈政治经济学批判〉序言》,《马克思恩格斯选集》第2卷,人民出版社,1972年,第82—83页)。但他也意识到某些东方社会结构是迥然有别于西方的,并称之为亚细亚生产方式(同上书,第83页)。

② 关于日耳曼人中耕地等实为公有、可定期重新分配的"马尔克"即农村公社制度,可参见〔德〕马克思:《给查苏利奇的信》,《马克思恩格斯全集》第19卷,人民出版社,1963年,第449页;〔德〕恩格斯:《马尔克》,《马克思恩格斯全集》第19卷,第357页;〔德〕恩格斯:《家庭、私有制和国家的起源》,《马恩选集》第4卷,人民出版社,1972年,第55页等。

马，所以很难说，其封建制是建立在奴隶制基础之上的。甚至在大量使用奴隶生产的社会中，奴隶制也不是关于其中的一般权力结构的恰当描述的概念。事实上，在各级领主与那些人身自由受到一定程度剥夺和限制的其臣属的关系中，臣属可以是奴隶、奴婢，也可以是隶农、债役农、封臣、家臣或者农奴等。

关于封建社会是否为一个普遍的社会发展阶段的问题，同样聚讼纷纭。近百年来，对于辛亥革命以前约两千余年的中国传统社会结构根本性质的认识，发生一种极度混乱的状况。主要表现就是对"封建社会"一词的滥用。[1] 贴上这样的概念标签，既不符合汉语"封建"的原义，也不能契合对译的西欧中世纪社会政治体系Feudalism的本质特征。在中国，"封建"本义是指"封土建国"、"封建亲戚，以藩屏周"的西周宗法制，也就是一种以诸侯分封为核心的政体组织方式。[2] 其特征是：上一级的统治者将名义上属于他的土地和人民，分配给血亲、姻亲或有功勋者，土地产权在实际上具有多重叠加性质，封建的过程可以不断进行下去，这就产生了森严的等级制，但缺乏自上而下贯彻的集权权力的特征。看来，这词的本义跟后来用它来对译的欧洲封建制Feudalism，倒蛮有几分相似。汉语原来意义上的封建制，在西周本为主导，秦汉以来却退居辅助的、并不断趋于弱化的位置，[3] 与此同时，中央集权下的郡县制、官僚制却成为基本的政权形态。

---

[1] 关于中国古代封建制的各类探讨中，笔者较赞成瞿同祖的看法：周代为封建制时期，至秦统一天下便行中止。冯天瑜（《"封建"考论》，武汉大学出版社，2006年）则对学术史上围绕"封建"之诸说予以系统爬梳，可藉以稍窥误解之渊源与流衍之路。

[2] 较早的传世文献中的说法，可参见《左传·僖公二十四年》等。

[3] 例如，唐人反对"封建制"，一定程度上就是在反对藩镇割据，参见柳宗元：《封建论》，载于《柳河东集》卷3。

西周封建制当然是一项综合性制度,融合了习惯法、伦理、习俗、惯例、礼仪等各类规范因素。其封疆建土、及于四方者,或为同姓、或为异姓,大的封邑主即诸侯,多是从天子受封,获得合法性,但他又能将田邑复封于亲戚、臣属。[①] 可知这种"封建"制是直接联系着它的经济基础即土地、赋役制度的。平民又经授田,从封建主即采邑主那里得到田地耕种权,[②]平民的份地之间搀杂采邑主之田地,依理想的划分模式,就是所谓井田制。所以这种围绕田地的产权形态,是直接附着于金字塔式的政治结构的。在此结构中,阶级被划分为天子、诸侯、卿大夫、大夫、士、庶人(平民)、奴隶等。[③] 平民对于封建主有代耕其直属份地、献纳产品,及服作役、兵役之义务。[④] 下级的封建主对于上级也有军事和政治上的义务。但领主对其下属照理得有提供保护和司法的义务。封建制中又嵌套着一定的官僚机构,士以上的阶层可在其中担任职位。[⑤]在社会结构中又有区分亲属、嫡庶和明确继承权的制度,即所谓的宗法制。各阶级在祭祀、婚姻、丧葬和服饰器用等方面均配合着礼仪上的详尽规定。[⑥] 维系社会结构的主要的权利、义务关系,是围绕等级制框架展开的,礼仪的异常发达也是为此服务。

也许,包括西周封建制在内的所有复杂的人类社会形态,都是提供不断地解决问题的方案之组织,特殊的问题,当为特定时、空范围内的环境、技术存量和历史等因素的函数,所以方案也是特殊

---

① 参见瞿同祖:《中国封建社会》,上海人民出版社,2003年,第2、3章。
② 《周礼·地官》之大司徒、小司徒、遂人等条,又勾勒了一种可能的掌管授田的官职体系。
③ 参见瞿同祖:《中国封建社会》,第131-165页。
④ 同上书,第167-180页。
⑤ 同上书,第206-209页。
⑥ 同上书,第114-130页;第184-203页。

的，为此需要不断投入新的能量，以维系其运转。起初，会采用普通的、易上手的、低成本并且投资回报率高的解决方案。但持续的压力和意想不到的挑战会要求进一步的投资，以致将原先成本、效益比尚可之解决方案推向不敷应用的境地，为此，社会就必须通过提高其结构化程度来从事成本更高的投资，但在特定阶段存在一定临界点，抵达这点时，原先的、总的制度模式就会失效，即用这制度解决问题的各方面收益，已然及不上成本的居高不下，这时来自问题方面的、仍然存在的巨大压力会使原有社会结构趋于崩溃。①

西周封建制当然是为适应当时的成本环境、在广泛地域内实现权力集中及权力分享的一种有效率的体系，即这种关涉政治治理的解决方案，要比各地方集团自治更有效益，是一项值得对其进行投资的制度。东亚大陆的环境或许有诱发大一统国家的压力，人口越膨胀，这种压力就会越强。但在铁器时代以前，在国家结构方面，商代基本上只是各个名义上臣服的自主部落的集合体。商周交代之际，并其后很长时间里面，基于那时的农业、交通、军事、信息传播等方面之技术和条件，根本没有支持像后来的官僚制帝国那样的形态的成本环境。反而分封制乃是最现实和最经济的选择。在一个主要农具尚为木制耒、耜的时代，②农业的劳动生产率难以供养庞大的官僚队伍。又如，假设帝国境内遥远地方发生叛乱，王室军队能否迅捷抵达来平叛，并在此期间拥有足够之补给？答案仍为否定。而与其让王室派驻各地的军队首脑拥兵自重，不

---

① See Joseph A. Tainter, *The Collapse of Complex Societies*, Cambridge: Cambridge University Press, 1988.
② 杨宽：《西周史》，上海人民出版社，1999年，第 224—225 页。

若采纳分封之方案——诸侯与王室之间常有紧密之宗法纽带,各类制度文化又在不断强化它。[①] 另外可以肯定的是,为科层制所必需之文字记录工作,则因当时普遍使用竹简而效率甚低。

在欧洲中世纪,拉丁文中早就有着与"封建制"对应的 feudalis 一词,系从通俗拉丁词 feodum(采邑)演化而来。[②] 要而言之,西欧的封建制常具有这样的核心形态:对名义上和实质上的土地产权进行一种实质性的、并经常是层级式的分割,以此来换取附属(封臣)的效忠,此一效忠常表现为承担军役或其他的义务。因而在上层领主和下层附庸之间,其实有某种隐性的、围绕权利—义务方面的契约关系,准是,亦可称为"契约式封建制"。伴随土地产权不断分割而来的,经常是政治权力的分割、某种形式的等级制的形成,以及"庄园"这样本身规模较大的自然经济单位的形成。某一层级上的领主总为某一或某些庄园之主人。附庸也可能是一定范围内的、拥有土地的领主,其下再有附庸等,最低等级的附庸,则为领主庄园内的农奴。但在此等级制中,统治权的效力基本上不能自上而下地贯通,即下属的下属非必为其下属,而在中央集权式的郡县制中情况不同。即封建制的权力架构是分散和重叠的,权力运行则为间断和低效的,[③]但在依赖人际效忠这一点上,中、西之中古时代差可比拟。

---

① 西周王室与主要诸侯间政治关系,似较中世纪欧洲王室与封臣间的更紧密。封建制下,诸侯的高度自治,对于西周的政治统一性本就是巨大的离心力量,而如果这种力量甚至侵蚀其渭河流域等核心区域,则西周距其衰亡,便已不远。参见李峰:《西周的灭亡——中国早期国家的地理和政治危机》,上海古籍出版社,2007年,第141-156页。

② 参见〔法〕马克·布洛赫:《封建社会》,第27-30页;〔法〕布罗代尔著,施康强等译:《15至18世纪的物质文明、经济和资本主义》,三联书店,1992年,第236页。

③ 参见〔法〕马克·布洛赫:《封建社会》,第605、632页等。

## 第三章　演化一般性：场域拓展和结构转换

在社会学巨擘韦伯看来，如把"采邑"即封建式的统治关系的核心理解为"任何授与权利、特别是授与土地或者政治的地域统治，换取在战争中或者行政管理中的勤役的话"，[①] 则广义上的"封建"关系便曾经存在于很多社会里面，诸如古埃及法老的部曲军、希腊时代的 Klèros（Kleruchien）份地制度、西方中世纪贵族家臣的勤役采邑、早期罗马的 precarium、马克曼尼克（Marcomannic）战争后罗马帝国授予其土地的屯田兵、俄国哥萨克骑兵、扈从式的日本武士、梅罗琳王朝的侍从、近东诸国包括土耳其的采邑制，便都处于某种形式的封建关系之中。[②] 由此来看，"封建制"其实为一种历史上曾被广泛采用的权力和政治权利分配的结构形态，一种有效的统治技术，可因各个社会、各个时期的特定需要而被采纳；但难以被视为一个对各个文明而言为绝对普适的、顺序固定的社会发展阶段。如果有什么特别的共性的话，便主要是：在中西原本意义的封建制下，广大农民的身份就容易是半自由的（但半自由的农民却不一定只存在于这样的政权组织形态下）。

按照"授予权利理应效忠"或"领主分封"这两种相近含义来界定的封建制，在中国古代史上，也许只有两个时代差强人意，它们总体上是"封建"或"准封建"的，前者为西周，后者为汉末魏晋南北朝（那时豪强地主领有部曲及各建"坞"、"堡"），秦以后其余时段多为"非封建"的。西周的封律制，无论在封赐的环节，还是在对于领土、附庸之间关系的理解上，血缘和姻亲的纽带，以及准于血亲关系的伦理，都具有无与伦比的意义，以此，可称为"宗法封建制"。

---

① 〔德〕马克斯·韦伯：《经济与社会》下卷，第 397 页。另可参见〔美〕汤普逊：《中世纪经济社会史》下册，第 26 章。

② 参见〔德〕马克斯·韦伯：《经济与社会》下卷，第 397－420 页；及其《支配社会学》，广西人民出版社，2004 年，第 97－204 页。

又有元代的贵族分封制,①俨然有封土之实,但仅流行于华北,大体上没有扩散到当时人口高度聚居着的东南一带。当然,秦以后的大多数朝代,在中央集权的主体的统治形态中,间杂一些准封建势力,则是完全可能的,如西汉前期景帝和大臣晁错想要削弱的藩镇,或是唐代后期藩镇割据的局面。②

西汉初年,例如文景之治的时期,自耕农曾在社会中占据不小的比例。③ 而我一直觉得:以自耕农为主的社会结构应该是汉唐盛世的基石。——因为自耕农比其他身份的农民或非统治阶级,有更大的动机去维护帝国的体系。然而,唐前期均田制下的农民,是自耕农、佃农、农奴,还是贱民呢?如果不是被成见蒙蔽上眼睛,自然应该认定,它是在国家具产权干预功能的体系下的自耕农阶层,也是传统农业文明的中坚力量和社会结构的基础。如果一定要把唐朝说成是封建制的,就必须假定森严的等级制中的封建

---

① 其具有五户丝食邑分封、投下私属分拨、宗王出镇等形式,参见李治安:《元代分封制度研究(增订本)》中华书局,2007年,第3、4、5章。

② 拿中晚唐为例,当时随着藩镇体制的常态化和普及各地,在某些藩镇身上确实可以观察到自上而下的权力流动受阻之封建特征。彼时天下藩镇略有四种:一者割据河北、淄青、淮西等地的军队势力;二者布防中原一带、防遏河朔之军镇;三者排布于西北、西南边疆以备豫边患的军镇或准军镇;四者东南财源地区作为郡县制当中最高一级的地方行政单位。参见杜牧:"战论",载于《樊川文集》卷5;以及张国刚:《唐代藩镇研究》,湖南教育出版社,1987年,第4章。二、三型中不时有向封建势力发展之潜流,而且骄兵跋扈、侵渔百姓,也是常有的。张国刚认为,藩镇割据的社会基础是充当职业雇佣军的破产农民和无业游民。但与其说,某种社会势力或现象的社会基础为某一阶级或人群,不如说,它是各个阶级或人群在其中有其特定位置和某种形式的相互关系的某一社会结构的产物,只是某一特定的阶级或人群跟结构中的某一类既得利益机制,可能有更切身的关系。准此而论,唐后期藩镇割据的封建势力,乃是官僚制暨郡县制社会的一种病变,是由强调职业化和个人效忠关系的军事体制的失败而来;而且这样体制纵然可以"封建",却缺乏社会政治等级的稳定的分层。

③ 如《汉书·食货志上》称汉初:"以口量地,其于古犹有余",是以"未有并兼之害"。

主—农奴关系(后者对前者有一定的身份隶属关系),是那个社会的主要矛盾。可是这样的说法难以令人信服。在我看来,盛唐乃至唐后期极为流行的逃户现象,是对封建成说的一种有趣的反驳。而且它不是唐代仅有的现象。——一般人都不得不承认,传统社会的农民常常是有实质上的离土自由的。束缚这种自由的,并不是削弱集权体制的各级领主,而正是那个集权国家。在距唐不远的北宋,第四、第五等主户,即自耕农或半自耕农,曾经在总户数中占有50%左右的份额。[1] 到了明清的时候,土地租佃关系却基本上成为常态(虽然明太祖当年确有过要保护自耕农的想法)。[2] 其实不难发现,秦汉以来的社会结构的主干形态,乃是在国家干预力量表现得极为强大的帝制官僚制下,经常性地在其基层以自耕农为主体的社会和其基层以形式上自由的佃农、雇农为主的社会之间摇摆,但又有家族宗法形态、准封建式的部分佃农之人身依附关系,以及奴隶制的残余渗透其间,这些形态在不同时期、不同地区,表现得或明或暗,或强或弱。[3]

如果一定要对传统社会的根本特征加以标识,也许可以称之为"官僚帝国社会"。帝制是让官僚等级式社会稳定下来的轴心。对于一个强势的帝制和官僚制社会,是否将皇帝视为最大的官僚,当然取决于你的角度和定义。但在这样的社会中,很显然,皇帝世系——亦即最高权力继承过秤——的稳定性,是让社会政治保持

---

[1] 参见漆侠:《宋代经济史》,上海人民出版社,1987年,第51页。
[2] 顾炎武尝曰:"吴中之民,有田者什一,为人佃作者什九"(《日知录》卷十苏松二府田赋之重),非仅吴地为然也。
[3] 氏族制和奴隶制残余,恰是有学者论述中国传统社会难向资本主义生产关系进展时,所提到的两种拖累因素。参见傅衣凌:《明清社会经济变迁论》,中华书局,2007年,第210-235页。略具奴隶身份者,有唐代的官私奴婢,元代的驱口、官府所拘的阑遗、不兰奚,明清时期的庄仆、堕民(惰民)、伴当,等等。

稳定即避免巨幅动荡的关键之一。另一方面，使官僚体系的制度和文化保持稳定，进而在很多朝代里面，使官僚集团的成员构成具有相当程度的流动性，即，使得底层向上流动的身份变迁的渠道保持一定的畅通，符合这样的社会的整体利益。官僚帝国的共同体，不仅在大的区域范围进行总体的控制，也常藉由编制县域内的行政暨赋税单位等手段，将政治和社会控制的触角伸入到基层社区。① 而基层民众的自我治理形态，却因受到帝制官僚制的制约，难以发育。② 故秦汉以来的中国传统社会，大体上具备"小社会、大政府"的结构特征。民众固然在不少方面受益于官僚帝国的严密组织和部分公共政策，但诸多困难、弊端和苛政，也经常跟这有关。

其实，比起奴隶社会或封建制等颇具争议的概念，从生产力发展的大视野来看待问题，或许较少争议，此即划分为：狩猎—采集社会、农业社会、工业社会和信息社会。③ 在今日初见端倪的后工业社会即信息社会的基础上，是否可以发展出人与人之间具有高

---

① 如汉代实现农村基层控制的乡—亭—里之制。与"里"平行的有"社"、"单"之制，彼时一里必相应立有社、单，里为行政单位，社为祭祀组织，单为民政、社会组织，功能复杂；里、社、单之职位皆有出土官印为证（参见俞伟超：《中国古代公社组织的考察》，文物出版社，1988年）。这些职位连同承担情治、信息功能的亭邮系统，上接乡这一级，组成了官僚帝国对基层社群的严密的控制网络，这样的组织有多少自治色彩颇为可疑（秦晖：《传统十论》，复旦大学出版社，2003年，第92-98页）。

② 秦晖认为西欧在近代以前是"小共同体本位"的社会，人们普遍是作为共同体成员依附于村社（马尔克）、采邑、教区、行会或家族公社（如南欧扎德鲁系），近代化的过程即是他们摆脱对小共同体的依附而取得独立人格、自由和权利之过程；但村落、家族之类小共同体的自治，却非中国传统社会的普遍的面相，大共同体的一元化统治更系常态（参见上书，第61-126页）。——其所说非无据也。唯此大的共同体即官僚帝国。

③ 参见〔美〕丹尼尔·贝尔著，高铦等译：《后工业社会的来临》，商务印书馆，1984年；〔美〕托夫勒：《第三次浪潮》上海三联书店，1984年；游五洋等：《信息化与未来中国》，中国社会科学出版社，2003年。而马克思在《1957—1958年经济学手稿》中提到的一种分期，被认为预示了类似的观点，参见孙进己、于志耿：《文明论——人类文明的形成发展与前景》，黑龙江人民出版社等，2011年，第417页。

## 第三章　演化一般性:场域拓展和结构转换

度合作和资源共享机制的繁荣未来——就像马克思所说的按需分配的共产主义社会——的问题,姑且不论。但基本上可以肯定:在前述生产力发展的不同阶段之间,呈现明显加速的趋势,并各有其适宜的社会结构或者适宜的制度形态的大致范围,而原始共产制或资本主义,分别是对于狩猎—采集和工业社会的较准确的描述。

但是,一个社会中的生产技术的发展,恐怕并没有一种自动加速机制(就像内部有自己的发条那样),倒不如说是,一定形态范围内的社会协调机制的存续,乃是生产力得以发展的基本保障。各类社会机制中,至少有些是由特定的历史机缘和历史延续性促成的,而不是直接适应生产力的结果。虽然"社会结构"的概念是对特定人与人关系的骨干或总体框架的描述,但人与自然、人与人、人与自身这三重关系之间的总体性,才是帮助我们理解狭义的生产力(主要是牵涉人与自然的关系)和社会结构各自关键属性的要害。

如果人的问题的实质总是某种本能冲动、欲望、意愿或向往的悬欠,总之就是需要之有待满足,那么这些问题基本上都可以被理解为某种意义上的生产性问题:生成或设计一些恰当地调动人类能量(劳动)、物质资源(广义上的"资本")或符号资源的方式,以满足某些人的某一层次或某些类型的需要。

而在广义的生产性过程中,涉及意志协调过程和结果的"权利"和"权力",在很多时候,都可以被视为解决资源配置和分配问题的基本方式的原型。暴力则是权力的极端形态。而这两种原型的深层机制,可被称为"协约"和"权威角色",即自由意志的运用和一定范围内自由意志的运用之让渡。纯粹就合乎逻辑的可能性而言,权威并非天然存在,故而在源始的阶段,从纯粹的协约机制可能形成:(一)规范、(二)可发布他人愿意接受的规范(即命令)的权威、(三)除特定协约本身的"规范性"之外,并无规范和权威的特定结果。在此阶段,特定个人被赋予权威角色是根据其能力上的表现,这是一种自然倾向;且极有可能,某些规范是关于如何形成权威的。于是在理论上的第二阶段,惯例化开始发挥作用,一些进一步的结果,如新的规范、新的权威角色(包括在某个可辨认的等级制的某一位置上的权威),乃是从第一阶段的规范、权威和既定结果上,再运用协约、惯例化的规范或权威机制而产生的。

不乏一些著名的经济史学者认为,生产性问题的安排有三种基本方式:习俗、命令和市场。① 但"习俗"可被抽象理解为,以过去事实或规则为导向的默契;而极其抽象意义上的市场机制,则包含个人仍保持着的决策自由。将所有的规范演化过程视为两种或三种原型机制的反复、连续运用的结果,可获理解方面之简单明晰和连贯统一;复杂性来自:在反复、连续、延伸拓展、错综交织、立体覆盖地运用协调、权力、交换这三种机制之际,所牵涉的"缠绕",以及各类其他参数的作用的出现或耗竭。

有学者认为,在中世纪城市诞生前,除却作为被统治者的各种农奴、隶农和少量的自由农民,中世纪西欧"社会只有两个积极的等级:教士和贵族",但城市的茁壮发展改变了这一切,"市民阶级在他们旁边取得了自己的位置,从而使社会得以补全……臻于完善"。② 据说,"教会的免税土地占着中世纪欧洲全部地产的三分之一到二分之一",③因此教士的实际角色并不单纯,很多主教可

---

① 参见〔英〕希克斯(John Hicks)著,厉以平译:《经济史理论》,商务印书馆,1987年,第2、3章;〔美〕海尔布罗纳等著,李陈华等译:《经济社会的起源》(第12版),上海三联书店等,2010年,第1章等。根本上,"没有人操作市场,它自己运行。……不存在任何像'市场'这样的东西。市场只不过是一个单词,我们用它来描述人们的行为方式"(《经济社会的起源》,第11页)。
② 〔比利时〕亨利·皮雷纳:《中世纪的城市》,第134页。
③ 〔美〕汤普逊:《中世纪经济社会史》下册,第294—295页。

以说就是权势很大的封建领主。可是,说教士、封建贵族、市民阶级,分别主导着以协调、权力和交换方面的某些状况为目的的生产性过程,应该是说得通的。所以我们看到的,依然是一种过程所蕴含的维度与过程所导向的作为目标状态的领域之间相联通的拓扑学。我相信,倘若加细心观察,即不难发现,每个有足够复杂程度的社会都有类似的等级、阶层或阶层内的特定职业,来担当类似的生产性角色,[①]只是结构分化的方式、联通缠绕的路径千差万别罢了。

显然,在农业社会中,人和土地结合的紧密程度,要远超过渔猎和工业社会,并使土地产权变得无比重要,无论是庄园奴隶制、封建农奴制,还是地主租佃制等,都应基于此来理解。[②] 而在开放的市场机制中:"甚至最简单的交易都是一种合同;当事人每一方都要放弃对他所出售的物品的权利,以便取得对他所购买的物品

---

[①] 如印度的婆罗门、刹帝利、吠舍,便大致相当于这三种角色,而在宋元明时代,大多并不具有门阀贵族身份的儒士的角色性功能,要么相当于欧洲的教士(他们是传播理学的学者,这部分又类似于佛教僧侣),要么相当于欧洲的贵族(仅指他们有机会成为掌权的官僚)。

[②] 例如马克思、恩格斯就提到:"封建时代的所有制,一方面是地产和束缚于地产上的农奴劳动,另一方面是拥有少量资本并支配着帮工劳动的自身劳动"(《费尔巴哈》,《马恩选集》第1卷,人民出版社,1972年,第29页)。而王亚南从农业时代的条件下、围绕着甚或束缚于土地的生产方式的总类型的角度,来界定封建社会,而不论其为领主型(Landlord Economy)抑或地主型经济(Landowner Economy),可谓言之成理。

当土地这种自然力,这种在当时的基本生产手段,以任何方式被把握在另一部分人手中的时候,需要利用土地来从事劳动的农奴或农民,就得依照其对土地要求的程度,与土地所有者——领主或地主——结成一种隶属的关系,把他们全部的剩余劳动,乃至一部分必要劳动,或其劳动生产物,用贡纳、用租、用赋税或用其他名义提供与土地占有者;并且,为了保障这种财产关系的安稳与榨取的顺利推行……相率成立了各种与其相适应的政治、法律、道德的关系(王亚南:《中国官僚政治研究》,中国社会科学出版社,2005年第4篇第3节)。

从农业劳动力与土地产权的紧密结合来说,确有一大类这样的社会,但也仅此而已。

的权利。"①但这种权利、契约的原型意识将很快认识到,它们的前提正是自由。在及时便捷地反映供应和需求的信息及灵活配置资源方面,价格机制,即货币化的抽象度量方式,起着不可替代的作用,当度量的对象扩及劳动力的时候,这个社会就是资本主义了。但为什么是工业社会而不是前工业社会,才更接近资本主义呢?因为当各种社会条件成熟时,由于采用蒸汽、电等新的动力而造成的运输和通讯条件的大幅改善,将使交易更容易发生、价格机制(甚至复杂的金融形式)更容易起作用;这些方面的发展,反过来又会让这社会更看重基于自由、权利和契约的社会关系和社会条件。

尽管包含种种矛盾和困惑,但在诸多堪称现代化引领者的欧美国家那里,19、20世纪的意识形态竞技场,堪称是中庸的自由主义的胜利。②它对应着资本主义和代议制国家的成形。③但这种状况的造成,实际上也是与社会上的保守主义、社会主义斗而不破、共同进化,并诚恳或不得已地从它们那里汲取有益营养的结果(在西方的核心阵营中,凯恩斯主义的经济政策取向、工会的力量、福利国家建设或者社会权利的争取,可算是社会主义性质的;延续教会的道德倾向和发挥贵族的领导力量,则是保守主义的体现)。这类务实的自由主义中间路线,绝不像它的拥趸有时候也会相信的那样,是国家权力极小化的结果,反而一些愈来愈可以得到明确界定的"权利与自由"方面的进步,乃是在日益扩张的国家权力的羽翼庇护下发生的。

---

① 〔英〕希克斯:《经济史理论》,第33页。
② 参见〔美〕沃勒斯坦著,吴英译:《现代世界体系(第四卷)》,社会科学文献出版社,2013年。
③ 参见〔英〕迈克尔·曼著,陈海宏等译:《社会权力的来源(第二卷)》,上海人民出版社,2015年,第3章。

## 第三章　演化一般性：场域拓展和结构转换

然而，资本主义经济体制和它嵌入其中的整体社会，自来都矛盾重重，似乎也没有什么一劳永逸的解决方案。当初劳动者的贫困化，应该对 19 世纪资本主义体系中的需求不足负责。[1] 虽然海外市场开拓，可稍予弥补，但对这个过程，却常伴随着对其殖民主义或帝国主义性质的诟病。[2] 需求不足，连同包括金融市场在内的自由市场的自我调节能力上的不足，则是周期性经济危机的肇因。在危机最严重的时候，着眼于刺激需求、想用温和通胀来实现充分就业的"凯恩斯主义"应运而生。二战后的西方社会，存在基于"左翼立场"的妥协，[3] 这意味着凯恩斯主义的财政和货币政策基调的全盛时期，也意味着社会权利话语的强势和福利国家的持续增长。[4] 但是到了 1970 年代，刺激政策并没有带来预期中的经济增长，通货膨胀却居高不下（所谓"滞胀"是也）。于是主张严格控制通胀并放松国际金融监管的"新自由主义"，取而代之，在贸易和生产体系日益全球化的背景下，成为主流。[5] 可是比起此前阶段，"高失业率、投机性短期投资、总需求疲软使得新自由主义时期的实际经济增长更加低迷"；[6] 并且它对于 1997 年的亚洲金融危机和 2008 年的次级贷款危机，可谓"难辞其咎"。[7] 包括不平等加

---

[1] 这正是当年马克思在《资本论》中所阐发的基本观点之一。
[2] 〔英〕迈克尔·曼著，郭台辉等译：《社会权力的来源（第三卷）》，上海人民出版社，2015 年，第 2、3 章等。
[3] 〔法〕热拉尔·迪梅尼尔、多米尼克·莱维著，陈杰译：《大分化——正在走向终结的新自由主义》，商务印书馆，2015 年，第 39—49 页。
[4] See Marshall, T. H., *Sociology at the Crossroads and Other Essays*, London: Heinemann, 1963.
[5] 参见〔法〕热拉尔·迪梅尼尔等：《大分化》，第 5 章等。
[6] 〔英〕迈克尔·曼著，郭忠华等译：《社会权力的来源（第四卷）》，上海人民出版社，2015 年，第 184 页。
[7] 〔美〕巴里·埃森格林著，麻勇爱译：《资本全球化——一部国际货币体系史》，机械工业出版社，2014 年，第 190—224 页。

剧在内，它催生出的问题，似乎比它解决的还要多。[1]

僵化的计划经济体制的失败，使得全世界已经很少有人从根本上怀疑市场的作用。但正如卡尔·波兰尼（Karl Polanyi）所主张的，包括自由市场在内的各种经济体制本来就是内嵌于社会体系当中的，而不该妄图让市场机制来主导社会关系（而这正是19世纪资本主义兴起所带来的不良倾向），所以必须保护社会，以及作为它的基础的自然和人类，[2]这其实也是经济能健康永续发展的前提。对市场均衡的抽象概念的强调，或许应该被更全面的对于经济发展的理解所取代，其中包括了打破均衡的"创造性毁灭"、各种整体性和过程性的理解，[3]也涵盖了博弈论和制度经济学的视角。其实林林总总的社会—经济政策取向，不管它是古典自由主义、工业民族主义、社会福利主义、凯恩斯主义、金融化的新自由主义，抑或计划管制经济的，都应该有它的用武之地，但不是杂乱无章地混合，而是让它们嵌入一个社会整体中。而放弃"资本主义是万灵丹"之幻想，也许才是关键。

---

[1] 参见〔法〕托马斯·皮凯蒂著，巴曙松等译：《21世纪资本论》，中信出版社，2014年；〔美〕约瑟夫·斯蒂格利茨著，张子源译：《不平等的代价》，机械工业出版社，2016年等。

[2] 参见〔英〕卡尔·波兰尼著，黄树民译：《巨变》，社会科学文献出版社，2013年，第95—108、128—130、238—243页等。2001年诺贝尔经济学家得主斯蒂格利茨（Joseph E Stiglitz），在此书重版的序言，特别举出上世纪末的一些反面例子，来说明"保护社会"的重要性："许多拉丁美洲国家所面临的长期失业、持续的高度分配不均、贫困脏乱遍地等现象，对社会和谐造成的灾难性影响……俄罗斯经济改革的措施及其速度，侵蚀其社会关系、破坏社会资本……国际货币基金组织在印度尼西亚正值工资下跌、失业率上升之际，取消对粮食的补贴，加上该国原有的特殊历史考虑，自然可预期造成政治与社会动乱"（第8页）。而经济发展中的社会资本的问题，又可参见〔美〕弗朗西斯·福山著，郭华译：《信任——社会美德与创造经济繁荣》，广西师范大学出版社，2016年。

[3] 参见〔英〕杰弗里·霍奇逊著，任荣华等译：《演化与制度——论演化经济学与经济学的演化》，中国人民大学出版社，2007年。

# 第四章　规范历史形态的不可通约性和整体性

历史上的规范形态层出不穷。这些实际形态的分化，是否形成稳定的类型差别，是否与根据若干逻辑线索所区分的类型若合符契呢？这方面不可能存在自明的事实，而需要用语言学的、历史学的证据来检核。

跟其他很多领域相似，在不同的语言之间，其针对、涉及或描述规范形态或类型的方面，并不存在大量语词一一对应、涵义几近全同的现象。而且，这些语词在很多文化中都不是像人体器官用语、亲属称谓那样的自古固有的基本语词，而是在历史上不断被创造出来或吸收过来，即不断叠加上去的。

语词的用法本身就有规范性，绝非任意，这些用法印刻在人们的脑海之中，并在教学、推广的过程中以固定的意味出现。故而涉及规范的用语，本身作为规范也具有演化上的路径依赖现象。即在广泛的默契或趋向协调的脉络当中，过去的、习惯性的用法更容易被采纳，因为相关的学习和传播的成本，比起采纳陌生的、全新的词汇要小得多，甚至近乎为零。所以，一些后来的差别很可能是跟最初的差别有关的。

但语言上的差异是一面镜子。语词方面的深切的、广泛的、微妙的或是难以调和的差异，反映的是规范演化的历史路径、规范作用场域之间的整合、规范的体系化等各个方面的差异，有时候也反映了一系列较深层次的思维方式和文化视野上的差异,归根到底是反映了文化和文明的差异。但涉及规范的用语绝不只是镜子,作为透渗其中的思维方式、价值观的载体,也作为符号的内在结构呈现之一部分,这些用语在相当程度上参与了规范的体系化之再生产过程。换言之,它不仅反映历史,它还是规范的历史的一部分。

有一个问题并非无关紧要:在规范的历史形态之中,能否找到与那些根据抽象理论标准所区分的规范的各个理想类型相对应之各个部分呢?这当然需要结合若干实例来加以检验或讨论。以下所举,不免挂一而漏万,唯期望能唤起人们对规范历史形态或历史类型的多样性、复杂性略有关注而已。[①]

**宪政规范、宪法或宪法性文件**:古希腊民主制、美国总统制、英国君主立宪制与议会制、《礼记·王制》、[②]《自由大宪章》、《弗吉尼亚权利法案》、[③]《独立宣言》,等等。

**国家机器之内部结构及其组建运作方式**:君主制、僭主制、贵族制、民主制、[④]"周官"制度、[⑤]举孝廉、九品官人制、[⑥]府兵制、三省

---

① 所举实例的大部分将在嗣后的章节中讨论。
② 参见王锦民等:《〈王制笺〉校笺》,华夏出版社,2005年。
③ 1776年,美洲的英国殖民地召开了大陆会议,该《法案》第1条确认了自然权利:一切人生而同等自由、独立,并享有某些天赋的权利,这些权利在他们进入社会状态时,是不能用任何契约对他们的后代加以褫夺或剥夺的。参见〔美〕爱德华·考文著,强世功译:《美国宪法的"高级法"背景》,三联书店,1996年,第85—86页。
④ 以上四种政体等,在亚里士多德等人的书中均有所讨论,参见〔古希腊〕亚里士多德:《政治学》,第3、4卷等。"君主制"也是人类历史上极常见的政体,但它在西周、秦汉以来的中国古代社会、罗马帝国、中世纪早期的西欧、西方近代民族国家等不同的形态中,差异甚大。
⑤ 此即《周礼》一书所勾勒的官制蓝图,它可能是由一位战国晚期儒生所撰写,参见钱穆:"周官著作年代考",收入《两汉经学今古文平议》,商务印书馆,2001年;但这种按理想设定的官制有其实际历史的影子,且对后世官制影响甚巨。
⑥ 参见〔日〕宫崎市定著,韩昇译:《九品官人法研究》,中华书局,2008年,第55—75页。

六部制、科举制、唐代铨选制、丁忧制,等等。

**公共政策**(例如土地和税收政策):井田制、均田制、租庸调制、两税法、一条鞭法、摊丁入亩,等等。

**法律**:《汉谟拉比法典》、中亚述的《法典》泥版、[1]《十二铜表法》、《萨利克法典》、[2]盎格鲁-撒克逊人的《埃塞尔伯特法》、英格兰的《阿尔弗雷德法》、基辅的《罗斯真理》、[3]《拿破仑法典》、英国的普通法,等等。

中国法律史则有:唐代的格、式、律、令;大明律、大清律;明清时期的乡约,[4]等等。

**伦理**:希腊悲剧时代所注重之德性、《尼各马可伦理学》中所主张之德性、[5]《大学》三纲领八条目、摩西十诫、佛教五戒,等等。

**礼仪**:冠、昏、丧、祭、乡、射、朝、聘(吉、凶、军、宾、嘉);[6]西太平洋岛屿土著的"库拉"仪式,[7]等等。

---

[1] "中亚述"时期,约为前15至9世纪,参见崔连仲主编:《世界史·古代史》,人民出版社,1983年,第115页。

[2] 早期的法典,大多与先前的习惯法有一定的延续性。例如著名的《汉谟拉比法典》,就是结合了阿摩利人的部落习惯法。《萨利克法典》则是法兰克人古代习惯法的汇编(当然也受到高卢罗马人因素的影响)。此法典是在法兰克人的第一个国王克洛维(481—511)去世后不久才编成的。其中有法兰克人公社土地所有制的遗留;但在司法量刑方面,贵族的等级制特权,也在法典中有所反映。

[3] 从6世纪的《萨利克法典》到10世纪的《罗斯真理》,乃是日耳曼或斯拉夫诸部在陆续皈依基督教后,不约而同颁布的成文的部族法律汇编。参见〔美〕伯尔曼著,贺卫方等译:《法律与革命》,中国大百科全书出版社,1993年,第78页;〔美〕伯尔曼著,梁治平译:《法律与宗教》,三联书店,1991年,第71页等。

[4] 李雪梅《明清碑刻中的"乡约"》(载于《法律史论集》第5卷,法律出版社,2004年,第334-371页),便认为此期的乡约带有基层法律制度的性质,亦可说是与律例相配合的地方自治规范。

[5] 古希腊的亚里士多德在《尼各马可伦理学》中的伦理主张,不能代表希腊人的实际伦理状况,但多少会有所反映,及有所影响。

[6] 吉礼等五礼是与之并行的另一种分类;参见《周礼·春官·大宗伯》。

[7] 参见本书第3章第3节第2小节。

**习俗、惯例**：兹略。

**实质性的契约**：中古时代敦煌民间借贷契约、明清时期福建等地民间地契，[1]等等。

**符号性的制度**：符号系统（特别是各民族的语言）、货币制度、星期制度，[2]等等。

**综合性的制度**（社会结构性的）：奴隶制、西周封建制、印度种姓制度、西欧的封建制度、资本主义制度等。

规范的历史类型与根据抽象模型给出的理想类型划分之间，只能有一种大致的对应关系。在某个融合了一系列规范因素的具体制度中，理据性界域的叠合或者诸多规范形态的整合是很常见的情况。例如在中国古代，"礼"就是一个其所包含的规范形态极为丰富和多样的词汇，按照理想型的划分，颇难严格归类。在一些方面，如"周礼"的特殊但绝非不重要的"周代官制"或"官制典范"的用法，实已大大超出作为其核心表现的动作程式和仪节的意涵。在较广泛的意义上，"礼"是指儒家意识形态中一切规范伦理的因素。而在宗教规范里面，恐怕很难找到任何其他分类，能够和伊斯兰教的"五功"（念、礼、斋、课、朝）系列对应起来。这不仅仅是简单的、可随意调整的用语差别的问题，而是语汇系列的差别背后透露着规范体系的差别的问题。几乎每一种丰富的语言——不管它是否涉及某些规范类型的特定形态，如法律的专业维度的用语分化——都有其关于规范的分类的一整套观点，即使这些观点是含

---

[1] 契约在中国古代经济生活中也很活跃，兹举二例，前者参见〔法〕童丕：《敦煌的借贷：中国中古时代的物质生活与社会》，中华书局，2003年；后一类可参见傅衣凌：《明清农村社会经济》，中华书局，2007年，第21—44页等。

[2] 从博弈论角度探讨货币和星期制度的演生，参见〔美〕安德鲁·肖特，陆铭等译：《社会制度的经济理论》，上海财经大学出版社，2003年，第45—57页等。

糊、歧义或者多变的,但是它们形成了关于规范体系的整体和部分之间的一种解释学循环。正因此类循环,故难以建立规范分类间的一一映射。①

规范的理想类型,是根据实践领域、调节方式、意志间基本关系等方面的实践范畴或规范范畴加以分类的结果。如果只是基于其抽象和广泛的涵义来考虑,那么就没有理由认为,一个具体的规范体系可以排除掉基本的规范范畴当中的多数,而仍然是一个完整的、实际上的体系。尤其伦理上的"善"、权力、权威、约定、利益、权利、义务、制裁机制这样一些在主体间的互动当中具有基本功能的范畴的所指,对一个体系而言更是不可或缺的。然而,即使我们的讨论并未导致关于基本规范范畴和规范类型的定义性说明的任何学术分歧,却也没有理由认定,在不同的历史性的语言体系之间,对于这些范畴,是可以用彼此间可建立一一映射关系的词汇来

---

① 诚如学者所言,"伦理上所谓'权利'(A right)、法律及抽象的'公道'(Right),在拉丁字里,都是以同一个字代表,而伦理上所谓'权利'(A right)与抽象的'公道'(Right),在英语中也是以同一个字表明。"(〔美〕庞德著,雷宾南、张文伯译:《庞德法学文述》,中国政法大学出版社,2005年,第185页)按《荀子·君道》有云:"接之以声色、权利、忿怒、患险,而观其能无离守也。"又《劝学》篇称:"是故权利不能倾也……夫是之谓德操。"均宜作权势、权威解。非谓rights也;盖唯《管》《荀》等书的"定分止争"之说,约略近之,但主要不是普遍人权的概念。而上世纪上半叶,有人还用"直道"来汉译justice(参见上书,第77页等),的确,没有自古固有的、为人所熟悉的汉语词可以确切对应于right或justice,正如我相信,西方语言也无法翻译中文的"礼"、"义"。

又如,英美法系和大陆法系,虽然都可以为近代资本主义服务,但其概念体系和实体法领域的划分思路,却迥然有别。在欧陆,公法和私法的区分,受到特别的重视,这是其继承罗马法的传统的表现;又有刑法和民法这类二元对立,亦非普通法所承认者。后者的法学教育所承认的基本部门,则有程序法、财产法、契约法、侵权法、刑法等,"财产"一概念,可被凝炼为三项权限,排他占有权、使用的自由、处分的权力(〔美〕迈克尔·D.贝勒斯著,张文显等译:《法律的原则》,中国大百科全书出版社,1995年,第98页)。而极其宽泛的契约法概念是:它涉及财产和劳务的私人转让;或者用"交易关系"的角度来审视,它和侵权法的主要区别在于,它一般是调整相互期待获益的正值交易,或某些零值交易;侵权法则主要调整负值交易关系。

表示的，而基本上，语言的界限就是文化上系统性差异的界限。

无论作为总体上的历史事实，还是作为一种可以从理论上来论证的状况，规范的历史形态和理论形态，或者历史类型和理论类型之间，始终有着辩证的张力。这背后对应着一个更重要的事实：在不同规范体系的一些规范的历史形态之间，即使这些规范具有实践领域或其他方面的高度相关性，也存在某种根本上的"不可通约性"。这是指：不可能有任何语言翻译、文明对话或理论建构上的方法，使得人们可以在各个实际出现的规范体系的历史形态和类型之间，找到近乎完全对应之关系；亦即，不可能有任何具有逻辑一致性的化归方法，使得各个相关和相应的历史形态和类型之间的差异，只是一种表面上的、比如用语上的差异，深层次上却只有那套理论上的、逻辑性的范畴结构。[1] 显然，同一领域或同一维度上的历史类型之间的这种难以调和的差异，并不是在同一体系

---

[1] 或许可从这样的角度来论证：包括描述"各类规范"的词汇在内的各语言体系之间的不可翻译性。而实际上，不可翻译性主题，已经在奎因（W. V. Quine，译名一作"蒯因"）这样的分析哲学家那儿出现了。参见〔美〕蒯因著，陈启伟等译：《语词和对象》，中国人民大学出版社，2005 年，第 27－29 页；〔美〕奎因著，王路译：《真之追求》，三联书店，1999 年，第 32－51 页。

其主要论点是："我们可以不同的方式编写把一种语言翻译成另一种语言的手册，这些手册都符合于全部言语行为倾向，但彼此之间却不相一致。这些翻译手册将另一种语言的一些彼此并无明显等值关系的句子分别作为此一种语言的一个句子的翻译，因此它们在许许多多地方是有歧义的，当然当一个句子与非言语刺激的直接联系愈切，不同手册的翻译的差异便会愈小"（《语词和对象》，第 28 页）。倘若是涉及此红彼方之类的观察句，或是像否定、合取、析取那样的逻辑联结词，甚至连基本的内省语词，如"我"、"愿意"、"痛苦"等，似乎都是可翻译的。但只要同义性概念是成问题的（参见〔美〕蒯因：〈经验论的两个教条〉，载于陈启伟译：《从逻辑的观点来看》，上海译文出版社，1987 年，第 19－43 页），这些表面上的可翻译性，就只是一种近似的现象。奎因所论证的知识的整体主义特征（参见陈波：《奎因哲学研究》，三联书店，1998 年，第 151－186 页），也许尤其适用于关于文化和文明的差异性论题。而对近似的可翻译性的凝固化处理，乃是包括社会科学在内的所谓"科学的认知方式"的特征。

内部的各类型之间的（这类差异有些是本来固有的），而是指在各个体系的相应和相似类型之间的一种可比较的现象。从某个角度来看，这是一个语言上的可翻译性问题，背后对应的，则是一个共同体和另一个共同体的建构原则之间的视野上的内在分歧。

在作为比较对象的若干文化或文明体系之间，这种规范体系或规范历史形态之间的不可通约性，①若要追溯其根源，很可能发现是源于如下一些难以根除的不确定因素：

（一）在一定技术条件的影响下，某一共同体在特定阶段上所处的特殊自然环境构成了特殊的压力和挑战，其适应和利用环境的方式随之有所不同，但这方面主要是作为边界条件起作用；

（二）规范演化的路径依赖现象，令到某些由于起初的扰动而产生的规范形态上的差异，极有可能在嗣后的进程中造成新的形态上之差异；由于这种现象经常出现，故历史是重要的，即历史会影响到演化的过程、方向和目的地；

（三）既有历史条件下，对于环境问题、组织协调问题或系统性问题的"解"的形式并不是唯一的；

（四）对于任意两种可比较的规范历史形态或类型而言，存在作为一系列先在的历史事实被给予的宗教体系、价值观和元规则体系之间的深刻差异；

（五）周边其他共同体的存在，也许形成某些领域里的特定形式的竞争和冲突的压力，迫使该共同体不断利用各种资源来提高其内部的合作水平；

（六）其他群体的若干规范作为正面或反面的典型而被视为值得仿效或需要规避的，在规范传播所及的范围内，有若干趋同性表

---

① 此中"暨"字读作"和"、"及"、"即"、"或"。

现,但在不同的传播势力之间,则有深刻的差异性;

(七)各个历史共同体的社会结构的整体性,由于其整体性,上述任何形式的差异性都会在语言表达和实践方式中变成不可通约的。①

至于规范体系的整体性论题,这既是关于任一体系内诸规范类型和规范形态之间的场域结构的内在连通性的论题,也是关于任意两个历史性体系之间的差异性的论题。结构连通性意味着:规范的演化经常是"牵一发而动全身"的,得要严肃考虑各规范类型和形态之间的协同和相互调节问题。任一体系所表现出来的独一无二的历史性特征,可以看作是对其所处的独特时空条件,及对于从自身的过去绵延至今的过程的适应之产物,而这也是向将来和无限可能性敞开的场域。在任意两个体系之间,只要有一些规范历史类型的分化机制,是与这样难以定位的规范运行机制上的整体性差异有关的,则规范的历史类型之间的差异也就是难以定位和难以确切描述的(因为整体是依赖部分的,而部分又是依赖整体的,且整体是动态的)。

## 第一节　自然环境:规范体系演化的边界条件

规范体系的演化进程,蕴含着它自己适应和利用自然环境的历史性侧面。这是一种体系"基于"环境的关系,而不是由特定时

---

① 上述第1条在本章第1节,第2条在第2节,第4条在第3节,均得到专门讨论;而第3、第7条等,则本章第4、5、6、7节有所涉及。

第四章　规范历史形态的不可通约性和整体性　　447

空范围内的自然环境决定性产生前一领域的既有模式。环境提供了某些方向上的前提、基础、条件和某些便利，但也造成了另一些方向上的约束和限制，可以说，环境至少是造成各大陆、各区域、各国、各文化或文明共同体之间的差异的因素之一，这类影响越是在文明的较早阶段，表现得越发直接和越发重要。

在现代文明的曙光来临之前，相较于撒哈拉沙漠以南的黑非洲、新几内亚和澳洲以及整个美洲，包括北非在内的亚欧大陆，一直是若干不相上下的文明进步的首善之区的所在。也就是说，更复杂、结构化程度更高、管治效率更高、提供公共服务的能力也更强的社会体系与规范体系，之前一直是在这个广大区域内出现的。现代之前，市场、契约、资本主义萌芽、复式簿记、中央集权的文官体系、哲学、伦理和科学、文字和抽象思维、教育体系和教育文化，能够把这些伟大的文明因素发展得淋漓尽致的文明，全都出现在亚欧大陆上。造成各大陆间的巨大发展落差的原因，恐怕还是跟地理、生态因素对文明起步之际的影响有关。[①]

在屈指可数的几种原生文明的诞生过程中，除了安第斯山的印加文明，概无例外的，"冲积农业的生态场所是其核心"。[②] 大约肇端于公元前 3100 年的古埃及文明，堪称"尼罗河的馈赠"(*Gift of the Nile*)。尼罗河在埃及境内的一段，每年 6、7 月间，因上游山地积雪消融，河水暴涨，逐渐淹没河谷两岸，至 9、10 月达于高潮，11 月始退潮，此时留下　层因河水冲积所致的沃土，即便农具

---

[①] 关于亚欧大陆在史前史或文明早期历史中的优势，参见〔美〕贾雷德·戴蒙德(Jared Diamond)著，谢延光译：《枪炮、病菌与钢铁——人类社会的命运》，上海世纪出版集团，2006 年，第 66 页等。

[②] 〔英〕迈克尔·曼著，刘北成、李少军译：《社会权力的来源(第一卷)》，上海人民出版社，2015 年，第 154 页。

粗陋，技术原始，埃及农民也能获得良好收成。而要想化尼罗河水患为水利，便须组织人力，兴修整套灌溉工程，古埃及文明，便在此番背景下应运而生。但尼罗河流域在地理上具有明显的封闭性。西面为利比亚沙漠，东面为红海和阿拉伯沙漠，仅有西奈连接着西亚，南面就是努比亚沙漠和飞流直泻的大瀑布，北面则为三角洲地区的没有港湾的海岸。①这些自然屏障的存在，使其在罗马的地中海世界形成以前的古代世界中，受到特别好的保护，没有因不时的外族入侵而引起走马灯式的政权变换。那条通航条件极便利的尼罗河，就像一条天然纽带，将整个流域连为一体，使得埃及上下在早王国时期，就完成了统一。此后，显著的政治连续性，一直是古埃及王朝的主要特征。②

　　西亚的两河流域的下游即美索不达米亚（Mesopotamia）地区，城市、政府、表意文字、庙宇和祭司等因素的出现，甚至比埃及还要早。然而西亚古代文明之发祥，仍基于其独特的地缘特征。区内有一条著名的新月形肥沃地带，在文明早期，尤为膏腴之地。这一弧形条状地带内的西端，为地中海东岸之巴勒斯坦（Palestine），东端为波斯湾以北之巴比伦（Babylonia）。新月沃区以外，其南为阿拉伯半岛北部之沙漠，其北则为小亚细亚（Asia Minor）之山地丘陵，此区"两端向南包围，若军队之左右两翼；中部向北凸起，因成新月样之弧形"。③沃区之北，多山居民族；沃区之南，多游牧部落。幼发拉底河（Euphrates）与底格里斯河（Tigris），都从新月沃区以北的山地发源。两河平行，流至距波斯湾约一百六七

---

① 周谷城：《世界通史》，商务印书馆，2005年，第125页。
② See J. J. Spielvogel, *Western Civilization : A Brief History*, Wadsworth, 2005.
③ 周谷城：《世界通史》，第72页。

十英里处,河道非常接近,自然条件得天独厚,称为巴比伦平原(Plain of Babylonia)。约公元前3000年,苏美尔人(Sumerians)在此拉开西亚文明的帷幕。但这里极易受到四面八方的游牧民族攻击,故先后在这里建立的王朝都不稳定;王国间的争伐,疆界消涨,朝代更替,极为频繁。[1] 这与古埃及形成鲜明对照。不独两河流域下游的文明不能维持稳定,新月沃区内的文明,如以色列、赫梯等,全都如此。但地缘安全形势上的缺陷,竟也带来各类文明不断交流的好处。

文化或文明势必包含对其赖以维生的环境的压力做出回应的一系列方式,这也是其能否生存和维系下去的重要条件。譬如,最早的文明火种为什么是在具备发达灌溉农业条件的大河流域,而不是在其他地区诞生,这本身就颇值玩味。发达的灌溉农业可以供养大量的人口,并有所剩余;而在埃及、巴比伦,大规模地控制灌溉、排水以及其他影响到农民生计的自然因素,引发了某些管理职能的过度膨胀,成为催生政治实体的压力。当然,也有些纪元前的重要文明——如迦太基、古希腊和罗马——是海洋文明,而非大河文明。它们利用海洋的交通运输贸易之便利、迅捷出击和逃逸、驶向各方之便利,起初有发展一种海盗兼商业的文明

---

[1] 古代西亚文明的早期的主人,几乎全为操闪米特语之民族。约前2300年,巴比伦尼亚地区,一度是阿卡德人(Akkadians)的天下,但其统治并不巩固。公元前1894年左右,闪族的阿摩利人(Amorites)占领了巴比伦城,建立了巴比伦第一王朝。但它在北方时常面临居于沃区东北部的亚述人之威胁。约前1595年,第一王朝,在赫梯人的袭击和掠夺中,宣告结束。之后相继有不同的部族人主美索不达米亚,建立起他们的王朝。例如第二王朝、第三王朝,年代约在前1530至前1157年间,由原本居底格里斯河以东山区操印欧语的加喜特人所建立的;第四王朝,约前729年为亚述所灭。另可参见〔英〕塞缪尔·E·芬纳著,王震等译:《统治史》卷1,华东师范大学出版社,2014年,第103-137页。

的优势。①

　　环境的特殊挑战构成了解决问题的压力,这个角度对于我们观察中国古代的完整共同体形态也有启发。在中国,居于骨干地位的河流的流向,适应地势的西高东低,均为奔腾不息、逝波向东的,即长江、黄河、淮河是也。甚而各居南北两边的珠江、黑龙江,也大抵如此。江、河、淮、济,在唐称为四渎,济水就是《禹贡》中界分州域的一条重要河流,后因河泛、夺其故道,渐至堙废。一度淮河也遭遇同样之命运,但江、河始终是贯通东西之干道,流域面积占全部国土面积的太半以上。

　　即使不是唯一起作用的因素,统一的大河流域仍是催生出大一统帝国的重要推动力。从夏商的部落联盟、西周的宗法封建制到秦的一统天下,为趋势使然。而秦汉交代以来,迄于近代,任何中国史上的分裂动荡时期,如汉末三国、东晋十六国南北朝、唐末五代等,就是很好的例子,可以用它来和公认的承平致治时期进行比较,以便观察当疆域辽阔的统一的国家体制崩溃时将发生些什么。封建势力割据,兵荒马乱,税制不一,关卡林立,对于经济民生、贸易将造成巨大的有害冲击。这类情况在中国史上虽然屡见不鲜,但不是古代史上的主要趋势和民心所向,这提醒我们:统一

---

　　①　比起雨量丰沛、水道密布的大河流域的平原地带,以希腊半岛为基地的"古希腊",在青铜时代和铁器时代之初,由于地理条件缘故,只能维持和发展城邦国家,但却有利于航海经商、海外殖民等事业。

　　希腊本土是一个半岛,这个半岛被海湾地峡和高山分隔为彼此几乎隔绝的小区域,可是它的海岸线极长,港口多,又有爱琴海上和爱奥尼亚海上希腊两边诸岛屿把希腊半岛和小亚细亚、意大利连接起来。在海上航行的人,前后都有肉眼可以望得见的岛屿用来指示航程,这种条件几乎是世界上任何地区都不具备的(顾准:《希腊城邦制度》,中国社会科学出版社,1982年,第43页)。

　　这种条件也有利于一定程度系承袭自氏族公社传统的、城邦内的直接民主之发展。

的中央集权的国家体制,乃是中国历史上一种颇有效益的机制,看上去,这个问题还是一个涉及不可忽略的长期环境变量的制度经济学问题。

然而跟中国古代的历史和地理状态相映成趣的是,欧洲历史中较长期的分裂割据局面,对应的是总体上呈散射状的多个流域。欧洲整体形势之要害,在于中间隆起的阿尔卑斯山(Alps)和喀尔巴阡山(Carpathian),因应地势中间高、四周低的格局,故欧陆之河流,其堪称大河者,大多由此二山脉出发,呈放射状向八方流去。如今法国境内的塞讷河(Seine)、卢瓦尔河(Loire),皆向西北流,一入英吉利海峡(English Chan.),一入大西洋。阿尔卑斯山南麓的波河(Po),西南流,注于亚得里亚海(Adriatic Sea),北麓的莱茵河(Rhein),东北流,注于北海。至若喀尔巴阡山或其余脉,则北有易北河(R. Elbe)、奥得河(Odra)等,南有德涅斯特河(Dnestr)。唯是多瑙河(Dunav),由阿尔卑斯山北麓发源,穿越两山脉间的缺口,流经罗马尼亚盆地,向东迤逦,注于黑海,大段皆在喀尔巴阡山之南。①

在机械化动力广泛采用之前的时代,河流的运力是其他运载途径难以比拟的,其贯通作用将带动流域内的人流、物流,即形成经济地理上的紧密联系,因而水网之间的分隔或联系,势必对于其他方面的相对的分隔或关联造成一定的影响,进而国域之小、大,形势之割裂或统一,在一定时空条件下,亦部分地有赖于此。中、欧之间的差别,何尝能说是跟整体的地理形势绝对无关呢?在过

---

① 相近的,南亚"次大陆基本上以陆地为主,再加上崇山峻岭和丛林,使海岸线和可通航的河流也无补于事,这就给从一个政治中心进行权威性控制造成了巨大的后勤障碍。"〔英〕迈克尔·曼:《社会权力的来源(第一卷)》,第440页)统一的中央集权国家难以成势,也是其来有由。

去,国家的形态暨权力的架构必须适应这一基本现实。当然,还有一种自然因素加入进来,对于中国历史的基本面貌造成难以估量的重大影响,这就是东亚季风性气候。

东亚、东南亚和南亚的绝大部分,都处在一种所谓的季风亚洲区内。① 在20世纪末、21世纪初的今天,此区人口占全球1/2(而其陆地面积远未接近全球陆地面积的一半),历史时期内,这一大片也是人口极度繁衍、稠密之区,农耕曾长期为产业重点。而此季风亚洲范围内的各个文明共同体,举凡种族、文化、宗教、政体与历史轨迹,皆各有别,若说人口繁庶与季风全然无关,难以令人信服。

实际上,对于中纬度地区的大陆,依纬向地带性划分所得之同一气候带内,又可以明显区分出西岸、内陆、东岸三大类型。一般来说,内陆为大陆性气候,气温年较差、日较差甚大,气候干燥少雨,故而生产形态大体上就以游牧为主导。而在大陆西岸,纬度40以上的地区,终年处在西风带,深受海洋气团影响,沿岸又有暖流经过,形成气温年较差和日较差都小得多的海洋性气候带,该区域降水系全年较均匀分布,尤以秋冬为多,这跟中国农耕区降雨多在春夏的情况迥然有别。在亚欧大陆西岸的相应地区,便是近代工业革命的发源地西欧。在中世纪或近代早期,二圃制(two-field system)或三圃制(three-field system)先后得以在那里流行的前提,就在于它的播种期可以在全年比较均衡地分配。

40°N～30°N的亚欧大陆西岸,属于亚热带夏干气候,亦称地

---

① 〔美〕罗兹·墨菲(Rhoads Murphey)著,黄磷译:《亚洲史》,海南出版社等,2004年,引言第17-27页。

中海式气候,该区域历史上曾是古希腊罗马文明的传播范围。基于其特殊的气候因素,其属于物质生产民俗范畴的耕作制度,就跟中国古代面貌迥异。在那里,播种始于在秋天某个时候,经过冬季一段休耕期,而在初夏收获。古希腊的赫西俄德(Hesiod)提到:"你要注意来自云层上的鹤的叫声,它每年都在固定的时候鸣叫,它的叫声预示耕田季节和多雨冬季的来临,它使没有耕牛的农夫心急如焚。"①根据英译者的说法,该物候的出现时间约当阳历11月中旬。随后的冬季便冷得无法下田干活,而收获季节大致在阳历的5月中旬。罗马人的播种、收获时期,跟这接近。公元前1世纪,瓦罗(M. T. Varro)撰写的农书便提到:"播种应当在秋分开始,可以一直持续九十一天;但在冬至以后,除非为需要所迫就不能再播种了";②又说:"夏至和天狼星升起之间,大多数的人收获了,因为他们说谷物在叶鞘里是十五天,开花十五天,又十五天变干,然后就成熟了"。③很显然,这不同于中国北、南的代表性谷物粟和水稻,以及包括春小麦在内的多数农作物的生长周期,也不同于东亚地区引为天经地义的"春生夏长秋收冬藏"的规律。④

在大陆东岸,冬夏风向和洋流分布与同纬度西岸形成鲜明对照。气温、降水的季节分配相当不一样。中国广泛的中东部地区,由于处在全球最大一块大陆即亚欧大陆和最大海洋即太平洋之

---

① 〔古希腊〕赫西俄德著,张竹明译:《工作与时日 神谱》,商务印书馆,1991年,第14页。
② 〔古罗马〕瓦罗著,王家绶译:《论农业》,商务印书馆,1981年,第64页。
③ 同上书,第61页。
④ 中国古代农耕区的种植业的时节性安排,参见《四民月令》、《四时纂要》等农书。

间,因而受到季风性气候的影响极为强烈,季节更替极为鲜明。早期的华夏文明诞生于亚欧大陆东部55°～35°N间的温带季风气候区域,并向经度大致相同的35°～25°N的亚热带季风区和25°N以南的热带季风区扩散。而在东亚季风性气候的背景下,农耕区的生产模式、人口增长的幅度和限度,以及国家形态、经济形态之间,既表现出彼此间有着很强的连带关系,也都在长期机制上和这类气候因素有关。

在季风气候区,降雨常伴随夏季风而来,这时温度也已达到或开始接近全年最高的一段时间,这就是常说的"雨、热同季"现象。它有利于充分发挥气候资源的农业生产效力,使得东亚地区比起雨水多半集中在植被凋零或草木不生的秋冬数月里的欧洲,具有更长、更集中的耕作期。这是季风区所拥有的无法忽略的优势。就是说单纯在农业范围内,总的产出的热值就很多,超过了其他气候带内、相近技术水平下的产出。这可以有效地推高人口容量的阈值上限,部分地缓解人口压力,使其不必诉诸某些野蛮和残酷的方式,不必诉诸尚武精神、推迟婚龄或育龄等,而人口的大幅增长所造成的压力,反过来又促成或巩固了农耕的地位。质言之,季风气候容易使得农耕在获食模式及人与自然的关系中占据绝对主导地位,而农耕又比其他单一或混合模式,能够供养更多人口。这或许有助于解释季风亚洲的人口高密度现象。

在中国,东亚季风性气候即全球最强烈的季风性气候,对古代的社会组织形态的演化提出了挑战。在长城以内的农耕区域,雨量多集中于夏季;且包括降水量在内的气候要素年际波动大的特点,导致气候灾害频繁发生和农作物产量的巨大波动,并各地或涝或旱或平顺,每年情况都不一样,再结合大河流域的地貌和水文状况，就产生了对于赈灾或治水的统筹安排的强烈需要，包括对于人员、物资流动在应急状况下可顺畅无阻的需要，[①]这类环境压力对于制度文明的发育和演进，有着极为深远的影响。证诸古籍（例如正史《五行志》），可知中国历来饥荒发生之频繁。但是每一年，各地是否有严重的气候灾害，状况不一。《左传》里面频频出现"取麦"、"阻籴"、"聊邻"的事件，显示诸侯国围绕是否互助发生的分歧。又梁惠王语孟子，自承其为国尽瘁时提及："河内凶，则移其民于河东，移其粟于河内。河东凶亦然"（《孟子·梁惠王上》），然则若是梁国境内大部皆罹饥馑、无可调节，又将如何？看来，只有基于中央集权体制的大国，才能有效地控制大量的地盘和资源，并在必需的时候担当赈济重担，即实行《周礼》中归入凶礼一类的"荒政"。[②]

假如有足够的证据可以证明，从早期国家的雏形到成熟定型的夏商周，中原地区国家的最终形成，是跟受治水需要推动的权力

---

[①] 在唐代，类似需要，于大和三年(849)九月敕中亦可窥及，当时在粮食出界问题上的地方保护主义，损害了赈灾的全局利益，诏令提到："河南、河北诸道，频年水患，重加兵役，农耕多废，粒食未丰。比令使臣分路赈恤，冀其有济，得接秋成，今诸道谷尚未减贱，而徐泗管内，又遭水潦。如闻江淮诸郡，所在丰稔，困于甚贱，不但伤农；州县长吏，苟思自便，潜设约令，不令出界。虽无明榜，以避诏条。而商旅不通，米价悬异，致令水旱之处，种(植)〔食〕无资"（此据《册府元龟》卷502；另见《唐大诏令集》卷111，《唐会要》卷90）。为了因应这种弊端，朝廷遂命御史出外巡察，想让粮食流通各地。

另据《旧唐书》卷119本传，中唐时，崔俊主政湖南，"旧法，丰年贸易不出境，邻部灾荒不相恤。俊至，谓属吏曰：'此非人情也，无宜闻乐，重困丁民'。自是商贾通流。"此为湖南日渐成为粮食生产大区之后果，但崔氏从大局考虑，也是关键因素。而五代十国的分裂局面，则对人员、物资正常流动及其赈灾效果，当有更大程度的损害。值荒年，若有超越政权界限，允许粮商自由出入之举措，便被书为仁政，譬如后周广顺元年(951)四月，淮南大饥，许彼粮商过淮籴谷（《资治通鉴》卷290该年条）。就是这样的例子。

[②] 参见黄仁宇：《放宽历史的视界》，中国社会科学出版社，1998年，第143-147页；吴洲：《中国宗教学概论》，台北中华道统出版社，2001年，第5篇第2章等。

集中现象有关,①这就意味着:超越社会大分工而进一步形成国家机器之压力,有些的确来自地理环境的因素——即使这不是过程中唯一起作用的因素。证据包括:考古工作者在沿京汉线与陇海线的邯郸与武功之间,发现至少有三处,在距今四五千年间有过洪水泛滥的明显迹象。② 这跟《史记·五帝本纪》后半段讲述的尧舜禹事迹的年代大体吻合。大河流域的统筹治水之需要,推动了政权合并即统一的倾向。③ 战国时,孟子尝与白圭言曰:"禹以四海为壑,今吾子以邻国为壑。水逆行谓之洚水,洚水者洪水也,仁人所恶也。吾子过矣"(《离娄上》)。这些指责背后透露出在各地、各国之间统筹安排、统一协调对于治水的重要性。《孟子》一书提到治水竟多达十一处,而孟子恰曾提出:"天下乌乎定?定于一。"正其趋势之反映。④

统一的帝国在应对重大而突发的灾害例如黄河水患方面的优势,在西汉时期就得到充分体现。汉武帝元光三年(公元前132),

---

① 按,黄仁宇基于他对长时段历史波动的观察,较为支持治水的观点(参见《黄河青山——黄仁宇回忆录》,三联书店,2001年,第347页等),而他又提到赈灾和国防是另外两个促进统一的基本因素(黄仁宇:《赫逊河畔谈中国历史》,三联书店,2002年,第6—10页)。再有,英国著名的科技史学者李约瑟也认为中国官僚体制的存在和维护水利体系的需要有关。参见林毅夫:《制度、技术与中国农业的发展》,上海三联书店等,1994年,第265页。
② 苏秉琦:《中国文明起源新探》,三联书店,1999年,第158—159页。
③ 有学者指出:"中国的治水之所以需要高度集权统一的体制,乃是由于联合治水的合作成本过高,也就是国家之间使用政治谈判机制的成本过高,高度集权的体制可以最大限度节约政治谈判的成本,因而是一种均衡的治理结构。"(王亚华:《水权解释》,上海三联书店等,2005年,第84页)所言近是。
④ 战国之际,列国争雄,时相攻伐,甚至有决堤以淹敌军之事,如公元前359年,楚攻魏,决河袭长垣,前332年,赵决堤以退齐魏之卒,前281年,赵又决堤攻魏,前225年秦决河与鸿沟,袭魏都大梁。而列国分治,亦无防治河患之统筹安排,西汉贾让,对此所论甚详:"盖隄防之作,近起战国,壅防百川,各以自利。齐与赵、魏,以河为竟。赵、魏濒山,齐地卑下,作隄去河二十五里。河水东抵齐隄,则西泛赵、魏,赵、魏亦为隄去河二十五里"(《汉书·沟洫志》)。所以割据分裂,以邻为壑之害,实为民所不堪。

河水决濮阳瓠子,泛郡十六,帝即发卒十万救决河,辄复坏。① 直至元封二年(前109年)四月,帝亲临瓠子这段河道,督率郡臣,身预其役,河始安流。是以河泛便有二十余载。其间,民多饥乏,帝遣使者虚郡国仓廪以振,仍不足,又募豪富人相贷假,犹不能救,乃于元狩四年(前119年)冬,徙关东贫民七十余万至西北诸郡及东南会稽,衣食仰给于县官。② 嗣后岁歉仍数年,河菑之域,方一二千里。约元鼎三年(前114年),③武帝又下诏:"江南火耕水耨,令饥民得流就食江、淮间。欲留,留处"。④ 及遣使冠盖相属于道,护之;又下巴蜀粟以振。凡此种种可见,设若没有一个掌握广土众民和高度统一的财税权的政治实体,统筹赈灾便无从着手;又倘若帝国疆域未能扩及东南、西北边鄙荒闲之所,则徙民就食之举,乃是不可能的。

单是强烈的东亚季风性气候的影响,就会产生赈救饥荒时的统筹和协调的需要,而在季风条件下,像黄河这样流域内人口聚居密度很高的大河,和季风性气候一样,乃是高度影响制度演化的自然环境变量,两个因素的结合共同产生了频繁的治水需要,这都容易导致权力集中现象,以及包括中央集权的统治结构在内的机制性安排。同样不能忽略的是:大河流域所促成的人员和物资的方便交流,为建立大一统国家提供了基本的可能性,正如前述需求,恰构成这方面的必要性。

东汉王喜治河以来"八百年河晏"的局面,在唐末骤然结束,河

---

① 《汉书·武帝纪》;《汉书·沟洫志》。
② 徙民他处之记载见于《汉书·武帝纪》、《史记·平准书》;但徙会稽之文,仅见于前者。
③ 此据辛德勇(《秦汉政区与边界地理研究》,中华书局,2009年,第314页)之判断。
④ 《史记·平准书》。

溢为祸,愈演愈烈,此后即使某朝某代有所作为,也常难救倒悬。河患严重的地带,或人烟较稀、产业凋敝,如金、元之世然,或灾民社会结构遭破坏(大家族形态常不若东南之盛,即为证据之一),行为取向呈现短期化,生存境遇则为流民化,如明、清、民国之际然。不过从根本上来讲,在若干大河流域为其核心区的文明体系中,统一的大帝国仍然是较好的选择,好过以邻为壑、饥年阻籴、禁民出入及关卡森严等。

在季风气候条件下,由于降水的年际波动大而造成的水旱不节,乃至气候灾害频发的现象,也会促使劳动力不愿轻易离开农业领域。因为自己拥有一块土地耕种,在灾害发生时,要好过那时得要面对绝对高企的粮价的城市贫民。而各个历史时期内粮价极不稳定和常见巨幅波动,乃是于史有证的。[①] 当然,在灾害极端严重时,守土不迁的优势可能荡然无存,尤其是在生态环境严重退化的地区。即便如此,在多数区域和多数时候,胶着于土地的心理,仍可能非常强固地存在。

治水的问题,本质上仍属于灾害预防和减灾管控的范畴,即治水之需是整体的防灾赈灾问题的一部分,然而水患发生的程度和频率,就像一般的气候灾害一样,由于东亚季风性气候的特点而大为加剧。在华北、西北的黄河中下游地区,即在古代华夏文明的核心区域和重点区域,就灾害和危机应对机制而言,地域合成上为"大一统",权力运作上为"集权"的体制,成为几近必然的历史选择。覆盖面甚广的大河流域,既和这方面的必要性——譬如古代河、淮地区的治理和灌溉之需——也和这方面的可能性——指其提供了区域一体化的自然条件——有着密切关系。

---

① 参见黄冕堂:《中国历代物价问题考述》,齐鲁书社,2008年,第28-77页等。

## 第四章 规范历史形态的不可通约性和整体性

与东亚农耕区不同,伊斯兰教在亚欧大陆上的传播区域,主要为沙漠化和半沙漠化的地带,譬如其发祥地阿拉伯半岛。为了让生息繁衍其中的饲养骆驼的游牧部落贝督因人(意即"沙漠之子")皈依伊斯兰教,并给他们找到出路,所以伊斯兰世界,从一开始就走上了向周围征服的道路。公元732年左右,伊斯兰势力已征服了极广阔的区域:东面抵达印度河流域,并与中国的唐朝接壤,西抵直布罗陀海峡,囊括北非大部,还在一段时间内几乎占领了西班牙全境,北界则是高加索山脉与小亚细亚的托罗斯山脉,新月沃区和阿拉伯半岛则是其核心区域。[①]但这一年,一个法兰克人的首领查理·马特,在今属法国的普瓦蒂埃以重装骑兵打败了阿拉伯人,避免了使整个西欧成为伊斯兰的势力范围。而在欧洲的东端,拜占庭的君士坦丁堡,长期以来都是基督教欧洲抵御穆斯林的堡垒。

在8或9世纪之前并没有一个完整的穆斯林文明。在由于阿拉伯人的征服而形成的政治实体中,起初"没有宗教皈依,而是有大量纳贡者"。[②]所以也是形势所迫:通过礼仪与义务等领域里的形式上的规范化,将穆斯林的生活完全组织起来,以提升其宗教品格,塑造其宗教氛围,便于更多的人皈依。但在这方面,伊斯兰教成功了,而且非常出色。在中世纪的各个时期,伊斯兰势力能够不断在军事上取胜,要归功于每次它都能迅速地使一些蛮族或游牧部落融入其中,使之伊斯兰化。北非柏柏尔人、中亚塞尔柱突厥人,莫不如此。不管对于历史上不乏尚武精神的伊斯兰文明主要集中于中东、北非、中亚这样的覆盖大片荒漠化地带的区域的原因

---

① 参见〔英〕韦尔斯著,吴文藻译:《世界史纲》,广西师范大学出版社,2001年,第30章等。

② 〔法〕布罗代尔著,肖昶等译:《文明史纲》,广西师范大学出版社,2003年,第88页。

可作何种解释,有一点是清楚的,阿拉伯帝国和奥斯曼帝国的政策肯定也起了作用,它们要求对于辖域内的非穆斯林征收人头税,但穆斯林却被免去了。①

在欧洲,比起受到大西洋暖流影响的西欧地区,大致同纬度的东欧平原的冬季则要严寒和漫长得多,愈向东愈向内陆,这一特点愈明显。这在中世纪早期就对于农耕期长短、耕作模式、人口密度等产生影响,并为两区域后来的历史分化创造了基本的前提。俄罗斯所面临的亚欧大陆北部的广袤大草原,是人烟特别稀疏又很少有阻挡人口迁徙的天然屏障的地带。所以,一方面是社会各阶层的任何集团或家庭对于社会的其余部分或对公共服务的某些强烈固有的需求,另一方面则是,农奴主出于他们自身利益考虑,要想限制农奴的迁移自由,就得结成牢固的联盟,对此,俄罗斯专制主义曾经是答案,在这种君主和整个贵族阶层的联盟中,牺牲品是农民。俄罗斯历史——例如它的封建体系延续时间太短,它的法治传统较为薄弱,它的贵族崇尚波旁王朝时期的法国文化,彼得大帝改革之际,它正置身于欧洲的绝对主义时期——的影响绝对具有更加动态和可塑的特征,而地理因素只是一种边界条件,但却不可忽视。

## 第二节　路径依赖:历史的重要性

有些规范和制度体现了"演化的一般性",即不论初始条件和路径如何,处于相同历史阶段上的各个群体或文明,将演化出一些

---

① 参见〔美〕希提著,马坚译:《阿拉伯通史》,商务印书馆,1979年,第198－199、270页。

第四章 规范历史形态的不可通约性和整体性 461

带有共性的规范和制度,它们就像引力中心,是抗干扰而较易达到的,并且产生以后就是稳定的。与此相对的是"演化的路径依赖"。这类现象体现了演化的惯性,但也体现了新旧相替的独特历史道路的重要性。规范体系的某些过去状态,如果不是一直延续下来,那就是,它会对未来演化的前提、约束条件、方式、途径或者趋向等,造成明显的影响。制度演化的结果高度依赖于此前历史轨迹的现象,就是"路径依赖"。[①] 质言之,在借助理论模型和历史经验的比较而能够揭示的演化轨迹的可能性空间内,其轨迹却不是遍历的或高度随机的,即演化会在过去历史的影响下,沿着特定的一些路径发生。

在规范演化进程中,跟顽强的路径依赖相依存的是,传统具有很大的惯性,这和违反它将在一定范围内带来社会协调上的不方便,以及接纳新的规范需要更强烈社会动员,有着莫大关系。所以利用和改造原有传统,哪怕是"旧瓶装新酒",通常也是便利的途径。

在某个人类共同体的历史中,人们往往能够在某一阶段上的一组规范与后一阶段上的另一组规范之间,发现一定的更替、扬弃、转化、沿袭或是演进之类的纵向关系。针对同一种人类实践的领域,前后相继的两组规范之间的关系应有如下基本类型:(一)从根系上衍生;(二)突破与裂变;(三)扬弃或曰创造性转化。即这些纵向关系有可能是:联系紧密的,联系割断的,或是折衷的。[②]

---

① 参见〔日〕青木昌彦著,周黎安译:《比较制度分析》,上海远东出版社,2001年,第18页;〔德〕柯武刚、史漫飞著,韩朝华译:《制度经济学》,商务印书馆,2000年,第476—477页。

② 关于制度转型,也许可以更细致具体地区分为五种模式:"替换"、"层叠"、"转移"、"转变"、"衰竭"。替换,即按照背离机制,内部要素和外部力量导致主流制度对其周围的制度环境高度不适应,使得某种几乎全新的制度逐渐成为主导,而替代原来的主流制度。层叠,为一种差异性增长机制,与现存制度密切相连的新要素渐渐改变其

然而只有当我们确定,规范的过去历史对于它的某一当下的现实或未来走向具有其他因素难以抹去的深远影响的时候,才能说规范体系的历史是重要的。这一重要性又主要体现为两种基本形式:(一)规范和制度的保守性,即在新的规范体系没有明显的效益上的比势优势,或者在导向新的体系的社会动员等促成环节上必须付出难以承受的高成本的情况下,会倾向于维持旧的规范体系。(二)不同的旧的规范和制度形态,极有可能令各自嗣后的制度安排呈现出与旧有系统相关之不同特征,而不论其面临的一系列外在的相关因素是否趋同。在时间序列中,前后衔接的规范形态之间构成一种"路径"现象。第二种情况才算是"路径依赖",而第一种仅仅指出了在缺乏强力干扰时,原本有效的路径具有自我延伸下去的倾向。只有第二种真正体现了历史的重要性,因为基于这种情况,历史并非停滞。

在很多情况当中,没有明显成本—效益方面比较优势的新的规范,不会被自动选择。即使单纯从成本/效益的角度衡量,可以理性预期:新的规范或制度在进入轨道、稳定运行之后,可能其绩效是非常突出的,在新的形势下能有效地解决问题,程度远胜旧的系统。但是有关新的规范的知识,往往需要人们付出很高的学习成本;而要使人们对新规则的前景抱有充分信心,却并不是一件容

---

(接上页)地位和结构,从边缘逐渐侵吞旧的核心;旧制度的表现可能并未被完全取代,但旧新的妥协,基本上意味着旧制度的失败。转移,即在外部因素影响下,行动者藉由协商性互动,忽略制度的持续性要求,在规则未变之际制度实践发生移动,以适应变动着的环境。转变,此指旧制度重新布署、调整其结构和内容,来迎合新的目标。衰竭,乃是其自我消耗机制作用之结果,制度运作危害其外部条件,或者回报减少、盲目扩张都会造成制度慢慢衰亡。See Wolfgang Streeck and Kathleen Thelen, *Beyond Continuity: Institutional Change in Advanced Political Economycs*, Oxford University Press, 2005, p. 31.

第四章　规范历史形态的不可通约性和整体性　　463

易的事情;有自发采纳和遵循新规则的意愿的人数必须达到一个临界多数,除旧布新之进程才易于推动;而且,在转型期也经常会出现各种协调不良的状况。总之,这些转型过程中的成本若是高得让人们无法承受的话,转型也难以自动发生。

规范的演化总是面临着广义上的各种环境的制约,不只是自然环境,还有可供使用的资源—技术环境、作为外生变量的其他规范构成的外部约束等。而规范适用过程所展现的博弈规律,或者制度运作所产生的成本/效益比,则是规范演化的内生变量。[①] 此外,如果某项制度具有竞争优势,就会成为模仿和学习的对象,由此造成的扩散现象是很多地区推动规范演替的重要因素。

即使有关的环境因素是近似的,也未必能够得出结论说:具有相应的环境适应性的规范形态是唯一的或高度收敛的。近似的环境特征,只是勾勒了规范演化必须面对的一组相近的参数结构。基于这样的参数结构及有待解决的问题之特征,理论上能够去界定在演化中可能得到的有关制度形态的一个稳定集合,但是没有理由认为,相对于解决一定问题的可能性而言,能够演化出的制度是唯一的。[②] 这样的不确定性不是理论上的缺陷,相反它为实际的历史留出了必要的空间。

即使制度绝非任意设计、无厘头默契、莫名其妙扩散或者随意执行的产物,但是在契合一定的基本价值、元规则,或者表现为解决了一定问题的情况下,人们依然有多种多样现实的方案可以选择,以至于结果也经常是纷繁多样的。

更进一步说,规范或制度的分歧一旦产生——譬如这很可能

---

[①] 其中基本价值(以需求、刺激等形式出现),也会对该情境产生影响。
[②] 〔美〕安德鲁·肖特:《社会制度的经济理论》,第19-20页。

是博弈均衡的多重性之反映——即使人们随后面临相近的约束性环境,围绕有关规范的整体性安排仍然可能相距甚远,这很可能是因为,结果取决于各自规范体系的历史轨迹。

照常理来看,一个共同体的基本价值、核心价值和最基本的规则总是相对稳定的。虽然它们不是在任何意义上都绝对不能改变,但在更多的时候,它们为规范的演化提供了前后一致的指导性的目标方向,甚至勾勒了一个稳定的框架。譬如在中国古代,儒家伦理就是这样一种框架。而一项规范或者一种规范体系、一种制度,它得以存续和发挥作用,并不是孤立的,仅靠自身就能做到的,而是含有许多补充条件或潜隐的规则,甚至需要由一个规范的网络来支持。规范的存续,还要依靠一定的社会成员对它的支持态度、[①]所有相关人士或部分专业人士对规则涵义和效用的认知、技术环境和其他各种因素所造成的成本制约等。基于上述因素的部分或全部的影响,规范的演化有极大的概率会:

(一)契合价值系统中的基本价值与核心价值、深层的基础规则或建构规则的理念;

(二)充分利用所涉及的规范网络;必须注意"牵一发而动全身"式的影响;[②]

(三)进行广泛的社会动员,换言之,得要使新规则的支持者达到一定临界多数,[③]譬如相对于保守人士占据明显优势,这样的社会动员必须让很多人充分认识到新规则的含义及其好处,也必须

---

[①] 〔德〕柯武刚等著《制度经济学》称:"广泛存在的准自动化规则服从降低了协调成本"(第476页),指的就是一个潜隐的规范网络对于规则存续的支持的一个方面。

[②] 例如在法文化的比较中,伊斯兰教法学中的重要概念 happ 与印度教的 dharma 观念,即是此类建构规则的理念。

[③] 〔德〕柯武刚等:《制度经济学》,第476页。

让这些人认识到的确有不少人士是希望有所改变的,而动员说服的过程得要诉诸一些熟悉的价值观或规则理念;

(四)使得新的规则系统之总的学习成本处在可控范围内,或者为了最大化信息传播的效益,遂利用一些众所周知的话语系统,以及采纳一些旧的规则和惯例,都将有助于做到这些;

(五)在特定历史条件下,必须有效地跨越构建新制度的成本之门槛,这又一定程度上关联着前述方面,如果有既定的规范和制度框架可资利用,哪怕是以旧瓶装新酒之方式,为了新制度所要支付的成本就会大大降低。

部分或全部地满足这些要求,就会产生演化的路径依赖现象。旧的规范和制度,既然曾经有效地存续和发挥作用,则其在契合基本价值、基本理念、获得规范网络的支持、社会动员和降低制度成本等方面,就曾经是成功的。而新的规则要获得生命力,这些都是亟待解决的问题,原则上它必须和旧的系统有一定契接。如果不能克服这些困难,旧的规则便更有可能延续下来。而对既定的价值、理念和规范网络的适应,都使得制度的演化,无论在演化的路径,还是结果方面,看上去都甚为依赖此前的历史——而所谓路径不过是由一系列前后相继的结果之点所构成之轨迹。[1]

深度或强度可能跟广度有关。即某个人类共同体的规模,将在较大程度上决定规范演化可能牵涉的社会动员的难度和复杂性。如果旧的规范体系与新条件、新形势根本不合拍,甚至已经无法实现一些基本的价值目标,例如保障大多数人的食物供应,或者

---

[1] 在20世纪80年代流行起来的比较政治学范式"历史制度主义"当中,"路径依赖"也是基本的理论模型(参见刘圣中:《历史制度主义》,上海人民出版社,2010年,第126—130页)。而其学术渊源之一,可溯及巴林顿·摩尔(Barrington Moore)关于英、美、法、德、意、日、俄、中等国现代化道路的研究。

提供有效的安全、司法服务等，而旧的规范体系或制度已被广泛视为应对这种状况负责，即这时破除旧的体系的社会动员已经完成，但对什么是新的、适合的规范体系的普遍确认和社会动员却未必同步地完成了。相对来说，小型共同体更有可能实现迅速的转型。但对于一个拥有广土众民的大型共同体而言，分裂、混战和前景不确定的各种试验将会登场，并在以后长期维持数量不定的小型共同体并存之局面——就像罗马帝国崩溃时所发生的。

在另一种状况下，在崩溃、割裂和混乱的废墟之上，一种带有有限的新意之体系将会从试验中脱颖而出，但与其说这种体系是崭新的，并能够解决上一个体系在其末期所无法解决的多数问题和根本问题，不如说旧的体系崩溃时所带来的社会—经济上的冲击，使得规范体系所面对的环境参数（例如人口总数或土地产权状况）发生了巨大的变化，如果这不是让上一个体系末期所遭遇之问题消失，便是让问题之尖锐性有所缓和，前后相继的体系之间，时间间隔既不会太久，形态上也不会是迥异的——中国历史上王朝循环的现象大体如斯。

路径依赖与演化一般性，往往交织在一起。通过比较各国历史或同或异的状况，不难发现路径依赖现象，实乃比比皆是。例如，在英国《大宪章》签署之后8年即1222年，在当时疆域比现在要辽阔得多的匈牙利，也有一份性质与此相近、被后世誉为"东欧大宪章"的《金玺诏书》诞生，迫使国王安德鲁二世签署它的，乃是皇家和城堡要塞的军人，后来他们发现自身的利益是在贵族一边的。此诏书保护精英免受国王的专断之害，倘若国王违背诺言，主教和议会要员有权抵制。《大宪章》是英国日后强盛的起点，这种强盛在工业革命以后和19世纪的大部分时间里达到顶峰，但在匈牙利，强大而团结的贵族、武士、官僚等精英阶层，对君主权力实施的宪政制衡,却是以集权国家的有效运作和国防能力为代价的。所以在此,历史的相似是表面的,深刻的差异则跟两国此前的历史有关。①

匈牙利是公元后第一个千年末期入侵欧洲的外来者,昔日是草原游牧民族。1000年的时候,马扎尔部落的伊斯特万,获加冕为匈牙利国王,他是推动整个匈牙利皈依天主教的君王,后来被追认为圣人。原本游牧民族的各个部落及其首领,在地旷人稀的地带,依照他们逐水草而居、自由迁移的生产生活方式的特点,要让他们服从中央权威的管束,真是难上加难。而匈牙利的王朝内斗,使君主政体变得孱弱。贝拉三世(1148—1196)统治晚期,把大量属下的地产、关税和市场收入等,分赠给各色男爵,但不是像西欧那样换来男爵们的军事服役等效忠义务,而变成了他们可任意处置的财产,贝拉三世的继承者们,为了在权力斗争中胜出,继续向贵族们送出财产。

贵族阶层还通过议会形式来巩固其权力基础,其先例可上溯至金玺诏书的时代,到了15世纪中则每年都要开会,它的权力超过法国的高等法院和西班牙议会,甚至可以选举国王。贵族阶层宣称,他们可以反对国王,如果后者损害了他们的共同利益的话。打造强大集权国家的努力,在约纳斯·匈雅提(Janos Hunyadi)和他儿子马蒂亚斯(Matthias)时期,面临最后的机会,他在1446年被议会推举为摄政王,并在一系列针对土耳其人的保卫战中赢得巨大威望,他的儿子于是在1458年当选国王,并创建了由其直接控制的黑军,替代了半私人化的贵族部队,军事成功使其集中权力

---

① 参见〔美〕弗朗西斯·福山著,毛俊杰译:《政治秩序的起源》,广西师范大学出版社,2012年,第369-375页等。

的举措,在一定程度上得到了宽容,但他仍然要定期向选他当国王的议会做咨询。1490年马蒂亚斯死后,匈牙利迅速退回到贵族分权的态势,这个阶层将自身税负减少了70%到80%。然而在1526年的莫哈奇战役中,匈牙利被奥斯曼的苏莱曼一世打败,国王被杀,整个国家被一分为三。在东欧同在天主教范围内的波兰,政治格局与匈牙利类似,弱势的国王受贵族会议控制;结局也类似,2个世纪后,波兰丧失独立,它被普鲁士和俄罗斯瓜分。①

欧洲历史的一个有趣现象是,16世纪和17世纪,在易北河以西地区,包括英、法、意大利、西部日耳曼诸公国、低地国家,中世纪的农奴制基本上已被取消;且西班牙、瑞典、挪威的农民,原本自由度就很高。但在易北河以东,匈牙利、普鲁士、奥地利、波希米亚、波兰、立陶宛、俄罗斯等地,一度较自由的农民却在这一时期逐渐地沦为农奴。这种差别,恐怕依然与它们此前的历史有关。②

中世纪,西欧城市更为繁荣发达,也是逃亡农奴追求自由幸福的去处。原本,西欧人口密集,约为东欧的3倍。14世纪的黑死病、瘟疫和饥荒造成人口急剧下降,对西欧的影响远远超过对东欧的。随后,西欧城镇重生,为农民提供了避难所和工作机会;而领主们在自己领地上为了留住农民,不得不放松对他们的控制,给予他们更多人的权利和尊重。专制君主也发现,保护城市资产阶级可以削弱贵族势力。但人口相对稀少的东欧城市,本质上只是行政中心,并非独立而重要的政治参与者,也不可能在农奴制形成后为农奴提供一个政治和经济上的自由去处。

---

① 关于匈牙利与波兰的历史,可参见〔匈〕温盖尔·马加什、萨博尔奇·奥托著,阚思静等译:《匈牙利史》,黑龙江人民出版社,1982年,第15-132页;刘祖熙:《波兰通史》,商务印书馆,2006年,第67-72、82-87、129-131、139-169页。
② 参见〔美〕弗朗西斯·福山:《政治秩序的起源》,第366-369页。

## 第四章　规范历史形态的不可通约性和整体性

西欧的人口恢复到黑死病疫情暴发以前的水平，甚至还要超过的时候，它们的城市也重新恢复往日的繁荣，重新成为资本密集的中心地。拥有这些城市的西欧国家，可以利用资本手段来从事国家建设、塑造其暴力机关（或购买军事服务）、发动战争，而国家机器也倾向于为资本增值、市场拓展和原材料获取等活动保驾护航。比起那些此前就缺少广阔腹地、靠航海和国际贸易发展起来的城市共和国（如威尼斯）、城市集群（如佛兰德斯）、小型国家（如葡萄牙），英国、法国、西班牙等，拥有更多可以对之施加强制手段的人口，这是它们的综合性优势的一部分。[①] 可是处在缺乏资本手段的东欧区域的国家，只能靠基于封建义务的贡赋和基于征服的税收来运行，要想实现进一步的中央集权化，强化行政管理和暴力机关确系关键，但封建主义持续较久、贵族势力既庞大又团结的匈牙利和波兰，与封建势力根基不深的俄罗斯，情况又颇为不同。

在农奴制回潮的整个地区，贵族不断加大剥削程度、取消自由，限制领地内的人口流动，在匈牙利和波兰，中央政府的脆弱，也使其无力保护农民和城市，原本农民在蒙古人侵略过后，随着人口骤降基本上已成为自由人，但世俗和教会的地主都想限制其迁徙自由，将其束缚于土地上，相对于王室领地上农民所拥有的选举自己的法官和教士的自由，贵族领地上的农民的这项权利颇为有限，实际上受到领主的控制。农民状况的日益恶化，导致了1514年的大起义，不旋踵匈牙利就彻底败给了奥斯曼帝国。

而16到19世纪中期以前，农奴在俄罗斯的权利，也许是最少

---

[①] 关于资本手段在国家建设中的作用，参见〔美〕查尔斯·蒂利著，魏洪钟译：《强制、资本和欧洲国家（公元990—1992年）》，上海世纪出版集团，2012年，第2、5章。

的。但不光是农奴制，俄罗斯的很多状况都跟它的历史路径有关。俄罗斯国家，诞生于公元第 1 个千年末期的乌克兰基辅地区，这里曾经是联结北欧和拜占庭的主要贸易站。基辅公国的延续，在 13 世纪 30 年代末中断，那时蒙古人的入侵使基辅彻底被毁，而他们在那里的占领和统治持续了将近 250 年。蒙古人在那里，意味着俄罗斯与拜占庭的联系大体中断，使其未能参与欧洲的历史进程，包括 16 世纪，文艺复兴的春风也未曾吹拂到那里。而且蒙古人的统治破坏了渊源于拜占庭的法律传统，使政治斗争变得更为残酷；他们本身的政治发展处在部落层次上，没有自己的政治制度和法治正义观念，其纯粹掠夺性的高压策略，为了严惩抵抗力量，不惜处死整座城镇居民的极端做法，给俄罗斯未来政治留下了巨大阴影。①

　　在蒙古人统治结束后，以基辅东北的莫斯科为核心的大公国崛起了。俄罗斯版本的封建主义，持续时间很短，从蒙古人入侵前夕到 16 世纪伊凡三世当政，约两三个世纪，且封地似乎从未获得西欧意义上的自治权，他们本身的孱弱固然不可能对中央集权势力的扩张予以限制。而一般贵族领主之外，又有为国家直接效力而充作骑兵的服役贵族(middle service class)，堪称是对贵族势力的制约。就像法国和西班牙出售爵位与特权的做法一样，莫斯科国家也以类似的方式在贵族阶层中播种不和，这就是它颁布的门第选官制，这种按照贵族等级来确定其选官范围，而又让他们相互竞争的制度，在削弱贵族阶层的凝聚力之时，却也在无形中巩固着专制君主的权力。

---

　　①　关于俄罗斯的历史，参见〔俄〕克柳切夫斯基著，张草纫等译：《俄国史教程》，商务印书馆，2013 年。

## 第四章 规范历史形态的不可通约性和整体性

伊凡四世在位(1530-1584)的后半段,是俄罗斯历史上的黑暗时期。这位被后世称为伊凡雷帝(Ivan Grozny)或恐怖伊凡的沙皇,要求贵族给予他在非常行政区内处理恶人和叛徒的无限制权力,他为此创建了着黑衣、骑黑马的特辖军,作为其法外统治的鹰犬;非常行政区的范围不断扩大,达到全国面积的一半,在其内处死了四千至一万的贵族,古老领主家庭幸存下来的只有九家。此后的俄罗斯,法治的力量一直都极其孱弱,政府经常可以无需任何借口就没收私人财产;处置敌人和叛徒时,往往漠视正当法律程序。像恐怖伊凡那样肆意处死大批贵族的极端做法,也许并不常见,但创造了很坏的先例。1598年,留里克王朝因为子嗣中断而告终,经过一段混乱时期,1613年,由贵族组成的缙绅会议批准罗曼诺夫为沙皇,这就是罗曼诺夫王朝的肇端。缙绅会议在17世纪还不断开会,直到彼得大帝使之边缘化。

彼得大帝(1672-1725)的改革,试图在军队和中央政府中推广任人唯才的制度,试图让俄罗斯国家更趋现代化。他把首都迁到波罗的海边上的圣彼得堡。他征召整个贵族队伍,进入国家机构中来担任职务。1722年,以官秩表(Table of Ranks)替代施行已久的门第选官制,国民都有其法定等级及相应权利和义务,不论在官僚机构还是在军队中,非贵族一旦晋升到足够的等级,便可自动进入世袭贵族之列。[1] 这种方式不仅确定了贵族的集体身份,也表明这种身份是嵌在国家体系中的,而不是封建主义的。贵族通过他们在机构中服务来换取免税、人口土地所有权等。在沙皇赐给贵族的土地上,首次出现了连带农奴的赠予,这类封地大多是

---

[1] 参见〔苏联〕卡芬加乌兹、巴甫连科主编、郭奇格等译:《彼得一世的改革》,第223-234页。

在南方、东南和西方的、从邻国攫取的新土地上。彼得去世后,宫廷内外的强大家族势力,让家族化倾向重新抬头,晋升到官僚体系中的最高等级,若没有豪门巨室的赞助,想也别想,而豪门所编织的势力网,甚至延伸到军队,使其战斗力受损。贵族的家族化势力渗透在政府机构中,但他们没有集体行动起来,对专制权力进行制约。他们的势力之间是盘根错节而又相互争斗的。①

另一个路径依赖的例子来自拉丁美洲。19世纪早期,拉美的独立战争,深受法国大革命与美国独立战争所提倡的自由平等观念之鼓舞。赢得独立后,虽说正式的民主制度得以建立,可是弥漫于旧政权中的家族政治的心态,仍然根深蒂固。拉美此前高等不平等的社会,对于法治和民主的品质,造成极其消极的影响,也是独立后2个世纪里很多动荡的源头。②

西班牙当局是靠军事征服赢得美洲殖民地的,16世纪40年代在玻利维亚、墨西哥等地发现了银矿,这时欧洲来的移民,使用原住民劳工,坐享开矿收益,对于原住民的人身控制,因为托管权制度而得到加强。在拉美,长期以来都有一系列基于种族身份的地位差别,最上层是克里奥尔(creole),即生于美洲的西班牙白种人,其中有些是大庄园主,早期欧洲移民中有大量单身男性,他们与本土印第安女子结婚生下的孩子,称为麦士蒂索混血阶层(mestizo),而随着越来越多的非洲黑奴来到,又产生了她们与白人的后代群体穆拉托(mulatto),相对于他们,克里奥尔享有免税特权。

有几件事情,肯定有助于拉美大地产或大庄园的滋长和壮大:

---

① 参见〔美〕弗朗西斯·福山:《政治秩序的起源》,第387-392页。
② 参见上书,第348-349页。

按照原本的托管权制度，西班牙当局赠予早期殖民者的只是对于原住民的监护权和劳力征用权，却不是土地，且托管权不可遗传，但如果他们拥有土地的话，这是可以遗传的；某些托管权的主人，通过征用原住民劳力，发家致富，遂开始购买土地；16世纪晚期，美洲印第安人口大幅减少，[1]人口稀少之际，大量土地进入市场；美洲的殖民政府与新兴庄园主阶层沆瀣一气，帮后者规避马德里当局所承诺的保护原住民权利的有关规则；在欧洲很普遍的长子继承制，有利于防止土地产权的分割和大庄园的瓦解，西班牙本来想在美洲限制这种继承制，但克里奥尔家庭的父母，还是可以在遗产分割上对长子有所偏厚。有了大庄园在各地盛行，卖官鬻爵制度传至美洲，适足以让强势阶层更为强势。[2]

独立战争的领袖，例如最著名的西蒙·玻利瓦尔，本身就是克里奥尔精英，深深缠绕在家族政制当中，难以抽身。虽然出售公职和贵族封号的做法，在独立后，就像法国大革命之后一样，遭到废除。可是没有经历社会革命的弊端，很快就显现出来。新的国家政权基础并不巩固，社会裂痕依然，它们很少能够对精英动手，对其征税或对大庄园进行抑制。原本的精英，依然可以在制度的巨大空隙当中，控制着国家，将他们的社会政治特权传给子孙。其正式的民主与宪政，是政治精英们自上而下所实施的，缺乏各阶级共同的深度政治参与，基础并不牢固。

根本上，制度演化的路径依赖现象，还跟作为演化环境的若干宏观变量之内在本质有关。微观层次上的权力、协调与交换过程

---

[1] 据研究，由于天花流行和殖民者入侵等，墨西哥人口由2000万骤减至160万，参见〔美〕贾雷德·戴蒙德：《枪炮、病菌与钢铁》，第209页。
[2] 参见〔美〕弗朗西斯·福山：《政治秩序的起源》，第360-361页。

在特定时空中的较大规模之汇聚,对其内在相似特点的社会性审视或者机制化,①或者它们的错综交织的立体式运用,会产生一些宏观层次上的现象,这些现象尤其是围绕某些具有其广泛性、主导性或引领性影响的微观过程中的位置或节点而突现出来。而作为宏观现象的协调机制的主要成果就是某种人际信任网络,正如交易的繁荣和由其促进的生产扩张,则带来资本的积累,且它们的维系、扩展或提升,又往往与宏观的权力结构的辩证发展交织在一起;而一般的政治权力,又总是需要作为其支持性背景或迫切运用手段的军事力量;但军事权力即军事力量的组织状态或其实际运用,可以看作是政治权力的极端重要的特殊形式;正如我们可以把法律的运用看成是基于一般性规则和裁断性角色的意志协调与政治权力的一种综合的体现形式一样;裁断性权威的赋予和裁判过程实际上是政治性的,而法律试图维护的价值、甚至法律程序方面的规则之演化或诞生,则通常有人际协调的深远背景。

在欧美各国发展出成熟的民主政治形态以前,作为宏观现象的军事力量、法律体系、政权形态、经济资本和社会协调的不同结合方式,以及从中世纪经过绝对主义时期延续下来的旧政权中的贵族、士绅阶级,在这结合的态势中所扮演的角色,势必影响各国的政治发展路径。②相对来说,意大利城市共和国(中世纪末期和

---

① 譬如,"阶级"就是围绕一系列经济处境——进而是政治处境——相似的位置的宏观现象。

② 在摩尔看来,贵族和农民两大阶级的状况的差异,也是造成各国的政治现代化路径极大差异的原因之一。如在英国,土地贵族早就有商业特征,逐渐向资本家转型,成为可与王权抗衡的新兴力量,最终促成议会主权的民主制度。而在法、美,新的资本主义观念和力量已在革命前后被带入社会,但要么像法国那样贵族的资本化程度不足,要么像美国那样根本没有什么像样的贵族,所以在它们的民主化道路中,贵族的作用要么是总体负面的、被普遍认为需要打倒的,要么可以忽略不计;这跟德、日情况迥

第四章 规范历史形态的不可通约性和整体性 475

近代早期的)、低地国家,曾经资本过盛而强制力不足,俄国、奥地利、西班牙,则强制力的累积明显超过其资本的厚度。<sup>①</sup> 若就英法两国而言,两者刚好处于相互均衡的状态,<sup>②</sup> 但其路径差异,显然缘于其他因素。如在法国,旧政权在强化围绕绝对君主的政府能力的同时,也在弱化贵族的独立性、腐蚀社会信任网络、削弱代议制以及与政治过程相关的那部分法治的功能。而被亨廷顿相当不屑地称为"都铎式体制"的王权与贵族之间纷乱的共治局面,<sup>③</sup> 实

---

(接上页)异,在那些地方,旧的土地贵族仍保持强大控制力和既有的权力结构,社会对他们的观感并非完全负面,他们虽然与工商阶级结盟,但却对多元化的政治民主持批判态度,于是强化了国家机器,经历了法西斯主义的歧途。而在中国,地主阶层和农民阶级之间的矛盾极为尖锐,工业化又严重不足,所以在农民革命爆发之后,虽然旧的权力阶级被摧毁,但缺乏有效的资产阶级领导力量,于是以马克思主义为纲领的共产党便担当组织者角色,结果走上了社会主义道路。参见〔美〕巴林顿·摩尔著,拓夫等译:《民主和专制的社会起源》,华夏出版社,1987年,第7、8、9章等。

后来摩尔的学生蒂利(Charles Tilly),在某些方面深化或修正了他老师的观点。他认为,"强制(coercion)、资本(capital)和信义(commitment)在不同地区不同的结合方式,促进了这些地区截然不同的政体的形成,决定了政体变迁的不同方向"。"在(a)政府能力(government capacity)程度(b)受保护协商(protected consultation)的广度所决定的二维空间中,政体的发展轨迹,对于它们民主的前景以及民主实现之后的民主特色,具有显著的影响"。"从长远来看,政府能力和受保护协商的增长,是相互强化的。一方面,国家的扩张导致了反抗、讨价还价和权宜之计;另一方面,受保护协商,要求国家介入调停,从而激励了国家的扩张。""存在两个极端:如果政府能力的发展先于、快于受保护协商发展,民主之路……就要途经威权主义;或者反过来如果后者先于、快于前者,则政体得以延续,民主化就要'途经一个能力建设的险滩'。"(〔美〕查尔斯·蒂利著,陈周旺等译:《欧洲的抗争与民主(1650-2000)》,上海人民出版社,2015年,第8-9页)其中关键词"受保护的协商"是指:"增加政府代理人和政府所管辖民众关系的宽容和平等,增强……民众对政府人员、资源和政策的有约束力的协商,增强对民众(特别少数民众)的保护使之免遭政府独裁行动的侵害"(同上书,第15页)。

——另外不妨指出,蒂利所言"强制"相当于迈克尔·曼的军事权力;资本的力量相当于经济权力;"信义"则与意识形态权力密切相关。

① 参见〔美〕查尔斯·蒂利:《欧洲的抗争与民主(1650-2000)》,第71、81-83页等。
② 参见上书,第4、5章。
③ 参见〔美〕塞缪尔·亨廷顿著,张岱云等译:《变动社会的政治秩序》,三联书店,1989年,第133-152页。

际上是中世纪的余绪,它竟能在近代早期屹立不倒,若按照制度内涵的逻辑来看,完全是偶然的,但却为立足于议会主权的光荣革命铺平了道路。所以差别是源自法治、信义网络、政治形态和贵族特点等方面。于是面对糟糕得多的旧社会,法国人几乎是不得已地,用近乎割断其历史脉络的方式(但这绝不可能是彻底的),[①]来开创新局面。

自然,经由长期积累或戮力改造而形成的资本、信义、政权形态、强制力和法律体系等宏观层面上的差异,势必会造成其政治发展过程的路径依赖现象。而作为宏观现象的它们,乃是在微观层面的交换、协调和运用权力的错综交织的过程中呈现出来的;且其中一些稳定的状态和潜能(如作为规范效力意义上的潜能),又是人们把一系列微观过程组织起来,而力图实现或不断予以再生产的目标(即它们本身是动态耗散和不断被再生产出来的,连带着微观上的权力、协调和交换也是动态耗散的),然后这些效力和潜能、状态和机制,会对于微观和宏观的过程产生种种广泛或深刻的影响。于是面对这个亦微观亦宏观的、错综交织、缠绕往复、又俨然有着宏观层面上的领域划分的协调—权力—交换之网络,任何特定方向上的朝向某个领域里的目标的变化过程,势必是牵一发而动全身的;也因此,对于制度演化和变迁,路径依赖是重要的,历史是重要的。

另外必须指出,无论大型还是小型的共同体,在一个开放的、与外部信息交流较为充分的环境中,学习其他共同体的成功经验,实在是一种自然倾向。作为学习的结果,必然有一些规范和制度

---

[①] 这一点经常受到一些保守主义者的诟病,参见〔英〕埃德蒙·柏克著,何兆武、彭刚译:《法国革命论》,商务印书馆,1998年。

发生了改变，可是一些基本价值与核心价值、一些经历了长期考验的制度框架、一些跟文化上的深层次默契有关的规范，却未必有彻底之改变——这仍然是历史具有真正重要性的体现。

## 第三节　种姓制度、基督教价值观和伊斯兰教法

在历史上和在现实中，在宗教有其强烈影响的文明体系中，相应的制度体系便渗透着各类宗教或者准宗教因素的影响。南亚次大陆流行甚久的轮回观念支撑其种姓制度，基督教价值观对中世纪以来的欧美法律史的影响，以及伊斯兰社会中教法和教法学的全面渗透，都是很好的例证。或许，这种影响的根源在于，宗教是人类意向性地向其未来和可能性敞开的能力的深刻的投射或折射；也是源于它对人们的情绪和动机模式的深层次的、强有力的塑造作用；源于它对人们之间的"协调行动"的秘密的洞悉。这种影响的直接的中介环节则是价值观念。宗教所涉及的价值观，包罗万象，大的方面有：信徒应如何对待世俗世界、信徒应如何面对他的欲望，及如何面对和塑造他的真实自我等。

### 一、种姓：一种即分隔即整合的制度

公元前1500年前后，此前已陆续侵入印度西北部的雅利安人，最终占领了南亚的七河地区（sapta sindhavah），即今印度河上游盆地与旁遮普邦。开始了印度历史的吠陀时代。[①] 这一时代

---

[①] 此前，印度河流域已有以摩亨佐·达罗和哈拉帕两座城市为代表的高度发达的文明。而这一时代的得名，是由于记述它的文献，主要为四部《吠陀》以及解释性的《梵书》等。

一直延续到约前6世纪。雅利安入侵者将抵御他们的土著称为达塞人(Dasas or Daryus)。

约公元前7世纪末,在雅利安人所占领的恒河河谷地区,出现了许多各具特色的城邦国家。在整个吠陀时代,雅利安人都在不停地迁徙和发动战争,在其不断推进的同时,也把黑皮肤的土著往东方和南方驱赶。此时,虽然阶级分化尚未明确和固定,但婆罗门祭司业已开始宣讲,有四个明确的社会集团,此即:婆罗门——祭司;刹帝利——武士;吠舍——平民(有的人职业是经商,可能还有一部分达塞人中的手工业者和农民);首陀罗——奴隶(大概完全是达塞人或其他非雅利安土著)。到了佛陀时代即前5世纪左右,印度社会中的种姓制度才算是逐渐地建立起来。[①] 但它的定型还要经过好几个世纪。

相对于种姓制度的源远流长、根深蒂固和举足轻重,在印度教社会中,家庭结构和宗族制度没有多少影响力,而种姓的区分才是其社会结构领域的基本原则。但种姓在南亚社会中未必具有高度的凝聚力——内在的凝聚性可能是表面的。在习俗领域里,一种像种姓制那样的严格区分装置,为其宗教文化心理所亟需。而印度教徒生活方式的超自然中心的取向,一方面容易造成他们对于不完满的社会现实采取一种随顺、默认和超然的态度,进而降低社会冲突的风险,另一方面却也容易造成离心倾向和扩散性。

---

[①] 但原始佛教实际上是反对婆罗门教的种姓等级制的,而提倡众生平等,无有差别;颇以为尊卑等级只是世俗观念而已,在轮回和缘起法则面前,婆罗门和其他三姓一样,善恶果报,毫厘不爽。以有情众生或为四种姓之一的现实而论,是业报的结果,死后不必转生为本姓,其情况大致有四种,即"从暗入暗"、"从暗入明"、"从明入暗"、"从明入明"(此说见于《杂阿含经》卷42等)。平等观念反映在教团的议事、决策当中,即四种姓人有同等发言权。

## 第四章 规范历史形态的不可通约性和整体性

一般而言,"种姓"(caste)对应于两个词汇:瓦尔纳(Varna)和阇提(Jati)。在南亚的社会史上,婆罗门等四类基本的瓦尔纳是众所周知的,再就是"不可接触者"。[①] 四种瓦尔纳照理应遍布印度各地,然而在中部的温迪亚山脉以南,并无真正的刹帝利和吠舍。照古代法典所说,每个瓦尔纳皆行内婚制,其成员有饮酒会餐之习俗。但实际上种姓常受地域的限制,例如不同地方操不同语言的婆罗门就是不通婚的,而每个地区的瓦尔纳实际上又分为很多分支集团。这些分支集团在印度的雅利安语中常被称为"阇提",英译多为 subcaste(亚种姓),甚至径称 caste。这样的分支集团或亚种姓,在次大陆的各个地区广泛存在,多到难以数计。但也经常有这样的情况:某个阇提根本无法归到某个经典的种姓即瓦尔纳名下。[②]

四个瓦尔纳的体系显然是一种尊卑等级制。当这种体系发展为繁杂的阇提或亚种姓状态时,等级观念被保留了下来。但在印度次大陆的历史上,要想清楚地排列阇提之间的等级非常困难。就是说,几乎不存在更具体的种姓等级排列的共识。社会上关于种姓等级排列问题的聚讼纷纭的局面,常造成大部分等级排列只维持短暂的稳定性,随后就陷入混乱。根据惯例和舆论,唯有婆罗门种姓明显有别并高于其他种姓,但它内部的繁衍分化却又极为严重,各支皆自视高过其余。同样明显有别且低于其他种姓的,为各类不可接触者。实际上,种姓制度既带来了垂直的等级图像,也是一种水平分隔实际上相当严重的制度。即在等级排列不清、缺乏共识之际,各地无数的阇提都试图从礼仪和社会规范上,而不

---

[①] 泰米尔语称之为 Parayer,在法典中被称为 Chandalas,有时也称 Panchamas 或第五瓦尔纳。

[②] 参见〔美〕许烺光著,薛刚译:《宗族·种姓·俱乐部》,华夏出版社,1990 年,第 88—89 页。

是从经济上,将自己与其他阇提分隔开来,并声称自己高于它们。这一过程往往与集团的分化相伴随,似乎永无终止。①

当然种姓制度不是依靠血缘关系的纽带,种姓间的区隔更多的是和职业分化相联系。为了在社会和礼仪地位上相互分隔,种姓的内婚制就成了一种合乎逻辑的要求,还经常禁止不同种姓间的友好的社交往来,各自把成员束缚在一定的生活方式和伙伴之中。此外,"每个种姓都有它的地方组织,维持纪律,分配各种慈善布施,照顾本种姓的贫苦人,保护其成员的公共利益"等。② 种姓制度当然也是很多规范因素的汇聚之场。但各种因素都指向一个核心的意义:一种跟来世的预期相联系的、被高度宗教化的生活方式。

印度的婆罗门教,如果没有种姓制度的话,就不成其为婆罗门教了。后期的印度教以极大的现实精神承认在不断轮回的过程中,可以合乎情理地追求四种目标:(一)伽摩(*Kama*),即欢乐,尤其是藉由情爱的欢乐,但人们也应意识到,还有比世俗的欢乐更深层次的;(二)阿赛(*Artha*),即权力和财富,或者较高的社会地位,人们如果花工夫思考,就会意识到比这一层次更深的满足将随遁世之道而来;(三)达磨(*Dharma*),一种宗教和道德的法则,尤其是,遵循达磨的人将履行对其家庭、种姓和社区应尽的职责,对伦理原则的服从会带来较深层次的欢乐;(四)摩克娑(*Moksha*),即从生死轮回中获得解脱。③ 前二者是欲念之道,后二者是遁世之

---

① 参见〔美〕许烺光著,薛刚译:《宗族・种姓・俱乐部》,华夏出版社,1990年,第90—92页。
② 〔英〕韦尔斯:《世界史纲》,第202页。
③ 参见〔美〕约翰・诺斯等著,江熙泰等译:《人类的宗教》,四川人民出版社,2005年,第243—244页;〔美〕米尔恰・伊利亚德(Mircea Eliade)著,晏可佳等译:《宗教思想史》,上海社会科学院出版社,2004年,第184—186页。

道。它们都被包括于达磨的最广的涵义之中。

对于印度种姓制度的稳定存在来说,灵魂转世学说至关重要,它导致印度人相当普遍地认为,只有在为自己种姓所规定的职业活动之内经受住考验,才能改善来世轮回的境遇。所以印度社会的观察者经常发现,恰恰是对改善轮回境地念念不忘的低种姓之人,最坚定地信守着他们的种姓和义务,从未想过要推翻它。

围绕种姓而存在的各类规范,从一个印度教徒的立场来看,只是他在通向解脱之路上经历的若干次转世中所应该履行的职责。必须从大的宗教背景来理解他的行为所具有的意义,因为履行这些职责与否及履行得好坏,会影响其未来转世的命运,并最终波及他能否获得解脱的境况。对俗世的不满的根本出路,并不是要彻底改变世俗社会的结构——皆因不论如何改变,再多的 Kama 和 Artha 都不是生命的终极意义——而是要完全地抛开它,跳出它的圈子。

在古印度的规范体系中,各种姓、各职业各有其 dharma 即本性(广义的"达磨"的第三个含义),因而也各有其适用的法律,而法律体系的整体效用正在于维护 dharma,即维护等级、职业群体间的稳定界限。历史上除了一些短暂时期,印度一直是处于四分五裂的状态。曾经在印度,存在着庞大的种姓体系和种姓内的议会制度,小君和大君并立,前者统治处于支配地位的种姓,后者统治大的地方性王朝,有许多法律顾问分别为之效力。[①] 由法律顾问们给出证明,掌权者执行——或许是唯一较为普遍的原则。据说,王的职责,即王的 dharma 就在于捍卫整个的 dharma,所以王在印度的司法实践中居于核心地位,他利用博学之士、神职人员或者

---

① 〔英〕韦尔斯:《世界史纲》,第202页等。

婆罗门为顾问,为其服务。①

纯世俗的法形成和发展于各种分离的职业等级的基础上,例如商人、手工业者等。但这类只是考虑世俗情况的法律不是有教养的婆罗门所关注的课题,因而它没有任何的理性化,而且由于实际上对体现于宗教之中的强制性准则漠不关心,因而在偏离其规范的要求时,便缺乏可靠的使之回归正轨的保障。不仅是世俗法,整体而言,印度法律形式上的理性特征是微不足道的。其法庭关注的是,通过划分道德类型来确定事实,并依赖于裁定的一方。可以认为,传统印度正义观的实质是,终极裁决要看个人存在的总体职责即其 dharma 是否得到了遵行,而不是依赖审查犯罪证据的程序的公正与否。这恰是印度的法律文明显得与众不同的地方。毫无疑问,dharma 概念的运用实际上是种姓制度的一部分。但种姓制度的超强稳定性,尤其他对职业身份的限制和对打破惯常模式缺乏激励,有可能造成经济发展上的非效率的状况。②

---

① 另外,韦伯称"印度的司法并不否定魔法的和理性因素的奇特的混合,这种混合一方面符合宗教的性质,另一方面又与神权政治的一父权家长制的对生活的治理相适应"([德]韦伯著,林荣远译:《经济与社会》下卷,商务印书馆,1997年,第147页)。其所谓魔法因素,或可见诸诉讼举证的程序,如规定举证时应宣誓,通常三个证人即可证明事实的存在,特别是"神明裁判"和决斗也是证据。又在家庭法方面,规定家庭的权力都集中在男性家长手中,妻儿与奴隶处于同等地位,妻子要像敬神一样尊敬其丈夫等等,这些情况可资韦伯之论的佐证。

② 印度历史学家沙马(Shripad R. Sharma, *The Crescent in India: A Study in Medieval History*, Bombay: Hind Kitabs, 1954, p. 28)曾指出,"印度社会主要的不可改变性(inviolability),大致源于两项制度,种姓和村社"。而这两项,也是经济学家拉尔(Lal)所说的陷于"印度均衡"(the Hindu Equilibrium)的主要原因。此种均衡是指,大约从公元前6或5世纪以来的、在印度次大陆上而特别是印度河—恒河平原上的各族人民中的一种社会秩序常态,而身处其中的绝大多数人,没有任何改变和打破其惯常行为模式和社会生活形态的激励。

既然种姓制度偏离了自由市场经济,因而它不可能是帕累托有效的。那么使其得以延存下来的机制是什么? 拉尔认为,种姓制度在多次经历异族入侵之后仍得以延续

## 二、基督教价值观对于西方法律史的影响

某一宗教实践传统或其经典，往往是规范、礼仪和法律的渊薮。[①]在大多数文明体系中，其生活世界的价值观的总源头，大概可以追溯到宗教，或者准宗教的信仰，或者准信仰的观念。在伊斯兰文明那里，在中世纪和近代早期的基督教文明那里，在儒教文明那里，都是如此。因而宗教对社会性规范的影响，不一定是直接提供现成的规范或规范的原型，而有可能是提供作为塑造规范的基础的价值观。在欧洲，基督教发展史与西方法律史的紧密联系，就

---

（接上页）久远的基本的经济理由在于：它竟然是印度河—恒河平原上的古老统治者，在特殊的自然生态和政治环境下，处理劳动供给不确定性的一种独特的次优方法。就是说，从雅利安人的时代以来，在相当长时期缺乏任何中央集权的政治格局中，种姓制度构成了一种行之有效的分权的社会控制体系（Deepak Lal, *The Hindu Equilibrium: India c. 1500 B. C. - 2000 A. D.*, Oxford: Oxford University Press 2005, p. 45），这一体系能把足够的劳动供给跟平原上雅利安人村落所需要的各项劳动密集型任务绑定在一起。另外，种姓制度某种程度上也让投入战争成为某些种姓或阶层（如刹帝利）的专门职业，而使其他阶层的民众得以避免陷入具有破坏性的战争和冲突之中。所以在种姓制度的安排中，处于"印度均衡"中的印度的一个显著特征就是，权力从一个国王转入另一个国王，而基层社会却保持不变（Lal, 2005, p. 95）。再者，村社经济也是维系印度均衡的重要原因。在印度，一个个孤立落后的村社，不仅是传统习俗的守护者，也是灵活的劳动分工和市场秩序在印度各地难以扩展的主要障碍。正如沙马（Sharma, 1954, p. 28）指出的，可以把印度社会想象为被无数圆圈所覆盖。村社的圆圈大体以村庄为界，但通过与外村和王国中同种姓成员的联系，跟王国的大圆圈联结起来。种姓和村庄在王国被摧毁时仍能维持下来。种姓制度和农村社群的结合，使得"印度均衡"呈现出超强的稳定性。而种种令人着迷和令人耽于其中的传统文化因素，也参与了印度人的这种超稳定的社会安排。

① 譬如，印度教法律的渊源，就跟犹太教法或伊斯兰教法的大体相似，它们都是依赖于遥远的宗教启示的传统。在后两者，在《摩西五经》和《古兰经》之后，出现了密什那和逊奈（sunna），再后来则是法学家加入进来，于是有了塔木德和学理性的公议。在印度法系中则可以看到：启示性的源头是《吠陀经》，随后是一系列称为圣传书（smirti）的解释以及有名的《法论》，其中最重要也是成文最早的就是所谓《摩奴法典》（摩奴有可能生活在公元前100年左右，其著作被认为印度法律史上的里程碑）。再后来则是一系列详细的评述和汇编。

是这方面的典型。前者为后者提供了很多价值的素材,后者时常围绕这些价值来创立规范。① 当然,在宗教去魅化的时代,或者在宗教氛围原本就显淡薄的文明之中(如中华文明),价值观的表现具有更多世俗化特征,然而,规范依然经常是各种价值的载体,譬如丧服服叙,就承载着儒家所重视的两种基本价值"亲亲"、"尊尊",特别是前者。

有一个例子可以很好地表明,西方的法律传统如果抛开它的神学渊源,便无法真正地理解它得以形成的动力和机制,及它力图贯穿的精神实质及价值基础。在较早的时候,西方国家的法律就规定:如果一个神志正常的人被判定犯了谋杀罪而将被处死,那么,倘若他在临刑前罹患精神错乱,则死刑就要推迟,直到神志恢复。何以如此?考诸基督教历史,回答是:倘若此人在精神错乱时被处死,将没有机会告解他的罪过和领圣体,②应该允许他恢复神志,以免他的灵魂被判在地狱中万劫不复,即应该让他有机会在炼

---

① 此外,历史上各类法律规范的合理性和必然性的根据,其对人际关系类型之界定,对个人身份的界定以及相应伴随的权利、义务,关于事实确定的程序等,不少都可以追溯到特定的宗教文化。

② 参见〔美〕伯尔曼:《法律与革命》,第201页。案,告解(Confession)为清除信徒领洗后因残留的罪孽习性所犯诸罪,使他们得以同上帝重新修好而定立的圣事,是由经过神品圣事的主教或司铎施行。而领圣体即圣餐(The Lord's Supper or Holy Communion),在天主教称"领圣体",其礼仪则称"弥撒";东正教称"圣体血",新教则称"圣餐"。这是基督教礼拜的中心。相埒于古代宗教里的献祭和祭后吃掉祭品的风俗,其直接前身是犹太教的逾越节晚餐。然而是耶稣与其门徒的"最后晚餐",奠定了基督教圣餐的象征意义。据说那日,耶稣与门徒共进逾越节晚餐,"他们吃的时候,耶稣拿起饼来,祝福,就擘开,递给门徒,说:'你们拿着吃,这是我的身体。'又拿起杯来,祝谢了,递给他们,说:'你们都喝这个,因为这是我立约的血,为多人流出来,使罪得赦'"(《马太福音》第26章第26节,《路加福音》和《马可福音》亦有相似记载)。因而圣餐礼即是将麦面饼祝圣为基督的圣体,将酒祝圣为基督的圣血。通过吃喝这些经祝圣、发生了魔法般变化的食物与饮料,以便与耶稣的灵性合而为一,从而能够领受基督为世人的罪所作的救赎。

狱中,直到在最后审判中救赎其罪过。尽管法律的实质意图常常并没有在具体法律条文中被明确表述出来,因而日后,立法的直接意图会被遮蔽。可是正如法律史专家伯尔曼(H.J.Berman)就西方法律所指出的:

> 西方法律体系的基本制度、概念和价值都有其11和12世纪的宗教仪式、圣礼以及学说方面的渊源,反映着对于死亡、罪、惩罚、宽恕和拯救的新的态度,以及关于神与人、信仰与理性之间关系的新设想。①

基督教内的许多伦理观念和价值观念对于西方法律都有影响,伯尔曼概括指出了几个重要的方面:

> 不合作主义的原则,旨在使人性升华的法律改革的原则,不同法律制度并存的原则,法律与道德体系保持一致的原则,财产神圣和基于个人意志的契约权利的原则,良心自由原则,统治者权力受法律限制的原则,立法机构对公众舆论负责的原则……以及更近些的国家利益和公众福利优先的社会主义原则。……在西方人看来,总的来说,它们首先是历史的产物,主要产生于基督教会在其历史的各个阶段中的经验:公元一世纪的地下教会,拜占庭的和西方中世纪早期神权政治的国家——教会,中世纪后期超越国界的、自成一体的、实体性的独立教会,非超越国界的松散路德教会,加尔文教的公理会,以及渐至今日的以个人信仰为基础的教会。②

教会史前后相继的各阶段的主要成就,实际上创造了西方法律传统中很多制度的心理基础和价值观基础。

---

① 〔美〕伯尔曼:《法律与革命》,第200页。
② 〔美〕伯尔曼著,梁治平译:《法律与宗教》,三联书店,1991年,第89页。

公元 4 世纪开始,罗马皇帝皈依了基督教,并使其成为帝国的官方宗教。之后,"拜占庭的基督教皇帝把修订法律以使'人性升华'看作是他的作为基督徒的职责。"[1] 循着基督教所认定的更大仁慈的方向,同时也在其神学所受斯多葛派和新柏拉图派的影响下,古典时期的罗马法出现了一些变化:在家庭法方面,给予妇女更平等的地位,将男女双方的合意视为婚姻有效性的必要前提,使离婚更为困难,废除可对其子女肆意生杀予夺的家父权(patria potestas),在奴隶制法方面,在当时条件下注入人道的精神,给予奴隶当其主人滥施酷刑时向裁判官申诉之权利,还扩大其获取自由的途径;引入司法实践的"衡平"(equity)概念,一种适用于法律纠纷的原则和诉讼程序,即在普通法律的严格限制无法适应需要时,允许依公平或良知原则来处理,从而缓和了普通法律的严苛性;从 6 到 8 世纪,查士丁尼及其后继者撰定了庞大的法律汇编,此类实践的基础是相信法律的系统化乃是体现博爱之所必需。[2]

在西欧,日耳曼蛮族原先的法律制度,主要是基于其部落习俗和血亲复仇规则。从公元 6 世纪到 10 世纪,在各个部族不约而同颁布的法律汇编中,因为受基督教价值观的影响,提出了一些更加公正和人道的要求。例如,英格兰在 9 世纪颁布的《阿尔弗雷德法》,开篇就包括了"十诫"、"摩西律法"的部分条文、《使徒行传》摘要,以及对僧侣苦行规则和其他教会规章的引述;并写进一条原则,认为法官应严守公正,不偏袒富人,不以亲疏、敌友为断。[3] 在这些蛮族国家中,教会努力通过控制血亲复仇的规则来限制暴行。

---

[1] 〔美〕伯尔曼著,梁治平译:《法律与宗教》,三联书店,1991 年,第 70 页。
[2] 参见《法律与革命》,第 204 页;《法律与宗教》,第 70 页等。
[3] 参见《法律与革命》,第 78 页;《法律与宗教》,第 71 页等。

基督教提高了王权的作用,以此来缓和部落司法的严苛性,并赋予他仁慈地保护穷弱之人免受权贵欺凌的职责。

将那些源自基督教的进步性的伦理和价值观念予以法律实体化,则是中世纪后期产生的教会法的历史贡献。在那个多配偶制、包办婚姻以及妇女地位低下等社会弊病在世界范围内都很流行的时代,基督教会已倡导由男女双方自由同意而缔结一夫一妻制的婚姻。在中世纪,这种观念不得不与日耳曼人、凯尔特人以及西欧其他部族根深蒂固的民俗相抗衡。依然有的小孩尚在襁褓之中便结了婚;如同古代罗马法一样,欧洲各民族的习惯法,也禁止不同阶级的人之间结婚;离婚可依配偶任何一方的意愿而定——这常常意味着是任凭丈夫的意愿,也不存在任何形式要件;父权仍然体现在对有效婚姻的认可上;配偶间的义务则极少在法律上被确认。相对于所有这些,教会法关于婚姻家庭的条款,可以说体现了巨大的进步。

用法律术语来说,婚姻的缔结是基于双方的契约,因而构成婚姻法基础的,往往也是近代契约法的一些基本要素。即婚姻是基于双方的自由意志,如果其间存在认定上的错误、胁迫或者欺诈,便属无效。[①] 一项婚姻,未经法律诉讼的程序,便不能被宣布为无效。教会法认可那些以背教、通奸或暴力行为为由的分居,但不允许近代意义上的离婚。此外,还对婚姻中作为弱势一方的女性提供了较多保护。婚姻的义务,尤其忠诚的义务是相互的;坚持倘若不预先规定一笔抚养遗孀的价值固定的财产,婚约便不得缔结。除了婚姻,教会宣称其有广泛管辖权的另一个领域就是遗产继承。

---

① 〔美〕伯尔曼:《法律与革命》,第273-278页;另可参见〔美〕阿尔文·施密特:《基督教对文明的影响》,第95-96页。

有一条规则当时已经传遍整个欧洲，即"死因赠与"，意即一个人的"临终之语"，不管是否诉诸文字，都具有法律效力。①

由于希腊哲学的影响，中世纪的基督教神学，除了强调无条件的"信仰"，也很重视"理性"。11和12世纪"理性原则"被切实运用于法学研究的领域，用以协调相互矛盾的习惯、法令、判例等。此类协调原则和方法就是"经院主义"。② 那时，将经院主义辩证法应用于法律科学的最著名之例，当属格雷提安成书于1140年的《歧异教规之协调》。在这部重要作品中，他将有关的分析与综合方法运用于具体法律问题，以便折衷相互冲突的解决方案。

教会还倡导"良心原则"，一本出版于11世纪的小册子就主张，法官在审判被告之前，必须先审判自身。为保障"良心原则"，创设了若干制度：当事人请职业律师帮助其诉讼的权利；法官须用精心规定的程序进行讯问。既然在良知面前，所有当事人都平等，故衡平法应运而生，此法旨在"保护贫困无援之人，反对富豪和权势之家，执行信托与信任关系，提供诸如禁令一类所谓人身救济。"③

新教改革推动了西方社会的现代化历程。路德的宗教改革，不承认罗马教皇的专制权威和他们的教阶体制，亦即路德对教会组织不感兴趣，他"并不指望根据圣经，建立标准的教会管理机构。起先他把这一切留给上帝的灵去解决，最后却交给了

---

① 〔美〕伯尔曼：《法律与革命》，第279页。

② 例如，经院逻辑学的伟大先驱彼得·阿伯拉尔(1079—1142)，在其著作《是与否》(Sie et Non)里就向我们展示了这种方法。的确，他只是引述和比较了《圣经》、教父著作及其他权威著作里156处的矛盾和差异，并假定它们都是真实的，而试图引导读者去协调它们。参见赵敦华：《基督教哲学1500年》，人民出版社，1994年，第251-264页等。

③ 〔美〕伯尔曼：《法律与宗教》，第77页。

## 第四章 规范历史形态的不可通约性和整体性

世俗的统治者。"① 在路德派获得成功的地方,教会逐渐地被当作一种松散的、非政治组织,且与立法扯不上边。因而,在中世纪后半期形成的教会法与世俗法共存的二元体制被打破。路德派的改革者,对于人类能否创造反映永恒法的人类法的前景颇为怀疑。据说,"这种路德派的怀疑论使法律实证主义的法律理论的出现成为可能,它把国家的法律视为在道德上中立的,是一种手段而不是目的,是一种表现主权政策和确保服从它的方法。"②

路德主义对西方法律的影响,还在于它有关个人良心神圣不可侵犯的概念。无论旧大陆的路德派和加尔文派信徒,抑或英国、北美的清教徒,都秉承这一概念。诚如伯尔曼所说:

> 西方从16世纪开始的法律革新的关键是路德教个人权力的观念,这种观念认为由于上帝的恩典,个人通过运用其意志可以改变自然和创造新型的社会关系。路德关于个人的观念变为近代财产法和契约法发展的中心。③

其实,一种精致而复杂的财产法和契约法的观念,在教会和商业社团中,已持续发挥效力达数百年。在财产权背后做支撑的是个体人格的概念,这在罗马法中已有体现,可是在一个同时还强调家父权的体系里,这种体现是不彻底和不连贯的。恰是新教的个人观念——它比人文主义者更能体会到这种个人意志或人格观念的超验性——将成为近代财产法与契约法的基石。

加尔文派也深刻影响了近代西方法律的走势。在其产生影响的因素当中,有两个是路德派相对忽略的:

---

① 〔美〕G. E. 穆尔著,郭舜平等译:《基督教简史》,商务印书馆,1981年,第252页。
② 〔美〕伯尔曼:《法律与革命》,第34页。
③ 同上。

首先,坚信基督徒负有改造世界的义务——事实上,"改造世界"乃是清教徒专有的口号;其次,相信在挑选出来的牧师和长老们领导下的地方会众,作为真理之所在——"积极信徒们的团体",高于任何政治权威。①

清教要改造世界的决心是坚定的,甚至准备为信仰而抵制任何来自有组织权威的压制,无论它是来自教会还是世俗国家。他们这样做仍是基于认为会众团契必须尊重个人良知和个人意志的理由。故而,清教徒在组织上实行的是民主自治的形式。17世纪的清教徒公开反抗当时的英国法的斗争,为后来争取权利条款奠定了基础。这些"公民权利"和"公民自由",赫然写在今日英美两国的宪法之中:言论和出版自由、宗教信仰自由、反对自证其罪、陪审团不受法院支配的独立地位、不受非法监禁的权利,诸如此类。同时,加尔文派的教众自治主义——无论它属于长老会抑或公理会——为近代的社会契约论和根据被统治者同意来组织政府的概念,提供了理论想象的依据和现实仿效的典范。②

---

① 〔美〕伯尔曼:《法律与宗教》第83页。
② 参见《法律与革命》,第36页;《法律与宗教》,第83页。其实,基督教团的管理体制主要是三种类型,即主教制(episcopacy)、长老制(presbyteriamism)和公理制(Congregationalism)。第一种主要是天主教和东正教的教阶制,在新教中则为圣公会和部分路德宗所采纳。主教一词源于希腊文 episkopos,意即监督者、巡视者,主教制是基于对专职管理人员的核心地位的认定。彼据新约等的记载,认定监督、长老和执事乃自来的三级神品,及将长老解释为等同于专职的祭司或牧师,遂以主教为首形成教阶管理制度。教会依地域划分若干教区,主教为其首脑,有权派立司铎和施行圣事。

长老制主要是由归正宗教会采纳的管理体制——一种代表制,长老由会众选举产生,责任是管理教会成员精神与物质两方面的事务,其身份系从事世俗职业的教务领袖。长老们受全体教徒委托而聘请专职的牧师,并与后者共同组成堂会来管理教务。随着大批清教徒来到北美,长老会的模式遂在美国成为有代表性的政府管理模式。约翰·维德斯布恩,是签署美国《独立宣言》的人当中唯一的一位牧师,而他来自新泽西的长老会。该会牧师是由人们选召出来,然而其管理实体则由几个人数不断扩大的团体组成。会众之上是长老会,长老会之上是宗教会议,而最高一级则是会员大会,每一

## 第四章 规范历史形态的不可通约性和整体性

1620年,一批"清教徒前辈移民"(the Pilgrims),乘坐"五月花号"横渡大西洋,并在航行中所缔结的庄严盟约之精神鼓舞下,开创了朴次茅斯殖民地,他们在组织形态上有公理会的背景。这批乘客中有三分之一,早先曾逃到荷兰莱登去寻求宗教自由。五月花的盟约有云:

> 为了上帝的荣耀,为了增强基督教的信仰,为了提高我们国王和国家的荣誉,我们漂洋过海,在弗吉尼亚北部开发第一个殖民地。我们在上帝面前共同立誓签约,自愿结为一民众自治团体。为了使上述目的能得到更好地实施、维护和发展,将来不时依此而制定颁布的被认为是对这个殖民地全体人民都最合适、最方便的法律、法规、条令、宪章和公职,我们都保证遵守和服从。①

他们的经历堪称契约论实践的一个历史样板。此后,大多为清教徒的其他英国移民,追随他们的足迹,陆续来到新大陆,使得公理会在整个新英格兰(罗得岛除外)赢得胜利,在那里,公理会实际上享有国教的待遇,并长达两个世纪之久。②

事实上,基督教长期以来都是推动西方社会发展的一个环节,

---

(接上页)级的组织均由选举出来的代表组成,并保持了牧师与平信徒的数量平衡。

而公理制的理念,则是相信教会的唯一首领是基督,每个信徒在上帝面前皆可为祭司。"公理"即"公众治理"的意思。由信徒自由结合组成堂会。公理会主张以直接民主的方式选聘牧师来为堂区服务。各堂独立自主,不赞成设立教务和行政上的各级统一的管理机构,而由联谊性机构取而代之。各教堂的体制亦由该堂信徒自己决定,均由教徒共同治理。——以上主要参见卓新平:《基督教知识读本》,宗教文化出版社,2000年;《简明基督教百科全书》,中国大百科全书出版社上海分社,1992年等。

① 〔美〕拉维奇编,林本椿等译:《美国读本:感动过一个国家的文字》,三联书店,1995年,第4—5页。

② 〔美〕约翰·B.诺斯:《人类的宗教》,第671页。

中世纪和近代西欧的多元化政治格局,为基督教的变革提供了外部保护的环境;而基督教的契约意识和平等观念,则与现代文明颇为投契,经过启蒙思想家的解释,成为建立民众自治的民主国家的思想基石之一。新教(Protestantism)的改革运动,要求回归到圣经的权威,礼拜仪式趋于简朴,在伦理上强调个体性自我的价值,注重克制消费欲望,以及倡导获取世俗成功的天职观念等,其中的一些元素成了催化资本主义精神的因子。[①]

印度次大陆的婆罗门教和种姓制度、西方的基督教文化,已经是很好的值得进行比较的案例,可以帮助人们观察宗教观念等如何融入社会结构当中,并不断塑造这一结构的过程。但在不同的文明体系中,宗教观念发挥作用所透过的制度形态及其领域各不相同:在印度,这是透过跟职业有关的身份等级制度,在西欧,涉及财产和自由的权利保障,而在穆斯林社会中,则是某种笼罩生活方式和礼节习俗的诸多方面的宗教法律体系。

### 三、教法对伊斯兰世界的全面影响

由于在伊斯兰教出现之前,很多其他文明早已经在其发源地周围建立了许久,故而伊斯兰表现出很明显的"继承性文明"的特征。犹太人、基督徒和穆斯林似乎崇拜同一位上帝,前两个人群中的最重要的先知摩西和耶稣,实际上也是伊斯兰的先知,但是穆罕默德(约570–632)被认为是所有先知中最后和最重要的一个。

伊斯兰教的"神法",即"伊斯兰教法"(一称沙里阿,Shari'ah),

---

[①] 例如在加尔文宗的信仰中得到典型体现的新教禁欲主义,就对培育资本主义的企业精神影响甚巨,参见〔德〕韦伯著,于晓译:《新教伦理和资本主义精神》,三联书店,1984年,第1章等。

实际上是一种以宗教生活为出发点，涵盖了民俗、伦理、政治、经济、家庭和社会生活诸多领域的规范大全。其法源相对固定，在这方面具有浓厚的传统主义特征。最主要的法源无非是直接取自《古兰经》或者所谓的穆圣言行。根据穆斯林的看法，《古兰经》是真主通过穆圣所降的启示。因此其中所载律例，是指导现实的"范型"，而非简单地刻印现实。但是《古兰经》中的律例，大约涉及500余节经文，大部分是原则性规定。穆罕默德生前对诉讼所作仲裁的惯例，很多被认为是对《古兰经》神法之阐释，很快就被穆斯林奉为圭臬。

随着"圣训派"兴起，穆罕默德的言论、行为，及他在场时对弟子们某些言行的默认，进一步被确认为《古兰经》以外的伊斯兰教法的第二法源。这些记录在《圣训》中的先知的模范言行，即先知的逊奈，①起源可以追溯到与穆罕默德志同道合的战友，然后经过一系列个人的担保人不间断地由口头流传下来。那些文字记载下来的先知逊奈，则被称为"哈底斯"，最迟也在阿拔斯王朝（al-Abbasiyyah Dynasty, 750—1258）时期出现了。某些教法学派，还把阿拉伯社区的惯例（逊奈）或习惯法视为另外的法源根据。其中最古老的部分产生于伊斯兰时代之前，特别是麦地那的习惯法。然而法官们直接利用的法律文献则是《斐格海》（corpus of fiqh or fikh，意即教法学），它是各派教法学家思辨工作的产物。从内容来看，《斐格海》既包括法律的条例，也有习俗的戒律。将这个法固定下来，一方面是方便了传播，另一方面则随着时间的推移，愈来愈多的部分在变得陈腐。

由于《古兰经》和《圣训》等法源中的法例的含糊性，学者的解

---

① 逊奈即"传统"、"习惯"之义，字面的意思是先知自己选择或走过的道路。

释工作便极具重要性,这相应提高了学者而尤其是教法学家的地位。后来,著名的教法学家沙斐仪(767—820)确立了"四大法源"之说,[1]按10世纪中叶经典的法源理论的概括,即《古兰经》、逊奈(sunna)、类比(qiyas)与公议(ijma)。[2] 在伊斯兰世界,后来所谓的"四大教法学派",即马立克派、哈乃斐派、沙斐仪派与罕百勒派,对待这四种法源,往往侧重点各异:或重圣训,或重类比,或兼重圣训、类比,或严格遵循经训等。

伊斯兰社会的内部区别,非常普遍和制度化的,就是四大教法学派。在适用不同学派的法律的效力方面,根本上是循着个人身份的归属而来,而不是基于属地主义,也就是说,不是因为所在领土不同而造成的。对于在西亚、北非的游牧民中广泛传播的这种宗教,这是不难理解的。教法学派的斗争,起初是围绕"圣训"的地位展开,但与此相关地演变成解释方法上的分歧。最小的罕百勒派,最为保守,拒绝一切"革新"和较新的圣训,摒弃法律阐释的理性手段,还主张"强制入教"的原则。虽有正本清源、回归传统之功,却不能掩盖其原教旨主义的偏狭。而马立克派在继承前伊斯兰的习惯法方面特别不受拘泥,因为它的发祥地正是阿拉伯半岛的历史重镇麦地那。哈乃斐派历史上深受拜占庭的影响,其适应宫廷需要的司法实践推动了类推法的运用,也比较强调教法学家和执法者个人的意见和判断。沙斐仪派则兼有马立克派和哈乃斐派的特色,较哈乃斐派更重视圣训,又较马立克派更广泛地运用类比。

---

[1] 参见吴云贵:《伊斯兰教法》,中国社会科学出版社,1994年,第1章第5节"教法学理论和教法学派的定型"。

[2] 此处,默罕默德的圣训亦被称为"逊奈";公议即权威教法学家们的一致意见。

实体性的沙里阿中有不少特别之处。其刑法的有些地方,保存了阿拉伯部落的血亲复仇旧俗,并广泛采用肉体惩罚。例如关于偷盗的制裁,源自《古兰经》上的规定:"对于偷盗的男女,当割去其手"。[1] 故在伊斯兰国家,要想偷盗的话,就得三思而后行。伊斯兰的家庭法和继承法,深受阿拉伯习惯法和穆圣个人经历和想法的影响。丈夫可以多妻,最多四个,也可休妻,但没有扶养能力而滥用多妻制的人,可能受到惩罚。——多妻制在杀伐冲突不绝的游牧社会或是后来的圣战造成男丁骤减的环境中,也是不难理解的。旧俗,允许新娘买卖,穆圣对此做出改革,规定新娘有权单独接受来自丈夫或其家庭的付费。所有穆斯林都有抚养儿童的义务,因而收养并不存在。财产权最终属于安拉,尽管个人所有权受到尊重,但仍需服从"天课"(zakat)即救济贫民的义务。在商业经营领域,禁止投机和不公平的风险分配,任何预先确定的投资回报,若是不须承受风险,均被视为不当得利,对银行业而言,这就意味着,银行不能只是坐收贷款利息,而须获得货物或在相关企业中持有股份,以分担风险或利润;基于相似的原因,限制个人责任的公司法人概念未获承认,因而伊斯兰法庭经常将追偿的责任延伸至企业以外的个人身上。[2]

跟犹太教法相似,沙里阿深入到穆斯林的日常生活当中。因此斐格海还被称为"法律与道德的综合科学"。此不应理解为两个独立的规范类型之结合,而应理解为二者根本上就是难分难解的,所以伊斯兰教法不仅仅是针对西方法律体系中所谓的民法和刑法

---

[1] 《古兰经》第 5 章第 38 节。
[2] 〔加〕帕特里克·格伦著,李立红等译:《世界法律传统》,北京大学出版社,2009年,第 207-208 页。

领域(如土地所有权、债权、家庭关系、继承权、刑事等),也适用于礼仪、饮食、卫生和崇拜活动之类很多其他法律体系并不针对的部分。譬如,沙里阿就涵盖了穆斯林的"五功"等宗教义务,还将若干禁忌如不食自死物、猪肉之类,以法律的意涵和效力予以固定;甚至规定妇女应披长衫、在人前不得显露身体面容等。参照现代法律体系的理想,传统的伊斯兰教法,或许有双重的界限模糊之处。首先是在宗教规范与世俗规范之间未作严格划分,其次是以法律这样的刚性规范融摄、并吞了其他规范。这既使得一切都被伊斯兰化而让宗教亢奋经久不退,也使得某些原本以惯例为基础的领域变得像法律一样刻板。并且,此类规范的泛宗教化和泛法律化,又难免是相互强化的。

客观地来看,启示在伊斯兰体系中,要比在犹太教和基督教中更为重要。在基督教世界中,与启示有关的法律虽然珍贵,数量却很少。犹太教的《塔木德》尽管全部为启示,但叙述风格不是宣告性,也不是禁止性的,而是争论性的,乃至整个犹太法律风格都是如此。[1] 相比之下,伊斯兰教法原则上对应着源自《古兰经》和圣训的启示之全部,并且叙述风格使用了宣告式、命令式的语气。

近代以来,部分是受到西方殖民活动的影响,西方关于国家的概念,在伊斯兰土地上被采纳。然而,尽管公法已经成为西方法律传统中很重要的部分,可是直到20、21世纪之交,仍没有形成一个伊斯兰国家的模式,并且,"关于神启的法律跟国家立法当局,甚至国家法院的审判如何协调的争论也非常热烈。"[2]

---

[1] 〔加〕帕特里克·格伦著,李立红等译:《世界法律传统》,北京大学出版社,2009年,第119页。

[2] 同上书,第238页。

## 第四章　规范历史形态的不可通约性和整体性

要而言之,一个社会中的制度、习俗、礼仪和伦理等各类规范,极有可能受到宗教观念——包括其出世、入世态度——的深刻影响。① 毕竟很多价值观是源自宗教或者跟它有关,而许多规范又是为实现这些价值而形成的。

---

① 研究韦伯的学者曾经提到一种宗教类型的区分方法,它主要是围绕宗教体系的两个维度:对既有世界的基本价值取向是肯定,还是否定,对于介入世界是采取积极的行动和干预,还是消极的静观和接受。由此二维上的对立可以区分四种生活世界的态度。

| 寻求拯救或确信世界的途径<br>对整个世界的评价 | 积极的行动 | 消极的静观<br>或神秘主义 |
| --- | --- | --- |
| 否定世界 | 统治世界:<br>　犹太教、基督教、<br>　伊斯兰教 | 逃遁世界:<br>　印度教、小乘佛教 |
| 肯定世界 | 适应世界:<br>　儒教 | 直观世界:<br>　古希腊宗教、道教、<br>　大乘佛教 |

此表参考〔德〕J·哈贝马斯(J. Habermas)著,洪佩郁等译:《交往行动理论》第1卷,重庆出版社,1994年,第273页、第265页等。韦伯本人曾经按照典型的内容将宗教的形而上学世界观分为:(1)神权中心的否定世界,如犹太教和基督教;(2)宇宙中心的肯定世界,如儒教和道教;(3)宇宙中心的否定世界,如佛教、印度教。此等划分对我们来说仍然不失为富于启发性的做法。但表格中的内容,尤其各支宗教的归类,有不少系出于我的理解。

作为一种伦理思想、教化体系、礼乐形式、自然崇拜和祖先崇拜的混合物的儒教,对现实世界一直都抱持肯定和高度介入的态度(既然人生的意义皆在现世,无所逃遁,故唯有适应、改良和完善这世界,人生才有出路),这也是其宗教涵义隐而不彰、而宗教氛围却日渐淡漠的主因。无疑,基督教和伊斯兰教,这两种就其起源而言同属所谓闪米特型的宗教(这是马克斯·缪勒(Max Müller)提出利用他那个时代的人种—语言学方法,针对亚欧大陆上古代世界的宗教,而提出的一种分类,参见金泽译:《宗教学导论》,上海人民出版社,1989年,第65页),对于现实世界都抱有一种否定的倾向,可是它们不缺少介入世界和改造世界,消除其中罪恶,使其更合乎上帝或安拉意志的理想动机。它们似乎在告诫人们:对于俗世既不要过于看重,不然就难以和它保持批判性的距离进而缺乏改造世界的动力;也不要过于不看重,不然就会深陷消极避世的心态。印度教却基于其轮回—解脱的世界观和高度发达的苦行隐修的方法,而对俗世有些太不看重了。种姓制度只是这个俗世的社会结构的一部分,也是轮回中的生命所闯入的境遇,不管世俗世界能否被改变得更好,它都不是关注的焦点。——当然,实际上人们只有这一个世界。

## 第四节　中国传统社会的礼制、宗法和官僚制

作为宗法性社会的代言者，儒家在意识形态方面具有道、释二家无法匹敌的地位。传统制度文明中三项相互渗透、难分难解的基本要素，即礼制、宗法和官僚制，则都是儒家文化所特别看重的。

在儒家的学说和儒家所整理的古代文化的元素中，在规范方面，最重要的莫过于"礼"。但礼的内涵绝非囿于狭义上的"礼仪"，而是包罗广泛。它的直接表现是见诸动作的仪式程节，它的社会系统性功能主要是基于它对角色—地位的厘定，它向权力系统的延伸则是对帝制和官僚制的维护。它既是个人生命过渡的礼仪（冠、昏、丧是也），也是祖先崇拜和自然崇拜的礼仪（祭礼是也）。围绕这个传统制度体系中的核心，善、权力、权利、义务等，皆有所体现。但其间的权利，主要是地位不平等情况下的、角色性的权利。[①]

中国传统社会的制度，包含两个非常重要的伦理原则，但它们实际上也是建立和维系社会构架的抽象原则，这就是"亲亲"、"尊尊"，就是社会层面的宗法制等级和政治层面的宗法封建贵族等级或官僚制等级。但这也是广义上的礼制的原则。

### 一、"礼"的涵义包赅万有

儒家所奉之礼，就是所谓"周礼"。但从今天来看，"周礼"可能有三种含义：历史上某个时期确曾存在之礼制；后儒相信历史上某

---

① 而在儒家伦理中，指向主要是基于平等人格的美德的总概念则是"仁"。

## 第四章 规范历史形态的不可通约性和整体性

期确曾存在因而具有典范意义之礼制；儒家所传承的正统礼制规范。西周初年，即周公在世的时候，经常被儒家理想化地视为制礼作乐的粲然完备时期。后世儒生很愿意相信，周礼的内容已被保存在《周礼》、《仪礼》和《礼记》三部书当中的。然而《三礼》所叙述的礼制规范，并没有被后世不折不扣地加以执行，而变成历代礼制的实际状况。但是在要求遵循儒家礼典的强大的舆论压力下，这些文字记载下来的引导性、例示性的礼仪和社会规范，对后世的影响不容低估。

分析言之，"周礼"的第三种即儒家所传承的礼制规范涵义，可有这样一些不同的层面：

（一）一个时代的制度的总和；

（二）想象中的人与鬼神沟通的表演性的动作程式；

（三）实际上的人与人沟通的表演性的动作程式；

（四）社会化行为中的一系列惯例和原则；

（五）一种伦理的德性，即遵从规范或遵从"礼"的朴实精神；

（六）作为一个总的批评原则的若干政治生活中的权利与义务；

（七）一套官僚体系的组织结构。

在传统的儒教社会中，所有明确的规范和制度，都可被统称为"礼"。这是其外延最广的用法。在礼的体系中，第二点指以自然崇拜与祖先崇拜为主的祭祀仪式，一般又称为"吉礼"；第三点包括个人生命的过渡仪式、社交和邦交礼、其他各种社会化的仪式，由此引申为第四点，即社会化行为中的一系列惯例（但不一定表现为固定的动作程式）、在这些惯例中体现人的权利和义务等。关于第五点，作为一个德性要目的"礼"，是当作一个总的原则提出来，是要求人们养成精诚奉礼的习惯和要求人们去体会"亲亲"、"尊尊"

的精神实质。而体现在董仲舒所谓"春秋微言大义"中的孔子对于历史事件的点评,透露出"礼"内含一套法律和政治原则,此即第六点。第七点是指一套完整的、具有一定科层特征的官僚体系,包括各项官职所对应的行政规范,就像《周礼》一书所描述的蓝图,及后来很多朝代部分地依此所构筑的官僚体系那样。总之,"礼"堪称是以礼节的象征作用为核心而建立起来的宗法性等级社会中的规范之总和。当然上述七点涵义中,有些是"礼"的引申义或类推义。①

按照《仪礼》一书的记载,主要的礼有八类:

**冠礼**,即贵族男子年满二十所行成丁礼。行礼之前,必筮日、筮宾。俟吉期至,若是嫡子,成礼于阼阶,②若是庶子,则成礼于房外南面。其间宾以缁布冠、皮弁、爵弁,三番加诸其首,分别是贵族男子参加朝会、视朔和祭祀时的首服。既冠之后,冠者参见父兄,再入见母姊诸姑,然后挚见于君,及乡大夫、乡先生。

"冠礼"是成人的开始,也是个人融入谨严不苟的礼制体系的开始,《礼记》说:"凡人之所以为人者,礼义也。礼义之始,在于正容体,齐颜色,顺辞令。冠而后服备,服备而后容体正,颜色齐,辞令顺。故曰:'冠者,礼之始也。'"③冠礼的社会化涵义,就是给予受礼者与其成年资格相匹配的权利和义务,此大致有:开始享有各项政治权利;加冠后的男子可与加笄后的女子成婚,而承担起传宗

---

① 又,《周礼·春官·大宗伯》将"礼"分为五类:吉、凶、宾、军、嘉,分别为针对祭祀、丧葬(含荒政)、朝会邦交、军队建设、人生过渡和亲民睦友等不同的实践领域。再就是,《礼记》首篇篇名"曲礼"所指的,日常生活中的洒扫应对之礼。这些不同类目的礼,基本上不出上述七个层面的范围,尤其集中于第二、三、四点的涵义上。

② 阼,堂前东阶,如《仪礼·士冠礼》云:"主人玄冠爵韠,立于阼阶下。"郑玄注曰:"阼犹酢也,东阶所以答酢宾客也"(中华书局1998年影印《四部备要》本,第8页)。

③ 《礼记·冠义》,载于〔清〕孙希旦:《礼记集解》,第1411页。

第四章　规范历史形态的不可通约性和整体性　　501

接代的责任；获得继承权，但唯有嫡长子继承最重要的"宗子"资格，这从他在阼阶即东序行冠礼的规定中可以获悉；服兵役的义务；参与本族祭祀的权利。①

**昏礼**，两家缔结婚姻之好的礼节。步骤大致有六：纳采、问名、纳吉、纳徵、请期、亲迎。"将欲与彼合昏姻，必先使媒氏下通其言，女氏许之，乃后使人纳其采，择之礼。"②纳采，就是某一家族向另一家族表达缔结婚姻关系的愿望；两家同意之后，方才询问女子的私名（问名）。然后占卜之，得吉兆后（纳吉），派人通知女家。这时，正式聘礼始至女家（纳徵），再确定婚期（请期）。婚礼均安排在黄昏，新郎亲迎前，父亲的醮辞"往迎尔相，承我宗事。勖帅以敬，先妣之嗣，若则有常"，③恰正表明婚姻至高的目的是为了延续宗嗣，这是新郎的家族使命。新郎遂承命以往，仍执雁入女家，奠雁稽首。新妇离家时，母亲对她依例有一番告诫与勉励。至男家而成礼。次日，新妇见舅姑，舅姑飨之。三月之后的庙见，通常是在"祢庙"。④

**丧礼**，即包括验候、招魂、小殓、大殓、殡、葬、虞祭及丧服服饰和守丧规制在内的、完整的丧葬之制。此为古礼之大宗，最极繁密，也合乎"礼"的慎终追远之义。《仪礼·士丧礼》对于"始死"到"即殡"的每一道程序，及其所涉服饰、器物等均有详尽的规定。始死或将死时，有属纩之举，即以易动摇之新绵置诸口鼻以为验候。⑤周代尚有招魂习俗，由人持死者的衣服，登屋面北，呼

---

① 参见杨宽：《西周史》，第788页等。
② 《仪礼·士昏礼》郑玄注，影印《四部备要》本，第17页。
③ 《仪礼·士昏礼》，同上书，第25－26页。
④ 参见《仪礼·士昏礼》、《礼记·昏义》等。
⑤ 即《仪礼·既夕》所云："属纩以俟绝气"。

"皋——某复!"三次,某为死者之名。招魂无效之后,丧家才开始办丧事。要制作铭旌,书以死者姓名;要以酒食设奠,用布帷堂,若是商祝(习商礼的祝)预其事,则以米及贝蒲填死者口中,接着为死者袭覆,若是夏祝,则"将二鬲粥饭,放在西墙,作为未设铭以前,魂魄之凭依。"① 始卒、小殓——为死者穿备衣物,及大殓入棺,均伴有哭涌,并须献祭食物,如在生时。大敛之后到下葬这一段称为"殡",指停柩于家中堂上,朝夕各祭奠一次。下葬日期由族人宗亲经由占卜择定。这过程中,预礼者还要根据他们和死者的亲疏近远等,穿戴不同期限和不同样式的丧服。② 其实,《仪礼》、《礼记》等儒典,对居丧期间的饮食、居处、哭泣、容体、言语、衣服等方面,均有严格明确之规定,既葬,可稍稍容易。

**祭礼**,就是祭祀祖先、上天或社稷等鬼神的仪式。祭前十日要卜筮预定日期的吉凶,若遇不吉则推迟。祭日之前要斋戒,依周制大祭前需斋戒十日,其中前七日曰"散斋",后三日曰"致斋",又曰"宿",即住于斋宫的意思。祭祖要以所祭者之孙或同姓者为尸,须卜筮而定,然后宿尸及宾。祭前又得筹备各类用品,如祭器、牺牲、粢盛、酒鬯、笾豆、玉帛、车旗、鼓乐等。祭祀当日,主人、主妇及执事者检视牲、灶的情况,及陈设鼎俎,而后迎尸。尸入座受献酒,一般情况是,主人一献,主妇亚献,宾三献。天子之祭礼,宗庙禘祭十二献,祫祭九献,郊天则七献。其宗庙九献,先是降神的裸祭,即王以圭瓒从彝器中酌取郁鬯授尸,尸以之灌地,再自啐一口,遂将所剩酒鬯奠于供桌,接着王后依仪二献,然后是杀牲荐血腥的朝践礼,凡二献,再后是荐熟、馈食的馈献礼,亦二献,再其后是加荐豆

---

① 许倬云:《西周史》,三联书店,1994年,第283页。
② 参见《仪礼·士丧礼》、《礼记·檀弓》、《礼记·丧大记》。

## 第四章　规范历史形态的不可通约性和整体性

筵及尸漱口的加事礼，凡三献，[①]再后是舞干戚、加爵旅酬的加爵礼，皆足以显示天子宗庙祭的礼极隆重。

古代祭祀，就其所祭对象而言，最重要的有三种：祭祖、祭社和祭天。在儒教社会里，若就主祭、与祭者的资格而言，此三者实为由大到小的三重祭祀圈。祭祖渗透于社会的各个层面，各个阶层都可祭祖，且能收到凝聚亲族的作用，其观念的基础就是儒家所谓"孝道"，因为孝就是"生，事之以礼；死，葬之以礼，祭之以礼"（《论语·为政》）。其次社稷崇拜，就是土地、谷物神崇拜，这样的原型正好对应古代社会的农业文明的性格；在保留社稷崇拜的同时，还演变为带有公共娱乐和交际性质的"社会"，甚至伴随着热闹的集市贸易。再次祭天，乃是被帝王垄断的祭礼特权，也是通过这种方式来重申其政治上的特权。虽然这三种祭祀的细节，因革损益、代有变迁，但总体面貌，既经奠定于西周之后，未有根本改变，恰好对应传统社会的制度建构的若干基本层面，[②]也就是说，反映了一个配合着中央集权政府的宗法性社会的农业文明性格。

---

[①] 参见《仪礼》之《特牲》、《少牢》、《太牢》等篇。有关内容的提炼参见柳诒徵编著：《中国文化史》，东方出版中心，1988年，第19章第9节；詹鄞鑫：《神灵与祭祀——中国传统宗教综论》，江苏古籍出版社，1992年，第2编第5章。

[②] 《墨子》一书提到过这三种祭祀的重要性，如《明鬼》篇有云："三代之圣王，其始建国营都□，必择国家之正坛置以为宗庙，必择木之修茂者立以为丛社"（按"社"原作"位"，今据孙诒让《墨子间诂》改正。本篇又云："故圣王其赏也必于祖，其僇必于社。"此条与《夏书·甘誓》"用命，赏于祖；弗用命，戮于社"的说法一致，西周应是沿用这种礼制。此二条所述，即古代的国家建设，始于宗庙和社稷，分别是早期政权的氏族基础和暴力制裁的体现。《礼记·祭义》也说："建国之神位：右社稷而左宗庙。"宗庙不仅是祭祀祖先之所，天子或士大夫的大多数重要典礼，如即位、策命、聘问、结盟、出师等都要在宗庙举行。而从承担礼仪的角度看，周制中"社"的地位似不及宗庙。在后世竟完全演化为农业文明的土地、谷物神崇拜。而一般的祭天是在都城的郊外举行，故称"郊祭"。

**射礼**,多为伴随燕礼、乡饮酒礼而来的以射箭为主要内容的重要助兴节目。大体分四类:乡射、大射、燕射及宾射,又以乡射最为重要,因为它是固定举行且所涉人员最广之制度。乡大夫与士射于乡学,是为乡射,分三番射。其前均有"请射"之仪,即择定"司射"。第一番射,由司射挑选弟子六人,配成上、中、下三耦,每耦有上射、下射各一。先由司射作示范教学,曰"诱射",然后由三耦射,为学习性质,不作统计。第二番射,使主、宾及众宾合成"众耦",皆分上、下射,最后以筹算统计右、左两边上、下射团队各自射穿"侯"的质的次数,[①]以分出两队的胜负,其不胜者饮酒示罚。第三番射,同样具比赛性质,但是要求按鼓声的节奏来发射,显然难度更高。天子大射,会集群臣,射于辟雍;仪节略同乡射,均有三番。然而大射有三侯,各为公、大夫、士所用,乡射唯一侯。燕射是大夫以上于燕礼之后所行的射礼,宾射是特为招待贵宾而举行。

杨宽认为乡射礼是"通过行礼的方式将军事教练的课程固定下来的,既是乡学中教育弟子的一种军事教练课程,又是乡中成员进行集体军事训练的一种手段。"[②]射礼可能还有选拔人才的功能。《礼记·射义》明确提到:"古者天子以射选诸侯、卿、大夫、士。"又曰:

> 是故古者天子之制:诸侯岁献,贡士于天子,天子试之于射宫。其容体比于礼,其节比于乐,而中多者,得与于祭;其容体不比于礼,其节不比于乐,而中少者,不得与于祭。数与祭而君有庆,数不与祭而君有让……。[③]

---

① "侯"即布做成的箭靶,如《说文》谓"侯"字:"象张布,矢在其下。"
② 杨宽:《西周史》,第722页。
③ 〔清〕孙希旦:《礼记集解》,第1440-1441页。

## 第四章 规范历史形态的不可通约性和整体性

**乡礼**,是以乡大夫为主人,邀阖乡处士贤者为宾、介,行于乡学而以饮酒为主的一种礼节,尊长幼而尚序齿,一称乡饮酒礼。[①] 此礼,先由乡大夫就庠中教师商谋宾客名次,分为宾、介、众宾三等,其中宾、介均只一人,再告知宾客和催邀宾客(戒宾和速宾)。宾至,拜迎于门外;入门,三揖三逊,始导宾入庠中堂上。由主人奉酒爵至宾席,曰"献",次由宾奉酒爵至主席还敬,曰"酢",继则主人将酒注觯,先自饮,及劝宾随饮,曰"酬",如此为"一献之礼"。主、介之间唯献、酢;主献众宾,由众宾之长三人拜受,众宾随饮。席间,由乐工奏乐助兴。主人为留住宾客,使其摈相担任司正,奉命安宾,随即宾酬主,主酬介,介酬众宾,再由众宾按长幼以次相酬,如此为"旅酬"。然后"彻俎",宾客脱履落坐,进牲肉,举爵饮,不计其数(无算爵),乐工则不断奏乐(无算乐)。送宾,奏《陔夏》。次日宾往拜谢。

这种礼很看重尊长和敬老。《仪礼·乡饮酒礼》有云:"老者重豆,少者立食",对此《礼记·乡饮酒义》解释甚为详尽,谓"六十者坐,五十者以听政役,所以明尊长也。六十者三豆,七十者四豆,八十者五豆,九十者六豆,所以明养老也。"[②] 再者,"旅酬"这种敬酒形式就是按年龄为序,甚至连乐师与立者也都如此。此礼作用,在尊让、洁(絜)、敬、不争,即《礼记·乡饮酒义》所云:

> 乡饮酒之义:主人拜迎宾于庠门之外,入三揖而后至阶,三让而后升,所以致尊让也。盥、洗、扬觯所以致絜也。拜至、拜洗、拜受、拜送、拜既,所以致敬也。尊让,絜、敬也者,君子之所以相接也。君子尊让则不争,絜、敬则不慢,不慢不争,则

---

① 参见《仪礼·乡饮酒礼》;杨宽:《西周史》,第2编第7章等。
② 〔清〕孙希旦:《礼记集解》,第1428页。

远于斗、辨矣,不斗、辨,则无暴乱之祸矣,斯君子之所以免于人祸也。故君子制之以道。①

**朝礼**,主要为朝臣或诸侯觐见天子之仪节。周之朝仪,其要有三:外朝之法、燕朝之仪与诸侯朝觐。② 第一种是在宫室外举行的朝仪,朝臣们位列两班,其面朝的方位亦有相应规定等。第二种燕朝之仪,是在宫室内王与大夫坐而听政的方式。第三种即"觐礼"或"策命礼",是诸侯朝觐并接受策命的礼仪。③《仪礼》中所保存的朝礼仅《觐礼》一篇。然而觐礼与聘礼、士相见礼实有相似之处。杨宽认为,它们都是"贽见礼"。④ 所谓"贽见礼",或是平级之间相互求见,或是下级向上级主动求见,或是因特定任务如"冠"、"昏"、"朝"、"聘"之类而举行的一种礼节,乃因其所执之物叫作"贽"(一作挚,一作质)而得名。⑤

作为贵族阶层高级的"贽见礼",觐礼与聘礼颇有相通之处:其一,当诸侯到达近郊时,王会遣使者行"郊劳"之礼,以示慰问,侯氏则要以束帛(五匹帛)、乘马(四张虎豹皮),来"傧"(酬答)使者,此"劳"、"傧"即见于聘礼中主君所派卿和来聘的使者之间。其二,在

---

① 〔清〕孙希旦:《礼记集解》,第 1424 页。
② 这种分类是参照柳诒徵《中国文化史》上卷,第 170 页。
③ 据说,举行策命礼时,"受命的臣下,由其傧相(右)导引入门,立于中庭,王则南向立于东西两阶之间。策命是预先书就的简册,由秉册的史官宣读,有时秉册是一人,宣读是另一人。王在当场命令宣读,其口头命令也记入策命中。……策命详简不一,其内容通常包括叙述功劳,追述先王与臣下先祖的关系,列举赏赐实物及官职的项目,以及诫勉受命者善自步武先人功烈。"(许倬云:《西周史》,第 168 页)出土的西周铜器铭文的绝大部分,以及作为诰命之汇编的《尚书》,均为这种策命礼的记录,可见它是最重要的政治礼仪。
④ 参见杨宽:《西周史》第 6 编第 9 章,杨宽还认为,古书上"朝觐"常连言,意义差不多,对此笔者持保留态度。
⑤ 杨宽:《西周史》,第 790 页。

贽的授受仪式中,有所谓"执玉"、"辞玉"、"受玉"、"还玉"等程式,即行聘礼时,来使要执圭求见,由主国相礼的摈者入告其君,其摈者复出辞玉,使者升堂转达聘君之命后,主君这才受玉,最后主君命卿还玉于馆驿;然而在觐礼中行郊劳礼时,代表王的使者与侯氏之间,就有执玉、受玉、还玉的程式,随后在侯氏与王之间,除有上述四个授受的步骤外,还多出抚玉的礼节,①以示对臣属的慰勉。而如果是晚辈初次贽见长辈,或者下级初次贽见上级,尊长可以受而不还,表示愿意接受他为自己的晚辈或臣属,便对他负有某种保护的义务。

**聘礼**,即以玉帛、兽皮等为贽的诸侯之间的邦交礼。聘礼的使、介由君侯任命。使者入于彼境,展币交验。主君及夫人则遣使慰劳,在馆舍设飧款待。次日,迎宾,设几筵于宗庙,宾执玉圭致聘;出,复入,奉束帛,加玉璧以献,陈设庭中的礼物为虎豹之皮,或马皮等;若是聘于夫人,贽礼用玉璋,献则用玉琮。仪式完毕后,宾奉束锦请求晤谈,主君施礼,宾和副手均得以会晤。其后,宾回馆舍,主君派人慰劳。

在聘礼中,从使者的"受命遂行"、"入竟展币"到"聘享礼成",在这两国均有"贾人"参加,其活动较受人瞩目的,包括在宾受命本君时"启圭"、入彼境时"展圭"以及献礼时"授圭"。贾人地位较低,或西面坐,或北面坐,或东面坐,即在贵族的交往中都是"不与为礼"。郑玄注《聘礼》曰:"贾人在官知物价者",表明他们在场的职责是对礼品进行估价,以便双方能确认回礼的价值是否相当或略超过一些。

经过繁复的聘礼程序,东道的君侯仍然没有受下这"圭",而是

---

① 类似的抚贽,亦见于《士昏礼》新妇见舅,既将贽奠于席,"舅坐而抚之"。

让卿还圭于馆,但这种对玉所作估价,可以作为对于聘方报礼的参考。同时,古人觉得玉实具通灵之效,又极能表现主人高尚的德行,所以让这极隆重的玉器在这主宾两国之间往来一番。然而在当时需及时估价的是币等,即"展币于贾人之馆"。在这一回合,作为礼物的回报,在宾返还前要"贿"之以束纺,其国君之间对等的还礼,则是玉、束帛和乘皮。可以肯定,聘礼中回赠对方的礼物,要视对方带来的礼物而定,大体厚薄相当,甚至要略超过一些,但不能少了。如是观之,聘礼与朝礼一样,很像是适用于诸侯邦交场合的契约性赠礼制度。①

历史上,"礼"在宗法社会的实践中和在意识形态层面上的重要性从未有所降低。但是鉴于"礼"的全面实践,需要支付很高的社会—经济成本,因此很难在各个阶层,尤其是庶民的核心家庭层面上切实地落实。儒家伦理,既有以"仁"的概念为核心的美德伦理,也有以粲然完备的"礼制"为代表的规范伦理,后者逐步让位于前者,应该是一个可以期待的过程。形式上高度复杂的礼制文化,一旦因为来自社会结构外部的巨大冲击而遭瓦解,②试图彻底重建的努力,将面临比最初的自然形成的过程,更加艰难曲折的一面。至少因为:这不是简单地按照图纸的设计就可重建的,毋宁说,这更像是凭借若干可靠或不可靠的记忆线索(此指儒家的三《礼》等)来复绘遗失的画作真迹的过程。内在灵魂丧失和细节失真现象,必然如影随形。从旧的宗法性社会到新的宗法性社会的

---

① 参见〔法〕马塞尔·莫斯(Marcel Mauss)著,汲喆译:《礼物》,上海人民出版社,2002年,第1—29页,以及本书第7章第4节。
② 秦灭六国和秦末农民战争、西晋永嘉之乱和五胡乱华、唐末五代的割裂丧乱、宋元明清的王朝更替,其中肯定有几次都使得原有的社会结构,特别是维系旧的复杂礼制的贵族阶层遭受近乎毁灭性的打击。

路径依赖,构成了不断重建礼制的社会动因,但是某些社会经济因素的时代变迁,又造成一些领域中动力不足的现象。聘礼或朝礼中的觐礼,在先秦极为常见,[①]但在秦汉以后几废置不用,就是特明显的例子,因为此二礼所植根其中的社会政治土壤,即封建架构,已被中央集权的郡县制所取代。

自然,儒家倡导的礼制,与其伦理学说是相互印证和相互强化。关于"五常"及"孝"的若干说法,都不能算是特别高蹈的要求。但所谓"三纲"即君为臣纲、夫为妻纲、父为子纲的主张,以及它的道德或政治涵义,用今天眼光来审视,似乎违背了个体自由和平等的原则,甚至在实践中变成了不人道的。但在历史上,它似乎是嵌入社会结构中的关键性的意识形态因素,并在伦理和政治实践中形成了强大的舆论压力。

## 二、实际历史中的宗法制问题

"传统社会深具宗法性"的说法并不意味着,历朝历代各阶层或各区域的家族或宗族结构是一成不变的,也不意味着,儒家经典所叙述的广泛的宗法礼制规范,就代表着传统社会里这方面规范和制度的实际状态。所不变的,可能是更深层次的东西。即根据或比拟父系血缘关系建构政治关系的原型机制。儒家思想因其"亲亲""尊尊"之类理念和其所传承的礼法知识,而对于帝制、官僚制、宗族结构、社会上的亲情和人情脉络等,给了了颇具一体化效果的论证。但从纷繁多样的历史实际来看,儒家思想并没有提供"放诸四海而皆准"的标准宗族模式,也没有促成一系列贯穿全社会的围绕宗族或家族形态的固定功能;有的则是一系列可能的"结构—功能",它们在不同的条件下被创造性地实现出来。家族结构

---

[①] 此由《左传》中聘字用例之常见,可窥一斑。

的形态、扩散程度和影响力,乃是时间、地域和组织方面的需求压力的函数(function)。① 质言之,多样化的家族形态,可以在不同的历史和环境脉络下,发挥各种极富弹性的社会控制的功能。

　　大体上只存在于皇室和高级官僚阶层的典型礼法宗族,以及一些时代里面基层社区的大家族治理,固然是在某些层面实现社会政治控制的极重要形态,但宗族或家族不见得是传统社会里普遍、必然的控制途径。基层农民的小家庭在不少时候、不少地方更为常见,他们往往直接面对官僚帝国的控制网络。② 当然与儒学传承关系密切的礼法宗族形态,在官僚帝国的社会中,仍然十分重要,此类宗族形态系为权力的合法性以及权力的巩固而生,所以从

---

　　① 在唐代东南,论及对一般庶民的组织,实难见大家族聚居形态的身影。而在明清两代,江南更有分产异爨和家庭规模小型化的现象(参见徐茂明:《江南士绅与江南社会(1368-1911)》,商务印书馆,2004年,第138-141页等),宗族势力却远不及徽州府和福建等地,这是特定时期地域分异的例子。有学者指出,若比较宋元以来历代各地宗族(或家族)发展的情况,可见到与认为宗族之兴盛必阻碍经济社会发展的推断似乎矛盾的一些状况:如在一些闭塞、落后、自然经济主导的地方,遍布着多姓杂居的村落,宗族多不活跃,而不少市场发育、经济外向度高的后起地区,却多独姓聚居者,宗族形态反而活跃。盖明清甚于宋元,而东南沿海超过长江流域,后者又超过黄河流域。参见秦晖:《传统十论》,复旦大学出版社,2003年,第77页。譬若作为传统发祥之区的关中各县,土改前族庙公产大多不到总地产的1%,然祠庙公产一项,珠三角各县常居30%-50%,甚至更高,浙江浦江县为1/3,义乌县有的村庄竟达80%(参见秦晖:《田园诗和狂想曲——关中模式与前近代社会的再认识》,中央编译出版社,1996年,第3章)。
　　② 有学者对走马楼吴简中各"丘"(相当于自然村)的姓氏数进行了统计,发现其多姓杂居的程度已到了显得不自然的程度,令人怀疑这是否有人为地"不许族居"的政策,但透过乡吏,"国家政权"在县以下的活动却十分突出。参见秦晖:《传统十论》,第1-44页。这似乎可以证实即使在世家大族控制大量部曲、宾客而朝廷常只能对其稍事羁縻的时代里,非宗族化的吏民社会,也存在于一些地区的基层。此外,湖北江陵凤凰山十号汉墓出土的西汉初"郑里廪簿"、四川郫县犀浦出土的东汉"訾簿"残碑、河南偃师出土的"侍廷里单约束石券"等,似乎都足以反映基层村落的"非宗族化"。故秦晖认为:"国权归大族,宗族不下县,县下唯编户,户失则国危,才是真实的传统"(同上书,第39页)。

## 第四章 规范历史形态的不可通约性和整体性

长时段的大历史来看,正是那些稳定地与权势结盟或者较有希望向上攀升的阶层,对维系纯正的礼法宗族天然地更感兴趣。——也正是这些阶层构筑了官僚帝国社会的核心与骨架。

广义上的宗法制,简言之,就是为了维系父系血缘的宗族结构而创设的各项规制。在此,有几层事实暨概念先须厘清。一者亲属关系,即一定范围内的血缘关系的自然事实,或由婚姻所造成的两个人或两个血缘关系群体之间发生的联系,在中国古代,重要的是父系血缘关系。二者家庭结构,即具有地理上聚居的特征,内部又有一定形式的财产共享机制的若干亲属的结合体,家庭结构可能是核心家庭、主干家庭,也可能是累世同居的大家族。三者宗族,乃是"由父系血缘关系的各个家庭,在祖先崇拜及宗法观念的规范下组成的社会群体。"[1]宗族本身大多基于一定范围内的父系亲属关系,附带配偶本人,但必须经由一定的社会化符号加以确认。亲属关系的自然事实,并不足以自动促成具有更进一步经济、社会功能(譬如同居共财)和紧密精神纽带的组织形式,而成就这样的组织形式,必须藉由一定的规制暨社会性的纽带。所以,宗法和宗族实具水乳交融之关系。

先秦时代宗族体系的维持有赖于大、小宗制度,在宗庙祭祀和政治经济特权的继承方面,嫡长子以降的大宗"百世不迁",而小宗"五世则迁"。宗法的本义,就是指作为历史性典范而存在的周代实行的父系家族的组织原理。在彼时的封建制下,唯诸侯之嫡子(长子)承绪君统,所有庶子虽则降为臣下,但作为地位特殊的"别子",却能分别开创与嫡子无关之新的宗族,并作为始祖而得歆享

---

[1] 冯尔康、常建华:《中国宗族史》,浙江人民出版社,1994年,第17页。此便强调系由宗法规制形成宗族之事实。

后世子孙之祭祀,此别子之嫡子亦成为新的宗子,其下历代嫡子获得永祀该宗始祖的宗子地位,此一地位仍被视为大宗。藉由始祖以来的祖先祭祀,大宗得统领包含四小宗之族人。四小宗者,以别子庶子为"祢"加以祭祀之嫡子,可以宗子身份统率亲兄弟,为继祢小宗;此继祢小宗之嫡子,为继祖小宗;依此类推,复有继曾祖、继高祖之小宗。在继别子庶子以下的第四代上,最多可有继高祖、继曾祖、继祖、继祢四小宗。继高祖小宗,所统领的亲族范围,在同辈上延伸为:仅同高祖之三从兄弟、仅同曾祖之再从兄弟、仅同祖之从兄弟和同父兄弟(一曰群弟)。至于继高祖小宗的嫡子,即继别子庶子以下之第五代,便无统领四从兄弟之权,所谓"五世则迁"。自此后虽然大宗百世不迁,但随世代延续,原庶系四小宗及个别子之嫡子获得进位。在下一世代上,继高祖小宗(其父为前一世代之继曾祖小宗),得以统领其群弟以至三从兄弟。

从人口统计的数据来看,素号盛世的汉、唐两代,一般的家庭规模都是维持在"五口之家"或略高一些但仍然较低的水平上。汉唐之间,没有迹象表明,庶民阶层(无论是作为自耕农还是作为依附于豪强地主的荫客之类)广泛地采取了宗族聚居的形式。理论上来讲,在安土重迁的社会中,随世代推移和人口繁衍而一地多有血缘亲属之现象,出现概率极高,但这并不意味着,亲属(亦可笼统地称为族人)之间必然形成严密的宗族组织。在这期间,宗族组织基本上局限于社会的上层阶级,譬如汉代集中于皇族、外戚、勋臣、仕宦之族、地方豪强、高赀富户或兼并之家等。[①] 然难以推断说宗法礼制降及庶民;唯各阶层之墓祭或族人互助之活动似较普遍。

对于有爵位的贵族阶层或士家大族而言,汉魏迄于隋唐,虽然

---

① 参见冯尔康、常建华:《中国宗族史》,第93—98页。

## 第四章　规范历史形态的不可通约性和整体性

宗子法没有像先秦那样严格而普遍地实行,但其间颇为流行的谱牒之学,可以稍微弥补宗法不行的缺憾,起到收摄宗族的作用。北宋初期,由于大族毁亡、谱牒流失,就连这一做法也失效了。张载《经学理窟·宗法》提到:

> 管摄天下人心,收宗族,厚风俗,使人不忘本,须是明谱系世族与立宗子法。宗法不立,则人不知统系来处。古人亦鲜有不知来处者,宗子法废,后世尚谱牒,犹有遗风。谱牒又废,人家不知来处,无百年之家,骨肉无统,虽至亲,恩亦薄。宗子之法不立,则朝廷无世臣。且如公卿一日崛起于贫贱之中以至公相,宗法不立,既死遂族散,其家不传。①

正史记载的宋代累世同居共爨的"义门",为历代极多的,合有50例。② 但由于大宗、小宗之法并谱牒之学皆已不行,普遍地来看,社会各阶层(包括某时期的公卿大臣之家),都只是经常有族人比邻而居的事实,却没有以宗法制为核心的宗族组织。③ 故而两宋时期与理学思潮相伴而起的,是要恢复宗族礼制的构想。其宗子法构想,有大宗复活论和小宗复活论之别(而张载的想法是欲大小宗兼举)。复兴大宗的鼓吹者有程颐。但是更具可操作性的方法,是以共同祭祀四代以上高祖来确立家族关系的"小宗"制度。

---

① 《张载集》,中华书局,1978年,第258—259页。
② 相应来说,二十四史中,南北朝义门25例,唐朝38,五代2,元代5,明代26。
③ 按,苏轼《第别农万民》有曰:"自秦、汉以来,天下无世卿。大宗之法,不可以复立。而其可以收合天下之亲者,有小宗之法存,而莫之行。此甚可惜也。""今夫天下所以不重族者,有族而无宗也。有族而无宗,则族不可合,族不可合,则虽欲亲之,而无由也。族人而不相亲,则忘其祖矣。今世之公卿大臣贤人君子之后,所以不能世其家如古之久远者,其族散而忘其祖也。故莫若复小宗,使族人相率而尊其宗子"(《苏轼文集》卷8,中华书局,1986年,第257页)。此段论述,正可表明仅有血缘关系的亲属,并不必然成为宗族或家族。

"宗子"则不再完全依据血缘脉络来确立，而是可以经由族人的推选，通常是主张让官位高的族人来担当。为了将父系血缘的族人组织起来，成立一个宗族，一个亟须解决的问题，为确定一位共同祖先。程颐主大宗，也就是要把祭祀这位始祖的制度予以规范化，而源于该始祖的所有子孙，便都成了聚族的对象。但由于时代的绵邈久远和谱录的中断，做到这一点殊为不易。明清以来，南方的家族常将始迁祖定为奉祀的始祖。

始祖既定，相当常见的确认和巩固宗族关系的步骤便又包括：设立祠堂；编撰族谱；定期祭祖；设立义塾之类以教育族内子侄；设立义庄、义田，对族人施以救济措施；以及其他有可能出现的共同财产的形式。

汉唐大家族多为同居共财，宋以后的家族，在各成员家庭之间则多为异财别居，内部常常易于流散，因而为了起到收摄宗族和行使救济族众的福利功能，创立了"义田"和"祭田"等族产的形式。所谓"祭田"又有"墓田"、"祠田"、"祠业"或"烝尝田"等多种不同的名称。如果说，义田的功能是要本着平均主义精神将族内富有官僚等捐献的田地用于济助族众，那么祭田的本义就是要以供粢盛、具醴酪等方式来维护宗族祠堂的祭祀。

宗族凝聚，无疑仰赖于祭祖的仪式和制度。但礼书的相关记载和说法，本身不乏出入，并经常与时代有些隔膜。后世的制度虽然号称要遵循周礼的古制，但实际情况却常常大相径庭，这跟一个时代的经学研究状况有关，更和一个时代的需求有关。譬如树立宗庙的家族资格问题及庙数多寡，便是这样混乱的领域。

北宋时期，程颐认为可知范围内所有祖先皆应祭之。故最先的"始祖"、始祖与高祖之间的"先祖"、高祖以来四代祖先，都应以合适之法祭之。即在供奉高祖以来四位神主的宗庙里，月朔荐新，四仲月皆有祭,谓之四时祭。另在冬至、立春、季秋之时,分别祭始祖、先祖和祭祢。① 在祭祀高祖以下四代祖先这一点上,朱熹继承了程颐的观点,但却视始祖、先祖祭祀为僭越而不予认同。②《朱子家礼》提出了围绕小宗复兴论的祠堂制度。根据其各小宗通过祖先祭祀实现家族统合的宗法原理,继高、继曾、继祖、继祢的各宗子,相应统率三从兄弟、再从兄弟、从兄弟和群弟这些不同范围的亲族。但是照朱熹的构想,大宗的始祖祭祀,甚至各小宗所面对的其正宗承绪的先祖之祭,虽不在祠祭之列,却可以墓祭的形式存在。③

明代官定的《大明集礼》,虽然参照了《朱子家礼》的构想,却不是真正地根据宗法原理,而是从尊崇和维系官僚等级的立场,做出了一些关键性的限制。即规定官僚可以建立祠堂,以奉高、曾、祖、祢四代之主,亦以四仲之月祭之,又加腊日、忌日之祭,及岁时俗节之荐享,主祭者即是官僚本人。但是庶人却只能在居室(寝)祭奠祖父母、父母。④ 而祭奠始祖或始迁祖的墓祭,实际上也不被认可。

墓祭者,礼书未闻。⑤ 但早在汉代,就很普遍了,如王充《论

---

① 参见《二程遗书》卷15 伊川先生语一;《二程遗书》卷18 伊川先生语四。
② 例如《朱子语类》卷90《礼七·祭》,对"始祖之祭"的问题称:"古无此,伊川以义起。某当初也祭,后来觉得僭,遂不敢祭"。
③ 《朱子家礼》卷1《通礼·祠堂》注称:"大宗之家,始祖亲尽则藏其主于墓所,而大宗犹主其墓田,以奉其墓祭。岁率宗人一祭之,百世不改。其第二世以下祖亲尽,及小宗之家高祖亲尽,则迁其主而埋之。其墓田则诸位迭掌,而岁率其子孙一祭之,亦百世不改也。"
④ 参见《大明集礼》卷6《吉礼·品官家庙》。文中虽曰"权仿朱子祠堂之制",但是正德四年1509刊《大明会典》卷88《祭祀九·品官家庙》,万历十五年1587刊《大明会典》卷95《群祀五·品官家庙》,却都引用了《集礼》之文,表明原本的权制未经改易,实已为"经制"。
⑤ 不过,《礼记·曾子问》记载曾子提到:"宗子去在他国,庶子无爵而居者,可以祭乎?"孔子答:"望墓而为坛以时祭,若宗子死,告于墓而后祭于家"。仅为变礼而已。

衡·四讳》提及:"古礼庙祭,今俗墓祀"。至于家庙的数量和形制,《礼记·王制》有云:"天子七庙,三昭三穆,与大祖之庙而七。诸侯五庙,二昭二穆,与大祖之庙而五。大夫三庙,一昭一穆,与大祖之庙而三。士一庙。庶人祭于寝"。[①] 大祖者,即始为封君、始获封爵者。准是,士以上阶层始得立宗庙,庙数多寡循等级尊卑而有差,始祖祭不仅合乎礼制,而且被置于中心的地位。明朝允许官僚本人设立祠堂即家庙,但是庙数仅有一座,且在一庙中就像《朱子家礼》所说的那样,自西向东的四龛分别供奉高祖以下四主,而非太庙以降左昭右穆的顺序(昭侧奉偶数代祖先,穆侧奉奇数代祖先),皆与礼典不合。

但《大明集礼》关于庶人不得立庙的规定,实则是符合礼书的。但是跟这一规定相伴的另一面,实际执行起来却大有问题。原因在于,既然建造祠堂和在祠堂祭祖只是官僚的特权,则在官僚本身殁后,倘若其子孙无人得以任官,则其原本所造的祠堂的合法性就成了悬疑。理论上,庶人不得祭于祠堂,这祠堂不再合法,通过庙祭来收摄亲族便也无从谈起。

这个问题在有着世卿世禄的封建时代,或是在门阀士族势力强大的中古时代的多数时候,实际上是不存在的。即在那些时候和礼书所说的"士"以上阶层对应的身份是极为稳定的。但是最迟在唐代后期,和士庶之别有关的宗庙建造问题,开始浮出水面。原本依唐制,品官并嫡士皆得立庙祭祖,庙之多寡依品官等级而有差,但庙数仍与《王制》不合。开元十二年(724)敕一品许祭四庙,三品许祭三庙,五品二庙,嫡士亦许祭二庙。尔后礼令并无革易,立庙依此规制本不须申奏。但到了晚唐,甚至出将拜相者立家庙,

---

[①] 〔清〕孙希旦:《礼记集解》,第343页。

竟然也申奏；或官至显位犹祭于寝，与礼文不合，却浸成风习。①这恐怕完全是由于稳定的士族政治渐趋瓦解所致。而彼时寒峻之人本无祠堂之设。②

明朝嘉靖十五年，时任礼部尚书夏言上疏世宗，请允许士庶家皆得祭始祖、先祖，可在冬至、立春制其纸牌位以祭。并提出三品以上官员可立五庙，即祠堂内部隔为五间，中奉五世之祖，等世数增加到一定时候，便可将立庙的该三品以上官员，立为世祀之始祖，百世不迁。四品则有四庙，虽然高、曾、祖、祢之间，四世递迁，但递迁过程可得永续。③ 这个提案明显是意在为官员死后的宗庙去留问题解套。但《礼记·王制》说："丧从死者；祭从生者。"亦即丧事的规格须比照死者地位，正如祭祀的规格须比照生者。而夏言的提案却将这原则悄然改成了"祭从死者"。这一改革方案并未得到官方礼制的采纳，但似乎获得了嘉靖帝的默认——至少在外人看来是这样的。在各地宗族建设祠堂，以及宗族组织自嘉靖以来一时大为普及的过程中，社会上都流传着类似的说法。④

16世纪前后开始，南方的宗族形成运动进入异常活跃期，就连一些没有官僚背景的庶民家族，也开始大建宗祠，收摄宗族，族谱、义田等形式也多相伴而生。嘉靖年间的"大礼议"，特别是夏言上疏，似乎起了关键的推波助澜作用。在南方各地的民间，祭祖活动实际上衍化出极为多样的形态。但总的祭祀场所不外乎三类：

---

① 参见李涪《刊误》卷上某段，义其小注云："原其奏请之因，盖立庙不在其家，别于坊，选古地，乃为府县申奏，或有官居显重，慎虑是，宜营构之，初亦自闻奏，相习既久，致立庙须至闻奏。"但这恐怕只是直接的、表面的原因。
② 参见《唐摭言》卷8误放条颜标之例。
③ 参见《续文献通考》卷115《宗庙考·大臣家庙》所录夏氏奏疏。
④ 参见〔日〕井上徹著，钱杭译：《中国的宗族与国家礼制》，上海书店出版社，2008年，第4章"夏言提案——明朝嘉靖年间的宗庙制度改革"。

家庭或家族居住地（礼书所谓祭于寝）、墓茔和宗庙。①

在传统中国，宗族发展的程度，乃世界上其他地区基本上都不能比拟的。中国所特有的宗法国家形态，②在西周表现得最典型。封建式的土地和权力的分封体系，就是循着宗族或宗族联盟的脉络发展而来。此后因为封建制已为中央集权的郡县制所取代，宗法国家遂难以为继。秦汉以后，虽然"世爵世禄"基本上被取消，但是仍有选仕特权来支撑汉唐世族。前汉以迄唐代的社会结构较引人瞩目者，在于门阀士族势力的起伏隆杀。而在士族政治居优势的期间，举凡选举、仕宦、政治或经济特权，也都视世族门第的高下而有差等。③ 即使科举已兴，可是在隋唐两朝，藉由门荫入仕，仍是主要的做官途径。正是这些享有政治上的极大特权的世族，有最大的动机去撰写高叙其门第的谱牒，并在可能的时候尽量保持着宗族聚居的状况。

隋唐科举的兴起，不能说导致了门第的消融，只能说使得门第不再像以前那样重要，其各方面功能正在逐渐萎缩。唐末五代丧乱之蹂躏则给予了致命的打击。到北宋初年，中古的世家大族已零落殆尽，而历史也缺乏重建士族政治的明显动力。虽然经过一

---

① 例如，明清福建民间家族的祭祖方式，据说大的类型有四：家祭、墓祭、祠祭、杂祭（参见陈支平：《近500年来福建的家族社会与文化》，上海三联书店，1991年）。前三项，皆从祭所立论。家祭甚为频繁，便是以家庭为单位在居室之内举行的祭祖活动，通常安排在春秋二分以及年节朔望日，而每逢祢、祖、曾、高列祖之忌日所举行的总祭则尤为隆重。墓祭，亦即在祖先墓茔上致祭，一般固定的有春祭和秋祭两种。祠祭则是在祖祠内举行，为适合士绅学士较集中的大家族的要求，一般比较讲究繁文缛节，多引经据典和套用官府祭孔的仪式等。杂祭则为不定时的，每在家人或族人有添子、中举、婚娶、架屋一类喜事的时候举行，颇有告慰祖先的涵义。

② 它意味着用父家家长制的血缘关系来表达政治关系的理念与实际，以及反过来用政治关系来再造血缘关系的所谓"家、国复合体"。

③ 参见何启民："鼎食之家——世家大族"，载于《中国文化新论·社会篇》，三联书店，1992年，第39-81页。

段时间,陆续会有一些新兴的阶层起来,并以他们的宗族势力而在地方上扮演着重要角色,却已不再是整个历史的中心了。然而宋代以后官僚阶层的不稳定,实际上几度造成了宗庙建设进而是宗法形态上的困局,而我们知道,没有祭祖活动的维系,收摄宗族往往就成为空谈。另一方面,宗庙祭祀、丧服服制、小宗宗法等宗法礼制的内容,从某个时候开始——最迟明中叶以来就已渐成潮流,其滥觞或可溯及北宋——不再是本身就并不十分稳定的上层阶级之特权,而已降及庶民阶层,各类祠堂在南方遍地开花,就是有力的证明。随着普及型宗法家族结构的形成,许多经济上独立而分散的核心家庭,都逐渐被纳入到家族祭祖的共同体当中。不过,很难说宗法制的庶民化是遍及全国的现象。

从历史上的理论与实践的关系来看,严格按照礼书的规定而行,并不是主要的目标,甚至从来就不是事实上的目标——这可以从历代宗法规范率多与礼书不合上得着印证。无论如何,其社会经济功能极为多样的宗族或大家族形态在各地的普及,是明清以来一个值得关注的新的态势。

在中世纪西欧便已失去意义的宗族组织,在中国却有着相当不同的命运。不过,西周式的家国同构体,在后来的政治生活和政治话语中,虽说重要,却只有隐喻的意义。中间一段时间,一些宗族是官僚制社会中稳定的官僚来源。而在后来,大家族或宗族形态时常自发出现在各地的基层管理的层面上,其成员相互间则形成某些权利、义务上的关系;基本上,这时的大家族或宗族是有效的管理单位,或者重要的社会经济上的互助组织。

### 三、帝制和官僚科层制:以唐代为例

秦汉以来历代王朝,甚至那些历史上地方割据政权的内部,都有着强势的帝制和官僚制特征。是否把皇帝看作最大的官僚,这

取决于你的角度和定义。但在某一点上，两者是截然不同的：皇帝的绝对地位一旦确立以后，理论上，除非上天剥夺他的自然生命，否则没有任何个人或集团能够剥夺它的政治生命；而官员的仕途，却得要经历入仕资格审核或考试，政绩考课、拔擢提升或贬谪降级、最后致仕这样的地位波折起伏。帝制其实是保障政权稳固的定海神针，是体制的核心。为了维护血统的绝对纯正，还得豢养庞大的后宫和宦者集团；由于接近皇帝个人，日夕相处，难免影响其人性和影响其决策。故后妃（含其姻戚）、宦竖擅权，往往有之，如前汉的外戚干政，后汉、明代的宦祸，而唐代这两样都曾摊上，前期之患在于后宫，如武则天、韦皇后等，后期之祸在于宦竖，如鱼朝恩、仇士良等。

虽然历史上很多问题的根源，都可追溯到专制帝制或中央集权的模式，而官僚制的缺陷也不能完全地脱了干系。但我们也不能忘了：原本辉煌强盛的汉、唐盛世，恰正是在这样的体制下建立起来的。任何根据现代政治观点而产生的义愤，都不是出于一种客观理性的历史主义态度。我们必须认识到这样的体制的合理性和效率之所在，以及促成和巩固各方利益的长期机制。对于历代不同的国家机器，得有一种多层面的立体的观察方式。既要在其中看到普遍意义上的国家的作用，也要看到它在不同时代所发挥的特殊的效益机制。

中国古代的官僚科层制的蓝图有一个儒家经典方面的源头——《周礼》。该书所构思的"天"、"地"、"春"、"夏"、"秋"、"冬"六官即六大部门的首脑，依序为冢宰、大司徒、大宗伯、大司马、大司寇、大司空。而隋唐以来的中央政府行政单位的基本划分，即"吏"、"户"、"礼"、"兵"、"刑"、"工"六部，主要就是依据《周礼》的构想，"六官"与"六部"的大致对应，是确凿无疑的。说明这一点，可以拿开元年间编撰成书的《唐六典》为例。这表明《周礼》撰作者关于官职系统的构思和蓝图,在千百年后仍然具有活的意义。今就唐官制的核心部分即三省、六部、九卿各部门官职,与《周礼》中的对应关系稍作陈述。

三省谓门下、中书、尚书三省,其职司汇总,合于《周礼》之冢宰。尚书省则有六部。

(一)尚书省——是联系内外的行政机构的核心,部门众多,职务繁殷。置令额一员,即尚书令,《周礼》阙。又有六部尚书,各分领四司,凡二十四司,主官为本司"郎中"。各部、各司主要官员及其与《周礼》官名之大致对应关系可列表如下:

| 唐尚书省各部、司主官 | 《周礼》中对应的职衔 | 唐各部司及其主官的主要职责 |
| --- | --- | --- |
| 吏部尚书、吏部侍郎 | 冢宰、小宰(天官) | 掌天下官吏选授、勋封、考评之政令 |
| 吏部郎中 | 宰夫(天官) | 郎中二员,一掌考天下文吏之班秩阶品;一掌流外官之铨选 |
| 司封郎中 | 阙 | 掌国之封爵事 |
| 司勋郎中 | 司勋(地官) | 掌邦国官人之勋级 |
| 考功郎中 | 阙 | 掌内外文武官吏之考评 |
| 户部尚书、户部侍郎 | 大司徒、小司徒(地官) | 掌天下户口井田之政令,凡徭赋职贡之方,经费周给之算,藏货赢储之准,悉以谘之 |
| 户部郎中 | 乡师(地官) | 掌分理户口、授田等事宜 |
| 度支郎中 | 阙 | 掌判天下租赋多少之数,物产丰约之宜,水陆道途之利;每岁计其所出而支其所用 |
| 金部郎中 | 阙 | 掌判天下库藏钱帛出纳的事宜,皆主管其簿籍而颁其节制 |
| 仓部郎中 | 廪人、舍人、仓人、司禄(地官) | 仓部诸职掌判天下仓储,受纳租税,出给禄廪之事 |

续表

| 唐尚书省各部、司主官 | 《周礼》中对应的职衔 | 唐各部司及其主官的主要职责 |
|---|---|---|
| 礼部尚书、礼部侍郎 | 大宗伯、小宗伯（春官） | 掌天下礼仪、祭享、贡举之政令 |
| 礼部郎中 | 肆师（春官） | 辅佐尚书、侍郎，举其仪制，辨其名数 |
| 祠部郎中 | 阙 | 掌祭祀、享祭、天文、漏刻、国忌、庙讳、卜筮、医药、僧尼之事 |
| 膳部郎中 | 阙 | 掌邦之祭器、牲豆、酒膳，辨其品数，及藏冰食料之事 |
| 主客郎中 | 阙 | 掌隋、北周后嗣及诸蕃朝聘之事 |
| 兵部尚书、兵部侍郎 | 大司马、小司马（夏官） | 掌天下武官选授及地图与甲仗之政令 |
| 兵部郎中 | 军司马（夏官） | 凡二员，其一掌考天下武官的勋禄品命，以二十九阶来划分。另一人掌判簿，以汇总军戎差遣之名数。 |
| 职方郎中 | 职方氏（夏官） | 掌天下地图及城隍、镇戍、烽堠之数，辨其邦国都鄙之远近，及四夷之归化 |
| 驾部郎中 | 舆司马（夏官） | 掌邦国舆辇、车乘、传驿、厩牧、官私马、牛杂畜簿籍，辨其出入，司其名数 |
| 库部郎中 | 司甲（夏官） | 掌邦国军州戎器、仪仗等 |
| 刑部尚书、刑部侍郎 | 大司寇、小司寇（秋官） | 掌管刑事等各类司法方面的政令 |
| 刑部郎中 | 士师（秋官） | 辅佐尚书、侍郎，举其典宪，而辨其轻重 |
| 都官郎中 | 司厉（秋官） | 掌管配没为奴隶及安排俘囚等事宜 |
| 比部郎中 | 阙 | 掌管审计各部门官员俸料、公廨、赃赎、调敛、徒役、课程、逋悬数物，周知内外之经费，并予以总的审计 |
| 司门郎中 | 司门（地官） | 掌天下诸门及关口出入往来之籍赋，而审其政 |
| 工部尚书、工部侍郎 | 大司空、小司空（冬官） | 掌天下百工、屯田、山泽之政令 |

## 第四章 规范历史形态的不可通约性和整体性

续表

| 唐尚书省各部、司主官 | 《周礼》中对应的职衔 | 唐各部司及其主官的主要职责 |
|---|---|---|
| 工部郎中 | 应为大司空属官下大夫 | 掌经营、兴造之众务 |
| 屯田郎中 | 阙 | 掌天下屯田之政令 |
| 虞部郎中 | 山虞、泽虞（地官） | 管理京、都附近山泽之采捕渔猎事宜 |
| 水部郎中 | 阙 | 掌天下川渎陂池之政令,以导达沟洫,堰决河渠 |

注:关于宰夫,《唐六典》注文云:"周官太宰属官有下大夫,盖郎中之任也。"按《周礼·天官》于小宰之后列"宰夫,下大夫四人",即注文中所称下大夫。关于宰夫都官郎中,《唐六典》注文于都官员外郎条下云:"《周礼·秋官》有司厉下士二人,掌男女奴,盖比今都官员外郎之任也。"或谓下士品级太低,而系于员外郎下;然则司厉所从事者,即都官司之权责,其品级随时代升降,实不足为虑。又,唯因传世本《周礼》阙《冬官》一篇,故其名不详。

（二）门下省——佐出纳帝命,兼规颂讽谏的部门。

该省之侍中、门下侍郎,皆系位极宰相之要职。而《周礼》有阙。（三）中书省——参佐军国政令,并负责诏书起草的部门。

中书令,相当于《春官》之"内史上大夫"。掌军国政令的要职,亦位极宰相。并负责自上而下的皇帝诏敕之类的宣署覆核。又中书侍郎,相当于《春官》"内史下大夫",为中书令的副职。又中书舍人,相当于《春官》之"外史"。① 掌侍奉进奏,参议表章。凡诏旨敕制,及玺书册命,皆按典故起草进画等。余者或为谏官,而《周礼》有阙,兹不赘述。

三省的主要长官,本有宰辅的地位,但不常设,所以大半情况下,真正的宰相是在担任其他职事官衔之际,兼称"同中书门下平

---

① 《唐六典》未及此,但据其职能之比附、勘验,与"外史"相若。

章事"者。然则尚书、中书、侍中原本只是相当于机要秘书,品秩较卑,其相延得势,实在是由于接近皇帝本人和身处权力中枢的缘故。这跟明太祖因为胡惟庸案废了宰相,而后来参与拟覆奏章的内阁大学士,虽然品级很低,却在很多人眼里被视同宰相,道理是一样的,只是有明一代因为要谨守祖训,竟然一直没有扶正罢了。

唐代九卿,为九个中央事务性执行部门的主脑,其府署曰寺;其一卿之所掌,即本寺所履行职责之大概。此即:

| 九卿名称 | 《周礼》中对应的职衔 | 九卿各自的职责 |
| --- | --- | --- |
| 太常卿 | 大宗伯(春官) | 掌邦国礼乐、郊庙、社稷之事 |
| 光禄卿 | 《周礼》阙 | 掌邦国酒醴、膳羞之事 |
| 卫尉卿 | 《周礼》阙 | 掌邦国器械文物及皇宫守卫之事 |
| 宗正卿 | 小宗伯(春官) | 掌皇室九族六亲之属籍,别昭穆之序 |
| 太仆卿 | 太仆(夏官) | 掌邦国厩牧、车舆之政令 |
| 大理卿 | 司寇(秋官) | 掌邦国折狱详刑之事 |
| 鸿胪卿 | 大行人(春官) | 掌宾客及凶仪之事 |
| 司农卿 | 太府下大夫(地官) | 掌邦国仓储委积之事,谨其出纳等 |
| 太府卿 | 太府(属《周礼·天官》,品秩含下大夫、上士、下士) | 掌理邦国财赋;凡四方之贡赋,百官之俸秩,谨其出纳,而为之节制 |

注:按《汉书·百官表》云:"卫尉,秦官,掌宫门屯兵。"是以卫尉卿职名初衷更接近宫正、宫伯(天官)之职任。又大理卿者,犹《尚书》所谓"士",譬如"帝曰:'咎繇,汝作士,五刑有服。'"

又有国子、少府、将作等监。其主官即:国子监祭酒,相当于《周礼》之师氏、保氏,掌邦国儒学训导之事;少府监,《周礼》不详,掌百工伎巧之事,谨其缮作;将作监大匠,即冬官之职任,掌邦国修建土木、工匠之事。

粗观《六典》、《旧唐书·百官志》与《新唐书·职官志》所述,诸寺监与五部职权几近重叠,即司农、太府与户部,太常、鸿胪、光禄与礼部,太仆、卫尉与兵部,大理与刑部,少府、将作二监与工部,所掌极为相似。

至少有唐一代，凡事属中央者，除小部分极重要，如吏部、兵部之诠选、礼部之贡举，由诸部直接职掌外，大部分则下符于诸寺监执行之。六部则处于准旧章、立程度，颁令而节制的地位。简言之，六部主要是负责收集信息、制订政策的枢纽，就中央事务言，诸寺监为主要的执行政策机构；若涉地方，自是委付于州县系统。[1]

唐代这样的大一统的官僚制国家，又有州、县等地方层级上的官吏系统。此皆《周礼》所无。秦以降行郡县制，则郡县如四肢，于大政方针上多是一种执行机构，听命于三省六部等中枢神经系统。故而一些全国性决策机构，及支持皇家威赫礼仪与奢侈生活的部门，在地方等级上并不存在。但地方官也有很多日常处理的事务或一般性执行的法律，是跟中央层级重合的。所以不难理解：作为刺史所领职责的分掌的六曹掾，即司功参军、司仓参军、司户参军、司兵参军、司法参军、司士参军，竟跟六官职任也稍有对应关系。[2]反映"六官"之职任划分，在古代社会的政治经济结构中有其现实的合理性，即大致上涵盖诸事无遗，且分类恰当、理据性较强，外延辖域适中；在中央和地方层级都可适用。

皇帝个人素质如何，人们往往很难选择；而且，如果过多的人觊觎和竞争这种至高无上的权力核心，必然造成社会政治的高度动荡，并不符合绝大多数人的利益。但是官僚阶层在历代是有程

---

[1] 参见严耕望："论唐代尚书省之职权与地位"，载于《严耕望史学论文选集》，中华书局，2006年，第378-444页。

[2] 六曹之名，参见《唐六典》卷30、《通典》卷33总论郡佐条；两《唐书》等。其中司功参军职责略相当于吏部、礼部、太常寺等在中央一级所掌政令、职任；司仓当户部仓部郎中等；司户略当户部郎中等；司兵略当兵部等；司法略当刑部、大理寺等；司士略当工部、将作监、都水监等所掌。

度不等的流动性的,绝大多数官职也是面向一定范围内的人士开放的。质言之,对于官员的贤否好坏,一个社会还是有相当程度上的选择余地的。

在古代的官僚制体系中,选拔官吏的制度甚为发达,这可以被笼统地称为"选举"。[①] 但历朝历代,都设定了一定形式的身份等级为基本的选拔官员的基础;而且也几乎是在任何时代,身份等级都不是选仕之唯一途径。选拔本朝初创时的功臣集团的子嗣任官,是根据身份等级的主要形式之一。因为创建王朝的功臣为自己和后世子孙创造了一种身份。[②] 而在魏晋南北朝隋唐,众所周知,基于累世高官等显赫身世,并时常要结合儒学的家学渊源而确立的门阀士族身份,成为稳定的官员队伍的来源,并几乎垄断了所有高级职位。

汉初,宗室封建和郡县制、官僚制相杂,但后者在演变的过程中渐趋优势。但从官僚制社会的成熟度来看,汉代也是庶事草创的阶段。武帝元光元年(前134),"初令郡国举孝廉各一人",由此,岁举孝廉成为两汉察举制的一种主要的常规项目,有人甚至认为,这一事件为中国两千余年选举制度之肇端。[③] 元封五年(前106),初置十三州刺史,并令"州郡察吏民有茂材异等可为将相及使绝国者",[④] 此即前汉尚属特举之"秀才",后汉避刘秀讳改称"茂才",却也从建武十二年开始,成为岁举之科,且主要规定是由三

---

[①] 后来科举既兴,选、举分途,即"选"谓铨选,"举"谓科举。

[②] 其实,汉初擢用功臣(参见李开元:《汉帝国的建立与刘邦集团:军功受益阶层研究》,三联书店,2000年)、隋唐倚重关陇集团(参见陈寅恪:《唐代政治史述论稿》,上海古籍出版社,1997年),满清论八旗之身份,均是这样的表现。

[③] 劳干:"汉代察举制度考",载于《中央研究院历史语言研究所集刊》第17册,中华书局,1987年,第83页。

[④] 《汉书》卷6武帝纪。

公、光禄卿、司隶校尉、州牧等推举，①品位上自较郡举之孝廉高一级，人数却仅为后者什一。如此，孝、秀构成察举常规科目之两个主要的层级。这种选举主要还是一种自上而下的、"以贤选贤"式的推荐。即使涉及舆论调查，也只是局限于政治精英圈内的舆论。② 考虑到两汉时期造纸术刚刚萌芽，印刷术尚无踪影，文化教育且不普及，这种与多数基层群众无关的入口很小的荐选，自有它的合理性。

本来，基于其品德和才能的个人声望，以及由先辈们的表现积累起来的家族门风，都为"察举"所关注。但宗族势力强盛而增加了武断乡曲之可能，考察品评者遂易于屈从乡愿的心态，并其挥之不去的主观性，既有损评鉴的准确性、客观性，也降低了对于个人德才的实质面的关注度。而对家族门风的留意，不免涉及家世状况等，从而强化了门第意识。所以从长期趋势来看，汉代的察举制向门第观念趋于固定的士族政治过渡有其内在的必然性。士族政治不会去挑战儒学的正统性，但也缺少动机去切实遵奉古代的礼制。

魏晋行九品中正之法，乃将各地士人之族分成九品，谓上上、上中、上下、中上、中中、中下、下上、下中、下下是也。按品授官，遂形成"上品无寒门，下品无势族"之门阀等第。州、郡、县各置大、中、小三级"中正"，以为品评臧否人物之专设官员，后汉以来之乡党宗族评议之习惯遂形制度化。原本，中正品评人物之根据，一以反映父祖官位之"家世"，一以反映家族门第高下之"品第"，一以反映个人道德和才干之"行状"。"品第"实质上又基本依"家世"而定，"行状"则日渐变得无关紧要。

---

① 《续汉书·百官志》注引"汉官目录"。
② 参见何怀宏：《选举社会及其终结——秦汉至晚清历史的一种社会学阐释》，三联书店，1998年，第92-93页。

在北方，北魏孝文帝于太和十九年划定族姓，将鲜卑贵族阶层分为两大等姓族。汉人士族也被料"甲乙之科"，系参考旧籍在大体尊重旧的士林秩序之基础上，予以新的厘定；并可以说是政府以法律的形式确定了他们的社会地位。三世内居官五品以上之族始为"士族"，具体等级有谓："膏粱"，三世有任一品三公之族；"华腴"，三世有任从一品尚书令、尚书仆射者；甲姓，三世有任第二品上秩之尚书、领军将军、护军将军者；乙姓，三世有任第三品之九卿、刺史者；丙姓，三世有任第三品下之散骑常侍、太中大夫者；丁姓，三世有任从四品上秩之吏部正员郎官者。后四又称"四姓"。①

从中国政治的发展来看，东汉的豪强地主势力的崛起，以及卖官鬻爵的流行，势必带来公共政治的败坏。九品中正之类依循门第高下的选拔制度，固然损害了择优录用的原则，使得高官厚禄大都被保留给了门阀士族子弟，门第越显赫，仕途起点越高，日后飞黄腾达的机会越多，庶民人才则很难通过推荐或考试等途径攀至高位，这是公共政治对于东汉以来的愈益恶化的家族制倾向的屈服，真正权力往往是被掌握在一班贵族手中。但这种制度其实并没有废弃"以贤选贤"的察举，只是把它跟血统结合在一起罢了。

比起传说中的周制，汉代的察举制度，曹魏以来的九品官人法、九品中正制，都实质性地拓宽了选拔的范围，提高了选拔的质量。但是真正重大的变化是科举制的采用，以及选官制度的精密化。如果说九品官人法，仍然是人性化，乃至主观个人化的评选，那么唐代的科举和选官之制，已建立了严格的程序，②是追求更加

---

① 参见《魏书·官氏志》；《新唐书·柳冲传》。
② 参见《新唐书·选举志》；以及王勋成：《唐代铨选与文学》，中华书局，2001年，第1章等。

公平的理念的胜利。

若就官僚制和科举制的系统性和多样性而言，唐代这两项比起后来各个朝代，未遑多让。而且它还处在士族政治尚未全盘瓦解，科举制也没有占据压倒性优势的过渡阶段，所以更容易让人观察到，古代政治体系的多样性的一面。所以不妨就唐代的这两项制度做一些检讨。当然，科举制只是整体的官僚制的一部分，即官僚选拔制度之一。

唐代，以门荫或科举等途径获取官位与职事，从而在社会体系中处于较优越的位置，自然是人们趋之若鹜的事情。而唐代"官"的涵义，有流内官和流外官之别，①前者是指具有一定的职责权限或行政决策权的正式官员，以及在官僚系统中实质或理论上具备这样资格的名衔。后者主要是在中央政府各部门中，担任书记、差使等类工作之胥吏；但也配上一定品秩。流内官有九品三十阶，总分九品，每品皆分正、从，四品已下，正、从又分上下阶，凡三十阶；流外官则有勋品、二品乃至九品。②

流内官又有职事官、散官和勋官这三类头衔系统。其中以职事官最为重要，即各有职掌的正式官员，如中央政府的三省、六部、九卿及他们的各级下属职事官。当官的实质与核心就是担任职事官。散官是与职事官并行的一种身份系统，准确地说是对于在这样的官僚系统中具备一定的任职资格而给予的确认，③其品阶是

---

① 另外还有视流内、视流外，原本王公贵族勋爵殊高，及三师、三公与文散官开府仪同三司等府中的职官与吏员，属此二类；而据《旧唐书·职官志》等，开元初唯留下管理袄教之萨宝府的官、吏。因为不甚重要，此则不赘。

② 《通典·职官二十二》对于流内流外官的品秩有详尽的记载。另可参《唐六典》、《新唐书·百官志》、《旧唐书·职官志》等，然此诸书于流外官品秩细节，皆语焉不详。

③ 理论上具备了任官的身份或资格，就是有了"出身"或"告身"，否则就仍是"白身"。

根据进入条件起叙,或依此前任官考课成绩等予以叙迁。亦是进而选授相应品阶职事官的参照标准。① 其实一方面"凡九品已上职事官,皆带散位,谓之本品";②另一方面,带上散官衔却未必兼有职事衔。如进士及第,并在象征性考上两道判词的关试后不久,即授将仕郎等散官,然而一般尚须经三年已上"守选",方能正式参加吏部铨选;③而在任职间隔期内,前资官守选(待选),亦带散官衔。勋官是因军功等缘故而被授予的荣誉头衔,也可以说是商鞅有首倡之功的秦汉二十等爵的遗意,但勋官并不享有多少实际权力和利益,殊非当官之真正目标。有了勋位,在初唐就有了一定的当官资格,但在唐代中后期,照实际情况来看,却真不见得有被授予散官乃至职事官的确定前景。④ ——此外,又有临时设置、创废无常、无固定员额品秩、选拔任用较不拘一格的使职,名义颇杂,职名常为"某使"字样,重要的便有节度使、观察使、盐铁转运使、度支使等,⑤部分重要使职也有在某些地方或某些领域趋于常态的现象。

在唐代,获得出身即当官资格的途径,其要有三:(一)依身份或资荫;(二)科举;(三)流外入流。而《唐六典》吏部郎中条对散官品阶的确定原则有如下的概括:

---

① 但当然两者之间在品阶上又常可上下相错。
② 《旧唐书·职官一》,中华书局校点本,第1785页。
③ 参见王勋成:《唐代铨选与文学》,第46－72页。
④ 至少咸亨(公元670－674年)以后,兵卒因军功被授勋官转而滋多,还要要当番,即为兵部或本州等服役,始得叙职。再后来由于战士授勋者动盈万计,便出现了一些尴尬的情形,如勋官"据令乃与公卿齐班,论实在于胥吏之下,盖以其猥多,又出自兵卒,所以然也"(《旧唐书·职官一》,第1808页)。不过由门荫入仕而当番的,也要做各种打杂的工作,但因其实质的身份地位不同,且俟"当番"次数满后,一般都可参加守选或铨选,所以整个的处境是大不一样的。
⑤ 参见宁志新:《隋唐使职制度研究》,中华书局,2005年,第88－123页。

## 第四章　规范历史形态的不可通约性和整体性

凡叙阶之法,有以封爵,有以亲戚,有以勋庸,有以资荫,有以秀、孝,有以劳考。①

除最后一条是指入仕后的叙阶升迁,其余都是就入仕方法而言,前四指门荫,第五指科举。据该条注释,其以封爵叙阶,即有王、侯、伯、子、男五等爵位的本人,若要入仕任职,则须按相应的规定,先署散官品阶,从嗣王的从四品下,直到男爵的从七品下起叙。以亲戚叙阶,指宗室子弟没有爵位的,以及皇太后、皇后、太子妃、外戚等各依一定的丧服服叙起叙。以勋庸,即拥有勋官衔的本人,理论上可叙以相应的品阶。以资荫叙阶,这是指职事官、散官、赠官、勋官等一定范围内的后代各依相应的规定,获得当官的出身。以上可总视为依"门荫"。即借助特殊地位和身份或历仕高官的父祖余绪而获得出身。"有以秀、孝"谓科举,就是设置不同的科目,通过正式的考试来选拔入仕者;科举只是获得选官出身的方法之一,此途开放了各阶层人士,如寒族入仕之门,且随时代演进,以后叙迁高官的比例,更较其他途径为高。但科举得第还是少数。

大体上唐代科举取士,或自学馆生徒,或自州县乡贡。② 纵观一代,常规科目当中,真正重要的,要算明经、进士。明经科的考试为三场:"先帖文,然后口试经,问大义十条,答时务策三道"。③ 帖文又称贴经,即将经文一页大部分遮住,唯露一行,试了乃须将此行中更被贴住的三字写出,略同于今所谓填充,④凡十帖,一般是《孝经》二帖、《论语》八帖,十通六为合格。第二场乃是就所问经的

---

① 〔唐〕李吉甫:《唐六典》卷2,中华书局,1992年,第31-32页。
② 乡贡,《通典》卷15《选举三》:"其不在学馆者,谓之乡贡。"
③ 《新唐书》,第1161页。
④ 《通典》卷15,岳麓书社,1995年,第182页。

大义进行论述。第三场是撰写时务策文。进士科一般也是递进的三场，即试诗赋两首，时务策五条和帖经十条。两科皆每场定去留，前一场合格，方试后一场。① 而进士举无疑是唐代"举制"中影响最大的一科，选士较精，人数较少。唐代后来的宰相，便多数拥有进士出身。

又，"流外入流"是指流外官在服务满若干期限后，理论上当可授予流内的散官，再循资而进；或流外任期内的若干次考核特别出色者，即授职事；②但此途并不容易，且以后升迁较难。而关于入流之前的"流外官"，《唐六典》云："谓六品已下，九品已上子及州县佐吏。若庶人参流外选者，本州量其所堪，送尚书省。"这一规定恰好可以和资荫的规定接续上，因为适用资荫的父祖辈截止于从五品官。选择流外官的标准有三条"一曰书，二曰计，三曰时务。其工书、工计者虽时务非长，亦叙限；三事皆下，则无取焉。"③真要当官，担任流外的目的，是在积累资历以期入流。

唐代官员的选拔和叙迁，统称为"选举"。该词可拆分为"举"和"选"。举谓科举，义不赘述；选谓"铨选"，即对其入仕资历的辨明，或针对已获当官资历者和大部分六品以下前任文、武官员（在其守选期满以后），由吏部或兵部在冬季施行的遴选、任命工作；选授的依据主要是此前任职的考课纪录。以门资入仕(此据广义，即包括前述封爵、亲戚、资荫)或流外入流，既使被授予相应的散官

---

① 《唐六典》卷2；《新唐书·选举志》等。
② 《唐六典》卷1；王勋成：《唐代铨选与文学》，第203-212页。贞观后入流常是经八个任期即八考(每一任期均有称为"流外铨"的考核，故一任期又可称一考)，王勋成认为流外入流也是要经过铨试，并引总章二年十月敕，及《通典》卷22关于此事的评论。
③ 即根据书法、算术以及时务而特别是前两方面的才能。

衔，仍要通过若干次当番，①才能进入以后的铨选程序。而科举及第，虽然出身的品阶甚低，但逐渐地随着举子地位提升，及第后不再先授散当番，而是经吏部关试后，直接参加当年吏部的冬集（即孟冬三旬集诸选人），而正式定下守选的期限。

这就是唐代官僚选拔制度的大要，可说是粲然完备的体系，多方照顾着官僚阶层本身，而又给庶民留有余地。而基本上可以肯定，在近两千年的中国史上，当前一阶段的官僚帝国体制失效之际，替代其功能的，并不是某一新的或者固有的社会自治体系（即使在较短暂的休克期内曾经发生这样的情况），而是一种更新了的官僚帝国的政府体制和政治文化，前后之间能看到一定的连续性。包括王朝更替的一波波浪潮，遵循的也是这同样的规律。

传统法律体系，带有家族主义法的特色，基本上就是礼的"亲亲、尊尊"原则的体现。然而在古代官僚制帝国中，公共政策和行政自由裁量的重要性，远远超过法律体系所扮演之角色。甚至三者之间，有着可以相互转换的联通性。质言之，法律只是相当于处在极端稳定状态中的公共政策而已，却不是立法讨论的结果；三者都是"王言"，即它们的效力共同来自那个一定程度上被神圣化的天子、即最高行政长官的意志。官员的行政权力，也是天子赋予的；但皇权是整个体制的核心和关键，是定海神针和一切制度的根本保障。事实上，基于皇帝意志的行政自由裁量，是可以分化为行政裁量、公共政策和法令三种机制的。

---

① 当番即打杂当差。按《唐六典》吏部郎中条云："凡散官，四品已下、九品已上，并于吏部当番上下。"注云："其应当番四十五日，若诸省须使人送管，及诸司须使人者，并取兵部、吏部散官，上毕两番已上，听简入选，不第者依番，多不过六。"表明既授散官衔，还要经最多六轮的"当番"，始得任职事官。在吏部当番的是文散官。但"一登职事已后，虽官有代满，即不复番上"。即担任过职事官，哪怕前一任期已满，也不需要再去当番。

比起之前礼律相混、律令常可通称的汉代，以及律令体系初具雏形的晋代，唐代素标令式，当其盛时，的确堪称法律严明之社会。而其法律体系，公认的名义有四：一曰律，二曰令，三曰格，四曰式。"凡律以正刑定罪，令以充范立制，格以禁违正邪，式以轨物程事"。①"律"即刑法之属，其条文并严密司法解释，可见于《唐律疏议》。"令"则是各项基本体制的组织条例，犹以官僚制为核心。令凡二十七篇，篇名曰：官品、三师三公台省职员、寺监职员、卫府职员、东宫王府职员、州县镇戍岳渎关津职员、内外命妇职员、祠、户、选举、考课、宫卫、军防、衣服、仪制、卤簿、公式、田、赋役、仓库、厩牧、关市、医疾、狱官、营缮、丧葬、杂令。②格凡二十四篇，以尚书省二十四司为篇名，勒为七卷。涉诸司（曹）常务留本司者，别为留司格一卷。式凡三十三篇，亦以尚书省诸司及秘书省、太常寺、司农寺、光禄寺、太仆寺、太府寺、少府监及监门宿卫、计账为其篇目，得有三十三之数。③"格"、"式"二者，约近于行政法规和管理条例。此四者渊源有自，均非唐代始创。但武德、贞观间便有四科之继纂。至盛唐开元世更趋完备。要之，唐代稳定的法律体系，除称为"律"的刑律一类，多属今日所谓行政法规，或者行之有效、相沿成例的公共政策，而后一部分，实多出于历年制、敕；然而私法就甚为欠阙和不彰。

虽然愈近唐初，因庶事草创，律、令之条文愈发改易频仍，但在嗣后的时期内，总体上较为稳定的。单纯的公共政策就有所不同，它们要根据瞬息万变的形势，及时做出政策上的灵活调整。又是

---

① 《唐六典》卷6刑部郎中员外郎条。
② 参见〔日〕仁井田陞：《唐令拾遗》，长春出版社，1989年；中国社会科学院历史所：《天一阁藏明钞本天圣令校证（附唐令复原研究）》，中华书局，2006年；台师大历史系主编：《天圣令论集》台湾元照出版社，2011年。
③ 《唐六典》卷6刑部郎中员外郎条。

对律、令、格、式的重要补充,即对四者未尝涉及或虽有所涉及而实施步骤上未予细则化的空白予以填充。其中一些内容,既经行用,效力较为持久,得以融入格、式等类。而在唐代后期,制、敕的作用愈益重要,尤其是改元、加尊号、大型郊祭之后所颁敕书。亦即后期倾向于用效力持续少则数月、多亦不过数年的诏敕之类王言,广泛地代替将其凝固为稳定的法律条例的做法,这对于因应多变的形势是有帮助的,但也肯定失去了一些基于法律体系的特征的优点,例如条款内容透明、清晰的优点,以及因为具有稳定的可预期性而相对地不容易受到主观任性的伤害等。要之,法律性的律、令、格、式与政策性的制敕之类,有一个共同的源泉,那就是皇帝的意志。因此在两者冲突的地方,近期的王言才具有终极效力,这在唐代后期表现尤为明显。

唐代是各方面典章制度粲然完备的时期,是最具综合性的承前启后阶段,也是"东亚法制史的枢纽"。在好几件事情上可以看出,它比它前后的制度都要完备的特点。譬如六部,在后来也是行政系统的骨干部门,但比起唐代,有把执行部门与政策制定部门合为一体的状况,这样的做法,实际落实起来,不仅不见得会提高行政效率,还把官僚系统内的分工兼相互监督的机会给取消了。

又如,汉代有严重的制度化的卖官鬻爵之弊,曹魏以来的九品之法,则有高官显位被门阀士族垄断的危险。隋唐行科举,已经是一大进步。科目方面,除进士、明经外,还有明法、明字、算学、一史、三史、道举等,①自宋代王安石变法取消以后,这些科目就再也

---

① 《新唐书·选举志上》。另可参见《唐六典》、《通典·选举》、《旧唐书》、《唐会要》;以及傅璇琮《唐代科举与文学》,陕西人民出版社。2003年,第23-40页等。其他或旋置旋废,或时行时停,或置于唐中后期吏治已乱时期,又不止此数。

没有恢复过。而最重要的进士考试,除策论外,还要考帖经,看诗赋,但明清两代只考经义,文体用八股,成为严重压制性灵和各方面创造力的形式。本依唐制,即使在最高等的科举及第与授职当官之间,或在低阶官员的两任的叙迁之间,都有一个进一步测试并等候的阶段——"守选",但后世即便有这样的等候期,却也在考核、磨炼方面,实效未彰。① 后来的朝代,对于正式的官员,虽然也可能有多方面的考核渠道,却没有制订出唐代"四善二十七最"般的简明的考核标准。唐代的门荫制度,是有"令式"上的规定相配合的,极为法制化的举措,在不侵害科举、特别进士科的重要地位的情形下,这为培养政治体系中有恒心而又注重名誉的贵族优雅做派助益良多。

大型的官僚体系为了实现其背后超大型完整共同体的正面功能,不得不在官员的构成和晋升问题上实行某种程度的优选制,这跟它自身的生存性命攸关。

通常情况下,政府机器是由可以在等级制中上下移动的人构成的。高层官员就是特别成功的人士。在大多数官僚体制中的流动性正常的历史情况中,晋级就是某人根据人们认为合意的一些特征进行有意识选拔的结果。我们将把这种有意识选择的晋升称为"优选"。

几乎任何用优选实现社会流动的体制都会按智力进行选拔。……我用"智力"这个词……是指做出"正确"决策的能力。拿主意的能力同准确思考的能力一样重要。②

---

① 例如,明代就有二甲、三甲进士及第后少则三月多则两年的观政制度(参见张显清、林金树主编:《明代政治史》,广西师范大学出版社,2003年,第600-602页)。但效果不好,恐怕跟制度不系统、且缺乏一定考核压力有关。

② 〔美〕戈登·塔洛克(Gorden Tullok)著,柏克等译:《官僚体制的政治》,商务印书馆,2010年,第19、22页。

如果用这里所说的标准来衡量,那么科举——尤其明清的科举制——只是解决了选拔官员得有标准的问题,而没有完全解决合理标准和正确方法的问题。

隋唐的"格式律令"的体系,无疑是一种相互配合的、以公法为主的、很好的制定法组织体系。其中的格式,或系前代所无,却有助于行政法规的实施细化,也有助于实践中可行的公共政策的法典化。到了宋代,有不断编纂的称为"敕"的,相当于唐的律。而稳定下来的法律部门的名义,则是所谓的"敕令格式",其中格为赏格,式为书式,非复唐时之旧。有元一代,企图过但是未能完成律令体系的编纂,留传下来的《元典章》和《通制条格》,实际上是分类汇聚的格例和处分断案集。明太祖的时候颁布过"令",这是中国最后的令了,有吏、户、礼、兵、刑、工6篇145条,条文数目较诸唐令减少很多。但是相当于唐代的"令格式"的行政法规,主要是汇集在《明会典》(成书于正德四年1509)、《万历会典》(万历十五年1587)当中,而它们的编撰体例,毋宁说更接近《唐六典》,到了清代,则有康熙、雍正、乾隆、嘉庆、光绪诸朝《会典》。明律是明代法律中的亮点,而它只在有少量修改的情况下,就被清律概括承受了。[1] 所以总的来说,明清两代的法律体系很明显还是唐代体系的继承,但在功能的细分上,似又有所不及。

作为一种实施合理统治的技术性方式,官僚科层制无疑是得到广泛运用 ——即使有官僚作风、形式主义、人浮于事的问题——而本身也无可厚非的手段。但是当它与专制或极权的体系结合在

---

[1] 参见〔日〕仁井田陞著,牟发松译:《中国法制史》,上海古籍出版社,2011年,第46-51页。

一起的时候,就会产生一种社会体系性和文化性的"官僚政治"的问题。[①]例如:不平等的政治地位和社会氛围;对于个人权利、自由和尊严的无情侵夺;腐败滋生泛滥,绝难根除;结党营私而暗箱操作的朋党政治;经济领域里的官商勾结;盐铁等垄断形式和程度不一的官办产业;[②]通过徭役赋税等形式的对于被剥削阶级的压榨常无限度,并常因为经办官吏的从中侵渔而愈发严重,等等。

传统上,法律实践只是行政体系的一部分。因为在全社会的观念中,法律效力的最终源泉,不是来自人民主权、天道、理性或者自然法,而是来自最高的行政性权力的权威,来自"王言"。皇帝以下的权贵阶层也要受到法律约束的观念,在中国当然也是根深蒂固的;但是超越王权的法律至上的观念,却非我们古人所能接受的。这表明用稳定可预期的权利义务的方式来进行的社会协调,并不为中国传统社会所重视。而我们所看重的是,用隐逸和出世般的逍遥境界来平衡现实世界中的随顺和服从态度所带来的委屈感,看重的是,与此相伴随的统治者的仁政,但仁政的体现不是靠依循法律和规矩,而是靠稍微照顾弱势者和平衡各方利益的灵活处置;[③]这种仁爱的权力和服从的伦理的配合,有时候也可满足在其他文明中系由法律体系所保障的一些权利和利益,甚至有些方面在功利或"兼利"的意义上还能做到更多,但存在着随时随地侵害某些基本权利的风险。财产权的保障方面,就是例证;历史上各级政府公然侵夺私人财产的事件,可谓屡见不鲜。

---

① 王亚南:《中国官僚政治研究》,中国社会科学出版社,2005年。
② 这方面可参见李锦绣:《唐代财政史稿(下卷)》,北京大学出版社,2001年,第2编第2章;梁庚尧:《南宋盐榷——食盐产销与政府控制》,台大出版中心,2010年等。
③ 譬如恩赦这种非法制化的手段的运用,体现的正是皇权的灵活性。参见陈俊强:《皇权的另一面——北朝隋唐恩赦制度研究》,北京大学出版社,2007年。

## 第四章 规范历史形态的不可通约性和整体性

中华法系中的刑法和行政法规之类的公法因素特别发达。①而户婚田土之类,被视为民间细故,所以在制定法——如果不是在其效力很难说的民间习惯——中所占比例很少;而有限的行政资源(专业的法律机构还没有从中独立出来),管不了也没有意愿去管这些细故,所以让当事人和民间社会自己来管,不免成了历史上的常态。② 有很多证据显示,私人间运用契约自由的情况的确普遍存在,③但是由作为第三方的司法权力来保障这类契约的执行,或者由这类权力围绕契约关系等制订或发现更多的规则,就不会

---

① 如大庭脩称:"在以中国为中心的东亚发展了独立的法律体系。一般把以公法为主的法律体系,称之为'律令体系'或'律令法体系'"([日]大庭脩著,林剑鸣译:《秦汉法制史研究》,1991年,第1页)。关于中国法制史,另可参见瞿同祖:《中国法律与中国社会》,中华书局,2003年;杨鸿烈:《中国法律发达史》,中国政法大学出版社,2009年;何勤华主编:《律学考》,商务印书馆,2004年;刘俊文笺解:《唐律疏议笺解》,中华书局,1996年;[日]滋贺秀三著,张建国等译:《中国家族主义法原理》,法律出版社,2003年;[日]籾山明著,李力译:《中国古代诉讼制度研究》,上海古籍出版社,2009年等。

② 民事纠纷,可通过血缘、地缘、业缘或神缘组织等,其中又以地缘为特别重要,在明清时期,此方面重要的,有明初建立的里老人制度(即申明亭制度)、本为治安而建立的保甲组织的延伸功能、原系自发组织而以乡规民约或以精心制订的章程为准绳的"乡约"、客寓某通衢大都的某地同乡会馆、堪称中国古代沙龙的某地文会、乡间集会性质的"吃讲茶"等,参见黄宗智:《清代的法律、社会与文化:民法的表达与实践》,上海书店出版社,2007年;赵旭东:《权力与公正——乡土社会的纠纷解决与权威多元》,天津古籍出版社,2003年;陈会林:《地缘社会解纷机制研究——以中国明清两代为中心》,中国政法大学出版社,2009年;[日]滋贺秀三等著,王亚新等译:《明清时期的民事审判与民间契约》,法律出版社,1998年;王日根:《乡土之链:明清会馆与社会变迁》,天津人民出版社,1996年;以及董建辉."'乡约'不等于'乡规民约'",载于《厦门大学学报》,2006年第2期等。

③ 参见张传玺:《契约史买地券研究》,中华书局,2008年,上编;岳纯之:《唐代民事法律制度研究》,人民出版社,2006年,下编。有着契约的广泛运用,是否表示有契约法、契约习惯法或者运用契约方面的习俗的广泛介入呢?容易承认的也许是第三个概念;而"习惯法"本身则是自相矛盾的;我同意哈特的观点,习惯只是习惯,绝非法律。可是对于习惯性规则,"当法院适用它们,并依照它们下达了生效的命令时,这些规则才第一次得到承认"([英]哈特著,张文显等译:《法律的概念》,中国大百科全书出版社,1996年,第48页)。

是普遍的情况了。而我们不能确定的是,这多大程度上是为了行政权力的自由裁量的本性(它必须通过不断地运用自身来验证和巩固自身),又在多大程度上是因为农业社会对工商活动的鄙夷不屑。

虽然历代的民间组织形式,若社邑、会馆、里甲、都图、乡约等,极是纷繁多样、波及甚广,但能否认为,传统中国有着广泛的地缘性、准地缘和非地缘性的社群自治呢?[1] 单纯把"自治"界定为某一群体的"自觉思考、自我反省和自我决定的能力",[2]也许掩盖了真正的问题所在。没有政治危害性的社群活动——如乡约针对"民间细故"的调解和审判——的确在大多时候没有遭到集权政府的实际干涉,但是对局部的干涉能力始终是存在的,甚至取缔和禁止民间组织,常常就跟倡导和督办一样容易,所以这些组织拥有的是"无干涉的自由",但缺乏"无支配的自由",[3]并因为少了后者而令前者处于根本上的危险当中。

在古代中国,宗法制或家长制的实质功能和隐喻意义,有些情况下,可以帮助缓解官僚体系的统治的严苛性,及提供某种意识形态上的说服;而这两方面都需要不断传递着制度信息和巩固着心理上的认同感的礼制的配合。专制集权体系在统筹赈灾、治水、抵抗外部侵略等方面,固然有其效率上的优势,但它在维护自由、尊严和产权方面,则表现得较为消极。因为这些价值对于支持权力

---

[1] 承认民间社会有相当自主性的学者,包括费孝通、梁治平、德国的韦伯、日本的内藤湖南、仁井田陞等,持否定态度的则有钱端升、萧公权、瞿同祖等。

[2] 〔英〕戴维·赫尔德著,燕继荣等译:《民主的模式》,中央编译出版社,1998年,第380页。

[3] 这对概念的区分,参见本书第4章第5节。有人认为,乡里组织的作用,"除了具有安民联民的作用外,其主要性质是愚民、束民、害民和异化人民",千方百计要把基层民众束缚在土地上、相安无扰,只要专制统治稳固就行(赵秀玲:《中国乡里制度》,社会科学文献出版社,2002年,第22页)。其说,亦非毫无根据。

的运作来说,不仅不是必需的,甚至有时候是起阻碍作用的。因此,如果中国古代的历史选择集权兼专制的体制,就一定是因为,那时候的人们基于其特殊的环境和历史,特别看重前一类公共利益。

## 第五节　从古典自然法学说到现代自由主义

近代以来,西方国家的宪法几乎总是包含着一项权利法案。这些法案浓缩了宪政的哲学内涵即"超验正义"的精华,并其所力图保护的公民权利,经常被视为"自然的"和表现人性的。自然权利的观念,蕴含和渗透在罗马法、英国普通法、西塞罗和洛克的著作、美国的《独立宣言》、基督教对灵性的重视及基于此的人性平等观念,以及新教的个人主义等各种历史和观念的运动之中。它们汇聚为绵延不绝的潮流,显示了西方文明的内在一贯性。到了近代,这种权利观的核心已是:人类的个体具有最高价值,在缺乏施以干预的正当理由之际,他应当免受统治者干预,无论统治者是君王、政党还是大多数公众。[①]

### 一、自然法学说和自然权利观

"自然"一词含有本性、本原、规律的意思,故相应的权利观念,当被用于表述具体的法律体系为了要尽量合理而必须述诸之终极依据时,也常被称作"自然法"。[②]这不是在实践中真正运用的法律体系,而是西方古典哲学关于人类规范的一种基本观念,到了近代,

---

[①] 〔美〕卡尔·弗里德里希著,周勇等译:《超验正义》,三联书店,1997年,第15页。
[②] 参见〔美〕列奥·斯特劳斯著,彭刚译:《自然权利与历史》,三联书店,2003年,第82－127页、220－256页。

则成为资产阶级在法律意识形态上为自由资本主义和自由民主体制做出论证的依据。后来,因为受到经验主义的影响和冲击,自然权利和自然法观念的哲学基础深受侵蚀,遂不再被当作主流意识形态,但这类主张的实质方面仍然饶有影响。晚近的自由主义思潮,其实还是跟自然权利观念,有着千丝万缕的、剪不断理还乱的关系。

"自然权利"的说法,若是用经验论、法律实证主义或是务实的眼光来衡量,仍不免有些虚构、文饰的成分。故而这一学说更多是以信仰的形态存在。当然这"信仰"的提法是广义的,甚至包括了哲学中不能恰当地予以论辩,而作为假设却可以方便地使用的那一类情况。从一开始,也即从这观念的希腊源头起,便是如此。据说,以中文翻译西籍所用"自然"一词,希腊文对应Φύσιδ,在拉丁文中是 natura,在英文中是 nature,它的含义:

> 毫无疑问原来是指物质宇宙,但这个物质宇宙是从完全另外一个角度来领会的……是某种原始元素或规律的结果。最古的希腊哲学家习惯把宇宙结构解释为某种单一原则的表现,这种原则,它们有不同的看法,认为是运动、是强力、是火、是湿气、是生殖。"自然"的最简单和最古远的意义,正就是从作为一条原则表现的角度来看的物质宇宙。此后,后期希腊各学派回到了希腊最伟大知识分子当时迷失的道路上,他们在"自然"的概念中,在物质世界上加了一个道德世界。他们把这个名词的范围加以扩展,使它不仅包括了有形的宇宙,并且包括了人类的思想、惯例和希望。这里,像以前一样,他们所理解的自然不仅仅是人类的社会的道德现象,而且是那些被认为可以分解为某种一般的和简单的规律的现象。[①]

---

[①] 〔英〕梅因著,沈景一译:《古代法》,商务印书馆,1959年,第31页。

## 第四章　规范历史形态的不可通约性和整体性

即"自然"也是指,通过某种形式的理性而被发现的、物质宇宙的内在规律或原则,而非其纷繁歧异的表象,因而自然内蕴着理性,或者说,根本上就是理性。这正是人们后来谈论"自然权利"或者"自然法"时所说的,即从作为若干原则的表现的角度来看待的人际关系,或者对这种关系予以规范之理性上的依据。

"自然的"或理性的,并不同于"习俗的"。后者常与某一事物身上不断再现的东西,即通常被认为是它的特征的东西相联系,就像吠叫是狗的方式,月经是女人的方式,而割礼则是犹太人的方式等等。一个人所从属的集体的生活方式,就是这类习惯,如果没有达到一定程度的重复,或者这样的重复并非被有意识地遵循,它也就不会被看作是某一集体表达自己的方式,即我们无法辨认出它的自身同一性,尤其是一种合乎目的的同一性。重复达到相当程度就意味着它成了古老的传统,彼时其正确性恰好是由其传统性来保障。而"把'古老的'和'自己的'联系起来的概念是'祖传的'"。[①] 然而,"自然的发现,或者说自然与习俗之间的根本分别,是自然权利观念得以出现的必要条件。"[②] 合乎"自然"的状态,涉及城邦生活中的整体和谐。而基于自身经验的习俗观点,却正是模糊、分歧和错误的意见之根源,而不是关于事物本性即事物整体的真正知识。每一种意见,都毋宁说是,关于整体的洞见的某一不恰当的表达而已,因而局限于自身经验的习俗主义,正是那种有缺

---

[①] 〔美〕列奥·斯特劳斯:《自然权利与历史》,第84页。
[②] 同上书,第94页。例如亚里士多德就说过:"政治的公正,或者是自然的,或者是传统的。自然的公正对全体公民都有同一的效力,不管人们承认还是不承认。而传统的公正在开始时,是既可以这样也可以那样,然而一旦制订下来,就只能这样了。"(〔古希腊〕亚里士多德著,苗力田译:《尼各马科伦理学》,中国社会科学出版社,1990年,第102-103页)

陷的理解。

苏格拉底也许是整个自然权利论传统的始作俑者。由此以降，柏拉图、亚里士多德、斯多亚派，以及像托马斯·阿奎那那样的基督教思想家们，发展了古典派的自然权利论，当然应该把它与17世纪出现的现代自然权利论区分开来。①

西方的古典时代，本质上还是从共同体的角度来看待一切道德事务和政治事务，所以个人权利的意识，绝对不像近现代那样突出。在各类政治价值中，重要的是共同体的形式——在古典时代就是一种经由"政府形式"中介的人们的生活方式——的稳定性，以及其中的个体或阶级依其天性分殊的各得其所、各司其职。所以人们更多谈到的"自然正义"是一种整体上的秩序，这对于柏拉图来说尤其典型，对于亚里士多德稍次，对于西塞罗则似乎有某种扭转。

如果权利就是各人得其所应得的，那么，无论从成果分配角度、还是从参政机会等方面来看，各人应得部分并不平等，却仍然可以谈及各自份内的权利。古典派的自然权利论，着眼于人性的种类差异甚至人性的自然不平等，并在此基础上来谈论道德事务和政治事务，并非所有人都自然地禀赋着同等的趋于完善的能力，即不是所有人的"天性"都是"好的天性"，而往往包括他适合哪一种职业在内的情况，都是由其特定的禀赋来决定的。因而平等主义的自然权利论，起初是古典时代所拒斥的类型，反映在社会现实中就是，当时的城邦流行奴隶制，政治权利上的平等，仅限于多数的男性自由民。

但是古典派在平等问题上的看法，到了斯多亚派，尤其西塞罗

---

① 参见〔美〕列奥·斯特劳斯：《自然权利与历史》，第148页等。

第四章　规范历史形态的不可通约性和整体性

的手上,或多或少发生了一些引人瞩目的改变。斯多亚派将"自然正义"视作全人类通往幸福的坦途。他们视自然本身为最高的立法者;自然、人性和理性是一回事;他们无法像典型的古典派那样,将道德和政治的秩序奠基于"各自适合其位置"的理念之上。在西塞罗的自然法观点中,较突出的,就是他的人性自然平等观:

> 没有什么比完全理解我们为正义而生以及理解权利不基于人们的看法而基于大自然更有价值。……如果坏习惯和错误信仰还没有扭曲那些较弱的心灵,还没有使他们转向易于趋向的任何方向的话,那么没有一个人与其自我的相像会赶上所有人之间的相互相像。因此,无论我们怎样界定人,一个定义就足以运用于全体。……而理性……对我们肯定是共同的。①

而相应地,人民主权论、社会契约论或者统治者与被统治者订立契约的思想,在西塞罗那里,都可以找到或清晰或含混的印迹。②

古典自然权利论的本义若是得到充分展现,就体现为某种关于最佳政体或制度(regime)的理论。恰因在他们看来,人是政治性的动物。比较而言,按照美国人的看法,美国宪法与美国生活方式并非一回事,即在其谈到宪法时,必然会想到政府;而在谈到一个共同体的生活方式时,则不必想到政府。但是古典派却将两者融为一体,他们所使用的 Politeia 一词指的却是,本质上为其"政

---

① 西塞罗:《法律篇》i.28-30;载于〔古罗马〕西塞罗(Cicero)著,沈叔平等译:《国家篇　法律篇》,商务印书馆,1999年,第163-164页。
② 然而,这也许并不标志着与苏格拉底、柏拉图或亚里士多德的自然权利论的一场彻底决裂;西塞罗只是要证明人天生的社会性,即这种相似性是人对人的善意的自然基础。参见〔美〕斯特劳斯:《自然权利与历史》,第136-137页等。

府形式"所决定的一个共同体的生活方式。① 故而"什么东西依据自然是正当的,或者什么是正义这样的问题,只有通过对最佳制度的构想和谈论,才能找到完备的答案。"② 但是古希腊罗马哲人的主流观点,并不认为民主制是最佳的政治制度的选择,譬如柏拉图、亚里士多德都倾心于贵族制,或是像西塞罗那样,认为开明的君主制或者一种混合政体才是上佳之选。

虽然可能是由于来自斯多亚学派等方面的影响,查士丁尼的《法学总论》中已有平等主义的自然权利观的雏形,③但一种更深刻的平等观,却来自在罗马帝国后期才流行起来的基督教。其实就像古代世界里的其他法律那样,罗马法本身并无真正的平等可言。其很多传统渊源,例如罗马人在父权家长制方面的部落习惯法、对君主和皇室特权的承认,都是不平等的体现。只有基督教才真正开始有说服力地倡导"人人平等"观念。其所指的平等,不是自然事实上的,如人的智能、体力、财产和境遇上的平等,而是宣称其在生命创造的源头上的平等,因为每个人都是来自一个共同的造物主,他们身上都同样地体现神创世的目的和他的至善全能,他们都为神所眷顾。因而,每个人在生命价值和尊严上绝对平等。《福音书》里所见耶稣的行事,如以神的独生子的极尊贵身份,而为门徒洗脚,对人私心上的恭、高、我、慢,实有振聋发聩的作用。《新约·加拉太书》曰:

---

① 参见〔美〕斯特劳斯:《自然权利与历史》,第137—138页等。但诚如其所指出的:"只要自然还被视作准绳,契约论——不管它是平等主义的还是非平等主义的前提——就必定包含了对于公民社会的贬抑,因为它的意思是说,公民社会不是自然的而是习俗性的"(同上书,第120页)。即契约论的思路是被排斥的。

② 同上书,第145页。

③ 例如其宣称,"根据自然法,一切人生而自由,既不知奴隶,也无所谓释放"(〔古罗马〕查士丁尼著,张企泰译:《法学总论》,商务印书馆,1989年,第13页)。

## 第四章 规范历史形态的不可通约性和整体性

并不分犹太人,希腊人,自主的,为奴的,或男或女;因为你们在耶稣那里都归于一了。

就连奥古斯丁有时亦不得不认为:当一个统治者下令施行上帝所禁止的事情的时候,一个基督徒有义务采取消极不服从的态度。① 固然在一般情况下,对既存权力的服从,是他和大多数罗马人的观念。在判定一个统治者何时和在何种程度上失去了合法统治地位的问题上,教会被认为是最高仲裁者。无论如何,这种判定不是依据既有的制定法,而是出自对于最高规范依据的诉求。对于圣·保罗、奥古斯丁或者阿奎那来说,最高原则就是基督教信仰。据阿奎那所述:"一旦统治者因背叛教义而被开除教籍,他的臣民依据这一事实便可不受他的统治,并解除约束他们的效忠宣誓。"②

起初,新教徒(尤其是路德)对宪政问题并无兴趣,正义对他们来说似乎是属于上帝之国的、为人间所不可达到的理想。但是随着新教运动的开展,日益迫切地感觉到,要确认其信徒有权利来对抗敌视宗教改革的统治者。加尔文的《基督教原理》有一则著名的段落,讲到公共官员(popular magistrates)被任命后有责任来抑制国王们的专断,当然他谴责任何私人基于宗教良心之外的理由来反抗世俗政府的行为。这寥寥数语却为加尔文教徒反抗统治者的宗教迫害和保护自己,提供了一定的信仰上的依据。③

17世纪,作为席卷欧陆的理性主义思潮的一部分,自然法学说得到充分发展。一直到18世纪,都不断有人将自然法观念与罗

---

① 〔美〕卡尔·弗里德里希:《超验正义》,第19页。
② 这种失去合法性的政府,被认为相当于柏拉图、亚里士多德所说的僭主政体,参见上书,第20页。
③ 参见上书,第42—43页等。

马商业法原则结合起来,他们所表述和论证的法律体系,适应当时日益强大的商人阶级的实际需要,旨在废除各类封建义务,创建基于"契约自由"和"私有财产神圣"的"自然法"原则的公民社会,这便为继踵而来的、要真正将这些目的付诸实践的立法浪潮奠定了基础,这样的浪潮对资产阶级革命成果的巩固极为重要。

在英语世界,普通法常常被认为,对于保护自由、人性尊严和个人对幸福的追求等方面的自然权利贡献良多。而据认为,普通法历史的真正起点,是英王亨利二世于12世纪最后25年所确立的包含一个中央上诉法院的巡回法院制度。正是由于这一事实,英国的法律体系与欧陆的,便有了一个显著的不同之处:虽说它们都是运用了"合乎理性"作为制定法律的标准,但是欧陆的法律体系所诉诸的"自然"或"理性"概念,多半被认为是与特定人物在历史上的创造性活动无关的一种恒久的标准,而普通法的历史却绝对是一种个人在其中能够有所作为的传统,尤其是在将它抬高到具有约束最高当局的地位的过程中。并且它在历史性的"英国人的权利"和普世的自然权利的涵义之间有种种含混不清的地方。

但毫不夸张地说,近代"自然权利"的雏形,在中世纪后期英国的宪政文献中已经显现。[①] 1215年的《自由大宪章》就是其中最著名的,它是教会和封建贵族对国王的斗争胜利的成果。它确认了教会独立、非经同意不得征税、尊重和保护人身和财产权利等原则。就其对后来的美国宪法史和宪法理论史的影响而言,尤以第29条最为重要,彼曰:

---

[①] 亨利三世统治时期王座法院的大法官布雷克顿,在名为《论英国的法律和习惯》的著作中,即指出"国王本人不应受制于任何人,但他却应受制于上帝和法,因为法造就了国王"(〔美〕考文:《美国宪法的"高级法"背景》,第21页)。

凡自由民,非经其具有同等身份的人依法审判或依照王国的法律规定,不得加以扣留、监禁、没收其财产、剥夺其自由权或自由习俗、褫夺其法律保护权、放逐或施以任何方式的侵害,不仅我们不能这么去做,而且我们也不能派人这么去做。[1]

尽管"自由民"一词,一开始或许仅指贵族阶层的人,"但是在这一点上,正如在其他方面一样,《大宪章》很早就显示出向前发展的能力。"[2]质言之,这一条款的受益人范围后来明显扩大了,1225年第二次颁布《大宪章》时,就承认"人民和大众"与贵族享有同等的自由权。

但是《大宪章》最初的辉煌仅仅持续了一个世纪,此后便陷入无人问津的地步,直到17世纪初反斯图亚特王朝的斗争,它才得以复兴。然则其间的湮没无闻,据说并不能归结为都铎王朝的专制统治,而是由于"从《大宪章》面世以来它就一直不断地被吸收到普通法的主流之中。"[3]而经由许多代人集体智慧发展而来的普通法,被视为自然理性的完美体现。

亨利六世时期的大法官约翰·福蒂斯丘爵士,在陪同国王流放期间,准备了那部著名的《英国法礼赞》。该书将统治权受限制的观点建立于"统治权源于民众"这一思想之上。《礼赞》提到,英国普通法不承认君主的意志具有法律效力;这些法律"无论在什么情况下,皆宣布支持上帝在其创世时馈赠于人的礼物——自由。"[4]这种促成英国繁荣的自由权,是和人们可自由地享用其劳动成果相关联的。

---

[1] 译文据《美国宪法的"高级法"背景》,第27页。
[2] 同上书,第27页。
[3] 同上书,第29页。
[4] 转引自上书,第31页。

从 17 世纪跨入 18 世纪,经过英国哲学家洛克(J. Lock)在其"生命、自由和财产",①及广义上还包括"追求幸福"的公式中加以概括的"自然权利",在那个时代主要是指保护个人对抗政府的权利。② 由此引申出一种带有普适性的看法,即每个人皆有权拥有个人或者说私人的自治领域,特别是在宗教信仰和财产等方面。洛克的《政府论·下篇》是一篇杰作,其突出特点在于:"自然法"的概念经过他的处理,几乎完全融入到个人性的自然权利观之中。而实现这一转型的理论中介,就是他的以"自然状态"为预设起点之社会契约论。其所说的原初的自然状态,指向一种可以和对它的侵害进行对比的具有伦理价值的自发倾向。它是一种人人"自由"和"平等"的状态,也可以说,"自然的自由"与"自然的平等"两个概念是相互假设的。他说:

> 那是一种完备无缺的自由状态,他们在自然法的范围内,按照他们认为合适的办法,决定他们的行动和处理他们的财产和人身,而毋需得到任何人的许可或听命于任何人的意志。
>
> 这也是一种平等的状态,在这种状态中,一切权力和管辖权都是相互的,没有一个人享有多于别人的权力。极为明显,同种和同等的人们既毫无差别地生来就享有自然的一切同样的有利条件,能够运用相同的身心能力,就应该人人平等,不存在从属或受制关系,除非他们全体的主宰以某种方式昭示他的意志,将一人置于另一人之上,并以明确的委任赋予他以不容怀疑的统辖权和主权。③

---

① 早先在斯图亚特王朝的拥护者和议会党人的辩论中,即已使用这样的术语。
② 参见〔美〕卡尔·弗里德里希:《超验正义》,第 91 页。
③ 〔英〕洛克著,叶启芳等译:《政府论(下篇)》,商务印书馆,1964 年,第 5 页。

第四章　规范历史形态的不可通约性和整体性　　551

自然的自由状态中的法则,就是对其中自生自发的权利的保护。故"自然权利"的要求,总体上显得单纯和抽象,甚至可以说是贫乏,它就是不应受侵害的生命、健康、自由和财产权的代名词。[①]洛克心目中的自然状态,并非指涉初民的蒙昧状态,而是无论在何地,只要有一定数目的人,并且其中并无一个可以求助的决断性权势,那么他们仍处于自然状态。所以这状态可以和包括现在在内的人类历史的任何阶段相联系。而对一个人的人身不正当地使用了武力,便造成了战争状态。即使战争状态不是出于人的本性,也至少会经常发生,因而自然状态非常不便。公民社会应运而生。

> 政治权力就是为了规定和保护财产而制定法律的权利,判处死刑和一切较轻处分的权利,以及使用共同体的力量来执行这些法律和保卫国家不受外来侵害的权利;而这一切都只是为了公众福利。[②]

洛克的理论体系之产生现实影响,与到达美洲的加尔文派信徒的活动有关。英国光荣革命之后,殖民地与宗主国的政治发展的直接联系中断,不得不利用原已掌握的思想材料。当时殖民地的智识生活总体上是贫乏的,几乎看不到书籍,唯有牧师的布道,可成为开启成年人智识的钥匙。18世纪前半叶,新英格兰的牧师们,将源于17世纪英国的思想材料加以组织,向他们的信众阐述,或编成小册子。除了《圣经》,教士们最常引用的,便是洛克的理论。"他们布道时所宣讲的教义几乎都是《政府论》的内容。所谓的自然权利和社会契约、政府受制于法律和有悖于法律的措

---

① 〔英〕洛克著,叶启芳等译:《政府论(下篇)》,商务印书馆,1964年,第6—7页。
② 同上书,第3页。

施不具有合法,以及对非法措施的抵制权利,都是从《政府论》中而来。"[1]

但是很难说,洛克政治理论的主要特征可以追溯到加尔文本人,不如说加尔文派信徒的历史境遇和特殊气质,决定其在实践中会接受洛克式的理论。它们理论的相似之处,仅在于"个人主义",对于新教运动来说,则是"由于特别强调信教者个人的教士身份而浸润着个人主义的意蕴"。[2] 然而加尔文本人对社会契约一无所知,他所强调的是上帝主权说,却在世俗政治领域宣扬不抵抗主义。"幸运的是,就加尔文派在政治思想上的最终声望而言,它常常处于受迫害的宗教少数派的地位。他的信奉者被迫使要么采纳加尔文自己的不抵抗学说,要么发展出一套支持抵抗的政治理论,他们中有许多人采取了后一条路线。那就是说,由于加尔文派的现实境遇,使得某些加尔文的信徒发展出政治自由的学说。"[3]

此类和宪政相关联的布道宣传,并不限于新英格兰,乃至于并不限于信奉清教的教士。1761年在导致美国革命的那场论战中,奥提斯的观点是:议会的法令,倘若违背宪法,违背自然公平之类即属无效,而地方法院可对根据议会的意志而颁布的具体法令予以审查,以保护殖民地的"英国人的权利"。后来,身为律师的亚当斯就利用他的观点,反对马萨诸塞总督和议事会制订的《印花税条例》,弗吉尼亚县法院竟也宣布该议案无效。

但是直到第一次大陆会议召开,仍有一些人反对诉诸任何形式的自然权利。会议后来通过的"宣言和决议",表明支持自然权

---

[1] 〔美〕考文:《美国宪法的"高级法"背景》,第77页。
[2] 同上书,第63页。
[3] 同上。

## 第四章 规范历史形态的不可通约性和整体性

利的一方获得了优势。决议一开头便主张,殖民地的居民,依照永恒不变的自然法、英国宪法的原则以及某些宪章和公约,皆有权享有生命、自由和财产。①

进而在《独立宣言》中,美国人关于政府与个人权利关系的学说找到了经典的表达:

> 我们认为下述真理是不言而喻的:人人生而平等,造物主赋予他们若干不可让与的权利,其中包括生存权、自由权和追求幸福的权利。为了保障这些权利,人类才在他们中间建立政府,而政府的正当权力,则是经被治者同意所授予的。任何形式的政府一旦对这些目标的实现起破坏作用时,人民便有权予以更换或废除,以建立一个新的政府。新政府所依据的原则和组织其权力的方式,务使人民认为唯有这样才能最有可能使他们获得安全和幸福。②

由《查士丁尼法典》中有关人民主权的条文可导出立法权至上的理论。但其滥用的结果,乃各类自然权利受到了这种单一权利之威胁。议会的那种无所不能,有时被描述为:"议会除了无法将男人变成女人或使女人变为男人,没有它办不到的事情。"③ 幸好在美国宪法中,最终并没有确定立法至上原则并且与美国革命的实践相联系,确认了司法审查制度作为自然权利的坚强后盾的作用,把它当作个人可以求助的源泉。④

---

① 〔美〕考文:《美国宪法的"高级法"背景》,第83页。公元1776年,《弗吉尼亚权利法案》第1条同样确认了自然权利:"一切人生而同等自由、独立,并享有某些天赋的权利,这些权利在他们直入社会状态时,是不能用任何契约对他们的后代加以褫夺或剥夺的"。
② 《独立宣言》,载于〔美〕拉维奇编:《美国读本》,第49页。
③ 〔美〕考文:《美国宪法的"高级法"背景》,第91页。
④ 同上书,第93页。

犹太裔宪法学者耶里内克(Georg Jellinek)在1895年的一篇短论中认为,英国法律所要维护的权利,是"一批批地或者一项一项地"被肯定的,"它们来源于特殊的历史环境,或者就是对已经存在的法律解释的确认而已",①乃是从集体而言历史性的、从个人而言世袭的由出生即可获得的"英国人的权利"。然则"英国的立法……无意于承认什么人的普遍权利,它们既没有权力也没有意愿去限制立法者或者为未来的立法确立什么原则"。②但北美各州的权利法案,却宣称从自然法则的核心可推演出一些基本权利,是为未来所有世纪和所有人宣布的支配性原则。甚至包含了作为司法审查制度的基础的、"高于普通的立法者的更高级的规范的观念"。③即便在洛克的思想中,在为了保护自然权利而建立的国家那里,自然权利业已转变为公民权利(civil right),即他"并没有赋予在国家之内的人任何特定的基本权利的意思"。④所以天赋自由被认为是与合法奴役兼容的,而在洛克为北卡罗来纳州制定的宪法中竟也认可了奴隶制。面对维护权利的事业总是逐步进展和遭遇很多历史机缘的事实,自然权利论要想证明自己,就得首先表明在一种不断叠加上去的诠释语境中,人性具有一种超越历史的共通性——但这注定将是困难的。

历史悠久的自然法观念,在西方曾经是主流思潮,但随着"事实与价值二分"的看法逐渐在思想阵营里面占据上风,自然权利观

---

① 〔德〕格奥尔格·耶里内克著,李锦辉译:《人权与公民权利宣言——现代宪法史论》,商务印书馆,2013年,第28页。
② 同上。
③ 同上书,第28—29页。
④ 同上书,第33页。譬如没有布莱克斯通所承认的,"减去出于公共利益的考虑而对自然权利施加的法律限制之后剩下的自然权利"。

的哲学基础受到侵蚀,至少已变得步履维艰。①

## 二、政治负责制为何会在17世纪的英国获得成功

政治负责制的实质是要求政治活动接受人民的检验,要求统治者对治下民众负责,将民众利益置于自身私利之前、之上;并且确实存在某些接受民众检验的程序,民众有正式表达其压力的渠道。以针对政治领袖的普选为特征的现代西式民主程序,只是政治负责制的一种表现形式;但程序上的负责制并不限于选举,例如17世纪初柯克大法官向英王所表达的"法律至上"原则,何尝不是透露出一种负责制的形式呢?这就意味着,行政权力须对基于社会共识的法律价值负责;又如中世纪晚期各国代表性有限的议会,握住对国王征税案的审查权力,也是一种负责制的形式。同样,道德教育可能促进统治者养成对民众负责的习惯,就像传统儒家教育所起的作用那样,不过单单依靠这一点,没有实际运行的检验程序,恐怕很难百分百保证渎职、无能或擅权的政府,会在和平理性状况下被取代。②

公元前5世纪前后,古希腊罗马人实践着一套"古典共和政府"的形式,它不光在必要的集权和统治效率方面存在缺陷,规模也难以扩张,只在小型而均质化程度较高的社会中表现良好。③中世纪后期的意大利威尼斯、热那亚等城市共和国,近代的荷兰联合省这些模仿它的例子,也全都是这样。所以古罗马在开疆拓土的过程中,逐渐地变成了君主制,因为后者反应更快,行动更迅速,

---

① 但是二次大战以来,新自然法学派对人们的诘难做出了一些回应,即从普遍人性的角度探讨人类应享有的一些内在权利。如有学者认为人权是"基于人的一切主要需要的有效的道德要求"(〔美〕J.范伯格著,王守昌译:《自由、权利和社会正义》,贵州人民出版社,1998年,第134页)。
② 参见〔美〕弗朗西斯·福山:《政治秩序的起源》,第315—316页等。
③ 同上书,第20—21页。

国家规模也容易扩张。而在近代的大规模政治实体中,运用政治负责制或民主程序而首先取得成功的,得算是英国。英国之所以成功,自有它的道理和原因。

清除或抑制家族化的影响,不仅仅对于提高集权国家的行动效能有帮助,对于民主政治的品质也有帮助。不得不说,西北欧的个人主义在这方面表现出色。在婚姻、财产和其他私法所涉领域里,真正做主的不是家庭或亲戚团体,而是个人。① 这种家庭范围的个人主义,堪称其他领域里的个人主义的先声。因为在公共事务上,个人只有摆脱对亲友圈的效忠,才有可能去效忠更大的团体如国家,才有可能做出符合——国家本身也是为之服务的——民众的最大利益之政策选择。

法治是英国成功的另一关键。普通法是在很多行之有效的惯例基础上发展起来的,这使它在保护产权等事情上表现得很出色,但也不能不提到,诺曼征服以后,加强王权方面的意愿和做法上产生的"势能",对普通法的形成和完善的推波助澜。这个起初的外来政权,为了它的中央集权和能够扎根当地,发现提供超越封建领主法庭的司法正义,是它的机会所在,包括发现在产权上支持普通民众,也是连带地削弱本土贵族势力的一个好机会。事实上,国王法庭对农民佃权(copyhold)的保护,竟逐渐使这项权利进化成了真正的私人产权。"到15世纪,英国司法制度的独立性和获得认可的中立性,允许它扮演日益重要的角色。它……有资格裁决宪法问题,如议会废除专利特许证的权利"。②

诺曼征服之前,英格兰王国各地大体都有郡(shire)的建制,

---

① 参见〔美〕弗朗西斯·福山:《政治秩序的起源》,第 226-227 页。
② 同上书,第 399 页。

其前身可能是独立小王国。主持郡务的长老(ealdorman)职位世袭,不过实际权力已渐渐落入由皇家指派的郡治安官手中,诺曼征服后,只是将郡改为县而已,但治安官权力大增,而在县法庭上,大领主们必须基于法律面前人人平等的原则,与自己的臣属和租户坐在一起,俨然就像伙伴。到后来,县法庭的很多职能被国王法庭所取代,只得主持一些不太重要的诉讼。可是它获得新的政治功能,成为一种代议场所,这法庭是个奇怪的组织,一方面它受到由国王任命的治安官的辖制,另一方面它又以全体地主的广泛参与为基础,还有代表本县发声的民选督察官。除了县法庭,普通民众可以参与的政治机构,还有针对更小的行政单位"百户"的百户法庭,百户区也是陪审团制度的基础,需要提供审理刑事案件的12陪审员。① 这些基层组织在属性上是模糊的,因为很难区分它们是法律的还是政治参与的组织,但是没有它们在塑造社会团结方面的作用,理性的集体行动能力就难以形成。

宗教改革运动席卷欧洲以来,英国人口中的主流是包括国教信徒在内的新教徒,而没有子嗣的伊丽莎白女王之后的斯图亚特王朝的几任国王,不是经常被怀疑对天主教抱有同情,就的确是天主教徒。光荣革命期间,议会之所以愿意接受不列颠以外的奥兰治公国的威廉,来取代合法的詹姆斯二世,就因为后者是天主教徒。所以,对于专制君主参与国际上的天主教势力扩张活动的担忧,可能促进了议会阵营,甚至多数英国人之间的团结。

的确在英国,城市资产阶级和市民阶层,既仇恨又畏惧贵族,领主则在对他们鄙视之余,又觊觎市民的财富,而国王发现在嫉恨

---

① See Frederic W. Maitland, *The Constitutional History of England*, Cambridge: Cambridge University Press, 1961, p. 46.

和畏惧贵族这一点上,他和市民阶层有相互支持的必要,这便是国王将自由和立法权赋予城市的原委,意图让他们在他与贵族的斗争中充当平衡砝码。① 可是随着中央集权国家的日趋成形,特别是集权体系开始的时候总是与专制君主的极权权力联系在一起的,这就让情势发生了转变。市民阶层发现他们需要反对的已然是变得越发危险的王权。而《自由大宪章》与"法治至上"原则,让人们相信有关的限制和反对,渊源有自,天经地义。与法治相配合的健全产权机制,则令英国的有产阶层觉得,他们确实有重要的东西值得去保护,所以他们参与了反对斯图亚特王朝的专制的斗争。而有产阶层不光是城市中产阶级和资本家,还有农村那些条件较好的自耕农。

光荣革命确立了统治须经被统治者同意的基本原则,它也使得政治负责制和代议政府的原则被制度化。但那时的英国议会只由很小比例的人口选出,仅代表了大约 4% 到 5% 的人口。可是建立被统治者同意的原则很重要,"人民"的含义则可以容后拓宽。作为亲身经历这场革命的评论家,洛克改进了霍布斯式的、认为国家源于为保障个人自然权利而签署的社会契约的观点。与其说这展现了此前走过的各方利益关系错综复杂的历史进程,不如说这是对结局的总体特征的描画,也是对未来要长期坚持的政治原则的表述。有一点,霍布斯比洛克要清醒和深刻,那就是自然状态不是各人相安无事抑或纯粹互利共赢的世界,而是在一个有其资源瓶颈的环境中的相互为敌的世界;甚至,说集权国家是契约的内容,也不无道理。然而,围绕专制君主来建国,并不是集权国家的唯一合理形态,侵犯臣民权利的暴君,理应被替换,而且各方势力

---

① 亚当·斯密早就注意到了这一点。参见《国富论》,第 3 卷第 3 章。

合作，也终究把他换掉了。在这一点上，洛克当然是对的，他看到了他的前辈所未及看见的历史。

就像产权，说它是与生俱来的自然权利，这是不着调的高调——因为它是历史的产物。但是在下述意义上，说那些是自然权利，又不无道理：在特定阶段，经过人们长期斗争和实践试错，那些得到确认的合理权利，不仅是可行的、现实的，人们常常觉得那些就是他们本来想要的，跟他们在没有赢得那些权利的情况下，依然可以体察到的某些关于人生事态的抽象原则之间，似乎可以找到深刻的共鸣点。这些原则可能是自主性，是人格，是平等，是同情与博爱，是忠恕，也是良知本心，是道和势。

所以，政治负责制是一条普遍的原则，谁在政治生活中无视它，谁就会受到无情的惩罚，但是首先把这样的原则在其政治中加以贯彻的国家所走过的道路，却是独一无二的、不可复制的。贯彻这样的原则就意味着，对公众利益负责的实质和接受其检验的程序，两方面都有，并且两方面都表现良好。稍后若有其他国家去仿效这样的原则，就比第一个尝鲜者要轻松容易得多，但自己依然有很长的布满荆棘的路要走，哪怕有意学习，也不该生搬硬套，而要跟自己以前走过的道路相结合，既要体现普遍的原则，又得照顾特殊国情，如此才能获得良性发展的机遇。

### 三、近现代自由主义的谱系

自由主义是近现代西方主流思潮之一，大多数西方和受西方影响的宪政体系所蕴含的价值核心，也跟这股思潮有着莫大的关系。它既是一种道德学说，也是一种宪政主张，并通过后者影响到立法和司法实践。而这种宪政主张的实质与传统上的自然权利说，堪称一脉相承、渊源甚深，但它并不是绝对无条件地依赖"自然权利"或"自然法"观念，它也可以和其他学说相结合，例如经验主义、功利主义或进化论等。

在古代或者中世纪，一些实质上的自由可能存在于法律、公共政策乃至专断命令的管辖之外，但是这些一度自然享有的自由状态，通常缺乏实质上的确认和保护。且很多私人领域里的自由是付诸阙如的。① 比较而言，在现代国家中，对于公共事务，个人常感无能为力，这既是因为采纳了代议制，也是因为绝大多数现代国家比起古代城邦来，都堪称人口繁庶的超大集团，人们在从中得到规模效益的诸多好处的同时，得承受个人面对此庞然大物时影响甚微的代价；但重要的是，现代自由主义体制极为看重对私人领域里的行动自由之保护。围绕此类保护的一项重要运用就是"隐私权"，它在古代几乎闻所未闻，实际上是中世纪思想的一项现代运用。②

自由主义关于"自由"的直观理解比较简单，穆勒（一译作"密尔"）曾提到：

> 人类之所以有理有权可以各别地或者集权地对其中任何分子的行动自由进行干预，唯一的目的只是自我防卫。这就是说，对于文明群体中的任一成员，所以能够施用一种权力以反其意志而不失正当，唯一的目的只是要防止对他人的危害。若说为了那人自己的好处，不论是物质上的或精神上的好处，那不成为充足的理由。③

这样的观点——在某人的行动不危害他人的情况下，不得干预其

---

① 参见〔法〕贡斯当著，阎克文等译：《古代人的自由与现代人的自由》，上海人民出版社，2003年，第47页等。

② 参见〔伊朗〕拉明·贾汉贝格鲁：《伯林谈话录》，译林出版社，2002年，第38页。

③ 〔英〕约翰·密尔（J. Mill）著，程崇华译：《论自由》，商务印书馆，1959年，第10页。

# 第四章 规范历史形态的不可通约性和整体性

行动自由——可能是指向个人对个人的关系,也可能是为了防范多数人对某些个人(如有违背,是谓暴民统治),或者指向统治者和国家机器对于其他阶层的群众。

对于一个19或者20世纪的英国、法国或美国公民而言,"自由"一词意谓着:

> 自由是只受法律制约、而不因某个人或若干个人的专断意志受到某种方式的逮捕、拘禁、处死或虐待的权利,它是每个人表达意见、选择并从事某一职业、支配甚至滥用财产的权利,是不必经过许可、不必说明动机或理由而迁徙的权利。它是每个人与其他个人结社的权利……。最后,它是每个人通过选举全部或部分官员,或通过当权者或多或少不得不留意的代议制、申诉、要求等方式,对政府的行政施加某些影响的权利。①

在近代以来的西方历史上,可能有三种主要的论述自由的传统:一者理想主义传统;二者自由派传统;三者共和主义传统。②

第一种传统致力于倡导自律的自由;这跟意志自由的范畴有关。强烈的欲望乃至顽强地坚持其欲望,这甚至在觅食的哺乳动物身上都可以找到。人类所区别于动物者,当然不在于本能、冲动、欲望、动机,甚至选择的能力,而在于对冲动和冲动的对象的意识上的意向性,以及意志自由。"意志"现象突坱于"意愿的意愿"

---

① 〔法〕贡斯当:《古代人的自由与现代人的自由》,第46—47页。
② See D. Miller, *Introduction of liberty*, Oxford University Press, 1991. 据米勒(D. Miller)此种分类,就各类思想家的主要倾向而言,斯宾诺莎、康德、密尔、罗尔斯等人的自由观可归入理想主义的传统,霍布斯、贡斯当、休谟、边沁、斯宾塞、哈耶克、伯林、诺克斯等人可归于自由派;而弥尔顿、洛克、孟德斯鸠、汉密尔顿、佩迪特(P. Pettit)和斯金纳(A. Skinner)则可归入共和主义传统。

即二阶意愿的形态,二阶意愿将反思性植入欲望和意愿的滚滚洪流当中,藉由反思延滞与反思评价,遂区分了可欲与不可欲的;把产生二阶意愿的现实性和可能性与自我统一性的经验联系起来的能力就是意志。由于可欲和不可欲的区分,相对于单纯的意愿,意志已显超越和自由。毫无疑问,意志自由是个人自律的基础,亦缘于此,个人本质上不受他人支配,而是自己支配自己。所以,在人际互动的表象上所发生的对于强制、干涉,或者积极的、非压迫性的干预的任何有意的接受,在自由意志仍然清醒即仍然行使其权的时候,根本上仍是自由意志的选择,例如对于强制或者威胁的屈从,可能是出于自我利益计算的一种选择,也可能是对强制事项的对立面的可欲性评价并不高等;自然,自律的意志根本上也可以有其他选择。比起强制(由于它必然引起强度不一的反感),对自律的自由之侵害,更有可能来自宣传、媒体操纵、时尚追逐等;[1]强制通常并不是对自律的基础及意志自由的直接损害,而是对于在二阶意愿层次上被判为"可欲"的一阶意愿的损害。

第二种传统力主"无干涉的自由"。即,本质上为消极的那种自由,核心的意思是指他人在场时实际干涉的阙如。在该派看来,一个自由的人便是免于他人干涉而享有自由行动权的个人。干涉意指多少为故意的干涉,任何纯粹出于自然原因的不可避免的相互影响不在其列,干涉既包括实施暴力、绑架、监禁之类物质上的强制,也指向口头威胁,甚至包括源于他人的积极帮助和推动。该派自由观的特征,最少有两点:其一,它重视一个非压迫性权威所实施的干预对人们的自由所带来的负面影响,即使它有可能促进了整体的长远利益,并且,哪怕这种干预只不过是公平、合宪的强

---

[1] 〔英〕J.格雷著,曹海军等译:《自由主义》,吉林人民出版社,2005年,第84页等。

制；其二，当它把非压迫性的实际干涉也视为对自由的一种剥夺时，便会相对忽视或低估那种不存在实际干涉或者实际干涉甚少的压迫形式对自由的否定。按照这第二个特征，人们就不难理解，为何在一些自由派思想家看来，一个开明的威权政府，很多时候可能比基于民主主义或民粹主义思潮的多数统治形式，要更有利于自由的事业。①

第三种即共和主义的传统则力主"无支配的自由"。此类自由要求没有人能够在随心所欲的、专断的基础上拥有支配他人的权威地位。照孟德斯鸠的话来说，这种自由实与平静地、不卑不亢地对待他人的能力相联系。作为他人在场时支配的阙如，它既可以是指强制、压迫之类实际干涉的阙如，也可能指向潜在可实施压迫的地位或能力的阙如。据佩迪特所言，共和主义自由观的特征，也至少有两点：其一，所有愿意服从于他人专断意志的人都是不自由的，哪怕在一些情境中，实际干涉并没有明显发生；其二，他们并不认为一个非支配性的干涉者会实质地威胁到人们的自由，而法律便有可能是非专断的、合理的干涉者。② 也许可以通过两条渠道来增进这种"无支配的自由"：让人们拥有平等的权利；建立一种阻止人们相互支配的法律制度。

一种事态可能全部符合上述三种自由观所指向的"自由"，也可能仅符其一、二。极端的情况就像：寄人篱下而无人打扰的瘾君子。从无支配的自由观而言，因其本质上屈从于他人的权威，遂无自由；从自律的自由观而言，因其意志深为毒品所侵蚀，亦为不自

---

① 霍布斯、哈耶克等人，其实都有类似的看法。
② 〔澳〕P.佩迪特著，刘训练译：《共和主义》，江苏人民出版社，2006年，第1章第2、4节。

由;唯依无干涉的自由观,方许其有一定程度的自由。要而言之,"自律的自由"指出了自由的主体性之根源;"无干涉的自由"强调免于源自他人意志的实际干涉,无论它是权威性还是非权威性的;"无支配的自由"则强调免于受权威地位支配的重要性,而不论有无实际干涉。

伯林受到贡斯当的启发,又将自由分为两种:消极的和积极的。消极自由观强调界定自由的范围,即在这些范围内,个人的行动可免于受到明显的干涉和强制。故所谓"消极自由",实以"无干涉的自由"为核心,在政治上稍兼顾"无支配的自由";而"积极自由"的内涵有三:一是主体以某种方式行动的权力或能力;二是一种理性的自主状态;三是指集体自决权。在伯林看来,"积极自由"的核心在于:一个人积极进取地想成为他自己的主人的愿望;即希望其生活和选择能由其自主决定,而非取决于别的什么外在力量。故而积极自由观,是基于"自律的自由"的某种近乎极端化的表现;伯林遂认为,自由主义的"自由"根本上只应是消极的自由。①

如果从方法论方面来区分,也许有两个基本流派:与古典"自然法"学说颇有渊源的契约论传统,以及与经验论哲学走得比较近的功利主义学派。在伦理学上,这种差别又接近于义务论(或曰道义论)和功利论之间的。桑德尔(M. F. Sandel)认为,那些为康德和当代许多伦理学家所主张的"道义论的自由主义"的核心可陈述为:

---

① 伯林认为,积极自由即自主的自由(freedom of self-mastery)会导致两个悖论:"强迫某人自由"和"幸福的奴隶"。前者是指体现自律性的"较高级自我"可以为专制政体的当权者所用,以为了集体的最高利益和目标服务的名义,为忽视个人的当下欲求和针对个人的镇压提供理论基础;后者是指在要求行动者放弃无法实现的欲求和意愿之后,积极自由观仍妄然许诺个人以退缩到纯粹内心世界的意志自由。参见李石:《积极自由的悖论》,商务印书馆,2011年,第156-157页等。

## 第四章　规范历史形态的不可通约性和整体性

社会由多元个人组成，每一个人都有他自己的目的、利益和善观念，当社会为那些本身并不预设任何特殊善观念的原则所支配时，它就能得到最好的安排；证明这些规导性原则之正当合理性的，首先不是因为它们能使社会福利最大化，或者是能够促进善，相反，是因为它们符合权利（正当）概念，权利是一个既定的优先于和独立于善的道德范畴。①

就是说，"自由或正当地选择特定的善或好的生活"这一意义上的善，具有绝对优先性。而功利主义的自由主义，则是典型的英国货。自由主要被看作一项工具性价值，即保障多项自由的体制被认为有助于繁荣和幸福的增进。②

相比其他在西方传统内发展起来的伦理主张——例如天主教、基督教的伦理、社群主义或者亚里士多德的美德伦理，甚至剥离开来看的功利主义——自由主义更看重个人权利以及围绕个人权利的正义的核心地位，因而它与法律或政治观念的联系，要比其他任何一种道德学说更为紧密。其实，一个社会可以表现出许多优点，例如，团结、利他主义、效率高、协调得当等，但"分配正义"（distributive justice）仍然是社会制度的核心价值之一，因为这问题所涉及的是，社会的成员应该根据何种原则来分配他们所享有的权利、自由、物质方面的报酬，以及他们彼此负有怎样的义务等。一个社会只有受一种公开的、合理的正义观管理，才能成为一个组

---

①　〔美〕M. F. 桑德尔著，万俊人等译：《自由主义与正义的局限性》，江苏人民出版社，2001年，第1页。

②　对于某些义务论者说，某些权利是神圣不可侵犯的，即使从功利的角度来看，当前有着更好的关系到多数人福祉的选择，也丝毫不值得为此去牺牲这些个人权利。但如果有人认为，若有足够的补偿，并且受损的方面愿意接受这类补偿，做出牺牲也可考虑——就接近了功利主义的态度。但穆勒等人的功利主义的自由主义，与此不同，接近于规则功利主义的考虑。

织良好的社会。①但合理的分配正义原则究竟是什么,又如何具体实施它,却经常是聚讼纷纭、莫衷一是的问题。当代的诺齐克(R. Nozick)强调自由、自愿原则,特别要尊重产权的初始状态与现状,甚至根本上否认分配正义的观念;②罗尔斯(J. Rawls)却基于所谓"民主的平等",认可一些再分配制度。但在某一点上他们立论是趋近的:正当优先于善,权利优先于功利。

围绕"自由主义"这一标签,可以说充满了意识形态的喧嚣。按照其内部价值观的分歧,又有自由平等主义(自由主义)与自由至上主义(保守主义)的区别。在美国的罗斯福新政时期,一些团体把争取更少的不平等和更大的经济稳定与更充分的政治自由和公民自由结合了起来,这就形成了自那时以来常被冠以"自由主义"头衔的政治派别。③与所谓保守主义阵营相比,这种自由主义在"自由"和"平等"这两种有时不免相互冲突的价值观之间,倾向于支持平等多一些而支持自由少一些,④而"保守主义"的定名,既因为它似乎更珍视一些传统的基督教道德观,也因其倾向于较为传统的"无干涉自由"之观念。⑤ 要之,罗尔斯与诺齐克各自的立场,分别更契合于自由平等主义与自由至上主义。

在政府成员的选拔越来越采用优选的方式,公共政策深受精英们的思想影响,教育体系和公共媒体也很发达的时候,经济政治

---

① 参见〔美〕罗尔斯著,何怀宏等译:《正义论》,中国社会科学出版社,1988年,第3—6页。虽然其理念的实施需要宪政和法律规范的保障,但就这方面一定的共识可以促成人际协调,并形成相应的舆论压力来说,它也属于规范伦理的范畴。
② 参见〔美〕诺齐克著,何怀宏等译:《无政府、国家与乌托邦》,中国社会科学出版社,1991年,第155—169页。
③ 〔美〕德沃金(R. Dworkin)著,张国清译:《原则问题》,江苏人民出版社,2005年,第238页。
④ 同上书,第245页。
⑤ 而自由平等主义似与某种"自律的自由"观念相联系。

第四章　规范历史形态的不可通约性和整体性　　567

社会状况与自由主义思想之间的相互影响、互为所用，是免不了要发生的。①言论自由和选举政治实际上也一样，提高了头脑中的想法直接影响现实的效率。

　　麦金太尔提醒我们注意，自由主义和个人主义秩序中固有的四个实践和言论层次：在第一个层次上，"不同的个人和群体以自己的方式表达他们的观点和态度，无论这些观点和态度是什么。"②言论歧异和冲突之各方，若无法达致某些方面的重要共识，则在第二个层次上，各方的观点中就包括了"偏好的表达之权衡与计算，这种偏好总牵涉到自由主义制度化了的那些东西：计票、回答消费者的选择、测验民意。"③确立此类权衡与计算的规则（例如一人一票的选举等重要方面），是自由主义社会秩序化的一个中心目标。而在第三个层次上，旨在藉由围绕正义原则的论战，为作用于第二层次上的一些规则和程序，提供某种裁决，并在这层次上，自由主义理论家一般都很珍视如下价值：言论自由、机会平等；任何必要的不平等原则上都有待论证。在最后一个层次上，人们呼吁和诉求着某种合乎正义的正式的法律系统，所以据说"自由主义的牧师是律师，而不是哲学家"。④

　　实质上，自由常须强制的配合，两者常相反而相成。既然并不存在人与人之间无论如何行事皆无冲突的预定和谐，故而为了保证个人免于受到某些不必要的强制之自由，就得以某些方式强制

---

　　①　参见〔美〕安东尼·阿巴拉斯特著，曹海军等译：《西方自由主义的兴衰》，吉林人民出版社，2011年。
　　②　〔英〕麦金太尔著，万俊人译：《谁之正义？何种合理性？》，当代中国出版社，1996年，第448页。
　　③　同上书，第449页。
　　④　〔英〕麦金太尔著，万俊人译：《谁之正义？何种合理性？》，当代中国出版社，1996年，第451页。

他人，使他不得对自己施加这样的强制。如果一系列自由是法律的标的，即法律之所欲（通常这在现代国家的宪法中得到了原则性陈述），那么就会有一系列规则系针对侵害这些自由的行为之惩罚措施。法律的确定性，以及概依法律的治理，有利于保护民众免受暴政的凌虐；即使规则或法条中不乏严苛、不近人情之处，通常也要好过受变化莫测的专断意志的左右，至少它是可预测的。进而，在现代性的"法治"中，除去在有法可依的领域悉以法律为准绳、法律面前人人平等之类近乎人尽皆知的涵义，保护多项个人自由和个人权利，使其免受包括政府行政权力在内的他者的强制，也是现代法律和宪政的基本价值。①

"自由"、"民主"并不等同，前者本质上是免受支配或干涉意义上的消极概念，后者则是指多数人或全体人民的统治，固然在必须肯定广泛范围内的所有人皆为权力主体、任何人根本上都不应受到他人支配的意义上，它很接近于"政治自由"，但民主也可能是不宽容的，或许会导致残酷无情地压制少数派或个别人士的暴民政治。② 尤其在它的价值观并非多元论，而为某种形式的一元论的

---

① 参见〔意〕莱奥尼(B. Leoni)著，秋风译：《自由与法律》，吉林人民出版社，2009年，第3、4章等。
② 参见〔伊朗〕拉明·贾汉贝格鲁：《伯林谈话录》，第132页等。有关民主和自由之间意涵的不一致、潜在冲突或者固有矛盾的问题，另可参见〔美〕艾伦·沃尔夫(Alan Wolfe)著，沈汉等译：《合法性的限度》，商务印书馆，2005年；〔美〕罗素·哈丁(Russell Hardin)著，王欢、申明民译：《自由主义、宪政主义和民主》，商务印书馆，2009年。哈丁著作的附录，还分析了社会自由主义、制度自由主义、福利自由主义、群体自由主义等较为少见的概念。或许民主的要义在于抽象、平等地对待每个人的自由意志，故近于政治自由主义。但是也不难看到，将很多领域交由公共政策上的表决，很可能导致与"自由"实践的冲突，故而在西方，"大多数宪法和政治理论占压倒性优势的关注点是约束民主决策以保护个人自由"，包括"事先民主地选择约束特定的决策阶层"（同上书，第173页）。这是一种"作为秩序的正义"，接近道德哲学上的义务论立场。

时候,①一元论的民主会使一些人假借多数或者人民的名义残忍地为所欲为,而与自由主义的道德观相悖。即使在多元主义的社会体系中,以赢得投票决定中的多数同意的方式,或以鼓动公众舆论的方式,试图对个人、集体或社群的事务施加干涉的冲动依然存在。但是或多或少,一种成熟的、运作良好的民主制度,得要跟现代的自由价值观有所兼容。

现代西方的宪政,颇以充分保障自由和民主为主旨。而在一个既定的政治社会中,自由主义、宪政和民主这三项,或许都是可行的,或许都不可行,又或许有的可行、有的不可行。但即使它们都可行,各自的发展节奏也不必相同。"在这三项中任何一项的基础上协调一个政治社会的可能性,似乎至少相当于在所有三项的基础上协调的可能性。例如,尽管英国在大约1700年时就已在一个相对高度发达的自由主义的基础上得以协调,但直到很晚才在广泛民主(相对于狭隘的贵族民主)的基础上得以协调,并且,它的宪法(并非成文宪法)经过至少八个世纪的缓慢发展(起源于1215年……),只是在1700年后才变得十分稳定。"②

即使按照某种西方的标准,现代民主政体也是不断增加的,在1790年仅有3个,当然是指1688年光荣革命以来的英国,以及刚刚经历了独立战争的美国和正在接受大革命洗礼的法国,在1900年,据统计有13个,1960年有36个,1990年则被认为有61个。③但西式民主的发展,包括民众获得普选权,都是长期斗争的结果。

---

① 例如当它的价值观是基于某一排他性的宗教教派,或者在似乎讲究大鸣大放式民主的文革时期,基于一种狂热的领袖意志论。
② 〔美〕罗素·哈丁:《自由主义、宪政主义和民主》,中文版序言,第2—3页。
③ 参见〔美〕弗朗西斯·福山著,黄胜强等译:《历史的终结与最后之人》,中国社会科学出版社,2003年,第4章等。

起初用某种形式的财产权来限制男性公民的数量,为常见的做法,性别或种族歧视则剥夺了另一维度上的相当多人口的选举权,就拿领先的三国来说,英国在1948年,美国在1965年,法国在1944年,才最终实现了普选权。①

民主的性质,可被理解为针对一定事项的较大范围内的众人的平等权利,自由则是个人或集体的某些可以不受他者强制和干涉的权利。有权势就有干涉的可能,虽然可能性不代表现实,但从长远来看,只有在权势地位上的根本的平等,才能保障人们所珍视的自由。不过在历史和现实中,民主的模式从来都不是千篇一律的,盲目迷信和率然移植,便有很大概率带来灾难性结果,这是特别需要警惕的地方。

## 第六节 微观权力和宏观势能

20世纪下半叶法国思想家福柯的很多论题,都与规范演化机制有关,例如规训权力或微观权力的新型态——如果这是客观的,它就绝对不是因为福柯的研究方才存在。福柯曾谈到他各个时期的著作,乃是"在同一个问题上绕圈子,主体、真理、经验的构成之间的关系仍然保持不变"。② 无论何种知识形式,都与背后的权力机制难解难分,即"权力和知识是直接相互连带的;不相应地建构权力关系就不会有任何知识。"③而他特别关注:现代性阶段上的"权力—知识"运作的特殊机制。对他来说,那个贯穿终始的问题

---

① 参见王绍光:《民主四讲》,三联书店,2008年,第54-65页。
② 〔法〕福柯著,严锋译:《权力的眼睛》,上海人民出版社,1997年,第17页。
③ 〔法〕福柯著,刘北成等译:《规训与惩罚》,三联书店,1999年,第29页。

## 第四章 规范历史形态的不可通约性和整体性

就是权力与知识的关系，或者说，组织域中的微观权力；尤其是现代阶段中这类权力机制的表现。福柯的知识考古学对现代性演进的若干阶段上的癫狂史、临床诊察、人文科学、规训制度和性经验史的考察,①试图展示与所谓"宏大叙事"的历史侧面非常不同的权力—知识的秘密。

福柯的著作算是在相当程度上见证了现代阶段组织化权力大幅度增长的现象，最直接的例子就是《规训与惩罚》。② 书中福柯试图"基于某种有关肉体的权力技术学来研究惩罚方式的变化，从中读解出权力关系和对象关系的一部共同历史。"③旧的惩罚最具特色的，是将罪犯予以公开处决的肉体酷刑，然而作为权力的政治技术学，这样暴虐的处置，不仅没有对民众起到恫吓、儆戒的作用，反倒激起他们对惩罚权力的拒斥，罪犯则几乎变成正面的英雄。所以在1760—1840年间，西欧发生了减少酷刑的潮流和建立了新的惩戒体系。④

正是那个时代的人，才真切地发现人体是权力的对象和目标，后者是可以被操控、被塑造和被规训的。人体成为专横干预的对象，并非史无前例。但是令18世纪的欧洲人感兴趣的规训权力自有它的新颖之处，表现在：其一是控制的范围，即不再把人体当作不可分割的整体，而是分析、分解它，计算它，编排它，因而令对它

---

① 以上所列恰正是自《癫狂与文明》以来，福柯的若干历史性著作的主题。
② 其视点是基于："一般而言的惩罚以及具体而言的监狱属于一种关于肉体的政治技术学"（[法]福柯：《规训与惩罚》，第32页）。惩戒体系不仅是要起到消极的"镇压"或"惩罚"的作用，而是要为达到一系列积极的效应寻求媒介、途径和方法。按照福柯的思路，它是更普遍的权力运作方式的一个分支，而全景式监狱俨然是对系统监控制度的隐喻。再者，刑法史并不是与人文科学史相分离的独立的系列，而是二者相互呼应，对应着某种权力运作的共同原则。
③ 同上书，第25页。
④ 参见上书，第1部分和第2部分。

的强制也变得微妙起来;其二是控制的对象,即对象不再是政治象征仪式中的能指,而是围绕人体力量的各种机制、运动效能、运动的内在组织;其三是控制的模式,这是一种不间断的、持续的强制,它监督着活动过程而不是结果,是根据尽可能严密地划分时间、空间和对活动施以密集的编码来进行,这些方法可称之为"纪律"。[①]

这样的规训权力在今天并非消失了,也不是局限于西方世界,反而这些正是绵延至今的现代性的组织化权力的特征。这种肉体的权力技术学,对于工业主义世界,具有不可低估的政治经济学意义:

> 肉体也直接卷入某种政治领域;权力关系直接控制它,干预它,给它打上标记,训练它,折磨它,强迫它完成某些任务、表现某些仪式和发出某些信号。……肉体基本上作为一种生产力而受到权力和支配关系的干预……只有在它被某种征服体制所控制时,它才可能形成为一种劳动力(在这种体制中,需求也是一种被精心培养、计算和使用的政治工具);只有在肉体既具有生产能力又被驯服时,它才能变成一种有用的力量。[②]

如果说规训的权力是为了要制造驯服的个体——这种权力技术,既把个体看作客体,又把个体看成它的工具——那么《性经验史》还探讨了自我的技术,即个体如何在权力的关系网络中被塑造为主体的技术。[③]

---

[①] 参见〔法〕福柯著,刘北成等译:《规训与惩罚》,三联书店,1999年,第155页。福柯又常把这种关于肉体的权力技术学称为"微观物理学",这种规训制度,包括福柯本人亦认为,我们至少能够从早期资本主义的厂房里典型地见识到。

[②] 同上书,第26页。

[③] 对福柯著作的这一解读,参见 Hubert L. Deryfus and Paul Rabinow, *Michel Foucault: Beyond Structuralism and Hermeneutics*, The University of Chicago Press, 1983;中译本参见《超越结构主义与解释学》,光明日报出版社,1992年。

## 第四章 规范历史形态的不可通约性和整体性

性经验同时涉及管理生命的权力的两极,第一极即前述的规训权力,或称为"人体的解剖政治";第二极大约是在18世纪中叶形成的,关注出生、繁殖、健康和死亡等,以及一切能够使这些要素发生变化的条件,"它们是通过一连串的介入和'调整控制'来完成",或称为"人口的生命政治"。[1]

人口的生命政治是18世纪权力技术的最大变化,也就是那时出现了作为政治经济问题的人口现象:维持资产阶级人口、手工业者或者具有劳动能力的人口之间的平衡,维持人口增长和人口所耗费资源之间的平衡。其实,最严格的性技术是在资产阶级中形成并运用的,是服务于这个阶级的自我肯定,就是旨在谋求力量、精力、健康和生命的无止境的扩张,藉由强化身体而为建立和增强资产阶级霸权奠定基础。只是在后来,类似的性技术,才作为经济控制和政治约束的手段,被延伸到其他阶级身上。[2]

18世纪以来存在四种重要的性话语的策略,它们发展出有关性的各种特殊的知识和权力的机制。这四种策略是:女人肉体的歇斯底里化、儿童的性的教育学化、生育行为的社会化、反常快感的精神病学化。前两条是以人口调节的需求——有关人种、子孙和集体健康——为支点,而在规训的层面上施加影响;而生育控制和性倒错的诊治,虽以个体的规训需要为支点,干预手段却是调节性的。然则总体上,"在'身体'和'人口'的连结点上,性变成了以管理生命为中心(而不是以死亡威胁为中心)的权力的中心目标。"[3]

---

[1] 〔法〕福柯著,佘碧平译:《性经验史》,上海人民出版社,2002年,第103页。
[2] 参见同上书,第89-95页等。
[3] 同上书,第109页。

性经验乃是权力关系在其中来往特别密集的通道。而且它并不是一个单纯的压抑或解放的问题。西方人的性,在历经数百年自由表达和开放潮流之后,在17世纪出现了压抑的时代,以此来配合资本主义的发展,与资产阶级的秩序联为一体。近现代的清教主义禁止、否认不正当的性活动,对性活动本身也要默不作声,其影响已经超越了教派的界限,而造成了整个"维多利亚时代"留在人们记忆中的印象:矜持、缄默和虚伪。并且新教——尤其禁欲主义派别——的影响,正是造就资本主义精神的重要因素。

但是福柯认为,所谓"性压抑"的事实,以及渗透在17世纪以来的性经验中的权力机制是否真的维护压抑,都是可以质疑的。譬如,最近三个世纪以来,"围绕着性,发生了一次真正的话语爆炸。"[1]这样的话语增多,既表现在"坦白"之中——这不同于中世纪的围绕肉体与忏悔的单一话语,而是指现代西方人有着"经常自我坦白和向他人坦白所有通过身心而与性密切相关的无以数计的快感、感受和思想之间的相互作用的无限任务";[2]也现身于人口学、生物学、医学、精神病学、心理学、道德、教育学、政治批判诸多领域。

围绕压抑的表面展开的权力运作,具有相当不同于简单禁令的策略:其一双重激发。史前期就形成的"乱伦禁忌",成就其目的的方式是逐渐地减少它所针对的现象;但是,"对儿童性经验的控制则是通过同时扩散它自身的权力和它所针对的对象来进行的,遵循的是一种可以达到无限的双重增长方式。"[3]

其二认知的巩固。19世纪的精神病医生们把各种他们视为

---

[1] 〔法〕福柯著,佘碧平译:《性经验史》,上海人民出版社,2002年,第12页。
[2] 同上书,第24页。
[3] 同上书,第31页。

第四章　规范历史形态的不可通约性和整体性　　575

性倒错的行为分门别类,予以昆虫学式的研究,其中包括:同性恋、暴露癖、恋物癖、兽奸等。权力机制只有在让这类性反常成为可分析的、看得见的存在时,才要求消除它们,而实际的运作效果,却是播撒它们,在现实中布满它们。①

其三坦白。其权力形式为了自身的运作需要一些坚定的、专注的和好奇的人,使用包括检查和观察在内的方法,并促成逼出坦白的提问和超出提问范围的隐情之间的一种话语交流。一直以来,坦白都是性话语生产的基地,但在现代,它四处传播,扩展到儿童与父母、学生与教师、病人与心理医师、犯人与专家等关系上。②

其四社会空间和仪式的安排。作为基本的社会细胞,家庭也是快感和权力相互作用的简单场域。而各类学校和精神病院,则是通过众多的点和各种可变的关系连接起来的网络,网络内有大量人员,有等级制,有特定空间的分割,也有监督体系,形成了另一种安排权力与快感的相互作用的方式。要之,福柯认为,西方最近几个世纪的历史,并未表明权力本质上是压抑性的。压抑假说的产生自有它的根源。

肉体规训和性经验领域,充斥着权力的运作,但这是不同寻常的"微观权力"。福柯把与国家机器相联系的权力称为"统治权",又用"司法—推理的权力"的名称,来指称西方近现代的统治权形态;他用各种名称来谈论相应的权力观,如"权力理论中的'经济主义'"、"契约—压迫模式",或"战争—镇压模式"等。③

若以商品模型来表象权力,难免会认为权力是某种东西,人们

---

① 〔法〕福柯著,佘碧平译:《性经验史》,上海人民出版社,2002年,第31—33页。
② 参见上书,第33—34页,及第1卷第4章等。
③ 〔法〕福柯著,钱翰译:《必须保卫社会》,上海人民出版社,1999年,第12页。

可以像拥有财产一样拥有它,可以凝固地占有、取得或分享它。在经典的法权理论中,权力就是以类似方式被看待的,即视为将个人权利做出让渡的结果,当然是通过法律行为或建立法律的行为来让渡,这属于占有或契约的范畴。契约与交换的抽象法律形式,需预设孤立的合法主体。而从中引绎出以个人为构成元素的社会模式。那些产生于17和18世纪、迄今仍构成西方宪政基础的政治学说,恰是基于这种原子式主体的契约结合的模式。这可以说是意识形态表象中的"虚构原子"。但这种种将权力运作予以固化的研究思路,未能认识全部的真相。

福柯对司法—推理的权力机制评价甚低,认为"这是一个资源匮乏、步骤简单、手法单调的权力,它没有创新能力,注定是一直自我重复";①并且只能消极地划定界限、禁止、压抑,而不能积极地生产某种效应。但他并未否认此类权力的现实存在。

不过,福柯让我们不要从某一中心点的原初存在出发去寻找权力的秘密,质言之,原子型个体、国家主权、法律形式或统治体系不应被视为原始的所予,相反它们是权力的终极形式,而这一形式扎根于组织中的微观权力。

  1 权力不是获得的、取得的或分享的某个东西,也不是我们保护或回避的某个东西,它从数不清的角度出发在各种不平等和变动的关系的相互作用中运作着。

  2 权力关系并不外在于其他形式的关系(经济过程、认识关系和性关系),相反,它们内在于其他形式的关系之中。它们是在此产生出来的差别、不平等和不平衡的直接结果。它们彼此是这些差异化的内在条件。……它们在运作时有着一

---

① 〔法〕福柯:《性经验史》,第65页。

种直接生产的作用。

3 权力来自下层。这就是说权力关系的原则和普遍基础不是统治者与被统治者之间的整体的二元对立。……必须认为在生产设备、家庭、纪律、纪律组织、机构之中形成和运作的力量的多样关系极大地支持了贯穿于整个社会的对立。

4 权力关系既是有意向性的,又是非主观的。……它们是一部分一部分地受到一种计划的渗透:如果没有一系列的对象和目标,那就不会有权力的运作。但是,这并不意味着它是主体个人选择或决定的后果。我们不要寻找主导权力合理性的领导部门。……权力的合理性是各种策略运用的合理性,这些策略在它们运作的有限层面上是非常清楚的(权力的局部运作是厚颜无耻的),它们相互连结、相互激发和相互推广,它们还在别处发现了对它们的支持和它们的条件,最后勾勒出整体的机制……

5 哪里有权力,哪里就有抵制。但是,抵制绝不是外在于权力的。……它们只有依靠大量的抵抗点才能存在:后者在权力关系中起着对手、靶子、支点、把手的作用。[1]

微观权力的运行,形成了一条贯穿和连结各个局部冲突的一般力量轨迹。它们又会反过来重新分配、排列、同化、整理和混合这一系列力量关系。在福柯眼中,各类规模庞大的统治均为得到这些力量关系的持续支持的霸权结果。

微观权力和司法—推理的权力相当不同。差异至少体现在调节手段和个人化方式两方面。就前一个方面而言,如果说旧的权

---

[1] 〔法〕福柯:《性经验史》,第70-71页;另参见《必须保卫社会》,第26-31页,说法颇不同。

力是凭借"权利、法律和惩罚",那么新的权力步骤就是"根据技术、规范化和控制来实施的,而且其运作的层面和形式都超越了国家及其机构的范围。"①17 和 18 世纪,发明了一种新的权力机制,它有很特殊的程序、调节手段,全新的工具。这种机制"首先作用于人的肉体及其行动,超过其作用于土地及其产品。……更是源自肉体、时间和工作而不是财物。"②如前所述,这种微观权力即规训权力,在控制范围、控制对象和控制模式上,都非常不一样。

所以,如果照福柯的看法来观察制度性事实,就会倾向于认为在大量的这类事实如婚姻、学校、政府之中,固然有司法—推理性质的权力关系,③可它们也是契合了由技术、规训、控制、知识等共同促成的微观权力的结果。

另一个相关的讨论是关于权力运作所涉及的个人化方式。福柯指出,在前现代的封建社会里,或者在统治的权力那儿,一个人拥有的权力或特权越多,则愈能藉由礼仪、象征或文字报道标示出他个人,或是看重他的血统、家系、丰功伟绩,其奢侈的排场和煊赫的典礼,皆为确认和重申权力关系的重要途径,而这些都是导致"上升"的个人化方式。④ 然而,依规训权力的运作方式,随着权力变得

---

① 〔法〕福柯:《性经验史》,第 67 页。
② 〔法〕福柯:《必须保卫社会》,第 33 页。
③ 诚如学者所言,"制度性事实的结构就是一种权力关系的结构"(〔美〕塞尔著,李步楼译:《社会实在的建构》,上海人民出版社,2008 年,第 80 页);"但是制度性权力关系是普遍存在的根本关系。制度性权力——大量的、普遍的、通常是无形的——渗透到社会生活的各个角落和缝隙中"(同上书,第 80－81 页)。
④ 参见〔法〕福柯:《规训与惩罚》,第 216 页。围绕统治权的话语,长期以来与权力的仪式联姻,讲述的是国王、掌权者及其胜利的历史,即是聚焦于上升的个人化方式。其注重谱系学,意在藉由讲述王国的古老,奠基者、诸位先贤的伟大业绩,以便给继任者的平庸抹上一层源自其先祖的光辉,以担保今日王国的合法性。同时这种记录在案的国王事迹,也被视为典范和法律的源泉。这样的历史讲述,成为一种巩固统治权的仪式。在这一类型的话语中,统治权将一切都束缚为一个统一体。

愈益隐蔽、有效,反倒是受其影响的人趋于更强烈的个人化,权力的行使所凭借的,是目光投向下层的监视,是以"规范"为参照物的比较度量,在此,儿童比成年人、病人比健康人、疯人和罪犯比正常人更为个人化,因而规训的制度,是采取一种"下降"的个人化方式。①

在社会学家中,马克斯·韦伯和丹尼斯·朗(Dennis H. Wrong)界定权力的方式,②显然都强调了权力的主观意愿特征,而韦伯的界定更是将意志冲突视为权力运作的背景,这样的冲突或是现实的,或是在符号—心理层面上所预设的、一旦发生便需加以应对的情境,对于冲突的应对大多诉诸武力或武力威胁,或是诉诸利益的丧失,即是与程度不等的强制性相联系。但福柯说,"不要在意图或决定的层面上分析权力",不要试图从内部分析,不要去追问:"谁拥有权力?拥有权力的人,他的脑子想些什么?他追求什么?"③而相反应当从权力的外部去研究,"在那里,权力和我们暂时称之为它的客体、靶子和运行空间的东西有直接和即时的联系,换一种说法,权力植入此处并产生实际效果。"④

统治权(sovereignty)与规训权力(disciplinary power)不一样,不能把后者归约为前者的某种变形。在现代民主社会里,一方面议会政治、公共权力的合法化、对个人权利的宪法上的尊重,另一方面则是规训权力的普遍渗透,这在法律上不会被记录下来,但它却是法律"必不可少的附属物"。⑤ 统治权的权利(a right of

---

① 〔法〕福柯:《规训与惩罚》,第216页。
② 参见〔美〕丹尼斯·朗著,陆震纶等译:《权力论》,中国社会科学出版社,2001年,第3—4页等。
③ 〔法〕福柯:《必须保卫社会》,第26页。
④ 同上书,第2页。
⑤ 同上书,第34页。

sovereignty)与规训机制(disciplinary mechanism),虽然限定在各自的界限里,彼此不完全重合,但现代社会的权力正是在这二者的间隙里运转。它们是共同建构整体的权力机制的部件。福柯并认为,规训权力堪称"市民社会的一项伟大发明,它曾是建立工业资本主义及其相联系的社会的基本工具之一。"①

一般地来看,权力与知识之间存在共谋的关系。"不是认识主体的活动产生某种有助于权力或反抗权力的知识体系,相反,权力—知识,贯穿权力—知识和构成权力—知识的发展变化和矛盾斗争,决定了知识的形式及其可能的领域。"②知识可能从权力斗争的话语策略中产生:"它是话语策略,一种知识的权力的装置,它正是作为策略而能够转移,最终成为某种形成知识的规律,同时也是政治斗争的共同形式。这就是历史话语的普泛化,但这是作为策略。"③

的确,权力的运作是在广泛的组织域中有机发生的,不能用一种凝固化的方式去设想对它的占有,不如说占有是一种结果,是宏观上的法权或威权模式受到各种微观过程的不断支持的结果。因为涉及对意志冲突的裁断或影响他人意志的敏感领域,所以权力如何运作,能否有效运作,如何才会让人满意,始终是组织社会学的难题。权力具有公共性,归根结底,它的实践合理性和效能,不

---

① 〔法〕福柯:《必须保卫社会》,第33页。
② 〔法〕福柯:《规训与惩罚》,第30页。
③ 〔法〕福柯:《必须保卫社会》,第179页。福柯在访谈中承认,"如果我想自命不凡,我会把'道德的谱系'当作我正做的工作的标题。可以说,正是尼采把权力关系确定为哲学话语的共同的焦点。参阅 Michel Foucault, *Power/Knowledge*, The Harvester Press Limited,1983,p.53. 诚然,尼采的权力概念绝不是政府性的。权力意志对于世界的组构而言,实际上就是力与力的能动关系;或者说是对事物的复杂冲突关系的策略性命名。这便引导福柯去发现并非基于占有关系和具有固化特征的权力机制,不

## 第四章 规范历史形态的不可通约性和整体性

能离开众人之间的默契和协约。但历史上，包括在今天，纯粹依靠典型契约模式来维系的权力，从来没有存在过，是空中楼阁和蓬莱幻境，但是在宏观层面上显得正在有效运作的契约模式，或者作为在宏观层面上显现的结果的某种政府性权力、某种围绕权利和惩罚这两个轴心的司法权力，必然要依赖与宏观现象同时发生的一系列微观过程中的力量关系，特别是其中的力与力的平衡。就是说，我们得极大地拓展我们理解复杂的权力现象和权力机制的视野。我们不能完全忽视作用于个人心理层面、特别是塑造服从习惯的各类心理技术，更不能忽视各类身心相关、联系到社会性符号、联系到真实的人际关系的微观权力的技术，亦即不能忽视规训、惩戒、操纵、控制、诱导、说服的作用，以及正如福柯所说的，不能忽视知识、分类、话语、符号化、技术、规范化等方面的作用，也不能无视肉体技术，无视对欲望、快感或隐秘快感的操纵或不经意的调动，等等。

对福柯来说，问题是如何通过微观权力技术的发生和作用机制来为个性解放保留一定的余地、更多的余地。而对另一些人来说，问题是如何正确理解围绕敏感的权力现象，客观上究竟发生了什么？但也可以肯定，微观权力或规训权力之类，绝对不只是现代性的产物，它也遍布于古代世界，只是在现代世界，与各方面人际交往愈益频繁的状况相联系的，就是这种规训权力的全面渗透和高度成熟。

权力得到体现和得以运作的基本方式，即让权力客体接受权力主体的意志之基本方式便有，暴力、规范、诱导、说服、权威和操纵。最后一种是指，"当掌权者对权力对象隐瞒他的意图，即他希望产生的预期效果时，就是企图操纵他们"。[①] "权威"则是指，发

---

① 〔美〕丹尼斯·朗:《权力论》，第33页。

布成功命令或嘱咐的身份、能力或资质,这样的权威可能是:(一)强制型权威,就是威胁可以剥夺他人的自由或权利,迫使其服从命令,但必须使他人确信自己有对他进行这种剥夺的能力和必要情况下的意愿;(二)制度型权威,就是权力主体以他和权力客体共同接受的规范为先决条件,遂拥有公认的发布命令之权利;(三)专业型、诱导型或魅力型权威,专业性权威的产生是指,人们服从指令是出于信任相应权威具有卓越的专业知识,信任的动机则是围绕个人利益或组织利益的,但这也是专业权威和诱导型权威的基本相似点,后者靠的是给予奖赏等区别对待的方式,当然前提是他得掌握着能直接给予好处的一些资源;而对于魅力型权威,人们愿意服从效劳于他,是因倾倒于他的魅力,[①]但魅力源自哪里?如果不是某些可以让大家欣然接受的道德品质,就是某方面让人信服的专业能力,或者是某种全面综合的素质,故对于有魅力之人的地位的接受,恐怕还是因为,他们骨子里相信,这对于众人的利益、公共或组织利益是有利的。

微观过程中的默契和协调,如果不是出于各方暗自的利益盘算,那就可能是出于说服。但如果你想让它运作起来的权力是涉及众人的,说服的理由,就得有一定范围的广谱效应,即不太可能诉诸少数人的狭隘利益或兴趣,即说服要动人心弦,也得诉诸众人的利益、不可分割的公共利益、维系稳定架构的组织利益。如果说服者向人们描绘的愿景,对相关众人恰是不利的,非其所愿的,他们还愿意紧跟他的脚步吗?冠冕堂皇的理由,总归是某种意义上的大公无私的说法,而在这前景为公众所愿望着的意义上,它正是众人利益之所系。

---

① 〔美〕丹尼斯·朗:《权力论》,第2、3章

## 第四章 规范历史形态的不可通约性和整体性

微观和宏观层次上都存在协约和命令两种基本机制，它们不仅是产生规范的方式，也是树立或塑造权威的过程的类型。社会哲学上的，或者作为向众人做说服而提出的冠冕堂皇理由的"契约模式"，则在某些社会中为一种宏观层面上的近似现象，即它是各个环节、各层级上大量使用协约机制，尤其在关键环节上使用它的宏观结果。

当协约运转起来、权威正被树立之际，这状况或是指：自发的广泛意义上的利益盘算，或者有意的说服、诱导手段正在起作用，在此，说服或诱导的目的不是要促成某项具体事务，而是为了让众人接受某人的权威地位，在此，诱导也可能是借助向人们显示不树立有关权威的负利益的方式；专业能力、道德素养、人格魅力、综合素质，则是某人之所以被众人选择的主要理由；也许最不可理喻的想法是，认为有了纸面上制订的关于权威产生方式的规则，"权威"就会自动产生，无疑，规则的效力来自普遍的人们愿意遵从规则的习惯，或者围绕某项规则，人们有着出于利益计算的愿促成它或至少不违反它的默契，即，正是协调或协约的运转，才会造成制度型权威。还有另一些因素会起间接作用，但是从福柯著作中可以学到的教益是，这些因素不应被忽视：其中，知识、分类、技术和规范化关乎专业能力，符号化和话语关乎戏剧性互动中的说服能力。

也许实践领域里有两种力学：静力学和动力学，这意味着相当不同的作用机制。静力学关乎日常的稳定结构，这样的结构是被微观行为的周期性模式、可尽见惯的重复操作、传统导向的例行做法等不断再生产的。动力学则关乎日常结构的或潜移默化或剧烈动荡的变化进程。静力学关乎默契和同意、相互间的约束和牵制，关乎交互主体性、集体意向性、稳定存在的社会性事实中所内在蕴含的结构性范畴。动力学则关乎个人的主观能动性的伸展余地,关乎实际改变静态力量关系和静态结构的措置调整、群体或集体的行动。① 规范和制度,乃是社会静态力量关系的基本架构。

但是还有另一维度上的区分:微观与宏观。宏观的历史进程,或许可以理解为:很多人的行为汇聚起来的效果,这些行为往往具有众人之间的在其意愿和预期方面的意向相关性,并有关效果的最重要方面就是,对于静态力量关系的那些具有实际意义的改变。当然,具体进程的发轫也可能源自其效果将推动很多人的行为方式的某些改变的事件,甚或就是一系列条件的改变。在宏观和微观层面上,都有结构因素赖以维系的静力学表现和动态演化中的动力学表现。② 社会或群体,其实就是静态的结构性概念,却没有穷尽"宏观层面"的全部意涵,即,大量没有结成稳定群体的个人之间的共同行动,也有可能造成一种统计上的宏观现象,这种现象通常不会是混沌无序的。一般来说,微观行动,就是在这两种宏观形态——社会结构现象和数量级跃迁——之中,展开其过程和展现其意涵的。

---

① 与此相关联的,还有这样几对范畴值得注意:超个人的社会文化均衡和个人行动的余地;精英的上层建筑和民俗的日常生活。在历史人类学中,据说围绕日常这个概念,"一边是实行统治的精英人物、制度机构和意识形态,一边是日常。在日常这一边生活的人,他们虽然是被统治的和受管辖的,然而却拥有许多'固执的'可能性和'弱者的计谋'"。但是新的日常观念,或倾向于从政治、国家、经济、军事、科学、艺术等系统性的社会形式和体制内部,去探究作为社会一体化的人们的日常生活。参见〔瑞士〕雅各布·坦纳:《历史人类学导论》,白锡堃译,北京大学出版社,2008 年,第 88 页。而在另一组对立范畴中,要么"人"被视为文化矩阵的副现象学,而完全不考虑个人的能动性;要么就是和理性选择论相联系的方法论个人主义,或是认为在具体历史关联中,在行动逻辑的干扰中,为行动者敞开的选择余地。

② 李泽厚曾经谈到,"主体性"概念包含两个交织互渗的维度:其一是外在的工艺—社会结构和内在的文化—心理结构,其二是群体性质和个体性质的区分(参见李泽厚:《关于主体性的补充说明》,载于《实用理性与乐感文化》,三联书店,2008 年,第 204 页。另可参见《批判哲学的批判》,同上,2007 年,第 162 - 169 页)。这是一个不错的讲法,但是没有透彻理解这双重区分中的任何一个领域与其他领域在起源和功能上的缠绕表现;并且,宏观和微观之别,绝对不同于群体个体之别。而且在李氏的表述中,"实践"一词总是面临解释的困境时候的万灵丹。

## 第四章　规范历史形态的不可通约性和整体性

维系那些颇难维系的结构或结构性因素，需要一系列能量的聚集；而推动结构的改变或推动宏观历史进程，也需要一系列能量的释放，这聚集和释放中间便有"势"。①"势"是态势，是力与力的关系上的差别。更精确言之，可将它解释为：微观过程或微观机制汇聚起来所形成的某方面的宏观趋势。或者是指，任何物质、空间、技术、符号工具、话语、形态、制度或机制等，当它们被广泛运用或广泛传播时而产生的，在某个特定领域中产生不同事态或状态的概率差别。一个人的所思所言、所作所为，谈不上有势，众人方向一致或方向相关的所作所为等，才会有势，所以"势"注定是跟规模效应有关的宏观现象。

权威本身就是势。此点，先秦法家已有言述：

> 故腾蛇游雾，飞龙乘云，云罢雾霁，与蚯蚓同，则失其所乘也。故贤而屈于不肖者，权轻也；不肖而服于贤者，位尊也。尧为匹夫，不能使其邻家，至南面而王，则令行禁止。由此观之，贤不足以服不肖，而势位足以屈贤矣。②

依前述理据，这是因为：权威地位本质上是一种决策机制，在这机制中某些人被赋予了更多的根据其意愿做出决定的机会。可是，权威地位固然是可以发布成功命令的势；势也可能被广泛用于产生、巩固、强化或拓展某种形式的权威；或者，无论是否由某种形式的权威来主导，势也可能被用来做成其他各种各样有用的事情。

---

① 有关的研究，参见〔法〕余莲：《势：中国的效力观》，北京大学出版社，2009年；杨国荣《人类行动与实践智慧》，三联书店，2013年，第4章"作为实践背景的'势'"。

② 《慎子》，《诸子集成》第5册，第1—2页。日后，韩非子提出："有云雾之势而能乘游之者，龙蛇之材美之也"；又说"势者，非能必使贤者用已，而不肖者不用已也。贤者用之而天下治，不肖用之则天下乱。人之情性，贤者寡而不肖者众，而以威势之利济乱世之不肖人，则是以势乱天下者多矣，以势治天下者寡矣。夫势者，便治而利乱也"（《韩非子·难势》）。

既然势这么有用,那它们植根于何处,它们是怎么产生,又是怎么起作用的呢?势或植根于大量微观互动过程的自发联系——或其受引导而被联结在一起——所焕发之规模效应,植根于很可能受到符号象征和话语系列引导的群众心态、社会心理,它们看不见摸不着,却很难否认其真实存在和客观效力。何况有些"势",是植根于某种众人实践所牵涉的客观的物质空间样态,或是植根于活动和过程本身固有的时间属性。

某些方面,势或源于做事的惯例,一直由某个机构或某个角色做某类事情,会让它驾轻就熟、游刃有余,旁人也会有一种共同认知:由它做这样的事,再合适再自然不过,这就在局部造成一种势,但依然是关乎众人的。再就是,胜利往往复制胜利,成功带来新的成功,这会在两个团队的竞争中,让特定一方累积心理上的优势。

政府信用里面,也有政府之势。政府没有信用,诸事常草率决定、轻许诺言,又轻率放弃,不予兑现,这样的政府无法让百姓托付其身家性命,也无法遵从信守其政策法令,哪怕这政策本是惠民利民的,但政府信用屡屡破产,百姓遵循政策规定去做的意愿就会降低。反之,政府有厚重君子之风,重然诺,少浮夸,遂造就厚势,百姓执行政策,亦必蔚然成风。——但从更广阔的视野来看,政府信用问题,涉及三个相互关联的层次:人们是否相信它是一个政府;[①]这个政府在执行其政策和承诺方面的信用纪录;围绕它要执

---

[①] 有一次是子贡问政,孔子先是一口气提到了"足食、足兵、民信之矣"(《论语·颜渊》)。在涉及这三条的取舍时,把足兵放在足食之后,又把足食放到了"民信之"的后面。当夫子把这条原则放到了不可触动的首要位置上的时候,我认为他已经触及了权威之为权威的核心问题,而不只是在讨论一个统治术方面的战术策略。简单之,政府不是政府大楼,政府是因为大家相信它,它才得以存在;这比在具体事情上的信任关系,还要处在深层的位置;当然,良好的政府信用纪录所造成的民众对政府的信任,可以强化和巩固他们相信政府存在这一"相信"的事实,而"政府"就是他们所相信的。

## 第四章　规范历史形态的不可通约性和整体性

行的某一政策或某个目标,政府所展现的能力和意愿方面的状况。

在政府、公共机构甚或个别人还保持其信用的情况下,围绕着由它或他所树立扩散之名号、标志、象征、荣誉称呼、批评性的指点,以及与各类名号标志相对应的实质方面,在众人中就有想要尊重此类名实、循此而行的心理势能。这些实质包括角色、身份、地位、职责义务、权利、权威等。但如基本信用破产,则名实之势,定然随之衰减。古人有云:"修名而督实,按实而定名。名实相生,反相为情。名实当则治,不当则乱"。[1] 就算基本信用还管用,连带着在此基础上衍生的名实,亦确乎有势,但名实恰当与否,则导致因势所生之实效有积极消极之分。保证特定名实有其势能和效用的关键,还在于"名实相生"。

当某些分类、某些人文社会性的知识、某些话语和理念、某些符号化方式,在人群中传播和扩散的时候,就会造成各种各样的势。因为它们会改变人们内心对社会、世界和人物的看法,调动和激发起他们的某些情绪,影响舆论的氛围和导向,改变不同事物或状态的实现概率,即放大一些而减小另一些。技术和规范化里面,也全都有势,而且不是张牙舞爪、威武威严的那种,反倒是润物细无声、潜移而默化的,是通过改变人们不得不与之打交道的某些常规条件,进而改变人际关系,让某群人处于优势地位,甚至因此为社会结构的改变准备了一些前提。就像马镫的发明和运用,使可以装备它的贵族骑士们拥有了社会地位上的优势,这就是它的势。[2] 可是后来,印刷术的普及则让教会丧失了知识上的垄断地

---

[1] 《管子·九守》,载于《诸子集成》第 5 册,《管子校正》,第 302 页。
[2] 参见顾准:《从理想主义到经验主义·马镫和封建主义》,这主要是一篇译文,载于陈敏之、顾南九编《顾准文稿》,中国青年出版社 2002 年版。

位。这样的例子实在是不胜枚举。

对于创造、维系和巩固传统的政治权威这件事情来说,民心士气及众心所向里有势,物议纷纭及舆论导向里有势,威赫象征、排场派头里有势,庄严肃穆的气氛里有势,[①]典礼符码里有势,法制规矩里有势,严刑峻法、违法必究、执法必严里有势,恩威并重、赏罚分明的做法里面,也有势。这些当中,有些是要靠强化恐惧心理来培育服从的习惯,有些则是靠实质利益方面的诱导。——如果大家都愿意做一件事,那这种意愿就有很大的势,那件事则像一个引力中心。所以,民心士气或许是最大的势,这方面,就是荀子说的:"聪明君子者,善服人者也,人服而势从之,人不服而势去之。"[②] 舆论里的势,也主要是取决于它在民心上的增减收放之功能和导向之功能。

但仅凭一致的意愿还不行。此因两点:一者,在围绕其共同意愿的前景组织起来的组织的内部,若缺乏合理的各人大致均可接受之分配方案,就会造成,要么没有人愿意去付出努力,要么派系斗争的恶化可能毁了一切努力的成果。二者,有共同意愿的众人之间,未必悉知自己的他者也都跟他有一致的意愿,仍然延续过去的认知,其所认知的,正为沿用迄今的名器所标识之内容,故众人的真实意愿本身未能成势。这恰是荀子所言胜人之道与其所言胜人之势未尝合一的一种表现。

处胜人之势,行胜人之道,天下莫忿,汤武是也。处胜人

---

[①] 《左传·襄公三十一年》记录这样的议论:"《诗》云:'敬慎威仪,维民之则。'……有威可畏谓之威;有仪可象谓之仪。君有君之威仪,其臣畏而爱之,则而象之,故能有其国家,令闻长世。臣有臣之威仪,其下畏而爱之,故能守其官职,保族宜家。顺是以下皆如是;是以上下能相固也。"所言即此类象征、气氛里的势。

[②] 《荀子·王霸》,《诸子集成》第 2 册,第 140 页。

之势,不以胜人之道,厚于有天下之势,索为匹夫,不可得也,桀纣是也。然则得胜人之势者,其不如胜人之道远矣。①
因"人和",即因众人心悦诚服而产生的势,就是因"胜人之道"产生的"胜人之势"。要之,某些宏观形势和局面之形成,或要进一步得到发展,就须直面微观的人际关系中的利益格局问题,也得让顺畅的沟通或意愿间的相契成为可能。

某些人与人的利益格局,若被广泛运用,亦得有势。不管别人怎么选择他的策略,任意某己总可以选择的那个相对其他策略可使自身利益最大化的策略,就有势——因为从个人利益出发,理性的人们总是会选这个所谓的"占优策略"。又如果每个人都选择某项可带来众人间的互惠结果的策略A,而没有其他的众人间的策略组合的局面,可让其中至少一人的利益有所增进而没有别人的利益比选A要减少,那么这个策略也会有很强的势。类似地,先秦法家的慎子(他是法、术、势三派中的势派之代表),就注意到了要让各人自发自为地按其利益做事的势能,他称这是合乎天道的"因人之情"。

> 天道因则大,化则细,因也者,因人之情也。人莫不自为也,化而使之为我,则莫可得而用矣。……人不得其所以自为也,则上不取用焉。故用人之自为,不用人之为我,则莫不可得而用矣。此之谓因。②

社会上各阶级如何分化,同一阶级是否具备集体行动能力,阶级之间关系如何,力量对比如何,其中也有势,也是势。

近现代欧洲国家在国家建设上所走过的不同道路,就跟各自

---

① 《荀子·强国》,《诸子集成》第2册,第197页。
② 《慎子》,《诸子集成》第5册,第3页。

内部的这种宏观势能有关。所以,在13世纪的相近年份里,国王同样不得已跟他的某些臣属签署过限制其权力的章程的英国和匈牙利,后来的国运却走出了全然不同的轨迹,前者在19世纪成为日不落帝国,后者却在签定金玺诏书的300年后,失去了国家独立,命运相似的还有波兰;而那个其精英阶层颇为推崇法国文化的俄罗斯,却不存在实现法国大革命理想的深厚土壤,19世纪的自由派实验并不成功。造成这些差别,就与社会阶级状况的不同性质及其力量对比的不同有关。

为什么跟古代和中世纪的中国或者中东的体制比起来,欧洲的"绝对主义"国家这种政权形态,并没有持续太久,却呈现出向代议制和自由主义宪政迈进的过渡性质。个中原因耐人寻味。还是跟当时各方势力的动态关系,以及前期文明的持久遗产有关。譬如说,贵族和商人这两股势力,"都起源于欧洲中世纪的分权结构。他们的利益在于维持这种结构,而不在于加强国家控制。因此,自17世纪起,君主的权力不断地遭到来自内部的破坏。"① 不过溯及近代早期,城市工商业者倒是更愿意看到君主帮他们扫除封建壁垒,两者的结盟也是绝对主义国家得以构建的重要条件。但在后期,面对不同的历史环境和相近的发展趋势,各国贵族阶层(他们本来就有很多差异)如何转型,至为关键。在这方面,英、法、德、奥,与大洋彼岸的美国自然是不同的。

从某种角度来看,近代欧洲至少有过四种国家建设的形态。它们是:软弱的专制,如16和17世纪法国、西班牙的君主政体;强势和成功的专制,如俄罗斯;失败的寡头制,如匈牙利和波兰;成功的民主转型政府,如英国、荷兰、丹麦等。② 在这些国家,大体有四

---

① 〔英〕迈克尔·曼:《社会权力的来源(第一卷)》,第592页。
② 〔美〕弗朗西斯·福山:《政治秩序的起源》,第326—327页。

## 第四章 规范历史形态的不可通约性和整体性

个精英或者准精英阶级：君主及其所代表的中央集权政府、高级贵族、广泛的士绅阶层（小地主、骑士等）、市民阶级或第三等级（包括工匠、商人、被解放了的农奴、近代资产阶级的雏形），是主要的政治参与者，而那时占人口大多数的农民，因其散居各地、贫困和缺乏教育，则还没有动员组织起来，成为独立的可以为自身利益发声的集团，但如何处理农民问题依然会对整个体系产生影响。各阶级的历史、特性和机遇，及阶级状况上的态势，看来对近代欧洲这些国家所走过道路的分化，具有其切实的影响。

在专制类型中，贵族和士绅都为王权所挟制，而农民或下层民众成为受害者、牺牲品。如果贵族、士绅能够制衡王权，甚至压过了它，那么集权国家的效能就可能成为牺牲品，这就是匈牙利和波兰的情况。而英国的成功，本质上不仅是因为贵族、士绅和市民阶级之间的平衡，以及它们有时联合起来对王权构成的有效制约，还因为国家本身的凝聚力，因为各方势力从集权国家行使效能的活动中普遍受益。这是贵族、教会能制衡国王、农民境况却在日益恶化的匈牙利所没能做到的。制衡的重要性在于，没有哪个阶级可以吞噬另一个阶级，所以不得不寻求用谈判、妥协和法律的手段来解决彼此间的矛盾。甚至集权也经常是必要的，因为这关乎行动的效能，但集权而不受制衡，则是专制，则无必要，乃至其中蕴藏巨大风险。但是对制衡问题的最大误解——这是当代英美政治有时也会陷入的误区——却是把不同利益集团、阶级或势力间的相互扯皮以及各自的寻租活动看成是制衡的本质，或者认为对集权权力的时时问责、处处掣肘是绝对必要的。聪明的制衡，不是要削弱集权国家的行动能力，而主要是应该对集权国家的一揽子做法做出评估，是相信法治的力量，是要公平分割社会体系层次上的合作的总收益，或促进各方利益公平而共同之增进。

近代早期，法国、西班牙的集权国家建设，一开始就面临从封建时代遗留下来的组织良好的社会，面对法治的传统，君主们发现很难开征新税，但在那时的地缘政治环境中，它们又面临很多场不想输掉的战争。可是为了挽救巨大战争耗费所导致的濒临破产或已经破产的财政，他们用出售免税特权、出售公职和爵位的方法来筹措资金，对象先是传统的贵族精英，然后是城市资产阶级等。这是收买，造成了寻租联合体的不断扩大。然而政治地位和与此相关的租金，都具有零和博弈性质，而不是那种利益总量可以内生增长的过程，也就是说，有的人得到了，另一些人就没有机会了。所以，这种对精英阶级的收买，令精英成员内部相互不买账，很不团结，削弱了他们的集体行动能力。精英阶级的免税，自然让更多税收负担落在了农民和普通商贩头上，他们当然会愤愤不平，这撕裂了整个社会。而丰厚的租金收益，也减弱了资产阶级从事其他生产性投资的积极性。①

俄罗斯与法国或者西欧国家的区别在于，它的准封建时代维持的时间很短，不像西欧，封建主义扎根近千年，所以在封建关系中得到一定体现的统治者和被统治者相互间的权利义务关系的模式，对它来说是极其陌生的。俄罗斯也没有西欧那样的法治传统，法律上的正当程序常被无情践踏。贵族阶级组织松散，又经过了伊凡四世的肃清，在君主那里只有惴惴不安、谨小慎微的份，而没有联合抵制的能力。而门第选官制或官职表这样的东西，意在让

---

① 参见〔美〕弗朗西斯·福山：《政治秩序的起源》，第 331－339、351－357、415－417 页。

贵族阶层成员为国家体系中的地位资源进行相互竞争，在他们当中播种不和，根本上获益的则是沙皇。[1] 在东欧平原上建国的俄罗斯，具有建立一个横跨欧亚大陆北部草原荒漠地带的大国的先天优势。但在其幅员辽阔的疆域内，这里的大多数地区接近或处在极寒地带，它有向其他地方扩张的需要，但它的南部或东南部邻居，却没有向其冻土地带入侵的强烈动机。建立严密而庞大的军事组织，一直是俄罗斯国家的兴趣所在。但广袤、无阻碍的地理环境，同样使得在内政上，控制人口相对于控制土地而言，更为精英阶级所关注。对迁徙自由和其他自由的限制，使农民变成了农奴，这类限制和束缚，是所有靠农奴劳动获利的贵族、士绅的根本上的共同利益，集权国家恰好可以促进他们在这方面采取共同行动，这就使精英阶级把他们的命运同沙皇的更紧密地拴在一起。[2] 从大革命前法国阶级状况来看，贵族、士绅与王权的联盟，造成了普遍的腐败和寻租现象，资产阶级和广大受压迫民众，多少也是因为受到了启蒙思想的鼓动，愈发强烈地认为这个极端不公平的社会绝不是他们想要的，于是就用革命的烈火来摧毁一切，重新树立一切；但在俄罗斯，资本主义发展缓慢，各精英阶级却对集权国家体系有着共同的需求。

英国不同于匈牙利的地方在于，后者的贵族和士绅没有运用权力来加强国家的整体能力，因为他们和农民不是一条心，也没有发达的城市和市民团体，可以让经济充满活力，然而在英国，主要社会群体为保护其权利而反对斯图亚特王朝的专制君主，其间所展示的团结超过欧洲其他地方。对基层政治机构（百户法庭或县

---

[1] 参见〔美〕弗朗西斯·福山：《政治秩序的起源》，第26章。
[2] 同上书，第389、418－419页。

法庭)、普通法和新教的普遍认可,似乎是团结的基础,英国的议会包括了从大领主到自耕农的全部有产阶级的代表,而他们的士绅群体没有像俄罗斯的服役贵族一样,被招募进国家来服务,第三等级基本上也不愿意像在法国一样,用牺牲其政治权利来交换爵位、公职或免税特权之类。英国的基层政治参与的传统、个人自由的传统、法治的传统、相对开放和频繁的社会流动、庞大的自耕农群体、足以产生富裕资产阶级的活跃城市,都是东欧社会所不具备的,也是让英国的民主转型政府没有退化成为寡头政治的重要原因。[①]

经济学家熊彼特曾发表过一通感想,认为广义上的贵族阶层,乃是工业化比较成功的欧洲资本主义国家中的真正领导力量,构成了这类国家中的保护结构,而除了美国这种特殊情况,狭隘地陷于自己的利益追求视野当中的资产阶级却无法担当领导阶级的重任。

在不是由资产阶级材料制成的保护结构中,资产阶级可能取得成功,不但在政治防御上能成功,在进攻中也能成功,尤其是作为反对派时更是如此。有一个时候,它感觉到它的地位十分稳固,以致有余力去攻击保护结构本身;像德意志帝国内存在的这类资产阶级反对派充分说明了这一点。但没有某个非资产阶级集团的保护,资产阶级在政治上孤立无助,它不但不能领导国家,甚至不能照顾它特殊的阶级利益,……等于说,它需要一个主人。

但资本主义过程,由于它的经济机制和它的心理—社会影响,抛弃这个保护它的主人,或者像在美国那样,从不给主

---

[①] 参见〔美〕弗朗西斯·福山:《政治秩序的起源》,第419-422页。

## 第四章 规范历史形态的不可通约性和整体性

人或其替身有发展的机会。这件事的含义还由于资本主义过程的另一个后果而加强……它在农民头上强加早期自由主义的祝福——自由而无保护的租入土地以及为了自缢而需要的个人主义索套。

在打破前资本主义的社会结构中,资本主义就这样不但冲破阻挡其进步的障碍物,而且也拆除了防止它崩溃的支架。……[这]也是去掉资本主义阶层的伙伴的过程,与这些伙伴共生是资本主义图式的基本模式。①

他还说,相对于环绕在领主"职位"上的光环,"工业家和商人……肯定没有丝毫神秘的魅力,这种魅力正是统治他人所必要的东西。"② 观诸史实,"商人国家在国际政治大竞赛中无一不失败,实际上在每一个紧急关头,商人国家不得不把统治权交给封建的军阀。"③ 他举到了威尼斯和热那亚,低地国家(荷兰共和国与尼德兰南部的)例子。

我们知道,在英国,保守主义的托利党与自由派的辉格党的成员,其实大都出自贵族、乡绅。而在德、日这样实施工业赶超战略的国家,容克地主与转型了的领主和武士阶层担当了领导角色。他们努力构建一个既包含公民社会、又要不断完善这样的社会之国家,但这类努力被视为不能妨碍工业化进程。④ 当然,从封建时代走过来的贵族阶层,多多少少在地产等方面是有特权的,但关键在于,他们并非唯利是图的家伙,他们是其品格受到社会认可、其

---

① 〔美〕熊彼特著,吴良健译:《资本主义、社会主义与民主》,商务印书馆,1999年,第219-220页。
② 同上书,第218页。
③ 同上书,第219页。
④ 黑格尔的融合国家理念,实际上正是当时的历史状况的一种反映。See Immanuel Wallerstein, *After Liberalism*, New York: New Press,1995, pp. 220-226.

行为也能带动社会良好氛围的"绅士",①且他们的利益与国家整体利益之间,存在正相关性。他们能够比纯粹的资产阶级更好地担任领导角色,也是因为他们能够更好地认识到利益的多重性和治理的多样性。可是矛盾的地方在于,其地位的合法性,得要来自他们领导社会向更加完善的方向上前进的努力,而这样的社会对于平等自由是做出保证的,这就会反过来威胁到他们的地位。

单纯来看,"资本主义"不过是纯粹的经济学抽象。然而"现实的资本主义,即在一般时间里在欧洲和全球高歌猛进的经济形式,实际上需要以其他权力,尤其是军事和政治权力为条件,而且本身就包含着这些权力"。②作为一种体系的资本主义的形成,需要以拿足够高的人均产量和劳动生产率来衡量的农业发展为保障,③中世纪以来的欧洲农业史或许已为此做了长期准备,圈地运动则把劳动人口驱赶到农业以外的领域,倒有利于劳动力的自由化和集约的商品农业的发展,④而围绕法治,围绕财产权利和契约自由

---

① 工业革命所需技术进步,有赖于契约、信贷和可置信的承诺,正是在这场革命前几十年里,"一套超越正式'法律规则'、对机会主义行为施以明确惩罚,且使创业活动……更有吸引力的社会规范"正在英国形成(〔英〕乔尔·莫克:《企业家精神和英国工业革命》,载于〔美〕威廉·兰德斯等编著,姜井勇译:《历史上的企业家精神》,中信出版社,2016年,第227页),这些规范可被作"绅士—企业家"文化,其形成,在一定程度上是当时企业家融入上流社会,而愿意向贵族绅士所固有的优良表现看齐的结果。而日本明治维新以来,政府将封建武士阶层旧有的、由农民上交的粮食税折合成了债券,他们被鼓励去当银行家和投资者,这样一来,一些武士转而成了企业家(参见上书,第597页),而作为道德体系的武士道,看重义、勇、仁、礼、诚、忠、克己等德性,对于他们,"孔子的教诲就是武士道的最丰富的渊源"〔日〕新渡户稻造著,张俊彦译:《武士道》,商务印书馆,1993年,第23页。
② 〔英〕迈克尔·曼:《社会权力的来源(第一卷)》,第607页。
③ 参见〔英〕乔伊斯·阿普尔比著,宋非译:《无情的革命:资本主义的历史》,社会科学文献出版社,2014年,第60-88页。
④ 或曰:"英国经得起圈地运动的灾难而没有受严重的伤害是因为都铎王室及早期斯图亚特王朝运用皇室的权力来阻缓经济进步的速度,直到进步的速度变成社会所能忍受的程度"(〔英〕卡尔·波兰尼著,黄树民译:《巨变》,社会科学文献出版社,2013年,第103页)。

的长期斗争,则提供了工业创新所需要的制度环境,但这些国内因素是否已足够?考虑到资本主义是一种国际现象,且资本流动永远有着一种突破国界的冲动,恐怕我们会意识到这些还不够;但更重要的是,并非诸多国内因素汇聚起来,真的绝无可能实现发展阶段的跃升,而是历史充满了冗余和意外,它们很少具有这样的精确性:按照刚刚好的一些条件,实现某个刚刚好的目标。对于一个复杂体系——而不是一个抽象物的——演生来说,那些纷然杂陈的原因,更多地表现为某种边界条件的形态,即从若干国内外条件中,资本主义或工业革命是更容易产生的,但说它只能从这些条件中产生,就难以让人信服了。

沃勒斯坦认为,资本主义早在16世纪就已经随着西欧的扩张而产生了,照这个说法,那我们也可以认为,在古希腊罗马、在唐宋元明清的商业环境中,已经不乏一些具体的资本主义的运营形态了。这个说法缺乏整体性。但是的确,西欧的殖民扩张活动,产生了一些有利于它们的经济发展和迈向资本主义体系的长期过程的边界条件。它带来了市场扩张,带来了价格革命,使得以白银计量的商品价格,在漫长的16世纪里持续上涨,西班牙人利用针对印第安土著和非洲黑奴的强制劳动,大量开采美洲的金银矿,就能以极低成本把它们输入到欧洲,而它在欧洲经济体中的流动,产生了一种凯恩斯主义的货币乘数效应,[1]遂因货币幻象、工资增长滞后的影响,缓慢、持久或有所反复地刺激着

---

[1] 参见〔英〕凯恩斯著,高鸿业译:《就业、利息和货币通论》,商务印书馆,2005年,第10章"边际消费倾向和乘数";也有人利用费雪公式PQ=MV(P是价格,Q为商品和劳务的数量,M货币量,V为流通周转率),来说明如Q和V维持稳定,随着货币供应增加,价格自然是上扬的,参见〔美〕沃勒斯坦著,郭方等译:《现代世界体系(第一卷)》,社会科学文献出版社,2013年,第76-80页;〔德〕贡德·弗兰克著,刘北成译:《白银资本》,中央编译出版社,2008年,第122-154页。

贸易、投资和生产的扩张。随着17世纪中叶开始,这类刺激因素消失,重商主义愈发占据政策考虑的中心位置。① 它的基调,与亚当·斯密在1776年出版的《国富论》中所阐发的自由市场理论背道而驰。但是对于马尔萨斯式陷阱在当时依然有着实际影响的西欧各国来说,②是否采取这类政策选项,更像是一种囚徒困境中的选择。

面对资本主义和地缘政治间的紧张关系,具有资本主义这个经济内核、并且不断发展这个内核的现代欧美国家,可以用六种战略来处理这类关系:(一)自由放任、(二)民族保护主义、(三)重商主义、(四)经济帝国主义、(五)社会帝国主义、(六)地缘政治帝国主义。相对于保护主义只是"宏观地与和平地干预市场条件"(如19世纪德国)的做法,重商主义"国家力图主宰国际市场,竭力强行控制这些资源,实行外交制裁……甚至炫耀武力,但避免进行战争和领土扩张"。③ 后三种则是更穷兵黩武的形式,为了经济利润直接征服地域,为了转移国内政治上的压力而嫁祸于外,或者像希特勒那样,把地域征服本身当作目的。而实际上,英国是到了19世纪,才基本上真心实意地拥抱了自由贸易,④但在这之前,它已经从重商主义和经济帝国主义中得到很多好处了,所以它这时极其乐见它作为领先工业化国家而在贸易关系中坐拥的

---

① 参见〔美〕沃勒斯坦著,郭方等译:《现代世界体系(第二卷)》,社会科学文献出版社,2013年。

② 戈德斯通认为,在现代早期,"造成多次国家崩溃浪潮的原因并不在于资本主义的发展,而在于人口增长与僵化的经济体制和政治体制之间的周期性失衡"(〔美〕戈德斯通:《早期现代世界的革命与反抗》,上海人民出版社,2013年,第477页)。

③ 〔英〕迈克尔·曼著,陈海宏等译:《社会权力的来源(第二卷)》,上海人民出版社,2015年,第38页。

④ 这个世纪早期,还发生过关于谷物法的巨大争议。

优势。

在工业革命之前的近 300 年间,英国从价格革命、重商主义、殖民活动、海外市场开拓及其海军战略中,①确实获益良多,积累了诸多先发优势,一下子站在了西欧乃至全球发展的排头兵的位置上,连同绵延时间更长的农业进步、法治建设、集权与分权的平衡机制的逐步完善,工业革命在彼处爆发,殊非偶然(但亦非精确必然)。随后一切就变得容易了,质言之,"工业化难于开创,但易于模仿和调适——只要已经有了某种程度的商业化"。② 作为一种抽象形态的资本主义,工业革命并不是让它发生了(它差不多无处不在),而是让它、让紧密围绕它的一切变得极端重要了。

与法国大革命相比,在其他许多地方发生的类似革命大体都失败了,但它们不会没有用的。"19 世纪,旧政权和新资本通常融合成一个现代统治阶级;然后,他们逐渐出让公民权利,也就在一定程度上软化了中产阶级、工人阶级和农民"。③ 阶级之间的态势一直是动态的,阶级对立或阶级调和的各种形态,分布在各个国家,甚或不同阶段上,不能一概而论,但贵族担当和谐国家(哪怕是一段时间的)领导力量的事情,在历史上的确发生过。

可以解释现代国家的结构、规则的演化及所作所为的,不只是阶级关系,还有政党和压力集团的多元诉求,政权中的精英对于政权所作所为所产生的自身利益的判断,精英们围绕国家这个神话、

---

① 关于英国控制海权的斗争及其获益,可参见〔美〕艾·塞·马汉著,蔡鸿幹、田常吉译:《海军战略》,商务印书馆,1994 年,第 64—74、78、96 页等。
② 〔英〕迈克尔·曼:《社会权力的来源(第二卷)》,第 21 页。
③ 同上书,第 18 页。

这个统一的象征而从事的制度建设的活动。① 而精英们还得留意地缘政治的竞争,这种竞争又势必强化关于国家或民族的话语的份量。但是阶级关系的调整、多元诉求的表达、国家制度建设的走向,甚至精英自身利益的长远考虑,都指向一系列重叠的焦点问题:公共利益何在? 利益配置和分配的正义何在? ——就像一系列有利于某一发展方向的边界条件,对此方向而言,为有势;为了公正或基于公正而组织起来的权力体系,也具有它的内在势能。

可以肯定的是,权力是组织社会学的焦点,权威则是可以稳定运用权力的地位和资质,本身就是势,也有赖于势,并运用权力或权威去做成其他事情,也得借助于各方面的势。势如此重要,但它就像势难遏阻的洪水一样,不见得都是好事,都对公众或国家利益有好处。所以人们经常得注意:察势、识势;对于效果正面积极的,就得造势、借势、顺势和用势;对于效果负面消极的,就得避势、消势和化势。

## 第七节 场域结构中的新事象:规范历史体系的多样性

习俗和礼仪,本质上是一些协调人与人之间的意愿、利益和价值的方式。尽管不是所有习俗都会持续很久,但的确有些习俗是根深蒂固和顽强延续的,这几乎成了规范历史形态中的一抹亮丽

---

① 曼认为,现代国家的形成和运作,可以用阶级理论、多元主义、精英主义、制度国家主义等不同的理论来做综合的解释,四种理论所涉及的历史进程,错综复杂又稍微对应地衍生出现代国家的资本主义、代议制、军国主义和民族主义(national)的成形(参见《社会权力的来源(第二卷)》,第3章)。在他看来,如果国家精英拒绝任何(哪怕是适度的)多元论,那么,"尽管地缘政治的和国内的压制通常与市民社会运作者结成特殊主义的同盟,但是这些压制造就了……军国主义的成形"(同上书,第104页)。

色彩。如果这样的习俗又跟宗教体验即最深层次的生命体验联系在一起,或者是跟共同体的基本价值观或核心价值观联系在一起的,就会更加持久。

犹太人的逾越节就是很好的例子。此节是为纪念宗教传说中的——很可能也有一定历史真实性的——摩西率领犹太人逃离埃及的事件而设。据说当日,上帝降灾祸于埃及人,击杀其长子及头生的牲畜,并命令犹太人宰杀羔羊,涂血于门,为记号,以示区别,凡见血记,灾祸便越门而过,是称"逾越"。犹太人后来立此日为逾越节。于是,从犹太历法的尼散月(当公历3、4月间)14日开始,整个庆祝活动要持续七至八天。节日前一天,人们要以满周岁的健全羔羊为献祭,同时将羊血洒在门上及帐篷的木桩上。[①] 献祭后的羔羊则被烤熟,头、腿、五脏都要被吃光,然后吃无酵饼和苦菜。据说当年犹太人在仓促离开埃及时,来不及做发酵的食物,一连吃了七天的无酵饼。此节起源,若是从出埃及的事件算起,最晚也可以追溯至公元前1000年吧。而逾越节期间宰杀羔羊的习俗,原本是迦南地方向土地神供献的宗教仪式,犹太祭司后来才把它和出埃及的事件联系在一起。

显然,如果从其所运用的事象上去比较各类习俗,那你满眼看到的可能都是差异。就像频繁运用"玉"作为仪式进程的桥段之"周礼",与常要宰牲和吃无酵饼的犹太礼仪,便是彼此暌违的。就算拿从犹太教分化出来的基督教的七项圣礼,来和犹太礼俗做对照,仍会发现所用事象上并其文化气质上的差别。[②] 更深刻的差异

---

[①] 参见《旧约·出埃及记》第12章、《旧约·民数记》第9章等。
[②] 譬如,跟逾越节和基督教圣餐礼之间的差别有关,犹太教与基督教的差别,以及反犹主义的心理根源,就被大谈"俄狄浦斯情结"的弗洛伊德解读为"可怜的犹太人,他们怀着常有的执拗和倔强劲头,继续否认谋杀了自己的'父亲'。"(〔奥〕弗洛伊德著,

性，体现在习俗所传递和传播的核心价值上，它们很难用一两句话做简单化的概括，但却是建构许多规范和制度时可能用到的一些抽象原则、一些价值理念。对于纪念逾越节的活动来说，这核心价值就是：要严肃地遵循以"十诫"为中心的律法，以及要满怀救赎希望地去信仰唯一的神，要通过律法恢复犹太人和神之间的正义。

其实，中国古代之丧服制度，乃是规范历史形态在所涉礼俗事象上具有极端多样性和差异性表现的另一个很好的例子，也可以成为符号学研究的经典案例。并且体现出：当一种礼俗与其所属规范体系的核心价值相匹配时，它便有持久的生命力和影响力。

丧服服制，包含"服饰"、"服叙"和"守丧"三个要素，即：（一）服饰本身的差别；（二）针对相关人士与亡者的关系而决定的适用某一种服饰的情形；（三）相应的守丧规定，即主要依服叙不同而规定的一系列守丧方面的行为准则。[1]

在可见的民俗事意上，"丧服"就是人们为哀悼死者而穿着的服饰，所以在着色、款式和象征上都要体现人子的哀痛之情，与世俗享乐暂且隔绝，力图素朴、简净，而非艳丽、繁缛。主要的丧服服饰有五种，所谓"五服"是也，若按服丧的重要性等级排列，即斩衰、齐衰、大功、小功和缌麻。在所用麻布质料、重量和形制上各有规定。

---

(接上页)李展开译：《摩西与一神教》，三联书店，1988年，第80页)而基督徒以及那些极端的反犹主义者却竭力谴责这一点，"他们还说'确实，我们干了同样的事，但是我们承认了，并且从那时起，我们就已经涤除了罪孽'"。"父亲"即上帝的原型，就是道德秩序的强制性的化身，或者我们可以像涂尔干那样指出，本质上它是社会关系异化为认识中的他者的形象。

[1] 丧服制度之分解为服饰制度、服叙制度与守丧制度，可以参见丁凌华：《中国丧服制度史》，上海人民出版社，2000年，第3页等。或曰"服饰制度是亲属关系等级的外在符号标志，也是丧服制度命名之发轫；服叙制度是亲属关系的内在等级序列，也是丧服制度的主干部分；守丧制度是亲属关系等级的外在行为规范，也是丧服制度的伦理目标"（同上书，第3、232页）。

## 第四章　规范历史形态的不可通约性和整体性

中国的家族是父系的,就是说,与家族这样一种社会性单位相关的祭祀与礼仪、权利与义务等,主要考虑父亲方面的血亲,特别是这方面的亲疏近远。① 标示这类关系的基本符号形态,就是"丧服",或曰"五服"。《礼记·大传》云:"四世而缌,服之穷也,五世而袒免,杀同姓也,六世亲属竭矣。"丧服体制至缌麻而止,这也是依照小宗宗法而言的父系血亲绵延四世之界限。② 基本上可以说,服制范围就是一种社会化体系所要考虑的基本亲属关系的范围。以下依《仪礼·丧服》中有关记载,对五服的服叙、守丧等方面做一下介绍。③

| 服叙 | 服饰 | 守丧期限 | 适用的基本关系 |
| --- | --- | --- | --- |
| 斩衰服 | 斩衰裳、苴绖、杖、绞带,冠绳缨,菅屦者 | 三年 | 子为父、臣为君、父为长子、妻妾为夫等 |
| 齐衰服 | 疏衰裳齐,牡麻绖,冠布缨,削杖,布带,疏屦 | 三年,或一年杖期与不杖期,或三月 | 齐衰三年期:父卒为母、母为长子等;齐衰杖期:父在为母、夫为妻;齐衰不杖期:为祖父母、昆弟、父母为庶子、祖为嫡孙、媳妇为公婆等;齐衰三月期:为曾祖父母、为宗子等 |

---

① 而母亲方面的亲属则基本上被忽略。其丧服服制极轻,《仪礼》称"外亲之服皆缌麻也";又称外祖父母"尊",姨母"以有母之名分",而从小功服,即在缌麻之上加一等。其实,以自然的血亲关系而言,外祖父母同于祖父母。另外,舅舅本亦不输于姨母,却与其他"外亲"一样,对他仅报缌麻。

② 〔清〕孙希旦:《礼记集解》,第909页;同姓五世亲所服曰袒免,非基本丧服;又《仪礼·丧服》云:"朋友皆在他邦,袒免,归则已",指客死他乡,暂由友人代主丧事之服。

③ 关于先秦服叙的规定,经典依据是《仪礼·丧服》;但是所规定的那些针对先秦时期的士、大夫、诸侯身份的服叙,因其政治基础即分封一世袭制退出历史舞台,而在秦汉时逐渐销声匿迹。

续表

| 服叙 | 服饰 | 守丧期限 | 适用的基本关系 |
| --- | --- | --- | --- |
| 大功服 | 兹略 | 九月,或七月 | 九月成年服:为出嫁之姑、姊妹、女、为堂兄弟、出嫁女为兄弟等;大功九月殇服:为子、女、姊妹、兄弟、嫡长孙等之长殇;七月殇服:为与九月服相应范围之中殇; |
| 小功服 | 兹略 | 五月 | 成人服:为祖父之兄弟及妻、父之堂兄弟及妻、为外祖父母等;殇服:为女、嫡孙等之下殇 |
| 缌麻服 | 兹略 | 三月 | 为曾祖父之兄弟及妻、父之姑,为外孙等 |

注:齐衰一年期,王肃认为实际上是13个月,郑玄认为是15个月,"杖期"与"不杖期"区别在于后者不主丧、不用杖。而大功服九月期又分为"成年"和"殇服"两种;长殇是指16至19岁夭折;中殇指12至15岁;下殇指8至11岁。

五种基本服制,既经种种变化,可演为23种服制,适用于138个场合,①其精密程度令人叹为观止。但是那些针对先秦时期的士、大夫、诸侯身份的服叙规定,因其政治基础即分封—世袭制的退出历史舞台,而在秦汉时逐渐销声匿迹。不过,整个丧服制度却被保存下来,而服叙甚至扩展到法制领域。成为亲属关系等级划分。

"亲亲"乃是丧服礼制所要戮力维护的核心价值。② 因为在这

---

① 参见胡培翚:《仪礼正义》卷25《降、正、义服图说》;张惠言:《仪礼图》等。
② 关于服丧须遵循的原则,《礼记·丧服小记》云:"亲亲、尊尊、长长、男女之有别,人道之大者也。"《礼记·大传》则云:"服术有六:一曰亲亲,二曰尊尊,三曰名,四曰出入,五曰长幼,六曰从服。"

## 第四章 规范历史形态的不可通约性和整体性

样的社会里,在宗族里主要就是依据血缘关系的亲疏决定相互间的权利和义务的多少。为了突出和强化这条原则而设计的那些礼仪,在礼器、服饰等方面所实施的等级或等差原则的精确性和严格性,的确令人印象深刻。丧服服制的严格、细致的特点,其实是它在宗法制和司法领域里可以有广泛运用的符号性基础。例如在法律关系上,即使没有为违法者或有关人士服过相应的丧服,但只要这种由丧服加以标识的亲属关系的等差客观存在,它就是量刑或适用其他法律规定的参照因素。

丧服制度由礼俗的领域跨越到法律上的运用,至少体现在两个方面:其一,按照服叙制所对应的与某人的亲疏差等,决定与此人相关的若干他人的若干权利和义务,特别是与直接责任人的连带责任,这在一定意义上可被视为,宗法伦理的差等原则,在法律实践上的体现;其二,将守丧的礼教涵义落实为行政法方面的规范,即对官吏守丧给予时间上的保障,而违犯此项义务,也有相应的处罚上的规定,所谓"丁忧制"是也。这两个方面都是中国古代法的家族主义特征——即在各种权利和义务的规定上充分考虑亲属关系的性质——的重要体现。

在古代的家族主义法中,服叙或亲属称谓的运用极为广泛。例如在《唐律疏议》的502则条文中,根据丁凌华统计,直接以丧服服叙表述的共81条,加上虽不以服叙表述而涉及依亲属等级而量刑不同者,共154条,比例甚高。[①] 服叙制之类的运用,主要涉及亲属连坐、亲属相犯、亲属特权、亲属婚姻等几个领域。

---

① 丁凌华:《中国丧服制度史》,第5页。另在唐朝宰相杜佑所撰《通典》这部通论历代制度沿革的大书,其200卷中礼典有100卷,而凶礼又有34卷,凶礼中所述丧服制度则不下30卷,即在整部书中占了三分之一强。从中可以稍窥丧服制度在我国制度史上的重要分量。

其中，"亲属连坐"和"亲属相犯"是家族主义法的两个典型论题。前者是指一种刑罚方式，即对特定违法者在一定范围内的亲属一并予以惩罚的方式，通常受连坐者自身未犯罪，只因与犯罪者有一定的亲属关系而连带受处罚；后者是指某类不法行为，即涉及不同亲属关系范畴的成员之间的侵犯事件，必须予以差别量刑——所谓范畴的不同也可能仅针对关系的矢向，如"父对子"不同于"子对父"。亲属连坐，多涉重罪，如谋逆之类，常常是作为刑罚而体现了政治斗争的残酷性，如为了避免日后其族内势力东山再起而一并予以剪灭等；亲属相犯，可以提出来当作一个独立的法律课题，较典型的情况是，对于这样的相犯，在量刑上要考虑不法行为的主动者与受动者在亲属关系方面的身份等级，如系"尊长犯卑幼"，则量刑较"卑幼犯尊长"明显为轻。而在亲属关系远近的度量方面，服叙上的差异，可以成为天然的标准。

亲属连坐的特殊方式，在汉代有所谓"禁锢"，乃是行政领域里的家族主义法，指在某些情况下，某位官吏一经免职，其一定范围内的亲属都被终身剥夺入朝为官的权利，其适用的不法行为多是贪赃、结党之类。禁锢的范围则有二世、三属、五属之别，即父子两辈，或父族、母族和妻族，只有最后一种才是针对全部五服，[①]由此也反映依服叙的量刑方式已经进入了司法的视野。

据说，"《唐律》中规定应株连亲属的犯罪种类并不多，包括谋反、谋大逆、[②]谋叛、杀一家非死罪者三人及肢解人、造畜蛊毒等，

---

① 参见丁凌华：《中国丧服制度史》，第197页。
② "谋大逆"谓谋毁宗庙、山陵及宫阙（参见《唐律疏议·名例》，载于刘俊文：《唐律疏议笺解》，中华书局，1996年，第57页）；又此言"期亲"略当齐衰等，谓伯叔父母、姑、兄弟姊妹、妻、子及兄弟子之属，依律又将曾祖父母和高祖父母与"期亲"同论（参见上书，第119页）。

## 第四章 规范历史形态的不可通约性和整体性

可以说是历代法律中涉及株连的犯罪罪名最少者。"① 其中株连最广之罪即谋反和谋大逆者,亦仅及本宗直系亲属及期亲,受死刑者仅其父及 16 岁以上的儿子。② 因而就此方面刑罚而言,唐代的亲属连坐的规定,可说是古代法中最为宽平的,当然这还是不能掩盖"株连"的不人道性质。

服叙制在法律上的最重要的运用,也许是刑法领域里的"准五服制罪"。这条原则可能始于东汉建安年间曹操制定的《魏科》。丁凌华认为,"'准五服制罪'是古代家族主义法的组成部分,是家族主义法中一个较为晚起的原则。'准五服制罪'的主要作用,在于使家族主义法的适用定量化、简捷化,从而也使家族主义法在亲属相犯领域的扩大成为可能。"③ 这一原则的最好范本也许就是《唐律疏议》。"准五服制罪",若是被用作"亲属连坐"的一种特定形式,便是依照服叙的亲疏近远,追究与直接责任人有相当亲属关系者的连带责任的大小。追究连带责任的做法在死刑方面的极端做法,就是"族诛",但是族刑或类似的做法,并不必然要求按照服叙来实现连带责任的等差式分配。但引入"准五服制罪"之后,可使量刑差异化,避免无谓的、不加区别的族诛。④ 又在亲属相犯领域,引入丧服服叙的等差式原则,循人情之常,同样可以实现量刑精确化的目的。

---

① 丁凌华:《中国丧服制度史》,第 223 页。
② 参见《唐律疏议·贼盗律》,载于刘俊文:《唐律疏议笺解》,第 1237 页。
③ 丁凌华:《中国丧服制度史》,第 214 页。
④ 最迟春秋时期已经有了族刑,当时大抵只限于宗亲一族,只在秦国方波及母党和妻党,即《汉书·刑法志》提到的秦相商鞅实行的"参夷之诛"。汉代的家族主义法在适用和量刑原则上较秦律向更加细密的方向发展,除了仍有量刑极重之夷三族——一般限于谋反等,增加了以一个完整的家庭为处死对象的族刑,通常是包括其父母、妻、子、兄弟等,但是仅就这一范围的括定而言,确实还没有体现服叙的特征。

在《唐律疏议》中,关于亲属相犯,据说"在 81 条服叙法及 154 条家族主义法中均约占半数条文,主要集中在斗讼、贼盗两篇中。这是与南北朝以来亲属相犯条文的增加趋势相适应的,说明家族主义法与'准五服制罪'的重心已从亲属株连(如族刑)转向亲属相犯,国家与宗族的关系已由基本对抗转向协调。"① 处理这类违法事件的处罚原则,如是在同一类关系的不同矢向上,则"卑犯尊"较"尊犯卑"处罚为轻,引入服叙之后,可将处罚原则细化,通常是"卑幼侵犯尊长,服叙越近处罚越重;相反,尊长侵犯卑幼,则服叙越近处罚越轻。"② 即服叙上认定其关系越是接近的长幼之间,长辈对后辈拥有越大的权利。

家族主义法中的亲属特权,则是指,因为与特定权贵或当事人的亲属关系,而享有法律上的不平等权利。在《唐律》中,这主要见于《名例律》。其表现凡有二类。一者"荫亲",即犯罪者若与皇室有亲属关系或具其他特殊身份,其犯死罪者,主审官便不得擅自定罪,须奏陈其罪状及应"请"或应"议"之理由,或径由皇帝裁定,或依诏集议后再由皇帝裁定。可享有"请"的特权者之范围,较享有"议"的特权者为宽豁。③ 二者"亲属相隐",即藏匿隐瞒犯罪亲属之人,宜可豁免或量减一般的刑罚。④ 按规定,某些豁免权适用于大功以上

---

① 丁凌华:《中国丧服制度史》,第 220-221 页。
② 同上书,第 221 页。
③ 凡八者可"议",即亲、故、贤、能、功、贵、勤、宾,其中亲者如皇帝之祖免以内、太皇太后和皇太后之缌麻以内、皇后之小功以内(然而这里仅指本宗而言,不论外亲与妻亲);可"请"的范围如皇太子妃大功以内、上述可议亲的皇室成员之期亲以内及孙、子孙妇等。
④ 汉代首创允许亲属相互隐匿犯罪的条例,这在中国法律史上应属首次。也是亲属特权的一种表现。其实,汉初曾立"首匿相坐法",即但凡首先匿藏罪犯的人,均予处罚。从实践的效果来说,这比较符合一般的常识,因为包庇和匿藏罪犯,无疑会增加

## 第四章 规范历史形态的不可通约性和整体性

亲等,如系小功、缌麻亲之相隐,可较凡人隐匿罪量减三等处罚。①

但《唐律疏议》所规定的亲属等级,与严格的丧服服叙略有不同。首先就服叙名称而言,一则无"斩衰"之称,因其中所反映的或非亲属关系,或是父为长子与子为父,恰在法律上是极为重视的差别,或子为母虽不入此叙,而在法律上恰视犯母与犯父同论;二则改"齐衰"等为"期亲",期亲的本义是指,丧服上属齐衰杖期或不杖期的亲属(此中不包括母,单以妻而言),依律又将曾祖父母和高祖父母与"期亲"同论。因而《唐律疏议》中凡是出现具体亲属称谓,大多涉及原所属服叙不敷应用之情况,相对于礼典中所说的丧服等级,或是亲等拔高,如有时候母与父同论,或祖父母与父母同,或曾祖、高祖与期亲尊长同,等等;或是亲等降低,如长子与众子同为期亲。有时虽以服叙论,又特别以宗法原则予以补救,如旁系亲属的尊卑之间制服与报服同等(制服即卑幼为尊长服丧,报服即尊长为卑幼服丧),但法律上亦论尊卑而量刑不同,另一个类似的变化,是在法律上参酌长幼年龄而区别量刑。②

丧服五服的范围,与宗法上"小宗"的范围基本重合。这一制度本身,并与此相联系,在立法和司法领域,由"服叙"对其适用关系予以细化的家族主义法,堪称典型的中国古代特色,除了受其影

---

(接上页)司法的难度。但是后来,董仲舒力主张父子相隐的无罪性。其思想渊源可追溯到《论语·子路》里的这样一则记载,叶公按照他关于"正直"的直觉,据到在其所属乡土单位"党"的一个例子,"其父攘羊,而子证之",孔子却说:"吾党之直者异于是:父为子隐,子为父隐,直在其中矣。"

——在今天看来,比较可以接受的方案是:对于性质并不严重的违法犯罪,亲属相隐不必是道德或法律上的义务,但可以是一种选择性的权利即自由权,即他人不得要求其大义灭亲或不做证言。

① 丁凌华:《中国丧服制度史》,第222页。
② 同上书,第215-216页。

响的某些东亚国家,在全世界都很难找到与之大体相似的东西。

在一些文明体系中,人们极为重视契约关系,进而将它推扩为普遍的规范形成机制。的确,抵达美洲的五月花号上的清教徒,签订了一份契约。可同样的事情从来没有在一个国家之中发生,但是卢梭等人却不依不饶地把过去仅有微弱的默契,甚至基于博弈考虑的某些东西,推到人类的真理和意识形态目标的高度。他的或者其他人的契约学说,无论是否有道理,都是西方契约论传统的一部分。而促成这一传统的历史路径和历史根基——如果不是指它所勾勒的公共权力得以良性运作的一般背景的某些轮廓的话——恰好是西方文明特殊性的某种体现。①

每一种文明都是活生生的、有思想的整体,并有自己的风格。文明体系堪称是规范的体系。而体系性的差异,可以透过很多方面来观察:在自然语言中,不同的划分规范种类的语词,展现了不同的视域和不同的价值侧重点;在规范实施方面,往往能发现不同的机构设置或角色定位;一个体系内部的各类规范之间的内在相似或相通之处,基本上是由若干总摄性原则和思想赋予的,②但这些原则和思想,相对其他文化而言,又显得极为特殊。譬如说,在西方文明中极受重视的社会契约概念,在另一些文明中,重要性大为降低——这就是很好的例子。就算约定性机制或契约关系,实际上是规范形成的基本机制之一,但不同的文明对基本结构中的

---

① 形成这一传统,也跟犹太人或欧洲民族的商业文化有关。作为基督教的前身,犹太教早就有了针对社会政治问题的契约(covenant or contract)观念。据《旧约·出埃及记》等,十诫的内容,乃是摩西在西奈山上与上帝所立约中针对世人的部分,故立约柜以贮之。而罗马法中对于契约的形式非常重视(参见周枏:《罗马法原论》下册,商务印书馆,1994年,第654—780页),则是古代地中海世界的贸易发达所致。

② 这就是〔德〕柯武刚、史漫飞所著《制度经济学》提到的"元规则",即规划和设定具体规则的抽象原则,与此相似。

要素和普遍特征的反应(进而是涉及它们的表现),却各不相同。

与西方的规范体系,注重契约关系,甚至将其理想化为宪政的基石,以及中国古代制度体系特别依赖礼制和宗法关系之特点相当不同,印度教与伊斯兰教的法文化,分别因为其重要概念 dharma 与 *happ* 所造成的体系性影响而独具特色。——这些因素都与法律体系有关,且在其他文化看来,又都是极为特殊的,因而是横向比较的好素材。

印度教的法文化,仍然拿一种明晰而稳定的、可溯源于《吠陀》的观念作为依托。此一观念根本上是一种关于地位和责任的宇宙性教义。它特别典型地表现在 dharma 一词中,梵文专家认为这个词根本是不能翻译的,可勉强解说为:法律、惯用法、习惯礼仪、职责、道德、宗教品行、优秀作品等。[①] 而在佛教中更是将其理解为正当、真理、必由之路等,在汉译佛典中,或将其音译为"达磨",或将其意译为"法"。

"达磨"概念注重每个人在社会上的种姓,即一种等级和职业集团的身份。种姓制不仅禁止不同种姓间通婚,甚至禁止他们友好的社交往来等,违反了种姓间的戒条,就要受到惩罚,以至于成为失去种姓的人(out-castes),也就意味着失去他在社会中的基本座标,这是相当严重的后果。作为术语来看,dharma 既是规范性的,也是描述性的。它表示:宇宙中的所有存在是按种类进行了组织,每一种类都有各自的本性和据此本性而产生的行为规范,本性与行为规范或道德准则实属一致。在印度人看来,毒蛇噬人、盗贼偷窃、魔鬼矫诈、天神好施、圣贤节欲、儿孝母慈之类,俱系各自达磨所为。某一存在者的 dharma,既是其所属的类的特征,也是他

---

[①] 转引自梁治平编:《法律的文化解释》,三联书店,1994年,第109页。

作为个体的职责。倘若拒绝按其 dharma 而行，后果不只是道德失范，亦是对其本性的损害，即丧失存在的理由。像西方那样区分"自然秩序"和"法律秩序"的视角，在印度教的法文化中是相当陌生的。在后者，对自身 dharma 的遵循是真正合乎伦理的行为，并且是其他一切德行和品质的基础。①

古代印度并非在每个人天赋平等的"自然法"意义上理解法律的适用性，其法律的内涵是"表现为特定的人据其特定地位在特定情势下所应遵循的特定规则中所含有的特定职责"。② 理论上，整个印度法的体系都包含在上述理解的 dharma 概念中，各种姓、各职业各有其本性，即各有其 dharma，因而也各有其适用的法律，而法律的效用正是要维护 dharma，即维护等级、职业群体之间的稳定界限。在殖民统治以前，印度文化圈存在各种各样的法庭，且其规则和规则所适用的群体也是多种多样的。这正是由于职业团体和种姓可以任意专断地打破国家的法律约束的缘故。团体自治的司法实践，例如种姓司法最具威慑力的强制手段是：驱逐出种姓。——可以肯定，dharma 概念是理解印度法文化，乃至其整个规范体系的一把钥匙。

如果说印度教法文化中的 dharma 概念内在蕴含的思路是将

---

① 有一则17世纪的耶稣会传教士收集的传说，能够很好地表明这一点。这是关于一个富人和他的两个妻子的故事，其大夫人甚丑，虽生有一子，却失宠于富人；其二夫人因貌美而得欢心。大夫人遂生嫉妒，设法报复，每在人前表现爱子之情，令人生信。某日竟掐死其子，伺二夫人熟睡，置于后者寝床，以构陷于彼。众人将二女交由某婆罗门法官审讯，法官命曰："无辜者请绕这议会大厅一圈"。大夫人说："倘若必要，我愿走上一百圈"；二夫人则说："我绝不做这事，而宁死一百次。"显然，按女人的 dharma 而言，这要求本身是极不合适的。所以，法官判定，大夫人有罪，二夫人无罪。参见梁治平编：《法律的文化解释》，第117页。

② 同上书，第112页。

## 第四章 规范历史形态的不可通约性和整体性 613

"实然"解释为"应然",那么伊斯兰法文化中的 $happ$ 则相反,是将"应然"解释为"实然"。据说伊斯兰教法学中的 $happ$ 之意涵是:

> 它把一种职责学说确定为一系列纯粹的主张、对杂乱事实的陈述、一种意志结构而不是客体结构,它把真实视为本质上是命令性的……道德在我们看来是"应然",但它却变成了一种描述,而本体对我们来说是"实然"之家,它却变成了一种要求。①

穆斯林以 $happ$ 一词所欲阐明的正是:真实的存在就是某种应当予以回应的命令,因而这是一个意志与意志相遇的世界,一个被深刻道德化了的、蕴含其要求的真实,而非静观中所呈现的抽象存在。$happ$ 一词反映了事物最基本的存在样态,而事物的存在,归根究底,无非出于造物主的权能。所以,"$Happ$,一如 $al$-$Happ$,实际上是神的称谓之一,同时由于它与'言说'、'力量'、'生命力'和'意志'等相勾连,所以它也是神的永恒性特征之一。"②这一点在穆斯林中家喻户晓。$Happ$ 所指的既是真实本身,又是神或者神的德性。这个词变换一下音素形态,它的意思也包括"正当"、"职责"、"权利"、"义务"、"要求"、"公平"、"有效"、"合理"等,③可见也是一个极重要的法律术语。

在司法领域里,与抗辩制度的不完善相映成趣的是,特别注重所谓的"规范作证"(normative witnessing)。在穆斯林的卡迪(qadi)法庭上,只有口头证词才有意义,而书面文件或物证等,仅当它们也被视为口头证据的一部分时才能生效。在伊斯兰教法的形成

---

① 参见梁治平编:《法律的文化解释》,第 98 页。
② 同上书,第 99 页。
③ 参见上书,第 100 页。

期,旁证或物证甚至一概不予承认。提供口头证词的人,必须在道德上被公认为完全可靠的,这种刻意的要求导致了委任证人制度。他们是由卡迪通过一套固定的考核程序一次性择定,此后便作为专门的证人经常出庭。在中世纪的穆斯林法庭上,诉讼当事人必须通过他们提供规范证词,而法官在多数情况下,只相信此类证词,却不管当事人怎么说。

不仅正式的常设证人数量庞大——在10世纪甚至达到了1800余人——录用与考核证人的程序也相应变得复杂,一般来说,这是卡迪的主要职责之一,他可以解除前任所选证人,重新予以择定。进而还衍生出所谓"第二级证人"(secondary witnesses)的组织,即"证人的证人",作为证人来为普通证人的正直诚实度做证,或适逢后者亡故、外迁之际代为做证。根据规范证词所做裁定的法律效力是不能被撤销的,所以一旦出现伪证,结果便是灾难。

这种公证人制度的影响,极为深远,即便今日,"不管穆斯林的法律意识变得多么世俗化,由正直的、道德的证人向恪守法条的法官陈述道德真实的观念,依旧渗透于他们的法律意识之中。"[①]阿拉伯世界的世俗法庭,拥有很多真相提供者(truth bringers),其地位和作用类似于"规范证人",其证词的可信度和法律效力已不如从前,但仍然被认为具有与其宗教境界和德行相当的分量,不同于普通当事人或者被告的证词。

其实,关于权力如何运作的规范,关于施行法律规则的权威角色和适用程序的规范,在过去大多处于习惯法的地位。政治制度和司法制度,即由这些规范所构成的整体之间的差异,也许并不比规范体系关于道德义务的具体理解的差异要小。什么是公共政策

---

① 参见梁治平编:《法律的文化解释》,第104页。

或行政自由裁量所要调节的,什么又是法律和司法所要调节的,不同的文明体系各有其想法。但司法审判的组织过程,必然是关乎一般性的权力架构的。

跟希腊雅典的陪审法庭不同(其每个法庭少说也得拥有500陪审员),起初,罗马人并没有法院系统可以求助,只是由其贵族阶层的成员来当承审员,且在罗马法历史上的大多数时候,人们要请承审员裁断,得通过执政官,后者会就案件内容制作成书面令状,再呈递给承审员,这跟普通法的令状制度(writ system)颇为相似。要等到罗马帝国后期,法院系统才在这个已然暮气沉沉的帝国里建立起来。①

在伊斯兰教法的体系中,在法官角色即在"卡迪"看来,每个案件都是特殊的,须为此寻找适合它的法律。而其判决内容非常简单,不但不附书面理由,甚至不提供任何明确的理由,所以就没有案例报告制度,进而就没有普通法那样的遵循先例的做法。又因缺乏上诉法院,故败诉方的救济只能是找回原先做判决的卡迪。但"穆夫提"即法律顾问,扮演着跟古罗马法学家相似的角色,其意见经常被提交给法庭,以协助法官思考。卡迪当然是正式制度中的审判角色,但是传统上并没有伊斯兰立法者,因为立法的意志被认为存在于安拉,而安拉的意志主要是通过穆圣的启示来显现。法学家的意见当然重要,但他们只是因学识渊博而受到重视,却没有以任何方式被授权或授予证书;根本上来说,"法律的权威是被赋了私人的或宗教的共同体,而非任何政治统治者。"②当然好处是,制度性腐败的可能性非常小,且有他们独特的法治传统。

---

① 〔加〕帕特里克·格伦:《世界法律传统》,第146页。
② 同上书,第204页。

古代印度文明的司法过程的组织特点，某些方面是接近于伊斯兰教法的。"《吠陀经》的确提到了某些形式的社群组织。这包括了巴瑞萨(Parishad)，一个负责回答'哲学'问题的智者大会；萨米提(Samiti)，一个对政策及当时存在的少数立法进行合议的机关；以及萨巴(Sabha)，一种充当主要的争端解决机构的乡村理事会。"①萨巴设有一名向国王负责的主席，但国王一般都会接受萨巴成员的意见。萨巴之下，或许还有库拉(Kula)，即扩大的家庭法法庭、斯拉尼(Sreni)，即商事法庭；以及普伽(Puga)，乡村或社区法庭。但在当时庭审没有书面记录、专业辩护人，也没有"先例"概念。

而在古代中华帝国，却设有中央级别的审判机关，即秦汉之廷尉，隋唐之刑部、大理寺、御史台，宋代审刑院，明代的刑部、大理寺和都察院等，又在地方上，虽不能说没有专门的司法职务，但是地方行政官也可以掌管其事，正如其统摄诸事那样。② 总的来说，审判机关和审判官员只是行政官僚系统的一部分。

在中华法系中，包括行政组织法和行政管理法在内的公法领域特别发达，尤其是刑法，有压倒一切的势头。

（中华）帝国的法典（除去纯粹行政管理组织的之外）在形态上说是一部刑法典。刑法和民法之间没有正式的区分；几乎每一章节和条款都是以违反它应受刑罚的宣告而结束。所有私人的"权利"（如我们所称的）都有着公共的利益，对它的侵犯会引起争吵、不公正和公众的不满，因此可用刑罚来加以压制。③

---

① 〔加〕帕特里克·格伦：《世界法律传统》，第319页。
② 参见〔日〕仁井田陞著，牟发松译：《中国法制史》，上海古籍出版社，2011年，第81页等。
③ 〔美〕威格摩尔：《世界法系概览》上册，第120-121页。

## 第四章 规范历史形态的不可通约性和整体性

据说,民法最早诞生于古代的西亚,[①]这一部分的确在罗马法、民法法系或普通法体系中,有着详密的规定、繁多的案例,甚为发达。关于中华法系的刑法化趋势,当然并不是指实体法方面或审判过程完全不涉及田宅、婚姻、债务等民事领域,[②]而是说法律条文在这方面所涉及的很少,指涉亦甚为宽泛,而一旦涉及都有着要动用刑罚的严重性质;民事纠纷,便主要是依靠宗族、行会、帮会、里老、乡约、乡绅等民间势力,来解决或协助解决。在明清两代,甚至在整个古代时期,国法和私约的双重性都在起作用,"一方在是以'一君'为中心而形成的'国法'体制;另一方面则是'万民'处理日常生活关系的'私约'的世界"。[③] 但这些民间自发的规约或惯例,不是那种能够把其中的合理规则推广到全国的"普通法",也没有真正的法律精英参与其中的合理化简选与改进;这跟中世纪后期英国法的发展机缘颇为不同,彼时彼地,中央集权势力很想通过提供良好的司法服务和法律改进来巩固其地位。反而围绕私约性质的规则,调整重于审判、人际和谐重于权利伸张、伦理人情重于固化的规则。

权利、义务范畴,在一般的规范和制度中,原本就不缺乏重要性,而它们尤其是法律体系中的基本要素。但凡可用这对范畴来表述或重述其效力的规范,就是具有一定的跨文化的可比较性的——至少在可用统一的规范范畴审视的意义上。但在规范的办

---

[①] 参见魏琼:《民法的起源》,商务印书馆,2008年,结语部分等。

[②] 按,明初洪武三十一年所颁《教民榜文》,虽仅有四十一个条目,却在明代法律体系乃至整个中华法系中有着极其特殊的地位,因为它是罕见的集中而具体地调整民事关系的法律文本。参见刘海年、杨一凡:《中国珍稀法律典籍集成》(乙编第一册),科学出版社,1994年,第635-645页。

[③] 〔日〕寺田浩明:"明清时期法秩序中'约'的性质",载于〔日〕滋贺秀三等:《明清时期的民事审判与民间契约》,第141-157页。

史性体系中,这方面的差异性同样引人瞩目。

在中世纪欧洲的封建体系下,法律中充满了围绕人身关系的不平等义务,很多人就被禁锢在这样的等级关系中,他们也能够享受一些权利,但不同等级的人在其所享受的权利的多寡和分量上却是有差别的。而历史的趋势是,不论其出身、种族或财富如何,那些人人都能平等拥有的权利是愈来愈多了。

跟犹太和伊斯兰的一样,印度的法律传统建立在义务概念之上,其中包括了很多"对神的义务和继起的根据神意进行学习以及待人接物的义务"。① 即其法律的意涵,并非固定和专属。印度法系的核心概念"达磨",是一个宏大的、宽泛的原则,但又体现为一系列特定的,甚至是细微的责任。对其实质,或可理解为:与种姓制度即个人所属的职业和身份等级相联系的义务或责任概念。其中关于国王的达磨,有一条重要的堪称"宪法性"的原则:其达磨就是要强制执行其他人的达磨。一般来说,"达磨"为处在印度教传统中的每个人进行人生定位,指派其生命历程中应尽的各项义务。其实,种姓制度的规范系统,就是将这些义务或责任联结在一起的整体。每个人所置身其中的种姓等级,是由其前世的罪孽或"业"所造成的,因而种姓制度的存在,便是对因果报应的有力证明。基于此,印度社会就缺乏一般性的平等原则,个人权利概念也没有获得充分发育。

相较于印度的种姓文化,儒家的德性观念,几乎是对于所有的成年男性提出了一样的要求,而没有因为职业、阶级、所属集团的不同而有明显之不同。角色定位的差异固然是有的,就像所谓父慈子孝、兄友弟恭之类,但是每个人在亲属关系和社会政治关系网

---

① 〔加〕帕特里克·格伦:《世界法律传统》,第325页。

## 第四章 规范历史形态的不可通约性和整体性 619

络中处在上、下皆可延伸的位置上的特点,以及相当程度上他的角色地位可以不断上升的可能性,使得那样的因不同角色定位而产生的不同的美德伦理上的要求,多半可以落在一个人肩上。也就是说,因为一个人理论上总可以既是父亲又是儿子——而这种情况实际上发生的概率并不低——所以他理应兼具"慈"和"孝"的德性。

儒家礼制和伦理背后所渗透的处世态度和思维方式,当然也跟西方原子化的个人中心主义迥异其趣,中国式的——就是在儒家礼制和伦理中得到典型表现的——处世态度,不妨称之为"情境主义"和现世性的,思维方式则为关系网络式的。关系网中存在着血缘关系的亲疏近远,以及地位等级的尊卑上下,人的立身处世当以维系这个网络本身的稳定为重。而单纯围绕个体人格的权利义务关系,缺乏社会语境上的支持,有的却主要是网络中的角色性的类似关系。但像种姓制度那样的、种类颇繁且身份固定下来就难以改变、不平等之处还特别多的地位等级,并不算是中国古代社会结构中的主要方面,所以也没为此形成伦理体系中的特殊部分。

有些法律规定或法律适用的表述,是采用关于一般性的个人或特定人群内的个人之"权利"术语。另一些则采用"义务"术语。在不同法系之间,也会出现使用前者多还是后者多的差异。通常,某甲的权利可能意味着特定或不特定个人(或角色)的义务。但反过来看,情况就要复杂一些,即义务的履行可能对应于群体权利、公共利益、共同体或组织架构的利益,却未必是特定或不特定个体的权利。

某人按其道德和法律观念所承担之义务,直接保护的可能是某种形态的个人利益,即处在从有关利益机制出发而产生的合理期待中的个人利益;但也有可能,它保护的是组织利益或公共利益，也就无法和牵涉个人的权利、利益机制或利益直接对应起来——尽管那两类利益的存在和持续的基础，根本上还是不能跟大多数人的利益脱钩。而在规范的历史形态中，履行义务或责任系为了公共利益或组织利益的情形，乃是屡见不鲜的。这极有可能是因为，在往昔，对个人权益的保护在技术上非常笨拙，就是说，具有保护个人权益的一般性背景的公共利益或组织利益，难以递归地归于个人权益的加总计算上，所以通常只能在其规范体系中诉诸明显有利于组织利益之类的严格义务或值得嘉许的责任。

历史上的规范形态或规范体系的多样性暨差异性，还很容易出现在：自然语言中的视域、礼俗事象、元规则与核心价值等方面。元规则与核心价值，如印度教的达磨概念，西方的契约或权利概念，以及古代中国的"亲亲"、"尊尊"，就尤其关乎与各自独特的整体性相联系的独特性和差异性表现，关乎某方面的共同体的组织利益和生活在其中的人们的个人利益和公共利益的特殊形态。这三种利益，在实践过程中，一般来说是作为目标即作为有待解决的问题而呈现的，规范形态或规范体系则作为解决问题的方式起作用。但构成问题的实质的一部分的具体参数有所不同，所以解答方式，甚至就连问题的提法，都会有所不同。

一个完整的共同体的规范体系和一个不完整的共同体的制度，都必须对伴随着自我人格的成长而变化、也随着个体间的差异而分化的意愿机制有所处置和应对。而意愿所意愿者，不妨视为其利益之所系，稳定的利益的标的，则是价值；有关的利益不单单有个人性的，也可能是很多人的意愿所接受和承认的公共或组织利益。处置和应对这些利益的基本方式，大概可概括为协调、权力和交换三种机制，它们分别关系到人们通常所说的伦理、政治和经济的领域。然而，在不同的共同体之间，不同的人们究竟意愿着什么,同一共同体中的不同个体,又分别意愿着什么,围绕利益和价值,即围绕人们所意愿的对象(这对象也可能是土地这样的自然资源),人们如何协调、如何运用权力、如何交换,以及这三种机制的复杂交织、拓展覆盖,以及特定的协调方式、权力机制和交换方式,甚至实际上特定的交织体如何成了价值标的(例如表现在所谓的组织利益的形态上),都是造成在规范体系和制度之间产生具体分化的原因或因素。

交换的形式多种多样。符合帕累托效率的理性的自由交易,报恩,或者结合了以怨报怨这种方式的"一报还一报"(tit-for-tat),特定主体相互间的平等或不尽平等的权利—义务关系,诸主体皆对共同体、对确定或不确定的他者恪尽职守而形成的广泛范围内的相互间的良性循环,由公共权力执行的矫正性正义,都是交换的形式。甚至那些合理的即长期来看可持续的权力体系,不管它是否诉诸明显的宪政形式,它的权力主体与它的客体之间必定存在某种形式的利益交换。①

单纯的默契、同意、不反对,约定俗成的即依靠涉及众人的默契、同意、不反对而形成的稳定的行为方式,都属于协调范畴;因

---

① 道格拉斯·诺思在《经济史中的结构与变迁》(陈郁译,上海三联书店等,2003年)一书中指出,关于国家的存在历来有两种解释:契约理论与掠夺或剥削理论。由于新古典经济学拓展了交换定理,认为国家在其中起着使社会福利最大化的作用,遂使契约理论得以复兴。他说:"尽管契约论解释了最初签订契约的得利,但未说明不同利益成员其后的最大化行为,而掠夺论忽略了契约最初签订的得利而着眼于掌握国家控制权的人从其选民中榨取租金。"(同上书,第22页)也可以说,契约理论假定了主体间暴力潜能的平等分配,而掠夺论则假定其不平等的分配。国家机构作为在暴力方面具有比较优势的组织,也处在界定和行使产权的地位,也是每个实质性契约的第三者,它为获取收入,最主要是以提供安全和司法(或曰公正)服务来作交换,且它提供这样的服务,较诸个人保护自己的情况,具有规模经济上的优势。但诺斯也指出,某种统治集团力图使其自身租金最大化的所有权结构,经常都不是有利于降低交易费用和促进经济增长的有效率体制(同上书,第25页)。

此，对权力主体地位的默契、同意、不反对，实际上也是协调。因为遵循规范而产生的协调，在遵循规范上的协调，从协调或权力当中产生规范，此三者在动态的体系中具有不同的地位。跟权力在根本上须依赖协调机制的实际状况形成对照的是，权力所调整的，却是作为协调对立面的冲突情境。而调整的基本方式，可能是权力主体作为第三方的、依据明显既有的或者可以被发现的规范的对冲突的裁断，但也可能是作为当事方的权力主体对另外的当事方的强制。也许文明社会中最重要的协调，就是在形成公共部门和趋向公共利益的事务上的协调。

在某个阶段和某个环节上，任何明显的协调、权力或交换形式的运用的可能性，很可能是此前已反复、连续、交替和交织地运用这三种形式、并与此同时还在交织着运用的结果。就像我们在权力主体地位的情形中，已然看得很清楚的那样——也就是说，权力机构或权力主体，多半是众人中的诸多协调、交换和影响力（广义上的权力的一部分）共同作用的结果。可是对于这三种机制而言，依然有可资调动的维度和目标领域的区别。譬如运用权力，可能是为了进一步产生其他的权力，但也可能是为了训诫和教化，即培养协调与合作的习惯。

欧洲中世纪的教士和封建领主，以及随着那时城市的兴起而兴起的市民阶级，他们的功能和印度四大瓦尔纳中的婆罗门、刹帝利、吠舍大致相当，都分别扮演着主导社会上结构性的协调、权力和交易三种机制的角色。而在中国历史上，巫祝、佛教和道教僧侣，都曾经在协调事务上，有过举足轻重的地位，长期来看，即使在这方面，它们的影响也无法跟儒士相提并论，不过儒的身份并不单纯，例如当他们是传播理学的学者时，他们更像是佛教僧侣的角色的替代者，然而一直以来，儒士也是一个由许多官僚和官僚候补者

## 第四章 规范历史形态的不可通约性和整体性

组成的共同体，其中的联系以对于某种思想学说的忠诚为纽带，倾向于按他们的理念来主导权力体系的运作。从中可以看到，以协调、权力、交换的某种运作状况为目标领域的一群人的身份的分化，必然已经是以三种方式的特定的连续和交织的运用为前提的，而这种身份的分化，又力图使得三种机制的运作变得更加流畅、更有效率。

在欧洲中世纪和近代之交，依靠封建时期的领主—附庸间的效忠关系的作战体系，逐渐被领取薪酬的正规军所取代，而正规军的建立和维系，有赖于广泛范围或全国性的税收制度，如法国卡佩王朝于1439征收的人头税，就是为这种目的服务的。① 可是，囿于自身历史经验的中国人，也许会对此稍感讶异，因为维系包括正规军在内的庞大国家机器所需要的财税制度，在秦汉以来的历史上一直是其制度体系中的大头。古代的雅典人就喜欢诉讼，中世纪的英国人和近代的西方人，大概也差不多，就是说，他们花在围绕彼此间的权利义务关系上的协调的精力，以及对于司法权力正当运作的投入，要比很多社会都多。② 这既和我们古人看重大一统权力的稳定性、施政中的道德关切，看重礼仪和伦理上的协调，也和印度人围绕转世的精神信仰与职业阶层的协调，迥异其趣。但对印度文化中的 dharma 概念，也许不宜理解为"职责"，却应理解为跟职业有关的"身份"。而关于交换，有一点必须提一下：现代文明对职责和公正价值的强调，在很多地方都弱化了私人间的报

---

① 参见〔英〕佩里·安德森著，刘北成等译：《绝对主义国家的谱系》，上海人民出版社，2001年，第84页。

② 这跟中国过去一些地方流行的"衙门朝南开，有理无钱莫进来"，"屈死不告状，饿死不做贼"等民谚中反映出来的观念，大不一样（参见〔日〕仁井田陞：《中国法制史》，第84页）。

偿性交换的地位,后者却是底层的中国人和上不了台面的官场文化的基本待人原则。

其实在不同文明之间,不存在对于权力、协调和交换的各种基本方式的完全不能理解的问题;复杂性关乎体系的整合,以及在这过程中出现的结构性差异。很明显,在结合不同的外生参数的情况下,在不同的尺度和层级上,以不同的整合形态,反复和交织地运用貌似简单的方式,以及这些方式在运用维度和目标领域之间的过渡和变幻,都有可能使得任意两个体系之间的差异,就像由万花筒变幻出来的一样,丰富多彩。而这种差异性和多样性在很大程度上也是真实的。

# 第五章　场域拓展和结构
　　　　转换的若干机制

　　合理的利己动机,因为跟为着基本生活保障或良好生活前景的努力联系在一起,所以它理应被视为普通人在一般情况下并不需要被特别注意到的自发倾向。当然这并不排除在日常生活中包含这类动机的个人,在非常艰难和十分需要的场合,会适时地做出利他奉献式的选择。而有限理性是描述人的行为方式的另一个基本概念,是指由于信息局限和信息悖论等才会引发的不确定性。

　　主体间的策略性互动的过程(不论其是否出于纯粹的利己动机),蕴含着一定的规律,形式化地刻画这些的,就是"博弈论"。个人最大化其目标的活动,如果能够从其他人的同样活动中受益,这些人的活动连同其令众人满意的结果,就可被视为"看不见的手"的博弈。但是如果情况相反,每个人都从相对他人策略而言的自身选项的最优化出发,选择其占优策略,倒是产生了帕累托较劣的结果,就是所谓"囚徒困境",公共资源领域里的悲剧,甚至道德失范现象,多为此类博弈的表现。习俗性的即不依赖于强制力的规范,从演化着的主体间博弈的角度来看,应被视为针对一项潜在博弈的某种共同最优反应,即对于每个参与者而言,在给定关于大量他者将如何行动并结果大致如何的判断之际,一般来说,遵循既有习俗或惯例,被视为最优反应。所以在既定的习俗性环境中向新的规范的演化,通常需要一些非最优反应的介入。它们可能是特异扰动,也可能是有意识的集体行动。而某一群体中的某些合作性规范——就像采集社会的资源共享规范或农业社会以来的所有权制度——的出现和演化,可以理解为,群体中的成员在演化博弈中所达成的围绕至少一项合作策略的稳定均衡状态。

在规范发展史中,可以运用"进化适存度"这样的概念来描述和研究的对象,主要是采纳某一种规范体系的群体,但也可以是指,在规范体系中具有约略相近的作用区域而基本上可以相互替代的各项规范的选项。即主要是考虑群体或规范的适存度问题。关于第一个方面,应该说,这是从对于人类社会历史的下述基本认识出发的:从一开始人类就处于群体内彼此的高度协作和群体间的竞争关系之中,而自我抉择的个人形象乃是相当晚近的现代性产物。当然,面对各种条件,个人并非仅在现代社会中,而是从来都有自己的策略选择的问题;在他的策略集中,包括了是否实际地履行或遵循某些规范的选择。

特定制度的运作会产生特定的成本,当然也会拥有特定的收益。制度绩效则是指对有关制度的收益、成本比例或差额的度量。面对一组条件,在解决同样的问题即效益大体相当之际,不同制度的成本方面可能表现出很大的差异。成本的度量乃是问题和难题,但因为涉及不可分割的公共利益或者作为稳定态势的规范效力方面,制度收益的度量就更是了。假设这些是可以度量的,则一项制度的适用在某方面的扩张的界限,一般就处在其边际收益等于边际成本的那一点上。作为制度体系来看的"国家",当然绩效显著,但也成本高昂。而产生效益的关键在于,它是可以对主体间冲突加以裁断的第三方机构。

规范的产生和演变,不一定是刻意设计的结果;很多时候规范演化乃是有机生成现象,即它不是人们的有意识的目标,而是在众人策略性互动的逐渐趋于协调的过程中形成的。这种有机生成过程，也有很大概率是路径依赖的；即使是出于有意的设计，也得严肃考虑路径依赖问题或者传统的顽固性。而福柯所说的"微观权力"，恰好是普通意义上的政治性权力的重要补充和辅助，它也是有机生成的。且一般来看，围绕权力和权威、权利和义务的各项实践，大都很需要各种宏观和微观层面上的微妙势能之支持和推动。

某一历史共同体的文化传统的形成，在很多方面都和哈贝马斯称为"交往理性"的理性的作用联系在一起。文化传统中的一些基础性要素和一些基本架构，例如语言、伦理信条、价值观、宗教体系等，却又是实现或维系主体间交往的基本条件。但文化传统和交往理性之间，也有一些重要的差异，一般来说，由于文化传统及其内部诸要素，乃是集体意向性的产物，且个人经常得面对汇入这集体意向性的无数匿名者，故而改变文化传统所需沟通和协调就经常变成了一项庞杂而困难的任务，称之为"传统"，便是强调其顽固延续的一面。而交往理性正是一种原则上既可运用传统、也可改变传统的动态因素（即使它不是推动改变的唯一的力量）；且它也是集体意向性的生成之域。实际上，对各项制度性事实的塑造、竞争态势中个体或集体对于颇具比较优势的制度之选择，以及人群中关于公共利益所形成之共识等，都是交往理性发挥作用的表现。

## 第一节 合理的利己动机及有限理性的概念

固然，因为一个人可以拥有完备且可传递的利他偏好，即在此，他表现得合乎人们心目中所认定的理性行动者应有的一致性倾向，所以，自利并不是运用理性的必然的结果。但是将两者混淆,仍时有发生,人们还经常认为,经济学的首要原理,就是每个人的行动都仅受自利动机驱使。很难否认,这类"自利公理"——断言人们总是受自利动机驱动的信念——的确在策略情境中拥有很强的预测能力。就是说,这是非常管用的、不该轻易抛弃的假设。

在蕴含分工协作和自由贸易的运作良好的社会当中,某人为另一人供应其所需,例如面包师为我们供应面包,并不是出于他的仁慈,而是因为他的自利动机。① 但是在大致上自由的市场经济条件下,包括面包师在内的各行各业的人所从事的实际上是互惠活动,而在没有大得多的激励因素之际,他们大概也不愿意破坏互惠合作的链条,以及那些使得此类互惠合作成为可能的背景因素和机制(如人际关系中的诚信氛围、和平共处的默契)。所以真实情况很可能是:我们很难在什么是面包师的纯粹自利动机和什么是他对互惠关系的看重之间做出清楚的区分。检验孰是孰非的一个测试为:设计一种与其先前活动有较高相似性的情境,但在此,结果上导向"互利互惠"和"自利他不利",都是具有实际可能性的选项,并且后者的收益可能还要略高一些,然后看看他会怎样选择。然而,即使他选择前者,也可能是因为他看重未来长远的预期收益,遂愿意接受短期的相对损失。

在作为结果的互惠关系中,个人看到了自身利益所在,并且循此而动,但他同时看到,在很多情况下,如果不照顾他人的需求即

---

① 参见〔英〕亚当·斯密(Adam Smith)著,郭大力译:《国民财富的性质和原因的研究》,商务印书馆,1974年,第14页。这类似于孟德威尔在《蜜蜂的寓言》中所谓的"私恶公利"。参见〔德〕马克思著,郭大力等译:《资本论》第1卷,人民出版社,1975年,第393页注57。也如同黑格尔历史哲学揭示的"个人私欲之恶是历史发展动力"的命题。参见〔德〕恩格斯:《费尔巴哈论》,载于《马克思恩格斯选集》第4卷,人民出版社,1972年,第233页。

他人的利益，那么，互惠既无法达成而个人的利益也不能得着保证。基于双方自由意愿的市场交易就是这样，虽说有可能是出于纯粹的自利动机，但恰当地利用互惠关系则是实现自身目的的必不可少的手段。而在某些零和博弈即利益的分化系非此即彼式的情境中，互惠关系与自利动机的和谐就无从谈起了。[①] 这跟现实情境产生的博弈格局有关。

在零和博弈中，例如在一场足球比赛或某种棋局游戏中，或者在战争当中，主体之间（不一定是个体之间）实质上的或者在合于规则前提下模拟的欺骗、诡诈、机智、设局、残酷、坚忍、勇敢、穷追猛打等，均为此类场合下、居绝对优势的"利己"动机的呈现。有关的情况当然也出现在其实质与游戏颇具可比拟性的某些围绕实际利益的竞争过程中，例如商业招标、官场升迁、派系争斗。在法律规范下，当然有很多灰色地带，这就为背离一般意义上的诚信或善良的行为大开方便之门。对于形成某些零和博弈来说，也许必要条件是，在一段时间内，资源供应实具稀缺性，并且这种相对的稀缺还是较少弹性和难以替代的。

如果没有人为满足自己或他人任何种类的需要而劳动，那么人类的生存就成了问题。而林林总总的需要正是经济活动的本质性因素。亦即，经济活动按其本性来说，是不可能排除自利动机的，即至少有一个人实质上是基于所谓自利动机而介入其中的，因为不能明确地满足任何参与者的需要的活动，就不能算是经济活动——在此，自利就是满足自身需要的动机。如果在这过程中，无

---

① 对零和博弈的理论描述，参见〔美〕冯·诺意曼（J. V. Neumann）、摩根斯顿（O. Morgenstern）著，王文玉等译：《博弈论与经济行为》，三联书店，2004年，第3章、第6章等。

论是否含有其他动机,倘若所有参与者的自利动机都得到了实现,则可以说,这是总体效果上的互惠现象,是帕累托改进。为了一个集体内的总需求而从事生产,而在分配环节之前不考虑个人的需要,这种模式并非不可能,但在这一模式内,对于总需求的考虑,至少也隐晦地模拟了自利的过程,只是其效率却经常是问题(计划经济模式往往就是这样)。所以实际上,基于自利的互惠是更为自然的,也常常是更有效率的。基本上这是因为,个人对自己需求和技能优势等方面的了解程度,显然要远超过他对其他人和其他人对他的了解,因此利己的行为选择,在一般情况下是具有经济优势的。

归根到底,某种程度和某些方面的自利动机,算得上是一般来说具有增长弹性的经济活动的本质属性的一部分。经济学已经在很多过去人们认为基本上不存在理性的自利动机的领域或场合,发现了近似于这类动机的考虑所起之作用。[①] 这就使得我们更有理由重视自利问题。当然,认为所有行为都是基于自利动机和认为所有经济行为都是基于自利动机,乃是两个命题。我们还可以问,个人行为是否可以被模型化为:一个行为者在既有信息和物质约束下最大化其偏好函数的努力呢?而行为主体实际上具有的这类能力,就是常说的工具理性(instrumental rationality)。工具理性并不能等于经济理性,因为后者基本上是指,围绕自利动机的工具理性,但前者还包括了在一定范围内如何最大化其"利他"偏好、"利益兼济"偏好等。而那些具有一定程度的偏好一致性并且能够为此提供较多、较好理由的人,就是在价值理性上表现突出的。

---

[①] 比如家庭中的夫妻双方,就像组成企业一样,正是通过订立彼此间的长期契约,规避或减少了交易费用。一般来看,可以"用研究人类物质行为的工具和理性框架去分析婚姻、生育、离婚、家庭内的劳动分工、威望和其他非物质行为"(〔美〕贝克尔著,王献生等译:《家庭论》,商务印书馆,1998年,扩大版前言第1页)。

## 第五章 场域拓展和结构转换的历史性机制

原则上可能有三种基本途径，驱使某人采取具有利他效果而自身利益却有所损失的行动：（一）纯粹出于慈悲、博爱、友谊、团结或其他的利他情愫和利他文化；（二）因为受到得采纳利他行动的胁迫；（三）虽出于其自由意志的决定，但目的仍是为了能够从他人那里获得充分的回报，哪怕这样的回报是要在久远的将来或者在一个完全不确定的时刻实现的。① 第三类或许可称为"互惠的利他主义"，而它根本上仍然是基于长期考量的自利动机。而第二种当然也不是真正意义上的利他主义，只有第一种才是。但对于具有利他主义情愫或在此类文化中深受熏陶的人来说，这也可能是与其深层次的自爱或力求心安理得的动机有关的，或者说，和他们这方面的高度心理需求有关。

其实，我们还应该在那种有可能在作为结果的互惠关系中实现的"自利"动机，跟无条件追求个人利益，且不择手段也要通过损害他人来实现的"自私"动机之间做出区分（尽管有时候它们都笼统地被视为"自利"）。而纯粹"自私"的行为表现是动机与结果的这样一种结合状态：完全不顾及相关他人的关切，因而他人不获利或者是遭受损失的（即支付成本的）。但也可以从单纯的效果上来定义互惠、利他、自私，当然还有一种效果，即那些使己、他皆要受损的、经常是由嫉妒或报复动机导致的结果。② 所以行为的结果或效果方面大致有四种情况。③

---

① 参见〔德〕柯武刚、史漫飞著，韩朝华译，《制度经济学》，商务印书馆，2000年，第73页等。

② 对嫉妒等情绪类型的界定，参见本书第1章第2节；案，德语谚语有云："只要能让别人遭到伤害，嫉妒常常甘愿忍受痛苦"；又云："嫉妒从来没有让人发财致富"（〔奥〕赫·舍克著，王祖望等译：《嫉妒论》，社会科学文献出版社，1988年，第25页）。

③ 下表参考了〔美〕萨缪·鲍尔斯著，江艇等译：《微观经济学》，中国人民大学出版社，2006年，第81页。但鲍氏将其径直理解为动机的分类，似乎欠妥。

|  | 自己获得利益 | 自己付出成本 |
| --- | --- | --- |
| 他人获得利益 | （一）互惠格局 | （三）利他效果 |
| 他人付出成本 | （二）自私效果 | （四）通常由嫉妒、报复等导致的结果 |

严格来讲，这些结果或效果与行为的动机之间没有必然的对应关系。单纯从理论上来看，行为动机可能有八种，即只考虑自身或他者某一方的利害状况而不论另一方如何的四种动机，以及结合自身和他者的利害关系来考虑的四种动机。但比较现实的动机应有五种：（一）意欲自他皆获利的互惠动机；（二）意欲自利他不利的自私动机（这在零和情境中常常不可避免）；（三）根本上只在乎自身得利而不论他者是否得利的单纯自利动机；（四）根本上只在乎使他者得利而不论自身是否得利的利他动机；以及（五）根本上只在乎使他者受害而不论自身是否得利的嫉妒或报复动机。五种主要动机与四种结果之间常见的因果关系则有：动机一实现结果一；动机二实现结果二；动机四实现结果三或者结果一；动机五实现结果四或者结果二；以及动机三实现结果一或者结果二。但每一种动机都有可能因为没有充分考虑现实情况而误打误撞地实现了并非其所预期的某种结果。譬如愚蠢的利他行为，竟让原本所期待的受益人受损。

倘若你在动机层面上也意愿着别人的效用，恐怕对你，免不了有某种效用的外部性影响，或许此时他人的得失状况进入了你的效用当中。"但这不是物品进入你的效用，而是他人使用该物品的知识进入你的效用。"[1]所有引人瞩目的消费品，不管那消费者主观上是否有炫耀的企图，均可能让旁观者产生凡勃伦（T. Veblen）

---

[1] 〔美〕斯密德著，黄祖辉等译：《财产、权力和公共选择——对法和经济学的进一步思考》，上海三联书店等，2006年等，第121页。

效应,即为此而感到不悦,此外,同情、怜悯、共鸣、嫉妒、羡慕,都可能与效用的外部性有关,较抽象的概括就是:为他人快乐而快乐或痛苦,为他人痛苦而痛苦或快乐。

基于自利或互惠动机而能够和一定范围内的利益相关者达成事实上的互惠关系,应当是合理的、日常生活中较为常见的。比起其他各种动机与结果之间的关系,这有可能是大多数人在大多数时候所乐意采纳或接受的状况,因而是更加容易扩散和可持续的。由于受到他人行动的牵制,可行的利己方案的结果往往是嵌入到某种互惠关系中去的。跟不择手段、无条件追求自我满足的纯粹自私动机相比,能够接受互惠结果——亦即跟互惠动机相容——的自利动机,就会显得更合理。正因为大量的行为都基于合理的利己动机,所以不管某些这类行为是否可在一般意义上被视为经济行为,也都可以用一些经济学的原理或模型来解释。

根据人们对参与合作——即通常可导致互惠结果的协调方式——的态度,又可将行为主体分为三个基本类型:贪婪自私者(Selfish),即其人总试图分享合作之成果,而竭力逃避合作之责任;合作者(Cooperator),其人无条件提供合作,但不会支付额外成本去惩罚不合作者;强互惠者(Reciprocator),其人与他人合作,并不惜付出额外成本去主导惩罚不合作者的行动,而将由惩罚促进的合作的净收益给予其他合作者。其中,强互惠者又时常被人们称为"见义勇为者"。

在合同签署和执行过程中,或者在一般的交易活动中,在团体管理问题中,以及在很多政治活动中,普遍存在投机行为,其实质不在于动机或效果上的损人利己(自利他不利),而是在引发他人的合作期待的背景下,其行为违反了基于普遍化原则的道德价值或道德规范的某些抽象涵义或具体涵义。① 投机比一贯的、单纯的恶意更难防范，因为它需要一些此前或同时的合作甚至善意举动来营造迷惑对手的氛围，若对手疏于防范则其得利自然要超过对手有所警醒之际，② 为对治潜在或现实的投机，基于权威关系的组织内部治理或第三方治理，经常就显得很有必要了。

基于血缘利他主义(kin altruism)和互惠利他主义，能够对人类和动物世界中经常被观察到的很多慷慨行为给予解释。这两种行为都是效果上自己负担成本、得益归他人，而且动机也与结果相契。只不过，前者是指得益仅限于家庭成员或有密切血缘联系的亲属，③ 后者是指不论得益者是否为亲属，利他行为都伴随着关于以后出现的回报或互惠收益足以抵消成本的预期。互惠的利他主

---

① 或曰："投机指的损人利己；包括那种典型的损人利己，如撒谎、偷窃和欺骗，但往往还包括其他形式。"（〔美〕奥利弗·威廉姆森著，段毅才、王伟译：《资本主义经济制度》，商务印书馆，2002年，第71页）径直认为损人利己就是投机，略嫌不妥；经济活动或者政治中围绕地位资源的竞争，都不可能保证没有零和博弈，但如果没有破坏道德标准，没有背信弃义之类，就算损害了他人利益，也不能称为投机。而在靠信息得益的问题上，"投机是指不充分揭示有关信息，或者歪曲信息，特别是指那些精心策划的误导、歪曲、颠倒或其他种种混淆视听的行为。正是这些原因，直接或间接地导致了信息不对称问题，从而使经济组织中的问题极大地复杂化了"（同上书，第72页）。

② 麦凯说："你只有一般地甚至也告诉你的敌人真话，你的敌人才会相信你说的东西"（〔澳〕约翰·麦凯著，丁三东译：《伦理学——发明对与错》，上海译文出版社，2007年，第184页）。"任何人的可信度在谎言中、在任何特殊的圈子里都是一个可消耗的资产。一个谨慎的人将不会浪费他的有限的令人相信的谎言，而会节省地使用它以达到最好的效果"（同上）。

③ 在家庭中，而不是在主要由陌生人组成的市场中，普遍存在利他主义现象，其根源或在于：利他主义在家庭中有可能是有效率的，而在市场中则否，因为彼此熟悉的状况，可使利他主义者及时追踪己、他的效用函数的变化，也因为"只要捐赠为正，利他主义者和他的利己主义受益人都会使他们的合并收入最大化。如果利他主义的受益人也是利他主义者，并且她的效用函数取决于她的捐助人的福利，那么，他们的合并收入最大化就会有更大的可能性"（〔美〕贝克尔：《家庭论》，第298页）。即在家庭中利他主义是更容易自我强化的。

义比较特别，其实质动机不同于单纯的即无条件的利他主义，因其意图是在于实现长期关系中的互惠，而当下和短期内却是以利他效果为手段的。即使是无条件利他主义者，在其彼此相遇的时候，很可能实现的却是一种互惠的效果。

稳定或长期的收益，以及具有难以估量的潜在收益的"社会报酬"，对于人们来说颇具吸引力。看重这些并能恰当地促进这些，也是理性的表现。在选择行为时，个人通常不仅考虑行为给自己带来的影响，也会考虑对他人造成的结果，对于大多数人来说，这至少是因为行为对他人造成的结果，在某个时候很可能会反作用于自己。这样的考虑可能导致互惠动机或一段时间内的利他行为等，比起丝毫不顾他人利益和他人感受的、由纯粹自私或嫉妒驱动的行为来说，即使根本上还是出于利己的考虑，但已相当合理化，并且就像是利己、互惠和利他等多种动机的兼容。

有一种明显的"利他主义"充满着社会生活；人们渴望互利以及为他们得到的利益做出回报。但在这种似乎是无私的面纱之下，我们可以发现一种潜在的"利己主义"；帮助他人的倾向常常是以下述期望为动机的：这样做会带来社会报酬。[①]

"合理的利己主义"是这样一种利己的行为取向：它得权衡短期和长期、自身和他者、个人与集体等各种矛盾因素而做出一定取舍和让步，以免陷于不可持续和井底之蛙式的困境，在这种情况下，向往更持久和更佳的长期利益本身当然是合乎理性的，也是人们愿意接受一系列规范和制度的基本原因。或许，合理的利己者

---

[①] 〔美〕彼得·布劳著，孙非等译：《社会生活中的交换与权力》，华夏出版社，1988年，第19页。所谓"社会报酬"包括：融入某一社群、塑造和谐的人际关系、使自己更有魅力或更心安理得、赢得声誉和社会赞同等。

还愿意做出一定的牺牲来换取来自他人的未来回报。而选择尊重规范或选择互惠利他主义,极有可能是在面临复杂的、难以计算的局面时的一种明智的、有长远眼光的做法,是合理利己主义的选项。当然,在别人大都遵循某些规范的情况下,往往个人的最佳反应也是遵循它们。此外不能忽视这样一种辩证关系:每个人或者大多数个体,对于可能适用于他人、也可能适用于自身的私人权利的尊重,具有一种公共性影响。[①]

有效率的利他主义者,在某些效果上与合理的利己者有异曲同工之处。从动机、效果契合的角度来看,利他主义或许可以被定义为:

$$U_h = U(Z_h, \psi(U_w)), \partial U_h / \partial U_w > 0.$$

其中,$U_h$、$U_w$分别代表利他主义者与其受益者的效用,$\psi$是$U_w$的正函数,$Z_h$是$h$消费的商品总额。类似于关于两种商品的数量组合的个人效用之无差异曲线,利他主义者在衡量自身消费的物品总额与其受益人的总额之间的数量组合关系的效用时,或许也有这一类的无差异曲线。因而在家庭收入构成的预算约束下,一个有效率的利他主义者的最大化其资源配置的活动,由这样的均衡条件决定:$(\partial U/\partial Z_h)/(\partial U/\partial Z_w) = 1$。设$h$收入本为$I_h$,则有捐赠$y = I_h - Z_h$,即在无差异曲线与预算线相切的e点,利他性财富转移的效率最高,过此以往,增加的捐赠$y$都会使二人的总效用降低。[②]

---

[①] 有人说,西方法律营造的是一个"自私主义者的世界",中国则是"去私(或大公无私)主义者的世界"(〔日〕长尾龙一著,陈才昆等译:《人性观与法哲学》,商鼎文化出版社,1996年,第161页),这个说法显然不能刻画上述辩证关系。而中国古代思想的"公",原本主要是针对公权力的要求。

[②] 参见〔美〕贝克尔:《家庭论》,第288-291页等。

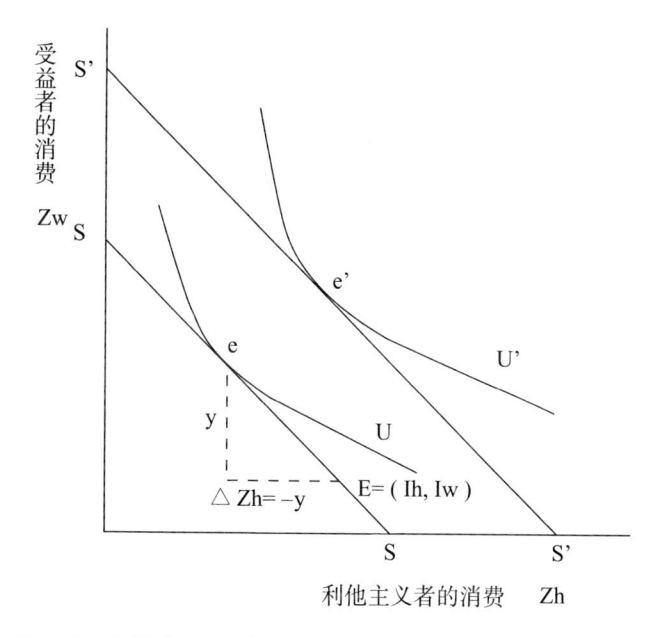

## 第五章 场域拓展和结构转换的历史性机制

```
受
益   S'
者
的
消
费
Zw  S
              e'
         e
                        U'
        y
              U
         △Zh=-y  E=(Ih, Iw)
              S           S'
        利他主义者的消费   Zh
```

质言之,有效率的利他主义者,不会无条件牺牲自己、以最大化受益人的效用,而是于存在捐赠的情况下,最大化两者的总效用。就像合理的利己者未必在所有场合都要牺牲他者的利益——两者都可以考虑,如果承受己方的一定损失可以换来对方的更大效用,并有社会报酬上的回馈或者预期的未来利益回报的前景,那么承受损失竟也是明智的选择。

实行合理利己主义或者有效率利他主义的主体的理性特征,都可能是基于所谓的"有限理性",这个概念经常是指:主体的实践方式并非在信息完全或充分的情况下最大化他们的既定目标,而是根据其自身的经验调整其愿望或目标,使之更可行。[①] 显然,由于信息不完全或者处理信息的能力上的缺陷,有限理性并不

---

[①] See H. A. Simon,"From Substantive to Procedural Rationality", *Method and Appraisal in Economics*, Cambridge and New York: Cambridge University Press, 1976.

总能意识到最佳或较佳的制度。何况像囚徒困境那样,个体理性和集体理性之间背道而驰的现象也是很常见的。

实质性的技术瓶颈或管理知识的缺陷,以及各种原因造成的技术传播和扩散上的局限性,都可能成为消极影响人们的合理选择的因素。问题的实质,很大程度上属于信息成本范畴。不管知晓和掌控所有可达到某一目标的方案的所有信息,是否为一个合理的概念,但至少这是可以构想的,那么,从一无所知转变至无所不知的努力,或者在这一方向上为两点之间的过渡所付出的,就是信息成本。为合理选择而去获取各类方案的信息,必须调动你的时间、精力和资源,而这些其实都是稀缺和昂贵的。一般来说信息搜寻会在这一点上停止下来:彼时预期的边际成本等于预期的边际收益。因此相对于掌握完全的或更多的信息而言,人们的合理选择通常是有限信息下的最佳方案,对于全局而言则往往是次佳的。

对各种可能方案的利弊之判断是要付出极其麻烦的信息成本的,这其中还可能面临制约信息搜寻努力的所谓"信息悖论",此悖论意指:我们了解信息的过程可能会彻底改变有关信息原本要展示的结果。一般来说,在面对新情势之际,在获取各类方案的较为准确和完整的信息之前,对它们的一般的成本和收益状况并不真正了解,遂无法从事合理的选择。但试图去了解这些信息,则是要支付成本的,因而这种情况是很容易发生的:得以全面了解各类方案信息的成本,已经超过了了解之后选择最佳方案的收益;而对于一种方案的最好了解就是去实践它,但这很可能使成本无谓地极度增高,特别是占用了一种非常稀缺的资源——时间;且既已实施某项方案,常常会对未来演化路径造成不可逆的影响,就是说,回头路有时候是没有的。理性的局限很大程度上就是这类信息搜寻成本和"信息悖论"的问题。

## 第五章 场域拓展和结构转换的历史性机制

某些有较大概率跟情绪和感受相结合的偏好,是否为造成有限理性的实质性缺陷的原因呢?这个问题或许要分两部分来看,由于它们在塑造偏好和动机方面的优势,故而它们在创造经济活动中的需求和目的上也是有贡献的,单纯这方面谈不上缺陷。但另一方面,如果这些偏好和需求对于满足另一些需求的生产和供应是有造成不利影响的,并且受到消极影响的需求在重要性或必要性上还要超过它们本身所引致的需求,那么从源头上来看,有关的情绪和感受就应受到理性的遏制,但实际上意志的调节未必会起作用。

一般来说,不能排除这样的可能性:在局部环境中,倘若目标任务明确,约束条件、可行手段和风险因素也是确定的,那么,如新古典经济学所指,意在预期收益最大化的强理性,就会起作用。但另外,甚至可能存在一种局部来看比有限理性还要弱的"有机理性"(organic rationality),围绕货币、产权、市场的很多制度的总体,或许就是基于这样的有机理性而得到进化的,因为这些制度整体上并非按计划实施所致,它的总体结构也不是一个人灵机一动能够想出来的,却往往是人们摸着石头过河的结果,[①]在这里,没有可以洞察一切的理性,精心策划常常还不如灵活变通更有效,理论上刚愎自用,总是灾难,实践上尊重事实和尊重他人意愿,了解他人成就,善于区分轻重缓急大小本末,具有良好的平衡感与协调性,才是福音。人类理智能力契合"道"的运用,就是有机理性。

基于合理利己动机的实践,并不排斥互惠关系,或者理性地认识到这是实现利己动机的可持续之道,且必要的时候,还会融入一

---

[①] 参见〔英〕哈耶克著,邓正来译:《自由秩序原理》,三联书店,1997年;〔美〕奥利弗·威廉姆森:《资本主义经济制度》,第71页。其实在企业内部和企业之间的进化过程中,也存在这种有机理性。

些基于互惠预期的利他做法。如果从人们的合理利己主义的行为选择模型,可以引申出一系列基本权利—义务(基于人格平等或基于一些重要的角色地位)方面的社会性规范,或者引申出合理的权力安排的系统,那么这样的思路,比起直接把利他主义或功利主义当作初始解释模型的做法,要更具说服力。这种思路不需要预先假设高尚的人性,其效果却可以肯定一些合乎高尚人性的规范。解释的可能性来自合理利己主义的某些特征:它可以适当重视长期利益、重视整体和全局。

然而,哪怕是合理的利己动机的模型,对于说明合作模式的生成或演化,或许也是远远不够的。某种形式的利他主义,在促成广泛合作方面,自有其重要价值。虽然广泛合作并分享利益,常常比每个人单独行动要好,但在个人逃避合作的成本却能分享群体中其他人的努力所带来的收益,通常会使其状况变得更好,或者个人单独选择合作很可能让自己遭受极大损失的情况下,倘若所有参与者都遵循利己的逻辑,合作似乎就不会发生。此际,可靠的利他行为之介入,可让合作模式更容易建立,而这模式造成收益大幅增加,可让相应群体在群体间竞争和冲突中处于优势,然后合作模式可能侵入或传播至更广阔的范围。即使是在外部压力下偶尔地发现了合作模式的好处,它也可能被理性地认识到,并在长期压力下被持久奉行。对于维系既有合作模式来说,自身参与合作并愿意努力惩罚不合作者的"强互惠者"的存在是有益的,甚至经常是必要的。

另一方面,"利己"概念真的很清楚吗?个人对于自己利益和价值的了解程度,远甚于对他人的,这也是基于合理利己动机建构互惠关系和社会规范会成本更小、更为自然的原因。换个角度来看,我们也可以说,所有的行为选择——甚至那些利他主义的行为——都是基于某种意义上的利己动机。因为这仍然是他所体会和感受到、并主动付诸实践的需求和意愿,也就是说,是"他自己"的意愿和动机。倘若同情、仁慈、博爱、奉献的精神已经成为他们的内化动机,则对于他们,不这样行动,就会使其人格完整性受损,用俗话说,即难以"心安理得"。这里就有某种意思上的缠绕:利他主义如果不是某种有利于自我的深层动机和自性上的高尚价值的实践方式,它对"我"而言就是缺乏动力的;而"我"又的确是真诚而非伪善地期望着他人的福祉的。[①]

从自利的工具理性的角度来看,人们是否总是具有合作和集体行动的动机,确实有很大的疑问。但或许应该"抛弃那种预先构成的或外在给定的偏好的观念",因为自我是不断成长和不断成为的,却非既定的。[②] 其实有很多因素,如"互动表演"、"宗教精神"等,都在参与自我形象的塑造,也在参与偏好和动机的形成。

## 第二节 规范演化所蕴含之博弈规律

在一定规则和环境参数下,若干主体之间的相互作用,包含很多策略性的选择。而形式地刻划这些可供选择的策略与其后果之关系之数学工具,就是博弈论(game theory),即它是针对人际的策略交往而建立模型之方式。可以将一个"博弈"(game)定义为:

---

[①] 孔子曰:"古之学者为己,今之学者为人"(《论语·宪问》)。此处理想化的自我人格是包含"仁义礼智信"的。而哈耶克(F. A. Hayek)提到了另外的情况:"追求个人自己的目标的自由,无论是对于彻底的利他主义者(altruist)还是对于极端自私的人,至少都具有同等重要的意义。利他主义作为一种美德,当然不会预设一个人必须遵循另一个人的意志。但是,那种极其虚伪的利他主义却表现出这样一种欲求,即力图使其他人为'利他主义者'认为重要的目标效力"(〔英〕弗里德利希·冯·哈耶克著,邓正来等译:《法律、立法与自由(第1卷)》,中国大百科全书出版社,2000年,第88页)。

[②] 参见〔美〕赫伯特·金蒂斯等著,韩水法译:《民主和资本主义》,商务印书馆,2003年,第5章等。

针对特定情况而言的一系列规则或限定性条件,界定了其中可供各个参与者选择的行为方式,以及特定的行为方式组合所产生的各自得益。对任何博弈参与者而言,他可以选择的行为方式或者说策略之总和,称为他的策略集合。参与者的得益,是由他自己所选择的策略和其他参与者所选择的策略共同决定的。参与者可以是个人,但也可以是企业、政党或政府等。

### 一、标准博弈与演化博弈

标准型博弈,就是每个参与者的行动的时间顺序未得到明确刻画的那种,这相当于假设在行动尚未发生或发生若干次后,都是根据一般的可能性选择策略。扩展型博弈则明确了行动的顺序,以及明确了在每个进展到的阶段参与者所掌握的信息之状况,当然这不意味着,较早的行动一定是被后来的行动者完全了解的。一般来讲,博弈所处的阶段,对于策略选择是有影响的,所以,除非有理由相信,在特定情形中时间顺序不会造成显著影响,否则博弈的扩展型并不能简单地退化为标准型。

博弈的结果,就是各方参与者实际采取的行动的组合,特别是在此组合状态下各参与者的相应得益,对此结果的理解,涉及一种可行的"解概念",即关于他们各自为什么这样行动的理性说明。围绕"解概念",经典博弈论也许是过于苛刻地强调了任何参与者都会对其他参与者做出理智的、全盘的前瞻性判断,演化博弈论则看重基于经验法则的行动,即这类行动是根据对本人或对他人的经验来更新其策略的。[1]

---

[1] 有关博弈论,参见〔美〕乔尔·沃森著,费方域等译:《策略——博弈论导论》,格致出版社等,2010年;〔美〕约翰·纳什等著,韩松等译:《博弈论经典》,中国人民大学出版社,2013年;〔美〕诺兰·麦卡蒂、亚当·梅罗威茨著,孙经纬等译:《政治博弈论》,格致出版社等,2009年,等等。

## 第五章 场域拓展和结构转换的历史性机制

一项策略是指针对特定情形所采取的某种行为方式。它可以是指一种无条件的行动，例如机动车一律靠右侧行驶，也可以是基于他者的先前行为或针对某种可能性的应对，例如"一报还一报"（tit-for-tat）。在策略集合中的纯策略之外，某个参与者还可以选择混合策略，即以一定的概率选择部分或所有纯策略的特定组合。

如果博弈有 n 个参与者，记作 $i=1,\cdots,n$，每个人有自己的策略集 $S_i$。设若第 $j$ 个参与者选择一项策略 $s\in S_j$。让 $s_{-j}$ 表示所有他者此际采取的策略（取自其策略集 $S_{-j}$），$\Pi_j(s,s_{-j})$ 表示在策略组合 $(s,s_{-j})$ 下 $j$ 的得益，此所谓得益可以是指 $j$ 对该策略组合的结果的判断，也可以是实际结果。倘若其他可行策略不能带给 $j$ 更大得益，则策略 s 就是 $j$ 对他者策略的"最优反应"。即：

$$\Pi_j(s,s_{-j})\geq\Pi_j(s',s_{-j}) \quad 全部的\ s'\in S_j, s'\neq s$$

而"严格最优反应"是指，对于 $S_j$ 中所有其他策略 s'，使得上式中的不等号均严格成立的策略。"弱最优反应"则是指，令上式中不等号至少在一个 s' 下严格成立之策略。故而"占优策略"就是：无论他者如何选择，对于 $j$ 而言没有任何其他策略能够比它产生更大得益的策略。即：

$$\Pi_j(s,s_{-j})\geq\Pi_j(s',s_{-j}) \quad 全部的\ s'\in S_j,且全部的\ s_{-j}\in S_{-j}$$

类似地，"弱占优策略"就是指，在占优的情况下，至少有一种策略组合使得上式中的不等号严格成立，而"严格占优策略"则是指上述不等号在任何情形下都严格成立。

"纳什均衡"是这样的策略组合：其中所有参与者的策略均为对于组合中其他策略的最优反应。正因为这些策略对于参与者是共同的最优反应，故被称为"均衡"的。倘若这一策略组合中的所有最优反应都是唯一的（因而不包括某些弱最优反应），则称为严格纳什均衡。

"占优"和"纳什均衡"，是在古典博弈论中被广泛采用的两个解概念。占优可解的博弈是退化的，因为这时，不管别人如何行动,每个参与者都将选择某一特定策略,故而能够对这类博弈给出较强的预测。纳什均衡也被视为静态的,因为存在一个或多个结果,对于其中任何一个结果,给定所有他者的策略,每个参与者都没有激励去偏离这些结果。[①]

经典博弈论所研究的一些标准型博弈,对于理解规范的形成机制似有基本模型的意义。例如,安德鲁·肖特(Schotter,A.)在《社会制度的经济理论》一书中所提到的,有可能诱发或促成某方面社会制度演化之四种基本博弈情境:

(一)协调博弈;

(二)囚徒困境博弈;

(三)保持不平等博弈;

(四)沟通式博弈。[②]

如果按照博弈所给出的得益空间,在任何均衡点,不仅在给定其他参与者行为的条件下,没有人有激励改变自身的行为,而且也不希望其他参与者单独改变其行为,这便是一个协调博弈。以下收益矩阵,可例示之。

|   | B |   |
|---|---|---|
|   | 1 | 2 |
| A 1 | (6,4) | (0,0) |
| 2 | (0,0) | (3,7) |

协调博弈

---

[①] 参见〔美〕乔尔·沃森:《策略》,第 43-54、80-84 页;〔美〕诺兰·麦卡蒂等:《政治博弈论》,第 70-75 页;以及〔美〕萨缪·鲍尔斯:《微观经济学》,第 24-26 页。

[②] 参见〔美〕安德鲁·肖特著,陆铭等译:《社会制度的经济理论》,上海财经大学出版社,2003年,第 2 章"自然状态理论和制度的创生",肖特还提到前三个问题所有的制度创生意义,已在艾德纳·乌尔曼-马加利(Edna Ullman-Magalit)《规范的产生》中得到了研究。

以上矩阵表示,给定两个参与者 A、B,各有策略 1、2,及相应的得益向量。显然有序 2 维策略数组(1,1),或者策略数组(2,2),都是这样的均衡解,矩阵中的画线处是均衡点之得益,如(6,4)中的两个数字分别代表 A、B 的收益。在这种博弈中,每一个参与者的基本考虑都是想和他的对手取得"协调",因为协调行动的结果总是要好于其他选择。虽然从全局来看,每个参与者的最佳选择不同,但在均衡点上,即使某个参与者并未处于它的最佳选择,他也不想单独偏离,因为要求对手放弃它的最佳策略并不现实,而他的策略选择已经是对于他者当前选择的唯一的最优反应了。①

星期制度的确立,就是农业社会里的农夫相互协调的结果。它的功能是将时间进行周期性划分,以便确立集市交易的固定日期等。假设一个社区由 n 个农夫组成,一般来说,除非 n 个农夫在同一天到达集市,每个农夫不可能达到去集市的最大收益。倘若有一个周期模式可以帮助人们确立交易日之间的间隔天数,且作为行为规则或重复模式可被人们普遍地遵循,则此惯例对所有人都是有好处的。一旦确立,惯例就会如滚雪球般扩散。② 而作为一种纯交换媒介得以演化的货币制度,民俗中的很多周期性仪式,都适用这样的解释。协调博弈,可能渗透在许多社会规范之中,成为其得以形成的一个内在环节。

囚徒困境博弈是指,"在这个博弈中对于任何一个非合作均衡,都至少有一个与某个非均衡的纯策略 n 维数组相对应的利益向量帕累托优于它。"③所谓的帕累托最优(Pareto Optimality)原

---

① 参见〔美〕安德鲁·肖特:《社会制度的经济理论》,第 34-36 页。
② 同上书,第 45-57 页。
③ 同上书,第 36 页。

则,可表述为:一种得益组合 X 是帕累托最优的,如果不可能有另外一个得益结果 Y,在 Y 中所有人得到的至少与 X 中一样多,而其中至少一个人比在 X 中得到要多一些。在以下矩阵所示例的囚徒困境博弈中,不难看到,虽然参与者没有激励去偏离纳什均衡点,但却希望对手选择策略1,因为这会提高他自己的得益。这和协调问题处境下的态度截然相反。而且如下所示,囚徒困境博弈的均衡点,显然是非效率的——因为有一个作为帕累托改进的策略组合(1,1)。

|   | B |   |
|---|---|---|
|   | 1 | 2 |
| A 1 | (6,6) | (2,8) |
| 2 | (8,2) | (3,3) |

囚徒困境

"囚徒困境"是非常普遍的情境和状况,出现在从人际关系到国际关系各个层面上。"囚室"之名源于其著名的例子,也可谓隐喻其间沟通缺乏或严重不足之局面,但彻底的看法,与其说指向他人心灵的不可捉摸,或者沟通上的问题,不如说是指,这类博弈所特有的偏好的循环性或不确定性:当众人都选择总体结果系低效率的占优策略时,或许会期待合作的结果,而这样的结果处在明显的帕累托改进状态,即每个人的处境都因合作而变好了,但在合作状态下,每个人又会发现采取不合作的行为方式,自己得益更多,不然被别人占便宜或受到别人攻击,自己的处境将是所有可能的策略组合中最糟糕的,于是单纯从自利理性出发,他便无法抵挡投机的诱惑,如果众人都这样想,就退回到了帕累托较劣状态。①

所谓保持不平等问题，展现为这样的博弈：当参与者策略选择相同时，他们的得益都很低，不如他们选择不同的策略。假设有两个牧人，以及两个牧场，策略1代表去第一个牧场，策略2代表去第二个牧场，并且牧场一比牧场二有更好的放牧条件是众所周知。但若二人同时去牧场一放牧，过度放牧对于双方均极为不利，于是就有如下的得益矩阵：

```
            B
        1       2
A   1  (2,2)  (4,6)
    2  (6,4)  (1,1)
```

保持不平等博弈

如果存在一种制度安排，规定两人分别应该在哪一块草场放牧，这对大家都是有利的。不平等的产权系统，大体也是这种保持不平等问题。很可能所有行动者都宁愿要产权维系下的均衡，而不愿接受产权破坏时的无序状态或严重冲突。但是根据协调博弈的定义，不难看出它实际上就是协调制度的一个子类别。只不过对它来说，保持行动上的差异是更好的选择。维护产权有很多好处，如对于一个霍布斯式的世界来说，这多半是符合帕累托效率的选择。不过嫉妒有可能毁了这一切。但问题的根源不仅仅在于嫉妒，对不平等的厌恶背后，又有更深层的博弈机制使然。——这很

---

① 关于囚徒困境，另可参见〔美〕乔尔·沃森：《策略》，第46—47页；〔美〕诺兰·麦卡蒂等：《政治博弈论》，第65—75页，〔美〕赫伯特·金迪斯（Herbert Gintis）著，董志强译：《理性的边界——博弈论与各门行为科学的统一》，格致出版社、上海三联书店等，2011年，第29—30、77—78页，等等。

可能是因为不平等状况降低了人群中利他行为的一般性收益。

参与者能否相互交流和能否订立有约束力的契约,由实际情况或博弈规则决定。如果这两个条件能够成立,有关博弈就是"沟通式博弈"。但沟通式博弈也可能是高度冲突的,比如现代社会中多数购买房产的交易。当然不能充分、正式地沟通或者不受协议约束的非沟通式博弈,也许更为常见,就像"囚徒困境"。对照上述定义,友情和亲情关系也是非沟通式交往。因为比如说,承诺为亲友找工作,虽或出于真诚,却完全不受任何协议约束,但在这类关系中明显存在共同利益。

沟通式博弈或非沟通式博弈,都有可能面对这两种情况:策略组合的得益兼容或得益冲突。纯共同利益博弈是指这样一种博弈:如果其中只有一个策略组合的得益是帕累托最优的,并且所有策略组合的得益都是可以帕累托排序的(即每个组合的得益都可被表示为帕累托优于或劣于其他组合)。在此类博弈中,任何一个参与者都不会严格偏好一个结果甚于另一个被任何其他参与者所偏好之结果,皆因他者所偏好的结果也不会使得该参与者的得益有所减少,故而利益冲突完全不存在。而在这类博弈中,那个帕累托最优结果,就是纳什均衡。面对外部竞争压力的企业中的雇主和雇员,军事冲突中某方部队的指挥员和士兵等,都有这样的共同利益。而纯冲突博弈则是指:所有可能结果都是帕累托最优的。在这种情况下,每个人也许都有愿望最大化自己的得益。零和博弈——即每一策略组合下的参与者得益之和均为零的博弈——就是这样的例子。[1]

---

[1] 有关纯共同利益、纯冲突博弈,参见〔美〕萨缪·鲍尔斯:《微观经济学》,第26-28页。但鲍氏书中把前述沟通式博弈按很多人惯例称为"合作式博弈"。

## 第五章 场域拓展和结构转换的历史性机制

通常,现代意义上的产权安排和国家产生以前的产权默契,对于有关人等显然是有共同利益的,但前者是沟通式的,后者却非沟通式的,即不是基于交流和明确的契约安排而产生的,习俗的演化和语言的演化,也属于后一类(不存在围绕这种演化目标而产生的沟通)。个人之间订定契约,或者劳资双方的工资谈判之类,则是沟通式又有利益冲突的;劳动纪律、贷款偿还、分成租佃之类,由于达成有约束力契约或者契约执行方面的困难,通常又属另一类:非沟通的利益冲突。[①]

现实的社会交往,经常既表现出利益兼容的一面,又表现冲突的一面。譬如哈丁(Garrett Hardin)所说"公用地悲剧"。维护公共草地资源,使之具有可再生性,符合所有人的根本和长远利益,但除非大家有一种默契来限制各自要过度放牧的冲动,实现这一点并不容易,因为在特定时期的总的合理放牧量之内,个人占用量之间是冲突的。更一般地来看,在囚徒困境中,每个参与者都有占优策略,即不管他者如何行动,此策略都比其他可行策略得益要高;但是,如果每个人都将这一策略付诸实施以最大化各自收益,相对于他们以另外一种方式行动的结果来说,这一结果是帕累托较劣的,所以有实现利益的共同增进的空间,但那种帕累托最优状态又与某些其他状态存在利益冲突。产生这种困境的源头,并不一定在于策略选择是各自独立决定,即缺乏充分交流这方面,而在于根深蒂固的利己动机和信任阙失,但这种阙失是因为:就算他人意愿是确定,但本质上你不是他人,不可能洞悉或左右他的意愿,类似于俗话所说的"人心隔肚皮";并且,对于各种结果的循环偏好,易使他人意愿处在某种不确定或近乎自相矛盾的状态,在每种

---

[①] 〔美〕萨缪·鲍尔斯:《微观经济学》,第29页。

结果上,只要假定他人是自利的,你就会认为他有动机来改变当前局面。

与宪政问题有关的协调失灵问题,还在"信任博弈"中得到体现。举个例子。印度巴伦布尔镇的两百贫困农户,就曾面临这种信任和协作的窘境。当地农民播种冬季作物的时间,比起能让产量最大化的时令要迟了几星期。对于共同选择早播种能带来更大收获,农民早有共识。但同样是根据当地人解释,没有人愿意第一个播种,因为在单独一块土地上播撒的种子将很快被鸟类啄光。而在当地,也不可能靠大家族势力,或其他协调组织的力量,来解决这一问题。[1]

|   |   | B |   |
|---|---|---|---|
|   |   | 1 | 2 |
| A | 1 | (4,4) | (0,3) |
|   | 2 | (3,0) | (2,2) |

信任博弈(1:早播种;2:晚播种)

信任博弈中存在一个帕累托最优的纳什均衡,但协调失灵依然经常发生的重要原因是,参与者如何行动的决策,有赖于他关于其他人将如何行动的信念。由此造成的结果可能是次优的。假如该地农民赋予两种方式各一半的概率,则其选择晚播种的预期得益就是 $2.5=0.5\times3+0.5\times2$,而早播种得益为 $2=0.5\times4+0.5\times0$。

涉及均衡的风险因子,可被定义为一个最小概率 p,即如果一个参与者认为另一参与者采纳策略 k 的概率高于 p,那么 k 就是

---

[1] 参见〔美〕萨缪·鲍尔斯:《微观经济学》,第18、31页。

## 第五章 场域拓展和结构转换的历史性机制

参与者综合风险因素而采取的严格最优反应。在博弈的多重均衡中,具有最低风险因子的均衡便是风险占优均衡,相关策略就是风险占优策略。而在巴伦布尔农民的例子中,晚播种的风险因子1/3,小于早播种的2/3。①

信任博弈的解决方式之一,乃是由社群或政府实施针对帕累托较劣方案的制裁措施,以便降低帕累托最优均衡的风险因子,但前提是这些社群或政府机构是运作良好的。是否遵循某项带有强制力的或伴随非正式制裁的规范,乃是博弈参与者经常得严肃考虑的。如果遵守可能使参与者利益受损而仍然遵守之,那么很大程度上是因为制裁带来的损失被评价为更大。就是说,既有规范及其伴随的制裁手段,在一些博弈中,也是必须考虑的影响得益的维度。但是对制裁的利害上的评价,当然还要视它的概率而定。

通过假定当事人会运用其有限理性所不完美观察到的局部信息来更新其行动,演化博弈论可对标准型博弈论有所修正。② 在实际情形中,前瞻性的得益计算并不缺乏,但行为主体通常不是掌握全局的高智商当事人。于是演化方法就考察了实际过程中的更多重要特征:(一)偶然性、(二)差异性复制、(三)非均衡动态,以及(四)个体群中的策略分布等。

在演化动态中,偶然性通常是必须考虑的——不管它以遗传

---

① 参见〔美〕萨缪·鲍尔斯:《微观经济学》,第33-34页。类似地,有卢梭著作中的"猎鹿博弈",则有得益占优均衡(共同猎鹿)与风险占优策略(猎兔)之间的区别。此例见丁〔法〕卢梭著,李常山译:《论人类不平等的起源和基础》,商务印书馆,1962年,第114-115页。

② 关于演化博弈论和博弈论的社会科学含义等,参见〔美〕培顿·扬(H. Peyton Young)著,王勇译:《个人策略与社会结构——制度的演化理论》,上海三联书店等,2004年;〔瑞典〕乔根·威布尔(J. Weibull)著,王永钦译:《演化博弈论》,上海三联书店等,2004年;〔美〕赫伯特·金迪斯:《理性的边界——博弈论与各门行为科学的统一》;Ken Binmore, *Natural justice*, New York: Oxford University Press, 2005.

突变，还是以行为创新或匹配噪音的形式出现。"差异性复制"则是一种演化选择的过程：人们可以观察到的行为特征和制度，通常已经是被复制和传播过的，但不是所有先前的行为特征都有这样的机会；在一些因素被复制的时候，另一些规则和行为倾向，已经在竞争中被削弱了。一般来说，给携带者带来较高得益的行为特性，会获得相对多的复制，这类特性便在个体群中产生了新的频数。

那些牵涉许多个体的博弈过程的演化，经常涉及频数差异与差异性复制。围绕某一特性频数的静态或静止点的渐近稳定性（asymptotic stability）是指，对该频数的所有足够小的扰动，都能回归该静态，即它是自我校正的负反馈。而中性稳定性（一称李雅普诺夫稳定性，Lyapunov stability）只要求，所有足够小的扰动，不会导致对静态的更大偏离。在未受扰动的动态系统中，或许会有一组初始状态的集合，其中每个初始状态都会运动到某个稳定的静态均衡，该集合是所谓的"吸引盆"（basin of attraction）。

有些情况下，更完整、更实际的演化稳定性，并不一定要体现占优策略或纳什均衡。就是说，现实社会的运转，并非就要按照这样的解概念来实现。非均衡状态，往往并不短暂，或对演化不是不重要。

在个体群中，新特性的侵入，时有所见。譬如宗法礼制，从传说中的尧舜禹、中经夏殷两代、迄于周初的漫长时间里，持续扩散，又如中世纪晚期的欧洲，受到意大利商人的"侵入"——他们带来了包括复式记账和契约实施在内的共同责任体系。但是如果某一个体群有可以采取的"演化稳定策略"（ESS），那么切实采取该策略的个体群就可以抵制其他策略的侵入。这类策略的存在，通常还因为：如果扰动足够小，基于该策略的人们之间的交往之得益，

第五章 场域拓展和结构转换的历史性机制

要大于他们与持有侵入特性的人的交往之得益,或者这两种得益虽相等,而它们仍要大于持有侵入特性的人们之间的交往之所获。总体上,每个 ESS 均系纳什均衡;反之则不必然。①

人们常常用"鹰式"指称所有好斗的、不合作的策略,及用"鸽式"指称各类温和、合作的策略。趋近鹰式策略均衡的可能性,随着战利品的价值上升而递增,并随着搏斗成本的上升而递减。但是很显然,老鹰数量的增加对自身不利,即有可能造成下一期的老鹰频数的下降。在仅有鹰式、鸽式两个策略的情况下,给定随机事件的存在,设 $\beta$ 是个体群中鹰式个体的比例,鸽式个体就为 $1-\beta$。

演化稳定性分析能够提供的预测是:如果鹰式和鸽式策略都不是演化稳定策略,创新没有被排除,且更新过程受到参照得益状况单调更新的复制者动态的支配,那么,围绕 $\beta$ 的某一频数的静态点或其邻域,就是最经常被观察到的,即必然存在一个渐近稳定的内部均衡。此际,鹰式和鸽式乃是共存的。如果其中一种策略是 ESS 而另一种不是,预计个体群完全由 ESS 组成。但如果两种都是演化稳定策略,那么必然存在一个不稳定的内部均衡,同时 $\beta=0$ 和 $\beta=1$ 都是渐近稳定的。② 此际,历史就是重要的,这是因为当外生事件不存在时,在近期的历史上显示 $\beta<\beta^*$($\beta^*$ 为均衡点)的个体群,将会演变到 $\beta=0$,否则可能演变到 $\beta=1$。一般来说,"具有较大吸引盆的结果将会以更高概率发生,这仅仅是因为偶然性事件更有可能将个体群置于较大的吸引盆中"。③ 实际上,即使渐

---

① 参见〔美〕萨缪·鲍尔斯:《微观经济学》,第 56—62 页;另可参见〔美〕培顿·扬:《个人策略与社会结构》,第 55—78 页;〔瑞典〕乔根·威布尔:《演化博弈论》,第 40—85,117—132 页。

② 〔美〕萨缪·鲍尔斯:《微观经济学》,第 60 页等。

③ 同上书,第 62 页。

近稳定的纳什均衡也可能与结果无关;即在某些情况下,一系列偶然因素的冲击可能造成演化过程没有选择纳什均衡状态。

演化博弈论对我们观察历史进程和理解历史规律是有帮助的。在农业大发展以前的漫漫历史长河中(时间可能是 11000 年以前),流动的狩猎采集部落规模很小,[①]其组织形态很可能恰如其现代遗存一样,未尝陷于霍布斯式的自然状态。乱伦禁忌、资源共享规范、对个人独断恶行的群体制裁等,都可以观察到。而其组群内的个体相互作用的过程,可以用一项包含三种策略的博弈来模拟,而此博弈包含"霍布斯均衡"和"卢梭均衡"。

也许采集社会中普遍存在三种策略:掠夺、分享和惩罚。若分享者相遇,即平均分配价值总额假设为 v 的物品;分享者与掠夺者相遇,后者掠走物品;倘若是掠夺者彼此相遇,可假设他们有相同的概率 1/2,在相互的争斗中或者得到物品,或者承受战败的代价 $c(c>v)$。但若是掠夺者与惩罚者配对,后者都将试图惩罚前者,如果成功,物品将在惩罚者之间平分,但如果失败,惩罚者便要承受代价 c。惩罚者具有合作倾向,并且他的策略实际上是一种混合策略;就是说,如果他与分享者配对或者他们彼此配对,他将会像分享者那样行动。针对掠夺者的惩罚策略,则可视为集体性策略,即其他惩罚者将会介入并提供援助,所以,实施惩罚的成功的可能性,将有赖于个体群中的惩罚者比例。为求简单计,可假定成功惩罚某一掠夺者的概率就是 n 个惩罚者在组群中的频数 β,因而每个惩罚者有可能成功地保留物品价值 $β(v/n)$。分享者、掠夺

---

[①] 人类在其 99% 以上的时间里面,都处在渔猎—采集模式中,而其群体规模平均 25－50 人,至多亦不过 100 人(参见陈庆德等:《经济人类学》,人民出版社,2012 年,第 300－301 页)。这样的规模使得对他人行为特性的学习几乎不具有成本。

者、惩罚者可表示为 f、l、ch,这样惩罚者与掠夺者相遇时的预期得益就是:

$\Pi(ch,l) = \beta v/n - (1-\beta)c$

故而这种包含三种策略的"惩罚博弈"可表示如下(参与者的得益按行排列):

|   | L | F | Ch |
|---|---|---|---|
| L | $(v-c)/2$ | v | $(1-\beta)v - \beta c$ |
| F | 0 | v/2 | v/2 |
| Ch | $\beta v/n - (1-\beta)c$ | v/2 | v/2 |

如果 α 代表分享者在个体群中的比例,那么三种策略的预期得益都可得到明确表示。令 γ 为代表掠夺者的比例,自然,α+β+γ=1,三类个体的预期得益分别为:

$\Pi(f) = (\alpha+\beta)(1/2)v$

$\Pi(ch) = (\alpha+\beta)(1/2)v + \gamma(\beta v/n - (1-\beta)c)$

$\Pi(l) = \alpha v + \beta((1-\beta)v - \beta c) + \gamma(1/2)(v-c)$

又如果这三种均有文化特性,即可以从别人那里学得,且有着按得益情况大体单调更新的过程(即得益愈多,增加的频数愈多),那么这些策略的传播和扩散就是建立在各种得益之上的。对于这个博弈,"霍布斯均衡"和"卢梭均衡"是两类很重要的稳定状态。前一种就是,当 β=0,α=1−v/c 时的结果;此际,掠夺者的频数当然是 v/c。在这一渐近稳态的周围,惩罚者的表现不会比分享者好,因为其成员太少,跟掠夺者相遇时总是输,比起跟掠夺者相遇时一无所得的分享者,还得多承担输的成本。故趋向这一点的组群特征为:因掠夺者多,故频繁发生为获取财产的斗争;源于此,也因分享者恒有一无所得之虞,故平均得益极低。

另一个稳定的结果仅存在于 α+β=1 时;此际,由于没有掠夺者,惩罚者实际上变成了分享者。它类似于卢梭所推崇的对合作规范的集体支持状况。但在这一状况中,有一个 α 的值(记作 $α^{max}$)可使分享者获得最大收益;而在 $α<α^{max}$ 且 $α+β=1$ 之际,其中的每个特殊状态都是中性稳定即李雅普诺夫稳定的,掠夺者没法侵入,因为一定数量的惩罚者的存在和他们与分享者的互动可保证 $Πl<Πch=Πf$,但是如果有基于非最优反应的扰动,那么对集体合作状况的偏离是无法修复的。这些可以从三种策略的预期得益中得到说明。

在现实的环境中,作为非最优反应或者作为突变的随机事件常有发生。而随机事件可能导致博弈从某个均衡的邻域向其他吸引盆转变,尤其是导致卢梭均衡不会长久地持续。与之相比,霍布斯均衡属于更强势的渐近稳定,因而随机事件不容易令其发生漂移,至少对它的替代不会经常发生。即除非有一连串随机事件的强烈冲击,它将是容易恢复的。①

然而有些因素可能造成人类历史不时地向近似卢梭均衡的社会安排过渡。其一,在源自环境或组群冲突的压力下,具有较高平均得益的组群将更有可能生存下去,在这一点上,卢梭均衡的平均得益 $v/2$,明显高于霍布斯均衡的 $v(1-v/c)/2$,即内部没有掠夺者的组群会有生存优势。其二,在遵循习俗的文化传播的影响下,全部是惩罚者的状态将接近于渐近稳态,因为遵循习俗的范式与偏离该状态的漂移是逆向的,且有利于惩罚者。其三,藉由引入二阶的惩罚(second order punishment),卢梭均衡亦将是渐近稳定的;意即:在该均衡的邻域,分享者和惩罚者是可区分的,即对偶然

---

① 关于上述博弈的详细讨论,参见〔美〕萨缪・鲍尔斯:《微观经济学》,第 282-288 页。

出现的掠夺者,惩罚者施予集体惩罚,分享者却将缺席,故有搭便车之嫌,但惩罚者可施行成本较低的有关规范,也给予分享者一定的惩罚,就会有阻止漂移的效果。①

掠夺可被视为鹰式策略,正如分享可被视为鸽式策略。个体群完全由掠夺者和分享者构成的鹰鸽博弈,为宪政问题提供了一些启示。当 $\beta=0$ 时平均得益最大,即社会对于合作状态有着集体性的支持。相较于此,个体群在静态 $\beta^*=v/c$ 的结果,显然并不是合意的。因而这一均衡帕累托劣于 $\beta<\beta^*$。鹰、鸽的得益随鹰的比例递减,故鹰越少,双方的境况就越好。针对个体群中的静态 $\beta^*=v/c$,宪政问题的实质是:如何通过社会交往结构的恰当安排来得到合意的结果,在这里就是较多地增加鸽的比例。

鹰鸽博弈造成整体得益损失的原因,在于老鹰之间的斗争,而不在于鹰对鸽的掠夺(这种掠夺虽然不公平,但按照假设,其整体得益未尝减少)。如果是这样,足以减少斗争场合的"中庸策略",就是成功的解决方案。这一权变策略是指:作为所有者,就按鹰的方式行动,如不是所有者,就按鸽的方式。在中庸者与鹰、鸽或其同类相遇时,中庸策略的得益分别为:$(v-c)/4$、$v/2+v/4$、$v/2$。很容易看出,如果几乎所有个体都采用中庸策略,则它是一种演化稳定策略。即,中庸者个体群不会被鹰、鸽侵入。②但在产权界定不清引起争执的情况下,中庸策略并不能避免有代价的冲突。这时鸽型策略就有可能成功地渗透到斗争性中庸者的世界中。当冲突的代价很高时——产权争执引发的冲突通常如此——分享者即使有遭受掠夺者剥削的可能,其策略还是有可能演化成功的。这

---

① 参见〔美〕萨缪·鲍尔斯:《微观经济学》,第286-288页。
② 参见上书,第62-64页。

里,产权是否可得清楚界定,对策略得益有着重大影响。

从 11000 年前以来,伴随农业的大发展,私有产权机制越来越普遍地自发出现。基于为主体或主体性资格所有的所有权,之所以在产权保护的集权模式出现之前,就已出现和传播开来,从博弈论的模型模拟来看,或许中庸者策略的出现起了关键作用。因为该策略是演化稳定的,能侵入霍布斯均衡,并创造出一种没有惩罚者、分享者和掠夺者出现的新的渐近稳定均衡。只有所有权是明确的,这一前景才是高度可期待的。

但农业乃是对于所有权规范产生强烈需求的生产方式。从采集的方式深化发展而来的农业,既要依靠界限明确的产权制度,恰又能够对产权界定得较为清晰。显然,没有对谷物、储藏的食物、驯养的禽畜及土地的所有权,农业技术就很难取得重大改进和普遍推广。因为农业生产在获得成果之前有一个长期投入的问题,如果所有权没有保障,人们将因为此类投入的巨大风险而放弃它。而且,因为大多数生产要素和产品跟土地的结合关系,所以产权也是比较容易界定的。采集、狩猎社群,则基本上没有长期投入的问题;有时候就连决定正在捕获的战利品归谁所有都有困难;而捕猎大型动物亟须协作,故对猎物分配更不可能是私属的。再就是在史前,大面积采集区域的所有权,一样很难界定和维系。

事实上,农业对中庸者策略的偏好还体现在:谷物等农作物的储藏成本,比起肉类和其他采集的食物要大幅降低,种种因素造成的收益的线性化,降低了分享的内在优势,"一个人通过储存可以对未来的不利事件进行自我保险,而无须借助相互的分担来平滑采集经济中的不测"。[①] 不管怎样,所有权制度还是在各类共同体中不断

---

① 参见〔美〕萨缪·鲍尔斯:《微观经济学》,第 289 页。

增生扩散了。实际上它是农业得以迅速改进、传播和推广的保证。

合作的方式，对有关分享的规范有内在需求，那些对掠夺者不甘示弱的惩罚者内部，也有一系列合作和分享上的默契，这是维系其得益和激励其行动的关键，而内生于农业社会的所有权制度，实际上也是一系列关于财产分割、占用和受益方案的规范。

## 二、规范演化：作为实际或潜在博弈的结果

从博弈论的角度来看，规范如何产生？原则上可以说，规范的雏形是一系列跟情感或德性因素关联着的行为的固定倾向；而规范的诞生和演化，乃是一系列实际或潜在博弈的结果；然后才是那些靠暴力专政的机器来维系的法令政策性规范，但它们要有长期持续的效果，也得在实际或潜在的博弈脉络中可以生存下来。

很多实际上——而不仅仅是名义上——的规范，或许自然而然就是某种潜在博弈的稳定均衡的结果。这类潜在博弈中的某一些，有可能是历史上实际发生过的博弈。固然，这类潜在博弈的策略集包含了很大范围内的可能的行为选项，它们不会在规范的有关条文或内涵性要求中都被观察到，规范则很可能就是最后演化得到的作为稳定均衡的各方策略组合之中的某些策略。只是在后来，对于一些新的博弈过程，规范和制度，才变成了好像是外生给定的约束条件。很多基于人们之间的默契而不是依靠强制的共同规范，都有其习俗的一面：在没有人违反或很少有人违反的情况下，遵守它们，原本是相关群体所有成员的最优反应；习俗的内涵要求则是关于这类最优反应的共同预期。

大体上，一项可自发持续的制度（基本上可视同为习俗），乃是针对有关问题的许多可行的习惯性均衡之一，即，跟有关制度主题相关的、这类相互间的最优反应形态，并不是唯一的。而决定某些自发制度形态的，与其说是，对特定环境或对一些外生趋势、外生的

限定条件的最佳适应，还不如说是，由人们之间的交互影响所决定的那种意义上的最优反应形态。但是在群体间有竞争和冲突的情况下，在可行的相互间的最优反应集之中，那些能对于环境或外生趋势做出更好或最好适应的均衡，肯定会处于演化中的优势地位。

在他者策略既定之际，某一个体在有关博弈中的典型方式，是采取对他人行动的最优反应，然而某己的他者之最优策略，也是基于对于包括某己在内的他的他者之预期，所以，正是彼此间已经形成某些足以支撑个体持续固守这些习惯的预期，习惯才会持续——即任何一个人的策略乃是对所预期的他人策略的最优反应。但是在牵涉人数很多，或者获得理性的共同知识的条件非常苛刻的情况下，某些披露或诱导众人策略取向的信息机制，有可能在形成预期的过程中起到关键作用。

支撑法律和道德实践的有效性之重要因素，就是大量涉及权利—义务关系的习俗性或惯例性的行为。就是说，很多基本的、稳定的权利—义务，都是在相关社会氛围和给定关于大量其他人的长期预期之际的、主体长期来看的最优反应，所以它们在牵涉大量个体的实践活动中，乃是自发可持续的。否则，当一些伦理戒条或法律条文等，得要依赖舆论谴责和司法制裁的时候，它就已经不是最优反应了，维护起来就显得步履维艰。在很多既定社会状态下，人们对博弈策略的选择，是在规范脉络或有关权利—义务脉络允许的空间内的选择。但用博弈论或者制度经济学来研究规范演化问题的抱负，不仅限于假定某些规范和制度是既定条件，更大的抱负是要从博弈格局和博弈策略演化的角度来研究所有规范的起源和它们的内在关系。

在一个群体中——甚至是一个人口众多的群体中——即使不存在刻意的设计，社会交往的持续性结构仍可能形成和持续，就是所谓的自发秩序或社会自组织。但这类秩序并不是源于每个人参与交往或博弈的原初动机的简单加总效应。自发秩序的总体结果和参与者的主观意图之间的不一致,有时候表现为前者比后者好,有时候则是前者比后者差。"看不见的手"就是第一种情况,即市场制度的魔力将最初的利己动机转变为总体上的资源配置和分工协作的较佳结果。但市场化配置在某些领域之所以有效率,跟其中所涉及的"物品"性质有关。① 除了排他成本较低、而使用状态又具竞争性的"私人物品",还有排他成本较低、却又非竞争性的"俱乐部物品",排他成本较高、使用状态倒是具有竞争性的"公共资源",以及既没有排他性、也没有竞争性的"纯粹公共品"。第三、第四类物品,以及不设置排他障碍的第二类,都可算是"公共物品"。②

市场机制起作用,主要是发生在私人物品领域。而"公用地悲剧"类似于"看不见的手"的反面,即博弈中的个人选择或利己行动,并没有产生社会合意的结果(甚至结果是灾难性的),这主要是作用于具有竞争性和拥挤性的第三类物品,即"公共资源",基本上这是因为,有一个"过度使用"的占优策略;而对第四类物品,则在开放式使用的情况下,有供应环节上不做努力的"搭便车"策略,这

---

① "物品"可以是指有形的物品或服务,也许更多是指物品的属性、特征、功能等。参见〔美〕Γ.弗尔德瓦里著,郑秉文译:《公共物品与私人社区》,经济管理出版社,2011年,第14—15页。

② 四种物品的分类,参见〔美〕艾米·波蒂特、埃莉诺·奥斯特罗姆等著,路蒙佳译:《共同合作——集体行为、公共资源与实践中的多元方法》,中国人民大学出版社,2011年,第40—41页;〔美〕萨缪·鲍尔斯:《微观经济学》,第96—97页;〔美〕约瑟夫·斯蒂格利茨著,郭庆旺等译:《公共部门经济学(第三版)》,中国人民大学出版社,2005年,第110—116页;〔比〕吉思·希瑞克斯、〔英〕加雷恩·迈尔斯著,张晏等译:《中级公共经济学》,格致出版社等,2011年,第73—75页。

时,对开放式使用结合贡献情况加以限制,就是一种自然的反应。一般性的解释就是:在非排他性使用的物品的领域容易出现以下情况,即,当参与者的行为在给别人带去收益或成本之际,却很可能没能在一个有效的机制下得到相应奖惩。

诚然,非合作交易乃是市场机制起作用的引人注目的特征之一。通过增加影响价格所需要之参与者人数,竞争市场能够成功遏制不利于社会福利的共谋。关于这一点,有时候可转而使用竞争性商人之间的囚徒困境来表示。其中,生产商在限制产量方面(即通过价格大于边际成本的方法"高估成本"),或者销售商在哄抬价格方面利益相同,但如果生产商或销售商人数足够多,协调就会变得很困难,每个商人就都有了背叛其他商人的动机,结果却是好的,即价格反映了真实生产条件。① 由于类似的囚徒困境,消费者在试图"低估需求"方面,也是无法共谋的。总的来说,在涉及价格的复合型博弈中,供应方之间和需求方之间,各自都有其囚徒困境;作为两种博弈的复合效应,均衡价格是合乎逻辑的结果。即从供应方或需求方的单侧来看,属于帕累托较劣的结果,却在两方面结合当中,产生了整体上较好的结果——即资源的优化配置。

囚徒困境,存在一个作为帕累托劣解的纳什均衡;而信任博弈或通功易事博弈,②也有这样的作为帕累托劣解的纳什均衡。但囚徒困境没有同时就是帕累托最优之纳什均衡,而信任博弈则有。

---

① 参见〔美〕萨缪·鲍尔斯:《微观经济学》,第 359-360 页。
② 按,《孟子·滕文公下》云:"子不通功易事、以羡补不足,则农有余粟,女有余布。子如通之,则梓、匠、轮、舆,皆得食于子。"此乃体现分工和交换优势的问题。两人的第一种策略是只由自己生产全部的生活必需品,并拒绝和外界交易。第二种是根据其包括个人才能在内的资源禀赋的长处,只生产某些特定种类的产品,而愿意拿多余的产品来和另一人交换。假定 A、B 各自的资源禀赋总有些差异,由此决定其选择的生产范围构成很强的互补性,即交换会增进各自的效用,则有如下得益矩阵:

## 第五章 场域拓展和结构转换的历史性机制

因此,对于一个原本的囚徒困境,如果没有风险因素干扰等,那么通过政策和/或宪政设计来改变得益矩阵,使得合作的结果也是纳什均衡,或可防止协调失灵。而市场优化配置的整体过程,可以理解为"看不见的手"的博弈:存在唯一的纳什均衡而且是帕累托最优的,即当中没有作为帕累托劣解的纳什均衡。所以才会发生:每个人不仅最大化自己的目标,而且能够从对方也追求自身目标的事实中受益。[①]

那些牵涉囚徒困境的调节,已经就是或者容易变成公共事务的原因在于:要么,产生此类困境的根源,涉及其可再生性至少存在阶段性阈限的公共资源;要么,公共物品的供应是有成本分摊问题的;再就是,囚徒困境中的帕累托改进的结果,对于博弈各方而言是共同利益,即容易采用公共事务视角来看待。资源的私有化和分散化配置、政府或外部力量的监督和管制、由本地社群实现的治理,即市场、政府和社群三种力量,是可以对囚徒困境式的悲剧性结果加以调整的基本方式。但这些方式都是利弊掺杂而要灵活对待的。

在涉及资源配置的经济领域里,私有化便有可能实现某种帕累托最优结果。按此方式,自然有一方是雇主,另一方是受雇者,

---

(接上页)

|   | B 1 | 2 |
|---|---|---|
| A 1 | (4,4) | (4,2) |
| 2 | (2,4) | (8,8) |

显然,此类博弈没有占优策略,只是很难拒绝选择第二种策略的诱惑,但必须对他人也会这样做抱有足够的信心。——这个博弈看来跟信任博弈有点相似。但分工和交换策略的高回报,会让人愿意去冒险尝试。

① 参见〔美〕萨缪·鲍尔斯:《微观经济学》,第30-32页。

如果分配方案得到解决（如受雇者可得到社会上的平均工资，或者他的理想外部方案的同等支付），那么资源所有者就可以通过最大化双方总效用的方式来获得自己的最大效用。但如果分配和配置两方面并不是各自独立的，私人配置是否有效，就成了疑问。在第二种方式中，固然，政府可以通过直接管制或税收来改变激励结构等，进而实现最优配置，但计划者要制订有关方案，在很多案例中必须掌握大量必要信息，这经常是不可能完成的任务；或许监督和执行方面也有很多内在的困难。而在第三种方式中，协调失灵问题得到解决或缓解的目标，会由于社群成员之间的社会认同和良性沟通而易于实现，即社群是一个联系紧密和交流频繁的单位，易于实现内部的相互督促和激励；且包括很多方面易于实现之共同利益在内之多重利益之牵绊，会阻止个人冒险去做违规之事；但是，缺乏有约束力的正式协议和内部的等级差距，将是有害的因素。① 且社群方案的种种好处，会随着它的规模扩张而被稀释。

习俗和惯例未必都是高效的，即使那些具有更高预期得益的行为方式的前景，已然清晰可见，然而低效的习俗范式仍有可能持续，有的时候这可以用信任博弈来解释。此际，若有更多的人愿意跳出互不信任的陷阱，具有更高收益的行为方式才有可能出现；而良好社群互动营造的信任氛围，或者基于政府强制力的保证，也许会有所帮助。

那些牵涉个体数量较多和适用频率较高的规范，几乎不可能全然依赖强制力——因为强制力在某种意义上也是稀缺资源——因而稳定存续的规范，就很需要对它们的习俗或惯例般的遵循。然后它们就会像真正的习俗一样进入文化传播的过程。而循守和

---

① 参见〔美〕萨缪·鲍尔斯：《微观经济学》，第4章、第14章。

传播，会进一步诱致、培育和巩固适合这些规范的行为特性之谱系。这些行为特性或倾向，可能是互惠、利他、信任、诚实、荣誉感等，但也可能是贪婪、不信任、仇恨、报复，等等。[①] 自然而然的，习俗和文化传播，定然影响着人们更新其行为的过程，影响其个性、习惯、偏好、品味、价值和情感机制之类。

固然，一些规范很可能就是某些博弈的稳定均衡的策略组合，或者其一部分。但是因为让个体选择纳什均衡的一些条件——例如理性的共同知识等——极为苛刻，所以很多重要和明显的社会规范之成立，或许并不是基于纳什均衡，反而涉及"相关均衡"的机制。须知，博弈参与人具有"贝叶斯理性"，即他们会拥有关于其他参与者的行为的信念，并根据这些信念来选择最优反应、以最大化期望效用，在博弈结构的描述中，整合了这类信念作用的，就是"认知博弈"；[②]进一步，认知博弈 $G$ 的相关均衡，就是博弈 $G^+$ 的纳什均衡，博弈 $G^+$ 则是在 $G$ 的基础上增加了一项由"启动者"实施的新的初始行动，在 $G^+$ 中，理性参与者一般没有动机去偏离启动者的指引。[③]

据说，"相关均衡"概念可以克服单纯"纳什均衡"的若干关键的缺陷：

> 缺乏在诸多具有同等合理性的不同选择中进行选择的机制；缺乏在若干纯策略间感觉无差异之参与人的行为之协调机制；缺乏刘采纳所建议策略的参与人提供激励的机制，即便

---

[①] 部落文化偏好报复，它们跟任何军事化程度较高的社会一样，都看重"勇敢"德性；而像中世纪的西欧、日本那样的封建社会，则极重视荣誉感；而结合流行文化和广告的市场经济，似乎会激励贪欲。
[②] 参见〔美〕赫伯特·金迪斯：《理性的边界》，第 59-61 页。
[③] 参见上书，第 95-96 页。

存在一些私利导致自利的主体采取其他行动的时候。①故这概念的真正威力被认为："它从博弈论指向了更大的、互补的社会认识论。"②机动车单侧通行规则、一社会中的基本产权模式、一文化体系中的基本价值观和基本原则、某些广泛传播的事件的符号暗示作用，都可能是涉及相关均衡的机制。

稳定的习俗是可持续的，这意味着，一旦社会状态处在或接近这种习俗，它便能够消弭大量对其不利的非最优反应。面临风险因素最少的习俗，堪称处在"随机稳定状态"（意即它对于随机冲击是稳定的）。③ 在语用惯例、契约方案、社会成规等领域，习惯均衡的变迁，有可能肇端于一系列个体特有的、非最优反应的机会。这些机会有可能产生颠覆性作用，使动态过程从某个均衡的吸引盆过渡到另一个。

如果对于任意两个契约，组群 i 的成员在契约 j 中的得益与其在两个契约中所获最大支付的比值，可称为相对支付 $\Pi_{ij}$，通过对更新过程施加一些较宽松的限制，有的契约理论表明，随机稳定状态可以使得获最低相对支付的那些个人之相对支付在可选方案中为最大。因而，如果给予"平等"特定的涵义，那么支持随机稳定状态的制度就不仅是有效的，而且是平等的。④ 高度不平等的制度，绝对不是一个好的选择。原因很清楚，它无法消除众多的随机冲

---

① 参见〔美〕赫伯特·金迪斯：《理性的边界》，第32页。
② 同上。
③ 此种状态可定义为：当个体群中的特异博弈比例任意小的时候，其发生的可能性便足够大；若是对静态的极小扰动 ε 接近 0 时，个体群会在一种习俗上耗费绝大多数时间，这就是随机稳定的状态。而令 ε 接近 0 时，就可以解决当从一种习俗转变为另一种习俗时的路径的决定问题：它或将选择可能性最大的路径。那些对非最优反应博弈的要求越少的路径即为可能性最大之路径。参见〔美〕萨缪·鲍尔斯：《微观经济学》，第306页。
④ 参见〔美〕培顿·扬：《个人策略与社会结构》，第170—173页。

击,这些冲击会创造一种环境,使得对不平等的现状心怀不满的组群成员,更愿意去尝试不同的制度。①

对于一个组群,倘若其相信另一个组群成员会以相同概率提供两种契约,则提供一个有效的契约必定是风险占优的,因此最好的策略就是提供那个更有效的契约。而没有效率的习俗是较难演化得到的。自然这是因为,它需要众多非最优反应博弈,以使得那些做出最优反应的人从有效习俗转向无效习俗。总的来说,"那些效率低下、高度不公平的制度安排将面临一些对其演化不利的条件,并将在长期内被更有效和更平等的制度所取代。"②

当然,制度变迁也可能是由有意识的集体行动激发的,这在历史上屡见不鲜。集体行动就是指"一个大的组群中的成员为了一些共同的目标而采取的有意识的联合行动"。③ 罢工、种族冲突、示威、暴动等,都是集体行动。相对于集体行动的可能性,随机稳定状态却未必是平等和有效的(例如在富人很少而穷人很多的时候,不公平且无效率的制度就会相当稳定)。集体行动造成制度变迁,往往肇端于当下博弈中的非最优反应,但动机或源于人们所认识到的、制度转型所带来的长远利益前景。其实,围绕或者伴随较佳制度信息的扩散,以及克服个体理性的短视,都产生了社会动员的问题。自发规则的改变,经常面临着巨大的惰性或惯性,只有当支持改变的人不知不觉中达到临界多数时,改变才有可能。

集体行动多带有众人的公共物品博弈的性质,即在这众人的

---

① 参见〔美〕培顿·扬:《个人策略与社会结构》,第175-176页。此所言,有类于马克思的无产阶级"失去的仅仅是枷锁"的论断。而个体群向更平等制度或惯例的过渡,也可能是较小比例的富人实施对其而言的非最优反应所导致的。
② 〔美〕萨缪·鲍尔斯:《微观经济学》,第300页。
③ 同上书,第312页。

偏好皆为纯粹自利之际,占优策略是不参与这给自己带来成本的集体行动,而如果行动有成功的可能,自己恰好可以"搭便车"。自然,现存习俗的收益更低,是诱致集体行动的必要条件,但这并不是充分条件。与作用于真正习俗的特异博弈不同,参与集体行动是对一些复杂的外生因素——如经济衰退、战争、价格波动、自然灾害等——的有意识而非凑巧的反应,并取决于当事人对众多他人的行为变化的可能性以及后果之预期。在旧的制度中得益越少,或者新旧更替的改进越大,参与的激励就越大。而相信集体行动的参与人数会很多,一般来说相当于相信它的成功可能性很大。参与者通常会在新的制度中占据较搭便车者更有利的位置,这可以在一定程度上抵消参与者的付出和损失。[①]

因为特异博弈,或者积极参与集体行动,并非最优反应,而演化的前景也未必明朗,所以,鼓励一定程度的个性、多样性和特异表现的文化,注重荣誉感或名誉的文化,以及鼓励自觉的利他主义的文化,很可能提升而不是降低某个大的文明共同体的竞争力。利益的纷纭错杂状态,会改变最优反应的"最优"的内涵。不同的情感机制、需求机制和对利益的认识所造成的差异,会让人们在某些固定的利益度量和特定的最大化利益的方式之外,发现更多的其他动机,由此带来的多样性,在开辟演化空间方面,也许很管用。

在制度变迁的过程中,一些外生的条件或机会,起着很重要的作用。比如由于人口迁移或人工改造而带来的自然环境的变化,比如由技术变化所引起的趋势。这些变化可能破坏那些引起和维系旧的习俗和规范的均衡,及为诱发新的均衡和形成新的规范提

---

① 〔美〕萨缪·鲍尔斯:《微观经济学》,第 316－318 页。

供土壤。

其实,许多重要规范和制度,都可以用潜在或实际的群体之间的博弈,而不仅仅是用个体间的博弈来描述。当然在不同的群体之间,就像有些时候在不同个体之间一样,策略集和得益都有可能是不对称的;组群层面上的得益——它不同于个体得益之总和,但跟后者又是密切相关的——对于个体策略的影响,也须考虑。利己、利他、互惠、惩戒等个体的行为倾向,当然会影响规范演化的进程,但制度环境反过来会影响不同倾向在个体群中的分布;就是说,那些组群层面上表现得适宜和有效率的制度与个人的行为倾向,均为整体的动态系统之组成部分,且二者间存在共生演化的关系。

从某些规范和制度变迁到另一些的过程,经常是由旧的规范形态下对生活较为不满的组群推动的,目的自然是要建立那些预估对他们更有利的规范形态。但是在这个过程中,在旧的体系下,对于个体而言的非最优反应,有时会起到关键作用。如果没有这些非最优反应,某些无效的规范形态仍可能持续,导向新的均衡的过程则无法启动。这类过程,借用生物学概念,就是"间断性均衡",即在旧的均衡和新的均衡之间,有着造成中断的各类突变因素,而两头的均衡往往是持久稳定的。

## 第三节 群体际的选择 压力与合作的进化

众所周知,霍布斯对人类处在自然状态下的境遇具有很多悲观的想法。在他眼中,在政府存在之前,人们生活在孤独、贫穷、野蛮和浅薄的境况中,因为他们被自私动机驱使,处在个体间的残酷竞争之中。① 但合作的可能性,对霍布斯而言,绝对不是什么严重的问题。答案在于某一特殊的第三方监临机制——集权国家。反之,在他看来,没有集权的合作则是不可想象的。当这种监临初具雏形或业已存在之际,组成第三方机构的成员,也将因其提供的公共服务而索取相当多回报,即使因此类出价遂招致相对于免费享受公共服务的、虚构的理想状况的损失,但此局面,对于受监临各方来说,在很多时候也要优于其陷于个体间时时处处皆得残酷竞争的自然状态。

但在这里,问题并未完全解决。我们仍可以问:合作真的可以从基于利己动机的行为中产生吗?因为,即使"集权国家"的确是令人摆脱不合作困境的根本性方案之一,然而统治集团内部,或者构成集权国家的力量核心的若干个体之间,必须首先解决如何促成稳固、持久合作的问题。并且在国家规模扩展的过程中,还得面对合作的边际效益不断下降的种种麻烦。

如果个体或群体之间有可能处在你死我活、非赢即输的零和博弈当中,就以下棋为例,那么正常来说,任何一方都要假定对方总是会走让你损失最多的一步,基于此而选择自己的最强应手,在整个过程中,弈棋者的利益完全是对抗性的,这是零和博弈的性质使然。当然除此之外,还有很多其他利益冲突格局,包括人们经常得面对的囚徒困境或者搭便车(free riding)现象,②它们也会减损合作导向的行为方式的出现频率。

虽然一般来看,各方参与合作会让他们都可以从合作的既成

---

① Thomas Hobbes, *Leviathan*, New York: Collier Books Edition, 1962, p. 100.
② 参见〔美〕曼瑟尔·奥尔森著,陈郁等译:《集体行动的逻辑》,上海三联书店,2006年,第2页等。

状况中受益,但从某方倾向合作的行为,使其自身得先支付成本而集体或他人却直接受益,个人受益的前景却未必明朗、未必确定的意义上来讲,义无反顾的合作倾向颇具利他性。且始终存在这样的现实诱惑:规避自身投入合作之付出而意图分享他人合作所致收益。

个人之间合作并分享利益常常比每个人单独行动要好。在这种情况中,来自个人的合作给群体带来的利益要大于个人付出的成本。然而,对于每一个人来说,如果逃避合作的成本而仅仅分享群体中其他人的努力所带来的利益,其状况将变得更好。如果所有的参与者都遵循这种自利逻辑,那么合作就不会存在。①

囚徒困境和搭便车现象,都是某种形式的"规避自身合作却意图分享他人合作所致收益"。只不过在前者,各方不合作是其基于纯粹自私动机的一个自然选项,并使得合作在有关的假定中变为不可能的;倘若别人合作,当然更好。而在后者,某一方不合作并没有根本上破坏他人的合作或利他性努力所可能达到的成果水平,人群中的一部分人的合作选择仍然有正面收益,只不过搭便车者的存在,常令合作者的付出增加,或者足够多的人都这样选择的话,合作可能破局。从较显轻微的坐享其成到残酷地损害他人的各种形式,不合作的方式不　而足。

合作不一定是各方集中在某一特定空间的紧密协作,合作就是促进各方利益的帕累托改进的方式。在个人追求自身目标的行

---

① 〔美〕赫伯特·金迪斯(Herbert Gintis):"解析亲社会性之谜",载于汪丁丁、叶航、罗卫东主编:《走向统一的社会科学——来自桑塔费学派的看法》,上海人民出版社,2005年,第41—42页。

为可以从其他人的同样行为中受益的互惠格局当中，就有合作，并这样的合作是比较容易促成的，单靠利己动机便有可能实现。实现总效用的提高（就像"功利主义"所倡导的那样），或者促成更多不可分割的公共利益，也有可能促成合作——因为这可以提高集体的效能，并这种效能，很容易被转化为对于受损个体在未来或在其他方面进行补偿的能力，或转化为加强对个体管治的能力。合作可能是在平等的氛围当中发生的，但也可能是在某种本身受到承认的等级秩序中实现的。然而，在各自追求个人目标无法实现帕累托改进的情况下，只靠增进公共利益或增加个人福利总量，合作既不是容易实现的，即便实现，也不能依靠大量利己动机的叠加效应。

在一个经历若干世代或时代更替的人群中，决策规则被选择的过程，颇类似生态学上的"适者生存"。"一个在当前规则分布中平均来说是成功的规则将在下一代的规则分布中占更大的比例。"[1]那么，什么样的策略会得到进化呢？是合作的策略吗？

合作的事实早就存在于灵长类动物当中。只是其规模非常小和涉及的非血缘亲属非常少。因此，对于合作策略或者基于这些策略的制度的演化，可以一般地理解为：除了明显的互惠关系与零和博弈，如何突破对于群体而言为非效率的个体间的共同最优反应之困境，而开拓和创造合作的形式，以及从这些新的合作局面中发现建立新的互惠关系的空间。

血缘利他主义，或许可以用"自私的基因"来解释，[2]但在那些由部分个人承担成本、但却有利于整个组群的行为方式向作为受

---

[1] 〔美〕罗伯特·阿克塞尔罗德（Robert Axelrod）著，吴坚忠译：《合作的进化》，上海人民出版社，2007年，第34页。

[2] 参见〔英〕理查德·道金斯著，卢允中等译：《自私的基因》，中信出版社，2012年，第6章。

益者的非血缘个体的范围扩散的过程中,在"一报还一报"和不计个人得失的惩罚不合作者的行为倾向的基础上,较为普遍出现的可以认为具有"演化一般性"(evolutionary universals)的制度形态,却应该用"有利于组群层面的普适方法"来解释。① 带有普遍性的制度也许包括:私有产权、自由交易、政府、宗教现象、社会分层以及公共资源的共享等(当然这些现象的推广和普及并不同步,也在不同社会中稍有形态差异)。它们得以在人类历史上频繁出现和得到高度发展,主要是因为:一旦它们出现,则采纳这些有助于实现高效率合作的规则的组群,将占据竞争中的优势,并令其模式有更多传播和扩张的机会。

任何单次的囚徒困境博弈,始终有背叛的诱惑;或者面对集体行动,个人也都有搭便车的想法。针对某些总体上非效率或者并非社会合意的结果,从自利角度来看的某些人的非最优化反应,有可能帮助人们突破合作难以达成的困境。虽然在一段时间内——即在上述博弈均衡仍然延续期间——做出非最优反应的个体的利益将遭受损失。这有可能是从博弈的最优反应退至其他策略而蒙受的相对损失,而不一定是无条件满足他人意愿的行为,但跟后者一样都具有"利他"的效果,即它以自身的一定代价促成了合作的局面和由此带来整体福利的增进。

带有"利他惩罚"(altruistic punishment)这项特点的强互惠性(strong reciprocity)行为取向,就是这类非最优化反应。② 其具此类行为取向者,会为了维护社会的合作性规范,不计个人成本与

---

① 参见〔美〕萨缪·鲍尔斯:《微观经济学》,第299、330、346页等。
② 参见〔美〕萨缪·鲍尔斯、赫伯特·金迪斯:"强互惠的演化:异质人群中的合作",载于汪丁丁等主编:《走向统一的社会科学》,第72-100页;〔美〕萨缪·鲍尔斯:《微观经济学》,第71、329页;〔美〕赫伯特·金迪斯:《理性的边界》,第41-42页等。

损失，去惩罚那些破坏合作的违规者。这是一种对于所属群体甚至在更大范围内具有明显的正外部性、但对个人利益却有负面影响的行为，故视之为利他行为之一种，也未尝不可。这很可能是人类物种在漫长的进化过程中形成的有益于物种或群体的行为模式。

当单次囚徒困境博弈普遍存在，而面临严酷竞争环境的人类，却有着要把合作规模扩展到血亲关系之外的压力之际，其本身很可能系由基因突变产生的强互惠或利他惩罚，的确具有侵入原本由完全自私的个体组成的人类群体的可能性。对违反资源共享规范的人的惩罚形式，也许在原始的狩猎—采集者的社群中非常常见：违规者要么从组群中逃跑，要么被放逐。当违规者不再是组群成员的时候，他们在时间的流逝中逐渐丧失其适应性而被淘汰。其结果当然是有效地促进了群体内部的合作规范。① 而合作程度

---

① 桑塔费学院（Santa Fe Institute）曾藉由计算机仿真技术，模拟了距今约10万—20万年的更新世（Pleistocene）晚期之人类的狩猎—采集族群的历史和环境状况，这些严格参照考古学和古人类学既有成果的仿真条件包括：族群规模足够小，即成员间的相互观察和交流较为容易；无权威角色，故社会规范之维系端赖个体之参与和互动；族群之成立并非基于亲缘关系，即不能以此解释利他行为；分享为主要的消费方式；个体不储存食物、积累资源，而是采取"即时报酬"（immediate return）；驱逐是族群内部主要的惩罚形式，个体可用逃离的方法避开更严厉的惩罚；个体行为有小概率变异的可能，即由一种正突变率引致不同的行为类型。演化动力学的模型中考虑了个体繁殖率、行为突变率、合作的成本与收益（其净值为个体适存度）、惩罚和被惩罚的成本等参数。

仿真的结果显示：由突变产生较少的强互惠者可以侵入原先的自私者群体，导致族群内的合作行为与适应性维持在较高水平；仅产生合作者的族群是不稳定的，即单纯的合作行为不具有生存优势；完全由自私者组成之族群，因缺乏合作机制造成的适应性优势，终将灭绝。演化均衡的动态过程显示：初始阶段，自私者占绝对优势，后来随着强互惠者的出现，合作者人数增加，避免合作的概率迅速下降；经历约500代左右，这种概率降至10%左右。强互惠者与合作者比例持续上升，在其后约2500代内，族群中三种人的比例即保持在一个稳定的水平，均值为：自私者（掠夺者）38.2%、合作者（分享者）24.6%、强互惠者（惩罚者）37.2%。Bowles、Gintis合署的论文，原发表在2004年2月的美国《理论生物学》杂志。此处参见汪丁丁等主编：《走向统一的社会科学》，第72-100页。

提高，会增加该群体对于残酷的自然环境的适应能力，也可能在各群体的竞争中发挥作用。

此外，著名的"无名氏定理"表明：在重复交往足够相似，且折现因子足够大之际，[①]"多个人之间同等实施微妙的以牙还牙和更复杂的策略，可能会支持具有高水平合作的纳什均衡"。[②] 拿重复的囚徒困境博弈为例，虽然"总是背叛"在个体群中是稳定的，即如果大家都采用这一策略，没有其他人愿意合作的话，任何人都没法做得更好，但如果未来收益的当下折现因子足够大的话，就不存在独立于对方所采取策略的占优策略，且有一个足够大的折现因子，使得像"一报还一报"（tit-for-tat）这样的策略也可以是集体稳定的，就是在长期作用的情势下，如果他者多用此策，则你的最优反应也是运用它。[③]

这种针对重复囚徒困境博弈的策略，略不同于"强互惠性"，不

---

[①] 当我们把当前的收益与重复博弈中下一期的收益进行比较时，需要将下期的收益乘以折现因子，从当前开始的两期后的收益，就要用这个因子的平方来贴现，三期之后的收益则须用这个因子的立方，依此类推。折现因子越大，表明未来收益在当前考虑中的权重越大。

[②] 〔美〕萨缪·鲍尔斯：《微观经济学》，第328页。关于无名氏定理，另可参见〔美〕乔尔·沃森：《策略——博弈论导论》，第215－219页；〔美〕诺兰·麦卡蒂等：《政治博弈论》，第196－197页；〔美〕赫伯特·金迪斯：《理性的边界》，第134－139、141－142页。

[③] 在针对"重复囚徒困境"设计的计算机竞赛中，在参与者设计的各种策略中，"一报还一报"往往表现最好。该策略是简单而清晰的：在与任何其他个体相遇时，第一次总是合作，然后就模仿对方上一步的选择，做出合作还是背叛的选择。这个规则是"善良"的，因为它决不首先背叛，此有助于避免陷入不必要的麻烦；它是可被激怒的，即具有"报复性"的，从而使人不敢轻易背叛；它也是"宽容"的，即对于一次背叛只给予一次相应的惩罚而不是更多，此则利于合作之恢复；它也是"清晰"的、易于辨认的，即易于让别人适应你的行为方式的（参见〔美〕罗伯特·阿克塞尔罗德：《合作的进化》，第1章、第2章）。该策略在各种方案相互作用的竞赛中之所以取得成功，就是由于它综合了善良性、报复性、宽容性和清晰性（同上书，第36页、第122页）。

妨称为"准互惠性"（这里只是说它以合作对合作、以背叛对背叛，而没有假定它会做出得支付高成本的利他性惩罚）。它有可能带来的极大成功，主要是靠，从他人那里诱发合作，而不是靠背叛。但如果你对无理背叛反应迟钝，就会发出错误的信号，让对方觉得背叛可以得到好处。① 折现因子越大，表明所期望的相互作用持续时间越长，频度也不会随时间而减弱。在大抵由准互惠者构成的稳定组群中，对背叛的惩罚性反应，可降低背叛者的得益，避免其侵入，并从其他准互惠者那里得到长期的收益回报。故而，若交往长期持续下去，准互惠的模式可以侵入到一个普遍背叛的世界中。

在长时间的重复囚徒困境博弈中，跟你采取同样策略的他人的成功，基本上也是你成功的前提。这可以使利他或基于回报的合作较容易得到进化。并且在"利他"与"准互惠"之间，实际上较难区分。亦即，"利他主义的代价可以通过首先对每一个人采取利他行为，然后只对那些有相同感情的人采取利他行为来控制。但是，这很快就使你回到以合作为基础的回报上来。"② 即使在一个很多人不愿合作的世界中，合作仍然可能从一个彼此准备回报合作的小群体中产生。因为这样的群体一旦建立，它就可以让自身不受到非合作策略的侵入。这个小群体的成员若能加强彼此联系与合作，即同时减少与不合作者的联系，他们就会更好和更快地改善其累加起来的得益状况。

但是问题仍然没有完全解决，难点在于：一者，如果交往不是双值即两两配对的会怎么样？二者，始终存在基于理性的利己动机而在单次博弈或短期内选择鹰式策略的诱惑，如果外生变量使

---

① 参见〔美〕罗伯特·阿克塞尔罗德：《合作的进化》，第127页。
② 同上书，第95页。

得益骤升,或者他可以避免不合作信息的扩散,他便更有动机这样去做;三者,内部高度合作的初始的小群体的界限是如何自然形成的,即其内部合作如何被诱发,又如何稳定持续下去(毕竟对于个体而言,策略并不是一成不变的)。

然而,如果单次的交往本身就涉及很多人共同参与时,通过复制和报复实现的合作就是难以维系的。而大型组群式的交往其实在人类社会中并非罕见。在大组群中,单个成员在任何一个时期的背叛,便有可能导致全体成员一直选择背叛,这相当于制造了一个"公共恶",即与一个背叛者相处的其他合作者,将承受合作收益上的损失。① 即俗话常说的,"一颗老鼠屎坏了一锅汤"。因此,"虽然自利导向的报复可能在双值情况或者其他小规模的交往中促进合作,在大组群中实施这一策略却是非常昂贵的"。②

其实,单是根据在小范围内表现极佳的"一报还一报"策略,并未确切说明,为什么和更少的合作相比,更多合作或更有效的均衡是受到支持的。在一组群内,一特定形式的博弈若能长期持续,那么这一组群本身必须是可持续的,这就意味着,肯定在另一些层面上存在一些牢固的、足以维系组群结构不致崩解的合作形式,甚至于这些合作会让其在组群之间的冲突和竞争中不至于处在劣势。有关的合作形式,可能只是一些戒绝杀盗淫妄的底线伦理,也可能比这多一些;而底线伦理为何会被选择,实际上也有待说明。

在人类历史进程中,选择极可能是在多层面上进行的;很重要的一点是,不利于个体的行为却可能有利于组群。就是说,合作和

---

① 例如,在卢梭式的"猎鹿博弈"中,可选择的目标之间的差距,可能比鹿、兔还要大得多,而参与者也可能很多,任一局部的缺陷都会使得大的目标上的成功概率急遽降低。

② 〔美〕萨缪·鲍尔斯:《微观经济学》,第329页等。

利他行为有可能是在群体间相互竞争的层面上,或者说在群体间的选择压力下获得进化机会的。虽然,在合作者与非合作者相遇和交往的场合,不合作者的收益经常要超过合作者。然而组群效应,会让所有具有高频率合作倾向的成员,在组群内得到更高收益。面对残酷的环境或群体之间的冲突和竞争,这种效益会让组群拥有相对的优势。[1] 而愿意支付成本去对不合作者给予惩罚的惩罚者的存在,可使不合作者在一组群内的收益也有所下降,并有更多的概率在未来选择合作的方式。

在个体群内部,考虑其组成结构,合作者彼此交往的概率,要远远高于他和不合作者相遇的概率,由于合作者之间交往与合作,通常得益很高,要远高于各类不合作者的相互交往的得益,这些因素或许可以抵消合作者跟另一类人交往过程中的损失(当然这跟合作倾向的出现频率有关)。群体内部的进一步分隔也有类似效应。因为在这类分隔即特型配对的过程中,比起随机配对,合作者与合作者交往的概率增加,就像不合作者彼此接触的概率也可能增加一样。必然,分隔增进了合作者的预期收益上的优势。——因为他们的单次合作的得益往往高于单次互不合作的得益。

因为拥有有利于群体的特征之个体,不仅在那获胜群体中数量占优,而且,伴随着在群体间竞争中的胜出和对于被征服群体所拥有的卓越社会地位,他们会寻找和复制,或者设立和创造,某种足以甄别出具有和他们相同或相近的行为倾向的人们的方法,这就是归类分化(assortative division)的过程,也就是说,一种有意识的产生分隔效应的社会实践活动。[2] 某种有其象征和仪式手段

---

[1] 〔美〕萨缪·鲍尔斯:《微观经济学》,第 332—336 页。
[2] 同上书,第 344 页。

的宗教体系,或者某种带着准宗教精神的全面的礼仪体系,都可能是有效率的甄别方式。于是这种归类分化的手段,就有了文化特性,也是可以传播的。而文化特性对于组群规模在新的数量级上扩张,有着难以估量的影响。

如果外部压力大到对原本不想合作的个体来说,作为那个体本身或者作为特性携带者的存活概率非常小,甚至近于零,而合作却使概率大大增加,那么,即使出于理性的算计,他也会选择合作。而压力可能源于自然环境,也可能来自跟其他群体的激烈竞争。

在形成较高层面的演化单位的过程中,有些低层面的个体间竞争是受到抑制的。同一层面上减少组群内差异的制度,譬如一夫一妻制和非亲属间的食物共享,是因为能够减少组群内的选择压力,包括减少组群内利他行为的损失而被选择,这样更容易诱发那些有利于合作、即有利于整个群体的行为特性。而为数不少的社会性规范都可以被理解为:一种降低组群内选择压力以应对组群间竞争的方式——至少是间接跟这个有联系——即体现为某种解决群体内水平方向上的合作问题之可持续方案。

合作者之间有着创造更多、更复杂的交往形式的余地。经由多人合作而带来可在彼此间分享的更多利益,这是不合作者之间望尘莫及的,并且这可以让合作者拥有更大的承受与掠夺者或不合作者交往的损失的能力。其合作形式,也许包括对整个群体中的不合作的违规者的更有效之惩戒手段,又如形成对先前已有付出的惩戒者的补偿。

即使在合作者组群内,个体也始终都有采用不合作的占优策略之诱惑。组群间选择的压力,却不会无时无刻存在,至少不会无时无刻都保持同样强度。但有一种机制不应被忽略,我们须给予它具有"演化一般性"的评判。这种机制涉及:在导致人群中出现频率更高或频率更稳定的合作行为的演化进程中,社会分层和权威的有利作用的一面。自然,这可以促进垂直方向上的组群内的紧密协调,以致他们能够真正像一个选择单位般行动。这中间,如果又有一些平等形式的配合,那么垂直方向上的分化造成的社会隔阂就会弱化。理想状态下,特定组群中的权威是为群体本身的整体利益,而对组群间竞争和自然选择之类事项负责的、协调组群内成员之间关系的第三方。质言之,其利益是与个体群规模正相关的。基于此,权威和惩罚之间的大致关系是可预测的:权威是合作的中保,当有人违背合作规范时,权威要调动力量施予惩戒,而它得到的是,从合作氛围与合作模式中普遍受惠的人,关于此项服务的稳定给付。

最初的政治性权威,就是被公认可以运用暴力的权威,它的起源当为原先从事利他性惩罚的个体。事情的发展很可能是这样的:利他性惩罚,不管最初是源于难以抑制的愤怒,还是别的什么,但这事的确不断发生;惩罚者获胜,通常是因为他们更孔武有力或更有智慧,或两者的结合;他们可能会向群体中的其他成员索取一定的报偿,以弥补其损失,而很多人真的觉得受惠而愿意支付一定的合理价格(当然在采集社会中这不可能采用货币的形式),当然也可能是受惠者先提议的;组群的成员可能越来越觉得,固定的惩罚者的出现实有必要,为此必须给予他们稳定的经济补偿和稳定的地位。——也许这是对文明产生过程的一个极为简短的速写。

在文明社会中,很多人相信神圣的标志可授予他权威性。[①]然而,在没有印鉴、图章或者在创造和竞争这类图章的权威性的过程中,关键在于,他能使多少人相信已有或将有足够多的人是信赖

---

① 这可能是皇帝的御玺或调兵的虎符,也可能是盖章的批文,等等。

和服从其权威的。

在原始部落和在其他人类群体中,时常能观察到组群内资源共享之举措,其实相当于一种为了补偿人们的合作与利他行为的损失,而从某些成员的特定得益中征集税收的模式;因为它经常适用于群体中的所有成员,所以相当于减少了利他主义者跟非利他主义者之间的收益差距。① 有意思的是,伴随着权威的出现,真正的比例税被专项用于给付惩戒者,这样一来利他主义现象应该是减少的,而人类历史进程似乎也印证了这一点,即直到中世纪,才又出现了利他主义文化的复兴。另一个值得注意的地方是:资源共享或收税是在基本合作机制有保障的情形下才会出现,但它们往往又充当了促成基本合作机制的手段。

根据鲍尔斯(Samuel Bowles)等人的研究,资源共享和分隔两种制度或其中之一,有助于提升利他主义者在组群中的出现频率,但是群体规模的不断扩张和群体间的移民现象增多则有负效果,即降低利他主义者的人口比例。而组群冲突则会增加群体间的选择压力,这跟比例税和分隔制度降低组群内选择压力,而给利他行为营造有利土壤的作用机制不同,但效果都是积极推动这类行为。② 很可能人类历史的总趋势就是:战争为迄今为止的常态,并且越在早期,战事越频繁,死亡人数占总人口的比例就越高。③ 显然,组群内个体间的合作和利他行为,会大大提高组群在冲突中胜

---

① 有人说:"由于两个相当不同的原因,平等主义的制度可能会有利于演化。建立在随机演化博弈论基础上的模型中,平等主义制度的吸引盆更大,而且在多水平选择模型中,平等主义制度延缓反对利他主义的组内选择,这加强了组群在与其他组群竞争中存活下去的能力"([美]萨缪·鲍尔斯:《微观经济学》,第346页)。

② 同上书,第336-343页。

③ 有人收集了50个现代采集部落间战争频率的数据,在64%的组群中每两年有一场战争或更频繁,剩下的,战争也只在12%的组群中才算罕见(参见上书,第345页)。

出的概率，譬如，比起同伴间不施援手的情形，战友间可相互挡子弹的行为，只会使该团队中个体的战争中存活率上升。即利他主义之类也能够与频繁的战争共生演化，这正是其黑暗的一面。[①]

所有这些能帮助减少利他行为的损失而营造合作氛围的因素，事实上都能在起源于宗教的历史现象中发现其出没的踪迹。譬如在动物世界中相当罕见的一夫一妻制，会减轻群体内男性的竞争压力；因为它是由后来影响广被的基督教所提倡的，所以，即使起初赞成这一点的社会虽少，这种制度日后的影响却不可小觑；又如佛教僧团内部和原始基督教当中的财产共有制，以及各大宗教皆赋予布施行为和慈善事业高度的宗教意义（"布施"为伊斯兰教基本的"五功"之一，也是大乘佛教的"六度"之一）；又如，种姓制度就是一种在垂直与水平两个方向上都在进行"分隔"的制度。

农业时代以来，依靠各个成员对对方行为须有高辨识度的"利他惩罚"方式来维系的合作，恐怕在人口规模大大超越血缘和地缘共同体的群体当中，实在是难以为继了。当然，"准互惠性"或者有利于它的"强互惠性"做法并不是被摒弃了，而是被容纳于文明社会的更大型的合作文化之中。文明社会的一项重大发明就是：对不合作的违规者施以惩罚的第三方机构。所以，为了不引起无谓的混乱，私刑是被禁止的。同时，虽然一定范围和一定形式的报恩，总是得到肯定的，但它不能违反更优位的原则：例如履行公共机构中特定角色的职责。在某种更为普遍化的意义上，每个人各自承担其社会性角色上的职责，是一种相当高级的合作方式，或者说一种相当高级的彼此回馈的方式。自然这是因为，某人的履行职责，会对特定或不特定的他人，或对整个社会有利，而他也将从

---

① 参见〔美〕赫伯特·金迪斯：《理性的边界》，第55—56页等。

其他人的同样行为中大大受益。可以肯定,越多的人尊重其职责、完善其职责,这个社会就越美好。

其他被看重的合作方式还包括:利他和宽恕的德性,多与仁德或正义观念相配合的权力和服从机制,特定的权利义务关系。不同的文明社会的合作文化,在运用这些方式的方面会形成一些特色性差异。譬如,封建社会在强化某些权利义务关系的同时,很可能在统一的司法实践和权力结构上存在一些先天缺陷。中国古代的官僚制体系,固然在这些方面有其长处,但就缺乏某些稳定的权利义务观念。

对于"一报还一报"策略的关注和正视,在中国古代思想中,早已有之。

> 子曰:"以德报德,则民有所劝。以怨报怨,则民有所惩。"……子曰:"以德报怨,则宽身之仁也,以怨报德,则刑戮之民也。"[1]

这应该是假托孔子之口发表的一套观点。除了最糟糕的"以怨报德"是被否定的,实际上等于是在提倡一种"一报还一报"加上更多"宽恕"的混合策略。然而孔子本人的态度可能有所不同。有人问:"以德报怨,何如?"回答:"何以报德?以直报怨,以德报德"(《论语·宪问》)。这是比较适合普通人的境界的做法。用"以直报怨"来代替"以怨报怨",很可能涉及两方面的考虑:既反对私刑,也要判断别人给你带来不利的行为在道义和法律上是否正确。而反对私刑,其实是在已然委托司法机构履行惩罚职能的前提下的

---

[1] 《礼记·表记》。而关于中国古代文化中的"报"和"报应"观念的讨论,另可参见杨联陞:〈"报"作为中国社会关系基础的思想〉,载于〔美〕费正清编,郭晓斌等译:《中国的思想与制度》,世界知识出版社,2008年,第323—346页。

一项重大进步,它与社会性职责及公共义务一道,是对于单纯的"一报还一报"的辩证扬弃。

对于"一报还一报"策略的另一种升级的方式,便是在一些人的身份之间锁定某些权利义务关系,即,某人履行了对另一人的某些义务之后,前者就可享有对后者的某些权利,反之亦然。至少在西欧历史上,这类关系的固定化,乃至成为一种可普遍化的模式的起源,很可能是跟封建时代有关。在那样的时代,农奴有服侍、尊敬、效忠领主,交纳地租、服劳役之责,而领主对农奴等,则有提供保护、保证之责,甚至他有建立法庭、伸张司法正义的义务。只要一方是领主、另一方是农奴的关系存在,相应的权利义务就有可能同时作为封建法的法律后果而存在。[①] 对于封建关系的泛化了的理解,可能深刻地影响了英美的普通法传统,即后者倾向于认为,权利、义务、责任等概念的出现,"并非来自明确的约定、交易条件或者故意的不当或犯罪行为,而只是一种关系使然"。[②] 而中世纪封建关系蕴藏的政治概念是:

> 财产和社会势力授给人们统治的权利。行政服务和占有土地之间有着密切的关系。土地财产决定了政治。但这项中世纪概念也主张:财产附带着对社会义务的履行并使责任和特权联在一起。[③]

封建时代虽已过去,可是这种基本原则——财产占有须附有公共

---

[①] 参见〔美〕汤普逊著,耿淡如译:《中世纪经济社会史》下册,商务印书馆,1963年,第26、27章;〔美〕伯尔曼著,贺卫方等译:《法律与革命》,中国大百科全书出版社,1993年,第371—375页等。

[②] 〔美〕罗斯科·庞德著,唐前宏等译:《普通法的精神》,法律出版社,2001年,第14页。

[③] 〔美〕汤普逊:《中世纪经济社会史》下册,第329页。

义务,巨大私人财产应对社会负有某些责任——依然是良治的政府和公平社会关系的精粹所在。[①] 而或显或隐地,民众与公共部门之间,也被认为存在某种互惠交换关系,[②]或者存在某些相互间的权利、义务。

由于首先采纳合作导向的行动极可能是个体间原初博弈中的非最优反应,故果断无畏地这样做是需要一定勇气的,要乐于承受一定的损失,即绝对有"利他"性质。相对于最大化纯粹自身利益的做法,合作的促成,在一些极端情况下,需要的是兼容一定的"利他"动机;即更多形式的利他行为,看来可使束手无策或捉襟见肘的窘境,面临柳暗花明的局面。

但是说到改变动机结构,恐怕没有什么能够比源于生命终极关怀的实践体系即"宗教",做得更好了。如果有时候人们自觉自愿从某种利他动机出发来采取行动,那一定是因为在情感认同和心理价值方面,较诸出于经济理性的行为,有一些关乎其更大幸福感来源的事情。这事情势必蕴含足够强大的心理能量,并这能量必是嫁接在内在自然的协调性和统一性的新模式上的。[③] 我们也

---

[①] 〔美〕汤普逊:《中世纪经济社会史》下册,第329页。
[②] 按,《尚书·大甲》有曰:"民非后,罔克胥匡以生;后非民,无以辟四方",后者,君侯也。此段,《礼记·表记》引作"民非后,无能胥以宁;后非民,无以辟四方"。意思更显明了。又《左传·文公十三年》记载,邾文公讲过,"天生民而树之君,以利之也。民既利矣,孤必与焉"。这两个讲法,都比《孟子》民贵君轻之说,更为深刻。可堪注意的是,这些讲法其实都来自西周封建时代。
[③] 往往,能够实际做到这一点的,是某种宗教精神。这是因为,宗教洞悉"协调行动"的秘密。这种洞悉,尤其体现在对于宗教为必不可少的仪式环节中,在此,主题是扣人心弦的"生与死",表演和表现则极具煽动性,并有着对于节奏的深入掌控。符号、情感能量(一种使个体或集体趋向特定活动的动力)、角色和地位,就在各类成功的互动仪式中不断被再生产出来。如果说,仪式往往是一种能够促进一群人的内部团结的聚集性活动,那么宗教信仰的介入,要比其他因素更容易激发和巩固一系列社会性情感,更容易促成人与人之间的精神身份上的认同。

很难否认,在世界文明史的某些关键阶段,那些倡导无条件利他主义的宗教,在诱致范围更广泛,甚至是素不相识的人们的合作模式方面,发挥了难以估量的巨大作用。

无条件利他主义信条的践履者,就是面对侵害者、掠夺者、不合作者时候的受虐方;其行为特性,就是合作和利他(极端情况下的利他行为甚至不惧牺牲)。令人惊讶的是,倘若这类圣徒又是完全非暴力的,即跟"利他性惩罚"无关,则他们可能诱发一种我称之为"利他博弈"的演化机制,即施虐方逐渐地向受虐方的行为方式转变。对此,没有必要纯粹用同情心和感染力来解释。然而向受虐方的行为特性逐步演变的过程,是源自施虐方的两个重要发现:第一,他们发现对方即使在遭受极大损失(包括付出生命)的情况下,都对己毫无恶意,即受虐者的行为是高度一贯的,也是完全值得信任的;第二,如果施虐者放弃极端虐待行为,不仅受虐者将享有其此前所没有的安全,而在首先是受虐者福利提升带来整体福利有所提升之际,施虐者或许意识到,藉由拓展新的合作方式,同时提升其自身福利的机会,蕴藏在其行为方式的改变当中。

在对方绝对可信赖之际,施虐者完全可以尝试其他策略。譬如,通过减少虐待程度让受虐者变得更多,当减少程度足够大时,受虐者即无条件利他主义者,此时就变成了无条件的合作者,在众多这类人的协助和参与下,建立广泛而复杂的合作形式的可能性,是持续存在的,而原本的施虐者从减少虐待和高水平合作中,可以得到更大而不是更小的利益,即他们可以从扩大的合作者阵营中抽取一定的比例税,来弥补其减少虐待和酷政的直接损失,即从实质上来看,税基的扩大可以补偿某个方面的税率降低的损失。如果变成了对现实或潜在的不合作者构成威胁的惩罚者,他们就有了合法性，并且开始符合正义。①

但是随着圣徒一方阵营的扩大，对于最纯粹的圣徒行为的模仿程度，也会在个体之间出现更多的不一致现象，即愈发明显的好些差些的程度差别，可能随着信徒数量增多而增加。也就是说，各类合作精神依然存在且普遍受到欢迎，但无条件利他行为的频数下降，愿意受虐的可能性也在下降，所以对正义就会有更多的吁求。无条件利他主义者的世界并不是绝对惨淡的，通常能够激发这类行为方式的力量，就是宗教信仰，即在此，有一些出人意料的情感补偿机制，一些身心调适的技术、一些信仰团契的力量，可以弥补他们在一般意义上的利益损失。而某些积极的、正面的和稳定的情感和心态，则变成了新的利益；信仰愈深，这种利益就愈大。

明末顾炎武讲："合天下之私，以成天下之公"。② 但因为囚徒困境是普遍现象，这种类似于"看不见的手"的从自利理性到社会合意结果的局面，并不一定会出现。面对频繁困扰着合作的囚徒困境，有几种情况，可能在改变人群中的行为取向及在诱发合作的过程中，起到关键作用：（一）演变成无限次囚徒困境而占优策略消失，"一报还一报"这样的权变策略极可能形成人群中新的均衡；

---

① 在我看来，稳定的跟宗教奉献精神相联系的受虐者行为，在古罗马帝国境内的早期基督徒中甚为流行，而且二个世纪以来这种信仰得以广泛传播和终获合法地位的过程，以及在中世纪的漫长历史中，它在日耳曼蛮族等部族中的扩散，的确印证了上述过程。而在公元165年，奥勒留（Marcus Aurelius）在位时的一场横扫整个帝国的大瘟疫中，无私地相互照顾的基督徒的存活率，要比很快遗弃染病者的异教徒要高得多（参见〔美〕斯塔克著，黄剑波译：《基督教的兴起》，上海古籍出版社，2005年，第4章）。这也足以表明：施虐者或惩罚者选择受虐者的宗教即部分地学习其行为方式，对其所处的社会整体是有利的。而如果他的利益和这种整体利益根本上来看是正相关的，如何做就是显然的。

② 顾炎武：《日知录》卷3，陈垣校注：《日知录校注》，安徽大学出版社，2007年，第130页。

(二)利他性惩罚的介入,改善群体内的合作氛围;(三)群体之间的竞争压力,使得内部合作较多的群体更有机会存活下来;(四)引入由第三方机构实施的奖惩而使得益结构发生改变;(五)动机塑造方面的开拓,有利于营造利他主义文化,这又为大型社会中的复杂合作提供了一种可能性。

一般来说,更大的社会规模,总是和更多的结构分化、更多的层次和维度、更大的协作效应相联系,但这些同时意味着更大的协调和组织成本。对于一个存在多层面、多维度上的不同组群的复杂社会来说,对行为特性的选择过程,也在多层面上发生。有利于某一层面的特性,不一定有利于另一层面;其所涵盖的受惠者范围相当广泛的合作、利他行为,总是更容易在较高层面上的组群内整合中发现,但随着层面的提高,强互惠或利他性个体的利益损失难以从群体中得到补偿的风险也在增大。政府性的奖惩、借由文化传播的名誉机制、利他主义情感之内化,以及宗教信徒间的团契,或许可以起到一定的补偿作用。

## 第四节 制度成本与制度绩效的各种概念

如果制度演化的确很大程度上是由解决问题的压力来推动的,这个领域就会有适用成本—效益分析的广阔空间。大多数种类的物质性资源,人们的时间、精力、体力和做其他事情的机会,[①]都是具有一定稀缺性的可以当作成本来看待的事项。原则上,制度的绩效由它实现各类预定目标或者带来一些积极效应的状况来

---

① 孔子曰:"节用而爱人,使民以时。"(《论语·学而》)赋役制度有时会采取劳役形式,这是消耗时间或体力成本的例子,且这种消耗本身是被制度化的。

呈现或度量；制度成本则由制度的实施和运行所需消耗的稀缺资源来度量。①

## 一、产权制度和交易成本

产权本身就是制度，有其自身的成本和效益问题；并且，它的绩效会广泛而深远地影响到其他生产性领域的成本环境。如果要研究历史上的各种现象，而不是仅在成熟的市场经济体系中谈及，就必须在广义上使用"产权"的概念。它泛指个人使用资源的权利，其中"资源"既可以指生产要素，如土地、资本、劳动，也可以是生活资料等。产权一般受到各种成规、惯例、习俗的支持，甚至由正式的法律条例来维护。实施排他性产权意味着禁止其他人使用特定的稀缺资源。然而这就意味着，要耗费一定的成本去度量、描述资产，以及保障某些排他性规定的实施。出现笼统的共同所有状态和自由使用（open access）的情况，有时候是因为实施产权的成本过高。维护排他性产权的成本，往往是"交易成本"（transaction costs）的一部分。② 而一般来说，交易成本就是人们交换其对于经济资产的所有权和确立排他性产权的成本。

---

① 既然组织是由若干或者大量的个体组成，则个体能量的耗散等，是否被用于促进组织的核心目标，此类关注，当然会涉及成本—效益方面的估测和分析。类似的考虑，也涵盖了组织的某些部门或环节，因为这些部门毕竟只能在有限的时间内完成有限的任务。而组织本身的成立和维系，或者组织促进其目标的行动，又总是要依靠某些制度所发挥的作用。所以，跟组织形态及其活动有关的成本、绩效，也就在很大程度上是制度的成本、绩效问题。

② 新制度经济学对此概念的重视，肇端于罗纳德·科斯（Ronald Coase）关于企业和社会成本的论文。不过对它，还没有一致和明确的界定。阿罗（Kenneth Arrow）认为交易成本就是"经济系统的运行成本"（参见〔美〕威廉姆森：《资本主义经济制度》，第 18、31 页），也可认为，它主要就是签订合同之前和之后、围绕签约与执行的各种资源消耗（同上书，第 33、36 页）。但张五常指出，它更应该被称为"制度费用"，主要起因于对使用资源的竞争的约束，用广义上的合同来约束，只是途径之一，只要有竞争，就一定有交易或制度成本（参见《中国的经济制度》，中信出版社，2009 年，第 131 页）。

排他性产权,在无国家社会中可能就有了。例如非洲尼罗河上游的努尔人,他们是游牧部落,以牧牛为主业,兼营低级的园艺农业。牛是排他性的生产和生活资料,归一个大家庭所有,其中包括父亲、儿子和他们的妻子。在努尔人内部,由于缺乏政府机构这样的权威第三方,他们只能依靠自己的力量来捍卫产权。①

在此,产权保护的收益,可以联系到博弈论中的囚徒困境来解释。②而我们知道,在不清楚对方策略的情况下,每一方选择侵犯的方式,既是各自选择了占优策略,也是这个问题的纳什均衡解。因为当对方也选择侵犯策略时,双方针锋相对,虽然都有不菲的损失,但总要好过己方软弱被欺时的收益。而当对方选择不侵犯时,己方的收益很可能高于与之和平共处的策略。质言之,无论对方如何选择,己方的预期收益都可以达到最大化。但就实际情况来说,侵犯过程所引发的冲突的严重程度,可能使得博弈变成了包含两败俱伤结果的斗鸡博弈;更糟糕的是,对方寻求报复的可能性真实存在,而报复成功会让原本得益的一方所付出的代价还要高于它上次侵犯的所得。③考虑到这些,基于自利理性的人们也许会选择非暴力。另外在努尔人中,据说有"豹皮酋长"提供第三方仲裁,他的存在大为降低了敌对双方投入武力报复和防备方面所耗费的成本。④

---

① 〔英〕埃文斯·普里查德著,褚建芳等译:《努尔人》,华夏出版社,2002年,第4章等。
② 另外参见〔冰岛〕思拉恩·埃格特森著,吴经邦译:《经济行为与制度》,商务印书馆,2004年,第251—256页。
③ 参见〔英〕普里查德:《努尔人》,第175—182页。
④ 参见上书,第186—188页、第198—203页。

## 第五章 场域拓展和结构转换的历史性机制

大约 1 万年前开始，人类的整体发展大大加速。那时出现的从原始狩猎—采集技术向定居农业的转变，常被称为"第一次经济革命"，但是关于它的意义，道格拉斯·诺斯却有自己的看法：

> 单就将人类的主要经济活动转变为定居农业而言，第一次经济革命尚不能称为一场革命。其所以为一场革命，根本原因在于它极大地改变了对人的激励，而这又来自产权制度的变革。在资源共有的情况下，缺乏对于开发超常技术和学习的激励，相反，排他性的产权却能够给予所有者提高效率和生产能力的直接激励，或用基本的术语说，它要求更多的知识和新技术。正是这种激励机制的变化，使人类在经历了漫长的、发展缓慢的原始狩猎和采集经济之后，在近来的 10000 年实现了迅速增长。[①]

定居农业，特别是随后跟进的文明社会，为确立和发展排他性产权，创造了无与伦比的条件。起初，国家所采取的形式多种多样且变化不定，或专制，或民主，但每种形式的国家都承担了管理的职责。而且比起私人投资于暴力装备、产权保障、契约履行等，维持合理的财税限度的"国家"的稳定存在，大大降低了包括交易成本在内的各方面的总成本，并显示它在这些领域里所发挥的规模效应。

下面介绍一个简单的模型，来观察生产中不合理地使用公共投入品的经济后果，在此模型中，排他性拥有的投入品也参与其中，就像英国三圃制中的公共牧场和私有牲畜。生产要素为同质的劳动力和固定的公共自然资源 $R^0$，图中 Q 代表总产出的价值，

---

[①] See Douglass C. North, *Structure and Change in Economic History*, New York: W. W. Norton, 1981.

$L_N$是同质劳工总数；VAP 代表劳工产出的平均价值，VMP 则是边际产品价值线。①

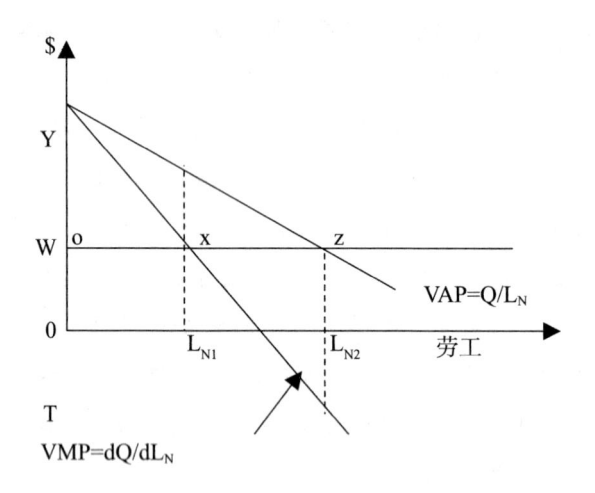

$$\begin{array}{c}\text{图}\end{array}$$

（图：纵轴为 \$，标有 Y、W、O；横轴为劳工，标有 $L_{N1}$、$L_{N2}$；曲线 VAP=Q/$L_N$ 与 VMP=dQ/d$L_N$；点 x、z；T 点在下方）

各种可供选择的外部市场工资率 $W^0$ 决定了劳动力投入公共资源上的机会成本。而图中的模型假设随着越来越多的劳工投入，其所创造的平均价值和边际产品价值均呈下降趋势。假如 $R^0$ 为私有的，那么拥有者除了会按 $W^0$ 来雇佣劳工，而且只雇请 $L_{N1}$ 单位，因为在这个邻界点上，雇佣劳工的边际效应，还没有降低到平均工资率的水平，而且将从 $R^0$ 获取最大收益。② 而当对 $R^0$ 无排他性权利时，每一个劳动力 $L_i$ 只考虑他自己的产出 Q/$L_N$，而不顾及对其他劳动单位施加的成本，此时新的劳工将会不断涌入，直至总数达到 $L_{N2}$ 及 VAP= $W^0$。在这个水平上，劳动生产率的相对下降是不争的事实。

"科斯定理"讲过，在交易成本为零时，不管初始的权利如何配

---

① 按此图主要采录自〔冰岛〕思拉恩·埃格特森：《经济行为与制度》，第 78 页。
② 即使 $R^0$ 是公共财产，只要相关的决策单位只有一个，这样的结果也很可能出现。

置,自由交易都会达到资源的最优化利用。在这样的情况下,企业或产权制度是不重要或不必要的。① 对于科斯定理,人们主要反向地思考,即如果交易成本不为零,在各种参数下,什么样的产权制度才能降低交易成本。

理论上,生产者可在市场上购买他所需要的全部投入要素。譬如关于劳动,可以每天去雇佣最适合的,资本都能定期借到,每批生产资料均能单独购进,所有产品在公开市场上标价与出售。但实际上,频繁地依赖一次性契约来调度生产资源,将消耗极高的交易成本,比如信息成本、谈判成本,以及监督和执行新契约的成本。故而,对于重复性的经济活动,对"企业"就变得有需要了。②

一个企业涉及了生产要素(劳动力、资本等)投入者之间的一系列长期契约关系;③既然要素市场代替了产品市场,而在前者价格信号的作用,远不能与后者相提并论,故而用等级关系代替了市场交换关系。企业是一种稳定的经济组织,建立在较长期的契约基础上。比起生产要素所有者之间因为讨价还价之类而消耗的成本,只要它的行政和监督成本足够低,以及协调生产的规模效应足够高,企业经营就是可以期待的。而企业扩张可能达到的有效结构与规模,取决于其边际收益等于其边际成本的那一点。④

---

① 〔美〕罗纳德·科斯等著,盛洪等译:《论生产的制度结构》,上海三联书店,1994年,第1-54页。

② See R. Coase, "The Nature of the Firm", Readings in Price Theory, Homewood, IL: Irwin, 1952.

③ 在新制度经济学中,企业被定义为契约网络或契约联结点。"在企业内部,由中心代理人来管理安排各种投入品取代了连续不断地对产品定价"(〔冰岛〕思拉恩·埃格特森:《经济行为与制度》,第48页)。即中心代理人与各生产要素所有者,比如劳动力资源之间订立的一系列双边租约在起作用。

④ 〔美〕罗纳德·科斯等著,刘守英等译:《财产权利与制度变迁》,上海三联书店等,1994年,第59-95页。

可以说,"资本主义的各种经济制度的主要目标和作用都在于节省交易成本。"[1] 不光交易本身可被看作契约关系,而且"经济组织的问题其实就是一个为了达到某特定目标而如何签订合同的问题。"[2]从如此广泛意义上来理解的合同或契约,当然也可以是那些基于默契或惯例的准合同,且就交易成本而言,还有合同签订之前与合同签订之后的。但是把合同看成是一种事前就可考虑周全的综合计划,抑或把它当作是可堪信任的承诺,或许都不是对实践中的合同问题的务实看法。因为前一种看法没有考虑人的有限理性特征,后一种则天真地假定人们不会有投机行为。如果面对某种情况,交易双方仅有有限理性,也热衷于投机,但他们涉及交易的资产却非专用,双方便不可能维系长期互惠关系,即"只有分散的、逐个签订的市场合同才真正管用……这种市场也就是可以充分展开竞争的市场"。[3] 在各种经济制度所构成的系列中,一端是古典式的市场合约,另一端则是集权的、等级式的经济组织,还有介于两者之间的各类企业与市场相混合的形式。围绕组织的治理结构的必要性源于三种因素的综合效果:一是有限理性;二是投机行为;三是资产专用性。[4]

---

[1] 〔美〕威廉姆森:《资本主义经济制度》,第29页。
[2] 同上书,第33页。
[3] 同上书,第50页。
[4] 从技术上来说,专项投资固然能节省成本,但由此形成的专用资产经常是无法改变用途的,就会造成投资战略上的潜在风险,这种风险会由于投机或其他参数的不确定性而增大,但在规模很大的市场中,围绕资产专用性的投资是容易收回成本的,要是市场规模较小,情况就难说了,在那里通用型设备及程序往往更适应市场。对于前者,需要长期关系。相比于新古典经济学所指的,互不相识的买者和卖者,一见面就按均衡价格进行交易的市场,"以专用资产投资为依托进行交换{的人}却既不可能互不相识,也不可能一见面就能成交。从这种条件中就推出了治理结构的问题"(〔美〕威廉姆森:《资本主义经济制度》,第83页)。

## 第五章　场域拓展和结构转换的历史性机制

不仅企业依其降低交易成本来凸显其相对的绩效,其他经济制度的成废,往往也适用于交易成本类型的分析。中世纪晚期的三圃制(three-field system)就是例子。此前一段时间,西欧流行二圃制(或译作两田制),即一年中一半种庄稼,一半休耕。三圃制则是把封建采邑下的可耕地分成三类。比较典型的情况是,一块地在春天种燕麦、大麦或者豌豆、青豆一类豆类作物,第二块地耕出来在秋天种麦,第三块地休耕。次年则第一块种过冬作物,第二块休耕,第三块种春季作物。第三年则第一块休耕,第二块种春季作物,第三块种过冬作物。如此每一块都以一定的节奏错开,循环往复地春耕、秋耕、休耕。[①] 三圃制一方面是一种耕作制度,属于物质生活方面的习俗或惯例,并不受到法律或行政命令的强制;另一方面也是产权制度,并附着了农村共同体的很多管理形式。

在西欧中世纪,三圃制流行起来的时候,它的优点表现得很明显:由于耕垦、种植与收割,根据季节和田亩交错分布,全年的劳动分配得均匀、合理;耕地的总产出,据推测增长了50%。两个收获期的存在,降低了由于气候波动而造成饥荒的风险。[②] 该制起源于8世纪末期,最初出现于法兰克的土地上,但它在西欧之普及,花了几个世纪的时间,到了12世纪都还没有在英格兰施行。推广速度如此缓慢,主要是因为:采用三圃制,产权维护上的交易费用更高,这种费用牵涉时间、精力及相应的机会成本,也许在当时,跟很多领域里的交易成本一样,很难用市场价格来估算,但毫无疑问是存在的。

诺斯等人认为,"只是在不断增长的人口导致劳动收益递减的

---

[①] 〔美〕道格拉斯·诺斯等:《西方世界的兴起》,第56页等。
[②] 同上。

时候,三田制才成为一种进步的组织形式"。① 中世纪初期的西欧,无疑是地旷人稀的,譬如据推测,6 世纪的高卢,人口密度约为5.5 人/平方公里,开发的耕地仅占全部土地面积的 3.54%。② 当土地在任何情况下都很丰足时,典型的两圃制足敷应用,而且拜人地比例所赐,倘若技术条件等相差不大,它的人均产量尚且要高于三圃制。③ 然而一些地区的人口增长,加剧了土地的稀缺程度,也使得劳动收益递减,劳动相对土地的价格呈下降趋势,为了获利就必须在单位土地上投入更多的劳动,因而三圃制这种相对集约经营的方式才变得有效益。④

在 18 世纪圈地运动之前,三圃制一直是英国农村的基本土地制度,但在这个制度延续的后期,由于家庭所拥有的土地常被分割为零散的条状,仅就狭义的土地开垦而言,它的效率很低,它的存在主要是为解决风险问题。质言之,"土地分成小块就确保农民不会承担庄稼全面歉收的风险……农民耕种不同类型的土地,并种植不同的作物就可使其资产多样化,如果生产太专业化,只种植一种作物并只使用一种类型的土地,可能会给生产者带来不可补偿的灾难"。⑤

约 16 世纪,佛兰德斯的农民开始采用四圃制,17 和 18 世纪,荷兰人和英国人也先后开始运用更加密集型的农耕方式。四圃制

---

① 〔美〕道格拉斯·诺斯等:《西方世界的兴起》,第 58 页;译文所谓"三田制"就是三圃制。

② 参见王渊明:《历史视野中的人口与现代化》(浙江人民出版社,1995 年,第 94 页)引述法国学者的研究。

③ 诺斯等人称,"那些土地像空气一样丰足、两田制也很有效的地区与其他土地稀缺、存在着劳动收益递减、而三田制又表现出更大效益的土地比较起来,前者的人均产量更高"(《西方世界的兴起》,第 59 页)。

④ 参见〔美〕道格拉斯·诺斯等:《西方世界的兴起》,第 56—59 页。

⑤ 此系麦克罗斯基(McCloskey, Donald N.)的解释,参见〔冰岛〕思拉恩·埃格特森:《经济行为与制度》,第 191 页。

取消了休耕地块,四块土地分别用于种植可喂养牲畜的芜菁和苜蓿、像豆类那样的固氮作物、小麦、大麦等,但对普通农民来说,向这种制度转变成本不菲,包括要投资购入芜菁等新作物,要建造圈养牲口的围栏或马厩,只有在靠近市场、能把多生产的畜肉和谷物卖出好价钱的地方,这样的投资才划算,在佛兰德斯的城市成为越来越富裕的毛纺织中心、又吸纳了很多工业就业人口的时候,其周围的农民才转向四圃的轮作系统。[1]

一些历史上的对比,可帮助我们更清楚地看到产权——特别是知识产权——方面的制度差异所造成的影响。中国古代的科技成就曾经达到令人惊叹的高度,这是古代劳动人民勤劳与智慧的结晶。但是近代科学却不是在中国,而是在此前较长时期内技术水平都比中国低得多的欧洲发展起来。这样的困惑常被冠以"李约瑟难题"的名称。与此相应的是,四大发明等伟大的技术变革,在中国古代后期所产生的效应,似乎趋于停滞。为何火药的发明在中国只是促成了爆竹和烟花之类,可是欧洲人却将这项初始发明,施于更加广泛之用途,如枪炮、采矿、筑路,获得更坚固的建筑材料等,四大发明中的每一项都在欧洲开启了一系列创新的前景,而这些又反过来形成组织和制度创新所倚赖的技术环境。[2] 想要回答李约瑟难题,绝非轻而易举,但有一些思路颇具价值。它们恰

---

[1] 参见〔美〕杰克·戈德斯通著,关永强译:《为什么是欧洲?——世界史视角下的西方崛起》,浙江大学出版社,2010年,第106—107页。

[2] 马克思就说过:"火药、指南针、印刷术——这是预告资产阶级社会到来的三项伟大发明。火药把骑士阶层炸得粉碎,罗盘针打开了世界市场并建立了殖民地,而印刷术则变成新教的工具,总的来说,变成科学复兴的手段,变成对精神发展创造必要前提的最强大的杠杆"(自然科学史研究所译:《机器、自然力和科学的应用》,人民出版社,1978年,第67页)。此外,鲁迅先生也曾感叹过这些发明在中国被"大材小用"了,参见《鲁迅全集》卷5《伪自由书》,人民文学出版社,1981年,第15页。

好都指向制度（包括产权制度）与技术之间的关系，以及历史演替的整体性。质言之，在历史上，科技的进步，曾经不仅是科技本身的问题，而是多方面制度因素综合作用的结果。

横渡大西洋的国际贸易，起初的主要障碍，在于没有能力测定船只的精确位置，即同时确定纬度和经度，测定经度之法，在北半球，只需测定北极星即可，但这样的话，南半球的纬度测定就成了问题。后来葡萄牙王子亨利召集一批数学家发明了测定太阳中天高度的方法，[①]问题始得迎刃而解。但如何测定经度更为棘手，皆因测定经度所需计时器得将横渡大西洋的时程精确表示出来。当时各国皆悬赏征求此种计时器。西班牙国王菲利浦二世最初悬赏1000克朗，荷兰将价值提高至10万费洛林，英国的赏金竟达1万至2万英镑。悬赏持续至18世纪，最后约翰·哈里森得奖。[②] 精确地测定航海位置，可以大大降低航海贸易的成本。但是为了促进发明而进行投资，需要预期回报足够大，且投资者对此回报有足够的信心。更进一步来说，"只有法律明文规定的、对新的设想、发明、创新等知识的专属所有才能提供更为普遍的刺激因素。没有所有权，就不会有人为了社会的利益拿个人的财产去冒险。"[③]

可是在中国古代，一般地来说，缺乏良好的产权保护和对发明的激励的制度——这是一个重大的消极因素。而且传统社会在长期发展的历程中，逐渐地陷入了一种经济结构上的"内卷化"陷阱。[④]

---

[①] 当太阳中天高度与其倾斜平面重合时，便能提供此种高度的必要数据。
[②] 〔美〕道格拉斯·诺斯等，厉以平译：《西方世界的兴起》，华夏出版社，1989年，第3—4页。
[③] 同上书，第4页。
[④] 参见黄宗智：《长江三角洲的小农家庭与社会发展》，中华书局，2000年，第5章等。

## 第五章 场域拓展和结构转换的历史性机制

即产量和交易的扩大,依靠的是不断投入更多的几乎不付报酬的家庭劳动,单位劳动收益极小,甚至还有进一步萎缩的趋势。中国的经济、社会发展,乃至科技创新方面,都为此付出了极大代价:使得投资于节约劳动的机器失去意义,而把人们拴死在低效率的工作上。换言之,由于人口基数始终很大,且走上了劳动密集型的道路,在劳动力资源唾手可得的情况下,基本上缺乏投资于重大技术创新的强劲动力。

形成对照的是,欧洲在工业化之前,劳动价格更高,相对于较低的人口基数,财富则在不断地积累,这种积累并没有受到自然灾害等不利因素的严重影响。① 这就使得人们有足够的资本和动机(为了节约劳动)对技术进行真正的投资。而且,恐怕也不能忽视的一点是:欧洲通过拓殖美洲等地,发了一笔生态横财,超越了马尔萨斯式的增长极限。② 然而推动欧洲拓殖的动力,既源于资本积累的本性,也来自欧洲内部诸国的竞争压力。在促成欧洲奇迹的原因中,或许也包括其在企业和市场制度上所积累的优势。③

近代欧洲不稳定的政治制度、多元政治格局,大大刺激了运用于战争的技术领域的突破,包括对一些由外部引入的发明的持续改进,这些技术上突破的副产品就是对经济的有利影响。然而,一般来说,在缺乏专利保护的情况下——可能是由于从事这种保护

---

① See Eric L. Jones, *The European Change in World History*, New York: Oxford University Press, 1981.

② 参见〔美〕彭慕兰:"工业化前夕的政治经济与生态——欧洲、中国及全球性关联",载于《中国社会历史评论》第4辑,商务印书馆,2002年;以及〔美〕彭慕兰著,史建云译:《大分流——欧洲、中国及现代世界经济的发展》,江苏人民出版社,2003年,导论等。

③ See F. Braudel, *Afterthoughts on Material Civilization and Capitalism*, Baltimore: John Hopkins University Press, 1977.

的技术成本和制度成本过高——"搭便车"(free riding)必然会发生,即任何新的发展都会被人在不付任何报酬的情况下随意使用,这样,个人收益率与社会收益率就无法协调一致。维护个人收益率的方法之一是秘而不宣。"由于秘密只为发明者所利用,因而任何新的发展对社会的益处就不能得到推广,这样,也减弱或推迟了生产能力的提高,而生产能力的提高恰恰形成了经济的增长。"①只有个人收益率和社会收益率保持一致,才能打破技术保密所造成的负面影响。这需要对发明专利和产权的保护;在西方,这个问题也是在近代以来才逐渐得到了解决。

## 二、国家:作为有效率的第三方机构

作为制度体系的"国家",当然也有成本和绩效问题。"国家"一词,既可以指"以国家为基础的社会"(state-based society)的整个形式,②也可指该社会中特定的政府体制形态(甚至可能被用来指代某一特定的政府)。而这两种基本涵义其实都很重要。

在第二种意义上,国家乃是一种超级的保护性组织。就像肖特(Schotter, A.)所认为的,国家可能是在一个沟通式博弈的环境下滋生的,也就是在沟通式博弈里,参与者可以相互交流并达成有约束力的契约——不过实际上这很可能只是被隐性地同意或遵循的。比起每个个体唯藉一己之力来维护其权利而产生种种不便和不利,若有专业的保护性机构,好处数不胜数。譬如生命的安全有了保障,不必整天提心吊胆;个人又可在很大程度上保有弥补其受到不正当攻击的损失的权利;相对于直接投资于防卫的情况,个人可极大地减少他的这方面投入占其总的资源消耗的比例(这与其

---

① 〔美〕道格拉斯·诺斯等:《西方世界的兴起》,第61页。
② 〔英〕吉登斯著,李康等译:《社会的构成》,三联书店,1998年,第364页。

说是绝对成本的降低，不如说与其资源利用效率的大幅提升有关)。在社会分工的大背景下，把保护人们权利的工作(安全保卫、稽查、裁判罪行、强制执行契约等)，交付给提供此类服务的某些保护性机构，将大为提高相关所有人在安全领域上的总的效益、成本比。甚至可能形成一个保护性机构的大联盟，而一旦它试图对较广泛地域内的暴力运用施以垄断，国家的雏形便已呈现。[1]

其实，保护性组织层出不穷的例子，我们可以在古罗马帝国崩溃以后的西欧中世纪历史上清楚地观察到。这是缺乏中央集权体制的必然后果。彼时，各个层级的封建领主(神圣罗马帝国、各国王室、封建贵族等)、城市公社、意大利的商人共和国、汉撒同盟、佛兰德羊毛协会，都曾是这样的保护性组织。[2] 直到后来才出现了英格兰和法国这样的民族主权国家。这就像各类保护性组织彼此竞胜的实验场，最后获胜者是在一定疆域内对暴力加以垄断，并提供了其他各种制度的平台——国家。

在一个大的保护性联盟笼罩下，形成一个关于产权系统的(可能是隐性的)协议，相当于在合作博弈中给予每个参与者一个分配。在形成有关的产权安排机制时，每个参与者都同意不去危害他人的生命和财产安全。不管基本的分配是平均主义的，还是拥有某些不平等的状态，维护一个产权系统的前提是：它应该帕累托优于没有稳定产权机制而陷于极度混乱的形势。这类似于保持不平等博弈。无疑，一个像国家这样的保护性组织具有规模效应，可以大大降低保护事业的成本。

国家的功能与正效应包括：提供包括安全在内的公共物品

---

[1] 〔美〕安德鲁·肖特：《社会制度的经济理论》，第23-26页。
[2] 参见朱寰主编：《世界中古史》，吉林文史出版社，1986年等。

(public goods)和基础设施;维护受法律保护的契约;通过宪法或默认的惯例性程序决定基本的产权系统;通过公共政策的渠道,既提供某些方面的仲裁规则与执行规则,又颁布行为准则,以此降低政治结构中的服从费用。① 国家也在建构总体上有助于降低交易成本和生产、生活成本的制度平台方面,效果极为显著。如果没有国家体制下的公共服务的供应,特别是安全保障和产权维护,那么步履维艰的高交易成本将使复杂的生产系统、社会机制难以建立,或既经建立,复又趋于瘫痪,为此,日常生活的品质也将大受影响。② 就是说,国家所提供的公共服务和公共领域,具有其影响广被的规模效应,它们可以起到全面降低各类交易费用和各类组织活动的制度成本之作用。③

在国家创造的公共领域内,自发的经济组织形式的发展,依据

---

① 参见〔美〕道格拉斯·诺斯著,陈郁译:《经济史中的结构与变迁》,上海三联书店等,2003年,第230页。
② 良好的安全保障所产生的效果,常会延及其他方面。譬如在唐代的南方地区,倘若打击"江贼"的行动成效显著,自然降低了长江上往来的贸易成本。然而乾符年间(874—879),在苏州甫里,原本为了防止鸟鹭吃禾穗的药,这时因盗贼横行,江路阻塞,已无法从产地长沙、豫章之涯贩运而来,严重影响了甫里人家的生产和生活,就是这样的例子(参见〔唐〕陆龟蒙:"禽暴",载于《全唐文》卷801)。
③ 道家的老子和美国哲学家诺齐克(Robert Nozick),都倾向于一种功能极少的国家。据后者,就是在一定范围内,仅限于独占保护性功能并为其内所有人提供保护的。但现实中,各种形式的国家提供的公共服务不尽相同。例如在唐代,从宋代《天圣令》所保留的唐令的内容,及《唐六典》所述各种官职职责,综合来看,当时普遍期待的,国家应提供的公共服务还有:(一)基础设施建设,如兴水利、修城郭、营公署;(二)修治和维护道路、驿站,保障漕运畅通;(三)立常平义仓,预备水旱,及当灾害发生时,调拨资源,赈恤灾民;(四)掌管教化、祭祀、礼仪、医筮等事,建立覆盖全国的太学、州学、县学。

而在近代资本主义的进程中,自由放任是一方面,政府积极介入资本积累则是另一方面。据说,其介入途径有:规定广泛的经济活动参数、维护纪律以增加生产、调整宏观经济环境、直接补助私人企业家、进行战争等(〔美〕艾伦·沃尔夫著,沈汉译:《合法性的限度》,商务印书馆,2005年,第43页等)。

相对价格、技术存量及不同组织形式的执行费用等进行调整,而不必为了产权维系、安全和司法服务等,支付超过税收的额外成本。但国家无法像经济组织那样根据它对市场做出的反应来评价绩效。作为一种第三方监督机构,甚至需要置身事外,避免因不恰当卷入而导致的腐败之侵蚀,以便更好地履行其降低各方交易成本的作用。

如果我们不是跟理想模式,而是跟"假如没有国家将会如何"的情况进行比较,则国家存在的必要性及合法性便凸显出来。① 严重的或者广大范围内的战乱,使得生灵涂炭,井邑凋敝、百业俱废、满目疮痍,后果不难想象。这一切的根源无疑是国家体制的崩溃,之所以崩溃,又是因为它履行责任的情况出现了严重故障,就是说,对于有些平民,为了购买安全、法制或其他公共服务所支付之价格,超出了他们可承受的范围,同时服务的供应却在质和量上都不能令人满意,这时先由一部分人挑起的废除此类服务体制的运动,如能引起广泛的呼应,便极有可能冲垮堤坝。然而很明显,

---

① 这样的情况,我们在唐末乱世中就能看到。乾符三年(876),当起先在华北爆发的以王仙芝、黄巢为首的多股叛乱势力,如风卷残云般横扫全国之际,为了让地方上的安全和乡民得自保,敕诸道观察、刺史皆训练士卒,允许天下乡村置土团(即非正式的团结兵),显示朝廷实已力不从心,认可和开放了某些也可以向进一步的割据方向发展的措施(参见《资治通鉴》卷252该年条)。其实就算没有颁下这样的敕令,民间目相保聚的势头,也应难以阻挡。随着以黄巢为首的农民起义军,将全国各地——包括富庶的江南一带——搅了个天翻地覆,原本朝廷委任的地方首脑,或被俘、被杀,或逃窜弃去,多数地区留下的权力真空,要么被土团、乡兵的组织取代,要么就被黄巢的部将或其他的叛乱势力所窃据。个别也有一些原先就是带兵的强势的刺史、节帅,仍占据一方,而这时都情愿、不情愿地成了事实上的割据者。在黄巢战争的冲击下,唐廷正朔即大一统的中央政权体制,已经名存实亡。割据势力时相攻伐,《通鉴》称:"朝廷不复为之辨曲直。由是互相吞噬,唯力是视,皆无所禀畏矣。"朝廷不足畏,但在秩序、规矩丧失殆尽即体制崩溃之际,相互间的恐惧占据了思维的出发点,推动了彼此争地盘的屠杀行动。

在很多时候,对于大多数人的利益而言,"拥有一个有问题的国家"仍要好过"国家体制崩溃之状况";但如果在旧的体制内不能解决相当一部分人被绝对剥夺的严重问题,就不能遏制引发体制崩溃的政治危机。

在提供和管理公共物品的领域,如果缺乏产权激励和政府规制,极可能得面对"公用地悲剧"和"搭便车"之类困境。公用地悲剧(The Tragedy of the Commons),可以理解为在排他性产权缺失之际,对于竞争性使用的公共物品,追逐个人最大化利益的行为,可能导致公共利益和整体利益的受损。[①] 在面对某种公共利益之际,如果所有个人都克制不去做某些事件,可能共同体中的每个人都能从中受益;但是只要有一个人不顾公共利益去追逐个人所得,就可能破坏其他人坚持不去做的努力,纷纷跃跃欲试,进而破坏公共利益,甚至损害到相关的私利。就是说,在缺乏某个置身事外的第三方机构监督的情况下,要维护这样的公共利益,需要所有局中人的共同努力。很明显,这样的协调成本很高,促成的概率则很低。

一个美好且具有可持续发展潜力的环境,就是一件为人们所向往的公共物品。设想有 4 个人共同生活在某个环境中,他们有一种默契不去污染而共同维护它的概率,须参照分别有 1 人、2 人或 3 人乃至 4 人污染环境的情况来计算,亦即概率是 $1/(1+4+6+4+1)=1/16$,人数如此有限,概率尚且如此之低。在涉及公共物品的领域,一个类似于国家的第三方机构,比起私人间的协调,才经常是解决此类困局的有效率机制。

---

[①] 参见〔美〕考特等著,张军等译:《法和经济学》,上海人民出版社等,1994 年,第 289 页等。

公共物品的性质决定了：对此进行私人投资的个人或集团，如果缺乏相应的补偿即某些"选择性激励"，那么他们在收益上就处于较为不利的位置，因为公共物品是可以共用的，而那些没有为此投资和付出的个人等，却有坐享其成的可能。当然，这也存在于知识和技术的创新领域。只有受到明确保护的，对新的设想、发明、创新等知识的专属所有权，才能提供普遍的刺激因素。如果没有这种所有权，很可能就不会有人为了某项社会利益拿个人财产去冒险。在这方面，纯粹的利他主义表现，并非不可能，但很难期待它成为普遍和持久的现象。

虽说有种种好处，但国家的维系和运转也有很高的成本，这得由财政税收来提供。而国家内部还有某些额外负担，包括监管和偷懒的成本，即所谓官僚政治成本。当监管不力时，贪贿的官吏（在其贪贿时，而不是在其履行大部分合法职责时），就成了依附于国家的寄生虫，造成更大的营养负担。国家之所以能成为社会财富转移分配的中介者和调控者，是为了它是各种重要的公共服务的提供者，官员俸禄——有时还包括皇室开支——是它必须支付的部分，除非这些超出合理的限度，或者整体上服务的提供远不能和人们所支付的费用额度相称。所以国家整体上所发挥的并不都是正效应，当负效应累积到不能为社会所承受的程度，离相应的爆发和颠覆就不远了。

## 二、制度成本和制度绩效的一般涵义

有些组织是经济组织，其绩效自然是指，它在创造经济价值时的绩效，以及如果存在竞争的话，由它这方面的比较优势决定。一般来说，倘若其可度量的收益方面基本相当，则低成本的组织总是趋向于替代高成本组织。但如果一些高成本的组织必须重新调整才可增加净产出，而实际上却没有发生，那么关于其存在的理由，往往就必须到一些隐藏的补偿性利益中去寻找。这有可能是某些相关活动的利益增加；①或干脆是因为损害了某些拥有权势者的既得利益。

并非所有的组织都是经济组织，也不是所有的制度都牵涉到创造出围绕个人需要的经济效益和市场价值的过程。自然而然的，这些组织和制度的绩效，主要取决于它们满足其核心目标的能力。但是考虑到所有活动都要消耗时间、体力或脑力、机会成本与各种物质性或社会性资源，则制度成本之类的分析，在某种程度上仍然适用。一些发生的过程是制度的函数。而制度绩效取决于这些过程满足相应目标的程度。无论如何，交易成本分析或更一般的制度经济学框架，②开启了关于规范创生和演化的研究的重要维度。

"制度成本"应理解为：维系一项制度（规范）的特定运作状况所涉及的各方面成本。这里的成本估量，并不一定包括创造该项制度的成本，后者在一段时间内有可能要高得多。如果规范和制度可以被视为围绕需要和价值的问题解决机制，那么规范和制度的实际运作就必然符合广义上的生产性过程的一般规律，即它得符合一定的经济规律——尽管很可能，这种符合不是决定其制度样态的唯一因素，甚至也不是其决定性因素。

但是对"制度成本"、"制度绩效"这两个概念的理解，实际上涉

---

① 〔冰岛〕思拉恩·埃格特森：《经济行为与制度》，第188-189页。
② 关于制度经济学，另可参见〔美〕科斯、诺斯、威廉姆森等著，刘刚译：《制度、契约与组织》，经济科学出版社，2003年，第1-42页；〔美〕R.科斯、A.阿尔钦、D.诺斯等著，刘守英等译：《财产权利与制度变迁——产权学派与新制度经济学派译文集》，上海三联书店，1994年，第3-112页；〔美〕丹尼尔·W.布罗姆利著，陈郁译：《经济利益与经济制度——公共政策的理论基础》，上海三联书店等，1996年，第14-95页等。

及和一般的生产性过程中的类似成本/收益略有不同的两个关键性区别:第一,在某些过程中,围绕制度运作或者规范发挥效力所消耗的资源,也许只涉及跟有效劳动有关的一些因素,例如时间、精力、体力、某方面的有效劳动或者机会成本等,并这些因素的作用,很多时候是为了运用或维护某些符号资源,即,有关的生产性过程的特点,类似人们通常所谈论的一些服务业的情况;而其实一个完整的"经济"概念,是完全可以把安全、司法工作等纳入到可反哺于物质生产、交易等环节的广义的服务业概念中的。

第二,对制度成本的合理限度的度量,要跟对于制度实现其核心目标的状况即制度绩效的度量联系在一起,但制度绩效的难以度量,很大程度上是因为,它多半是某方面的公共利益。通过收取保护费来给安全服务等定价,如果不是误解了市场,那就是一种黑社会式的扯淡。现实中,人们之所以自然而然地、强烈地不倾向于采取类似的方式,来对待可反哺于一般经济活动的制度供应这门广义的服务产业,主要是因为在规范和制度发生实效所涉及的直接受益人以外,制度还会产生一系列积极的外部性(这与规范的效力有关),这些只能用不可分割、难以度量的公共利益来看待,因而主要围绕可度量的个人利益而形成的市场机制,在这里就不起作用了。

单纯就某项制度本身来看,很难说它有固定的绩效,如果制度的设计牛头不对马嘴,把问题的领域和性质完全搞错了,或者移植过来的制度,在此水土不服,那么理论上很好、看起来很好或者在其他地方被用得风生水起的制度,也可能带来一场火难。所以制度绩效,可理解为状态、结构的函数。状态指制度所调节的领域,包括个人、集群和物品的特性。[①] 有待考虑的与个人有关的特性,

---

① 参见〔美〕斯密德:《财产、权力和公共选择》,第 55－57、276－287 页。

则有其需求、偏好、情感、价值观,个人的知识、信息,要之是围绕着预期和意愿的。集群特性则包括参与行动和决策的人数,以及个人特性的分布频数等。而物品特性才是关键,因为这种特性对于人与人之间的效用的相互影响具有决定性作用,也常常映现着集群层面上的需求类型等。

若与状态变量相比,结构变量尤其是一个人类选择的问题,其核心涉及权利形态以及哪一方拥有权利。权利蕴含于所呈现的制度当中,而一项制度通常包括:边界——适用此项制度的个人所应具备的条件;内容——相互作用中所允许的行为方式;权力的分配;决策程序;信息流通规则;制裁和偿付规则等。至于绩效衡量,则又返还到了对于集群和个人特性——特别是个人或集体意愿——的直接回应当中。固然总收入的比较或收入分配状况,是一种较为直观的度量标准,但作为状态变量的一些诉求的满足程度也要考虑。特别是,绩效评价经常因人而异,这多半又紧密伴随着权利配置的差异性。

围绕某种有效用物品的具体时空状态,一种极其常见的情况就是,一个人的当前使用就排除了其他人的当前使用,甚至是一个人使用一定数量排除了其他人使用这个物品的同样数量的可能性。所以在人和人之间,竞争性物品的所有权分配,实乃零和博弈问题。可是对这类物品比较有效的私人产权配置,对于排他使用成本较高,即一般的可相容地使用的物品来说,未必是好的选择。

很多物品的供应表现出规模经济特征,也就是说,随其产量增加,每个单位的平均成本会下降。原因可能和生产过程所用的自然资源的属性有关,但也可能来自通过操作而不断学习的动态过程,即经验累积造成效率的不断提高,或者固定资产的前期投资生效以后,新的投入减少,该项资产的可用性却在持续。而对消费者来说，购买成本即价格，是一个他人分享多少相同需求的状况的函数。这方面的成本递减，只要它造成有关的边际曲线高于生产过程中的边际成本曲线，就会促成其规模经济。而某方面规模经济的实现，经常是经济发展的一个关键因素。但对于有可能衍生出来的垄断问题，或者对于超常规模问题，[①]往往不得不考虑政府管制的措施。

物品或资源乃非耗竭的，与其排他成本高，当然涉及不同的概念，"耗竭"是指基于某些自然或物理特性而呈现出的效用类型，它会衍生出围绕物品的数量竞争或质量竞争，且可能呈现时间上的动态特征（例如一段时期可耗竭的，未必是长期内可耗竭的），"排他成本"却是通过经济核算所呈现的特征，又可在很大程度上理解为占先使用的排他成本。使用状态很难排他的，可算是共享性物品，而如果对于非耗竭的物品不人为设置排他性障碍，那它也可以成为这类物品，但是针对其经济核算特性或使用状态而言的共享性，不同于人们对它的产权的理解，而我们提到"公共物品"，或指前两类，或指后一类。很可能，区域性集体产权或公共产权设置，对于非排他性物品更容易提高其绩效——当然这需要其他的制度因素的配合。

对于非耗竭的共享性物品，其增量使用者所带来的边际成本，在一定范围内为零，这是边际成本递减的规模经济的极端情况，当然这里的成本函数是针对使用者数量，而非针对产出规模而言的。比如，要是把国防当作一种公共物品来看的话，任何提高其总的产出水平的努力或许都是边际成本递增的（虽然单纯增加某种导弹数量在工厂内是有其规模经济的），但对于增加使用者来说，情形

---

[①] 若存在规模经济，如果某个工厂的单位产出已接近最低成本的产量，等于整个行业的产量规模，该厂就被认为具有超常规模经济。

却是相反。对于三类非排他性性物品——非耗竭、易排他但不设置排他性界限的,可耗竭、难排他的,以及非耗竭又难排他的——对很多人来说,都有一个主观愿望是否要规避、即是否要把自己排除在使用者或受其影响的范围之外的问题,于是就有这方面的规避成本。使用状态上易排他的物品,自我规避的成本通常也不会高。但对于排他成本较高的,规避成本仍有高低之别。譬如受到污染的空气,又如即便你对国防开支过高抱怨不已,但你跟其他公民一样,在拥有对这一公共物品的同等权利的前提下,又有相近的服从有关公共选择的责任;可是对于广播电视信号、道路、博物馆等,你可以很轻松地选择规避。①

在所涉事物的外延上与公共性有很大程度重叠的现象,就是外部性,这是指不同的经济过程在市场价格体系以外的直接联系,即便这种联系会影响到双方的利润或效用,但某种经济过程无法把另一过程给它带来的成本或效益在其自身的核算方式中反映出来。② 若要将外部性内部化,一个自然而然会被想到的方法是,组建一个更大的经济核算单位,但这增加了市场上的垄断势力,也得考虑由此所造成福利损失。③ 何况交易成本高昂可能妨碍这类组建,正如它有可能妨碍各方通过谈判来解决外部性问题。——无论如何,非相容性物品、公共物品、外部性等,都是制度选择过程中势必影响到绩效的状态因素。

如果公共性制度或社会事业性活动的总体上的成本和效益,是可度量的或至少是可比较的(特别在制度绩效方面),那么现实

---

① 〔美〕斯密德:《财产、权力和公共选择》,第 111—115、119 页。
② 参见〔美〕约瑟夫·斯蒂格利茨:《公共部门经济学》,第 182—183 页等。
③ 参见〔比〕吉恩·希瑞克斯、〔英〕加雷恩·迈尔斯:《中级公共经济学》,第 141 页。

中选择低成本、高收益的制度，就应该是一种自然的倾向。但实际上，跟威慑力、态势、惯性、集体意向性，以及搭便车倾向有关的，公共服务的效用之不可分割，决定了很多时候并不存在这个领域里或这个维度上的度量标准。

但我们仍然可以谈论，某一制度体系的最大有效结构和规模，它取决于规模扩张的边际收益等于边际成本的那一点。即我们谈论的是，提供以安全和司法保障为核心的各方面公共服务的制度体系之运作，包括供养直接参与制度供应的劳动者在内，这样的运作无疑是要消耗资源即产生成本的。纯粹理论上或可构想的是，仅由社会上一部分人来从事的个人物品（含服务）的生产活动的汇总，已经达到这样的程度：按照个人利益的总和来度量的物质性总财富，可以覆盖所有人口的个人利益上的总需求，因而由另一部分人中的部分或全部，来从事包括制度建设在内的公共服务的供应的活动，将是可能的。而因为这种活动也可以让普通意义上的、即主要围绕个人利益的经济活动大大受益，所以它也是有必要的。实际上，有时候劳动生产率之所以大幅度提高，不仅是跟研发、工艺、金融等有关的经济生产性高端服务业的增长有关，而且也是因为公共性制度供应的增长。

对于某一经济组织，通常也有交易成本或内部的公共利益之问题，但这部分成本、绩效的度量或估测问题的很大部分，很可能已经在市场机制内——即首先在所谓要素市场上，进而是在该组织面对竞争性市场的总的产出方面——被消化掉了。但是对于那些以促进公共物品、公共服务和公共利益为主的制度的绩效或收益的度量，始终是一个大的疑问。如果作为基本的风向标或指示器，物质性总财富与公共利益的增进之间存在某种基本的正相关性，因此有一种天然的指示作用（即使我们不清楚它们之间的函数关系的实质），那我们就可以说，一般地脱离物质性生产的制度体系的运作规模之最大有效界限，取决于一段时间内的、用物质性总财富来度量相关收益的边际收益和边际成本的状况，即这样的边际收益等于边际成本的那一点。而实际上，随着公共部门或社会事业性活动的过分扩张，到了一定程度，甚至可能让物质性总财富缩水。反正，随着时间推移，一项制度体系的与规模大小有关的边际成本，倘若变得远大于边际收益，则它的规模就会收缩。但有可能存在这样的难题：维持一定规模水平对体系的存在是绝对必要的，所以规模收缩常常得有一定的限度。

对于某些探讨，要精确地度量成本相当困难，也无必要，但是通过一定方式的比较，还是可以看到某些制度在节省成本上的优势。可是度量收益大小更为困难。原则上，一项制度的收益可理解为对于一些基本价值、核心价值或特化价值的满足程度。即制度收益的概念，在相当程度上是现实的需要和价值观的函数，而不是简单地按照某种量化标准加以度量的问题。环境质量、安全、司法公正、和睦、和谐等，这些由特定规范和制度所导向和维系的利益，难道可用一套标准来衡量吗？标准或许有，但完全度量很困难——这和探讨经济组织的绩效非常不同。在实际历史中，各个部族、组织、共同体或国家之间的全方位竞争（多集中展现在军事、政治领域），会造成效益比较问题的尖锐化。而某种竞争优势，可被视为制度的总体输出之结果，经常也构成一种自然意义上的对制度绩效的相对度量。

"制度成本"这个总概念，可分解为很多方面：①交易成本，包

---

① 以下所涉及的各种"成本"概念，基本名词都在柯武刚等所著《制度经济学》（第156页等）中出现，但我对它们的解释，有些地方非常不一样；且该书主要还是从拥有和运用产权的角度立论。

## 第五章　场域拓展和结构转换的历史性机制

括确立排他性产权的成本,主要存在于交易域。另外,至少还有三四种成本存在于广义的组织域中:[①](一)协调成本,就是为了更好地通过交往、交流而促成彼此间统一行动或分工协作所消耗的资源。(二)组织成本,包括运营上的可变成本,即根据合作者的契约义务监督其工作表现的成本,指出缺陷和调节组织内部冲突的成本,以及必要时强制执行协定的成本。也包括:在该制度框架内计划和变革某些内容的成本,即为此而付出的在信息搜寻、思考和设计方面的沉淀成本。[②](三)服从成本,制度适用之对象在服从该项制度的要求时,所须承受的资源消耗;以及由于服从该项制度而丧失的其他方面的机会成本。[③](四)代理成本,涉及执行制度的代理人,为了使代理人能较好地履行职责,必须供养他,为此而耗费的资源。[④]这种成本也很明显地出现在政府的组织当中。如果这方面的代理成本较高,就需要通过增大税基或提高税率来满足它。在其他组织中也一般地存在代理成本。

公共资源域、政治域、组织域、交易域之间的联通与缠绕决定了:如果不同域的规范相互冲突,制度成本就会大大增加;反之,如果能很好地解决域之间的协同问题,成本就会显著降低。因为其他域的资源消耗往往构成交易域的直接活动的前提,所以这些消耗又都可以被视为"交易成本"。类似的,也可以把围绕其他目标领域内的活动的某些作为其前提条件的消耗和该项活动本身的消

---

[①]　或谓"组织成本"是指计划、建立和运作一个组织的资源成本(参见〔德〕柯武刚等:《制度经济学》,第329页),与本章的考虑基点不同。

[②]　按,信息成本一旦发生,就是沉淀成本,亦即信息的价值不可能在获得它之前就得到评估(参见上书,第238页),甚至较彻底的评估要延续到依此设计的制度实施之后。

[③]　参见上书,第378—340页。

[④]　参见上书,第374页。

耗一起,称为"协调成本"、"组织成本"等。

　　始终不能低估技术环境对制度成本的影响。① 军事、交通、通信与符号交流等方面的技术进步,很可能成为降低制度成本的有力杠杆。即,某项技术革新的广泛运用所产生的规模效应,构成了制度变化的另一种环境。它很大程度上决定了是否能够提供足够多的能量来对维系制度的复杂机构进行投资。不妨设想一下造纸、印刷术、指南针、火药、蒸汽机这些发明对于人类制度史面貌的改变,有着怎样巨大的影响吧。这些改变人类命运的伟大发明,只有蒸汽机不是中国人首创。四大发明并没有将中国引向现代化的道路,但它们在传统社会中发挥的作用,我们能够小视吗？例如,比起龟甲、竹简、羊皮、莎草纸,真正的纸张,在制造成本大为降低的同时,可以更方便地记载和携带大量的有用信息;② 没有造纸术,像唐代前期那样,在全国范围内实施严密的户籍登记制度,③ 就会成本无限增加,进而变得不可行了。它也是高度依赖于文字记录的、秦汉以来的文官科层制的技术基础。活字印刷术的发明,带动了宋代以来官私藏书的极大丰富,而这些又推动了知识的普及、科举文化的演变,进而是社会阶层流动更趋频繁。至于指南针、火药、蒸汽机对于近代世界的形成之影响,经典作家早就有所论列了。

　　语言、度量衡标准、传播媒介方面的改进,可以使得信号传递更准确、更快捷,④ 从而大大降低了人类社会的协调成本,这些方

---

① 参见〔德〕柯武刚等:《制度经济学》,第296-298页。
② 成语"学富五车",是以简片计的,若是换成纸质的书籍,信息量就会数百、数千倍地增加。
③ 参见〔日〕池田温著,龚书铎译:《中国古代籍帐研究》,中华书局,1984年,第165-305页等。
④ 参见〔德〕柯武刚等:《制度经济学》,第152-156页。

面的成本高低对于人类的组织形态和规范运作而言,绝非无关紧要。毫无疑问,清晰、简单和统一的制度,可以大大削减协调成本。① 恰当的度量衡手段或在广泛地域范围内的度量衡的统一,例如秦始皇的"车同轨"、"书同文"之类举措,②就为提高帝国的行政效率,铺平了道路。③ 以及通信技术上的改进,也会直接对协调成本产生影响。

某些协调形式——例如某些社会化的礼仪、惯例、伦理、互动角色的期待——实际上是塑造某些功能较复杂的共同体的重要黏合剂。所有这一类社会化规范,都要付出个体层面的习得成本,以及集体维护的成本。然而,一般来说,在满足一定水平上的协调需要之后,围绕实际上被选择的那一协调形式,即使在细节上仍然充斥着种种可能的替代性方案,总体上就不再需要进一步支付高昂的信息搜寻成本,即这方面的成本跟创造新的制度形态所需要的信息成本不可同日而语。而对于个体的习得来说,同样有边际成本递减的现象,即习得的结果一旦内化,进一步维系它的能量就处在一种固定的低水平上。在很多制度起效的领域里面,就像物质生产部门的规模经济那样,存在"一般性的收益递增"效应,这是泛指:对于某些协调行动,在一定数量阈限内,随着参与者数量的增加,该行动的边际收益并参与者的平均收益都会有所增加。进而,围绕着协调性规范,固有的规模效应和习得方面的边际成本递减的规律,也是造成路径依赖现象的原因之一。

---

① 参见〔德〕柯武刚等:《制度经济学》,第154页。
② 《史记·秦始皇本纪》。
③ 而在历史上,极端相反的情况,即由于度量衡的混乱而导致社会动乱的,也是不乏其例。参见傅衣凌:《明清农村社会经济》,中华书局,2007年,第88-90页。

伦理规范或合作性规范要求个体付出一定的服从成本，但人性自私的弱点，有时会令其不愿为此付出，竟至铤而走险。这时第三方强制实施的机构，在降低有关的总的成本和收获更大规模的利益方面便是值得期待的（即使它不是唯一的协调问题的解决方式，其他基本方式还有社群互动）。此类第三方机构很可能就是国家。法律或者其他一些法律型规范，有时候就是由第三方机构创造和维系的伦理的替代品，此外，它们也针对其他的协调工作，或者它们本身的维系所依赖的基础。而第三方机构的具体形态之选择，以及在其制度框架内，许多组织和制度的演化，同样可以较大程度地适用成本—效益的分析。

创造和维护高质量的公共服务，是某一国家体制运转良好的功能。但要做到这一点，不只是必须克服官僚体制内部运作的障碍，还得靠一定的经济基础，以及知识、技术方面的支持。因为需要对提供此类服务的政治域进行各种渠道上的投资，即需要物质基础、社会动员、时间、精力和货币资本上的投入，而当所牵涉的技术不成熟时，有可能成本高昂、入不敷出，造成制度运作难以为继——哪怕这制度看起来很合理。除了政府所提供的公共服务，有些服务系由组织域或交易域供应，或者就是这些域上的活动所发挥之效力本身。应该看到，经济基础、知识技术，跟社会结构之间为一种共生的关系，甚至存在某些方向、某些链条环节上的功能耦合现象。一种基于整体性思维的观察问题的方式，排除了单一主导的决定论模式，而把一个完整的带有多重功能耦合路径的共同体，看作是为了解决一系列问题——但各个问题之间是期待着有解决次序的先后的——而不断创设和演化的整体机制。当然，旨在解决问题不代表所有重要的问题实际上都获得了妥善的解决。

某些业已存在的伦理规范、社区规则、稳定的角色互动、组织良好的政府机构,均有可能提供制度演化的平台。如果上述因素有现成的状况可资利用,足以降低制度演化及变革过程中的成本,那么这样的状况便极有可能在演化中得以延续。这也是规范演化经常呈现出路径依赖特征的重要原因。而某些社会变革所需的大规模动员,则部分取决于人们对于相关规范和制度(它们是潜在的目标或者价值的载体)的认识和认可情况。

从制度绩效方面选择制度,未必是依据其促进总的效益正增长的可能性而做出的,在某些情况下稳定地维系某种极端重要价值,如为此采取风险规避策略,也是重要的选择。选择具有社会保障功能的制度,这在历史上屡见不鲜。例如波斯纳(Posner, R.)就认为,原始社会的交换的基础不是生产的专业化分工,其实它的主要功能是提供社会所必需的防止挨饿的保险。在这样的社会中,极度落后的度量与通信技术、缺乏文字记录等因素,都限制了制度的可选择性。其带有原始契约性质的社会规范,主要限于外婚制家庭、亲属或部族成员之间的交换、赠送礼品等。在这样的社会里,每年的产出刚够维持生存,然而自然条件的波动可能带来各家或各个群体每年所生产食品的波动。原始的技术不能贮存丰年略有盈余的产品以供给荒年,也不能用征税和发救济金来调节。但是剩余产品的分享、礼物的赠送、互惠的交易、给予赠予者社会声望等(以上都是莫斯所说的"契约性赠礼制度"中的要素),乃至婚姻和亲戚的义务、确认氏族团体的习俗,根本上都涉及共享和交换之类原始的保险功能。[①] 即近于我们常说的守望相助的意思。

---

① 参见〔冰岛〕思拉恩·埃格特森:《经济行为与制度》,第265页。

## 第五节　有机生成、有意设计与交往理性

就一项规范或某种制度的起源而言,可以观察到两种基本的产生方式:"有机生成"和"有意设计"。其主要差别在于:在前者,至少在创始阶段,有机生成的规则并不是集体意向性的对象,只是在某些个人或群体之间,在他们的源自其他意愿或受其他利益驱使的相互作用中,通过众人的自愿参与和对全局无法掌控的彼此的协调而产生的;在后者,规则诞生这一事件恰是某个人或某一集体的意愿,为此很可能精心做了一些筹划、设计和组织的工作。并且,基于前者的规则的生成历程常为渐进的,基于后者的颁布与实施则大多是骤然而至的。

正如工具理性并非可理解的理性概念之全部,对于规范演化之进程,全以自发生成的眼光来看待,并忽略好的有意设计会在这一进程中所起到的一些协助、补充、修正或调节作用,也是不全面和不可靠的。譬如,一个好的有意设计,就有可能避开搭便车或囚徒困境之类陷阱,而这些是在大多数自发情境中较难解决之问题。好的有意设计,通常必须透过"交往理性"的作用,来解决利益分配或促进公共利益的问题。这才是要害和难点。

### 一、有机生成还是有意设计

在既有技术约束下,适应某些自然规律,或者在重复率较高的策略性互动的情境中,采取最优反应或占优策略的一般倾向,或者契合演化博弈的一般趋势,由于这些而体现出来的行为的规律性,以及各类规范各自的真实作用及其叠合效应,都使得人们对于他人的行动可以形成许多合理的、有效的预期(即使这不是关于他人

行动的所有方面,甚至可能不是行动者所关切的最重要方面)。如果这些可预期的行为又体现了一定的合作性质,那么这些有规律或有序的行为方式的整体,就应该被视为契合了"社会秩序"的内涵。

社会活动的有序性展现于如下的事实之中,即个人能够执行一项一以贯之的行动计划,然而,这种行动计划之所以能够得到执行,其原因是他几乎在执行此一计划的每一个阶段上,都能够预期其他的社会成员作出一定的贡献……。因此,所谓社会的秩序,在本质上便意味着个人的行动是由成功的预见所指导的,这亦即是说人们不仅可以有效地使用他们的知识,而且还能够极有信心地预见到他们能从其他人那里所获得的合作。①

注意到规范体系的特征,可帮助人们形成多方面的、有时候相当稳定的预期的能力,即便这不是促成社会活动呈现出整体的有序性的唯一因素,至少也是不可忽略的重要力量。而且,社会秩序本质上是一种自发自生的秩序,即某种没有全能的创造者和设计者,没有人可以掌控其进程和结果的整体秩序。有不止一个,甚至是无数个体或组织,参与了某种相互作用的过程;可是,任何人都不会拥有关于整个过程如何发展或者什么是对于全体而言的最佳结果的完全知识,个人活动不乏机敏的一面,但个人的见识大体不过是管窥蠡测或雾里看花,局部之间的相互作用发挥出自动调整的整体效果,这是整体性的体现。仅拥有对有关的复杂过程的不完全信息,恰是我们所理解的"有限理性"的特征之一。因此,基本上可以把自生自发的秩序视为:从不同个体的有限理

---

① 〔英〕哈耶克:《自由秩序原理》上卷,第199-200页。

性的相互作用中产生的整体秩序。即它是"有机生成"而非"有意设计"的。①

纯粹基于有机生成的规范,或可称为内在制度。它也许有四种外延性的基本类型:习惯(conventions)即被人们近乎自动遵循的、有其便利性和内在动力机制的规则;内化规则(internalised rules)即通过教育和经验所习得者;习俗和礼貌(customs and good manners)即多由舆论的压力所调节者;正式化的内在规则(formalized internal rules),这是指它虽是源于有机生成的,却在规则形成后被正式化。②

早期的制度经济学家,倾向于认为制度是集体行动控制个体行动的有意识设计之结果。③ 但是有着著名的"看不见的手"的隐喻之亚当·斯密,却有不同的想法,其思路在哈耶克等人的著作中得到了回应。④ 其实在制度演化理论中,"有机生成"和"有意设计"这两种根本分歧的思路,可谓素来有之。但两者之间,也许"有机生成"才是规范形成机制的基础性和主导性方面。

其实,倘若我们相信制度设计万能,抑或人类拥有完全理性,就无法真正理解一些自发形成和有机生成的制度的秘密。另一方面,有意设计的制度,例如成文法,假如不是对某些早已流行的惯

---

① 例如,参照梯利(C. Tilly)的研究,迈克尔·曼指出,近代欧洲"国家的成长与其说是有意识扩张权力的结果,不如说是为了避免财政崩溃而竭力寻求权宜之计的结果"(《社会权力的来源(第一卷)》,第534页)。
② 〔德〕柯武刚等:《制度经济学》,第123—126页。
③ 参见〔美〕康芒斯著,于树生译:《制度经济学》,商务印书馆,1962年,导论。哈耶克斥之为"建构论的唯理主义"的思路,便是强调"有意设计"的,参见〔英〕哈耶克:《法律、立法与自由(第一卷)》,第52—78页。
④ 参见〔英〕哈耶克:《自由秩序原理》上卷,第1、2章;〔美〕安德鲁·肖特:《社会制度的经济理论》,第41—75页等;〔德〕柯武刚等:《制度经济学》,第5章第2节"内在制度"。

例之提炼和精确表述,或者它不能使那些愿意遵循它的人以某种方式受益,从而缺乏激励去违反它,它就比较难被有效施行和贯彻。换言之,规范和制度的自发生成,或者诱发和管理这类自发的过程,仍然是规范演进的基础和主流;制度设计,也得充分考虑人与人之间的利害关系,及其内生机制。当然,应该更辩证地看待这两种生成机制。强调规范和制度演化的基础是有机生成的和自发的过程,并非要完全排除行为者意图的嵌入或意识主体的特征,甚至也不是排斥有限理性的筹划作用,只是排除了理性主体了解一切信息和掌控全局之全能;并且,好的有意设计也须融入与契应有机生成的过程。

设想有机生成的过程,在各个局部也必定是无意识的、惯例化之进程,恐怕并不是对其整体过程的正确理解。在那些置身于局部的相互作用中的个人那里,可以观察到一些明显的意图,即使这意图并不是要创造某项规则。事实上,也很难排除这样的情况:某一规范的"有机生成",很可能是许多"有意设计"的方案之间自然而然的竞争过程,或者包含着此类竞争所带来的优化选择,但是没有一位设计者可以自诩为天生和注定的优胜者,每个人都得经受实践效果的检验。① 在有意设计或许已经深度参与其中并有着实际效果的制度中,理性主体所起的主要作用是:(一)理解那些很可能已经在起作用的过程或机制,并从相应的机制中抽绎出若干规则,予以正式化;(二)制订一些合理的规则,以便诱发或适当推进那些在既有秩序中具有恰当基础的过程。

不管是直接奠基于"有机生成"还是"有意设计",在其稳定发挥作用之后,有关的规范便渗透着某种集体意向性的机制。如果

---

① 先秦诸子百家争鸣的历史,就是一个好的例子。

某一规范或规范体系蕴含着制度性事实,那么这类事实也必定是以某种集体意向性为先决条件的。正式化的内在规则,就是这样;即,对于这些规则的运用,往往就是运用某些作为条件的制度性事实或促成某些制度性事实的过程,既然从起源来看,它们属于内在制度,那么在稳定的阶段上作为目标或目标的一部分而呈现的制度性事实,在整个演化过程中,恰恰就不是有意介入的行动的正面目标,当然这也适用于镶嵌着各类制度性事实的整个规则本身。

从英国普通法的发展史当中,我们不难发现,即使像法律这样包含大量制度性事实的正式规则,也有可能是在人类的试验、纠错和调整的过程中有机生成的。[①] 故其生命力之强,并非没道理。但是规则的诞生演化,与规则稳定下来以后的情况,有着明显不同:在后一阶段,集体意向性又是法律这样的规范形态的内在环节,即使融入这一集体意向性宏大故事中的不少个人,并不需要每时每刻都对此类意向有明晰的意识,甚至有时候没有一个人,对此法律体系之整体有着全面明晰之意识,也不损害此类意向性的效力,即不是形成其效力的必要条件,关键是个人意向性对此集体意向性的分享,形成一种甚至是本质性的彼此牵制与联锁的关系,一种难以割裂的整体性。

当然存在另一类情况:由于一系列规则的组合具有参与者的内在观点所不了解的整体功能,因而,即使外部的观察认为,这些规则有充分的理由被视为某一总体制度的各个组成部分,但是未

---

① 据说,"建立制度,通过公众的广泛参与、促进法律传统的发展壮大,这在世界范围内有两个主要的典范:一个是罗马法,另一个就是普通法"([加]帕特里克·格伦著,李立红等译:《世界法律传统》,北京大学出版社,2009年,第145页)。

必存在对此总体制度的集体意向性（当然局部环节上的集体意向性通常是存在的）。[①]而这类总体制度的诞生和演化，更不可能是有意设计的。

人类的师心自用、意必固我、穿凿附会、管窥蠡测，自来都为祸匪浅，其例可谓史不绝书，唯后人对这样的史例常常并不理解个中三昧，即不曾悟到祸害是由于人类的刻意、强制、骄傲和虚妄所致。所以根本上，人类应该做的是让自己的有意设计融入"顺乎自然"的过程。并且明白这种设计通常只是整体机制的局部环节、动态过程的静态阶段或者进一步演化的尝试性环节，等等；以及在某些有效规则的轮廓逐步明朗之后，需要的话，给予正式化的定形。

规范的有机生成之过程包含着它自己的历史维度，即它必然使自己置身于一个很难厘清其全部涵义、全部先见的传统当中，并且，通过围绕规范的实践，它又在不断地创造和衍生出一些传统。

**二、交往理性的意义**

理性不是单一和纯粹的概念。在博弈论或制度经济学式的研究视野中，所运用的基本上是"工具理性"或"经济理性"概念。譬如博弈论探讨的是：基于人际相互作用的各类情境，当各人发挥其工具理性的效能，而在努力使其自利的动机最大化之际，所发生的情形和导致的结果。可是，也有注重偏好一致性、并为之提供理由的"价值理性"，以及这里主要讨论的"交往理性"。

通常，好的有意设计是契合历史传统和现实情况的产物。它可能充分参考或考虑了：过去的、成功的有机生成之过程；所有作为这一系列过程的结果而延续至今的规范和制度，它们构成了传

---

[①] 北美印第安夸丘特尔人（Kwakiutl）的冬季赠礼节，或者西太平洋群岛土著的"库拉"，都是这样的例子。

统的一部分和进一步演化的环境;制度环境以外的其他各种环境,它们是其自身历史和整体历史发展到当前阶段上的结果;当被设计的规范和制度融入其必将融入的情境之中时,将有极大概率发生的状况。

既然这样的考虑之全部或部分将在好的设计中出现,则对一项好的设计来说,对于自己所处的传统和实情的恰当之自我理解,有时候是不可或缺的。但在很多情况下,好的设计要想变成好的实际上的规范,设计者一方还得有足够的诚意和技巧来说服其他的利益攸关方,所以得有好的沟通和说服策略之配合。在沟通过程中,理性究竟起了什么作用?或者应该是怎样的理性在起作用呢?也许在这一过程中起作用的,可以被称为"交往理性"。这在作为法兰克福学派第二代的哈贝马斯那里,得到了充分的论述。① ——而正如有机生成的整个过程可能融入了某些有意设计的局部作用、有限影响,恐怕也不能否认交往理性对于有机生成的作用。

依照哈贝马斯的普遍语用学的观点,任何处于交往活动中的人,在施行言语活动时,得满足全面的有效性要求,包括:a 说出某种可理解的东西;b 提供(给听者)某种东西去理解;c 由此使他自己成为可理解的;d 达到与另一个人的默契。② 第一点,是指合乎语法或借助其他表达形式的可领会性。第二点,即通常情况下,主

---

① 哈氏认为,修正该学派的批判理论的缺陷之办法,便是接受一种建立在语言学理论之上的交往理解的概念。而我们能够以同样的思考方法,阐明晚期资本主义的发展是如何客观地实现了语言交往结构的普遍条件,然而这样的批评准则不复建基于意识哲学之上。参见〔德〕哈贝马斯著,李安东等译:《现代性的地平线——哈贝马斯访谈录》(上海人民出版社,1997 年)之"理性辩证法"等。
② 〔德〕哈贝马斯著,张博树译:《交往与社会进化》,重庆出版社,1989 年,第 2-3 页。

述者必须有提供真实陈述的意向,该陈述性内容的作为事实或真实可能性的存在性先决条件,须已获满足,或是可满足的;第三点,主述者须真诚地表达他的意图,以便聆听者能信任他;第四点,主述者必须在主述者与聆听者公认的规范背景下,选择一种话语方式,以便聆听者接受其影响。后面三点就是真实性、真诚性与正确性的要求;哈贝马斯又在另一处把它们称为:语言的认识式运用、表达式运用和相互作用式运用。① 然而在合理化的生活世界中,在每一个交往行为的实际场合,包括语法上的可领会性在内的、所有有效性要求都将投入运作。

但是,与交往合理化的总体性相比,一些交往行动所涉及的有效性要求是有所侧重的,甚至可以忽略另一些维度上的要求。譬如在一场音乐会、一场舞蹈这样的纯符号性行动中,真实性要求是被悬置起来的,正如在以行动者的成功为指向的策略性行动中,真诚性要求是可以悬置的那样。正是交往合理化的总体性要求,使得那种以"策略性行动"为基础,而扮演或创设其社会角色的"戏剧性"行动,区别于纯符号性的表演;以及,使得内在蕴含着关于主体间资质的同一性要求的认知式态度,区别于以满足个人的需求或野心为指向的策略性行动。甚至我们也可以说:表现在断言性句子中的认知式运用,及带表情的或借助其他富有感染力方式的表达式运用,均可当作言语行为的某种特例。

通过把认知式态度所运用的标准的"断言句",解释作特殊的言语行为(speech act),便可以认为,构成语言交际的基本单位,乃是在完成言语行为中所给出的标记。从而认知性的句子,或者科学知识,便可以从语用学方面加以审视,其对于指涉物的认证,居

---

① 〔德〕哈贝马斯著,张博树译:《交往与社会进化》,重庆出版社,1989年,第67页。

于此种语用学的主导方面。围绕科学知识的语用游戏,恰要求参与者、主述者和聆听者,在其中求得某种程度的一致或共识。① 嗣后观之,大多数人的意见一致,不能等同于真理。但若始终没有赢得共识,真理性的陈述便不能发生。这从认知性的句子,每每隐去了"以言行事"成分的情况中,可得印证。实则这样的句子,隐含着的潜台词是,"我确认了,而你在掌握了充分的背景信息的正常情况下,亦将确认如此这般情况"。

然则,科学领域内有限的"共识"如何可能,牵涉到相当复杂的验证程序的问题,这一度是科学哲学的热门话题。布里奇曼对爱因斯坦使用的基本物理概念,诸如"同时性"、"长度"等的定义做了方法论反思,而将其意义"还原"为可规定的"一套操作"。此种意图,秉承着皮尔士的《怎样使我们的观念清晰》一文的旨趣,而令"主体间的同一性",成为不言而喻的事实。② 针对科学与非科学划界的证实或证伪标准,不过是共识性方案的分歧罢了。然而"证伪"的突显及其立论根据,全在于对认知主体的有限性的自觉。但这绝不是一个诗意化的、大写的"我",毋宁说是一个从事着多重语言游戏的交往共同体。就是说,直接形态上是求真意志和科学理性,间接的或是更深层次上仍与交往理性有关。

R. 罗蒂亦以其特有的敏悟指出,科学作为"亲和性",及作为一种道德德性的维度。③ 此论的意图在于表明,科学成就来自积

---

① 〔法〕利奥塔尔著,车槿山译:《后现代状况》,三联书店,1997年,第7章"科学知识的语用学"。

② 参见〔德〕卡尔—奥托·阿佩尔(Karl-Otto Apel)著,孙周兴译:《哲学的改造》,上海译文出版社,1994年,尤其这篇文章"科学主义还是先验解释学?"。

③ 参见〔美〕罗蒂著,黄勇编译:《后哲学文化》,上海译文出版社,1993年,第71-74页。

极的、建设性的对话,而不是来自一永恒的中性构架。前者的态度是认识论(Epistemology)的;后者的态度则是解释学(Hermeneutics)的。对话要达致和谐、富于成效,即不能不蕴含着对参与者德性方面的要求,如使用术语的可领会性、范式上的沟通、真诚性、容忍异己、自由探讨及对操作行为和人类基本经验的诉诸。凡此种种,都可纳入哈贝马斯所说的理想交往行为所应诉诸的方面,其中如范式、术语上的沟通,不过是指符号生产上的主体际规范而已。①

科学语用学总体犹属"单纯",可是在社会语用学的运作中,却涌流着不同根系、不同层位的话语,再经过庞杂巨大的网络而汇织起来。其基本的要件,则是哈氏所述的"语言的相互作用式运用"。用分析哲学的概念来说,便接近于所谓的"言语行为"。无论就标准的语言形式,还是就其语用学的实质而言,此种运用均具独立的价值。显然,像"我愿意娶这个女子为妻"、"我命名这颗行星为'李白星'"、"我向你道歉"、"我欢迎您"一类话语,本身并没有描述言

---

① 利奥塔眼中的后现代科学,由于诉诸"操作可行性"(Performativity)——此一概念的提出本身即颇带实用主义的倾向——因而是一种围绕定义指称性而展开的"语用学",再经由罗蒂等人看法的进一步充实,亦可认为,互为主述者的科学语用学,对于主体际交往的德性有内在要求。

看起来,有损于实在论的科学共识观念的,还来自后现代科学的另一个特征,便是越来越重视不确定因素,重视精密控制的极限,重视由于未获得整全信息而引发的冲突、断裂,以及实用性悖论,等等。20世纪创设的量子论或微观物理学,引发一场激进的观念革命。爱因斯坦曾对"上帝玩骰子"深感焦虑。而骰子正是一种竞赛游戏,我们可在其中建立一套"自足"的统计规则。职是之故,人们只能在零散的可能性与纯粹的策略之间进行选择,以呈现事件的特征。从而"决定论"的思想渐渐为人所摒弃。当代数学家中,曼德尔伯特(Mandelbrot)的"分形几何",抑或汤姆(René Thom)的"突变论"(Catastrophe theory)也对精确测量的可能性提出质疑,而令人认知到自然界中更为常见的"不稳定性"。元数学研究(metamathetical research)里的"哥德尔不完全性定理",则让我们认识到,就连数学方面亦有内在本性上蕴含的不确定性。——但唯其如此,则令我们更加注意到"科学语用学"中的"交往理性"。

语之外的事件或事实,因而没有这种意义上的真假。① 一个言语行为在形式上包含一个由主述者、聆听者和以言行事的动词构成的逻辑三元组,此外亦可能牵涉某种陈述性内容。哈贝马斯称,"自然语言特殊的反身性就首先依赖于两种交往的结合,即内容的交往(在客观性态度中被实现)与涉及该内容在其中得到理解的关系性方面的交往(在施行性态度中被实现)的结合"。② 在被规范了的语言的每一较高水平上,都可做出对较低水平上的对象语言的元语言学陈述。然而自然语言的反身性表现为,在主体间性的水平上,人们选择陈述性内容在其中被运用的以言行事角色,这种含义的交往,要求一种伴随的施行性态度。此外,前一个言语行为的以言行事成分,亦可以成为另一个继起的言语行为的陈述性内容。而在"以言行事"的当下,这种反思意识几乎是同步的。所以,言语行为的实质,就是处在事件旋涡中的本真的语言,即语言与世界的关系。

契合交往理性的有效性要求——即满足可领会性、真实性、真诚性与正确性条件,不光是对科学共同体内的交往和科学语用学有用,而且,因为它们对共同体内的协作水平和组织效能有所促进,所以也就一般地提高了共同体的对外竞争能力。要之,交往理性既是关于沟通过程的理性能力,也是力图满足这过程中的四项有效性要求的理性。

可领会性、真实性、真诚性与正确性,亦可谓针对沟通过程的一般情境的,对于"真"(真实)、"善"(诚意)、"美"(合语法、合情境)之诉求。但这四项毕竟只是关于交往理性的形式上的要求。然而

---

① 〔英〕J. L. 奥斯汀:"完成行为式表述",载于牟博等编译:《语言哲学》,商务印书馆,1998年,第209-228页。

② 〔德〕哈贝马斯:《交往与社会进化》,第43-44页。

## 第五章 场域拓展和结构转换的历史性机制

我们不妨认为,人与人之间在某些重要价值观上的协调,或者多样化价值的"并育而不相害",才是在默契、约定俗成或高水平商谈的过程中,交往理性能够提供实质性贡献的领域。"平等"与"仁爱"以及"消极自由"等,都是只有在交往理性下面、而不是在单纯工具理性下面,才能得到充分全面理解的概念。实践这类德行,会提高社会交往和协作之水平。在这方面,让对方理解你的意图的真诚性和某种社会性呼求的氛围,跟让他理解某些真实规律一样重要。

"平等"历来就是交往理性所关注的题域之一。平等在自然经济条件下,在某些范围内近乎是一种自然事实;而在一些社会动乱的氛围中,它又好像是一种本能式的诉求。但在当代,效用经济学可以提供一条线索,用来解释为何平等是有助于提高普遍善的。如果效用可以用基数来衡量,通常就存在边际效用(marginal utility)递减的规律:在一定时间内,若其他条件不变,随着消费者对某种商品消费量的增加,消费者从该种商品连续增加着的每一消费单位中所得到的效用增量——即边际效用——是递减的。[①] 因此对某一种商品的全部产品而言,若能由市场机制自发产生相对平等的分配,较诸不均等的分配,就会使总效用增加。这是因为,假设各个消费者的边际效用曲线相同,在较多持有者那里进一步增加的若干消费单位的效用,会小于倘若将这些消费单位移至较少持有者那里所产生的效用。市场定价的商品,犹且这样,其他如公共资源和公共产品之分配,也是这样。所以只要这种知识扩散,就会在社会舆论中建立有利的氛围。而在所谓的"经济学帝国主义"的时代里,这种知识早就不是什么不传之秘了。

---

[①] 参见高鸿业:《西方经济学(微观部分)》,中国人民大学出版社,2007年,第74页等。

## 第六节　公共性和正义问题的视野

可以说，文明进步的一个重要标志，是公共物品的供应水平的不断提高。某种有助于规避严重意志冲突的权力机制、由于司法服务或其他规章制度的执行所促成的公平正义、利益兼济或不可分割的公共利益、某些具有其道德正当性与现实合理性的个人权利的保障事业，都不是琐碎的或局部的私人事务，而是广义上的公共利益之所系，其核心目标依然围绕着私人间的利益兼济或不可分割的公共利益。

但在历史中，自我中心主义或围绕其亲友圈的利益关切，作为一种小范围交往中的自然因素，经常是败坏公共利益事业的起因。那些有可能扼制这类败坏趋向的利他主义、特异扰动或者对于公共性的实践理性关切，恐怕难以成为这方面的可持续之道，尽管它们可能在某些环节上成为突破困境的起点，但对于坚持这样做的个人或小集团的持续不利影响，如果不能被其他对他们有利的因素所综合的话，其能力衰退的自然代价就是其事业的萎缩。正如利他主义者之间的聚集效应，对他们本身是一种保护一样，对于恪尽其公义或公益职责的公共机构中的角色来说，保障其个人基本的或者合理限度内的物质利益无虞，连同他个人的某些自我成就动机的实现，才能创造一种可持续机制，但对有关角色的担当者的物质利益的保障，只是一个阶段上的整个机构运行成本的固定的一部分，围绕其职责和权力的寻租或腐败行为，则必须被禁止，否则广义上的公共利益方面的损失，将是迟早的事情。

可是在历史上，不管是制度化还是非制度化的，公职的出售竟时有所见，寻租和腐败也常是"冰山一角"中的冰山，效忠某方面亲友圈的某种形式的部落主义、宗派主义、派系斗争或朋党政治,也是经常出现的,或在某些文化中是根深蒂固的。所以制度的演化,必须调动各种资源、手段和形势来解决这些问题,否则那样的共同体就会在竞争的形势中居于下风,或者产生一些功能性障碍。而历史上的一系列制度都与如何扼制那些败坏因素有关。

公共物品与私人物品之间的区别,首先是从可否有效率地进行排他性使用的事实性特征上做出的,其次才涉及排他性产权、包括私人产权是否设置或确立的问题。围绕公共性的物品、资源、利益、机构、服务和职责的概念,差不多是一条绳上的蚂蚱,但侧重点稍有差别。公共物品主要是指,某种其影响很难具有排他性的稳定的现实的结果(这一般不是指它的物质基底),它也可能自然而然就存在着,而不一定是公共机构所提供的公共服务的结果。通常所说的公共资源肯定是公共物品,而且是对于大多数人来说具有正效益的这类物品,很多时候也是公共利益之所系。公共机构是具有其内在结构的角色的聚合,是公共服务的执行者的组织,服务则是过程性概念,指的是不断生产和再生产公共物品的过程,而在过程中或在有可能间断的服务过程所产生的不间断的影响下,某些作为稳定结果的公共物品就产生了。

有些抽象的公共物品,例如安全或公正,实际上首先是作为制度的效力而存在、而呈现的,这与提供金融体系、度量衡标准不一样,更是与提供宽敞的道路、藏书丰厚的国家级或市政图书馆等有所不同。甚至可以认为,所有公共领域里的正面价值,都是正义的一部分;且不难发现,那些为公众普遍接受与认可的、即便在直接的意义上仅调整私人间关系的措置方式,就算对于所涉人等以外的具有理性的人们来说,也是他们的公共利益之所系,或者,这种个人性的权利的效力,也可被视为某种意义上的公共物品。因为维护这样的个人权利的有效性，几乎对于所有人都有好处（他们自身难免卷入到这类权利所针对的事务当中）。

建立以政府为核心的公共机构的实际理由（它们和这类机构所发挥的效力有关），存在于以下几个并不单纯的重要方面：（一）保障稳定的权力运行机制，以保障和平，以避免严重的利益冲突；（二）在外部共同体竞争和内部民众诉求的压力下，存在不断提高安全和司法服务水平的要求，就后者而言，形式上或实质上的公正是内在目标；（三）某些类型的服务的规模经济，造成在自然竞争的态势下，真正存活下来的提供这类服务的机构不会太多，这类机构会面向数目很大的众人，如果它们又具有某些战略重要性的话，它们成为公共机构、被纳入到公共部门或者受到政府管制的概率就很大；（四）众人博弈的囚徒困境，从此困境中获致帕累托改进，就得协调众多私人利益来促成，为此或有促成集体行动之难题，帕累托改进的目标状态类似于一种公共物品，而集体行动也有公共性；（五）存在不少类型的公共物品，即使其供应已不成为问题，如何恰当分配使用机会，仍可能是问题，然而恰当分配，不可能基于其公共性影响所及范围内的某些小集团的或私人的利益。

若干部落或若干集团之间的战争，肯定是国家诞生或促使国家管理职能优化的重要催化剂，[1]但分支式的部落之间或它们与文明国家之间，[2]也可能发生甚至大规模的战争的情况，以及发动战争的能力无法解释文明国家的合法性来源即它如何赢得其国民

---

[1] 对这一点的强调，参见〔美〕查尔斯·蒂利著，魏洪钟译：《强制、资本和欧洲国家》，上海世纪出版集团，2012年，第25—35页。

[2] 例如历史上处在我国北方草原地带并不时入侵的各个游牧部落或部落联盟——如匈奴、突厥、契丹、党项、蒙古、满洲等——至少一开始的时候，它们尚未处在文明国家的阶段。

支持的问题,或许都意味着有关的思考必须把起源与本质结合在一起,即国家的存续不可避免是基于它的功能的,而国防或开疆拓土只是其功能的一部分。

关于国家的存在,无论是像契约论那样把它视为大众围绕暴力和权力的协调兼交换机制的核心,还是像掠夺或剥削理论那样把它视为在拥有强制资源上颇具优势的集团的掠夺工具,[1]都有几分真实性。如果国家能够使得生存在它的管制下的每个人,比起他在无政府状态下、在人人皆相为敌状态下,利益都要有所增进,那它就是可欲的。但如果它起到的是让社会福利最大化的杠杆作用,它便不能保证相应的帕累托改进,或者保证让所有人都有利益增进的潜力。而且在文明史的大部分时间里,现实当中都没有那样的签约;相反,就算有某些默契或有某种政治观念的引导,掌握国家控制权的人事实上却经常会戮力从民众那里榨取租金。寻租活动源自国家机构的若干关键特征:它必然是从竞争中脱颖而出的在暴力方面具有比较优势的组织,这种优势,一方面给了它提供安全和司法(或曰公正)服务的能力前提,也给了它界定和行使产权的地位,固然它可以针对它所提供的服务的合理收费来维持其运营,并且当它这样做的时候,它就拥有了合法性,拥有了民众效忠和民意支持,但另一方面,作为国家机构成员的难免有其私心杂念的人们,却完全有可能利用手头所掌握的强制资源和暴力优势,把他们的服务水平降低,把广义上的收费抬高(除了赋税,"收费"也可能以产权上的优势或特权等形式出现),甚至达到两者完全不匹配、即肆行压榨的程度。这样它就会失去合法性——这基本上取决于广泛的民众意愿,而民众意愿又很大程度上基于他

---

[1] 参见〔美〕道格拉斯·诺斯:《经济史中的结构与变迁》,第22-25页等。

们对于服务水平和收费标准之间的比例的合理阈限的判断。所以，诚如诺斯所指出的，"在使统治者（和他的集团）的租金最大化的所有权结构与降低交易费用和促进经济增长的有效率体制之间，存在持久的冲突"。①

较诸个人自我保护的情形，专业的保护性组织具有其规模经济的优势。类似于诺齐克所考虑的，如果没有一个统一的机构来保障某些可普遍化的规范性价值——即诺氏所谓自然法——的约束力，每一个体只有藉着自身力量来维护其利益或权利，就会有种种不便。如为防止其权利受到侵犯，或要在自身权利受侵犯之后对侵犯者施以惩罚，不得不消耗掉大量时间与精力，以致严重妨碍其他事业；甚至一个人可能遭遇比他强的敌手，而无力自卫或无力在侵害之后索取赔偿等，于是便有人出来试图组织一些保护权利的机构："一些人将被雇佣来承担保护性工作，一些发起人将做出卖保护性服务的生意。各种各样的保护将以各种价格被提供，以备那些希望更广和更严密的保护的人们之需。"②这样，一个人就可以把探查、了解和裁判罪行，寻求惩罚和赔偿的职能授权给一个私人保护机构，而省下充裕的时间去做其他有意义的事情。

但这样的保护性机构理应是按照受到人们普遍认可的规范性要求来实施保护的，这种保护既针对机构之外的人，也可能涉及委托人之间的关系的调解，或至少要表明它对于委托人之间发生交涉的态度。例如可以作为与委托人协议的一部分，而要求他的所有委托人之间放弃相互报复的权利，就像现代国家的刑法一样。

---

① 参见〔美〕道格拉斯·诺斯：《经济史中的结构与变迁》，第 25 页。
② 〔美〕诺齐克著，何怀宏等译：《无政府、国家与乌托邦》，中国社会科学出版社，1991 年，第 21 页。

起先,在同一地区可能有不同的保护性机构提供它们的服务,不同机构的委托人发生冲突,而它们对案件是非的裁决又不一致时,情况会怎么样呢?要么发生这两个机构的针锋相对的实力较量,其中失败机构的委托人将转而投靠胜利的机构;要么一个机构在某一子区域拥有优势,另一机构则在另一子区域是压倒性的,那些按照某一机构的判决经常能得利、恰好又不住在该机构的优势区域的人,将会迁移;倘若这两个保护机构长期相持不下,最后一种可能就是,同意设立一个更高的裁判机关。无论哪一种情况,都将导致在某一地区——例如可能是原本区域中的子区域——剩下唯一的保护机构。[①] 而且统一的保护机构或者它的边际成本递减式的扩张,具有其内在的规模经济优势,有利于把税负控制在合理的水平上,也有利于它的服务种类的拓展。

在西方,在罗马法和近代欧洲大陆的司法体系中颇受重视的公法和私法之别,显然也可以说是一种公私的区分。早在公元3世纪,乌尔比安(Ulpian)就说各法律部门,"有的造福于公共利益,有的造福于私人。公法见之于宗教事务、宗教机构和国家管理机构之中"。[②] 或曰"公法涉及罗马帝国的政体,私法则涉及个人利益"。[③]

不光是宪法、行政组织法等属于公法范畴,刑法也是。因为它的核心部分是针对那些具有公共性质的伤害。"私人性质的伤害

--------

[①] 〔美〕诺齐克著,何怀宏等译:《无政府、国家与乌托邦》,中国社会科学出版社,1991年,第23—26页。

[②] 〔美〕彼得罗·彭梵得著,黄风译:《罗马法教科书》,中国政法大学出版社,2005年,第10页。

[③] 〔古罗马〕查士丁尼著,张企泰译:《法学总论》,商务印书馆,1989年,第5—6页。

是那种仅仅被伤害者需要赔偿的伤害,知道将得到充分赔偿的人不会感到畏惧。公共性质的伤害则是那种即便知道将得到充分赔偿,人们仍然会感到恐惧的伤害。"就攻击行为而言,"广泛蔓延的恐惧就使这些行为的实际发生成为不仅仅是伤害者和受害者之间的一件私人的事情"。[1] 可以说,恐惧是攻击行为的外部溢出效应之一,而仅限当事人之间的人们常说的民事赔偿,也无力制止与吓阻这样的行为。因此,"在排除这些越界行为方面,存在一种合法的公共利益,特别是由于它们的出现将造成所有人的恐惧——害怕这些事对他们发生"。[2] 这就涉及由公权力执行的刑事惩罚。

但是,普通法并不承认公法与私法的区分的做法,当然也有它的道理。对于所谓私法,完全不应该忽略它影响所及的公共利益方面。即一般来说,财产的排他占有、自由使用和处分的权力、[3]那些涉及财产和劳务的私人间转让的契约之维护;或者对侵权的赔偿等,虽然有关法律条款或原则的具体适用,所调节的只是特定一些人的利益,对不相干的人或公众没有直接影响。但是维护私法方面的司法正义,使整个社会的财产秩序和契约机制有条不紊地得以维系,这是公共利益之根本所系。

休谟提到,有可能发生这样的情况,"当一个有美德、性情慈善的人将一大笔财富归还给一个守财奴或者一个煽动叛乱的顽固者时,他的行为是正当而值得称赞的,但公众却是真正的受害者。"但他的真正重点是想说明,"正义的规则只是由利益确立的,它们同利益的联系却有些异常……一个单一的正义行为通常会与公共的

---

[1] 〔美〕诺齐克:《无政府、国家与乌托邦》,第74页。
[2] 同上。
[3] 〔美〕迈克尔·D.贝勒斯著,张文显等译:《法律的原则》,中国大百科全书出版社,1995年,第98页。

## 第五章 场域拓展和结构转换的历史性机制

利益相反,而且如果它是孤立的,并不伴随其他的行为,那它自身就可能对社会非常不利。"①在他看来,"不管单独一个人所履行的任何单一的正义行为可以有什么样的结果,整个社会同时发生的整个行为体系对全体和个人都有无限的利益"。② 而且,倘若对非正义的人和事熟视无睹,难保哪一天它就会落在我们自己头上。

罗尔斯说:"即使在正义的人们中间,只要利益对许多个人而言是不可分的,那么他们在相互孤立的状态中所选择的行为就不会导致普遍利益。"③很多时候,的确如此。因而,促进那些就连正义的人们在孤立状态下也无法促成的公共利益,是建立公共机构或政治统治的独立理由。作为公共物品的基础设施、人们普遍从中受惠的安全和司法服务,就是这类若没有公共机构的参与和组织就很难获得充分发展的领域。如果一个社群的成员的理性达到了一种令人称道的水平,即他们会从自身长远利益出发来考虑公益问题,他们会抑制短期逐利的冲动、不让自己选择囚徒困境中的占优策略或者不搭便车,他们懂得如何进行专业分工、懂得对于一项公共物品的供应来说什么是合理的自愿捐献水平,那么,即使是出于纯粹的社群自治,公共物品的供应或许也不成其为问题——不过他们仍然需要联合起来,有所分工协调,而不是处在孤立状态。但实际上人们是否具有这种能把短期和长期、自己和他人的利益做通盘考虑的高度理性,这是大可存疑的。因此我们对基于

---

① 〔英〕休谟著,石碧球译:《人性论》,中国社会科学出版社,2009年,第346页。
② 同上书,第347页。另外,差不多同时代的某位法国哲学家,也讲过类似的观点:"个人利益总是存在于公共利益之中;想把个人利益与公共利益割裂开来,等于自取灭亡;德行并不会使我们付出巨大代价,不应把美德视为一种苦役;对他人仁义就是为自己积德"(〔法〕孟德斯鸠著,梁守锵译:《波斯人信札》,商务印书馆,2010年,第22页)。
③ 〔美〕罗尔斯:《正义论》,第269页。

政治统治的某一形式下的公共机构的主要期待就是，它可以突破人们普遍基于其有缺陷的自利理性或投机冲动出发做事所形成的瓶颈。

而且，公共机构本质上是超然于利益攸关者的第三方机构，[①]其成员的个人利益正相关于这类机构所提供的良好公共服务，机构自身为其投入进行合理收费，其方式则倾向于稳定而公开的。这正是这类机构和普通社群的主要区别，后者正是由那些利益攸关者自身所组成的。同时会有两种潜力可能对公共机构形成和发展的自然史产生决定性影响，一种是利他性惩罚的专业化，另一种是地域性社群或不同的完整共同体之间的竞争压力。那些能力和绩效出色的强互惠者，也许会从人们不时购买他们的服务的举动中深受启发，而建立了一个保护性机构，然后那些也许其地域范围彼此交错的保护性机构可能会在竞争中不断地合并，遂形成一定地域范围内的垄断性机构，在它内部或者围绕着它，又可能衍生分派出各种它们所服务的公共利益方面有所不同的新的机构。但垄断所带来的麻烦和危险在于，机构的主导者可能忘了他们所担任的角色的起源和本质，遂借垄断之便施行攫取压榨之实。但始终存在的外部竞争压力，或许会提醒他们不要轻率地忘记自己的职责，不然那些可以不断提高其所在共同体内部合作水平的机构就会取代它们。

某项行动、处置、政策或规则，影响更广泛、更深刻，譬如影响更多的人，就比影响更有限的，要有更大的公共性。作为原则性要求，或者说作为不可或缺的社会价值观，公共性指向不可分割的公

---

[①] 参见〔美〕约拉姆·巴泽尔著，钱勇等译：《国家理论——经济权利、法律权利与国家范围》，上海财经大学出版社，2006年。

共利益或利益兼济的方式,这便内在牵涉着人们对正义的理解(对于此处所谓公共利益,主要是有一个供应环节上如何分配个人投入的问题)。再者,适用于众人的规则,无疑至少在其所适用的人群中具有公共性。这个看法对于私法也适用,因为,固然私法条款的特定适用所实现的,往往仅限有关各方或某一方的私自利益,但保障私法体系或合理的私法条款的普遍效力肯定对公众有利。

公共性还经常是一个社会化的信息问题,公开透明不仅会影响公众的心理和观感,它也让面临公开化压力的机构得谨言慎行,颇以公众意见、公众诉求为其行动方向。"有些时候,公共领域说到底就是公众舆论领域,它和公共权力机关直接相抗衡。"[1]说起来,引发公共性或增强其公共性程度的,不光是物质力量,还有信息传播所带来的影响。一桩谋杀案仅在它为众人所知而诱发普遍的恐惧的意义上才是公共事件,反之则不然。公共舆论在事实信息和意见的传播过程中得以成形,并不断影响着人们对于什么才是真正符合公共利益的做法的看法,但它不同于广告宣传——包括政治广告——中的展示和操纵,因为后者只是努力迎合人们的潜意识,却不让人们自觉意识到这样的影响过程,它也隐去了讨论过程,并对批判意识敬而远之。[2]

不可否认,公共性具有其历史意识和历史模式。例如在欧洲中世纪,封建领主权力不是罗马法或现代民法意义上的私有权,即私人占有和公共主权这对矛盾,在封建制度中并不存在。"在中世纪的文献中,'所有权'和'公共性'是一个意思;公有意味着领主占有"。[3]

---

[1] 〔德〕哈贝马斯著,曹卫东等译:《公共领域的结构转型》,学林出版社,1999年,第2页。
[2] 参见〔德〕哈贝马斯:《公共领域的结构转型》,第245—255页。
[3] 同上书,第6页。

类似的观念,我们从中国古代文献中"公"字的起源中也可看到。①而在自由主义法治国家,"有一些基本权利和具有批判功能的公共领域有关(言论自由、出版自由,集会结社自由等),也和私人在公共领域的政治地位有关(请愿权、选举权等)。"②

一个共同体内部的合作水平的提高,往往还有赖于其成员所享有的公平正义程度。这类诉求,当然有一定的历史性和地域性差异,但毫无疑问,其实质是如何尽可能合理地实现人们的利益兼济。实现这一点,也可以说是"公共利益"。在其中,促进某些权利保护的机制——从结果的静态角度也可说成"分配权利"——的重要性,或许不亚于直接的利益分配。而特定地方、特定阶段的人,自发会有他们自己关于形形色色利益或权利的一揽子考虑。

那些促进公共物品供应的做法,容易变成一项"公正"事业的原因在于:公共物品可惠及所有人,这里就有一定程度的、平等和一体适用的意思;而对于使用系竞争性的公共物品来说,有一个按照每个人的需求程度或能够实现的效用状况来制订合理使用规则的公平分配问题,以便有必要的话,使那些最有需要的人获得优先供应;又对于公共资源、开放式物品,甚至俱乐部物品这三类来说,都有一个对于在供应过程中付出大量成本的人给予适当补偿的公正问题,尽可能不让他们被别人占了便宜,这样才能保证有持续性的供应。③

而那些针对大众参与的囚徒困境的调节,已经就是或者容易

---

① 参见〔日〕沟口雄三著,郑静译:《中国的公与私·公私》,三联书店,2011年;陈乔见:《公私辨》,三联书店,2013年。
② 〔德〕哈贝马斯:《公共领域的结构转型》,第92页。
③ 有关的计算方法,参见〔美〕何维·莫林著,童乙伦等译:《合作的微观经济学》,上海人民出版社等,2011年,第5、6章。

## 第五章 场域拓展和结构转换的历史性机制

变成公共事务的原因,不光是人数众多,主要还在于:相对于占优策略均衡,那个可实现帕累托改进的结果,对于博弈各方而言就是共同利益,而要实现它,必须克服集体行动的困境,这样就容易采用公共事务的视角来看待整体情况。

文明体系中的合作会产生很多相对于不合作状态的利益剩余,如何分配这些剩余,这些作为合作结果的物质或非物质资源,对于促成进一步的合作至关重要,[1]而围绕着合作的经常作为其前提的权力、地位资源的分配,又往往对于合作利益的分配有着至关重要的影响。那些相互竞争其中的权力、地位或物质资源的人们,究竟是忠于家庭、亲戚、朋友,忠于这个以个人身份为中心的亲友圈,还是忠于主权国家,忠于公共政治秩序,尽忠职守以实现公众或公共利益的最大化,这的确是关系到整个合作体系的效率的大是大非的问题,而效率又直接联系着人们对该体系的公正性的看法。成功的政治秩序,需要通过某种稳定有效的机制来抑制私利或自我指涉的利他主义——也就是某己为其亲友圈谋利的自发倾向——使得公共部门的成员能够尽责于公共服务,让他们把国家利益、公众利益之类放在自己和亲友的利益之上,而不是利用各种亲友关系来寻租,又用租金利益来进一步笼络亲友们,来巩固自己的小圈子。可是,家庭纽带甚至地缘、学缘等,又是盘根错节的固有存在,亲近感随着联系的减弱而减弱,也会自然发生,要想根除这些,既不现实,也无必要。那么如何扼制这些似乎是公益的天然敌人的人际纽带呢?[2] 历史上,人们想出了很多方法,若能行之

---

[1] 如果情况简单或者情况可以简化,双方或各方的谈判不失为一种方法。
[2] 柏拉图认为,在国家的护卫者之间,应该更多地公有,也就是尽可能地让他们没有值得保护的私人的东西。参见〔古希腊〕柏拉图著,郭斌和、张竹明译:《理想国》,商务印书馆,1986年,第5卷。

有年,大多效果显著。譬如中国的科举考试、伊斯兰世界的军事奴隶制、英格兰的法治和议会选举,都着眼于公私分际的明辨。不过人际纽带和亲友圈败坏这一分际的潜在势头,从来都不会完全消失,所以制度——最起码有关的细节和手段——需要随着时势不断调整,以消弭和衰减那些在新的情况下又重新抬头的坏势头。这恐怕是一项永远未竟的事业。因为双方都有其存在理由和现实支撑,都有其可资利用的势头和手段。在一方是当事人的自然倾向和巩固其权势范围的根深蒂固的需要,另一方则是众目睽睽下的公众压力和广泛的人心向背;一方喜好暗箱操作,另一方倾向公开透明。如何让那种自我指涉的利他主义为公共利益所用,才是比较现实的问题的关键,因为前者压过后者,是公义和公益的败坏,但要纯粹的后者压过前者,也是极不现实的想法,①即如此这般就会使得想要为公众服务的人失去其在现实中的力量。

几乎在任何社会体系中,人们都倾向于认为,在其他条件或结果相当的情况下,利益兼济都要比利益偏颇,更具道德价值,更合乎"正义"。平等方面的诉求和关怀,在历史进程中,展现了一种难以抗拒的向心力。如果在不损害或者不严重损害其他利益机制或其他为人们所看重的价值的情况下,能够不断促成各层面、各维度上的平等,就比顽固不化地拒绝向某一维度上已然出现的平等的引力中心靠近,显然要更得人心。要是某些形式的不平等,已然存

---

① 英国哲学家伯纳德·威廉斯(Bernard Williams)论证道,倘若人们全然剔除掉以自我为参照的中心点的"爱有差等"的做法,单纯把非人格化的普遍关切付诸实施,就得把很多人类生活中有价值的东西所建基于其上的动机——例如亲情、友谊、个人追求等——剥夺掉,即使最终目标是公益,这样做也可能并不是最明智的方法。参见〔澳〕约翰·麦凯:《伦理学——发明对与错》,第131页。

在而难以去除，或者可以去除却有些人执意要维护它们，就需要向公众展示或论证为什么它们是可欲的、合理的，而拓展利益兼济的空间或者促成没有这些不平等的安排便很难促成的公共利益，这都是容易让人接受的理由。

"道德上正确的人与人的关系"，以及"道德上无法被合理地指认为不正确的人与人的关系"，乃是实践理性所无法绕开之基本意涵，前者大概可以称为"正义"，后者或称"正当"，也许还可以把这两个意思都归在"正义"名下。又可引申出政府或机构的"正义行动或正当做法"的意思，以至"正义"一词指向诸多具体分配上的正义赖以为前提的社会结构之正义性或正当性。同样涉及"正确"或"适宜"的概念，在制度发生效力的领域，如果说"权利"是指作为关系项的特定形式的主体所可伸张的正当要求，那么"正义"的核心则指向，那些可以用制度来维护和巩固的道德上正确或正当的关系本身。如此这般的正义范畴，的确是历史上任何一个社会都绕不开的，必须给出其特定答案的。①

---

① 有关的讨论，参见 John Rawls, *A Theory of Justice*, Cambridge: The Harvard-University Press, 1971; John Finnis, *Natural Law and Natural Rights*, Clarendon Press, 1980;〔美〕M. F. 桑德尔著，万俊人等译:《自由主义与正义的局限性》，江苏人民出版社，2001年;〔英〕麦金太尔著，万俊人等译:《谁之正义？何种合理性？》，当代中国出版社，1996年;〔英〕肯·宾默尔著，工小卫等译.《博弈论与社会契约·公平博弈》，上海财经大学出版社，2003年; Ken Binmore, *Natural justice*, Oxford University Press, New York, 2005, 等等。
魏因贝格尔等人认为，历史上多种多样的正义理论，或可归为六大类:第一类是"形式原则"，如亚里士多德所谓平均正义、分配正义、惩罚正义(矫正性正义)。第二类是"先验的实质正义"，如宗教家们归于上帝启示的说法。第三类是"人类学上假定的正义原则"，从人类本性如行为的自由、意识形态对人的影响等方面推导出的一些原则。第四类是"功利主义正义论"。第五类是"公平理论"，其核心是公平的社会分配，譬如罗尔斯的理论。第六类是其自身的"分析—辨证的正义论"。按其所见，即认为，正义虽说是可以协调人们的社会行为的原则，但关于正义不存在肯定性标准，只有关

按照亚里士多德的说法,正义实有"分配"与"矫正"两大基本类型。[①]根据诸多后人的理解,分配正义须解决物质资源、机会、职位、责任义务、权利、权力、税负等方面怎样配置或分配才算正确或正当的问题。所涉及对象或是行动的前提条件,或与多种利益形态——包括自我实现的动机——发生联系。矫正正义的基本内容,则是纠正或救济公共领域内的各项不平等,或者人们的相互作用过程中的个人损失,例如民事上的补偿或索偿、对致命或严重侵害他人身体之类的行为的惩罚方式的厘定等,便属此种正义之范畴。这种区分恐怕是人们围绕正义目标从事制度建设时所无法绕开的视角,基本理据在于:坏事情总须避免,好东西总须分配。如果说矫正正义主要是针对那些人们作为受害者都不愿发生在自己身上的错误行为方式的禁止、阻断或惩戒,那么,分配正义就主要是针对那些人们作为受益者都愿意在自己那儿得到实现或更多实现的好东西的调节、配置和分配。[②]——而围绕分配正义的主题,

--------

(接上页)于不正义的可能性论证;形式的正义虽然重要,但不是充分的;而正义的理想就是建立和谐、合作的社会制度。参见〔英〕麦考密克、〔奥〕魏因贝格尔著,周叶谦译:《制度法论》,中国政法大学出版社,1994年,第174-204页等。

　　或认为,有两大基本类型——互利性的正义、作为公道(impartiality)的正义(参见〔英〕布莱恩·巴利著,曹海军等译:《作为公道的正义》,江苏人民出版社,2008年);或认为,有社会契约论的和社会选择理论的两种正义观(参见);以哈佛大学的"正义论"公开课而在各国公众中闻名的桑德尔则认为,正义关乎福利、自由和美德,相应的理论分歧就是功利主义、自由主义和德性论的,参见 Michael Sandel, *Justice: What's The Right Thing To Do*, Penguin Books, 2010。

　　① 〔古希腊〕亚里士多德著,苗力田译:《尼各马科伦理学》,中国社会科学出版社,1990年,第93-96页。

　　② 作为亚里士多德著作的解释者,托马斯·阿奎那基本上原封不动地继承了亚里士多德关于矫正正义与分配正义的著名区分,自然法学派的雨果·格劳秀斯所区分的附加(expletive)正义、属性(attributive)正义,稍后普芬道夫、哈奇森(F. Hutcheson)所讲的完美权利、不完美权利,都约略相当于亚里士多德的交换正义与分配正义。

又始终存在三个基本子问题,是人们所萦怀关心的:分配什么?由谁来分配?如何分配?

对于公共部门,要求它济贫,要求重新分配财富,以便让社会上每个人都能得到一定的物质资源的"分配正义",据说并不是亚里士多德关于这个词的用法的本义。又据说,现代分配正义观诞生在法国大革命的狂热时期。① 可是把济贫看作慈善事业,还是把它当成分配正义的要求,就会导致制度安排的性质上的根本差别,依前者,济贫就是自发组织起来的社群活动,若依后者,就成了公民有权对政府等公共部门提出的要求。

围绕基本正义观念,又有所谓"形式正义"与"实质正义"的区别。前者指三种涵义之一:第一,必须有一套规则,而不是随意任性的,第二,这些规则在适用的性质上须是普遍的,即任何人若具备适用这项规则的条件,便都得适用;第三,它们得公正无私、不偏不倚地一体适用。② 历史上,像"王子犯法与庶民同罪"的讲法,就指这种正义。但即便一视同仁地适用,某些规则的内容方面的特征,是否实际上更有利于某些阶层或已然掌握某些资源的利益集团,就触及了实质正义的问题。不得实施一般意义上的伤害或者对伤害的惩戒等矫正正义,以及某些规则的形式正义,这两个类型总是容易受到人们的普遍认可。但相对来说,分配正义方面,在分配什么好东西,特别是在如何分配的问题上,却往往莫衷一是。

---

① 参见〔美〕塞缪尔·弗莱施哈克尔著,吴万伟译:《分配正义简史》,译林出版社,2010年,第105页。
② 〔英〕丹尼斯·罗伊德(Dennis Lloyd)著,张茂柏译:《法律的理念》,新星出版社,2005年,第95-96页。

在某些方面须对每个人一视同仁地对待的要求，实际上主要是将抽象的个体人格当作分配的标准，但在所分配的东西上，不太可能是指单纯的物质资源，或者说，在大多数物质资源上采取完全平等主义的方案，结果很可能不尽如人意，甚至是灾难性的；如果有待分配的是司法权利，或者适用最一般性规则的基本权利，平等分配就是极端"可欲的"，且分配结果符合所谓的形式正义。至于分配所参照的人们的各自特征，则有可能是个人的能力（如智力）、优点、德性、工作业绩或劳动付出，也可能是需要或身份。在历史上，形形色色的贵族制主要是依据身份，中国古代科举制则依据某些解读经典的智力和文学才能的标准；而在马克思所构思的共产主义社会中，则是想采用"按需分配"的原则。

对于一种社会的体系性安排，或是对于一项公共政策，人们在在处处都会谈到"公共利益"或"利益兼济"，并以此为鹄的、为衡准。这是考验政策水平的关键，也是得诉诸交往理性来获取社会共识的问题情境。相对于不可分割的公共利益，个人或群体之间的"利益兼济"，可能有几种意思，它们是遵循或体现不同原则的结果，其一定程度的实现，也可以说是属于广义上的公共利益。有关的原则在得到哲学家的阐释之前，很可能已经潜移默化在起作用了，它们至少包括：（一）功利性原则、（二）帕累托原则、（三）最大最小值原则、（四）自由意志原则。

第一条原则因为英语世界哲学家的倡导而变成举世皆知。在政策安排影响所及的人群范围内，"最大多数人的最大利益"经常是指，如果个人利益是可度量的，那么其利益加总可取得最大值的那一安排就是最值得向往的。功利性原则并不排斥有人利益受损的情况，只要有关政策激励下的受益者的利益增进的总量，超过受害者的损失的总量。① 当然它也鼓励:那些给其中某些人更多报酬可以令总体利益有所增进的方案。比起它作为一条伦理性原则所引起的争议,作为公共政策评估标准的功利性原则,似乎更值得肯定;很大程度上这是因为:在这样的情况下,制订和实施"功利性"即"兼利性"政策的,是"第三方机构",而不是直接的利益攸关方。

假设有两个人或者两个阶层、两个集团 A、B,在一系列社会条件下,对其各自在某项利益上所获得的支付额度 $x_A$、$x_B$,分别有效用函数 $Ux_A$、$Vx_B$,于是,合乎功利原则的社会性安排,就是能令下式取得最大值的:

$$W = Ux_A + Vx_B。②$$

---

① 功利原则须假设"基数效用",但如果涉及的仅为可排序而不可度量的"序数效用",情况又如何?重要的是,可否从个人偏好排序的汇总得出集体偏好即社会福利函数呢?然而"阿罗不可能性定理"给出的答案,基本上为否定。即满足以下两个公理和五个条件的多数决策方法,有其内部矛盾。

公理1:对于所有 x 和 y,或者 xRy,或者 yRx。其中 R 指"x 好于 y 或 x 和 y 无差异"。公理2:对于任意的 x,y,z,xRy 且 yRz,则 xRz。条件1则是:对于个人排序的先验知识是不完全的,此谓,在所有备选项中至少有三个备选项,事先我们完全无法知道给定的个人对它们的排序;条件2:作为社会排序的社会福利函数,必须对个人价值的变化做正向反应,至少不能做逆向反应;条件3:无关备选项不影响对于真正备选项的选择;条件4:社会福利函数不能是强加的;条件5:它也不是独裁的。

阿罗证明,如果社会成员可以在至少三个备选项上自由排序,那么满足条件2和3,且能满足公理1和2的任何社会福利函数,必定要么是强加的,要么是独裁的。参见〔美〕阿罗(Kenneth J. Arrow)著,丁建峰译:《社会选择与个人价值(第2版)》,上海人民出版社,2010年,第11-36页、第52-69页。

另外公共选择方面的很多研究表明:按照通常的多数决策原则,既不能保证获得通过的议案具有帕累托效率,也不能保证获得"卡尔多—希克斯"意义上的有效率变化,即赢家的收益要超过输家的损失。参见〔美〕尼古拉斯·麦考罗等著,朱慧等译:《经济学与法律》,法律出版社,2005年,第3章。

② 关于这一类思路和罗尔斯式的社会契约之间的优劣比较,参见〔英〕肯·宾默尔:《博弈论与社会契约·公平博弈》,第57-63、349-355页等。

如果效用是基数可表示的、且符合边际递减的规律，进而这种基数效用又是人际可比较的，那么，存在一种再分配方案（假如这时市场不起作用），通常是支持从所得较多的这里减去一定的额度，转移至所得较少的那里，使得后者效用的增加要超过前者效用的减少，并可以使上式取得在初步支付既定情况下的最大值。

第二条原则是指，从一种状况改进到另一种状况，在后一状况下，没有人比在前一状况下利益受损失，而至少有一人比起处在原先状况要有利益或价值量上的增进。比起遵循功利性原则，实施符合帕累托原则的政策安排的优势在于：至少在启动阶段，它的阻力或许要小得多，自然这是因为，没有人是明显利益受损的。但是它并不以整体福利的尽量增进为目标，且在很多实际局面中，要使人们利益不受损失，要么是不可能的，要么是要以牺牲发展的效率和速度为代价的，要么就会在短期内为了补偿受害者的损失量而付出意想不到的费用（甚至使得某一个有总体上的长远效益的项目之启动资金多到一时颇难筹措）。但为了体现帕累托原则，在总体效益增进之后，给予受害者至少与其损失量相当的补偿，实为一种可欲的善。

第三条最大最小值原则（maximin rule）告诉我们，要按照各个可供选择方案所能产生的最坏结果来排列次序，然后将选择这样一个方案，它的最坏结果优于其他任何方案的最坏结果。现以下表为例来说明这一原理，表中的数字是相比起先情况而增加的收益。所得（G）是个人决定（d）和环境（c）的函数，即 $g=f(d,c)$，这里的环境也可能是指某种身份或某个阶层。假定有三种决定和三种环境，并且有下表：①

---

① 参见〔美〕罗尔斯：《正义论》，第 152 页。

第五章　场域拓展和结构转换的历史性机制　　　　　　　　　749

| 决定 | 环境 | | |
|---|---|---|---|
| | C1 | C2 | C3 |
| D1 | －2 | 8 | 12 |
| D2 | －3 | 7 | 14 |
| D3 | 5 | 6 | 7 |

按照最大最小值原理，就应选择第三个决定；因为其最坏结果要好于其他决定的最坏结果（适用功利性原则在这三个决定之间没有差别，而选择 D3 恰好也符合帕累托原则）。实际上，无论第一条还是第二条原则都未承诺平等的价值，及未承诺给予弱势群体足够的考虑，但罗尔斯（J. Rawls）的正义论，因为特别重视"最大最小值原则"，却可以为弱势者声张。① 为了体现该原则，某些再分配方式，往往显得十分必要。

至于第四条原则，它的适用性和该社会的政治体制是否为西

---

① 罗尔斯从人们对其处境大体皆甚无知的原初状态（The Original Position）中，藉由反思的平衡，演绎出以下两个基本的"正义"原则：

1. 每个人均有权利拥有最高度的基本自由，且大家拥有的自由在程度上是相等的。一个人所拥有的自由要与他人拥有同样的自由能够相容。2. 社会与经济上的不平等将按以下原则来安排：使得它们将被合理地期望是对每个人都有利的；它们是伴随着职位与工作而来的，而这些职位与工作是对所有人开放的。

以上两段译文参考石元康：《当代西方自由主义理论》，上海三联书店，2000 年，第 183 页。第一原则的原文为："Each person is to have an equal right to the most extensive total system of equal basic liberties compatible with a similar system of liberty for all"。See John Rawls. *A Theory of Justice*, Cambridge: The Harvard University Press, 1971, p. 302.

这两个就是所谓"最大平等自由原则"（the greatest equal liberty principle）和"差异原则"（the difference principle）。第二个又为两个部分，第一部分才指向真正的差异原则，第二部分是指机会均等（fair equality of opportunity）。对于"对每个人都有利的"，罗尔斯所倾向的解释，带有强烈平均主义色彩：除非有一种改善所有人的状况的分配，否则平均的分配就更可取；社会结构并不确立和保障那些状况较好者的较好前景，除非这样做也能改善状况较不好者的境遇。即使有着改善所有人的分配，也应使得不平等的条件和处境，"适合于最少受惠者的最大利益"。

式的自由主义没有绝对关系。适当地运用自由意志原则,有时也会取得意想不到的效果,特别在局面非常复杂、包括专家在内的各方意见莫衷一是的场合,交由相关各方自由地决定它们的行为取向,或者由他们依多数票决的方式决定一体化实施的公共政策,可使政府或特定政策当局免于陷入动辄得咎之局面。

这些是相当不同的利益兼济的局面:按功利性原则可取得社会整体的最大福利,并为后续做出调整的政策选项提供了足够的资源空间;按帕累托原则,虽利益加总的值可能有所减少,但启动之际的阻力也变小;按照罗尔斯的正义原则,弱势者的利益被更多地放在了良心的天平上,但经济效率等可能受到牵制;按照自由意志原则,每个人也许会有参与的热情和受尊重的感觉,但也要做好接受各种后果的心理准备,哪怕做了极坏的选择,也是咎由自取。

强调其公共性视野,或连带着诉诸某种公共性标准的正义,就是"公正"。而且可以肯定,公正对于历史的重要意义在于:它是促进可久可大的包容性发展之必备条件。"包容性经济制度……允许和鼓励大多数人参与经济活动,并尽最大努力发挥个人才能和技术,能够让个人自由选择。……具有保护私人财产、公正的法律制度和提供公共服务的特征"。[①] 而这样的经济制度,又需要包容性政治制度的支持,二者相辅相成、相得益彰,若缺其一,另一方也会受损。包容与否,当然是相对的,包括行会限制在内的诸多垄断性制度,就比不为新企业进入市场设置障碍的,要少些公平。或者像种姓制度那样职业常终身固定乃至世袭的,就比允许个人自由选择职业的做法,在包容度上减分不少。西班牙殖民者在美洲矿

---

[①] 〔美〕德隆·阿西莫格鲁、詹姆斯·罗宾逊著,李增刚译:《国家为什么会失败》,湖南科学技术出版社,2015年,第52页。

山采取的针对印第安人的强迫劳动制度（可谓是印加帝国的"米塔"制度即劳役轮班制的延续），比起英国移民在詹姆斯顿所获得的经济和政治自由度而言，在激励机制的长期效果上，可谓是天壤之别。拥有"英国人的权利"的幸运，也延伸到了加拿大、澳大利亚等（后者起初只是罪犯流放地）。[①] 与其说美洲西班牙裔面临"资源的诅咒"，不如说他们得承担忽视包容性发展的长期恶果。

所以，任何阶段上的制度哪怕只是比别的稍微多顾及一些公正和包容性，都有可能产生极大的积极作用，影响之大常超出当局者视力所及。不过人们也会发现，任何领域或者任何形式的公正、包容性，都不会是一蹴而就，想到就能做到的。只不过原则上可以讲，公正是包容性的内在核心（在道德的或者制度形态的意义上），包容性则是针对有关制度的达成利益兼济的可能性与现实性而言的。

利益兼济的各种形式，对于社会中的弱势群体的照顾程度有所不同。而在一大箩筐的分配正义问题中，有些所涉及的，还不是直接的物质或非物质利益，或者非物质需求的满足，而是那些可导向特定利益状况的机制、态势、可能性，以及那些被社会性赋予的能力和资质；这些机制或资质，若不是稳定的社会结构的一部分，就是依靠这样的结构而促成的某些社会性配置的结果。要之，在任何社会体系中，"正义"根本上都是一个需要人们不断给予回答的问题，是需要不断促进的目标。对此问题，一个社会回答得好不好，很大程度上决定了它是否具有可持续发展的耐力。

---

[①] 参见上书，第 4－17、203－210 页等。但英国人在南非，却没有将制度包容性延伸到非洲土著身上。

# 结　　语

　　规范的演化现象，必须参照规范的结构来理解；特定或局部的规范，根本上也须参照它们融入其中的具有动态性的规范体系的特征来理解。

　　围绕规范的实践，总是包含着对于某些实践范畴（如协调、权力或交换）与规范范畴（如善、应该、权利、义务）的个人性理解，以及难以绝对化归为个人性理解的总和的集体性理解。规范存在于人们对特定行为方式具有集体意向性的集体当中，这方式就是规范。规范得到实践，可以解释为它的效力或实效的实现。而我们也不妨认为，规范的效力，实际上主要是从它的现实可能性意义上来理解的，而且身处那一规范的当代史当中的人们对此效力的理解，正是其效力发挥之际的相关作用的一部分。因此，规范效力连同其实效，指的正是某种可能性照进现实并引领现实的运动，并且，这一运动嫁接在自然的物质世界之上，与其中的规律并不违背，也不可能违背。而可能性就是在这样实际上不可能违背的前提笼罩下，由想象和预期、意愿和态度引起的。

　　意愿就是倾向性和态度，就是倾向于引起某些事态的态度，就是意愿意向性。而因为，就连那些在其触发的当下极可能没有被意识到的生理性反射，都极有可能在事后被当事人意识到，并与当事人或相关人等的意愿和态度方面的意向性结合起来，所以，不妨从极广义的视角来看待"意愿"，也就是把生理趋向、冲动、欲望、需要、意图、向往、精神追求等各个层级上的趋向或倾向性，都视为意愿的表现（对其动词形态就称为"愿意"）。

这样就可以说，"意志"就是与实践的发动和作为一贯性的理性这两者紧密关联的意愿机制，亦即力图实现其内在一贯性的"某己折冲于各种意愿的意愿"。这里提到的"各种意愿"或包含对他者意愿的体验或认知。在诸多实践范畴中，"利益"范畴的实质，当然是实践活动一般都绕不开的，而在本然的人类共通的意义上，把它理解为"意愿的实现或有助于意愿实现的事物"，当属平实。

又有"自由"范畴，系源于自我、主体性等基本实践范畴之深层意涵之呈现，系规范体系中不可或缺之基本元素，大致可解释为"某己愿意自己所愿意的东西的机会"。而在归根到底一切无非都是我自己的决定，或者我总是想要我所想要的这样的本然意谓上，任何人都会对自由范畴有天然的、不假外铄的体验。终极意义上的"自由"则是指，无论如何总可以用选择死亡为代价的、不得不是的自由，它蕴含于自我同一性的实存的深处。而终极意义或本然意义上的"自由"，并不是崇奉自由主义的西方社会的专利；任何社会都有一定程度的个人的自由意志的行使和运用。但是对于规范体系来说，如何给自由效能的发挥划定合适的范围和界限，即保障合适的自由权利和限制不恰当的自由行使，乃是一项不可忽视的挑战。[1]

---

[1] 韦伯说，现代法律是由"法命题"（Rechtssatz）所构成的。"'法命题'最普通的分类，诚如所有的规范秩序的分类一样，分别为'命令的'、'禁止的'和'容许的'法命题，从中产生个人命令、禁止或容许他人做某种行为的主观权利。"（［德］韦伯著，康乐、简惠美译：《法律社会学》，广西师范大学出版社，2005 年，第 31 页）拥有主观权利，就是被授权的。这包括两种。"其一即所谓的'自由权'（Freiheitsrecht），这在法律容许的行为范围内径直保障个人免于……一定种类的干扰……（诸如：迁徙的自由、……自由处

规范范畴都会深刻地牵涉到人与人的关系的维度或领域。"基本结构"便存在于这个维度上或这个领域里。"善"、"权力"、"权利"、"义务",甚至"自由"范畴等,根本上来讲,并不是现代性的产物,它们是可以用来对历史上各种人类社会的整体或局部的基本人际关系类型加以刻画的结构性要素。只是特定的完整共同体所处的自然环境、其自身的文化演化史的阶段、既有制度因素和既有实践方式,要而言之,各种不同的事实性条件,塑造了这一形式框架中的具体内容;包括它们本身的内涵,也是随着历史进程而不断深化和具体化的,不断地从中衍生出新的范畴和概念、新的实践形态。

相信任何一个社会都会有对于伦理上的"善"和政治上的"权力"这两个范畴的理解——恰因围绕它们的实践在现实中无处不在。普泛言之,"善"可被理解为"某己主动愿意的己他之间的协调";"权力"则是"某己愿意他者满足己方意愿的机会和能力"。即,对于行使权力的主体来说,他的意志愿意:在己他可调整的范围内,己之意愿大于他之意愿。此与行善之意志刚好相反:己之低阶意愿小于或等于他之意愿;另一则对照是,人际关系中向往"自由"的意志就表现为,己之意志愿意:在各自可调整的范围内,并非他之意愿大于己之意愿。

在一规范体系中,体现其规范性含义的核心范畴,当推"权利"和"义务",特别是后者。"权利"就是"某己的'可以愿意'的意愿",

---

(接上页)置所有物的权利等)。第二种授权的法命题则授予个人随己意愿依法在一定限度里自律地调整自己与他人的关系。"(同上书,第33页)后者主要是关乎契约自由。按美国法学家霍菲尔德所说,自由是"权利"的基本意涵之一。但很可能,在某些共同体里面,某些权利主要不是基于个人所缔结的"法律行为",而是直接奠基于命令和禁止的法命题(同上)。

这里的"可以愿意"特定是指，为众人所愿意且植入集体意向性机制的、某己可选择的达成其利益之方式，甚或指向，按此方式所达成之利益。"义务"则可笼统说成"某己必须做的事情，并且这是他（她）'可以愿意'的"，即集体意向性机制中为众人所愿意之"必须"；而当某项义务表现为对于某项权利的尊重，而不顾自身原本意愿所可能引发的反对时，便形同服从。

——在以上实践范畴中，意愿都是内嵌着的环节。稳定的意愿之所愿，就是有价值的客体、事态或状况。在此要补充一点，行为或实践，由变成动机的意愿来推动，抑或由作为态度——态度也许间接地诱致动机——的意愿来参与定位，以及，行为的结果的性质，也得由作为需要和作为价值源泉的意愿的实现程度来确定。当然这并不是说，实践只是意愿的空洞的表象和幻影，而是说，在实际的过程中，作为行为的动机、针对性态度和评判枢纽的意愿，在引领、参与、促成或融入包括物质世界在内的现实世界的改变的过程。

权利和利益范畴，与义务和责任几乎是一体两面的；如个人性的权利和义务之间就有稳定的联锁性质。说起来，合乎其利益，就是符合其需要或实现其价值。但大致上有三种利益：个人利益；以某种方式兼顾但又不能直接分割为诸多个人利益的公共利益；而其合法性常在于促成或调节前两种利益的组织，也有它维系自身稳定与合适规模的利益问题。实际上，获得社会性普遍承认的义务，不见得是要直接促成任何个人的特殊利益（除非这样的个人利益实为公共利益之所系，其间才会有必然联系），但其所要促成的，也不一定是个人性的权利形态，而有可能是某种公共利益或组织利益。"权利"毋宁说是，关于个人或组织的适用于普泛或长期情形的利益机制，即它主要是个人之间的利害关系相互制衡的产物，也是集体性地对此加以综合权衡、认可与确认的结果。一项规范如果不是基于权力或权威的，就可能是源于两个或两个以上的主体之间相互牵制性的默契或同意，对此具有集体意向性之根源不外乎：它合乎公共利益、组织利益或者权利机制。权威体系、集体界限和制度性事实，通常不是规范本身，而是一些内在相关的规范的效力或实效的聚焦。但它们也都是结合各方面物质现实性的集体意向性之产物，且根本上是在主体间自发生成的。

历史上的规范体系之间的差异，实际上可以在相当程度上理解为：各个基本规范范畴的深层次结构，在各种现实变量作用下的具体的、历史性表现上的差异，及其自身涵义的拓展与深化，其形态的转换与变型、整合与重组。即，具有一定简单性和跨文化的可理解性之规范范畴的基本结构，是形式；而因为实践场域的具体条件不同，主要是在集体意向性的作用下，完整的共同体将基本规范范畴适用于哪些具体领域、事项和行为方式，并就这种适用附上怎样一些有用的补充性规则，则是内容。范畴内涵、范畴形态在实践中的拓展与深化、整合与重组，则是形式与内容相渗透的结果。

共同体有两种基本形态，完整的和不完整的。完整共同体，就是那种围绕着把它的成员组织起来的制度纽带的一系列活动，可以在人与自然，人与人、人与自身这三重关系的领域之间实现若干紧密的功能耦合路径的共同体；不完整的共同体则否。上述三重关系有维度和领域两种基本含义。从微观角度来看，任何行为或实践活动，都必然会涉及相关的自然条件、主体与他者的关系或社会状态、主体的心理世界这三个维度。但某一维度上的事态和状况，如某种物质资源、某种公平审判、某种安全利益、某种社会结构，或者某种身心健康的状况，也可能成为某种广义上的生产性过程所要促成的目标，而这样被当作目标来看待的事态和状况，自有其基本领域上的区分。但目标领域上的目标的实现状态，基本上都可以作为资源起作用，被结合进其他各类生产性过程的相应维度上，并这种结合就是其目标含义的一部分。所以在这种从维度到领域、从领域到维度的不断转换当中，就是在将很多功能耦合路径的可能性予以现实化。而规范和制度所起的作用，与很多物质资源所起的不同，它们很多时候是作为威慑或诱导、作为态势和可能性而起作用。

围绕产权制度的一切，算得上是三重关系领域产生功能耦合路径的一个例证。清楚、合理的产权，堪称一个组织良好的社会给予许多个人的馈赠，而混乱、不合理的产权则是事物的反面，也是其他层面弊端丛生的根源。但产权的实质并非一种单纯的人与物之间的关系，产权是基于特定主体或主体性资格对于特定物品或状况的拥有而产生的可以做某些事情的权限，对其权利属性的确定，是源自人与人之间的默契、文化沿袭或者集体性的同意。所以很明显，它至少是两种关系的特定的结合状态。并产权的具体形态是多方面功能综合的结果：其分割、度量有赖于一系列关于物品形态的知识和技术；习俗、伦理、宪政规范等，提供了一般的、外围的、辅助性的制度环境，①而关于产权的法律、个人之间的契约或者某一组织机构内的分配规则，往往是造成具体产权状况的直接原因。同时，文明当中的一些涉及人生观和世界观的核心思想，蕴含其产权制度上的倾向性，譬如儒家的井田论、伊斯兰教法中关于

---

① 情况或许是："若公众能共同维持社会习惯，而这些习惯又恰好与政府所鼓励的基本权利结构相吻合，实施排他性权利的成本就会降低。反之，如果社会准则瓦解，则必会产生严重的经济影响。比如，高犯罪城区，房地产主实施所有权的成本非常高，甚至使房地产净值为零……"（〔冰岛〕思拉恩·埃格特森著，吴经邦译：《经济行为与制度》，商务印书馆，2004年，第37页）。

财产处置的规定、西方古典和近代的自然法学说和自然权利观、现代西方的自由主义思潮等。但良好的产权状况,往往又是它赖以维系的那些方面得以有序发展的前提。

不完整的共同体,即一般意义上的"组织",可以理解为:基于一系列共同或相互协调目标的——目标就是需要和价值观的体现——若干资源所有者之间所订立的、或许有很多模糊空间的关系性契约,①例如经济组织就是劳动力、资本或其他生产要素的所有者之间的一种联合。企业就是这样,它是价格机制的替代物,是在短期的契约不能令人满意的情况下出现的。② 经济组织的不同形态,则是适应不同目标、环境、知识和资源等方面特点而导致的现象。③ 对于其他组织,当然一样存在生产性或策略性的分析,如什么样的手段将真正有助于目标的实现,什么样的做法是人际可行的,等等。

每一种文明体系,都堪称规范体系,都有自己在价值系列和规范方面所展现的独特风格。但从演化和结构的辩证关系来看,任何有其特定时空范围的文明体系,都是运用前述基本结构的特定的拓展和深化的形态,或者说某种必然会有的变异形式。

围绕着"需要——与各种现实变量有关的需要未被满足的问题——解决问题的方式——解决问题的状况和程度"之间的辩证进程,主要的震荡来自:具有实际上和本质上的抽象性的基本价值

---

① 参见〔德〕柯武刚、史漫飞著,韩朝华译:《制度经济学》,商务印书馆,2000年,第242-246页、第329-330页。

② 参见〔美〕罗纳德·科斯等著,盛洪等译:《论生产的制度结构》,上海三联书店,1994年,第1-52页。

③ 参见〔日〕青木昌彦著,周黎安译:《比较制度分析》,上海远东出版社,2001年,第97-132页等。

的不确定性,因为具体价值形态的确立和有关的实践性诠释是一个动态的连续体;围绕某种制度的同样的行动,对于满足不同需要或实现不同价值来说,可能面临相当不同的效益度量问题(一些效益或为负的),这就有一个总体上的选择问题;过去的一系列选择可能造成的路径依赖问题;人们在度量或估量成本、效益时得要面对的来自不同环境的噪声;平衡各方面利益(如短期利益和长期利益)时所面临的风险环境;总体效果较差或帕累托较劣的制度,却可能处在没有人愿意率先做出改变的纳什均衡状态;一些人的背德或投机行为带来的变数;以及有限理性是否认识到了较佳、较现实的制度选项,等等。这些都说明了问题的复杂性和实际历史的复杂性。

  文明是一个有思想的整体。其思想的核心部分则是:在对于共同体特定的自然和历史状况有所反应的基础上,探索各层级、各维度上的价值和价值观的整合。这是一个由趋势、势能、强大的引力中心带动的动态过程,而不是一个确定的终极的完成状态。其核心的核心则是:在不断地、无止境地探索塑造人格完整性的途径的基础上,寻找精神方面的愉悦、安宁和升华的特定形态。

  没有什么特化的价值形态是绝对的、无条件的,甚至在特定阶段、特定状况下,对于基本价值的一些低层级的表现形态之牺牲和背弃,也有可能被接受,只要有另一种诱使或迫使人们放弃这类价值表现的更高价值被注入了更多的维系它的能量,不过对于基本需求的长期、全面的忽略,一般来说是难以持久的。因为比起基本价值,作为特化的价值形态的整合之核心价值之持续引领和牵引,有赖于复杂得多的能量形式,维系这种形式相当困难,而对很多生命个体来说,破坏这种形式却容易得多。较为平衡协调的价值体系,是在不同价值关切以及价值的各层级之间,建立一种相互支持和依赖的关系,即维系高层级的价值的能量形式,固然一般地有赖于低层级价值的被达成,而其价值的实现,实际上也有助于低层级价值较为充分的实现。那些涉及各类价值观的思想,势必也包括关于规范和制度如何建构的一些概括性原则——即一系列元规则。这个方面,一定程度上决定了制度扩张的同构性和一些整体安排的倾向。

也许,所有基本实践范畴在落实为它们的历史性具体形态的过程中,都是在一起成长的、共生演化的,即包括协调、交换、权力、权利、义务、权威、制度性事实等在内,它们当中几乎每一个都会随着其他范畴的具体形态的演变而演变——因为它们本来就是相互指涉、相互联锁着发挥其效力的。

协同演进的辩证性特别体现在:围绕需要和价值、情绪和感受、能力和素质等,个人之间的利益冲突或利益兼济的空间,原本是实践范畴和规范范畴的具体形态所要调节的对象,但在这些范畴形态上产生的一些事态或机制,却有可能变成价值客体,变成需要或情感的对象,这个过程往往还会不断延伸开去,即,针对它们当中的一些,又极可能产生新的规范和制度层面上的调节,等等。实际上,共生演化或协同演进的机制,普遍存在于规范、制度、利益机制、价值体系、情感调节方式、人格心理世界、认识能力与科学技术等要素之间。

在规范体系内,在各项运作着的规范或制度之间,产生外部性或溢出效应的概率很高。存在两类外部性,一为制度间的协同和互补,一为制度间的挤出效应(即在它们共同起作用之际,会相互遏制或减少其制度绩效)。故而围绕某一目标的制度的整体性安排,就得尽量促成积极的外部性,及规避消极的外部性。如果某项规范恰如其分地融入了制度的整体结构当中,就比那些没有这样做的,更有机会得到巩固和维护,更容易发挥其效力。[①] 整体性的关联和配合,对于演化过程同样重要。从历史上看,一项制度变革的成功与否,通常与其是否注意或牵动了下列情况有关:(一)发挥跟一部分正在和必将成功延续下去的旧的制度因素之间的协同作用,例如恰当地利用某些旧的价值观进行一些目标指向新的体系的社会动员;(二)新的制度安排之间的整体性,即各项规范和制度之间构成恰当配合的新的体系,更容易在或许是理性规划和实践试错交织的过程中被选择。

推动特定规范的诞生和演化,通常有两种基本的动力机制:自发生成与有意设计。有关过程往往并不是非此即彼的,但可能体现其中一种机制的主导作用。可是从根本上来看,自发、自然和有机的生成,才是基础和主导的方面,并其中蕴含着作为规范机制的秘密所在的集体意向性之起源。有意设计和有机生成,在规范演化的进程中,经常是相互交织和相互渗透的,局部或微观层面上的有意设计,很可能在宏观层面上体现为自发的、无意识的、有机的现象。即使没有刻意的设计,在一个群体中,交往的持续性结构仍可能得到演化,即形成自发的社会秩序。但是在自发秩序的总体结果和参与者的主观意图之间的不一致,有时候表现为前者比后者好,有时候则差些或差得多。市场中的"看不见的手"的效应就是第一种情况,即出于自由市场的魔力,将最初的利己动机转变为总体上的资源配置和分工协作的较佳结果。

即便是市场化的即自由的资源配置方式,通常也需要以一定的合作方式或合作氛围为前提。何况一般还存在非排他性使用的物品领域。实际上,在频繁出现"零和博弈"、"囚徒困境"、"信任不

---

[①] 参见〔日〕青木昌彦:《比较制度分析》,第 236－238 页。

足"与"搭便车"现象的人际策略互动和社会活动当中,个人或小集团追求各自目标的行动,很可能是难以协调的,也很可能产生某些包括本人在内都更愿意避免的悲剧性结果。此际,若有人出来惩罚不合作者,就会使自己陷入非最优化反应的处境;或许,通过政策设计改变博弈中的收益格局,也是可以考虑的手段。

演化一般性和演化特殊性,为规范演化现象的一体两面;前者大体上可以被看作是对基本结构问题的反应,并在这些反应中展现出跨文化的共性的一面;但如果历史过程中的偶然性和随机性是用任何方式都无法消除的,是本体论意义上的它的本质的一部分,那么跟自然条件上的差异结合在一起,就会产生基本价值的实现方式上的若干特化的表现,也就是生产生活方式、以权力机制和人际协调为要害的社会结构、符号象征形式等各个方面的差异,进而也是整合性的核心价值上的差异。

"演化一般性"在基本伦理价值上表现尤为明显。"伦理",它在一定意义上是抽象的;因为伦理规范中的一些核心部分所基于的考虑是,当你面对各类确定和不确定的、现实或潜在的、难以限量的他人时,应该如何行动,以便取得普遍意义上的彼此间的协调。根本上,基本伦理规范是在达成普遍化原则观照下的人际协调的情形下,关于基本价值的最低或较低满足程度的一项保险制度,这恰是它在效益核算取向上的特点。安全承诺、尊重产权、尊重个体意志或者诚信,[①]在绝大多数共同体中,为其成员之间彼此所看重——这便使这些伦理范畴具有权利—义务的属性;而共同

---

[①] 这些价值的伦理意涵,落实在个体行为的层面上,相当于戒绝杀、盗、淫、妄等。像这样的底线伦理,乃是面对更抽象的、潜在地更广泛的情境时的保守策略,破坏它需要更充分的理由,它的稳定性使得义务论观点有了一定的合理性。

体的感觉即其单纯的界限,也可以扩展至人类的全体,这恐怕是"轴心时代"(前8世纪到3世纪之间)以来,一些文明社会之间的共识。但不时地以所谓挑战邪恶的理由,打破了这种共识,与其说是观察到了邪恶,不如说是由于无知而产生的恐惧。而像仪式之类的伦理型规范,并不只是起到实质性伦理的辅助功能,它有时还充当了信号媒介或信号渠道的角色,如果这方面的角色和功能是高度稳定的,那么它就变成了各种社会关系的稳定象征,或者稳定的中介。

作为群居性的动物,一定形式和一定程度的合作、互惠、利他、平等,在人类行为中经常可以被观察到,这又跟组群层面上——而不一定是个体层面上——的选择压力有关。跟其他动物不同,在人类社会中,组群间的选择更为重要。当然是群内成员的交往频率明显高于他们和其他组群成员的。但影响演化进程的因素,仍然可以被分解为组群内和组群间两种选择效应。某种特征能否得到成功复制的机会,有赖于组群的结构(如组成成分),当组群间结构差异长期持续时,对组群的选择,就会强烈影响演化的路径和方向。无可否认,在面临外部竞争压力的时候,若其他条件相当,内部成员间比较合作利他的组群,拥有对外的优势。而这应该是合作和利他行为得以摆脱困境而获演化机会的主要原因所系。就是说,某些有利于组群的特征——如个体的利他性惩罚——如何因为它们在组群间所发挥的效应,而得到巩固和强化,就是典型的组群间的选择问题。而组群间的选择效应经常会有一定的优先性,并可能影响到组群内的选择进程和结果。[①]

---

[①] 〔美〕萨缪·鲍尔斯著,江艇等译:《微观经济学》,中国人民大学出版社,2006年,第13章。

合作的行为方式有可能在个体群之间通过模仿传播，方向当然是从成功的群体到不成功的群体。这些行为倾向可能是勇气、同情、慈爱、慷慨，当然也可能是公正、讲理、无私等。历史上，较好较多地拥有这些特性的组群，往往能战胜其他组群并迅速扩张。这主要是因为：某一组群内的合作者，会将利他行为的适应性优势或物质利益给予自己人，而不是组群外的个体，反倒经常是让后者承担适应性成本和损失。这里得到成功演化的，是自私组群而不是自私的个人——只是在对组群有利的情况下，慷慨、合作等行为特性，以及合作者、利他主义者、强互惠者等，才在自私组群内部出现并得到巩固。

那些抑制某组群内的先天或后天差异的方式，也能够改进该组群在组群间的竞争中的表现，有关的方式包括：资源共享、合作保险、一致同意型的决策、习俗的遵循和传播、形成较高层面的交往类别的社会划分形式、组群边界的维系、对组群间冲突的利用频率。在这些方面，没有任何一种动物的行为能够达到人类的水平——这可能正是组群间选择对人类更为重要的原因。[①]

较诸一般性，演化特殊性的表现丝毫不逊色。造成的原因也很多：不同自然环境提出了不同的挑战；群体间竞争和冲突的一系列历史机缘；先前的规范和制度史（在这个维度上经常可以观察到路径依赖现象，这跟有限理性的认识水平、制度成本问题均有关联）；具有群体和个体差异性的情感因素的融入（它们是使得一些动机变得更强烈的润滑剂）；有限理性的脆弱基础；符号选择的任意性、多样性等。而这些因素的每一项都可能镜像着无限的方面，这就是整体性的一种表现，但其容纳其他方面和作用于其他方面

---

① 〔美〕萨缪·鲍尔斯：《微观经济学》，第330页。

的线索,却可能迷失在一些相互缠绕的机制中。于是,在整体性和多样性、偶然性之间就意想不到地建立了一种联系。事实上,假设人类规范的演化完全不受偶然性的影响,甚至每一个问题都有唯一合理的解决方案,就是在无视人类历史的多样性。规范形态的多样性,以及它在解决问题上表现出一定的冗余性,乃是一对孪生兄弟。而历史就是这样的,在不断的试错和摸索当中勇往直前。

# 参 考 文 献

此篇文献目录为分类目录。其类别依次为：一哲学理论；二中国古代历史和文化；三世界史；四宗教学和人类学；五伦理学；六法学；七政治学和社会学；八博弈论和经济学；九语言学、心理学及其他。

## 一、哲学理论

〔古希腊〕柏拉图著，郭斌和、张竹明译：《理想国》，商务印书馆，1986年。
〔古希腊〕亚里士多德著，苗力田译：《尼各马科伦理学》，中国社会科学出版社，1990年。
〔古希腊〕亚里士多德著，苗力田主编：《亚里士多德全集》第7卷，中国人民大学出版社，1993年。
〔古希腊〕亚里士多德著，方书春译：《范畴篇》，商务印书馆，1959年。
〔德〕马克思、恩格斯：《共产党宣言》，《马克思恩格斯选集》第1卷。
〔德〕马克思、恩格斯：《费尔巴哈》，《马克思恩格斯选集》第1卷。
〔德〕恩格斯：《费尔巴哈论》，《马克思恩格斯选集》第4卷。
Franz Brentano, *Psychology from an Empirical Standpoint*, London: Routlege, 1995.
〔德〕胡塞尔，倪梁康译：《逻辑研究》（第1卷），上海译文出版社，1994年。
〔德〕胡塞尔，倪梁康译：《逻辑研究》（第1卷），上海译文出版社，1998年。
〔德〕胡塞尔，李幼蒸译：《纯粹现象学通论》，商务印书馆，1992年。
〔德〕胡塞尔，倪梁康译，：《内在时间意识讲座》，商务印书馆，2010年。
〔德〕胡塞尔著，王炳文译：《欧洲科学危机与超越论的现象学》，商务印书馆，2001年。
〔德〕胡塞尔著，倪梁康译：《生活世界的现象学》，上海译文出版社，2002年。
〔德〕胡塞尔著，张廷国译：《笛卡尔式的沉思》，中国城市出版社，2002年。
〔瑞士〕耿宁著，倪梁康等译：《心的现象》，商务印书馆，2012年。

倪梁康:《胡塞尔现象学概念通释》,三联书店,1999年。
倪梁康:《自识与反思——近现代西方哲学的基本问题》,商务印书馆,2002年。
任会明:《自我知识与窄内容——关于心智外在主义及其影响的反思》,浙江大学出版社,2009年。
李恒威:《意识——从自我到自我感》,浙江大学出版社,2011年。
王庆节:《解释学、海德格尔与儒道今释》,中国人民大学出版社,2004年。
〔德〕阿尔弗雷德·许茨著,霍桂桓等译:《社会实在问题》,华夏出版社,2001年。
〔德〕汉斯—格奥尔格·伽达默尔著,洪汉鼎译:《真理与方法》,上海译文出版社,1992年。
〔德〕哈贝马斯著,张博树译:《交往与社会进化》,重庆出版社,1989年。
〔德〕哈贝马斯著,洪佩郁等译:《交往行动理论》第1卷,重庆出版社,1994年。
〔德〕哈贝马斯著,童世骏译:《事实与规范之间》,三联书店,2003年。
〔德〕阿佩尔著,孙周兴译:《哲学的改造》,上海译文出版社,1994年。
〔法〕柏格森著,吴士栋译:《时间与自由意志》,商务印书馆,1959年。
〔法〕福柯著,刘北成等译:《规训与惩罚》,三联书店,1999年。
〔法〕福柯著,谢强等译:《知识考古学》,三联书店,1998年。
〔法〕福柯著,钱翰译:《必须保卫社会》,上海人民出版社,1999年。
〔法〕福柯著,佘碧平译:《性经验史》,上海人民出版社,2002年。
〔法〕福柯著,严锋译:《权力的眼睛》,上海人民出版社,1997年。
Hubert L. Deryfus and Paul Rabinow, *Michel Foucault: Beyond Structuralism and Hermeneutics*, The University of Chicago Press, 1983.
Michel Foucault, *Power/Knowledge*, The Harvester Press Limited, 1983.
〔奥〕维特根斯坦著,郭英译:《逻辑哲学论》,商务印书馆,1962年。
〔奥〕维特根斯坦著,贺绍甲译:《逻辑哲学论》,商务印书馆,1996。
〔奥〕维特根斯坦,汤潮译:《哲学研究》,三联书店,1992年。
〔英〕休谟著,关文运译:《人性论》,商务印书馆,1980年。
〔英〕休谟著,石碧球译:《人性论》,中国社会科学出版社,2009年。
〔英〕怀特海著,李步楼译:《过程与实在》,商务印书馆,2011年。
〔英〕波普尔著,纪树立编译:《科学知识进化论》,三联书店,1987年。
〔美〕蒯因(W. V. Quine)著,陈启伟译:《从逻辑的观点看》,上海译文出版社,1987年。
〔美〕蒯因著,陈启伟等译:《语词和对象》,中国人民大学出版社,2005年。

〔美〕奎因(W. V. Quine)著,王路译:《真之追求》,三联书店,1999年。
陈波:《奎因哲学研究》,三联书店,1998年。
〔美〕大卫·刘易斯著,吕捷译:《约定论——一份哲学上的考察》,三联书店,2009年。
〔美〕J.丹西著,周文章等译:《当代认识论导论》,中国人民大学出版社,1990年。
〔美〕罗蒂著,黄勇编译:《后哲学文化》,上海译文出版社,1992年。
J. R. Searle, *Speech Acts, An Essay in the Philosophy of Language*, New York:Cambridge University Press,1969.
〔美〕塞尔著,李步楼译:《心灵、语言和社会》,上海译文出版社,2001年。
〔美〕塞尔著,李步楼译:《社会实在的建构》,上海人民出版社,2008年。
〔美〕塞尔著,刘叶涛译:《意识的奥秘》,南京大学出版社,2009年。
〔美〕希拉里·普特南著,应奇译:《事实与价值二分法的崩溃》,东方出版社,2006年。
牟博等编译:《语言哲学》,商务印书馆,1998年。
徐友渔等:《语言与哲学》,三联书店,1996年。
李泽厚:《批判哲学的批判》,三联书店,2007年。
李泽厚:《实用理性与乐感文化》,三联书店,2008年。
杨国荣:《成己与成物》,北京大学出版社,2011年。
徐梦秋、吴洲等:《规范通论》,商务印书馆,2011年。
辛鸣:《制度论——关于制度哲学的理论建构》,人民出版社,2005年。
杨俊一等:《制度哲学导论——制度变迁与社会发展》,上海大学出版社,2005年。

## 二、中国古代历史和文化

《史记》、《汉书》、《后汉书》、《三国志》、《魏书》、《晋史》、《北史》、《南史》、《隋书》、《旧唐书》、《新唐书》、《旧五代史》、《新五代史》、《宋史》、《明史》等,以上正史均采用中华书局点校本。
旧题左丘明撰:《左传》,十三经注疏本。
〔唐〕吴兢撰:《贞观政要》,上海古籍出版社,1978年。
〔唐〕杜佑撰,颜品忠等校点:《通典》,岳麓书社,1995年。
〔唐〕李吉甫:《唐六典》,中华书局,1992年。
〔宋〕司马光等:《资治通鉴》,中华书局,1956年。

# 参 考 文 献

〔宋〕王溥编:《唐会要》,中华书局,1955年。
〔宋〕王钦若编:《册府元龟》,中华书局,1960年。
〔宋〕宋敏求:《唐大诏令集》,商务印书馆,1959年。
李希泌主编:《唐大诏令集补编》,上海古籍出版社,2003年。
〔元〕马端临:《文献通考》,中华书局,1986年。
〔清〕王鸣盛:《十七史商榷》,商务印书馆,1959年。
〔清〕钱大昕:《廿二史考异》,商务印书馆,1958年。
〔清〕徐松编:《宋会要辑稿》,上海古籍出版社,1957年。
苏秉琦:《中国文明起源新探》,三联书店,1999年。
杨宽:《西周史》,上海人民出版社,1999年。
李峰:《西周的灭亡——中国早期国家的地理和政治危机》,上海古籍出版社,2007年。
许倬云:《西周史》,三联书店,1994年。
许倬云:《汉代农业》,江苏人民出版社,1998年。
李开元:《汉帝国的建立与刘邦集团——军功受益阶层研究》,三联书店,2000年。
辛德勇:《秦汉政区与边界地理研究》,中华书局,2009年。
王仲荦:《隋唐五代史》,上海人民出版社,2003年。
陈寅恪:《唐代政治史述论稿》,上海古籍出版社,1997年。
张国刚:《唐代藩镇研究》,湖南教育出版社,1987年。
严耕望:《严耕望史学论文选集》,中华书局,2006年。
毛汉光:《中国中古社会史论》,上海世纪出版集团,2003年。
李治安:《元代分封制度研究(增订本)》,中华书局,2007年。
张显清、林金树主编:《明代政治史》,广西师范大学出版社,2003年。
秦晖:《田园诗和狂想曲——关中模式与前近代社会的再认识》,中央编译出版社,1996年。
秦晖:《传统十论》,复旦大学出版社,2003年。
徐茂明:《江南士绅与江南社会(1368-1911)》,商务印书馆,2004年。
黄仁宇:《放宽历史的视界》,三联书店,1998年。
黄仁宇:《黄河青山——黄仁宇回忆录》,三联书店,2001年。
黄仁宇:《赫逊河畔谈中国历史》,三联书店,2002年。
李剑农:《中国古代经济史稿》,武汉大学出版社,2006年。
赵冈:《中国经济制度史》,新星出版社,2006年。

赵冈、陈钟毅:《中国土地制度史》,台湾联经出版事业公司,1982年。
侯家驹:《中国经济史》,新星出版社,2008年。
李锦绣:《唐代财政史稿(下卷)》,北京大学出版社,2001年。
宁志新:《隋唐使职制度研究》,中华书局,2005年。
漆侠:《宋代经济史》,上海人民出版社,1987年。
梁庚尧:《南宋盐榷——食盐产销与政府控制》,台大出版中心,2010年。
傅衣凌:《明清社会经济史论文集》,人民出版社,1982年。
傅衣凌:《明清农村社会经济 明清社会经济变迁论》,中华书局,2007年。
傅衣凌:《明清时代商人及商业资本 明代江南市民经济试探》,中华书局,2007年。
黄宗智:《华北的小农经济与社会变迁》,中华书局,2000年。
黄宗智:《长江三角洲的小农家庭与社会发展》,中华书局,2000年。
黄宗智:《清代的法律、社会与文化:民法的表达与实践》,上海书店出版社,2007年。
彭信威:《中国货币史》,上海人民出版社,2007年。
王仲荦:《金泥玉屑丛考》,中华书局,1998年。
黄冕堂:《中国历代物价问题考述》,齐鲁书社,2008年。
彭凯翔:《清代以来的粮价——历史学的解释与再解释》,上海人民出版社,2006年。
张传玺:《契约史买地券研究》,中华书局,2008年。
葛剑雄:《中国人口发展史》,福建人民出版社,1991年。
吴松弟:《中国人口史·第三卷》,复旦大学出版社,2000年。
曹树基:《中国人口史·第四卷》,复旦大学出版社,2000年。
王渊明:《历史视野中的人口与现代化》,浙江人民出版社,1995年。
〔法〕童丕:《敦煌的借贷:中国中古时代的物质生活与社会》,中华书局,2003年。
〔日〕池田温著,龚书铎译:《中国古代籍帐研究》,中华书局,1984年。
〔日〕宫崎市定著,韩昇译:《九品官人法研究》,中华书局,2008年。
〔日〕沟口雄三著,郑静译:《中国的公与私·公私》,三联书店,2011年。
〔美〕杨联陞著,彭刚译:《中国制度史研究》,江苏人民出版社,1998年。
〔美〕费正清编,郭晓斌等译:《中国的思想与制度》,世界知识出版社,2008年。
John L. Buck, *Land Utilization in China*, New York: Paragon Book Reprint Corp, 1964.

Mark Elvin, *The Pattern of the Chinese Past*, Stanford: Stanford University Press, 1973.

Ho, Ping-ti, *The Ladder of Success in Imperial China: Aspects of Social Mobility, 1368-1911*. New York: Columbia University Press, 1962.

Robert Marks, *Tigers, Rice, Silk, and Silt: Environment and Economy in Guang-dong, 1250-1850*, New York: Cambridge University Press, 1991.

〔唐〕白居易:《白居易集》,中华书局,1979年。

〔唐〕元稹:《元稹集》,中华书局,1982年。

〔唐〕柳宗元:《柳河东集》,中国书店,1991年。

〔唐〕杜牧:《樊川文集》,上海古籍出版社,1978年。

〔宋〕张载:《张载集》,中华书局,1978年。

〔宋〕程颢、程颐:《二程集》,中华书局,1981年。

〔宋〕朱熹:《四书章句集注》,中华书局,1983年。

〔宋〕黎靖德:《朱子语类》,中华书局,1986年。

〔清〕黄宗羲:《黄宗羲全集》第1卷,浙江古籍出版社,1985年。

〔清〕黄宗羲著,李伟译注:《明夷待访录译注》,岳麓书社,2008年。

〔清〕顾炎武著,〔清〕黄汝成集释:《日知录集释》,上海古籍出版社,2013年。

〔清〕顾炎武著,陈垣校注:《日知录校注》,安徽大学出版社,2007年。

〔清〕阮元编:《十三经注疏》,中华书局影印,1980年。

《汉魏古注十三经》,中华书局影印四部备要本,1998年。

〔清〕董诰等辑:《全唐文》,上海古籍出版社,1990年。

〔清〕孙希旦:《礼记集解》,中华书局,1989年。

〔清〕陈立:《白虎通疏证》,中华书局,1994年。

钱穆:《两汉今古文经学平议》,商务印书馆,2001年。

杨向奎:《宗周社会与礼乐文明》,人民出版社,1997年。

刘岱总主编:《中国文化新论·社会篇》,三联书店,1992年。

丁凌华:《中国丧服制度史》,上海人民出版社,2000年。

徐吉军:《中国丧葬史》,江西高校出版社,1998年。

李书有:《儒学与社会文明》,江苏古籍出版社,1995年。

陈来:《古代宗教与伦理》,三联书店,1996年。

柳诒徵编著:《中国文化史》,东方出版中心,1988年。

张弓等:《敦煌典籍与唐代历史文化》,中国社会科学出版社,2006年。

包伟民:《传统国家与社会960-1279年》,商务印书馆,2009年。

陈支平:《近500年来福建的家族社会与文化》,上海三联书店,1991年。
郑振满:《明清福建家族组织与社会变迁》,湖南教育出版社,1992年。
林耀华:《金翼——中国家族制度的社会学研究》,三联书店,1989年。
林耀华:《义序的宗族研究》,三联书店,2000年。
谢维扬:《周代家庭形态》,中国社会科学出版社,1990年。
徐扬杰:《中国家族制度史》,人民出版社,1992年。
徐扬杰:《宋明家族制度史论》,中华书局,1995年。
冯尔康、常建华:《中国宗族社会》,浙江人民出版社,1994年。
钱杭:《血缘与地缘之间——中国历史上的联宗与联宗组织》,上海社会科学院出版社,2001年。
阎爱民:《汉晋家族研究》,上海人民出版社,2005年。
常建华:《明代宗族研究》,上海人民出版社,2005年。
冯尔康:《18世纪以来中国家族的现代转向》,上海人民出版社,2005年。
赵华富:《徽州宗族研究》,安徽大学出版社,2004年。
赵秀玲:《中国乡里制度》,社会科学文献出版社,2002年。
赵旭东:《权力与公正——乡土社会的纠纷解决与权威多元》,天津古籍出版社,2003年。
陈会林:《地缘社会解纷机制研究——以中国明清两代为中心》,中国政法大学出版社,2009年。
王日根:《乡土之链:明清会馆与社会变迁》,天津人民出版社,1996年。
陈乔见:《公私辨》,三联书店,2013年。
〔美〕田浩著,姜长苏译:《功利主义儒家——陈亮对朱熹的挑战》,江苏人民出版社,1997年。
〔法〕余莲:《势:中国的效力观》,北京大学出版社,2009年。

## 三、世界史

周谷城:《世界通史》,商务印书馆,2005年。
崔连仲主编:《世界史·古代史》,人民出版社,1983年。
朱寰主编:《世界中古史》,吉林文史出版社,1986年。
刘圣中:《历史制度主义》,上海人民出版社,2010年。
阮炜:《不自由的希腊民主》,上海三联书店,2009年。
刘祖熙:《波兰通史》,商务印书馆,2006年。
〔古希腊〕希罗多德著,王以铸译:《历史》,商务印书馆,1959年。

# 参考文献

〔古希腊〕赫西奥德著,张竹明译:《工作与时日神谱》,商务印书馆,1991年。
〔古罗马〕瓦罗著,王家绶译:《论农业》,商务印书馆,1981年。
〔法〕菲斯泰尔·德·古朗士著,吴晓群译:《古代城市——希腊罗马宗教、法律及制度研究》,上海世纪出版集团,2006年。
〔法〕马克·布洛赫著,张绪山、李增洪等译:《封建社会》,商务印书馆,2004年。
〔法〕布罗代尔著,施康强、顾良译:《15至18世纪的物质文明、经济和资本主义》,三联书店,1992年。
〔法〕布罗代尔著,肖昶等译:《文明史纲》,广西师范大学出版社,2003年。
〔法〕安德烈·比尔基埃等著,袁树仁等译:《家庭史》,三联书店,1998年。
〔比利时〕亨利·皮雷纳著,陈国樑译:《中世纪的城市》,商务印书馆,2006年。
〔匈〕温盖尔·马加什、萨博尔奇·奥托著,阚思静等译:《匈牙利史》,黑龙江人民出版社,1982年。
〔俄〕克柳切夫斯基著,张草纫等译:《俄国史教程》,商务印书馆,2013年。
〔英〕爱德华·汤普森著,沈汉、王加丰译:《共有的习惯》,上海人民出版社,2002年。
〔英〕阿萨·勃里格斯著,陈叔平等译:《英国社会史》,中国人民大学出版社,1991年。
〔英〕佩里·安德森著,刘北成、龚晓庄译:《绝对主义国家的谱系》,上海人民出版社,2001年。
〔英〕威廉·多伊尔著,张弛译:《法国大革命的起源》,上海人民出版社,2009年。
〔英〕朱利安·荷兰主编,刘源译:《简明世界历史大全》,三联书店,2004年。
〔美〕斯塔夫里阿诺斯著,吴象婴等译:《全球通史——1500以前的世界》,上海社会科学院出版社,1988年。
〔美〕大卫·克里斯蒂安著,晏可佳译:《时间地图——大历史导论》,上海社会科学出版社,2007年。
〔美〕M.罗斯托夫采夫著,马雍、厉以宁译:《中国5—10世纪的寺院经济》,商务印书馆,1985年。
〔美〕汤普逊著,耿淡如译:《中世纪经济社会史》上册,商务印书馆,1961年。
〔美〕汤普逊著,耿淡如译:《中世纪经济社会史》下册,商务印书馆,1963年。
〔美〕汤普逊著,徐家玲等译:《中世纪晚期欧洲经济社会史》,商务印书馆,1992年。
〔美〕道格拉斯·诺斯等,厉以平译:《西方世界的兴起》,华夏出版社,1989年。

〔美〕巴林顿·摩尔著,拓夫等译:《民主和专制的社会起源》,华夏出版社,
　　1987年。
〔美〕斯科特·戈登著,应奇等译:《控制国家——西方宪政的历史》,江苏人民
　　出版社,2001年。
〔美〕罗伯特·B.马克斯著,夏继果译:《现代世界的起源》,商务印书馆,2006年。
〔美〕沃勒斯坦著,郭方等译:《现代世界体系》(1至4卷),社会科学文献出版
　　社,2013年。
〔美〕彭慕兰著,史建云译:《大分流——欧洲、中国及现代世界经济的发展》,
　　江苏人民出版社,2003年。
〔美〕杰克·戈德斯通著,关永强译:《为什么是欧洲?——世界史视角下的西
　　方崛起》,浙江大学出版社,2010年。
〔美〕罗兹·墨菲著,黄磷译:《亚洲史》,海南出版社等,2004年。
〔美〕希提著,马坚译:《阿拉伯通史》,商务印书馆,1979年。
〔美〕斯坦福·肖著,许序雅等译:《奥斯曼帝国》,青海人民出版社,2006年。
F. Braudel, *Afterthoughts on Material Civilization and Capitalism*, Baltimore: Johns Hopkins University Press. 1977.
Joseph A. Tainter, *The Collapse of Complex Societies*, Cambridge: Cambridge University Press, 1988.
Eric L. Jones, *The European Miracle: Environments, Economies, and Geopolitics in the History of Europe and Asia*, Cambridge: Cambridge University Press, 1981.
Francesca Bray, *The Rice Economies, Technology and Development in Asian Societies*, New york: Oxford University Press, 1985.
J. J. Spielvogel, *Western Civilization: A Brief History*, Wadsworth(a division of Thom -son Learning), 2005.

## 四、宗教学和人类学

史宗主编:《20世纪西方宗教人类学文选》,上海三联书店,1995年。
金泽:《宗教人类学学说史纲要》,中国社会科学出版社,2010年。
吴洲:《中国宗教学概论》,台北中华道统出版社,2001年。
〔奥〕弗洛伊德著,李展开译:《摩西与一神教》,三联书店,1988年。
〔德〕韦伯著,于晓译:《新教伦理与资本主义精神》,三联书店,1984年。
〔德〕利普斯著,李敏译:《事物的起源》,陕西师范大学出版社,2008年。

〔法〕莫里斯·郭德烈著,董芃芃等译:《人类社会的根基》,中国社会科学出版社,2011年。
〔法〕涂尔干著,渠东等译:《宗教生活的基本形式》,上海人民出版社,1999年。
〔法〕涂尔干著,汲喆译:《乱伦禁忌及其起源》,上海人民出版社,2003年。
〔法〕马塞尔·莫斯著,汲喆译:《礼物》,上海人民出版社,2002年。
〔法〕谢和耐著,耿昇译:《中国和基督教》,上海古籍出版社,1991年。
〔法〕谢和耐著,耿昇译:《中国5-10世纪的寺院经济》,上海古籍出版社,2004年。
〔法〕列维—斯特劳斯著,渠东译:《图腾制度》,上海人民出版社,2002年。
〔法〕列维—斯特劳斯著,谢维扬等译:《结构人类学》第1卷,上海译文出版社,1995年。
〔法〕列维—斯特劳斯著,李幼蒸译:《野性的思维》,商务印书馆,1987年。
〔法〕列维—斯特劳斯著,周昌忠译:《神话学——生食与熟食》,中国人民大学出版社,2006年。
〔法〕莫里斯·郭德烈著,董芃芃等译:《人类社会的根基》,中国社会科学出版社,2011年。
〔瑞士〕雅各布·坦纳著,白锡堃译:《历史人类学导论》,北京大学出版社,2008年。
〔日〕池田大作、〔英〕B.威尔逊著,梁鸿飞等译:《社会与宗教》,四川人民出版社,1996年。
〔英〕马克斯·缪勒著,金泽译:《宗教学导论》,上海人民出版社,1989年。
〔英〕泰勒著,连树声译:《原始文化》,上海文艺出版社,1992年。
〔英〕泰勒著,连树声译:《人类学——人及其文化研究》,上海文艺出版社,1993年。
〔英〕弗雷泽著,徐育新等译:《金枝》,中国民间文艺出版社,1987年。
〔英〕雷蒙德·弗思著,费孝通译:《人文类型》,商务印书馆,1991年。
〔英〕马林诺夫斯基(B. Malinowski)著,费孝通译:《文化论》,中国民间文艺出版社,1987年。
〔英〕马林诺夫斯基著,张帆译:《自由与文明》,世界图书出版公司,2009年。
〔英〕马凌诺斯基(B. Malinowski)著,梁永佳等译:《西太平洋的航海者》,华夏出版社,2002年。
〔英〕A. R. 拉德克利夫—布朗著,丁国勇译:《原始社会的结构与功能》,中国社会科学出版社,2009年。
〔英〕爱德华·韦尔著,刘达成等译:《当代原始民族》,四川民族出版社,1989年。

〔英〕埃文斯—普理查德著,孙尚扬译:《原始宗教理论》,商务印书馆,2001年。

〔英〕埃文斯—普里查德著,褚建芳等译:《努尔人——对尼罗河畔一个人群的生活方式和政治制度的描述》,华夏出版社,2002年。

M. Forts and Evans Pritchard, *African Political System*, Ooxford: Oxford University Press, 1940.

Bronislaw Malinowski, *Crime and Custom in Savage Society*, London: Routledge, 1947.

V. W. Turner, *The Forest of Symbols: Aspects of Ndembu Ritual*, Ithaca: Cornell University Press, 1967.

〔美〕摩尔根著,杨东莼等译:《古代社会》,商务印书馆,1977年。

〔美〕罗伯特·路威著,吕叔湘译:《文明与野蛮》,三联书店,2005年。

〔美〕贾雷德·戴蒙德著,谢延光译:《枪炮、病菌与钢铁》,上海世纪出版集团,2006年。

〔美〕格尔兹著,纳日碧力戈等译:《文化的解释》,上海人民出版社,1999年。

〔美〕F.普洛格、D. G.贝茨著,吴爱明等译:《文化演进与人类行为》,辽宁人民出版社,1988年。

〔美〕基辛著,甘华鸣等译:《文化 人 自然》,辽宁人民出版社,1988年。

〔美〕马文·哈里斯著,顾建光等译《文化 人 自然》,浙江人民出版社,1992年。

〔美〕德里克·弗里曼著,李传家等译:《米德与萨摩亚人的青春期》,光明日报出版社,1990年。

〔美〕马歇尔·萨林斯著,张宏明译:《"土著"如何思考》,上海人民出版社,2003年。

〔美〕马歇尔·萨林斯著,赵丙祥译:《文化与实践理性》,上海人民出版社,2002年。

〔美〕斯特伦著,金泽等译:《人与神——宗教生活的理解》,上海人民出版社,1991年。

〔美〕约翰·B.诺斯等著,江熙泰等译:《人类的宗教》,四川人民出版社,2005年。

〔美〕米尔恰·伊利亚德著,晏可佳等译:《宗教思想史》上海社会科学院出版社,2004年。

〔美〕许烺光著,薛刚译:《宗族·种姓·俱乐部》,华夏出版社,1990年。

〔美〕G. E.穆尔著,郭舜平等译:《基督教简史》,商务印书馆,1981年。

〔美〕W.沃尔克著,孙善玲等译:《基督教会史》,中国社会科学出版社,1991年。

陈庆德等:《经济人类学(修订版)》,人民出版社,2012年。
赵敦华:《基督教哲学1500年》,人民出版社,1994年。
刘小枫主编:《20世纪西方宗教哲学文选》,上海三联书店,1991年。
康志杰:《基督教的礼仪节日》,宗教文化出版社,2000年。
马香雪译:《摩奴法典》,商务印书馆,1982年。
欧阳竟无编:《藏要》,金陵刻经处本。
吕澂:《印度佛学源流略讲》,上海人民出版社,2002年。
白化文:《汉化佛教与寺院经济研究》,天津人民出版社,1989年。
〔阿拉伯〕安萨里著,张维真译:《圣学复苏精义》,商务印书馆,2001年。
金宜久主编:《伊斯兰教史》,中国社会科学出版社,1990年。
郑勉之:《伊斯兰教常识答问》,江苏古籍出版社,1992年。
刘岱总主编:《中国文化新论·宗教礼俗篇》,三联书店,1992年。

## 五、伦理学

〔古希腊〕亚里士多德著,苗力田译:《尼各马可伦理学》,中国社会科学出版社,1990年。
〔古罗马〕西塞罗著,徐奕春译:《论责任》,商务印书馆,1998年。
〔荷〕斯宾诺莎著,贺麟译:《伦理学》,商务印书馆,1983年。
〔法〕孟德斯鸠著,梁守锵译:《波斯人信札》,商务印书馆,2010年。
〔德〕叔本华著,任立等译《伦理学的两个基本问题》,商务印书馆,1996年。
〔德〕康德著,苗力田译:《道德形而上学原理》,上海人民出版社,1986年。
〔德〕康德著,孙少伟译:《道德形而上学基础》,中国社会科学出版社,2009年。
〔德〕康德著,韩水法译:《实践理性批判》,商务印书馆,1999年。
〔英〕休谟著,周晓亮译:《人类理智研究 道德原理研究》,沈阳出版社,2001年。
〔英〕亚当·斯密著,蒋自强译:《道德与立法原理导论》,商务印书馆,1998年。
〔英〕边沁著,时殷弘译:《道德与立法原理导论》,商务印书馆,2000年。
〔英〕摩尔著,长河译:《伦理学原理》,商务印书馆,1983年。
周辅成编:《西方伦理学名著选辑》下卷,商务印书馆,1987年。
〔英〕戴维·罗斯著,林南译:《正当与善》,上海译文出版社,2008年。
〔英〕斯蒂文森著,姚新中等译:《伦理学与语言》,中国社会科学出版社,1991年。
〔英〕麦金太尔著,龚群译:《德性之后》,中国人民大学出版社,1995年。

〔英〕麦金太尔著,万俊人等译:《谁之正义?何种合理性?》,当代中国出版社,1996年。

〔英〕布莱恩·巴利著,曹海军等译:《作为公道的正义》,江苏人民出版社,2008年。

〔英〕布劳德著,田永胜译:《五种伦理学理论》,中国社会科学出版社,2002年。

〔英〕罗尔斯顿著,杨通进译:《环境伦理学》,中国社会科学出版社,2000年。

〔美〕塞森斯格著,江畅译:《价值与义务——经验主义伦理学理论的基础》,中国人民大学出版社,1992年。

〔美〕科尔斯戈德著,杨顺利译:《规范性的来源》,上海译文出版社,2010年。

〔美〕诺齐克著,何怀宏等译:《无政府、国家与乌托邦》,中国社会科学出版社,1991年。

〔美〕罗尔斯著,何怀宏等译:《正义论》,中国社会科学出版社,1988年。

John Rawls, *A Theory of Justice*, Cambridge: The Harvard University Press, 1971.

Michael Sandel, *Justice: What's the Right Thing to Do*, Penguin Books, 2010.

〔美〕M. F. 桑德尔著,万俊人等译:《自由主义与正义的局限性》,江苏人民出版社,2001年。

〔美〕丹尼尔·贝尔著,李琨译:《社群主义及其批评者》,三联书店,2002年。

〔美〕威廉·K. 弗兰克纳著,黄伟合等译:《善的求索:道德哲学导论》,辽宁人民出版社,1987年。

〔美〕格沃斯等著,戴杨毅等译:《伦理学要义》,中国社会科学出版社,1991年。

〔美〕弗兰克尔著,王雪梅译:《道德的基础》,国际文化出版公司,2007年。

〔澳〕约翰·麦凯著,丁三东译:《伦理学——发明对与错》,上海译文出版社,2007年。

〔加〕查尔斯·泰勒著,韩震等译:《自我的根源:现代认同的形成》,译林出版社,2001年。

〔加〕萨姆纳著,李茂森译:《权利的道德基础》,中国人民大学出版社,2011年。

〔印〕阿马蒂亚·森著,王磊等译:《正义的理念》,中国人民大学出版社,2013年。

黄慧英:《后设伦理学之基本问题》,台北东大图书公司,1988年。

万俊人:《寻求普世伦理》,商务印书馆,2001年。

杨国荣:《伦理与存在》,上海人民出版社,2002年。

徐向东:《自我、他人与道德》,商务印书馆,2007年。

徐向东:《理解自由意志》,北京大学出版社,2008年。
俞世伟等:《规范·德性·德行》,商务印书馆,2009年。
高兆明:《制度伦理研究》,商务印书馆,2011年。

## 六、法学

〔古罗马〕西塞罗著,沈叔平等译:《国家篇 法律篇》,商务印书馆,1999年。
〔古罗马〕查士丁尼著,张企泰译:《法学总论》,商务印书馆,1989年。
周枏:《罗马法原论》上下册,商务印书馆,1994年。
李浩培、吴传颐、孙鸣岗译:《法国民法典》,商务印书馆,1979年。
〔德〕康德著,沈叔平译:《法的形而上学原理——权利的科学》,商务印书馆,1991年。
〔德〕塞缪尔·普芬道夫著,鞠成伟译:《人和公民的自然法义务》,商务印书馆,2010年。
〔德〕韦伯著,康乐、简惠美译:《法律社会学》,广西师范大学出版社,2005年。
〔德〕茨威格特·克茨著,潘汉典等译:《比较法总论》,法律出版社,2003年。
〔德〕考夫曼著,刘幸义等译:《法律哲学》,法律出版社,2004年。
〔奥〕凯尔森著,沈宗灵译:《法与国家的一般理论》,中国大百科全书出版社,1996年。
〔奥〕凯尔森著,张书友译:《纯粹法理论》,中国法制出版社,2008年。
〔意〕斯奇巴尼选编,黄风译:《民法大全选译·学说汇纂》,中国政法大学出版社,1992年。
〔意〕格罗索著,黄风译:《罗马法史(校订本)》,中国政法大学出版社,2009年。
〔英〕奥斯丁著,刘星译:《法理学的范围》,中国法制出版社,2002年。
〔英〕哈特著,张文显等译:《法律的概念》,中国大百科全书出版社,1996年。
〔英〕丹尼斯·罗伊德著,张茂柏译:《法律的理念》,北京:新星出版社,2005年。
〔英〕梅因著,沈景一译:《古代法》,商务印书馆,1959年。
〔英〕梅特兰著,王云霞等译:《普通法的诉讼形式》,商务印书馆,2010年。
〔英〕密尔松著,李显冬译:《普通法的历史基础》,中国大百科全书出版社,1999年。
〔英〕F.H.劳森、B.拉登著,施天涛、梅慎实、孔祥俊译:《财产法》,中国大百科全书出版社,1998年。
〔英〕爱德华·甄克斯著,屈文生、任海涛译:《中世纪的法律与政治》,中国政法大学出版社,2010年。

〔英〕约瑟夫·拉兹著,朱学平译:《实践理性与规范》,中国法制出版社,2011年。
〔英〕哈耶克著,邓正来等译:《法律、立法与自由》,中国大百科全书出版社,2000年。
〔英〕麦考密克、〔奥〕魏因贝格尔著,周叶谦译:《制度法论》,中国政法大学出版社,1994年。
Frederic W. Maitland, *The Constitutional History of England*, Cambridge: Cambridge University Press, 1961.
John Finnis, *Natural Law and Natural Rights*, Clarendon Press, 1980.
〔美〕霍菲尔德著,张书友译:《基本法律概念》,中国法制出版社,2009年。
〔美〕博登海默著,邓正来等译:《法理学-法哲学及其方法》,华夏出版社,1987年。
〔美〕迈克尔·D.贝勒斯著,张文显等译:《法律的原则——一个规范的分析》,中国大百科全书出版社,1995年。
〔美〕德沃金著,李常青译:《法律帝国》,中国大百科全书出版社,1996年。
〔美〕德沃金著,张国清译:《原则问题》,江苏人民出版社,2005年。
〔美〕米尔恩著,夏勇等译:《人的权利和人的多样性》,中国大百科全书出版社,1995年。
A. J. Milne, *Human Rights and Human Diversity: An Essay in the Philosophy of Human Right*, Albany: State University of New York Press, 1986.
〔美〕辛格著,王守昌等译:《实用主义、权利与民主》,上海译文出版社,2001年。
〔美〕辛格著,邵强进等译:《可操作的权利》,上海人民出版社,2005年。
〔美〕霍贝尔著,严存生译:《原始人的法》,贵州人民出版社,1992年。
〔美〕庞德著,雷宾南、张文伯译:《庞德法学文述》,中国政法大学出版社,2005年。
〔美〕罗斯科·庞德著,唐前宏等译:《普通法的精神》,法律出版社,2001年。
〔美〕罗斯科·庞德著,沈宗灵译:《通过法律的社会控制》,商务印书馆,2010年。
〔美〕弗里德曼著,李琼英等译:《法律制度》,中国政法大学出版社,1994年。
〔美〕R.M.昂格尔著,吴玉章译:《现代社会中的法律》,译文出版社,2001年。
〔美〕M.E.泰格等著,纪琨等译:《法律与资本主义的兴起》,学林出版社,1996年。
〔美〕伯尔曼著,贺卫方等译:《法律与革命——西方法律传统的形成》,中国大百科全书出版社,1993年。

〔美〕伯尔曼著,梁治平译:《法律与宗教》,三联书店,1991年。

〔美〕威格摩尔著,何勤华等译:《世界法系概览》上下册,上海人民出版社,2004年。

〔美〕波斯纳(Posner. R. A.)著,蒋兆康译:《法律的经济分析》,中国大百科全书出版社,1997年。

〔美〕考特等著,张军等译:《法和经济学》,上海人民出版社,1994年。

〔美〕尼古拉斯·麦考罗等著,朱慧等译:《经济学与法律》,法律出版社,2005年。

Nicholas Mercuro and Steven G. Medema, *Economics and Law:From Posner to Post-Modernism*, Princeton University Press, 1977.

〔美〕大卫·弗里德曼著,杨欣欣译:《经济学语境下的法律规则》,法律出版社,2004年。

〔美〕爱德华·考文著,强世功译:《美国宪法的"高级法"背景》,三联书店,1996年。

〔美〕卡尔·弗里德里希著,周勇等译:《超验正义——宪政的宗教之维》,三联书店,1997年。

〔美〕卡尔·卢埃林著,陈绪纲等译:《普通法传统》,中国政法大学出版社,2002年。

〔加〕帕特里克·格伦著,李立红等译:《世界法律传统》,北京大学出版社,2009年。

沈宗灵:《比较法总论》,北京大学出版社,1987年。

张中秋:《中西法律文化比较研究(第四版)》,法律出版社,2009年。

张洪涛:《使法治运转起来》,法律出版社,2010年。

梁治平编:《法律的文化解释》,三联书店,1994年。

张文显:《法哲学范畴研究(修订版)》,中国政法大学出版社,2001年。

张文显:《二十世纪西方方法哲学思潮研究》,法律出版社,1998年。

吕正伦主编、王振东副主编:《西方法律思潮源流论(第二版)》,中国人民大学出版社,2008年。

于殿利:《巴比伦法的人本观——一个关于人本思想起源的研究》,三联书店,2011年。

魏琼:《民法的起源——对古代西亚地区民事规范的解读》,商务印书馆,2008年。

程汉大主编:《英国法制史》,齐鲁社,2001年。

杨桢:《英美契约法论》,北京大学出版社,2007年。
吴云贵:《伊斯兰教法》,中国社会科学出版社,1994年。
吴云贵:《当代伊斯兰教法》,中国社会科学出版社,2003年。
高鸿钧:《伊斯兰法——传统与现代化》,社会科学文献出版社,1996年。
马明贤:《伊斯兰法——传统与衍新》,商务印书馆,2011年。
陈恒森:"伊斯兰法的历史发展",载于《苏州大学学报》1987年3期。
〔日〕滋贺秀三著,张建国等译:《中国家族主义法原理》,法律出版社,2003年。
〔日〕滋贺秀三等著,王亚新等译:《明清时期的民事审判与民间契约》,法律出版社,1998年。
〔日〕籾山明著,李力译:《中国古代诉讼制度研究》,上海古籍出版社,2009年。
〔日〕大庭脩著,林剑鸣译:《秦汉法制史研究》,1991年。
〔日〕仁井田陞:《唐令拾遗》,长春出版社,1989年。
〔日〕仁井田陞著,牟发松译:《中国法制史》,上海古籍出版社,2011年。
〔日〕长尾龙一著,陈才昆等译:《人性观与法哲学》,商鼎文化出版社,1996年。
中国社会科学院历史所:《天一阁藏明钞本天圣令校证(附唐令复原研究)》,中华书局,2006年。
台师大历史系主编:《天圣令论集》:台湾元照出版社,2011年。
刘俊文笺解:《唐律疏议笺解》,中华书局,1996年。
岳纯之:《唐代民事法律制度研究》,人民出版社,2006年。
陈俊强:《皇权的另一面——北朝隋唐恩赦制度研究》,北京大学出版社,2007年。
方龄贵:《通制条格校注》,中华书局,2001年。
刘海年、杨一凡:《中国珍稀法律典籍集成》(乙编第一册),科学出版社,1994年。
杨鸿烈:《中国法律发达史》,中国政法大学出版社,2009年(此书由上海商务印书馆初版于1930年)。
瞿同祖:《中国法律与中国社会》,中华书局,2003年。
何勤华主编:《律学考》,商务印书馆,2004年。

## 七、政治学和社会学

〔古希腊〕亚里士多德著,吴寿彭译:《政治学》,商务印书馆,1965年。
〔古希腊〕亚里士多德著,颜一译:《雅典政制》,载于苗力田主编:《亚里士多德全集》第10卷,中国人民大学出版社,1997年。

〔法〕卢梭著,李常山译:《论人类不平等的起源和基础》,商务印书馆,1962年。
〔法〕卢梭著,李常山译:《社会契约论》,商务印书馆,1997年。
〔法〕托克维尔著,董果良译:《论美国的民主》,商务印书馆,1988年。
〔法〕托克维尔著,冯棠译:《旧制度与大革命》,《托克维尔文集(第3卷)》,商务印书馆,2013年。
〔法〕贡斯当著,阎克文等译:《古代人的自由与现代人的自由》,上海人民出版社,2003年。
〔法〕米歇尔·克罗齐埃著,刘汉全译:《科层现象——论现代组织体系的科层倾向及其与法国社会和文化体系的关系》,上海人民出版社,2002年。
〔德〕马克思:《〈政治经济学批判〉序言》,《马克思恩格斯选集》第2卷。
〔德〕恩格斯:《家庭、私有制和国家的起源》,《马克思恩格斯选集》第4卷。
〔德〕滕尼斯著,林荣远译:《共同体与社会——纯粹社会学的基本概念》,商务印书馆,1999年。
〔德〕马克斯·韦伯著,林荣远译:《经济与社会》(两卷本),商务印书馆,1997年。
〔德〕马克斯·韦伯著,朱红文译:《社会科学方法论》,中国人民大学出版社,1992年。
〔德〕马克斯·韦伯著,康乐等译:《支配社会学》,广西人民出版社,2004年。
〔意〕帕累托著,田时纲译:《普通社会学纲要》,三联书店,2001年。
〔意〕帕累托著,刘北成译:《精英的兴衰》,上海人民出版社,2003年。
〔意〕拉吉罗著,杨军译:《欧洲自由主义史》,吉林人民出版社,2001年。
〔意〕莱奥尼著,秋风译:《自由与法律》,吉林人民出版社,2009年。
〔意〕萨托利著,王明进译:《政党与政党体制》,商务印书馆,2006年。
〔英〕洛克著,叶启芳等译:《政府论(下篇)》,商务印书馆,1964年。
〔英〕霍布斯著,黎思复等译:《利维坦》,商务印书馆,1985年。
Thomas Hobbes, *Leviathan*, New York: Collier Books Edition, 1962.
〔英〕迈克尔·曼著,刘北成、陈海宏等译:《社会权力的来源》(1-4卷),上海人民出版社,2015年。
〔英〕吉登斯著,李康等译:《社会的构成》,三联书店,1998年。
〔英〕伊恩·伯基特著,李康译:《社会性自我》,北京大学出版社,2012年。
〔英〕约翰·密尔著,程崇华译:《论自由》,商务印书馆,1959年。
〔英〕伯林著,胡传胜译:《自由论》,译林出版社,2003年。
〔英〕哈耶克著,邓正来译:《自由秩序原理》,三联书店,1997年。

〔英〕J.格雷著,曹海军等译:《自由主义》,吉林人民出版社,2005年。
〔英〕戴维·赫尔德著,燕继荣等译:《民主的模式》,中央编译出版社,1998年。
〔英〕塞缪尔·芬纳著,王震等译:《统治史》(1至3卷),华东师范大学出版社,2014年。
〔美〕安东尼·阿巴拉斯特著,曹海军等译:《西方自由主义的兴衰》,吉林人民出版社,2011年。
〔美〕约翰·罗尔斯著,万俊人译:《政治自由主义》,译林出版社,2000年。
〔美〕弗里德曼著,张瑞玉译:《资本主义与自由》,商务印书馆,1986年。
〔美〕斯蒂文·贝斯特等著,张志斌译:《后现代理论:批判性的质疑》,中央编译出版社,1999年。
〔美〕罗素·哈丁著,王欢、申明民译:《自由主义、宪政主义和民主》,商务印书馆,2009年。
〔美〕艾伦·沃尔夫著,沈汉等译:《合法性的限度》,商务印书馆,2005年。
〔美〕赫伯特·金蒂斯、塞缪尔·鲍尔斯著,韩水法译:《民主和资本主义》,商务印书馆,2003年。
〔美〕J.范伯格著,王守昌译:《自由、权利和社会正义》,贵州人民出版社,1998年。
〔美〕列奥·斯特劳斯著,彭刚译:《自然权利与历史》,三联书店,2003年。
〔美〕列奥·斯特劳斯著,李天然等译:《政治哲学史》,河北人民出版社,1993年。
〔美〕安靖如著,黄金荣等译:《人权与中国思想》,中国人民大学出版社,2012年。
李强:《自由主义》,中国社会科学出版社,1998年。
顾肃:《自由主义基本理念》,中央编译出版社,2003年。
王胜强《论现代人的自由》,山东人民出版社,2009年。
李石:《积极自由的悖论》,商务印书馆,2011年。
应奇:"论第三种自由概念",载《哲学研究》2004年第5期。
王绍光:《民主四讲》,三联书店,2008年。
〔美〕乔·萨利斯著,冯克利等译:《民主新论》,东方出版社,1998年。
〔美〕帕特南著,王列等译:《使民主运转起来》,江西人民出版社,2001年。
〔美〕丹尼斯·朗著,陆震纶等译:《权力论》,中国社会科学出版社,2001年。
〔美〕达尔著,王沪宁等译:《现代政治分析》,上海译文出版社,1986年。
〔美〕罗伯特·古丁著,钟开斌等译:《政治科学新手册》,三联书店,2006年。
〔美〕戈登·塔洛克著,柏克、郑景胜译:《官僚体制的政治》,商务印书馆,2010年。

〔美〕萨巴蒂尔编,彭宗超等译:《政策过程理论》,三联书店,2004年。

Samuel P. Huntington, *Political Order in Changing Societies*, Yale University Press,1968.

〔美〕弗朗西斯·福山著,黄胜强、许铭原译:《历史的终结与最后之人》,中国社会科学出版社,2003年。

〔美〕弗朗西斯·福山著,刘榜离等译:《大分裂——人类本性与社会秩序的重建》,中国社会科学出版社,2002年。

〔美〕弗朗西斯·福山著,毛俊杰译:《政治秩序的起源——从前人类时代到法国大革命》,广西师范大学出版社,2012年。

〔美〕查尔斯·蒂利著,魏洪钟译:《强制、资本和欧洲国家(公元 990 - 1992年)》,上海世纪出版集团,2012年。

〔美〕米德著,赵月瑟译:《心灵、自我与社会》,上海译文出版社,1992年。

〔美〕彼得·布劳著,孙非等译:《社会生活中的交换与权力》,华夏出版社,1988年。

〔美〕乔恩·埃尔斯特著,高鹏程等译:《社会黏合剂:社会秩序的研究》,中国人民大学出版社,2009年。

〔美〕彼得·布劳、马歇尔·梅耶著,马戎等译:《现代社会中的科层制》,学林出版社,2001年。

〔美〕兰德尔·柯林斯著,林聚任等译:《互动仪式链》,商务印书馆,2009年。

〔美〕詹姆斯·马奇、马丁·舒尔茨、周雪光等,童根兴译:《规则的动态演变:成文组织规则的变化》,上海人民出版社,2005年。

〔美〕F. 弗尔德瓦里著,郑秉文译:《公共物品与私人社区》,经济管理出版社,2011年。

〔加〕迈克尔·豪利特等著,庞诗等译:《公共政策研究》,三联书店,2006年。

〔澳〕P. 佩迪特著,刘训练译:《共和主义》,江苏人民出版社,2006年。

〔日〕饭野春树著,王利平等译:《巴纳德组织理论研究》,三联书店,2004年。

俞伟超:《中国古代公社组织的考察》,文物出版社,1988年。

王亚南:《中国官僚政治研究》,中国社会科学出版社,2005年。

费孝通:《乡土中国 生育制度》,北京大学出版社,1998年。

何怀宏:《世袭社会及其解体——中国历史上的春秋时代》,三联书店,1996年。

何怀宏:《选举社会及其终结——秦汉至晚清历史的一种社会学阐释》,三联书店,1998年。

瞿同祖:《中国封建社会》,上海人民出版社,2003年。

冯天瑜:《"封建"考论》,武汉大学出版社,2006年。
王沪宁:《当代村落家族文化——对中国社会现代化的一项探索》,上海人民出版社,1991年。
刘广明:《宗法中国》,上海三联书店,1993年。
肖唐镖等:《村治中的宗族——对九个村的调查与研究》,上海书店出版社,2001年。
肖唐镖等:《当代中国农村宗族与乡村治理——跨学科的研究与对话》,西北大学出版社,2002年。
潘伟杰:《制度、制度变迁与政府规制研究》,上海三联书店,2005年。
渠敬东:《缺席与断裂——有关失范的社会学研究》,上海人民出版社,1999年。
孙进己、干志耿:《文明论——人类文明的形成发展与前景》,黑龙江人民出版社等,2011年。
褚松燕:《个体与共同体》,中国社会出版社,2003年。
〔法〕利奥塔尔(Lyotard J. F.)著,车槿山译:《后现代状态——关于知识的报告》,三联书店,1997年。
〔法〕利奥塔(Lyotard J. F.)著,罗国祥译:《非人——时间漫谈》,商务印书馆,2000年。
〔法〕利奥塔著,谈瀛洲译:《后现代性与公正游戏——利奥塔访谈、通信录》,上海人民出版社,1997年。
〔法〕布尔迪厄(Pierre Bourdieu)著,包亚明译:《文化资本与社会炼金术:布尔迪厄访谈录》,上海人民出版社,1997年。
〔法〕布迪厄著,李猛、李康译:《实践与反思:反思社会学导引》,中央编译出版社,1998年。
〔法〕布迪厄著,蒋梓骅译:《实践感》,译林出版社,2003年。
〔法〕皮埃尔·布尔迪厄著,谭立德译:《实践理性:关于行为理论》,三联书店,2007年。
高宣扬:《布迪厄的社会理论》,同济大学出版社,2004年。
〔德〕哈贝马斯著,李安东等译:《现代性的地平线》,上海人民出版社,1997年。
〔德〕乌尔里希·贝克、〔英〕安东尼·吉登斯、〔英〕斯科特·拉什著,赵文书译:《自反性现代化——现代社会中的政治、传统与美学》,商务印书馆,2001年。
〔英〕吉登斯著,赵旭东译:《现代性与自我认同》,三联书店,1998年。
〔英〕迈克·费瑟斯通著,刘精明译:《消费文化与后现代主义》,译林出版社,

2000年。

〔美〕斯蒂文·贝斯特等著,张志斌译:《后现代理论:批判性的质疑》,中央编译出版社,1999年。

〔美〕丹尼尔·贝尔著,高铦等译:《后工业社会的来临》,商务印书馆,1984年。

〔美〕托夫勒:《第三次浪潮》上海三联书店,1984年。

游五洋等:《信息化与未来中国》,中国社会科学出版社,2003年。

## 八、博弈论和经济学

〔德〕马克思著,郭大力等译:《资本论》第1卷,人民出版社,1975年。

〔德〕柯武刚、史漫飞著,韩朝华译:《制度经济学》,商务印书馆,2000年。

〔瑞典〕乔根·威布尔著,王永钦译:《演化博弈论》,上海三联书店等,2004年。

〔冰岛〕思拉恩·埃格特森著,吴经邦译:《经济行为与制度》,商务印书馆,2004年。

〔英〕亚当·斯密著,郭大力译:《国民财富的性质和原因的研究》,商务印书馆,1974年。

〔英〕马尔萨斯:《人口原理》,商务印书馆,1992年。

〔英〕约翰·穆勒著,胡企林等译:《政治经济学原理——及其在社会哲学上的若干应用》,商务印书馆,1991年。

〔英〕马歇尔著,陈瑞华译:《经济学原理》,陕西人民出版社,2006年。

〔英〕琼·罗宾逊著,安佳译:《经济哲学》,商务印书馆,2011年。

〔英〕希克斯著,厉以平译:《经济史理论》,商务印书馆,1987年。

〔英〕肯·宾默尔著,王小卫等译:《博弈论与社会契约·公平博弈》,上海财经大学出版社,2003年。

Ken Binmore, *Natural justice*, New York: Oxford University Press, 2005.

〔美〕冯·诺意曼、摩根斯顿著,王文玉等译:《博弈论与经济行为》,三联书店,2004年。

〔美〕约翰·纳什等著,韩松等译:《博弈论经典》,中国人民大学出版社,2013年。

〔美〕安德鲁·肖特,陆铭等译:《社会制度的经济理论》,上海财经大学出版社,2003年。

〔美〕培顿·扬著,王勇译:《个人策略与社会结构——制度的演化理论》,上海三联书店等,2004年。

〔美〕乔尔·沃森著,费方域等译:《策略——博弈论导论》,格致出版社等,2010年。

〔美〕诺兰·麦卡蒂、亚当·梅罗威茨著,孙经纬等译:《政治博弈论》,格致出版社等,2009年。

〔美〕罗伯特·阿克塞尔罗德著,吴坚忠译:《合作的进化》,上海人民出版社,2007年。

〔美〕萨缪·鲍尔斯著,江艇等译:《微观经济学——行为、制度和演化》,中国人民大学出版社,2006年。

汪丁丁、叶航、罗卫东主编:《走向统一的社会科学——来自桑塔费学派的看法》,上海人民出版社,2005年。

〔美〕罗纳德·科斯等著,盛洪等译:《论生产的制度结构》,上海三联书店,1994年。

〔美〕罗纳德·科斯等著,刘守英等译:《财产权利与制度变迁》,上海三联书店,1994年。

〔美〕R. 科斯、D. 诺斯、威廉姆森等著,刘刚译:《制度、契约与组织》,经济科学出版社,2003年。

〔美〕R. 科斯、A. 阿尔钦、D. 诺斯等著,刘守英等译:《财产权利与制度变迁——产权学派与新制度经济学派译文集》,上海三联书店等,1994年。

R. Coase,"The Nature of the Firm",*Readings in Price Theory*,Homewood,IL:Irwin,1952.

H. A. Simon,"From Substantive to Procedural Rationality",*Method and Appraisal in Economics*,Cambridge and New York:Cambridge University Press,1976.

K. Polanyi,*Trade and Market in the Early Empires*,New York:The Free Press of Glencoe,1957.

Douglass. C. North,*Structur and Change in Economic History*,Now york:W. W. Norton,1981.

〔美〕道格拉斯·诺斯著,陈郁译:《经济史中的结构与变迁》,上海三联书店等,2003年。

〔美〕丹尼尔·W. 布罗姆利著,陈郁译:《经济利益与经济制度——公共政策的理论基础》,上海三联书店等,1996年。

〔美〕斯密德著,黄祖辉等译:《财产、权力和公共选择——对法和经济学的进一步思考》,上海三联书店等,2006年。

〔美〕埃莉诺·奥斯特罗姆著,余逊达等译:《公共事物的治理之道——集体行动制度的演进》,上海三联书店,2000年。

〔美〕艾米·波蒂特、埃莉诺·奥斯特罗姆等著,路蒙佳译:《共同合作——集体行为、公共资源与实践中的多元方法》,中国人民大学出版社,2011年。

〔美〕约瑟夫·斯蒂格利茨著,郭庆旺等译:《公共部门经济学(第三版)》,中国人民大学出版社,2005年。

〔比〕吉恩·希瑞克斯、〔英〕加雷恩·迈尔斯著,张晏等译:《中级公共经济学》,格致出版社等,2011年。

〔美〕何维·莫林著,童乙伦等译:《合作的微观经济学》,上海人民出版社等,2011年。

〔美〕海尔布罗纳等著,李陈华等译:《经济社会的起源》(第12版),上海三联书店等,2010年。

〔美〕哈伊姆·奥菲克著,张敦敏译:《第二天性——人类进化的经济起源》,中国社会科学出版社,2004年。

〔美〕霍奇逊著,任荣华等译:《演化与制度——论演化经济学与经济学的演化》,中国人民大学出版社,2007年。

〔美〕詹姆斯·布坎南等著,冯克利等译:《宪政经济学》,中国社会科学出版社,2004年。

〔美〕曼瑟尔·奥尔森著,陈郁等译:《集体行动的逻辑》,上海三联书店,2006年。

〔美〕约拉姆·巴泽尔著,钱勇等译:《国家理论——经济权利、法律权利与国家范围》,上海财经大学出版社,2006年。

〔美〕德隆·阿西莫格鲁、詹姆斯·罗宾逊著,李增刚译:《国家为什么会失败》,湖南科学技术出版社,2015年。

〔美〕阿罗著,丁建峰译:《社会选择与个人价值(第二版)》,上海人民出版社,2010年。

〔美〕贝克尔著,王献生等译:《家庭论》,商务印书馆,1998年。

Wolfgang Streeck and Kathleen Thelen, *Beyond Continuity: Institutional Change in Advanced Political Economycs*, Oxford University Press, 2005.

〔印〕阿马蒂亚·森著,胡的的、胡毓达译:《集体选择与社会福利》,上海科学技术出版社,2004年。

〔印〕阿马蒂亚·森著,李风华译:《理性与自由》,中国人民大学出版社,2013年。

〔日〕青木昌彦著,周黎安译:《比较制度分析》,上海远东出版社,2001年。

张五常:《经济解释》,商务印书馆,2000年。

张五常:《中国的经济制度》,中信出版社,2009年。

汪丁丁：《制度分析基础讲义》（Ⅰ、Ⅱ），上海人民出版社，2005年。
韦森：《经济学与哲学——制度分析的哲学基础》，上海人民出版社，2005年。
邓宏图：《组织与制度——基于历史主义经济学的逻辑解释》，经济科学出版社，2011年。
顾自安：《制度演化的逻辑——基于认知进化与主体间性的考察》，科学出版社，2011年。
高鸿业：《西方经济学（微观部分）》，中国人民大学出版社1996年。
林毅夫：《制度、技术与中国农业的发展》，上海三联书店等，1994年。
王亚华：《水权解释》，上海三联书店、上海人民出版社，2005年。

## 九、语言学、心理学及其他

〔俄〕巴赫金著，白春仁、顾亚玲译：《陀思妥耶夫斯基诗学问题》，载于《巴赫金全集》第5卷，河北教育出版社，1998年。
〔德〕威廉·冯·洪堡特著，姚小平译：《论人类语言结构的差异及其对人类精神发展的影响》，商务印书馆，1997年。
〔瑞士〕索绪尔著，高名凯译：《普通语言学教程》，商务印书馆，1980年。
〔法〕海然热著，张祖建译：《语言人》，三联书店，1999年。
〔法〕罗兰·巴特著，孙乃修译：《符号帝国》，商务印书馆，1994年。
李幼蒸：《理论符号学导论》，中国社会科学出版社，1993年。
〔英〕马克斯·H.布瓦索著，王寅通译：《信息空间——认识组织、制度和文化的一种框架》，上海译文出版社，2000年。
〔美〕布龙菲尔德著，袁家骅等译：《语言论》，商务印书馆，1997年。
〔美〕爱德华·萨丕尔著，陆卓元译：《语言论》，商务印书馆，1997年。
〔美〕马克·波斯特著，范静哗译：《信息方式》，商务印书馆，2000年。
〔美〕约翰·霍尔等著，周晓虹译：《文化：社会学的视野》，商务印书馆，2002年。
〔美〕弗兰克·戈布尔著，吕明等译：《第三思潮——马斯洛心理学》，上海译文出版社，1987年。
〔美〕马斯洛等著，林方等译：《人的潜能和价值——人本主义心理学译文集》，华夏出版社，1987年。

A. H. Maslow, Motivation and Personality, New York: Haper & Row, 1957.

Antonio R. Damasio, *Looking for Spinoza: Joy, Sorrow, and the Feeling Brain*, Orlando, Fla.: Harcourt, 2003.

Antonio R. Damasio, *Self Comes to Mind: Constructing the Conscious*

Brain. New York：Pantheon Books，2010.

〔美〕莱恩·多亚尔、伊恩·高夫著,汪淳波等译：《人的需要理论》,商务印书馆,2008年。

〔美〕伯纳德·韦纳著,孙煜明译：《人类动机：比喻、理论和研究》,浙江教育出版社,1999年。

〔美〕Richard S. Lazarus 著,李素卿译：《感性与理性——了解我们的情绪》,台湾五南图书出版公司,2002年。

〔美〕保罗·格莱姆齐,贺京同等译：《决策、不确定性和大脑——神经经济学》,中国人民大学出版社,2010年。

〔瑞士〕荣格著,吴康译：《心理类型》,上海三联书店,2009年。

〔英〕弗兰克·富里迪著,方军等译：《恐惧》,江苏人民出版社,2004年。

〔挪威〕拉斯·史文德森著,范晶晶译：《恐惧的哲学》,北京大学出版社,2010年。

〔奥〕赫·舍克著,王祖望、张田英译：《嫉妒论》,社会科学文献出版社,1988年。

孙维民：《情绪心理学新论》,吉林人民出版社,2002年。

〔英〕理查德·道金斯著,卢允中等译：《自私的基因》,中信出版社,2012年。

〔英〕李约瑟著,柯林·罗南改编,上海交通大学科学史系译：《中国科学文明史》,上海人民出版社,2003年。

〔德〕马克思著,自然科学史研究所译：《机器、自然力和科学的应用》,人民出版社,1978年。

陈中永、郑雪：《中国多民族认知活动方式的跨文化研究》,辽宁民族出版社,1995年。

鲁迅：《鲁迅全集》,人民文学出版社,1981年。

王勋成：《唐代铨选与文学》,中华书局,2001年。

傅璇琮：《唐代科举与文学》,陕西人民出版社,2003年。

韩少功主编：《是明灯还是幻象》,云南人民出版社,2003年。

王岳川等编：《后现代主义文化与美学》,北京大学出版社,1992年。

吴洲：《唐代东南的历史地理》,中国社会科学出版社,2011年。

谭其骧主编：《中国历史地图集》(一至八册),中国地图出版社,1982年。

《世界地图册》,中国地图出版社,1994年。

# 致　　谢

　　本书是在厦门大学哲学系徐梦秋教授的不断激励和督促下才完成的，所以特别感谢徐老师的持续关注和青睐有加。

　　感谢华东师范大学的杨国荣、陈赟，中山大学的倪梁康，厦门大学的乐爱国、刘泽亮，福建省社会科学院的薛孝斌等各位师友，没有这些年来他们在学术上、思想上和事业上的各种帮助，本书也不可能完成。

　　特别感谢妻子孙平长期以来在家务上的任劳任怨；感谢家严与家慈的养育栽培之恩，感谢女儿对我的信赖。——所应铭记致谢者不计其数，在此略书其名，实在是挂一漏万了。

吴洲